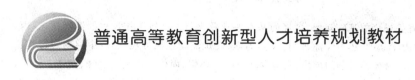

普通高等教育创新型人才培养规划教材

火箭发动机燃烧基础

陈军　王栋　封锋　编著

北京航空航天大学出版社

内 容 简 介

本书主要阐述有关燃烧的基础知识、燃烧的基本原理及火箭发动机工作过程的燃烧理论,内容包括绪论、化学动力学基础、热力学原理、化学热力学、燃烧流动控制方程、燃烧中的物理过程、火焰理论、着火和熄火、液体推进剂的燃烧、火箭发动机射流燃烧、固体推进剂的燃烧、固体火箭发动机的侵蚀燃烧和不稳定燃烧及计算燃烧学概论等。前 7 章为燃烧知识的基础部分,后 6 章为燃烧知识的专业部分。

全书围绕固体火箭发动机、液体火箭发动机及气体混合物的燃烧,力求系统阐述各燃烧过程的各个方面,在侧重于基本概念与基本理论的同时,兼顾工程应用与计算,除附有例题外,还附有大量工程数表。在内容选取上力求体现燃烧理论的最新发展,以及经典燃烧理论与火箭推进技术的有机结合。

本书可作为高等院校火箭发动机及相关专业的高年级本科生教材(基础部分)或研究生教材(专业部分),也可供从事燃烧理论及火箭推进技术研究、火箭设计与生产的科技人员参考。

图书在版编目(CIP)数据

火箭发动机燃烧基础 / 陈军等编著. -- 北京 :北京
航空航天大学出版社,2015.2
　　ISBN 978 - 7 - 5124 - 1688 - 8

Ⅰ. ①火… Ⅱ. ①陈… Ⅲ. ①火箭发动机—燃烧
Ⅳ. ①V43

中国版本图书馆 CIP 数据核字(2015)第 030070 号

火箭发动机燃烧基础

陈军　王栋　封锋　编著

责任编辑　张军香

*

北京航空航天大学出版社出版发行

北京市海淀区学院路 37 号(邮编 100191)　http://www.buaapress.com.cn
发行部电话:(010)82317024　传真:(010)82328026
读者信箱:goodtextbook@126.com　邮购电话:(010)82316936
涿州市新华印刷有限公司印装　各地书店经销

*

开本:710×1 000　1/16　印张:24　字数:511 千字
2015 年 4 月第 1 版　2015 年 4 月第 1 次印刷　印数:2 000 册
ISBN 978 - 7 - 5124 - 1688 - 8　定价:50.00 元

前　言

现代武器对动力系统提出了很高的要求,各种火箭推进装置得到了前所未有的发展。这些推进装置具有各自的工作原理、性能特点和适用范围,其燃烧原理至今仍然是研究的热点,这增加了人们全面深入了解它们的难度,特别是相关专业的在读学生和从事武器设计的科研人员。本教材正是在这一背景下撰写的,从基本的燃烧基础知识出发,侧重于火箭推进装置的共性阐述,探讨了不同类型发动机的燃烧和工作原理,有助于综合理解不同火箭发动机的燃烧特点。

本教材是在编者多年讲义的基础上编写的,并参考了相关教材、专著及国内外文献,在内容选取上力求体现燃烧理论的最新发展,以及经典燃烧理论与火箭推进技术的有机结合。根据火箭武器(武器系统与运用工程)、航空宇航推进理论与工程等专业的培养目标和业务范围,为适应教学大纲的新要求,本教材注重与专业课程的衔接和燃烧学知识的系统性,强化了燃烧的基础知识,在传统的固体火箭发动机燃烧知识基础上,扩展了液体火箭发动机和气体混合物的燃烧知识,并增加了计算燃烧学基本原理的相关内容。

全书力求在系统阐述燃烧基本概念与基本理论的同时,兼顾工程应用与计算,除附有例题外,还附有大量工程数表。主要内容包括绪论、化学动力学基础、热力学原理、化学热力学、燃烧流动控制方程、燃烧中的物理过程、火焰理论、着火和熄火、液体推进剂的燃烧、火箭发动机射流燃烧、固体推进剂的燃烧、固体火箭发动机的侵蚀燃烧和不稳定燃烧,以及计算燃烧学概论等,其中第 1~7 章为燃烧知识的基础部分,第 8~13 章为燃烧知识的专业部分。本教材用于教学时,基础部分参考教学时数为32 学时,基础与专业部分的参考教学时数为 48 学时。

本教材由陈军、王栋和封锋编写,其中第 2、3、4 章由王栋编写,第 6、7、8 章由封锋编写,其余由陈军编写。全书由孙思诚主审,他对教材中的内容提出了很多指导性意见,在此表示衷心的感谢。

由于编者水平有限,书中缺点、错误在所难免,敬请读者批评指正。

编　者

2015 年 1 月于南京

主要符号意义(功、热和能)

符 号	意 义	单 位
e	体积总贮能(单位体积的贮能), $e = \rho E$	$J/(kg \cdot m^3)$
e_u	比内能	J/kg
E	比贮能, $E = e_u + V^2/2 + gz$	J/kg
	活化能	J/mol 或 kJ/mol
E_m	质量总贮能	J
f	比赫姆霍尔兹自由能	J/kg
F	赫姆霍尔兹自由能	J
g	比吉布斯自由能	J/kg
gz	比重力位能	J/kg
G	吉布斯自由能	J
$G_{m,T}$	摩尔吉布斯自由能	J/mol 或 kJ/mol
$G_{m,T}^0$	标准摩尔吉布斯自由能	J/mol 或 kJ/mol
$G_{f,T}^0$	标准生成自由能	J/mol 或 kJ/mol
$\Delta G_{RT,T}^p$	反应自由能	J/mol 或 kJ/mol
$\Delta G_{RT,T}^0$	标准反应自由能	J/mol 或 kJ/mol
h	比焓	J/kg
h_0	总焓	J/kg
H	质量焓	J
$H_{b,T}^0$	燃烧焓,标准摩尔燃烧焓	J/mol 或 J/kg, kJ/mol 或 kJ/kg
$H_{m,T}^0$	标准摩尔焓	J/mol 或 kJ/mol
$H_{f,T}$	生成焓	J/mol 或 J/kg, kJ/mol 或 kJ/kg
$H_{f,298}^0$	标准生成焓	J/mol 或 J/kg, kJ/mol 或 kJ/kg
H_L	汽化潜热	J/kg 或 kJ/kg
$\Delta H_{RT,T}^p$	反应焓	J/mol 或 J/kg, kJ/mol 或 kJ/kg
$\Delta H_{RT,T}^0$	标准反应焓	J/mol 或 J/kg, kJ/mol 或 kJ/kg

续表

符　号	意　　义	单　位
q	一般意义的热量(如化学反应热)符号,指单位物质系统获得或放出的热量(比热量)	J/kg 或 J/mol,kJ/kg 或 kJ/mol
$\dot{q}$	热流密度(热流率)	W/m² 或 J/(s·m²)
Q	系统热量	J
δQ	微元过程(微元体积)系统热量	J
$Q_{b,T}^{0}$	热值	J/mol 或 J/kg,kJ/mol 或 kJ/kg
$Q_{b,T,h}^{0}$	高热值	J/mol 或 J/kg,kJ/mol 或 kJ/kg
$Q_{b,T,l}^{0}$	低热值	J/mol 或 J/kg,kJ/mol 或 kJ/kg
$\dot{Q}$	单位时间获得的总热量	J/s 或 W
$\dot{Q}_{G}$	给定体积的总放热率	J/s 或 W
$\dot{Q}_{L}$	给定体积的总散热率	J/s 或 W
$\delta\dot{Q}$	单位时间单位体积系统的总热量	W/m³ 或 J/(s·m³)
$\delta\dot{Q}_{R}$	除开导热项的单位时间单位体积系统的总热量	W/m³ 或 J/(s·m³)
$\delta\dot{Q}_{G}$	单位体积的放热率,即空间放热率	J/(s·m³)或 W/m³
$\delta\dot{Q}_{L}$	单位体积的散热率,即空间散热率	J/(s·m³)或 W/m³
U	内能(热力学能)	J
$V^2/2$	比动能	J/kg
w	单位质量物质做的功	J/kg
W	系统做功	J
δW	微元过程(微元体积)系统做功	J
$\dot{W}$	单位时间做的功,功率	J/s 或 W

目　　录

第1章 绪 论

火的应用是人类文明的重要标志,是人类最早征服的自然现象之一,其历史至少有 50 万年了。火即意味着燃烧,人们应用燃料燃烧产生的热能进行取暖、烹饪和照明,大大促进了人类文明的进步。科技发达的今天,人类活动与燃烧更加紧密,燃烧的应用已深入到武器系统、航空航天、基础建设、低碳环保、防灾减灾等各个领域。

火药是中国的四大发明之一,它的出现预示着热兵器时代的到来,从而使得燃烧与武器系统密切相关。武器的发展与燃烧科学的发展紧密相连。霹雳弹、枪、火炮、火箭弹、导弹等的发展变迁反映了燃烧科学的发展。

飞翔和探索星空一直是人类的梦想。飞机的发明,使得人们可以穿云破雾,翱翔蓝天。航天飞机、卫星的出现,使人们的视线扩展到地球之外。火箭的出现,使人类探索外太空真正成为可能。人类从仰望星空,发展到探索星空,依赖于物质燃烧的研究成果。

火炸药的发明使人类可以大规模改造自然。开山凿路、水利工程、城市建设……人类生活由此焕然一新。化石燃料的开采与燃烧应用,极大地促进了现代文明的发展。

燃烧在促进人类文明发展的同时,其不合理应用也会给人类带来灾害,甚至可能使千年文明付之一炬。温室气体的排放即是其一。因此,低碳环保的理念需要不断强化,"清洁燃烧"是目前燃烧科学最迫切、最热烈的研究前沿。另外,火灾是人类面临的最大灾难之一,每年有大量人力物力消耗在防火和灭火上。

因此,燃烧不仅促进了人类文明,而且还应该保护人类文明。

1.1 燃烧的一般概念

通常把一切强烈放热的、伴随有光辐射的快速化学反应过程都称为燃烧。在燃烧反应中,把放出活泼氧原子的物质称为氧化剂,而被氧化剂氧化的另一类物质则称为燃料(或称可燃物、还原剂)。一般地,氧化剂是指所含元素的化合价降低的反应物,而燃料是指所含元素的化合价升高的反应物。如氧、高锰酸钾等是氧化剂,氢、酒精、汽油、木炭等是燃料。

从微观上看,燃烧是可燃物和氧化剂的分子间进行了激烈的快速化学反应,原来的分子结构被破坏,原子的外层电子重新组合,经过一系列中间产物的变化,最后生成最终燃烧产物。这一过程,物质的化学能是降低的,降低的能量大都以热能和光能的形式释放出来而形成火焰。从物理观点看,燃烧过程总伴随物质的流动,可能是单相流,也可能是多相流;可能是层流,也可能是湍流。

燃烧必须满足三要素,即燃料、氧化剂及温度要达到燃点。燃烧过程主要包括燃料与氧化剂的物理扩散混合过程和它们之间的化学反应过程。对于液体燃料与液体氧化剂,还包括液体的雾化、蒸发等过程;对于固体燃料和固体氧化剂(如固体火箭推进剂),还包括固体相变、分解等过程。可见,燃烧是一个包括热量传递、动量传递、质量传递和快速化学反应的综合物理化学过程,至今我们对燃烧的认识还不够充分。

1.1.1　可燃物

凡是能与空气中的氧或其他氧化剂起燃烧化学反应的物质称为可燃物,又称燃料。可燃物种类繁多,不胜枚举,大多是含碳和氢的化合物,某些金属如镁、铝、钙等在某些条件下也可以燃烧,还有许多物质如肼、臭氧等在高温下可以通过自己的分解而放出光和热。可燃物按其物理状态分为气体可燃物、液体可燃物和固体可燃物三种类别。根据化学结构不同,可燃物可分为无机可燃物和有机可燃物两大类。无机可燃物又包括无机单质和无机化合物两类,其中无机单质有氢、钾、钠、钙、镁、磷、硫、硅等,无机化合物有一氧化碳、氨、硫化氢、磷化氢、二硫化碳等。有机可燃物可分为低分子可燃物和高分子可燃物,又可分为天然可燃物和人工合成可燃物。有机物中除了多卤代烃如四氯化碳、卤代烷(二氟、氯、溴甲烷)等不燃外,其他绝大部分有机物都是可燃物。常见的有机可燃物有天然气、液化石油气、汽油、煤油、柴油以及三大合成材料,即合成塑料、合成橡胶、合成纤维等。

根据可燃物的物态和火灾危险特性的不同,参照危险货物的分类方法,可将可燃物分成六大类,即爆炸性物质、自燃性物质、遇水燃烧物质、可燃气体、可燃液体、可燃固体。爆炸性物质是指在一定的温度、震动或受其他物质激发的条件下,能够在极短的时间内发生剧烈化学反应,释放出大量的气体和热量,并伴有巨大声响而爆炸的物质。自燃性物质是指在正常环境状态下,不需外界施加点火能量,只依靠物质自身与外界的相互作用(包括化学、物理甚至生物的作用)而释放热量,从而能发生自行燃烧的物质。可燃性物质是指在正常环境状态下,需要施加一定的点火能量才能发生燃烧的物质。应当指出,氧化剂中的有机过氧化物等,因其自身能够分解并含碳氢元素,所以也是可燃的物质。另外,爆炸性物质中某些爆炸性化合物如硝化甘油等分子结构中含有氧元素,某些爆炸性混合物如黑火药等药剂中含有氧化剂,这些物质在没有氧气的情况下也能够燃烧或爆炸。

1. 爆炸性物质

爆炸性物质主要包括点火器材,如导火索、点火绳、点火棒等;起爆器材,如导爆索、雷管等;炸药及爆炸性药品,如环三次甲基三硝胺(黑索今)、硝铵炸药(铵梯炸药)、硝化甘油混合炸药(胶质炸药)、硝化棉、黑火药、三硝基甲苯(梯恩梯)等;还有其他爆炸品,如焰火、爆竹等。用于制造固体火箭推进剂的主要物质绝大部分属于爆炸性物质。

2. 自燃性物质

按不同的易燃程度,自燃性物质分为一级和二级两大类。一级自燃物质在空气中易氧化或分解、发热而引起自燃,如黄磷、三乙基铝、三异丁基铝、三乙基硼、三乙基锑、二乙基锌等。二级自燃物质在空气中能缓慢氧化、发热而引起自燃,如油纸及其制品、粉片柔软云母等。

3. 遇水燃烧物质

遇水燃烧物质又称遇湿易燃物品,也分为一级和二级两大类。一级遇水燃烧物质与水或酸反应极快,产生可燃气体,发热,极易引起自行燃烧,如钾、钠、锂、氢化锂、氢化钠、四氢化锂铝、氢化铝钠、镁铝粉、十硼氢、五硼氢等。二级遇水燃烧物质与水或酸反应较慢,不易引起自行燃烧,包括钙、锌粉、氢化铝、氢化钡、硼氢化钾、硼氢化钠等。

4. 可燃气体

可燃气体可分为甲类和乙类两大类。甲类可燃气体的爆炸浓度下限$<10\%$,极易燃烧,如氢气、硫化氢、甲烷、乙烷、丙烷、丁烷、乙烯、丙烯、乙炔、氯乙烯、甲醛、天然气等。乙类可燃气体的爆炸浓度下限$\geq10\%$,包括氨、一氧化碳等。

5. 可燃液体

可燃液体分为甲类、乙类和丙类三大类,其中甲类和乙类液体为易燃液体,丙类液体为一般可燃液体。

甲类液体(闪点<28 ℃),包括二硫化碳、氰化氢、正戊烷、正己烷、正庚烷、正辛烷、1-己烯、2-戊烯、1-己炔、环己烷、苯、甲苯、二甲苯、乙苯、氯丁烷、甲醇、乙醇、50 度以上的白酒、正丙醇、乙醚、乙醛、丙酮、甲酸甲酯、乙酸乙酯、丁酸乙酯、乙腈、丙烯腈、呋喃、吡啶、汽油、石油醚等。

乙类液体(28 ℃$\leq$闪点<60 ℃),包括正壬烷、正癸烷、二乙苯、正丙苯、苯乙烯、正丁醇、福尔马林、乙酸、乙二胺、硝基甲烷、吡咯、煤油、松节油、芥籽油、松香水等。

丙类液体(闪点≥60 ℃),包括正十二烷、正十四烷、二联苯、溴苯、环己醇、乙二醇、丙三醇(甘油)、苯酚、苯甲醛、正丁酸、氯乙酸、苯甲酸乙酯、硫酸二甲酯、苯胺、硝基苯、糠醇、机械油、航空润滑油、锭子油、猪油、牛油、鲸油、豆油、菜籽油、花生油、桐油、蓖麻油、棉籽油、葵花籽油、亚麻仁油等。

6. 可燃固体

可燃固体分为甲、乙、丙、丁四类,其中甲类、乙类为易燃固体,丙类为一般可燃固体,丁类为难燃固体。

甲类固体的燃点与自燃点很低,易燃,燃烧速度快,燃烧产物毒性大,如红磷、三硫化磷、五硫化磷、闪光粉、氨基化钠、硝化棉(含氮量$>12.5\%$)、重氮氨基苯、二硝基苯、二硝基苯肼、二硝基萘、对亚硝基酚、2,4-二硝基间苯二酚、2,4-二硝基苯甲醚、2,4-二硝基甲苯、可发性聚苯乙烯珠体等。

乙类固体的燃烧性能比甲类固体差,燃烧产物毒性也稍小,如安全火柴、硫磺、镁粉(镁带、镁卷、镁屑)、铝粉、锰粉、钛粉、氨基化锂、氨基化钙、萘、卫生球、2-甲基萘、十八烷基乙酰胺、苯磺酰肼(发泡剂 BSH)、偶氮二异丁腈(发泡剂 Vazo)、樟脑、生松香、三聚甲醛、聚甲醛(低分子量,聚合度 8~100)、火补胶(含松香、硫磺、铝粉等)、硝化纤维漆布、硝化纤维胶片、硝化纤维漆纸、赛璐珞板或片等。

丙类固体包括燃点＞300 ℃的高熔点固体和燃点＜300 ℃的天然纤维,燃烧性能比甲、乙类固体差,如石蜡、沥青、木材、木炭、煤、聚乙烯塑料、聚丙烯塑料、有机玻璃(聚甲基丙烯酸甲酯塑料)、聚苯乙烯塑料、丙烯腈丁二烯苯乙烯共聚物塑料(ABS)、天然橡胶、顺丁橡胶、聚氨酯泡沫塑料、粘胶纤维、涤纶(聚对苯二甲酸乙二醇酯树脂纤维)、尼龙-66(聚己二酰己二胺树脂纤维)、腈纶(聚丙烯腈树脂纤维)、丙纶(聚丙烯树脂纤维)等。

丁类固体是指在空气中受到火烧或高温作用时难起火、难炭化、有自熄性的物质,如沥青混凝土、经防火处理的木材及纤维织物、水泥刨花板、酚醛塑料、聚氯乙烯塑料、脲甲醛塑料、三聚氰胺塑料等。

1.1.2　不同状态物质的燃烧

自然界的一切物质,在一定温度和压强下,都以固体、液体或气体的一定状态存在。这三种状态的物质其燃烧过程是不同的。固体和液体发生燃烧,需要经过分解和蒸发,生成气体,然后由气体成分与氧化剂作用发生燃烧,气体物质不需要经过蒸发,可以直接进行燃烧。

1. 固体物质的燃烧

固体是有一定形状的物质,其化学结构比较紧凑,化学组成有的比较简单,如硫、磷、钾等都是由同种元素构成的物质;有的比较复杂,如木材、纸张和煤炭等,是由多种可燃元素构成的化合物;有的是既包括燃料又包括氧化剂的复杂组元,如固体火箭推进剂。

由于固体物质的化学组成不同,燃烧时情况也不一样。有的固体物质可以直接受热分解蒸发,生成气体,进而燃烧。有的固体物质受热后先熔化为液体,然后气化燃烧,如硫、磷、蜡等。

此外,各种固体物质的熔点和受热分解的温度也不一样,有的低,有的高。熔点和分解温度低的物质,容易发生燃烧,如赛璐珞(硝化棉)在 80~90 ℃时就会软化,在100 ℃时就开始分解,150~180 ℃时自燃。但是大多数固体物质的分解温度和熔点是比较高的,如木材先是受热蒸发掉水分,析出二氧化碳等不燃气体,然后外层开始分解出可燃的气态产物,同时放出热量,开始剧烈氧化,直到出现火焰。

另外,固体物质燃烧的速度与其体积和颗粒的大小有关,小则快,大则慢。如散放的木条要比垛成堆的圆木燃烧得快,其原因就是木条与氧的接触面大,燃烧较充分,因此燃烧速度就快。

2. 液体物质的燃烧

液体是流动性物质,没有一定形状,具有挥发性。不少液体燃料在常温下,表面上就漂浮着一定浓度的挥发蒸气,遇到火源即可燃烧。

液体的种类繁多,各自的化学成分不同,燃烧的过程也就不同,如汽油、酒精等易燃液体的化学成分比较简单,沸点较低,在一般情况下就能挥发,燃烧时,可直接蒸发生成与液体成分相同的气体,与氧化剂作用而燃烧。有些化学组成比较复杂的液体燃烧时,其过程就比较复杂,如原油(石油)是一种多组分的混合物,燃烧时,原油首先逐一蒸发为各种气体组分,而后再燃烧。

3. 气体的燃烧

可燃气体的燃烧不需要像固体、液体物质那样需要经过熔化、蒸发等准备过程,气体在燃烧时所需要的热量仅用于氧化或分解气体和将气体加热到燃点,因此容易燃烧,而且燃烧速度快。

上述三种状态的燃烧在现代喷气发动机中均有应用,且许多发动机还采用了不同状态物质的混合燃烧。如固体火箭发动机应用了固体推进剂的燃烧,液体火箭发动机则是应用了液体推进剂的燃烧,涡轮喷气发动机常用液体与空气的混合燃烧,冲压发动机利用了固体或液体与空气的混合燃烧,混合火箭发动机则应用了固体与液体的混合燃烧。

燃烧表现的形式多种多样。一些固体可燃物在空气不流通、加热温度低或可燃物含水多等条件下发生的只冒烟无火焰的燃烧,称为无焰燃烧。在固体表面和空气接触部位进行的燃烧,例如炽热木炭的燃烧,可产生红热的表面,不产生火焰,称为表面燃烧。对于可燃性液体,如汽油、酒精等,蒸发产生的蒸气被点燃起火,放出的热量进一步加热液体表面,从而促使液体持续蒸发,使燃烧继续下去,称为蒸发燃烧。萘、硫磺等在常温下虽为固体,但在受热后会升华产生蒸气或熔融后产生蒸气,同样是蒸发燃烧。可燃气体与氧化剂在容器内或空间中充分扩散混合,其浓度在爆炸范围内,此时遇火源即会发生燃烧,这种燃烧在混合气体所分布的空间中快速进行,称之为预混燃烧,如内燃机气缸中的燃烧。对于混合气体,如果遇火源时发生爆炸,称为动力燃烧。如果可燃气体与氧化剂没有混合,而是通过扩散接触,在接触面上发生的快速燃烧称为扩散燃烧。在火箭发动机中的燃烧,大部分表现为预混燃烧或扩散燃烧,或既有预混燃烧又有扩散燃烧。

1.2 燃烧科学的发展

燃烧的应用和发展已有悠久的历史。在我国远古时期就有关于燧人氏钻木取火的传说,在欧洲也有关于普罗米修斯取火给人间的神话。各种考古发掘也直接或间接地表明,人类祖先远在无文字可考的旧石器时代就已开始使用火。火的使用使人类脱离了茹毛饮血而进入文明时代。但是,只有当火的使用由生活领域进入到生产领域之后,燃烧才形成一门独立的科学和技术,并有了迅速的发展。人类所经历的每一次技术进步,如陶器制作、青铜冶炼、炼铁及冶金技术的发展、蒸气动力、煤和石油的使用、热能工程、推进剂、火箭、喷气及宇航技术的发展等都与燃烧有着密切的关系,同时也大大推动了燃烧科学的发展。

由于燃烧是一个包括热量传递、动量传递、质量传递和快速化学反应的综合物理化学过程,因此,燃烧学是一门包括化学动力学、热力学、反应流体力学、传热传质学等多种学科的综合边缘学科。传统燃烧学的研究内容可分为两个方面:一方面是燃烧理论的研究,主要研究燃烧过程所涉及的各种基本现象,如燃烧反应的化学动力学机理、着火和熄火机理、火焰稳定和传播的机理及催化燃烧机理等;另一方面是燃烧技术的研究,主要是应用燃烧基本理论解决工程技术中的各种实际燃烧问题,如对现有燃烧方法进行改进,对新的燃烧方法和燃烧器进行探索,提高燃料利用率,以及寻求节能途径和防止污染的研究、新型燃烧催化剂的探索等。对于推进剂的燃烧,除上述燃烧共性问题外,还需侧重于对推进剂燃烧性能的控制、改进和提高,从而满足各种武器需求的研究,各类推进剂的燃烧特性、物理模型和数学模型的研究,推进剂各组元特别是新型组元分解特性、燃烧特性及机理的研究,推进剂新型燃烧催化剂及催化机理的研究,燃烧转爆震的条件和机理的研究等。随着计算机的出现和发展,利用计算机对燃烧过程进行模拟与计算,形成了计算燃烧学。

1.2.1 经典燃烧学

古代人们在使用火的同时,产生过不少有关火的学说。我国"五行说"的"金、木、水、火、土",古印度"四大说"的"地、水、火、风",古希腊"四元说"的"水、土、火、气"等,都认为火是构成万物的原本物质之一。随着工业的发展,特别是冶金和化学工业的发展,应用燃烧的范围和规模扩大了,使人们更迫切地想要探究燃烧现象的本质。但由于燃烧过程的复杂性,直到18世纪中叶之前,人们对燃烧现象的本质几乎毫无所知。在17世纪中到18世纪中的大约100年间,欧洲曾流传着"燃素说"(Phlogiston Theory),并占统治地位。按燃素说,火是由无数细小而活泼的"燃素"构成的物质实体,燃素既能同其他元素结合而形成化合物,也能以游离方式存在,弥散于大气之中,给人以热的感觉,一切与燃烧有关的化学变化都可以归结为物质吸收燃素与释放燃素的过程,认为物质中含燃素越多,燃烧起来越旺。

直到18世纪中叶,由于氧气、氢气、氮气等一些重要气体的发现,促使了燃烧学的发展。在1756—1777年间,罗蒙诺索夫(M. V. Lomonosov)和拉瓦锡(A. L. Lavoisier)通过各自的实验观察,完全否定了燃素说的结论,提出了燃烧的"氧化学说",认为可燃物的燃烧并不是物质释放出燃素,而是可燃物与氧的化合反应。燃烧的氧化学说认为,燃烧能放出光和热,可燃物只有在氧存在时才能燃烧,空气主要由氮气和氧气组成。

到19世纪,盖斯(G. H. Hess)和基尔霍夫(G. R. Kirchhoff)等人发展了热化学和化学热力学,把燃烧过程作为热力学体系考察其初始状态与终止状态之间的关系,阐明了燃烧热、产物平衡组分及绝热燃烧温度的规律性。到20世纪30年代,开始建立研究燃烧动态过程的理论,路易斯(B. Lewis)、冯·艾里伯(Von Elbe)等人提出了燃烧反应动力学的链式反应机理,他们发展了19世纪马拉德(E. Mallard)等人提出的火焰传播理论,并提出了最小点火能量等基本概念,奠定了描述火焰的物理基础。接下来,苏联学者谢苗诺夫(N. Semenov)、泽尔道维奇(Y. Zeldovich)等人提出反应动力学和传热传质相互作用的观点,首次从定量关系上建立了着火及火焰传播的经典燃烧理论。从实践中人们逐渐认识到,限制和控制燃烧过程的因素不仅仅是化学反应动力学因素,其中传热、传质等物理过程也是重要因素。到20世纪50年代和60年代,冯·卡门(T. von Kármán)首先提出用连续介质力学来研究燃烧基本现象,逐渐发展成反应流体力学。这一阶段虽然建立了化学流体力学基本方程组,但由于方程数目多、耦合关系复杂和非线性等特点,只有经过大量简化才可能求解。这使得人们无法通过将方程解与实验数据进行对照来检验该理论,因为难以区分这种解的误差是来源于基本理论还是来源于人为的假设,也使燃烧学长期停留在分类综合实验研究和孤立地进行理论分析的阶段。

1.2.2　火箭推进剂燃烧学

火箭推进剂包括液体推进剂与固体推进剂。液体推进剂的燃烧规律与一般液体燃料的燃烧类似,而固体推进剂由于组成物质的复杂性,其燃烧规律和燃烧性能的研究至今仍在不断发展中。火药是火炮发射药和固体火箭推进剂的总称。固体火箭推进剂燃烧科学的发展是随着火药的发明和使用过程而发展的,并与传统燃烧科学和技术的发展有着密切关系。

火药是中国的四大发明之一,到公元八九世纪,作为黑火药主要成分的硝石随着中国的炼丹术开始传入回教国家,但是直到13世纪,硝石才被阿拉伯人用于燃烧方面。13世纪以前黑火药主要用于燃烧器械和破坏器械。从13世纪到18世纪的五个世纪中,黑火药的应用有了很大的发展,开始将黑火药制成粒状,并广泛用作火炮和枪械的发射药,许多国家都建立了专门的生产工厂。

18世纪末和19世纪,火药在军事和民用领域的应用与燃烧科学获得了飞速的发展。1831年英国人毕克福德(W. Bickford)发明了导火索,使得火药普遍用于爆破工程。1832年法国化学家布拉可诺(H. Braconnot)首先用硝酸与木材和棉花反应制得了低含氮量的硝化棉(NC)。1846年瑞士化学家申拜恩(C. F. Schoenbein)等重复了法国人的试验,不仅制造了硝化棉,而且详细研究了硝化棉的性质。同年,意大利学者索布雷诺(A. Sobrero)发明了硝化甘油(NG)。硝化棉与硝化甘油的发明为推进剂的发展奠定了基础。由于硝化棉的速燃性和不安定性,最初只能用作供装填地雷和采矿的炸药。1865年英国化学家阿贝尔(F. A. Abel)采用细断硝化棉的方法获得了安定的硝化棉。1884年法国化学家维也里(Paul Vieille)首创了无烟火药,他发现用醇醚溶剂处理硝化棉并压制成密实的片状火药可缓慢燃烧,并且燃烧时遵循一定规律,其威力比有烟火药大 2～3 倍,燃烧后在炮膛中无残渣。维也里的发明开创了炮兵发展史的新时代,并立刻被大多数国家所采用。1888 年瑞典诺贝尔(A. B. Nobel)用硝化甘油胶化中含氮量的可溶性硝化棉,制得了巴利斯太型双基火药(主要成分为硝化棉和难挥发的溶剂,故叫双基药,简称 DB。根据溶剂的不同,可分为硝化甘油火药和二乙二醇火药等)。1889 年阿贝尔用硝化甘油和丙酮胶化高含氮量的不溶性硝化棉,制得了一种柯达型双基火药(以高含氮量的硝化棉经过用硝化甘油和丙酮增塑后为基础制作的火药,又称为线状火药,其能量大,储存期长)。在1884—1889 年间制成了多种胶体火药,很多配方沿用至今。1891—1893 年俄罗斯化学家门捷列夫(D. I. Mendeleev)经过详细的实验和理论研究,制得一种特别的硝化棉,称为火胶棉,含氮量高且能完全溶于醇醚溶剂中成为均匀胶体,其能量超过当时所使用的各种火药。

从 20 世纪初至今,火药向着多品种、系列化的方向发展,能量水平不断提高,燃烧性能的可调范围不断扩大,力学性能也有了很宽的扩展,并成功应用于火箭推进领域,逐渐形成固体火箭推进剂(Rocket propellant)的研制热潮。首先以双基药为基础发展了双基推进剂(DB propellant)以及含硝基胍的三基推进剂,并成功用在了具有现代意义的喀秋莎火箭武器上。在第二次世界大战期间,又发展了复合推进剂(Composite propellant),其中之一为 GALCIT 系列,由过氯酸铵(AP)和沥青组成。另外还有由苦味酸铵、硝酸钠和高分子粘结剂组成的复合推进剂。在 20 世纪 50 年代,复合推进剂得到了迅速的发展,在美国首先出现了以聚硫橡胶(PS)为基的现代复合推进剂,使火箭性能有了比较大的提高。后来又陆续研制成功了以 AP 为氧化剂,以聚氨酯(PU)、聚丁二烯(PB)等为粘结剂的复合推进剂。在复合推进剂发展的同时,双基推进剂在品种、性能、工艺等方面也有了迅速的发展。到 20 世纪 50 年代和 60 年代,在双基推进剂基础上加入 AP、黑索今(RDX)或奥克托今(HMX)、铝粉(Al)等,发展成了高能复合改性双基(CMDB)推进剂。20 世纪 60 年代和 70 年代又发展了硝胺复合推进剂(Nitramine composite propellant),70 年代和 80 年代更发展了含有微孔的超高燃速(Ultra - high burning rate,简称 UHBR)推进剂。

随着推进剂燃烧科学的发展,人们对固体火箭推进剂的燃烧机理进行了大量的研究,从各自的实验出发提出了各种各样的假说和理论。

1. 均质推进剂的稳态燃烧理论

对于均质推进剂,早在 20 世纪 30 年代和 40 年代,苏联的一些学者就提出了单阶段燃烧假说,即认为推进剂燃烧直接生成最终产物,并传热给固相表面维持稳定燃烧,维持推进剂稳定燃烧的决定作用是固相中的反应,所不同的只是细节上的说法不同。因此他们的假说可统称为固相燃烧理论。1938 年,由苏联学者泽尔道维奇等人提出了三阶段燃烧假说,认为推进剂燃烧首先是固相蒸发和分解成中间产物,然后在气相中燃烧,产生热,再传给凝聚相。因此这一假说属于气相型燃烧理论。虽然提出了三阶段,但却认为燃烧反应集中于一个很狭窄的气相反应区内进行,燃速由气相燃烧反应来决定,其他二阶段并不对燃速发生任何影响,因此实质上仍然是一种一阶段反应的燃烧理论。由于单阶段燃烧的假设与事实不符,所得结论与试验结果相差较大,苏联学者进一步提出了推进剂多阶段燃烧假说,认为推进剂燃烧过程分为固相加热区、凝聚相反应区、发烟区、暗区和火焰区等五个阶段,并提出了各阶段的主要物理、化学反应类型。该理论比以前的假说更全面、更深入地阐明了推进剂燃烧过程的实质,但仍不是很完善,特别是理论燃速公式未能解决。

与苏联学者的研究同时,美国等西方国家的学者也对均质推进剂的燃烧理论进行了大量研究,比较有代表性的是贝克斯特德(M. W. Beckstead)、萨默菲尔德(M. Summerfield)、斯柏尔丁(D. B. Spalding)、久保田(N. Kubota)等人的工作。赖斯(O. K. Rice)、金内尔(A. S. Ginell)和帕尔(R. G. Parr)、克劳福德(B. L. Crawford)在1950年都提出了均质推进剂的燃烧模型。二者都把燃烧反应区分为气相反应区及控制反应速率的表面分解区,差异仅在于后者用泡沫反应区取代表面分解区。该模型认为放热过程和固体气化过程是在泡沫区中发生的。两种模型都未能确切提出每一区内究竟发生了什么反应,因此其理论结果只能是定性的。1962年约翰逊(W. E. Johnson)等人从研究纯过氯酸铵单元推进剂中提出了一个二阶段反应模型,即认为在气相中是一个一步的总放热化学反应,而在固体表面则是一个不可逆的异质热分解过程。这个理论的特点是详细分析了推进剂线性燃速的数学表达式,而燃速公式是以有关整个系统的基本物理化学及化学动力学特性来表达的,理论与实验之间有很好的一致性,但这种一致性是由于对方程中的有关参数进行了经验调整而获得的。到1956年,休格特(C. Huggett)根据前人的实验结果提出了双基推进剂燃烧过程分为固相加热区、亚表面及表面反应区、嘶嘶区、暗区和发光火焰区的多阶段燃烧理论,并提出了各阶段的主要物理化学反应类型。该理论的实验根据较充分,但未能推导出理论燃速公式。1973年萨默菲尔德等在五阶段燃烧模型的基础上,为便于数学处理,将燃烧区简化成凝聚相反应区和气相反应区(嘶嘶区)两个区,认为火焰区的影响很小,可忽略不计,并根据能量守恒和组分守恒方程推导出了燃速方程,不仅可从理论上预示燃速的大小,还可直观地看出影响燃速的各种因素。但该理论也只能做粗略的估算。到20世纪80年代初,还有贝克斯特德和库恩(N. S. Cohen)等人又相继发表了双基推进剂的稳态燃烧机理,不仅可以预示燃速与压强的关系,还可预示推进剂初温与爆热对燃速的影响。

在催化双基平台推进剂燃烧理论方面,主要在20世纪50年代至70年代研究得较多,先后发表了十多个有关理论。基本分为两大类:气相型理论,认为催化剂的作用在气相区;凝聚相型理论,认为催化剂的作用在凝聚相。1958年美国坎普(A. T. Camp)等人首先提出了"亚表面光化学反应"理论,该理论实验依据不充分,具有很大的片面性。印度辛哈(S. K. Sinha)等人于1968年提出了解释超速、平台燃烧的"自由基"理论,该理论也缺乏必要的实验依据。英国波林(J. Powling)于1971年又提出了解释超速、平台及麦撒燃烧的"铅—碳催化"理论,该理论能同时解释超速、平台及麦撒燃烧,也有较多的实验依据,但有关碳催化 NO 还原反应的假设还有待进一步证明。美国萨默菲尔德等人对双基平台推进剂的燃烧特性作了深入系统的研究,于1973 年提出了解释超速、平台现象的"化学当量"理论。这一理论有较充分的实验依据,但缺乏对麦撒燃烧现象的解释。1974 年美国萨赫(N. P. Suh)等人提出了解释超速燃烧的"络合物"理论,认为作为平台催化剂的铅化物,铅一般是二价的,能与硝酸酯的硝基形成络合物,由于电子对移向二价铅,而使 RO—NO$_2$ 键减弱,从而加快了硝酸酯的离解过程,使双基推进剂燃速提高,产生超速燃烧。实验已证明这种中间络合物的存在。但该理论没有对平台及麦撒燃烧给予说明。苏联学者马尔普谢夫(B. M. Malpshef)等人于 1973 年用光谱法研究了铜化物及铅化物的催化作用部位,认为铅化物的催化作用发生在凝聚相中,而铜化物的催化作用发生在气相中。中国白木兰等人在研究了超速和平台催化剂对双基推进剂催化热分解的基础上,于 1980 年提出了以自催化反应为特征的"气—固异相反应"模型,认为固相初始裂解和自动催化反应是燃烧的控制步骤。

2. 复合推进剂的稳态燃烧理论

在复合推进剂稳态燃烧机理方面,早期的有萨默菲尔德等人于 1960 年提出的粒状扩散火焰模型,将 AP 复合推进剂的燃烧过程分为三阶段:固相表面的吸热分解反应区、表面附近的粒状扩散放热反应区及远离表面的放热反应区,并认为第三阶段是控制步骤,据此推导出了理论燃速公式,但仅适用于 0.1～10 MPa 压强范围、氧化剂为 AP、粒径小于 250 μm、粘结剂类型是以化学交联为基的难熔粘结剂、氧化剂化学计量比为 0.58 的有限范围。中国张存浩等人于 1962 年也提出了多层火焰模型,将燃烧过程分为分解预混火焰区和扩散预混火焰区,并根据传热阻力的串并联假设,推导了数学理论表达式,其特点是便于处理复合推进剂中分解火焰和扩散火焰的综合影响,数学处理方法比较简便灵活。1966 年赫曼斯(C. E. Hermance)根据氧化剂粒度对燃速有很大影响的实验结果,提出了非均相反应模型,认为燃烧表面上粘结剂的分解是吸热的,而氧化剂的分解是放热的,并存在氧化剂分解产物与粘结剂的非均相化学反应,因此燃烧表面所需热量是由凝聚相放热反应和气相区的传热共同供给,并根据数学统计方法推导出了燃烧表面温度和火焰温度的数学表达式。该模型的一些假设尚缺乏实验根据,存在较大的局限性。1968 年菲恩(J. B. Fenn)根据夹层燃烧器研究的结果,分析了燃料热解产物与氧化剂分解产物的扩散火焰特性,提出了方阵火焰模型,认为 AP 复合推进剂燃烧过程分为预混扩散区和扩散火焰区两部分。预混扩散区主要进行着 AP 分解气体与粘结剂热解气体的混合,无化学反应,只在扩散火焰区才进行二者的放热化学反应,形成火焰。推进剂表面固相分解所需热量全部由火焰区提供,并假定在 AP 与粘结剂交界面附近受热最大,气化最快,形成方阵状的预混扩散区和槽状燃烧表面,据此推导了燃速公式。该理论是对萨默菲尔德模型的发展,但仍有不少假设与实验不符,如燃烧表面是干燥的,凝聚相分解所需热全部由火焰区供给等。1970 年由贝克斯特德(M. W. Beckstead)、迪尔(R. L. Derr)和普赖斯(C. F. Price)提出了一种凝聚相型多火焰稳态燃烧模型,简称为 BDP 模型,是一种被广泛采用的模型。他们认为复合推进剂的燃烧过程分为固相表面的非均相分解放热反应,然后是 AP 和粘结剂分解产物间的化学反应火焰(称为初焰),并同时存在 AP 本身分解产物之间的反应火焰(称为 AP 火焰),进而有粘结剂热解产物与 AP 火焰的富氧产物间的扩散火焰(称为终焰),并获得了理论数学表达式,可以计算不同条件下推进剂各组元对其燃速及表面温度的影响,计算结果与实验符合较好,受到人们普遍重视。该模型也存在一定的局限性,仅适用于无添加剂和含单一粒径的球形氧化剂的推进剂。1974 年格里克(R. L. Glick)、康顿(J. A. Condon)和奥斯本(J. R. Osborn)将新的统计模型和 BDP 模型结合起来,把推进剂表面上方的宏观火焰结构看作是相互独立的许多微小火焰的集合,提出了"小颗粒集合模型(PEM)",据此推导出了适合含不同氧化剂及不同粒径分布的复合推进剂的理论燃速公式。

为了更有效地寻找高效催化剂及提高催化剂的作用效果,人们还积极开展了催化剂对 AP 复合推进剂催化作用部位及催化机理的研究,已得到了一些初步结论。目前大多数学者认为催化剂加速了燃烧过程和放热反应速率,从而增加了向燃烧表面的传热,提高了燃烧表面温度,因而提高了燃速。但是对催化剂究竟以何种方式加速了哪些放热反应及作用部位等,存在不同的看法,有着极大的分歧。归纳起来可以分为以下三种观点:

(1) 气相催化机理。皮特曼(C. U. Pittman)、贝克曼(N. N. Bakhman)等人认为催化剂加速了气相中的放热化学反应速率;而斯特兹(J. A. Steinz)、佩尔逊(G. S. Pearson)等人则认为催化剂加速了分布在推进剂燃烧表面的催化剂表面的气相放热反应速率。

(2) 界面非均相催化机理。伯吉斯(T. L. Boggs)、佩尔逊(G. S. Pearson)等人认为催化剂加速了氧化剂分解气体与粘结剂间的非均相放热化学反应速率;琼斯(H. E. Jones)等人认为催化剂加速了氧化剂-粘结剂界面裂缝内的非均相放热反应;汉德雷(J. C. Handley)、斯特瑞勒(W. C. Strahle)则认为催化剂抑制了粘结剂熔化液的流动。

(3) 粘结剂热分解催化机理。科诺贝尼切夫(O. P. Korobeinichev)等人认为催化剂改变了粘结剂的热分解反应机理。

在硝胺推进剂燃烧机理方面的研究,远不如对 AP 复合推进剂那样广泛和深入。1975 年库恩和普赖斯提出以修改的 BDP 模型来描述硝胺推进剂燃烧的分析模型,认为有两种机理是造成所观察到的压强指数突变的原因:一种涉及表面结构,另一种涉及火焰结构。表面结构和单元推进剂火焰结构控制"高压"燃速,而活化过程描述的扩散作用控制"低压"燃速。两种机理的相互作用能解释所观察到的燃速特性与粒子大小、浓度、粘结剂类型等的影响关系。同年库玛尔(R. N. Kumar)等人也提出了硝胺推进剂的理论燃烧模型——从燃烧表面有一层熔融层的实验现象出发,认为氧化剂与粘结剂交界面上薄熔融层中氧化剂晶体的消失是燃速的控制步骤,并假定在燃速曲线拐点以后,燃烧按新的模式进行,可用不同的方程式来描述,还可判断燃速曲线拐点的压强。但该模型是很理想化的,需进一步改进后才便于分析粒径分布、氧化剂级配等对燃速的影响。1982 年,贝克斯特德发表了一个硝胺推进剂的"时间平均法"模型,他认为氧化剂和粘结剂有不同的表面温度,整个燃速根据时间平均法计算,而不是 BDP 模型中使用的空间平均法,并认为粗粒和细粒氧化剂控制燃烧的机理不同,同时 HMX 晶体燃烧是呈平面方式递减,据此推导了燃速表达式,计算值与实验值近似一致。

3. 复合改性双基(CMDB)推进剂的稳态燃烧理论

在复合改性双基推进剂燃烧机理方面的研究,同样远不如双基和复合推进剂那么深入。1976 年由日本久保田等人提出了 CMDB 推进剂的稳态燃烧模型,他们认为 AP/CMDB 推进剂的火焰应由 DB 预混火焰、AP 分解火焰和 AP/DB 扩散火焰三者组成,并假定 AP 附近的 DB 基体和远离 AP 的 DB 基体燃烧的消失速度是不同的,据此提出了与 AP、DB 所占体积分数有关的燃速表达式,计算结果与实验吻合较好。对于 HMX/CMDB,他们认为与 AP/CMDB 不同,HMX 的加入对 DB 基体的火焰结构和嘶嘶区及暗区的温度分布影响不大,细粒 HMX 仅在表面气化而进入火焰区中燃烧,因而可用 DB 的燃速计算公式来描述 HMX/CMDB 的燃烧,只要考虑到 HMX 对 DB 表面降低了释放热从而稍微降低了燃速,其计算结果与实验是一致的。

4. 含微孔推进剂的对流燃烧理论

20 世纪 70 年代以来,随着含微孔的超高燃速推进剂的研制成功,也发展了相对应的透气性对流燃烧理论。1973 年,郭(K. K. Kuo,郭冠云)和萨默菲尔德等人首先提出了颗粒床对流燃烧理论,假定推进剂颗粒在空间固定,气体一维流动且符合理想气体假设,认为部分燃气透入推进剂孔隙产生对流燃烧,并根据质量、能量守恒方程推导了燃速表达式。该理论适用于孔隙率较高(50%)的球形颗粒填充推进剂,并从理论上证明了多孔推进剂的稳态对流燃烧是可实现的。1981 年库克(D. E. Kooke)和安德逊(R. D. Anderson)等人提出了两相流燃烧理论,认为微孔推进剂燃烧时,界面受应力较大,使孔壁塌陷并形成栓塞,在高压燃气作用下,碎块流入火焰区与燃气形成两相流,该理论适用于低孔隙率推进剂(20%以下)。1989 年,伏诺洛夫(Yu V. Frolov)和科诺斯特列夫(V. G. Korostlev)提出了过渡段对流燃烧理论,认为微孔推进剂从平行层燃烧转变为对流燃烧时,存在一过渡状态燃烧区,该理论适用于低孔隙率的推进剂。还有梅依(I. W. May)、鲍维斯(J. M. Powers)等人也提出相应的对流燃烧模型。20 世纪 80 年代以来,中国也开展了浇铸和压铸型微孔推进剂的研究,在微孔推进剂的工艺、燃烧特性和稳态对流燃烧机理方面取得了显著进展。

1.2.3 计算燃烧学

计算机的出现和发展,促进了燃烧学与数值计算方法的结合。20 世纪 60 年代后期,斯柏尔丁(D. B. Spalding)等人比较系统地把计算流体力学的方法应用于燃烧研究,建立了燃烧的数学模型方法和数值计算方法,首先得到了边界层燃烧问题的数值解。接着,斯柏尔丁和哈劳(F. H. Harlow)建立了一系列的湍流模型和湍流燃烧模型,发展了各具特色的数值计算方法和计算机程序体系。近几十年来,在基本方程、理论模型、数值方法和计算机程序等方面均取得了较大的进展,已发展到能对大型煤粉锅炉、燃气轮机燃烧室、内燃机、火箭发动机、核反应堆蒸气发生器和弹膛等系统中的三维、定常或非定常、均相或多相、湍流、有或没有化学反应的实际燃烧流动过程进行数值模拟,给出参数的分布及其变化,预测装置的性能。这一新领域的出现,极大地丰富了燃烧学的内容,逐渐形成了计算燃烧学这一分支学科。另外,随着燃烧实验技术特别是激光诊断技术的发展,使人们有可能用非接触法来测量燃烧过程的气体流速、温度分布场、组分质量分布场,以及颗粒的运动速度、浓度和大小分布等,这些都为燃烧科学和理论的进一步发展奠定了良好的基础。

20 世纪 70 年代以来,对各类推进剂都提出了相应的模拟计算燃速、压强指数和初温敏感系数的计算方法,并编制了相应的计算程序,推进剂的计算燃烧学也有了很大进展。20 世纪 70 年代初,萨默菲尔德根据均质推进剂燃烧表面简化的能量守恒方程和组分连续方程推导了计算燃速的公式,利用阿累尼乌斯(S. Arrhenius)方程求解燃烧表面温度,通过计算机编程计算,可从理论上预示双基推进剂燃速的大小,直观地看出影响燃速的各种因素。以后贝克斯特德、库恩等人也推导了相应公式,可预示双基推进剂的燃速与压强的关系及初温对燃速的影响。

在复合推进剂方面,1970 年贝克斯特德等人根据提出的 BDP 模型推导了计算复合推进剂燃速的理论公式。但是原始的 BDP 模型只适用于球形、单分散氧化剂和不含铝粉的复合推进剂配方。1972 年库恩等人将 BDP 模型推广到含铝和双模氧化剂的复合推进剂,1973 年萨姆斯(G. D. Sammons)又将其推广到多分散氧化剂颗粒的配方。1974 年,由格里克和康顿提出的"小颗粒集合模型(即 PEM 模型)"对多分散氧化剂颗粒的复合推进剂燃速的计算达到了较完善的程度。20 世纪 80 年代初,中国彭培根在 BDP 模型的基础上,对多分散的氧化剂颗粒、扩散火焰距离进行了简化计算,对含铝粉和含催化剂的复合推进剂进行了简化处理,获得了较为简短的计算机程序,提高了运算速度,计算结果与实测值符合较好。1986—1990 年,中国赵银等人提出了价电子反应模型和复合推进剂的模拟计算方法,模拟计算了 AP 粒径及分布、Al 含量、Al 粒径及压强等对"AP/Al/HTPB/催化剂"系列复合推进剂燃速、压强指数、初温敏感系数的影响规律。

在复合改性双基推进剂方面,1976 年久保田提出 AP/CMDB 的燃速由双基组元燃速和 AP 燃速加合组成,其中双基组元燃速沿用萨默菲尔德均质推进剂燃速计算公式,AP 燃速归纳了一个与压强和 AP 粒径相关的经验公式,由此计算的结果与实验符合较好。在此基础上,斯瓦米雷扎(V. S. Swaminathan)等人于 1979 年推导了燃速压强指数和初温敏感系数的计算公式。20 世纪 70 年代和 80 年代初,久保田和库恩等人还推导了 HMX/CMDB 的燃速表达式,并由斯瓦米雷扎等人进一步导出了燃速压强指数和初温敏感系数的计算式。

在硝胺复合推进剂方面,1975 年库恩等人在 BDP 模型的基础上,根据硝胺在燃烧时其熔融表面存在凹凸不平的表面结构,引入了硝胺容积分数的修正系数,修正后的计算值与实验结果符合较好。1977 年久保田、1980 年贝克斯特德等人都采用了时间平均法来求解硝胺推进剂的燃速,从而考虑了 HMX 和粘结剂对燃速的影响。库恩、朱慧和刘德辉等人提出了对硝胺/AP 双氧化剂复合推进剂燃速的模拟计算方法,但硝胺/AP 双氧化剂复合推进剂燃烧的复杂程度大为增加,燃烧机理尚未清楚,因而其对燃速的模拟计算也是初步的。

1.3 着火、火焰传播与熄火

一切稳定燃烧过程总是可以分为着火、稳态燃烧与熄火三个阶段。着火是燃烧的准备与过渡阶段,着火后产生的火焰将沿空间传播而进入稳态燃烧阶段,当燃料耗尽或燃烧条件不满足时燃烧就会终止而熄火。这三个阶段相互关联,又各具特点。

1.3.1 着 火

着火是指可燃物在一定条件下能够进行化学反应,并且能够使化学反应自动加速、自动升温,直到化学反应速率出现剧增跃变,并伴随出现火焰的过程。因此,研究燃烧不可避免地需要研究着火过程。

1. 着火机理

当可燃物进行化学反应的放热速率大于散热损失的速率,则多余的热量将使可燃物温度持续增高,就会发生着火并燃烧。不可控制的急速化学反应称为爆炸。缓慢着火和爆炸都是人们生产、生活中常见的现象。可见,不同的着火现象存在不同的着火机理。

(1)热源机理

可燃物在外部热源加热或自身化学反应放热的热积累条件下,达到一定温度时,反应物的化学反应加快,使得放热量大于散热量,多余的热量使可燃物温度持续增高,增高的温度进一步促使化学反应再加速。当温度升高出现跃变,化学反应从开始的难以觉察突然变得可以觉察并可以测量,就发生着火。这就是着火的热源机理,该机理对于一般的燃烧包括自燃都适用,常用于解释高温着火。

(2)链反应机理

可燃物在外部热源加热或自身化学反应放热的热积累条件下,如果链反应中链载体的产生速率大于消耗速率,即使在常温下,化学反应也会自动加速,并导致着火。这就是着火的链反应机理,该机理主要用于解释低温、常温着火,如爆炸。内燃机燃料的提早爆发、矿井瓦斯的燃烧爆炸等都是可燃混合物链反应着火的例子。

实际着火过程不可能是单一的热源机理或链反应机理,往往同时存在,且相互促进。一般来说,在高温下,热源机理是主要的;在低温时,链反应则是主要原因。

2. 着火方式

可燃物的着火方式可分为自发着火(又称自燃)和强迫着火(也称点火,或点燃)两种类型。研究自发着火可用于分析确定可燃物的安全储存条件和储存寿命,研究强迫着火则可用于分析确定可燃物的点火条件及点火可靠性。

自发着火,是指可燃物在环境温度下受到加热或热积累,当放热量大于散热量时,反应能自行持续下去,而无须外部再供热便可使反应速率自动加速从而发生着火的现象。储存条件差、长期堆积的可燃物,如杂草、塑料、推进剂等,有时都可发生自发着火。

强迫着火,是指可燃物的局部靠外部能源的作用(如电热丝、电火花、炽热的粒子、引燃火焰、激光、等离子等)而局部着火,而且火焰能自动传播到其余部分。因此,点火过程一般包括局部引发着火和火焰传播两部分内容。

对于固体推进剂的点火,主要分为三个方面展开研究,一是推进剂各种材料的点火条件研究,二是发动机点火系统研究,三是发动机点火理论研究。第一类工作有代表性的实验就是对推进剂试件持续施加一定的热流,研究在此期间推进剂试件性态的变化并测定点火延迟时间。对推进剂试件的加热分为静态法和动态法两种。在静态法中,对推进剂表面瞬时加热,一般将电弧热源聚焦在推进剂表面上,因而点火所需能量便通过辐射方式输入。在动态法中,可把推进剂放在热气流内,这样相对于推进剂表面的热源便是运动的。这两种实验方法是同样重要的:第一种接近于理论模型,第二种接近于发动机中的实际点火过程。

普赖斯等人把对固体推进剂的点火理论分成三大类:气相点火理论、非均相点火理论和固相点火理论。气相点火理论认为点火过程是由气化了的富燃混合物和富氧混合物与周围氧化剂气体的化学反应所控制的;非均相点火理论则把固相燃料与周围氧化剂在界面的化学反应看作为控制机理;固相点火理论不考虑气相中的释放热和质量扩散,相反,认为推进剂内的温升是推进剂表面下的化学反应放热和来自外部环境对固体的加热所造成的。

3. 着火条件

前面已提及,着火时化学反应速率会出现跃变,促使这种跃变产生的初始条件或边界条件便称为着火条件。一般地,环境温度 T_∞ 是着火的重要条件,环境温度越高,越容易着火,如图 1-1 所示。着火条件不仅与环境温度有关,还与系统的对流传热系数、压强、系统容积、环境气流等因素有关。这里主要讨论闭口系统的着

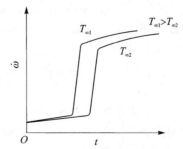

图 1-1　着火时化学反应速率出现的跃变

火问题,对于开口系统,着火条件还包括着火距离等。

4. 着火的判别准则

根据着火机理,通过对着火阶段的热量平衡的分析,可以得到产生着火的条件。根据这些着火条件,可知促使化学反应速率出现跃变存在很多因素,如伴随反应速率出现跃变,温度也出现跃变等。因此,判别是否着火存在多种准则,一般视不同情况采用不同的判别准则。常用的判别准则有:

(1) 化学反应速率临界点判别准则

当化学反应速率(一般指气相化学反应)超过某临界点时,化学反应速率会出现跃变,即达到着火条件,这时

$$\dot{\omega} \geqslant (\dot{\omega})_{cr} \tag{1-1}$$

图 1-1 所示正是该准则指出的化学反应临界点(跃变)。

(2) 临界温度判别准则

当加热温度 T 超过某一临界温度 T_{cr} 时,便可认为着火,即

$$T \geqslant T_{cr} \tag{1-2}$$

达到着火的临界温度称为着火温度。临界温度 T_{cr} 常取可燃物的燃点 T_B,也可以是满足其他着火条件时如临界化学反应速率对应的温度。

(3) 放热率判别准则

燃烧化学反应在单位时间、单位体积内的放热量或散热量称为空间放热率和空间散热率,分别用 $\delta\dot{Q}_G$ 与 $\delta\dot{Q}_L$ 表示。当化学反应的空间放热率 $\delta\dot{Q}_G$ 超过散热率 $\delta\dot{Q}_L$ 时,热量会逐渐积累,便可认为达到着火的基本条件,即

$$\delta\dot{Q}_G \geqslant \delta\dot{Q}_L \tag{1-3}$$

该准则实际上只是给出了着火必须满足的热量条件,可结合其他判别准则一同使用。

(4) 放热率临界点判别准则

研究表明,空间放热率和空间散热率随温度变化的相互关系决定了着火条件——当 $\delta\dot{Q}_G$ 与 $\delta\dot{Q}_L$ 相切时,化学反应速率达到跃变的条件,如图 1-2 所示,这时满足如下关系式

$$\frac{d(\delta\dot{Q}_G)}{dT} = \frac{d(\delta\dot{Q}_L)}{dT} \tag{1-4}$$

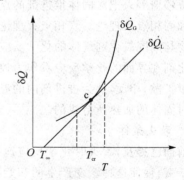

图 1-2　$\delta\dot{Q}_G$ 和 $\delta\dot{Q}_L$ 相切

(5) 温度变化临界点判别准则

当温度升高速率达到某临界值时,便可认为达到跃变的条件,如图 1-3 所示,即

$$\frac{dT}{dt} \geqslant \left(\frac{dT}{dt}\right)_{cr} \tag{1-5}$$

（6）温度变化出现拐点判别准则

当温度变化曲线出现拐点，便可认为达到跃变的条件，如图 1-4 所示，即

$$\frac{d^2 T}{dt^2} = 0 \qquad\qquad (1-6)$$

当温度变化临界点取某极值时，温度拐点判别准则与温度变化临界点判别准则的本质是一致的，可以从图 1-3 和图 1-4 中看出它们的联系。

另外，还可以采用燃烧的发光强度等参数来判别着火。

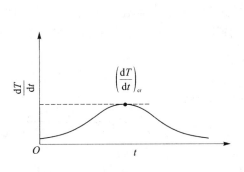

图 1-3 温度变化临界点判别准则　　　图 1-4 温度变化出现拐点判别准则

5. 着火延迟时间

又称为着火感应期，是指可燃物从开始反应到出现火焰瞬间的这一段时间。严格意义上，着火延迟时间定义为在可燃物已达到着火条件的情况下，由初始状态到跃变状态所需要的时间。对于强迫着火，常称为点火延迟时间。

1.3.2 火焰传播

在实际燃烧中，总是首先由局部区域开始着火并形成火焰，然后再传播到周围的其他空间。燃烧能够由局部向周围发展，正是由于火焰具有传播的特性，这种传播的火焰也叫火焰波或燃烧波。

如图 1-5 所示，在静止的预混可燃气体中任意点 O 采用炽热物体或电火花等形式点燃，火焰会向四周传播，形成球形火焰面，是典型的预混火焰，可以观察到典型的火焰传播现象。火焰前面是未燃气体，火焰后面则是温度很高的已燃气体，它们的分界线为一薄层火焰面，这就是化学反应发光区，称为火焰锋（或火焰前锋、火焰前沿、焰锋）。火焰锋的厚度称为焰锋宽度，通常在 1 mm 以下，一般只有十分之几毫米甚至百分之几毫米。在火焰锋中进行着强烈的燃烧化学反应，放出大量的热，使得燃气温度从环境温度 T_∞ 升高到燃烧温度 T_f，与相邻气体之间存在很大的温度梯度和浓度梯度。正是高温火焰的迅速传热和物质浓度的迅速扩散，火焰才能自动地向未燃部分传播下去。火焰锋沿其法线方向朝未燃气体传播的速度称为火焰传播速度，又称为预混可燃气体的燃烧速度，用 v_f 表示。

预混火焰按照预混可燃气体流动的特点分为层流预混火焰和湍流预混火焰。对于层流火焰,前锋是光滑的,焰锋厚度很薄,火焰传播速度较小;当流速较高,流动变为湍流时,焰锋变宽并有明显的噪音,焰锋不再是光滑的表面,而是抖动的粗糙表面,形成湍流火焰,其火焰传播速度也明显增大。层流火焰传播速度由混合气体的物理化学参数决定,而湍流火焰传播速度则不仅与混合气体的物理化学参数有关,还与湍流的流动特性有关。卡辛瓦基(T. Kashiwagi)和萨默菲尔德等人研究了高温含氧气流对固体燃料的点火和火焰在固体燃料上的传播问题,如图1-6所示,发现固体燃料的点火位置、点火延迟时间及火焰传播速度等不仅与高温气流的氧含量、温度、流速、压强等有关,还与固体燃料的性质,特别是热解反应和气相反应的活化能大小有关。

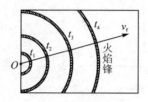

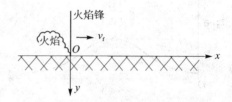

图1-5　层流预混火焰的传播　　**图1-6　火焰在固体推进剂表面的传播示意图**

　　对于推进剂的火焰传播,麦克阿列维(R.F. III McAlevy)等人研究了在静止大气中火焰沿双基推进剂表面的传播情况,观察到在点火之后的瞬间,火焰传播速度有点不稳定,但到一定距离后就变得很稳定了。火焰传播速度直接随压强和气体中氧含量及推进剂表面的粗糙度而变化。火焰传播速度随压强的大小和气体中可反应组分的质量分数成指数关系变化,指数和系数都随表面粗糙度而增大。对表面粗糙化的试样,还观测到在火焰锋前面的偶然点火现象,估计这是由于粗糙表面接受较多的辐射加热的结果,为此提出了气相点火过程的平滑表面简化分析模型。米切尔(R.C. Mitchell)和瑞安(N.W. Ryan)研究了火焰沿不含铝的复合推进剂新切断面传播的情况,观察到燃烧区的扩展是由出现分散的微小火焰团而引起的,而不是连续的火焰锋移动。在主火焰锋前某个位置上出现二次的小的火焰微团以比主火焰锋较慢的速率传播,这些小的火焰微团通常被主火焰锋赶上,并被吞并。他们把压强的影响和燃气速度的影响分开考虑,两种影响都提高了火焰的传播速度,并且压强的影响比燃气速度的影响更大。目前在推进剂的点火和火焰传播方面已经做了许多试验和理论研究工作,但仍然是不完善的。

1.3.3　熄　火

　　熄火是燃烧的终止,当燃烧系统的放热率小于散热率时,就会产生熄火。要达到放热率小于散热率的条件,一方面可通过减小放热率的方法达到熄火,如对燃烧体系突然施加减弱或阻止燃烧反应进行的阻燃剂;另一方面也可以通过增大散热率的办法达到熄火,如突然给燃烧体系施加一个强的气流,使散热率突然增大。熄火与点火一样也存在熄火延迟时间。

采用人工方法的熄火称为强迫熄火,在消防、火灾等领域又称为灭火。可控的燃烧一直是人们梦寐以求的,当我们需要燃烧的时候,可以让燃烧更加充分,热效率更高;当我们不需要燃烧的时候,能够让燃烧很快停止,即熄火。有些燃烧,至今还难以完全控制,如火灾、发动机的意外熄火等,它们对人类安全的影响无时不在。因此,对熄火的研究与对着火和稳定燃烧的研究同样重要。

1. 熄火的基本原理

由燃烧必须具备的基本条件可以得知,熄火就是破坏燃烧条件使燃烧反应终止的过程。其基本原理可以归纳为以下几个方面:冷却、窒息、隔离、化学抑制和降压。

（1）冷却熄火

对可燃物来说,能够持续燃烧的条件之一就是它们在火焰或热的作用下达到了各自的着火温度。因此,将可燃物冷却到其燃点或闪点以下,燃烧反应就会中止。如水的熄火机理主要是冷却作用。

（2）窒息熄火

各种可燃物的燃烧都必须在其最低氧气浓度以上才能进行,否则就会熄火。因此,通过降低燃烧物周围的氧气浓度可以起到灭火的作用。通常使用的二氧化碳、氮气、水蒸气等,还有用干粉、沙土、湿布等覆盖燃烧物,其熄火机理主要是窒息作用。

（3）隔离熄火

将正在燃烧的物质和周围未燃烧的可燃物质或氧气隔离或移开,中断可燃物质或氧气的供给,燃烧反应就会自动中止。如在燃烧中,关闭可燃气体或可燃液体管道的阀门,以减少和阻止可燃物进入燃烧区;打开有关阀门,使已经发生燃烧的容器或受到火势威胁的容器中的液体可燃物通过管道导至安全区域,都是隔离熄火的措施。

（4）化学抑制熄火

使用一些特殊的化学物质与链反应的中间活性组分（自由基）反应,从而中断燃烧的链反应而使燃烧不能持续进行。常用的干粉灭火剂、卤代烷灭火剂,其主要熄火机理就是化学抑制作用。

（5）降压熄火

在密闭或半密闭空间中进行的燃烧,常常需要较高的压强才能剧烈进行,如固体火箭推进剂稳定燃烧时的压强常达到 10 MPa 以上,如果将压强很快降低（称为卸压）,燃烧便会中止。

为了达到更好的熄火,实际的熄火过程往往是由上述多种因素共同作用来完成的。

2. 常用灭火剂

可用于灭火的物质称为灭火剂。常见的灭火剂包括水、二氧化碳、发泡物质、干粉等。

（1）水

水是自然界中分布最广、最廉价的灭火剂。由于水具有较高的比热容和较高的汽化热，因此在灭火中其冷却作用十分明显，其灭火机理主要是冷却和窒息作用。水灭火剂的主要缺点是产生水渍损失和流动污染，不能用于带电火灾的扑救。

（2）二氧化碳

二氧化碳是一种气体灭火剂，在自然界中存在也较为广泛，价格低，获取容易，其灭火机理是利用喷出液态二氧化碳的窒息作用和部分冷却作用。二氧化碳灭火不留痕迹，并有一定的电绝缘性能等特点，适宜中低压带电电器、贵重设备、图书资料、仪器仪表及一般可燃液体的火灾。主要缺点是灭火需要的二氧化碳浓度高，容易使人员受到窒息毒害。

（3）泡沫灭火剂

泡沫灭火剂是通过与水混溶、采用机械或化学反应的方法产生泡沫的灭火剂。泡沫灭火剂的灭火机理主要是冷却、窒息作用，即在着火的燃烧物表面上形成一个连续的泡沫层，通过泡沫本身和所析出的混合液对燃烧物表面进行冷却，以及通过泡沫层的覆盖作用使燃烧物与氧隔绝而灭火。泡沫灭火剂的主要缺点是水渍损失和污染，不能用于带电火灾的扑救。

泡沫灭火剂可分为化学泡沫灭火剂和空气泡沫灭火剂两大类。化学泡沫灭火剂包括硫酸铝（酸性）和碳酸氢钠（碱性）两种化学药剂，使用时，两种溶液混合引起化学反应产生泡沫。空气泡沫灭火剂可根据不同需要充装蛋白泡沫、氟蛋白泡沫、聚合物泡沫、轻水（水成膜）泡沫和抗溶性泡沫等，其性能优良，贮存期长，灭火效力高，使用方便，是化学泡沫灭火剂的更新换代产品。

（4）干粉灭火剂

干粉灭火剂是由具有灭火效能的无机盐和少量的添加剂经干燥、粉碎、混合而成的微细固体粉末，其灭火机理主要是化学抑制和窒息作用。除扑救金属火灾的专用干粉灭火剂外，常用干粉灭火剂有碳酸氢钠干粉、改性钠盐干粉、磷酸二氢铵干粉、磷酸氢二铵干粉、磷酸干粉等。

干粉灭火剂主要通过在加压气体的作用下喷出的粉雾与火焰接触、混合时发生物理、化学作用而灭火。干粉中无机盐的挥发性分解物与燃烧过程中燃烧物质所产生的自由基或活性基发生化学抑制和负化学催化作用，使燃烧的链反应中断而灭火；另外，干粉的粉末落到可燃物表面上，发生化学反应，并在高温作用下形成一层覆盖层，从而隔绝氧而窒息灭火。干粉灭火剂可用于扑救石油及其制品、可燃液体、可燃气体、可燃固体物质和高压带电设备的初起火灾等，主要缺点是对于精密仪器易造成污染。

（5）卤代烷灭火剂

卤代烷灭火剂的灭火机理是卤代烷接触高温表面或火焰时，分解产生的活性自由基通过溴和氟等卤素氢化物的负化学催化作用和化学净化作用，大量捕捉、消耗燃烧链式反应中产生的自由基,破坏和抑制燃烧的链式反应,而迅速将火焰扑灭。另外,还有部分稀释氧和冷却作用。卤代烷灭火剂的主要缺点是破坏臭氧层。目前常用的卤代烷灭火剂有 1211 灭火剂和 1301 灭火剂。1211 灭火剂是目前国内使用量最大的一种卤代烷灭火剂,具有灭火效力高,毒性低,腐蚀性小,久储不变质,灭火后不留痕迹,不污染被保护物,电绝缘性能好等优点,尤其适用于扑救精密仪器、计算机、珍贵文物及贵重物资仓库等的初起火灾。但其化学稳定性较好,对大气中臭氧层破坏较严重,我国在 2010 年后予以淘汰。1301 灭火剂除具有 1211 灭火剂的优点外,其毒性更低,但化学稳定性更好,对大气中臭氧层的破坏更大,因此也是要被取代的产品。

参考文献

[1] 曲作家,张振铎,孙思诚. 燃烧理论基础 [M]. 北京:国防工业出版社,1989.

[2] 汪军,马其良,张振东. 工程燃烧学 [M]. 北京:中国电力出版社,2008.

[3] 顾恒祥. 燃料与燃烧 [M]. 西安:西北工业大学出版社,1993.

[4] 王伯羲,冯增国,杨荣杰. 火药燃烧理论 [M]. 北京:北京理工大学出版社,1997.

[5] 百度百科. 燃烧[OL]. [2010.04.05]http://baike.baidu.com/view/62786/5118707.htm.

[6] 周力行. 燃烧理论和化学流体力学 [M]. 北京:科学出版社,1986.

[7] [美]郭 K K. 燃烧原理 [M]. 陈义良,张孝春,孙慈,等译. 北京:航空工业出版社,1992.

[8] [美]郭 K K,萨默菲尔德 M. 固体推进剂燃烧基础(上册)[M]. 宋兆武,译. 北京:宇航出版社,1988.

[9] [美]郭 K K,萨默菲尔德 M. 固体推进剂燃烧基础(下册)[M]. 朱荣贵,于广经,廉茂林,等译. 北京:宇航出版社,1994.

[10] 王克秀,李葆萱,吴心平. 固体火箭推进剂及燃烧 [M]. 北京:国防工业出版社,1983.

[11] 周校平,张晓男. 燃烧理论基础 [M]. 上海:上海交通大学出版社,2001.

[12] 万俊华,郜冶,夏允庆. 燃烧理论基础 [M]. 黑龙江:哈尔滨船舶工程学院出版社,1992.

[13] 王守范. 固体火箭发动机燃烧与流动 [M]. 北京:北京工业学院出版社,1987.

[14] [英]斯柏尔丁 D B. 燃烧与传质 [M]. 常弘哲,张连方,叶懋权,等译. 北京:国防工业出版社,1984.

[15] 董师颜,张兆良. 固体火箭发动机原理 [M]. 北京:北京理工大学出版社,1996.

[16] 武晓松,陈军,王栋. 固体火箭发动机原理 [M]. 北京:兵器工业出版社,2011.

第 2 章　化学动力学基础

燃烧是一个包括了物理变化和化学变化的综合过程,因此在研究燃烧时必然涉及物理变化过程(如传热、扩散等)和化学反应过程。在实际燃烧中,这两种过程紧密相关,相互影响,相互制约。但在分析燃烧现象时,为了研究方便,通常将两者分开单独研究,然后再分析两者之间的相互作用。本章主要讨论燃烧中的化学反应速率问题。

任何化学反应都是在一定的反应速率下进行的,有的进行得非常快,瞬间即可完成(如氢和氧的燃烧),有的进行得非常缓慢(如自然条件下金属生锈)。而燃烧中的化学反应,大都是快速反应。化学动力学是研究化学反应速率及其反应机理的科学,即研究化学反应进行快慢的条件,以及如何控制这些条件。

化学动力学的研究主要分为三个方面:

(1) 唯象动力学:研究总反应的速率及影响因素,"唯象"是指只以化学反应的宏观现象为依据,如反应中压强 p、温度 T 等的变化。

(2) 基元反应动力学:探讨基元反应(一步即完成的简单反应)的动力学规律与理论,并以此为依据来探讨总反应的动力学行为。

(3) 分子反应动力学:从分子、原子的量子力学角度研究分子间碰撞行为与化学反应的关系。

本章主要内容包括:2.1 多组分气体混合物;2.2 化学反应速率;2.3 化学反应级数;2.4 化学反应的机理;2.5 链反应。

2.1　多组分气体混合物

火箭发动机中的工质——燃气,是由若干种不同性质的气体和粒子(统称为组分)组成的气体混合物。混合物的性质取决于组成组分,以及各组分的性质。如果各组分都是理想气体,则其混合物也是理想气体,即服从理想气体的热状态方程,具有理想气体的一切特性,这种气体混合物称为理想气体混合物。火箭燃气温度很高,在工程上常近似为理想气体混合物。

在平衡状态下,理想气体混合物的压强 p、温度 T、密度 ρ(或比容 v)和容积 V_g 之间同样遵循理想气体的热状态方程(简称状态方程),即

$$p = \rho R_g T, \quad pv = R_g T, \quad p = \frac{m R_g T}{V_g}, \quad p = \frac{n R_0 T}{V_g} \tag{2-1}$$

式中:n 为混合物总摩尔数;m 为混合物总质量;R_0 为通用气体常数,$R_0 = 8.314\,472$

$J/(mol \cdot K)$；R_g 为混合物的气体常数，与混合物的摩尔质量 M 有关，即

$$R_g = \frac{R_0}{M} \qquad (2-2)$$

考察有 N 种组分的气体混合物，第 i 种组分的质量用 m_i 表示，其摩尔质量为 M_i，摩尔数为 n_i。根据质量守恒原理，混合物的质量 m 应等于各组分的质量 m_i 之和，即

$$m = \sum_{i=1}^{N} m_i = \sum_{i=1}^{N} n_i M_i \qquad (2-3)$$

混合物的总摩尔数等于各组分摩尔数之和，即

$$n = \sum_{i=1}^{N} n_i \qquad (2-4)$$

2.1.1 分压强和分容积

在含有 N 种组分的气体混合物中，每一种组分气体在与气体混合物相同的温度 T（即处于热平衡）下，单独占据混合物容积 V_g 时所具有的压强称为该组分气体的分压强。任意 i 组分的分压强用 p_i 表示，它同样满足理想气体热状态方程，称为组分热状态方程，即

$$p_i = \frac{n_i R_0 T}{V_g} \qquad (2-5)$$

对上式两端求和，考虑到组分摩尔数式（2-4）和理想气体热状态方程式（2-1），得

$$\sum_{i=1}^{N} p_i = \sum_{i=1}^{N} \frac{n_i R_0 T}{V_g} = \frac{R_0 T}{V_g} \sum_{i=1}^{N} n_i = \frac{n R_0 T}{V_g} = p$$

即有

$$p = \sum_{i=1}^{N} p_i \qquad (2-6)$$

这就是道尔顿（J. Dalton）分压定律，即理想气体混合物的压强等于各组分的分压强之和。

当组分 i 具有与气体混合物相同的温度 T 和压强 p 而单独存在时，它所占有的容积称为分容积。用 V'_{gi} 表示第 i 组分的分容积，根据理想气体热状态方程和分容积的定义，有

$$V'_{gi} = \frac{n_i R_0 T}{p} \qquad (2-7)$$

对上式两端求和，并考虑到组分摩尔数式（2-4）和理想气体热状态方程式（2-1），可得

$$\sum_{i=1}^{N} V'_{gi} = \sum_{i=1}^{N} \frac{n_i R_0 T}{p} = \frac{R_0 T}{p} \sum_{i=1}^{N} n_i = \frac{n R_0 T}{p} = V_g$$

即

$$V_g = \sum_{i=1}^{N} V'_{gi} \qquad (2-8)$$

称为阿马伽(E. H. Amagat)分容积定律,即理想气体混合物的容积等于各组分气体的分容积之和。

在对理想气体混合物的实际处理过程中,为方便起见,一般选定一种定律进行计算。当给定压强时,采用道尔顿分压定律较合适;当容积固定并已知时,采用阿马伽定律比较方便。在固体火箭发动机的热力计算中,工作压强一般是已知的,燃烧室和喷管内的压强可以唯一确定,可视为定压系统,所以适宜采用道尔顿分压定律。除非特殊说明,下面均采用道尔顿分压定律来表示燃气组分。

2.1.2　气体混合物组分的表示方法

气体混合物包含若干组分,这些组分在混合物中的含量可用质量分数(也称质量百分比、质量相对浓度)、摩尔分数(也称摩尔百分比、摩尔相对浓度)、容积分数(也称体积分数、容积百分比)、分子数浓度(或粒子数浓度)、摩尔浓度、质量浓度等来表示。

组分 i 的质量分数或质量百分比 Y_i 定义为

$$Y_i = \frac{m_i}{m} \qquad (2-9)$$

组分 i 的摩尔分数或摩尔百分比 X_i 定义为

$$X_i = \frac{n_i}{n} \qquad (2-10)$$

组分 i 的容积分数 φ_i 定义为

$$\varphi_i = \frac{V'_{gi}}{V_g} \qquad (2-11)$$

显然,容积分数主要在固相物质中或在采用阿马伽分容积定律时使用。由于理想气体的体积与摩尔数成正比(理想气体的标准摩尔体积为 22.4×10^{-3} m³/mol),因此,对于理想气体混合物,容积分数与摩尔分数的定义是相同的。

组分 i 的分子数浓度(粒子数浓度) C_{N_i} 表示在单位体积的反应系统中包含该物质的分子数(或粒子数)。设反应系统中的总分子(或粒子数)为 N_i,则有

$$C_{N_i} = \frac{N_i}{V_g} \qquad (2-12)$$

组分 i 的摩尔浓度 C_i(或用符号"$[i]$"表示)定义为

$$C_i = \frac{n_i}{V_g}, \quad 或 \quad [i] = \frac{n_i}{V_g} \qquad (2-13)$$

组分 i 的组分密度(或称组分的质量浓度) ρ_i 定义为

$$\rho_i = \frac{m_i}{V_g} \qquad (2-14)$$

2.1.3　气体混合物参数的换算关系

根据质量分数的定义,可得摩尔分数与质量分数的关系为

$$X_i = \frac{n_i}{n} = \frac{\dfrac{m_i}{M_i}}{\dfrac{m}{M}} = \frac{M}{M_i}Y_i \qquad (2-15)$$

联立混合物热状态方程式(2-1)和组分热状态方程式(2-5),摩尔分数 X_i 又可表示为

$$X_i = \frac{n_i}{n} = \frac{p_i}{p}, \quad 或 \quad p_i = \frac{n_i}{n}p = X_i p \qquad (2-16)$$

这即是道尔顿分压强与组分摩尔数的关系。

由质量分数与摩尔浓度的定义,可知它们之间的换算关系为

$$C_i = \frac{\rho Y_i}{M_i} \qquad (2-17)$$

对于气相反应,一般浓度不容易测得,测量压强却非常方便。因此,可用分压来表示组分的浓度。由摩尔浓度定义式(2-13)和热状态方程式(2-1)、式(2-5),可知

$$C_i = \frac{n_i}{V_g} = \frac{p_i}{R_0 T}, \quad 以及 \quad C = \frac{n}{V_g} = \frac{p}{R_0 T} \qquad (2-18)$$

式中:C 表示反应系统中所有化学物质的总摩尔浓度,$C = \displaystyle\sum_{i=1}^{N} C_i$。

根据质量分数的定义,可得质量分数与组分密度的关系为

$$Y_i = \frac{m_i}{m} = \frac{\rho_i V_g}{\rho V_g} = \frac{\rho_i}{\rho}, \quad 或 \quad \rho_i = \rho Y_i \qquad (2-19)$$

由密度的定义,混合物的总密度 ρ 与组分密度 ρ_i 的关系为

$$\rho = \frac{m}{V_g} = \frac{1}{V_g}\sum_{i=1}^{N} m_i = \sum_{i=1}^{N} \frac{m_i}{V_g} = \sum_{i=1}^{N} \rho_i \qquad (2-20)$$

根据摩尔数定义,组分密度与摩尔浓度之间有如下关系

$$\rho_i = M_i C_i, \quad C_i = \frac{\rho_i}{M_i} \qquad (2-21)$$

摩尔分数与摩尔浓度之间有如下关系

$$X_i = \frac{C_i}{C} \qquad (2-22)$$

混合物的总摩尔质量为

$$M = \frac{m}{n} = \frac{1}{n}\sum_{i=1}^{N} m_i = \frac{1}{n}\sum_{i=1}^{N} n_i M_i = \sum_{i=1}^{N} X_i M_i \qquad (2-23)$$

用质量分数表示的混合物总摩尔质量则为

$$M = \frac{m}{n} = \frac{m}{\sum\limits_{i=1}^{N} n_i} = \frac{m}{\sum\limits_{i=1}^{N} \frac{m_i}{M_i}} = \frac{1}{\sum\limits_{i=1}^{N} \frac{Y_i}{M_i}} \tag{2-24}$$

将上式与式（2-2）联立，则混合物的气体常数可表示为

$$R_g = \frac{R_0}{M} = R_0 \sum_{i=1}^{N} \frac{Y_i}{M_i} = \sum_{i=1}^{N} Y_i \frac{R_0}{M_i} = \sum_{i=1}^{N} Y_i R_{gi} \tag{2-25}$$

式中：R_{gi} 为组分 i 的气体常数。

2.2 化学反应速率

研究化学反应时，人们最关心两个问题：一是化学反应进行的快慢即化学反应速率问题，二是反应进行的完全程度即化学平衡问题。在工业生产中如果能使反应速率加快，又能使反应程度接近完全，就可以又快又多地生产出产品来，提高生产效率；而对于那些对人类危害较大的化学反应，如金属腐蚀、橡胶老化等，如果能降低反应速率和延缓化学反应进行的完全程度，就可以延长产品的使用寿命。可见，化学反应速率与人们的生产和生活密切相关。

2.2.1 基元反应与总包反应

化学反应的分类方法很多，按反应的步序机理可分为基元反应（Elementary reaction）和总包反应（Overall reaction）两大类。一般所说的简单化学反应即是指基元反应，复杂化学反应则是总包反应。

基元反应是指一步即完成的简单反应，微观上可理解为分子之间直接接触发生反应的过程。基元反应是组成一切化学反应的基本单元。

常见的化学反应一般都不是一步完成的简单化学反应，而是通过若干个步序（每个步序就是一个基元反应）完成的，通常情况下，为简明起见只写出总反应式，称为总包反应。如化学反应

$$H_2 + Br_2 \leftrightarrow 2HBr \tag{2-26}$$

即为一个总包反应，它至少包含了如下几个基元反应

$$\begin{cases} ① \ Br_2 \rightarrow 2Br \\ ② \ Br + H_2 \rightarrow HBr + H \\ ③ \ H + Br_2 \rightarrow HBr + Br \\ ④ \ H + HBr \rightarrow H_2 + Br \\ ⑤ \ 2Br \rightarrow Br_2 \end{cases} \tag{2-27}$$

对于任意包含有 N 种组分的基元化学反应系统，可统一表示为

$$\sum_{i=1}^{N} \nu_i' A_i \rightarrow \sum_{i=1}^{N} \nu_i'' A_i \tag{2-28}$$

式中：A_i 表示反应系统中第 i 种化学组分；ν_i'、ν_i'' 分别表示第 i 种反应物和生成物的化学当量系数（无特殊说明，一般指摩尔数）。

例如，在一定条件下由 CO 和 O_2 燃烧生成 CO_2 的反应（假设为基元反应）为

$$2CO + O_2 \rightarrow 2CO_2$$

用统一化学反应关系式（2-28）表示该反应为

$$\nu_{CO}'CO + \nu_{O_2}'O_2 + \nu_{CO_2}'CO_2 \rightarrow \nu_{CO}''CO + \nu_{O_2}''O_2 + \nu_{CO_2}''CO_2$$

整个化学反应系统包括 CO、O_2 和 CO_2 共 3 个组分。不同反应时刻组分的变化过程如表 2-1 所列。在反应初始时刻 $t=0$，反应物的化学当量系数分别为 $\nu_{CO}'=2$、$\nu_{O_2}'=1$、$\nu_{CO_2}'=0$；在反应结束时刻 $t\rightarrow\infty$，生成物的化学当量系数为 $\nu_{CO}''=0$、$\nu_{O_2}''=0$、$\nu_{CO_2}''=2$。

两个可逆的基元反应即是一个最简单的总包反应，可用统一式表示为

$$\sum_{i=1}^{N} \nu_i' A_i \leftrightarrow \sum_{i=1}^{N} \nu_i'' A_i \qquad (2-29)$$

对于正反应，ν_i'、ν_i'' 分别表示反应物和生成物的化学当量系数；对于逆反应，ν_i'、ν_i'' 的意义相反，分别表示生成物和反应物的化学当量系数。

表 2-1　化学反应系统组分的变化关系

化学反应系统 反应时刻	反应物 $\nu_{CO}'CO + \nu_{O_2}'O_2 + \nu_{CO_2}'CO_2$	生成物 $\nu_{CO}''CO + \nu_{O_2}''O_2 + \nu_{CO_2}''CO_2$
反应初始时刻 $t=0$	$\nu_{CO}'=2$，$\nu_{O_2}'=1$，$\nu_{CO_2}'=0$	
反应结束时刻 $t\rightarrow\infty$		$\nu_{CO}''=0$，$\nu_{O_2}''=0$，$\nu_{CO_2}''=2$
$\nu_{ij}''-\nu_{ij}'$	$\nu_{CO}''-\nu_{CO}'=-2$，$\nu_{O_2}''-\nu_{O_2}'=-1$	$\nu_{CO_2}''-\nu_{CO_2}'=2$

对于具有 N 种组分和 N_R 个基元反应的总包反应，一般反应方程式可表示为

$$\sum_{i=1}^{N} \nu_{ij}' A_i \rightarrow \sum_{i=1}^{N} \nu_{ij}'' A_i, \qquad j=1,2,\cdots,N_R \qquad (2-30)$$

式中：ν_{ij}' 和 ν_{ij}'' 表示第 j 个基元反应中第 i 种反应物和生成物的化学当量系数。以式（2-27）所示总包反应的各个基元反应为例，可知，该反应系统包含了 Br_2、Br、H_2、HBr、H 共 5 个化学组分和 5 个基元反应。

对于具有 N 种组分和 N_{R2} 对可逆基元反应组成的总包反应，一般反应方程式可表示为

$$\sum_{i=1}^{N} \nu_{ij}' A_i \leftrightarrow \sum_{i=1}^{N} \nu_{ij}'' A_i, \qquad j=1,2,\cdots,N_{R2} \qquad (2-31)$$

2.2.2　基元反应的化学反应速率

化学反应速率表示化学反应进行的快慢程度。可以发现，各种化学反应的速率有很大的差别。有的化学反应速率很高，如火药爆炸、剧烈燃烧反应等在很短的时间内即可完成；有的反应速率则很低，需要很长时间才能观察到其变化，如煤和石油的

形成则需要经过几十万年的时间。对于给定燃料和氧化剂的化学反应,反应快意味着燃料和氧化剂消耗得快,其燃烧产物生成得也越快。因此,给定化学反应的反应速率可以用反应系统中物质浓度的变化来表示。

1. 组分的化学反应速率

化学反应速率的高低可用单位时间内反应物浓度的减少或生成物浓度的增加来表示。任意组分 i 的摩尔浓度用符号 C_i 或"$[i]$"表示,单位为 mol/m^3。

定义

$$\dot{r}_i = \frac{dC_i}{dt}, \quad 或 \quad \dot{r}_i = \frac{d[i]}{dt} \qquad (2-32)$$

为化学反应系统中组分 i 的化学反应速率。

反应物的化学反应速率又称为消耗速率或消耗率,生成物的化学反应速率又称为生成速率或生成率。由于不同化学反应的反应快慢差异很大,时间的单位需根据具体反应进行的快慢可用秒(s)、分(min)或小时(h)表示,因此,化学反应速率的单位分别对应为 $mol/(m^3 \cdot s)$、$mol/(m^3 \cdot min)$ 和 $mol/(m^3 \cdot h)$ 等。

化学反应速率随时间可能是变化的,式(2-32)表示组分 i 在某瞬时的化学反应速率。

工业上,如果在一段时间内测得组分浓度的变化,可以用平均化学反应速率来表示其反应的快慢,即

$$\dot{r}_i \approx \frac{\Delta C_i}{\Delta t}, \quad 或 \quad \dot{r}_i \approx \frac{\Delta [i]}{\Delta t} \qquad (2-33)$$

仍以 CO、O_2 燃烧生成 CO_2 的反应为例。设在初始时刻,反应物 CO 和 O_2 的摩尔浓度分别为 $2.0\ mol/m^3$ 和 $1.0\ mol/m^3$;假设在反应进行到 $t=3\ s$ 时,测得反应物 O_2 的浓度为 $0.7\ mol/m^3$。不同时刻各组分的摩尔浓度变化如表 $2-2$ 所列。

表 2-2 不同时刻化学反应系统 $2CO+O_2 \rightarrow 2CO_2$ 中组分浓度的变化关系

化学反应系统 分 类	2CO +	O₂ →	2CO₂
反应初始时刻 $t=0\ s$	$C_{CO}=2.0\ mol/m^3$	$C_{O_2}=1.0\ mol/m^3$	$C_{CO_2}=0\ mol/m^3$
反应时刻 $t=3\ s$		$C_{O_2}=0.7\ mol/m^3$	
反应结束时刻 $t\rightarrow\infty$	$C_{CO}=0\ mol/m^3$	$C_{O_2}=0\ mol/m^3$	$C_{CO_2}=2\ mol/m^3$
3 s 内浓度变化	$-0.3\times2\ mol/m^3$	$-0.3\ mol/m^3$	$+0.3\times2\ mol/m^3$
组分的平均化学反应速率	$-0.2\ mol/(m^3 \cdot s)$	$-0.1\ mol/(m^3 \cdot s)$	$+0.2\ mol/(m^3 \cdot s)$
$\nu_i'' - \nu_i'$	$\nu_{CO}'' - \nu_{CO}' = -2$	$\nu_{O_2}'' - \nu_{O_2}' = -1$	$\nu_{CO_2}'' - \nu_{CO_2}' = 2$

从表 $2-2$ 中可知,反应物 O_2 在 $3\ s$ 内的平均化学反应速率(消耗率)为

$$\dot{r}_{O_2} = \frac{\Delta C_{O_2}}{\Delta t} = \frac{0.7 - 1.0}{3} = \frac{-0.3}{3} = -0.1 \ \mathrm{mol/(m^3 \cdot s)}^*$$

生成物 CO_2 的平均化学反应速率(生成率)为

$$\dot{r}_{CO_2} = \frac{2 \times 0.3 - 0}{3} = 0.2 \ \mathrm{mol/(m^3 \cdot s)}$$

可见,同一个化学反应系统中,反应物的化学反应速率为负,生成物的化学反应速率为正,而且不同组分的化学反应速率可能是不相同的。

在燃烧流动的控制方程中,考虑化学反应时采用质量浓度定义的反应速率比较方便。定义

$$\dot{\omega}_i = \frac{\mathrm{d}\rho_i}{\mathrm{d}t} \qquad (2-34)$$

为用质量浓度表示的任意组分 i 的化学反应速率。由式(2-21)表示质量浓度与摩尔浓度的关系,可知

$$\dot{\omega}_i = \frac{\mathrm{d}\rho_i}{\mathrm{d}t} = M_i \frac{\mathrm{d}C_i}{\mathrm{d}t} = M_i \cdot \dot{r}_i \qquad (2-35)$$

2. 化学反应的化学反应速率

表 2-2 所列的化学反应各组分的化学反应速率的计算结果表明,同一化学反应中不同物质的反应速率可能是不同的。但是,在同一化学反应系统中,反应物和生成物在数量上的变化必然存在一定的关联,因此,各组分的反应速率之间也必然存在一定的数量关系。

观察表 2-2 可知,在同一个化学反应系统中,不同组分的化学反应速率可通过各自的化学当量系数联系起来,即有

$$\dot{r} = \frac{1}{\nu_i'' - \nu_i'} \cdot \dot{r}_i = \frac{1}{\nu_j'' - \nu_j'} \cdot \dot{r}_j \qquad (2-36)$$

称 $\dot{r}$ 为该化学反应的化学反应速率。因此,给定化学反应,该反应的化学反应速率是一定的,不会随不同组分而变化。

仍以 CO、O_2 燃烧生成 CO_2 的反应为例,在表 2-2 中,以 O_2 表示的该化学反应的平均化学反应速率为

$$\dot{r} = \frac{1}{\nu_{O_2}'' - \nu_{O_2}'} \frac{\Delta C_{O_2}}{\Delta t} = -\frac{0.7 - 1.0}{3} = 0.1 \ \mathrm{mol/(m^3 \cdot s)}$$

用其他组分计算,也可得到相同的结果。

3. 反应速率方程

化学反应速率除受参与反应的组分的影响外,还受许多外在因素如浓度、温度、催化剂、电磁场等影响。在其他因素一定的情况下,只反映浓度对化学反应速率影响的关系式称为化学反应速率方程,即

---

　* 为简明性,本书中公式运算中均采用此形式,而不在过程中带单位。——出版者

$$\dot{r} = f(C_1, C_2, C_3, \cdots, C_N) \tag{2-37}$$

此方程的具体函数关系需由动力学实验结果确定,故又称为经验速率方程。

在外界条件恒定的情况下,反应速率通常是随时间推移而减小的,这是因为反应物浓度在不断降低。揭示浓度对化学反应速率的影响规律,这就是质量作用定律。1867 年挪威化学家古德贝格(C. M. Guldberg)和数学家瓦格(P. Waage)总结大量实验结果,指出:在其他条件如温度等恒定情况下,基元反应的化学反应速率与反应物浓度的化学当量系数 ν'_χ 次方的乘积成正比,即有

$$\dot{r} = k \prod_{\chi=1}^{N} C_\chi^{\nu'_\chi} \tag{2-38}$$

式中:k 称为化学反应速率常数。

结合式(2-36)和式(2-38),可得化学反应速率为

$$\dot{r} = \frac{1}{\nu''_i - \nu'_i} \frac{dC_i}{dt} = k \prod_{\chi=1}^{N} C_\chi^{\nu'_\chi} \tag{2-39}$$

则任意组分 i 的反应速率为

$$\dot{r}_i = \frac{dC_i}{dt} = (\nu''_i - \nu'_i) \cdot k \prod_{\chi=1}^{N} C_\chi^{\nu'_\chi} \tag{2-40}$$

引入符号 k_i,表示组分 i 的化学反应速率常数,定义为

$$k_i = (\nu'_i - \nu''_i) \cdot k \tag{2-41}$$

可见,组分 i 的化学反应速率常数 k_i 等于化学反应速率常数 k 的 $(\nu'_i - \nu''_i)$ 倍。则任意组分 i 的反应速率式(2-40)可变为

$$\dot{r}_i = \frac{dC_i}{dt} = -k_i \prod_{\chi=1}^{N} C_\chi^{\nu'_\chi} \tag{2-42}$$

2.2.3 总包反应的化学反应速率

总包反应是由基元反应组成的,因此,总包反应的化学反应速率可由其基元反应速率来确定。对于由两个可逆基元反应组成的最简单的总包反应,由式(2-29)表示,设正反应速率常数为 k_f,逆反应速率常数为 k_b,其化学反应式表示为

$$\sum_{i=1}^{N} \nu'_i A_i \underset{k_b}{\overset{k_f}{\longleftrightarrow}} \sum_{i=1}^{N} \nu''_i A_i \tag{2-43}$$

由化学反应速率式(2-39),可得正反应速率为

$$\dot{r}_f = \frac{1}{\nu''_i - \nu'_i} \frac{dC_i}{dt} = k_f \prod_{\chi=1}^{N} C_\chi^{\nu'_\chi} \tag{2-44}$$

逆反应速率为

$$\dot{r}_b = \frac{1}{\nu'_i - \nu''_i} \frac{dC_i}{dt} = k_b \prod_{\chi=1}^{N} C_\chi^{\nu''_\chi} \tag{2-45}$$

可逆反应的总化学反应速率等于正反应速率与逆反应速率之差,即

$$\dot{r} = \dot{r}_f - \dot{r}_b = k_f \prod_{\chi=1}^{N} C_{\chi}^{v'_{\chi}} - k_b \prod_{\chi=1}^{N} C_{\chi}^{v''_{\chi}} \tag{2-46}$$

当正、逆化学反应速率相等，即

$$k_f \prod_{\chi=1}^{N} C_{\chi}^{v'_{\chi}} = k_b \prod_{\chi=1}^{N} C_{\chi}^{v''_{\chi}} \tag{2-47}$$

时，化学反应处于平衡状态，反应系统各组分浓度 C_i 不再变化，因此，正、逆反应速率之比为一常数。定义

$$k_e = \frac{k_f}{k_b} \tag{2-48}$$

为化学平衡常数，是表示化学反应处于平衡状态的重要参数。由化学反应平衡关系式(2-47)，可得

$$k_e = \frac{k_f}{k_b} = \prod_{\chi=1}^{N} C_{\chi}^{v''_{\chi} - v'_{\chi}} \tag{2-49}$$

在同一反应系统中，由摩尔浓度定义式(2-13)，可得用摩尔数表示的平衡常数为

$$k_n = \prod_{\chi=1}^{N} n_{\chi}^{v''_{\chi} - v'_{\chi}} \tag{2-50}$$

由组分热状态方程式(2-5)，可得用分压表示的平衡常数为

$$k_p = \prod_{\chi=1}^{N} p_{\chi}^{v''_{\chi} - v'_{\chi}} \tag{2-51}$$

对于气相化学反应，实际测量的平衡常数主要是用分压表示的，只是温度的函数。不同化学反应的平衡常数可从化学手册中查到。由热状态方程式(2-1)和组分热状态方程式(2-5)，可知用摩尔数表示的平衡常数 k_n 与用分压表示的平衡常数 k_p 之间存在如下关系

$$k_n = k_p \cdot \left(\frac{p}{n} \right)^{v' - v''} \tag{2-52}$$

式中：p 为系统总的压强；$v' = \sum_{\chi=1}^{N} v'_{\chi}$，$v'' = \sum_{\chi=1}^{N} v''_{\chi}$，分别为反应物和生成物总的化学当量系数。

对于具有 N 种组分和 N_R 个基元反应的总包反应，由式(2-30)表示。设任意第 j 个基元反应的反应速率常数为 k_j，其化学反应式可表示为

$$\sum_{i=1}^{N} v'_{ij} A_i \xrightarrow{k_j} \sum_{i=1}^{N} v''_{ij} A_i, \qquad j = 1, 2, \cdots, N_R \tag{2-53}$$

该总包反应中，每一个基元反应的化学反应速率都可用式(2-39)表示，即对于任意第 j 个基元反应，其反应速率为

$$\dot{r}_j = \frac{1}{v''_{ij} - v'_{ij}} \frac{dC_{ij}}{dt} = k_j \prod_{\chi=1}^{N} C_{\chi}^{v'_{\chi,j}} \tag{2-54}$$

在任意第 j 个基元反应中,任意组分 i 的化学反应速率为

$$\dot{r}_{ij} = \frac{\mathrm{d}C_{ij}}{\mathrm{d}t} = (\nu''_{ij} - \nu'_{ij}) \cdot k_j \prod_{\chi=1}^{N} C_{\chi}^{\nu'_{\chi,j}} \qquad (2-55)$$

则在整个总包反应的化学反应系统中,任意组分 i 总的化学反应速率(生成率或消耗率)为所有基元反应中该组分的化学反应速率之和,即

$$\dot{r}_i = \frac{\mathrm{d}C_i}{\mathrm{d}t} = \sum_{j=1}^{N_R} \frac{\mathrm{d}C_{ij}}{\mathrm{d}t} = \sum_{j=1}^{N_R} \left[(\nu''_{ij} - \nu'_{ij}) \cdot k_j \prod_{\chi=1}^{N} C_{\chi}^{\nu'_{\chi,j}} \right] \qquad (2-56)$$

以及

$$\dot{\omega}_i = \frac{\mathrm{d}\rho_i}{\mathrm{d}t} = M_i \frac{\mathrm{d}C_i}{\mathrm{d}t} = M_i \cdot \sum_{j=1}^{N_R} \left[(\nu''_{ij} - \nu'_{ij}) \cdot k_j \prod_{\chi=1}^{N} C_{\chi}^{\nu'_{\chi,j}} \right] =$$

$$M_i \cdot \sum_{j=1}^{N_R} \left[(\nu''_{ij} - \nu'_{ij}) \cdot k_j \prod_{\chi=1}^{N} \left(\frac{\rho_\chi}{M_\chi} \right)^{\nu'_{\chi,j}} \right] \qquad (2-57)$$

对于具有 N 种组分和 N_{R2} 对可逆基元反应的总包反应,由式(2-31)表示。设任意第 j 对基元反应的正、逆反应速率常数分别为 k_{f_j} 和 k_{b_j},其化学反应式可表示为

$$\sum_{i=1}^{N} \nu'_{ij} A_i \underset{k_{b_j}}{\overset{k_{f_j}}{\longleftrightarrow}} \sum_{i=1}^{N} \nu''_{ij} A_i, \qquad j = 1, 2, \cdots, N_{R2} \qquad (2-58)$$

每一对可逆的基元化学反应速率用式(2-46)表示,则任意第 j 对可逆基元反应的化学反应速率为

$$\dot{r}_j = \dot{r}_{f_j} - \dot{r}_{b_j} = k_{f_j} \prod_{\chi=1}^{N} C_{\chi}^{\nu'_{\chi,j}} - k_{b_j} \prod_{\chi=1}^{N} C_{\chi}^{\nu''_{\chi,j}} \qquad (2-59)$$

在任意第 j 对可逆基元反应中,任意组分 i 的化学反应速率为

$$\dot{r}_{ij} = \frac{\mathrm{d}C_{ij}}{\mathrm{d}t} = (\nu''_{ij} - \nu'_{ij}) \cdot \left(k_{f_j} \prod_{\chi=1}^{N} C_{\chi}^{\nu'_{\chi,j}} - k_{b_j} \prod_{\chi=1}^{N} C_{\chi}^{\nu''_{\chi,j}} \right) \qquad (2-60)$$

因此,在有 N_{R2} 对可逆基元反应的总包反应中,任意组分 i 的总的化学反应速率为

$$\dot{r}_i = \frac{\mathrm{d}C_i}{\mathrm{d}t} = \sum_{j=1}^{N_{R2}} \frac{\mathrm{d}C_{ij}}{\mathrm{d}t} = \sum_{j=1}^{N_{R2}} \left[(\nu''_{ij} - \nu'_{ij}) \cdot \left(k_{f_j} \prod_{\chi=1}^{N} C_{\chi}^{\nu'_{\chi,j}} - k_{b_j} \prod_{\chi=1}^{N} C_{\chi}^{\nu''_{\chi,j}} \right) \right]$$

$$(2-61)$$

或

$$\dot{\omega}_i = \frac{\mathrm{d}\rho_i}{\mathrm{d}t} = M_i \frac{\mathrm{d}C_i}{\mathrm{d}t} =$$

$$M_i \cdot \sum_{j=1}^{N_{R2}} \left[(\nu''_{ij} - \nu'_{ij}) \cdot \left(k_{f_j} \prod_{\chi=1}^{N} C_{\chi}^{\nu'_{\chi,j}} - k_{b_j} \prod_{\chi=1}^{N} C_{\chi}^{\nu''_{\chi,j}} \right) \right] =$$

$$M_i \cdot \sum_{j=1}^{N_{R2}} \left\{ (\nu''_{ij} - \nu'_{ij}) \cdot \left[k_{f_j} \prod_{\chi=1}^{N} \left(\frac{\rho_\chi}{M_\chi} \right)^{\nu'_{\chi,j}} - k_{b_j} \prod_{\chi=1}^{N} \left(\frac{\rho_\chi}{M_\chi} \right)^{\nu''_{\chi,j}} \right] \right\}$$

$$(2-62)$$

2.3　化学反应级数

实际存在的大部分化学反应都是总包反应,包含了许多基元反应,化学反应速率的计算过程非常复杂,给实际应用与分析带来诸多不便。引入化学反应级数的概念则可以采用与基元反应类似的简单方程来表示总包反应的过程,应用十分方便。

2.3.1　化学反应级数的定义

对于式(2-28)所示的基元反应,定义

$$\nu = \sum_{i=1}^{N} \nu_i' \tag{2-63}$$

为化学反应的总反应级数,表示参加化学反应的反应物总分子数,其中 ν_i' 又称为组分 i 的化学反应级数。

根据化学反应的总反应级数大小,实际中,存在有单分子反应、双分子反应和三分子反应等。对应地,化学反应可分为一级反应、二级反应、三级反应等。注意,随着反应级数的不同,反应速率常数的单位也将发生相应变化,这可由基元反应中组分的化学反应速率式(2-40)分析得知,可参见 2.3.2 小节表 2-3 所列。

单分子反应有分解反应、异构化反应等,如 $N_2O_5 \rightarrow N_2O_4 + 0.5O_2$,组分 N_2O_5 为一级反应;双分子反应最常见,如 $2HI \rightarrow H_2 + I_2$,组分 HI 为二级反应;三分子反应如 $2NO + O_2 \rightarrow 2NO_2$,组分 NO 为二级反应,$O_2$ 为一级反应。高于三分子的反应很难实现,碰撞理论认为,分子越多,碰撞在一起的概率越小。

对于总包反应,化学反应级数比较复杂,不能直接使用基元反应的反应级数定义式(2-63)。但由于总包反应由一系列的基元反应组成,因此,总包反应的反应级数也是由这些基元反应决定的。

这里以式(2-26)和式(2-27)表示生成 HBr 的总包反应为例,讨论在稳态条件下该反应的反应级数问题。式(2-26)所示的总包反应中,组分 HBr 的化学反应速率即生成速率可表示为

$$\dot{r}_{HBr} = \frac{dC_{HBr}}{dt} = -k_{HBr} C_{H_2}^{\nu_{R,H_2}'} C_{Br_2}^{\nu_{R,Br_2}'} \tag{2-64}$$

但与基元反应不同的是,这时反应物的化学反应级数不一定等于化学当量系数,即式中 ν_{R,H_2}'、ν_{R,Br_2}' 不再与式(2-26)所示反应物的化学当量系数对应地等于1,其数值需要通过其包含的一系列基元反应来确定。

设生成 HBr 的总包反应包含式(2-27)所示的 5 个基元反应,对应的化学反应速率方程为

$$
\begin{cases}
① \ Br_2 \xrightarrow{k_1} 2Br, & \dot{r}_1 = k_1 C_{Br_2} \\[2mm]
② \ Br + H_2 \xrightarrow{k_2} HBr + H, & \dot{r}_2 = k_2 C_{Br} C_{H_2} \\[2mm]
③ \ H + Br_2 \xrightarrow{k_3} HBr + Br, & \dot{r}_3 = k_3 C_H C_{Br_2} \\[2mm]
④ \ H + HBr \xrightarrow{k_4} H_2 + Br, & \dot{r}_4 = k_4 C_H C_{HBr} \\[2mm]
⑤ \ 2Br \xrightarrow{k_5} Br_2, & \dot{r}_5 = k_5 C_{Br}^2
\end{cases}
\tag{2-64a}
$$

在生成 HBr 的总包反应中,除了反应物 H_2、Br_2 和生成物 HBr 外,还存在中间产物 H 和 Br。在稳态条件下,这些中间产物的浓度一定,其总的化学反应速率为零,即

$$
\begin{cases}
\dot{r}_H = \dfrac{dC_H}{dt} = 0 \\[3mm]
\dot{r}_{Br} = \dfrac{dC_{Br}}{dt} = 0
\end{cases}
\tag{2-64b}
$$

由化学反应的化学反应速率与组分的化学反应速率之间的关系式(2-36),可知

$$
\begin{cases}
\dot{r}_1 = -\dfrac{dC_{Br_2}}{dt} = \dfrac{1}{2}\dfrac{dC_{Br}}{dt} = k_1 C_{Br_2} \\[3mm]
\dot{r}_2 = -\dfrac{dC_{Br}}{dt} = -\dfrac{dC_{H_2}}{dt} = \dfrac{dC_{HBr}}{dt} = \dfrac{dC_H}{dt} = k_2 C_{Br} C_{H_2} \\[3mm]
\dot{r}_3 = -\dfrac{dC_H}{dt} = -\dfrac{dC_{Br_2}}{dt} = \dfrac{dC_{HBr}}{dt} = \dfrac{dC_{Br}}{dt} = k_3 C_H C_{Br_2} \\[3mm]
\dot{r}_4 = -\dfrac{dC_H}{dt} = -\dfrac{dC_{HBr}}{dt} = \dfrac{dC_{H_2}}{dt} = \dfrac{dC_{Br}}{dt} = k_4 C_H C_{HBr} \\[3mm]
\dot{r}_5 = -\dfrac{1}{2}\dfrac{dC_{Br}}{dt} = \dfrac{dC_{Br_2}}{dt} = k_5 C_{Br}^2
\end{cases}
\tag{2-64c}
$$

由式(2-64c)考虑所有与 H、Br 有关的反应,其总的反应速率应满足式(2-64b),即有

$$
\begin{cases}
\dot{r}_H = \dfrac{dC_H}{dt} = \dot{r}_2 - \dot{r}_3 - \dot{r}_4 = 0 \\[3mm]
\dot{r}_{Br} = \dfrac{dC_{Br}}{dt} = 2\dot{r}_1 - \dot{r}_2 + \dot{r}_3 + \dot{r}_4 - 2\dot{r}_5 = 0
\end{cases}
\tag{2-64d}
$$

由式(2-64c)考虑所有与 HBr 有关的反应,并考虑式(2-64d),其总的反应速率为

$$
\dot{r}_{HBr} = \frac{dC_{HBr}}{dt} = \dot{r}_2 + \dot{r}_3 - \dot{r}_4 = 2\dot{r}_3 = 2k_3 C_H C_{Br_2}
\tag{2-64e}
$$

由式(2-64e)并对照式(2-64)可知,只要知道中间产物 H 的浓度变化关系,即可表示出 HBr 的生成速率。这时,需要应用式(2-64d),将两式相加,得

$$\dot{r}_1 = \dot{r}_5 \tag{2-64f}$$

把各个反应速率方程代入式（2-64d）和式（2-64f），分别得

$$k_2 C_{Br} C_{H_2} - k_3 C_H C_{Br_2} - k_4 C_H C_{HBr} = 0 \tag{2-64g}$$

$$C_{Br} = (k_1/k_5)^{0.5} C_{Br_2}^{0.5} \tag{2-64h}$$

式（2-64h）代入式（2-64g），可得

$$C_H = \frac{k_2 (k_1/k_5)^{0.5} \cdot C_{H_2} C_{Br_2}^{0.5}}{k_3 C_{Br_2} + k_4 C_{HBr}} \tag{2-64i}$$

式（2-64i）代入式（2-64e）得

$$\dot{r}_{HBr} = \frac{2 k_2 k_3 (k_1/k_5)^{0.5}/k_4}{k_3/k_4 + C_{HBr}/C_{Br_2}} \cdot C_{H_2} C_{Br_2}^{0.5} = - k_{HBr} C_{H_2} C_{Br_2}^{0.5} \tag{2-65}$$

这就是生成 HBr 的化学反应速率方程，可见该总包反应的反应物幂指数与化学当量系数不一定相同。

定义

$$\nu = \sum_{i=1}^{N} \nu_{R,i}' \tag{2-66}$$

为总包反应的总反应级数，$\nu_{R,i}'$ 为总包反应中任意反应物 i 的反应级数。式（2-65）表明，生成 HBr 的化学反应在 $C_{Br_2} \gg C_{HBr}$ 条件下反应级数为 1.5 级，其中反应物 H_2 为 1 级，反应物 Br_2 为 0.5 级。一般地，总包反应的级数不再与化学当量系数相等，也不代表参加反应的分子个数，它可能为分数，有些还可能为零级（如表面催化反应、光化学反应等）。常见碳氢化合物的总反应级数一般在 1.7～2.2 之间。

显然，当总包反应只包含一个基元反应时，有

$$\nu_{R,i}' = \nu_i', \qquad i = 1, 2, \cdots, N \tag{2-67}$$

采用总包反应的反应级数定义，质量作用定律可以表述为：在其他条件如温度等恒定情况下，化学反应速率与反应物浓度的反应级数 ν_R' 次方的乘积成正比。因此，总包反应的化学反应速率方程与基元反应的化学反应速率方程式（2-38）类似，只需把 ν' 换成 ν_R'，则为

$$\dot{r} = k \prod_{\chi=1}^{N} C_\chi^{\nu_{R,\chi}'} \tag{2-68}$$

同样，总包反应中任意组分 i 的反应速率为

$$\dot{r}_i = \frac{dC_i}{dt} = (\nu_i'' - \nu_i') \cdot k \prod_{\chi=1}^{N} C_\chi^{\nu_{R,\chi}'} = - k_i \prod_{\chi=1}^{N} C_\chi^{\nu_{R,\chi}'} \tag{2-69}$$

注意，式中 $(\nu_i'' - \nu_i')$ 为总包反应的化学当量系数，也就是说，总包反应的反应速率与各组分的反应速率仍然满足化学当量系数的比例关系即式（2-36）。一般地，大部分总包反应的反应级数和反应速率常数 k_i 很难用理论分析得到，通常由实验测定。

2.3.2　化学反应级数的实验测定

反应级数的实验测定常有化学法和物理法两类。化学法是化学反应进行到一定

程度后让其突然停止然后取样分析,比较繁琐。物理法是利用化学反应中某些物理量如浓度等的变化进行分析,该方法相对简单,因此应用广泛。本节主要介绍积分法、微分法、半衰期法及孤立变量法等常见物理方法。

1. 积分法

对于只有单个反应物的化学反应,由组分表示的化学反应速率式(2-69),有

$$\dot{r}_i = \frac{\mathrm{d}C_i}{\mathrm{d}t} = -k_i C_i^{\nu} \tag{2-70}$$

整理为

$$\frac{\mathrm{d}C_i}{C_i^{\nu}} = -k_i \mathrm{d}t$$

式中:k_i 为组分 i 的反应速率常数,由式(2-41)确定。积分可得

$$\frac{1}{C_i^{\nu-1}} = \frac{1}{C_{i0}^{\nu-1}} + (\nu-1)k_i t \tag{2-71}$$

式中:C_{i0} 为反应物 i 的初始浓度。对于一级反应,即当 $\nu=1$ 时,积分结果为

$$\ln C_i = \ln C_{i0} - k_i t \tag{2-72}$$

不同反应级数下单反应物 i 的反应速率的微分、积分形式及 k_i 的单位(与 k 的单位相同),如表 2-3 所列。

表 2-3 不同反应级数下单反应物 i 的反应速率的微分、积分形式及 k_i 的单位

级 数	反应速率微分式	反应速率积分式	k_i的单位
0	$\dfrac{\mathrm{d}C_i}{\mathrm{d}t} = -k_i$	$C_i = C_{i0} - k_i t$	$\mathrm{mol \cdot m^{-3} \cdot s^{-1}}$
1	$\dfrac{\mathrm{d}C_i}{\mathrm{d}t} = -k_i C_i$	$\ln C_i = \ln C_{i0} - k_i t$	$\mathrm{s^{-1}}$
2	$\dfrac{\mathrm{d}C_i}{\mathrm{d}t} = -k_i C_i^2$	$\dfrac{1}{C_i} = \dfrac{1}{C_{i0}} + k_i t$	$\mathrm{mol^{-1} \cdot m^3 \cdot s^{-1}}$
3	$\dfrac{\mathrm{d}C_i}{\mathrm{d}t} = -k_i C_i^3$	$\dfrac{1}{C_i^2} = \dfrac{1}{C_{i0}^2} + 2k_i t$	$\mathrm{mol^{-2} \cdot m^6 \cdot s^{-1}}$
4	$\dfrac{\mathrm{d}C_i}{\mathrm{d}t} = -k_i C_i^4$	$\dfrac{1}{C_i^3} = \dfrac{1}{C_{i0}^3} + 3k_i t$	$\mathrm{mol^{-3} \cdot m^9 \cdot s^{-1}}$
ν	$\dfrac{\mathrm{d}C_i}{\mathrm{d}t} = -k_i C_i^{\nu}$	$\dfrac{1}{C_i^{\nu-1}} = \dfrac{1}{C_{i0}^{\nu-1}} + (\nu-1)k_i t$	$\mathrm{mol^{1-\nu} \cdot m^{3(\nu-1)} \cdot s^{-1}}$

根据积分关系式(2-71)或式(2-72),测量出初始时刻 $t=0$ 和任意 t 时刻下反应物 i 的浓度值,即可以计算出反应级数 ν。一般反应越复杂,求解积分式也越复杂,常把这些积分式画作图表,并通过实验测出 C_i-t 曲线,通过曲线比照,可以凑出反应级数 ν 的大小。也可假设某级数条件下按积分关系式计算出反应速率常数,如果保持为常数,则该级数就是所求的级数;否则,需再假设,继续计算对比。因此,积分法又称为作图法、试凑法。

当求出反应级数 ν 后,反应速率常数 k 也可以通过 $C_i\text{-}t$ 曲线求出。由式(2-71)得

$$k = \frac{1}{(\nu-1)(\nu_i''-\nu_i')\cdot t}\left(\frac{1}{C_{i0}^{\nu-1}} - \frac{1}{C_i^{\nu-1}}\right) \tag{2-73}$$

当 $\nu=1$ 时

$$k = \frac{\ln C_i - \ln C_{i0}}{(\nu_i''-\nu_i')\cdot t} \tag{2-74}$$

反应速率常数随温度呈强烈的非线性,一般不是常数,因此,上述确定的反应速率常数 k 只能在一定范围内适用。

对于多反应物的化学反应,积分式或微分式很复杂,只有在简单条件下才能使用。如只有两个反应物的反应:$\nu_A'A + \nu_B'B \rightarrow P$,反应物的反应级数分别为 $\nu_{R,A}'$ 和 $\nu_{R,B}'$,其反应速率方程为

$$\frac{dC_A}{dt} = -k_A C_A^{\nu_{R,A}'} C_B^{\nu_{R,B}'}$$

只有初始浓度满足 $C_{A,0}/\nu_{R,A}' = C_{B,0}/\nu_{R,B}'$ 时,反应在任一时刻有 $C_A/\nu_{R,A}' = C_B/\nu_{R,B}'$,则 $C_B = (\nu_{R,B}'/\nu_{R,A}')\cdot C_A$,才可将反应速率方程化为单变量微分方程,即

$$\frac{dC_A}{dt} = -k_A(\nu_{R,B}'/\nu_{R,A}')^{\nu_{R,B}'} C_A^{\nu_{R,A}'+\nu_{R,B}'} = -k_A' C_A^{\nu_{R,A}'+\nu_{R,B}'}$$

这时即可使用积分方法。

2. 微分法

对于只有单个反应物的化学反应,直接利用组分 i 的化学反应速率式(2-70),取对数得

$$\ln\left(-\frac{dC_i}{dt}\right) = \ln k_i + \nu\ln C_i$$

通过实验测出 $C_i\text{-}t$ 曲线,则 $\dfrac{dC_i}{dt}$ 代表了该曲线的斜率。只要找到两点的斜率,即有

$$\ln\left(-\frac{dC_i}{dt}\right)_1 = \ln k_i + \nu\ln(C_i)_1$$

$$\ln\left(-\frac{dC_i}{dt}\right)_2 = \ln k_i + \nu\ln(C_i)_2$$

则

$$\nu = \frac{\ln\left(-\dfrac{dC_i}{dt}\right)_1 - \ln\left(-\dfrac{dC_i}{dt}\right)_2}{\ln(C_i)_1 - \ln(C_i)_2} \tag{2-75}$$

该方法直接利用了反应物浓度的斜率,因此称为微分法,如图 2-1 所示。

3. 半衰期法

半衰期法又称为分数寿命法(Fractional lifetimes)。这里常用的是反应物的半

衰期,指反应物消耗掉一半所需的时间。对于只有单个反应物的化学反应,利用任意组分 i 的化学反应速率积分式(2-71),当

$$C_i = 0.5C_{i0} \tag{2-76}$$

时,得反应物 i 的半衰期(如图 2-2 所示)为

$$t_{0.5} = \frac{2^{\nu-1} - 1}{(\nu - 1)k_i C_{i0}^{\nu-1}} \tag{2-77}$$

对上式求对数,整理可得

$$\ln t_{0.5} = \ln\left[\frac{2^{\nu-1} - 1}{(\nu - 1)k_i}\right] - (\nu - 1)\ln C_{i0} \tag{2-78}$$

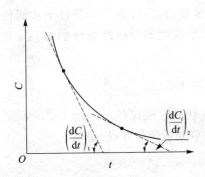

图 2-1　化学反应级数测定的
微分法原理

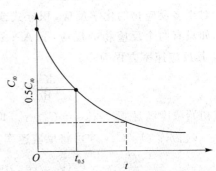

图 2-2　化学反应级数测定的半衰
期法原理示意图

通过实验可以测得两个半衰期 $\ln(t_{0.5})_1$ 和 $\ln(t_{0.5})_2$,代入式(2-78)可得

$$\nu = 1 - \frac{\ln(t_{0.5})_2 - \ln(t_{0.5})_1}{\ln(C_{i0})_2 - \ln(C_{i0})_1} \tag{2-79}$$

4. 孤立变量法

前面 3 种方法一般只适用于单个反应物或两个反应物的简单情况。对于多反应物的化学反应,除了少数几种简单情况外,积分式或微分式很复杂,很难应用前述方法进行反应级数的测定。这时常用孤立变量法,又称为过量法(Flooding),即令除所求组分 i 以外的其余反应物都过量(其浓度至少是反应所需浓度的 10~100 倍),这样使它们在反应过程中的浓度不会发生明显变化(可近似为不变),便把待求反应物 i 孤立出来,类似于只有单个反应物,则可使用前述方法求得反应物 i 的反应级数。重复这种过程,就可得到其余全部反应物对应的反应级数。

如反应 $\nu'_A A + \nu'_B B \rightarrow P$,反应物的反应级数分别为 $\nu'_{R,A}$ 和 $\nu'_{R,B}$,则由式(2-69)可得反应物 A 和 B 的反应速率分别为

$$\frac{dC_A}{dt} = -k_A C_A^{\nu'_{R,A}} C_B^{\nu'_{R,B}}$$

$$\frac{dC_B}{dt} = -k_B C_A^{\nu'_{R,A}} C_B^{\nu'_{R,B}}$$

由于存在两个变量，积分很困难。如果令反应物 B 过量，即视 C_B 为常数，则有

$$\frac{\mathrm{d}C_A}{\mathrm{d}t} = -k'_A C'^{R,A}_A$$

式中：$k'_A = k_A C'^{R,B}_B$。该式与单反应物的反应速率式（2-70）一致，便可以采用前述方法求得反应物 A 的反应级数 $\nu'_{R,A}$。按照类似过程，也可得到反应物 B 的反应级数 $\nu'_{R,B}$。则该反应总的反应级数为

$$\nu = \nu'_{R,A} + \nu'_{R,B}$$

例[2-1]　试建立 1,3-丁二烯气相二聚反应 $2C_4H_6 \rightarrow C_8H_{12}$ 的反应速率表达式。已知在温度为 600 K 时定容条件下测得的反应系统的压强如表 2-4 所列。

表 2-4　1,3-丁二烯气相二聚反应在不同时间下的压强变化

时间/min	0	8.02	12.18	17.30	24.55	33.00	42.50	55.08	68.05	90.05
反应系统压强 p/kPa	84.25	79.90	78.00	75.63	72.89	70.36	67.90	65.35	63.27	60.43

解：对于气相反应，一般浓度不容易测得，测量压强却非常方便。将分压表示的浓度关系式（2-18），代入单反应物的反应速率式（2-70），在定温下可得用压强表示的反应速率式为

$$\dot{r}_i = \frac{\mathrm{d}C_i}{\mathrm{d}t} = -k_{ip} p_i^\nu \tag{2-80}$$

式中：系数 $k_{ip} = \dfrac{k_i}{(R_0 T)^\nu}$。因此，利用压强的变化也可以求得反应级数。实验中测得的压强为反应系统总的压强 p，由道尔顿分压定律可以确定反应物的分压 p_i。

由式（2-18）可知，在定容定温时，组分的摩尔数等比于该组分的分压，因此，可得 1,3-丁二烯气相二聚反应各组分在任意时刻的组分摩尔数或其分压，如表 2-5 所列。

表 2-5　1,3-丁二烯气相二聚反应在不同时间下各组分摩尔数和分压的变化

反应时间	C_4H_6	C_8H_{12}
初始时刻 $t=0$	$n_{i,0}$ 或 $p_{i,0}$	0
任意时刻 t	n_i 或 p_i	$(n_{i,0}-n_i)/2$ 或 $(p_{i,0}-p_i)/2$

根据道尔顿分压定律式（2-6），可知总的压强 p 为

$$p = p_i + (p_{i,0}-p_i)/2$$

则反应物 i 的分压为

$$p_i = 2p - p_{i,0}$$

测得反应系统总的压强 p，由上式可得到反应物 C_4H_6 在任意时刻的分压，并近似地求出 $-\dfrac{\mathrm{d}p_i}{\mathrm{d}t} \approx -\dfrac{\Delta p_i}{\Delta t}$，计算结果如表 2-6 所列。

利用微分法式(2-75),并考虑式(2-18),有

$$\nu = \frac{\ln\left(-\dfrac{\mathrm{d}p_i}{\mathrm{d}t}\right)_1 - \ln\left(-\dfrac{\mathrm{d}p_i}{\mathrm{d}t}\right)_2}{\ln(p_i)_1 - \ln(p_i)_2} \tag{2-81}$$

计算结果如表2-6所列,发现ν在2.0左右变化,初步判断$\nu \approx 2.0$,属于2级反应。但计算数据跳动太大,这与压强微分区间的大小等因素有关,因此误差较大。

表2-6 1,3-丁二烯气相二聚反应在不同时间下的参数变化

时间/min	0	8.02	12.18	17.30	24.55	33.00	42.50	55.08	68.05	90.05
反应系统压强 p/kPa	84.25	79.90	78.00	75.63	72.89	70.36	67.90	65.35	63.27	60.43
反应物 C_4H_6 的分压 p_i/kPa	84.25	75.55	71.75	67.01	61.53	56.47	51.55	46.45	42.29	36.61
$(-\mathrm{d}p_i/\mathrm{d}t)/$ (kPa·min^{-1})	—	1.084 8	0.913 5	0.925 8	0.755 9	0.598 8	0.517 9	0.405 4	0.320 7	0.258 2
ν		3.33		2.38	2.71	1.59	2.35	2.50	1.50	
k_i/(mol^{-1}·m^3·s^{-1})	—	1.42×10^{-5}	1.41×10^{-5}	1.47×10^{-5}	1.48×10^{-5}	1.47×10^{-5}	1.47×10^{-5}	1.46×10^{-5}	1.44×10^{-5}	1.43×10^{-5}

利用积分法,假设为2级反应,由式(2-71),并考虑浓度与分压关系式(2-18),可得

$$k_i = \frac{1}{t}\left(\frac{1}{p_i} - \frac{1}{p_{i.0}}\right)R_0 T$$

由该式可计算出不同时刻下的化学反应速率常数,如表2-6所列。从表中结果看,k_i基本保持为一常数,因此,可以推知,该反应为2级反应。

可见,积分法的稳定性较好。对表2-6中的反应速率常数求平均,可得$k_i = 1.45\times10^{-5}$ mol^{-1}·m^3·s^{-1}。因此,可得1,3-丁二烯气相二聚反应的反应速率表达式为

$$\dot{r}_{C_4H_6} = \frac{\mathrm{d}C_{C_4H_6}}{\mathrm{d}t} = -1.45\times10^{-5}C_{C_4H_6}^2$$

或

$$\dot{r}_{C_4H_6} = \frac{\mathrm{d}C_{C_4H_6}}{\mathrm{d}t} = -\frac{1.45\times10^{-5}}{(R_0 T)^2}p_{C_4H_6}^2$$

其中变量均取国际单位,即浓度C的单位为mol·m^{-3},压强单位为Pa,时间单位为s。

2.4 化学反应的机理

化学反应速率的概念(包括化学反应级数和化学反应速率常数)是从宏观上表征化学反应的快慢程度。化学反应的根本机理还在于分子运动,其实质是反应物分子在一定条件下破裂后,各原子重新组合成分子的过程。从分子水平上揭示化学反应实质的理论主要有碰撞理论和过渡态理论。

2.4.1 碰撞理论

碰撞理论认为,反应物分子相互碰撞,使原有分子键断裂,形成新的原子,新原子相互碰撞后便可形成新的分子,即生成物。其过程反映了发生化学反应必须具备两个条件:① 只有相应的分子发生碰撞,才有可能发生化学反应,即化学反应速率与碰撞频率有关;② 在发生的碰撞中,只有相对动能足够大的分子才能发生反应,即只有碰撞得足够激烈才能使原有的化学键断裂,进而新原子的碰撞才能形成新分子。这种具有足够高能量的分子称为活化分子(Active molecules)。

1. 活化能

能引起原化学键断裂的最小能量称为活化能(Activation energy)。物质内部蕴藏着化学能,在一定的温度下,具有一定的平均能量,但也有少数分子具有比这平均能量更高的或更低的能量。活化能 E 等于反应物中活化分子具有的最低能量 E_1 与反应物分子的平均能量 $\overline{E}_1$ 之差,也可以看成把每摩尔平均能量的分子变成活化分子所需要的最低能量,常用单位为 J/mol,或 kJ/mol。一般化学反应 $E = 40 \sim 400$ kJ/mol,多数在 $50 \sim 250$ kJ/mol,大多数碳氢化合物燃烧反应 $E \approx 160$ kJ/mol。

如图 2-3 所示,可知反应物的活化能为 $E = E_1 - \overline{E}_1$。对于逆反应,对应的活化能为 $E_2 = E_1 - \overline{E}_2$。可以证明,化学反应热 q(放热或吸热)在定容时等于正、逆反应活化能之差,即 $q = E - E_2 = -\Delta E$。

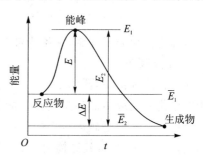

图 2-3 化学反应中活化能示意图

分子运动论认为,系统中的分子运动服从麦克斯韦尔(J. C. Maxwell)速度分布定律,即

$$\frac{\mathrm{d}N_i}{N} = 4\pi \left(\frac{m}{2\pi k^{\circ} T}\right)^{\frac{3}{2}} \mathrm{e}^{-\frac{mv^2}{2k^{\circ}T}} v^2 \cdot \mathrm{d}v \tag{2-82}$$

式中:N 为系统中的总分子数,$\mathrm{d}N_i$ 是指速度介于 v 与 $v+\mathrm{d}v$ 之间的分子数;m 为单分子的质量;v 为分子的运动速度;k° 为玻耳兹曼(L. E. Boltzmann)常数,$k^{\circ} = 1.380\,650\,5 \times 10^{-23}$ J/K;T 为系统温度。

研究 1 mol 分子数的系统,则有:摩尔质量 $M = N_0 m$,其中 N_0 为阿伏伽德罗常量(Avogadro's constant),$N_0 = 6.022 \times 10^{23}$;摩尔气体常数(或称通用气体常数)$R_0 = N_0 k^\circ$;平均动能 $E = Mv^2/2$,即为活化能。代入式(2-82),得

$$\frac{dN_i}{N} = \frac{2}{\sqrt{\pi}} \left(\frac{1}{R_0 T} \right)^{\frac{3}{2}} e^{-\frac{E}{R_0 T}} E^{\frac{1}{2}} \cdot dE \qquad (2-83)$$

为得到平均动能大于活化能 E 的分子总数,积分上式为

$$\int_0^{N_E} \frac{dN_i}{N} = \int_E^\infty \frac{2}{\sqrt{\pi}} \left(\frac{1}{R_0 T} \right)^{\frac{3}{2}} e^{-\frac{E}{R_0 T}} E^{\frac{1}{2}} \cdot dE$$

N_E 即表示平均动能大于活化能 E 的分子总数。积分可得

$$\frac{N_E}{N} = \frac{2}{\sqrt{\pi}} e^{-\frac{E}{R_0 T}} \left(\frac{E}{R_0 T} \right)^{\frac{1}{2}} \qquad (2-84)$$

由式(2-84)可知,温度 T 越高,平均动能大于活化能 E 的分子总数 N_E 越多,即碰撞频率越高,反应速率就越大;同时,活化能 E 越小,N_E 也越大,反应速率越大。

上述推导考虑了分子运动速度在三维空间的作用,实际上,碰撞的能量传递只需考虑在分子间中心连线方向上的相对动能。这时,麦克斯韦尔速度分布可简化,得到新的 N_E 为

$$\frac{N_E}{N} = e^{-\frac{E}{R_0 T}} \qquad (2-85)$$

上式左边项分子分母同除以容积 V_g,由分子数浓度定义式(2-12)可得

$$\frac{N_E}{N} = \frac{C_{N_E}}{C_N} = e^{-\frac{E}{R_0 T}} \qquad (2-86)$$

该比值称为活化分子比率,又称为玻耳兹曼因子。

2. 碰撞频率

在活化能理论中,说明了化学反应的充分条件,即只有能量超过活化能的分子才可能发生化学反应。而超过活化能的分子中又有多少能发生碰撞(只有碰撞才能发生化学反应),这就是碰撞频率的问题。

当两个分子 A 和 B 碰撞时,通过分子运动论可以推得其碰撞频率 f_A 为

$$f_A = \sigma_{AB}^2 \sqrt{\frac{8\pi R_0}{M_{AB}}} \cdot T^{0.5}, \quad \text{或} \quad f_A = \sigma_{AB}^2 \sqrt{\frac{8\pi k^\circ}{m_{AB}}} \cdot T^{0.5} \qquad (2-87)$$

式中:σ_{AB} 称为碰撞距离,$\sigma_{AB} = \frac{1}{2}(\sigma_A + \sigma_B)$,$\sigma_A$、$\sigma_B$ 为分子直径;$M_{AB} = \frac{M_A M_B}{M_A + M_B}$。

式(2-87)表明,$f_A \propto T^{0.5}$,可见碰撞频率与温度呈非线性关系。理论公式(2-87)计算结果与实际相差较大。在实际应用中,通常令

$$f_A = B T^\alpha \qquad (2-88)$$

式中:系数 B 和 α 均为经验常数,且 $0 < \alpha < 1$,一般可取 $\alpha = 0.5$。

碰撞理论的主要不足表现在碰撞频率的推导过程中引入了许多假设,如刚球分子模型、弹性碰撞、分子速度分布相互独立、系统平衡等。通常可引入修正因子 φ 对碰撞频率的理论公式(2-87)进行修正。由于这些假设模型夸大了分子碰撞的频率,因此修正因子应满足 $\varphi < 1$,但实验测量发现存在 $\varphi > 1$ 的情况。这说明,该理论本身就存在缺陷。为此,提出了过渡态理论,又称活化体理论。

2.4.2　过渡态理论

　　碰撞理论存在缺陷,说明该理论还没有完全揭示化学反应的机理。1935 年艾林(H. Eyring)和波兰尼(M. Polanyi)等人在统计热力学和量子力学的基础上提出了过渡态理论(Transition state theory),又称活化络合物理论(Activated complex theory)。该理论认为,碰撞理论未揭示的机理就是没有考虑分子本身的结构特征对化学反应的影响。

　　过渡态理论认为,在化学反应过程中,反应物与生成物之间还存在一种过渡态的活化体。以反应物"A+BC"生成"AB+C"为例,这个过程示意为

$$A + BC \rightarrow (A \cdot B \cdot C) \rightarrow AB + C \qquad (2-89)$$

即在反应物"A+BC"生成"AB+C"的过程中,并不是直接完成的,而是经过了一个中间形态"$(A \cdot B \cdot C)$"的活化体或称活化络合物。该活化体只是旧键拉长尚未完全断裂,新键还未完全生成,并且这个中间活化体处于稳定平衡状态。这样,反应需要两个过程才能完成,即

$$① \ A + BC \xrightarrow{k_{\neq}} (A \cdot B \cdot C)$$

$$② \ (A \cdot B \cdot C) \xrightarrow{k_v} AB + C$$

且认为,第一个过程由反应物生成中间活化体的反应速率很快,如图 2-4 所示从状态 1 到状态 2 的过程;第二个过程由中间活化体生成最终产物的反应很慢,如图 2-4 中从状态 2 到状态 3 的过程。总的反应速率主要取决于第二个反应过程,总的反应速率系数为

$$k = k_{\neq} k_v \qquad (2-90)$$

　　因此,只要知道 $k_{\neq}$ 和 k_v,总的化学反应速率系数便可以确定。

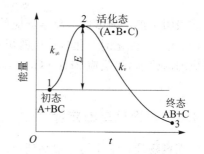

图 2-4　化学反应中间活化体反应过程示意图

　　该理论提出了活化体的概念,对于认识化学反应的复杂机理是一大飞跃。但相关数据如 $k_{\neq}$ 和 k_v 却难以获取,使得应用非常困难。即便如此,该理论对于分析催化剂等在化学反应中的作用机理有着重要的意义。

　　设有催化剂 Z 参加的化学反应表示为

$$A + B + Z \leftrightarrow C + D + Z \qquad (2-91)$$

催化剂在反应中只改变反应的速率,而本身的数量和性质在反应前后不变。催化剂 Z 使该反应分为 4 个步序:

$$① A+Z \xrightarrow{k_1} (A \cdot Z), \qquad \dot{r}_1 = k_1 C_A C_Z$$

$$② (A \cdot Z) \xrightarrow{k_2} A+Z, \qquad \dot{r}_2 = k_2 C_{(A \cdot Z)}$$

$$③ (A \cdot Z)+B \xrightarrow{k_3} (A \cdot B \cdot Z), \qquad \dot{r}_3 = k_3 C_{(A \cdot Z)} C_B$$

$$④ (A \cdot B \cdot Z) \xrightarrow{k_4} C+D+Z, \qquad \dot{r}_4 = k_4 C_{(A \cdot B \cdot Z)}$$

假设中间过程处于稳定平衡状态,中间活化体(A·Z)和(A·B·Z)的生成与消耗速率相等,即有

$$\frac{dC_{(A \cdot Z)}}{dt} = 0, \qquad \frac{dC_{(A \cdot B \cdot Z)}}{dt} = 0$$

则有

$$\frac{dC_{(A \cdot Z)}}{dt} = \dot{r}_1 - \dot{r}_2 - \dot{r}_3 = 0 \rightarrow k_1 C_A C_Z - k_2 C_{(A \cdot Z)} - k_3 C_{(A \cdot Z)} C_B = 0$$

$$\frac{dC_{(A \cdot B \cdot Z)}}{dt} = \dot{r}_3 - \dot{r}_4 = 0 \rightarrow k_3 C_{(A \cdot Z)} C_B - k_4 C_{(A \cdot B \cdot Z)} = 0$$

得

$$C_{(A \cdot B \cdot Z)} = \frac{k_1 k_3 C_A C_B C_Z}{k_4 (k_2 + k_3 C_B)}$$

由过渡态理论,总的反应速率主要取决于第二个反应过程,因此,可得式(2-91)所表示的催化作用化学反应的反应速率为

$$\dot{r} \approx \dot{r}_4 = k_4 C_{(A \cdot B \cdot Z)} = \frac{k_1 k_3 C_A C_B C_Z}{k_2 + k_3 C_B} \qquad (2-92)$$

该式表明了催化剂浓度对化学反应的影响机理。

实际上,催化剂对化学反应的影响不仅仅是浓度的因素,其主要作用是改变化学反应的活化能,如反应 $2HI \rightarrow H_2+I_2$,在无催化剂时 $E=184$ kJ/mol,有催化时 $E=105$ kJ/mol。

2.4.3 阿累尼乌斯定律

瑞典物理化学家阿累尼乌斯(S. Arrhenius)实验研究发现,化学反应速率常数 k 并不是常数,而与温度呈强烈的非线性变化关系,提出

$$k = f_A e^{-\frac{E}{R_0 T}} \qquad (2-93)$$

称为阿累尼乌斯定律。式(2-93)为指数形式的阿累尼乌斯定律,其中 f_A 称为碰撞频率,或称频率因子、指数前因子。阿累尼乌斯定律也可用积分形式和微分形式表示,分别为

$$\ln k = \ln f_A - \frac{E}{R_0 T} \qquad (2-94)$$

$$\frac{\mathrm{d}\ln k}{\mathrm{d}T} = \frac{E}{R_0 T^2} \qquad (2-95)$$

将式(2-88)代入式(2-93)，可得

$$k = BT^{\alpha} \cdot \mathrm{e}^{-\frac{E}{R_0 T}} \qquad (2-96)$$

该式为修正的阿累尼乌斯定律。

阿累尼乌斯定律只是化学反应速率常数在特定温度范围内的拟合关系式，不同温度范围其拟合系数一般是不同的，应用中要注意其适用温度范围。另外，阿累尼乌斯定律不适用于一些特殊的化学反应，如活化能很低的化学反应及自由基化合反应等。

2.4.4　用阿累尼乌斯定律表示的化学反应速率公式

在燃烧理论中，常用阿累尼乌斯定律来表示温度对化学反应速率的影响关系。把阿累尼乌斯定律式(2-93)代入化学反应速率式(2-68)和式(2-69)，可得

$$\dot{r} = k\prod_{\chi=1}^{N} C_{\chi}^{\nu'_{\mathrm{R},\chi}} = \prod_{\chi=1}^{N} C_{\chi}^{\nu'_{\mathrm{R},\chi}} \cdot f_{\mathrm{A}} \mathrm{e}^{-\frac{E}{R_0 T}} \qquad (2-97)$$

$$\dot{r}_i = (\nu''_i - \nu'_i) \cdot k\prod_{\chi=1}^{N} C_{\chi}^{\nu'_{\mathrm{R},\chi}} = (\nu''_i - \nu'_i)\prod_{\chi=1}^{N} C_{\chi}^{\nu'_{\mathrm{R},\chi}} \cdot f_{\mathrm{A}} \mathrm{e}^{-\frac{E}{R_0 T}} \qquad (2-98)$$

前面已指出，对于基元反应有 $\nu'_{\mathrm{R},\chi} = \nu'_{\chi}$，这时与基元反应的式(2-39)和式(2-40)一致。

将质量分数与摩尔浓度的关系式(2-17)，代入式(2-97)和式(2-98)，可得用质量分数 Y 表示的化学反应速率式，即

$$\dot{r} = \prod_{\chi=1}^{N} \left(\frac{\rho Y_{\chi}}{M_{\chi}}\right)^{\nu'_{\mathrm{R},\chi}} \cdot f_{\mathrm{A}} \mathrm{e}^{-\frac{E}{R_0 T}} = \frac{\rho^{\nu}}{\displaystyle\prod_{\chi=1}^{N} M_{\chi}^{\nu'_{\mathrm{R},\chi}}} \prod_{\chi=1}^{N} Y_{\chi}^{\nu'_{\mathrm{R},\chi}} \cdot f_{\mathrm{A}} \mathrm{e}^{-\frac{E}{R_0 T}} \qquad (2-99)$$

$$\dot{r}_i = (\nu''_i - \nu'_i)\prod_{\chi=1}^{N} \left(\frac{\rho Y_{\chi}}{M_{\chi}}\right)^{\nu'_{\mathrm{R},\chi}} \cdot f_{\mathrm{A}} \mathrm{e}^{-\frac{E}{R_0 T}} = \frac{(\nu''_i - \nu'_i)\rho^{\nu}}{\displaystyle\prod_{\chi=1}^{N} M_{\chi}^{\nu'_{\mathrm{R},\chi}}} \prod_{\chi=1}^{N} Y_{\chi}^{\nu'_{\mathrm{R},\chi}} \cdot f_{\mathrm{A}} \mathrm{e}^{-\frac{E}{R_0 T}}$$

$$(2-100)$$

式中：$\nu = \displaystyle\sum_{\chi=1}^{N} \nu'_{\mathrm{R},\chi}$ 为总反应级数。

特别地，对于零级反应，即 $\nu = 0$，$\nu'_{\mathrm{R},\chi} = 0$，代入式(2-99)，则有

$$\dot{r} = f_{\mathrm{A}} \mathrm{e}^{-\frac{E}{R_0 T}} \qquad (2-101)$$

在燃烧流动的控制方程中，考虑化学反应时采用质量浓度定义的反应速率 $\dot{\omega}$ 比较方便。将 $\dot{\omega}$ 与 $\dot{r}$ 的关系式(2-35)即 $\dot{\omega}_i = M_i \cdot \dot{r}_i$，代入式(2-100)，可得

$$\dot{\omega}_i = \frac{\mathrm{d}\rho_i}{\mathrm{d}t} = M_i \cdot \dot{r}_i = \frac{(\nu''_i - \nu'_i)M_i\rho^{\nu}}{\displaystyle\prod_{\chi=1}^{N} M_{\chi}^{\nu'_{\mathrm{R},\chi}}} \prod_{\chi=1}^{N} Y_{\chi}^{\nu'_{\mathrm{R},\chi}} \cdot f_{\mathrm{A}} \mathrm{e}^{-\frac{E}{R_0 T}} \qquad (2-102)$$

对于双组分反应物 A 和 B 的二级反应,假设每个组分的反应级数均为 1,由式(2-102)可得反应物 A 的反应速率表达式为

$$\dot{\omega}_A = -\frac{\rho^2}{M_B} Y_A Y_B \cdot f_A e^{-\frac{E}{R_0 T}} \qquad (2-103)$$

对于单反应物燃烧的一级化学反应,由化学反应速率关系式(2-102),可知反应物 A 的化学反应速率为

$$\dot{\omega}_A = -\rho Y_A \cdot f_A e^{-\frac{E}{R_0 T}} \qquad (2-104)$$

在气相反应中,常用压强表示化学反应速率关系式。将摩尔浓度与组分分压的关系式(2-18)代入式(2-98),并考虑 $\dot{\omega}$ 与 $\dot{r}$ 的关系即 $\dot{\omega}_i = M_i \cdot \dot{r}_i$,可得

$$\dot{\omega}_i = \frac{(\nu_i'' - \nu_i') M_i}{(R_0 T)^\nu} \prod_{\chi=1}^{N} p_\chi^{\nu_{R,\chi}} \cdot f_A e^{-\frac{E}{R_0 T}} \qquad (2-105)$$

对于简单一步 ν 级气相化学反应(设各反应组分的分压相同),则有

$$\dot{\omega}_i = \frac{(\nu_i'' - \nu_i') M_i p_i^\nu}{(R_0 T)^\nu} \cdot f_A e^{-\frac{E}{R_0 T}} \qquad (2-106)$$

为方便分析化学反应速率的变化关系,还可引入反应物的反应度的概念,用 ε 表示,定义为反应物 i 的已反应质量与其初始质量之比。用 m_i 表示反应物 i 的当前瞬时质量,$m_{i,0}$ 为初始质量,则

$$\varepsilon = \frac{m_{i,0} - m_i}{m_{i,0}} = 1 - \frac{Y_i}{Y_{i,0}}, \quad 或 \quad Y_i = (1 - \varepsilon) \cdot Y_{i,0} \qquad (2-107)$$

式中:Y_i 为反应物 i 的当前瞬时质量分数,$Y_{i,0}$ 为反应物 i 的初始质量分数。可知,当反应开始时,$\varepsilon = 0$;当反应结束时,$\varepsilon = 1$。因此,可以用 ε 来表示反应速率。由化学反应当量比的关系可以推知,对于一定化学反应,利用任意反应物确定的反应度 ε 都是相同的。

把反应物的反应度定义式(2-107)代入用质量分数表示的二级化学反应速率式(2-103),可得二级化学反应中任意组分 A 的化学反应速率为

$$\dot{\omega}_A = -\frac{\rho^2}{M_B} Y_{A,0} Y_{B,0} f_A e^{-\frac{E}{R_0 T}} \cdot (1 - \varepsilon)^2 \qquad (2-108)$$

2.4.5 影响化学反应及化学平衡的因素

根据前述分析,影响化学反应速率的因素有很多,既有内在的原因,也有外在的条件。当化学反应达到平衡时,很多影响化学反应速率的因素也同样影响着化学平衡。不同因素对化学反应的影响,是有规律的,在工业和生活中,我们可以利用这些规律来控制化学反应。

1. 影响化学反应速率的因素

(1)反应物本身的性质

如活化能等,这是影响化学反应的内因,也是主要因素。活化能越低,中间活化体的反应时间越短,化学反应速率就越高。

（2）浓　度

组分浓度越大，分子之间的碰撞几率越高，化学反应速率就越高。质量作用定律式（2-38）指出了浓度对化学反应速率的影响。

在一定的温度下，对某一化学反应来说，反应物的活化分子百分数是一定的，而且单位体积内反应物的活化分子数和反应物分子总数（即反应浓度）成正比。所以当增加反应物的浓度时，单位体积内的活化分子数也必然相应地增多，从而增加了单位时间内反应物分子间的碰撞频率，导致反应加快。

（3）温　度

由阿累尼乌斯定律式（2-93）或式（2-96）可知，化学反应速率与温度呈强烈的非线性变化关系，温度越高，化学反应速率呈指数级增长。根据实验结果可以发现，温度升高 10 ℃，化学反应的速率一般可增加 2～4 倍，这一近似的规律又称范特霍夫（van't Hoff）规则。因此，温度是影响化学反应的最主要的外在因素之一，加热法也是工业上提高反应速率最常用的方法。

温度升高使化学反应加快的原因可以从两个方面理解。一方面，温度升高时，分子热运动加快，单位时间内分子间的碰撞频率增加，使反应速率提高。但是，这不是主要原因，因为根据气体分子运动论的计算，温度每升高 10 ℃，碰撞次数仅增加 2%左右。更主要的原因是温度的升高使一些能量较低的分子获得了能量从而成为活化分子，增加了反应物中活化分子数，大大提高了反应速率。

温度影响化学反应速率的常见形式如图 2-5 所示。大部分常见化学反应的反应速率随温度升高而呈非线性升高，其中爆炸反应的变化机理参见链反应部分。

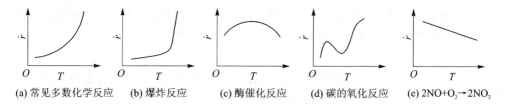

(a) 常见多数化学反应　(b) 爆炸反应　(c) 酶催化反应　(d) 碳的氧化反应　(e) 2NO+O$_2$→2NO$_2$

图 2-5　温度影响化学反应速率的常见形式

（4）压　强

压强主要影响气相组分的化学反应，压强越高，气相组分浓度越高，化学反应速率就越高。

（5）混合比

在理想情况下，最大反应速率发生在化学恰当比处。以二级气相反应 A＋B→P 为例，其组分 A 的反应速率为

$$\dot{r}_A = \frac{dC_A}{dt} = -k_A C_A C_B$$

考虑摩尔浓度与压强的关系式（2-18），可得

$$-\dot{r}_A = k_A C_A C_B = k_A C^2 \cdot X_A X_B = k_A \left(\frac{p}{R_0 T}\right)^2 \cdot X_A X_B$$

当系统中只有两种气体时,有 $X_A + X_B = 1$,故反应速率可用单一变量 X_A 来表示,即为

$$-\dot{r}_A = k_A \left(\frac{p}{R_0 T}\right)^2 \cdot X_A(1 - X_A) \propto X_A(1 - X_A) \quad (2-109)$$

在定压定温条件下,反应速率与组分含量之间的函数关系如图 2-6 所示,可以看出,当 $X_A = X_B = 0.5$ 时反应速率达到最高。

(6)催化剂

在化学反应中,能显著改变化学反应速率而本身在反应前后其组成、数量和化学性质保持不变的物质称为催化剂。凡能加快反应的叫正催化剂;能减慢反应的叫负催化剂。通常所说的催化剂一般是指正催化剂,常常把负催化剂叫抑制剂。催化剂改变化学反应速率的作用叫催化作用。

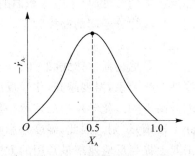

图 2-6　二级化学反应速率与组分比例的理论关系

催化剂能显著地提高反应速率,是由于其参与了组分变化过程,与反应物之间形成了一种势能较低且不稳定的中间产物,改变了反应的历程,使反应的活化能显著降低,增加了活化分子百分数,从而使活化分子数迅速增加,反应速率也极大地提高了。

催化剂只能改变反应的历程,提高反应速率,但不能使不发生反应的物质间起反应,不能改变反应体系的始态和终态,只是同等程度地降低正、逆反应的活化能,即同等程度地改变了正、逆反应的反应速率,因此催化剂不能改变平衡状态。

(7)其他因素

如搅拌(包括摇晃等)可以增加分子之间的碰撞频率,增加活化分子数量,因而可以有效提高化学反应速率,是工业上提高反应速率最常用的方法之一。

2. 影响化学平衡的因素

因外界条件改变使可逆反应从一种平衡状态向另一种平衡状态转变的过程,叫化学平衡移动。引起化学平衡移动的外界条件主要是浓度、温度、压强等。

(1)浓度对化学平衡的影响

在一定温度下,当一个可逆反应达到平衡后,若改变反应物或生成物的浓度,会引起平衡移动。定义

$$Q_C = \frac{\prod\limits_{\chi=1}^{N} C_{\chi,R,\chi}^{v''}}{\prod\limits_{\chi=1}^{N} C_{\chi,R,\chi}^{v'}} \quad (2-110)$$

为浓度商。体系达到平衡以后,提高反应物浓度或降低生成物的浓度,浓度商减小,

平衡将向右移动;反之,如果提高生成物的浓度或降低反应物的浓度,浓度商增加,平衡向左移动。总之,提高(或降低)某物质(生成物或反应物)的浓度,平衡就向着降低(或提高)该物质浓度的方向移动,直至达到新的平衡。

（2）温度对化学平衡的影响

物质发生化学反应时,往往伴随着放热和吸热的现象。对于一个可逆反应来说,如果正反应是放热反应,那么逆反应必然是吸热反应,且放出和吸收的热量相等。

当可逆反应达到平衡以后,若改变温度,对正逆反应速率都有影响,但影响程度不同。升高温度时,对吸热反应加快的倍数比对放热反应加快的倍数多,结果平衡向吸热方向移动。反之,降低温度时,化学反应速率都降低,但降低的倍数不一样,对吸热反应降低的倍数比对放热反应降低的倍数大,结果平衡向放热反应方向移动。

例如,对于合成氨的放热反应 $N_2 + 3H_2 \leftrightarrow 2NH_3$,升高温度,平衡向氨的分解反应方向即吸热反应方向移动;降温时,平衡向氨的生成反应方向即放热反应方向移动。

（3）压强对平衡的影响

对于气体参加的反应来说,当反应达到平衡时,如果可逆反应两边气体分子总数不等,则增大或减小反应的压强都会使平衡发生移动。

在温度不变的条件下,压强的改变将引起气体物质浓度成比例的变化。压强增大使容器内气体体积缩小,单位体积内气体分子数增多,即气体的浓度升高,引起平衡发生移动。因此,对于有气态物质参加的反应来说,压强对平衡的影响与浓度对平衡的影响其实质是相同的,即对于气体反应物和气体生成物分子数不等的可逆反应来说,当其他条件不变时,增大压强使平衡向气体分子数减少的方向移动;减少压强,平衡向气体分子数增多的方向移动。

将浓度、压强、温度等外界条件对平衡的影响概括起来,可以得到一个普遍的规律:任何已达到平衡的体系,如果所处的条件发生改变,则平衡向着削弱或解除这些改变的方向移动。这个规律称为平衡移动原理,又称勒沙特列(H. Le Chatelier)原理。

2.5　链反应

链反应(Chain reaction)是由许多基元反应连环构成的总包反应,是一种特殊的总包反应,主要特点是其反应步序像链条,一环扣着一环,一步接着一步。链反应通常分为链引发(Chain initiating)、链传递(Chain propagating)和链终止(Chain terminating)3 步。

链的引发一般需要借助外界能量,使分子的热振动加剧,产生链载体。外界能量可以是热、光等。

在反应过程中一些活性组分(指产生的中间产物如自由原子和不稳定原子团等)承担链传递的作用,称为链载体(Chain carriers),又称自由基(Free radicals),它具有较高的能量。根据每一步反应中链载体产生和消耗的比值 α 不同,链反应可以分为直链反应(或不分支链反应)和分支链反应。直链反应中链载体产生和消失的比值 $\alpha=1$,分支链反应链载体产生和消失的比值 $\alpha>1$。

当链载体被消耗而消失时,链反应终止。消耗链载体主要通过第三体碰撞效应,其作用有两方面:一是链载体与第三体分子或原子相碰撞,把链载体较高的能量传递给第三体,从而能量下降,降低活性而消耗链载体;二是链载体与壁面碰撞,链载体较高的能量传递给壁面而使能量下降。因此,抑制链反应可以采取如下方法:增大器壁表面积;在反应系统中加入易与链载体作用的抑制剂;提高反应压强,增加链载体与第三体的碰撞几率等。

不同反应类型的反应速率随时间的变化特征如图 2-7 所示。绝大多数反应如图 2-7(a)所示,反应速率逐渐下降;直链反应速率如图 2-7(b)所示,反应速率逐渐维持在较高的状态;分支链反应却会因为反应的无限加速而产生爆炸,如图 2-7(c)所示。

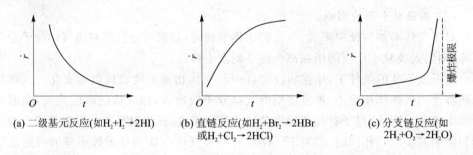

(a) 二级基元反应(如$H_2+I_2\rightarrow2HI$) (b) 直链反应(如$H_2+Br_2\rightarrow2HBr$ 或$H_2+Cl_2\rightarrow2HCl$) (c) 分支链反应(如 $2H_2+O_2\rightarrow2H_2O$)

图 2-7 不同化学反应的反应速率变化特征

2.5.1 直链反应

以 H_2 和 Br_2 的反应式(2-26)为例,它是一个总包反应,反应级数为 1.5,而不是简单反应的 2 级。实际上它是一个直链反应,其反应过程如表 2-7 所列。

表 2-7 H_2 和 Br_2 直链反应过程

链反应过程		反应步序(基元反应)
链引发		① $Br_2\rightarrow2Br$
链传递	链增长	② $Br+H_2\rightarrow HBr+H$ ③ $H+Br_2\rightarrow HBr+Br$
	链抑制	④ $HBr+H\rightarrow Br+H_2$ ⑤ $HBr+Br\rightarrow H+Br_2$
链终止		⑥ $2Br\rightarrow Br_2$ ⑦ $2H\rightarrow H_2$

表中链增长和链抑制共同组成了直链反应的链传递。在前面的分析计算中,省略了步序⑤和⑦,这两步实际上发生的机会较小。

该反应存在的链载体为中间产物 H 和 Br 原子。步序①在一定外界条件下(如加热)产生两个 Br 活化原子而引发链反应;步序②和③由于产生新的活化原子 H 和 Br 使得两反应继续发展;步序④和⑤是步序②和③的逆反应,活化原子 H 和 Br 得以消耗,从而抑制链反应,在稳态条件下,H 和 Br 生成和消耗的速率相等,即 $\alpha = 1$,这是直链反应的特征;步序⑥和⑦使得活化原子 H 和 Br 合成为稳定的 H_2 和 Br_2 而使链反应终止。

德国物理化学家博登斯坦(M. Bodenstein)对该化学反应的反应速率进行了实验测试,得到的速率公式为

$$\frac{\mathrm{d}C_{HBr}}{\mathrm{d}t} = \frac{kC_{Br_2}^{0.5}C_{H_2}}{k' + C_{HBr}/C_{Br_2}} \tag{2-111}$$

式中:k' 为常数。该式说明随着产物 HBr 的浓度升高,其生成速率降低,即 HBr 浓度升高对其生成有阻止作用。这是用简单反应无法解释的。但采用链反应模型,通过理论推导,得到的反应速率式(2-65)与上述试验结果形式完全相同。该例说明,应用链反应可以解释许多复杂反应的速率问题。

2.5.2　分支链反应

在链反应中如出现这样一种步序,每消耗一个链载体就会产生两个或两个以上的链载体,使得链反应产生分支,则称为链的支化。这时,在链传递时多了一个步序即链分支(Chain branding),相应地链载体产生和消耗的比值 $\alpha > 1$,该比值称为链载体增长的倍增因子。这类链反应称为分支链反应。分支链反应的一般反应过程如表 2-8 所列(表中 R 为反应物,C 为链载体,P 为产物)。

表 2-8　分支链反应过程

链反应过程		反应步序(基元反应)
链引发		① $R \xrightarrow{k_1} C$
链传递	链分支	② $C + R \xrightarrow{k_2} \alpha \cdot C + R$
	链传播	③ $C + R \xrightarrow{k_3} P$
链终止		④ $C \xrightarrow[\text{器壁碰撞}]{k_4} 惰性物$
		⑤ $C \xrightarrow[\text{气体碰撞}]{k_5} 惰性物$

由于倍增因子 $\alpha > 1$,链的支化不断进行下去,如果得不到抑制,则链载体不断增加,使反应系统的活性物质迅速积累,从而反应不断加速,最终导致爆炸。

表 2-8 所列的化学反应,其产物的生成速率为

$$\frac{dC_P}{dt} = k_3 C_C C_R$$

在稳定条件下,应满足 $\frac{dC_C}{dt} = 0$。把所有反应步序中的链载体反应速率代入,得

$$\frac{dC_C}{dt} = k_1 C_R + k_2 (\alpha - 1) C_C C_R - k_3 C_C C_R - k_4 C_C - k_5 C_C = 0$$

则

$$C_C = \frac{k_1 C_R}{k_3 C_R + k_4 + k_5 - k_2 (\alpha - 1) C_R}$$

因此,可得产物的生成速率

$$\frac{dC_P}{dt} = \frac{k_1 k_3 C_R^2}{k_3 C_R + k_4 + k_5 - k_2 (\alpha - 1) C_R} \qquad (2-112)$$

当分母等于 0 时,产物的生成速率达到无穷大,反应系统将发生爆炸。这时,对应的倍增因子称为临界倍增系数 α_{cr},可得

$$\alpha_{cr} = 1 + \frac{k_3 C_R + k_4 + k_5}{k_2 C_R} \qquad (2-113)$$

可见,只要反应系统中 $\alpha \geqslant \alpha_{cr}$,该系统就会爆炸;当 $\alpha < \alpha_{cr}$ 时,反应将以一定速率进行。

分支链反应的典型例子是 H_2 和 O_2 混合物的爆炸,总包反应为

$$2H_2 + O_2 \rightarrow 2H_2O$$

把按照化学比混合好的 H_2 和 O_2 混合气体放置在一定尺寸的容器中,逐渐改变温度和压强,就可找到产生爆炸的临界条件,这就是著名的倒 S 形爆炸半岛,如图 2-8 所示。

图中表明,在室温条件下反应是缓慢进行的,不会发生爆炸;当温度超过 900 K 时,不论在何种压强条件下都会爆炸;在适中的一定温度范围内,情况比较复杂,出现

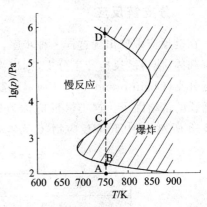

图 2-8 氢氧混合物爆炸极限示意图

了类似倒 S 形的爆炸半岛——当压强小于 p_B 时不会发生爆炸,当压强大于 p_B 小于 p_C 时发生爆炸,可是当压强大于 p_C 小于 p_D 时又不发生爆炸,压强超过 p_D 时爆炸再次发生。p_B、p_C、p_D 分别称为该温度下的第一、第二、第三极限,或称为下限、上限、热极限,显然这些极限压强是温度的函数。

这种复杂的反应情况,不能用简单的"3 级"反应式"$2H_2 + O_2 \rightarrow 2H_2O$"来解释,而是一个非常复杂的分支链反应,反应机理如表 2-9 所列(表中 M 表示反应的中间条件,如器壁、高活性分子等)。

表 2 - 9　H₂ 和 O₂ 分支链反应过程

链反应过程		反应步序（基元反应）
链引发		① $H_2 + O_2 \rightarrow 2HO$ ② $H_2 + M \rightarrow 2H + M$
链传递	链传播	③ $HO + H_2 \rightarrow H + H_2O$
	链支化	④ $H + O_2 \rightarrow HO + O$ ⑤ $O + H_2 \rightarrow HO + H$
链终止		⑥ $2H + M \rightarrow H_2 + M$ ⑦ $H + O_2 + M \rightarrow HO_2 + M$
链慢传播		⑧ $HO_2 + H_2 \rightarrow H + H_2O_2$ ⑨ $HO_2 + H_2O \rightarrow H_2O_2 + HO$

可以看出,该链反应的引发有两种因素,一是氢、氧气体分子碰撞产生的 OH 自由基,即反应步序①;二是氢的离解产生的 H 自由基,即反应步序②。

在低温时,H_2、O_2 混合物系统与其他氢—卤基混合物系统相比,链反应都不容易引发。在高温时,由于温度促使链引发,使得链反应有足够动力促使链支化,从而无论在什么压强条件下均可引发爆炸。

那么,在适中的温度范围内,为什么具有倒 S 形爆炸半岛条件呢?其关键是比较链支化和链终止的几率哪个更大一些。

当压强较小时,作为链载体的自由基平均自由程较长,自由基扩散到器壁上变为惰性物的几率比自由基与分子相碰撞产生的链支化的几率还大,系统就不发生爆炸,这就存在了爆炸的下限。试验证明,爆炸半岛第一压强极限值不仅是温度的函数,而且与容器直径、器壁材料、系统中是否存在惰性气体等都有密切的关系。从反应机理步序看,这时链终止反应⑥控制了整个系统,同时由于反应⑦产生的 HO_2 在该压强条件下没有反应活性,因此链终止,反应是以一定速率进行的,不会发生爆炸。

当压强超过 p_B 后,链支化几率增大,发生了爆炸,出现了半岛的第二压强极限。压强第二极限值与器壁的尺寸无关。

当压强超过 p_C 后,由于压强增大,提高了三体碰撞链终止几率,这时链终止反应⑦(而不是⑥)起主要控制作用,使反应再一次进入有控反应区。

当压强增大到 p_D 时,HO_2 所参加的反应⑧和⑨加速进行,使得 HO_2 通过这两步反应转化成活性自由基 H 和 OH。这两个反应同时还是放热反应,使混合物的温度进一步升高,更加速了⑧和⑨的反应。这样的相互作用就产生了爆炸。因此,p_D 又称为热爆炸极限压强。

实验还证明,在 H_2、O_2 混合物系统中加入某些其他组分可以起催化和抑制作用,如 NO_2、NOCl 可起催化作用,CH_4、HI 可起抑制作用,其反应动力学问题更为复杂,这里不再讨论。

参考文献

[1] 曲作家,张振铎,孙思诚. 燃烧理论基础 [M]. 北京:国防工业出版社,1989.

[2] [英]皮林 M J. 反应动力学 [M]. 北京:科学出版社,1980.

[3] 赵学庄. 化学反应动力学原理 [M]. 北京:高等教育出版社,1984.

[4] [美]罗森伯格 R M. 物理化学原理 [M]. 北京:人民教育出版社,1981.

[5] [苏]格拉兹阔娃 A Π. 爆炸物燃烧的催化作用 [M]. 北京:国防工业出版社,1982.

[6] [英]威廉姆斯 F A. 燃烧理论:化学反应流动系统的基础理论[M]. 2 版. 庄逢辰,杨本濂,译. 北京:科学出版社,1990.

第3章 热力学原理

热力学的理论基础是热力学第一定律和第二定律。从热力学第一定律和第二定律出发,定义出内能 U、焓 H、熵 S、赫姆霍尔兹(von Helmholtz H. L. P.)自由能 F、吉布斯(J. W. Gibbs)自由能 G,再加上可由实验直接测定的压强 p、容积 V_g 和温度 T,共 8 个最基本的热力学函数。在此基础上,经过推导,可导出一系列的热力学公式,进而用于解决物质的状态变化、相变化或化学变化等过程的能量效应及过程的方向与程度等问题。

本章主要内容包括:3.1 热力学基本知识;3.2 热力学第三定律与绝对熵;3.3 状态函数;3.4 热力学普遍关系式;3.5 气体混合物的热力性质。

3.1 热力学基本知识

3.1.1 热力学系统

在热力学中,研究的对象称为系统(或体系),系统以外的其他部分则称为环境(或外界)。根据系统和环境的关系,热力学系统可分为:

(1) 孤立系统:系统与环境之间既无物质交换,也无能量交换;

(2) 封闭系统:系统与环境之间没有物质交换,只有能量交换;

(3) 绝热系统:系统与环境之间没有热量交换,但可以有其他能量交换;

(4) 开放系统:系统与环境之间既有物质交换,又有能量交换。

用于分割系统与环境的界面称为壁或边界。壁可以是真实的,如活塞等;也可以是假想的,如流体的边界等。常见的有刚性壁、传热壁、绝热壁等。刚性壁是不容许系统的体积发生变化的壁,因此必然形成一个定容系统。传热壁允许系统和环境之间传递热量,实际中的壁都是传热壁。绝热壁是热量所不能透过的壁,即隔绝了系统和环境的热传递,因此该系统称为绝热系统。绝热壁是一种理想情况,但如果热量交换相比于其他形式的能量交换要小得多,则这种假设是合理的,它可以带来数学上的简化。

孤立系统的壁,不仅物质不能穿过,任何形式的能量也不能穿过。孤立系统可以是许多分系统的集合,尽管各分系统可能存在物质或能量交换,但其集合可以使得这种交换为 0。因此,任何一个系统,如果连同环境一起,必然构成一个孤立系统。

在实现能量转换的过程中,系统本身的状况总是在不断地发生变化。为了描述系统的变化,就需要说明变化过程中系统所经历的每一步的宏观状况。热力学中把热力学系统在某一瞬时所呈现的宏观物理状况称为系统的热力学状态。热力学状态可以用能够测量的一些物理量来描述,这样的物理量称为状态参数,或状态函数。对气体组成的系统,最基本的状态参数有 3 个,即温度 T、压强 p 和比容 v(或密度 ρ)。

热力学系统可能以各种不同的宏观状态存在,但并不是在任何情况下,系统的状态都可以用确定的状态参数来描述,具有确定数值的状态参数所描述的只能是热力学平衡状态。热力学中定义,在没有外界影响的条件下,如果系统的宏观状态不随时间而改变,则系统所处的这种状态称为热力学平衡状态,简称平衡状态。显然,处于平衡状态的热力学系统,其内部必然存在着热平衡、力平衡,当有化学反应时还同时存在着化学平衡。

在热力学平衡状态下,表示系统状态的各状态参数不都是独立的,即并不是所有的状态参数都可以单独地自由确定其数值。实验和理论均证明,对于由理想气体组成的系统,其平衡状态只需要两个独立的状态参数来描述,也就是说只要确定两个独立状态参数的数值,其余的状态参数就随之确定,系统的状态即可确定。我们把这种只需要两个独立状态参数描述的热力学系统称为简单热力学系统。于是,可以将三个基本状态参数的关系表示成

$$f(p,\rho,T)=0, \quad \text{或} \quad p=p(T,\rho), \quad T=T(p,\rho), \quad \rho=\rho(T,p) \quad (3-1)$$

这些关系式统称为热状态方程,其具体形式取决于气体的性质。

在燃烧系统中,常采用理想气体(Perfect gas)假设。理想气体是一种没有黏性、可以无限压缩的气体,其分子是弹性的、不占据体积的质点,分子之间除了碰撞外,没有相互作用力。实际气体分子本身具有体积,分子之间存在相互作用力,这两个因素对气体分子的运动状况都有影响。但是,当温度较高、压强较小时,氧、氮、氢、一氧化碳及空气等气体的性质与理想气体非常接近,可当成理想气体处理。理想气体热状态方程为式(2-1),为应用方便,这里重新编号为

$$p=\rho R_{g}T, \quad pv=R_{g}T, \quad p=\frac{mR_{g}T}{V_{g}}, \quad p=\frac{nR_{0}T}{V_{g}} \qquad (3-2)$$

3.1.2 功与热量

力学中把功(Work)定义为作用力与物体在力作用方向上的位移的乘积。但是,并不是在任何情况下都能轻易地找出与功有关的力和位移。热力学建立了一个普遍意义上的功的定义,即功是系统与外界相互作用而传递的能量,且其全部效果可表现为举起重物。

系统通过边界与外界交换的功可以有各种形式,如机械功、电磁功等。对气体组成的简单可压缩系统,当其反抗外力(或在外力作用下)进行膨胀(或压缩)时,与外界交换的功称为膨胀功(或压缩功),统称为容积变化功或容积功。气体的容积变化可以在各种情况下进行,如一定量的气体在气缸内推动活塞对外膨胀做功,如图 3-1 所示,或者气流中的气体微团,可以边流动边膨胀,如图 3-2 所示。

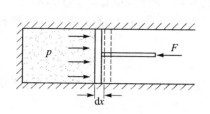

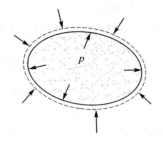

图 3 - 1　气缸中的膨胀功　　　　**图 3 - 2　气体微团的膨胀功**

以图 3 - 1 为例,取气缸中的气体为系统来推导容积变化功的表达形式。设系统进行的过程是不计摩擦的准平衡过程,即可逆过程,系统中的气体由初始状态 $1(p_1, v_1)$ 膨胀到终止状态 $2(p_2, v_2)$。在此过程中,气体压强与比容的变化关系为 $p = p(v)$(称为过程方程),如图 3 - 3(a) 所示的 $p - v$ 坐标图,图中曲线 1—2 称为过程曲线。显然,活塞移动微元距离 $\mathrm{d}x$ 时系统对外所做的膨胀功为

$$\delta W = F\mathrm{d}x = pA\mathrm{d}x = p\mathrm{d}V_g \tag{3-3}$$

式中:A 为活塞面积,V_g 为气体体积。于是,系统在过程 1—2 中所做的膨胀功为

$$W_{1-2} = \int_1^2 \delta W = \int_1^2 p\mathrm{d}V_g \tag{3-4}$$

若气缸中的气体质量为 m,则单位质量气体的膨胀功为

$$\delta w = \frac{\delta W}{m} = p\mathrm{d}(V_g/m) = p\mathrm{d}v \tag{3-5}$$

$$w_{1-2} = \frac{W_{1-2}}{m} = \int_1^2 p\mathrm{d}v \tag{3-6}$$

由图 3 - 3(a) 可知,容积变化功实际上就是过程曲线 1—2 下面的阴影面积。如果系统经历的是一个循环过程,即系统从终止状态 2 重新回到初始状态 1,则整个循环中的净容积功即为封闭的过程曲线所包围的面积,如图 3 - 3(b) 所示。此外,图 3 - 3(c) 表明,对给定的两个状态 1 和 2,从初始状态 1 到终止状态 2 可以有许多

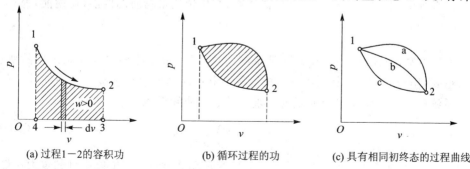

(a) 过程1—2的容积功　　　　(b) 循环过程的功　　　　(c) 具有相同初终态的过程曲线

图 3 - 3　$p - v$ 坐标图

不同的过程(图中给出了 1—a—2、1—b—2 和 1—c—2 三个过程),相应地由过程曲线下的面积代表的系统对外界所做的功也就不同。所以,功是取决于过程性质的量,且只有在过程中才能体现。我们把这种与过程性质有关,只能在过程中出现的量称为过程量,由定义知,它不是状态参数。

关于功的符号,热力学中规定,系统对外界做功为正,外界对系统做功为负。

物体之间除了以功的形式传递能量外,还常以热量(Heat)的方式传递能量。当温度不同的两个物体相互接触时,高温物体会逐渐变冷,低温物体会逐渐变热,显然有一部分能量从高温物体传给了低温物体。热力学中定义,系统与外界之间仅仅由于温度不同而传递的能量称为热量。从微观的观点看,热量是通过相互接触处的分子碰撞或以辐射的方式所传递的能量。应该注意,热量和热能是两个不同的概念,热能是指物体内部分子热运动所具有的能量,是可储存的,而热量则是两物体间传递的热能的数量,也称为传热量。

热量既然是传递的能量,则其数值就必然与传递过程有关,也就是说热量和功一样也是过程量,而不是状态参数。因此,热量的数值不是由系统状态所决定的,而是取决于传热时所经历的过程。

热力学中规定,系统吸热时热量为正,系统放热时热量为负。有热量传递的过程称为非绝热过程(Diabatic process),没有热量传递的过程称为绝热过程(Adiabatic process)。

3.1.3 热力学第一定律

储存于系统内部的能量称为内能或热力学能(Internal energy),用符号 U 表示。物质的内能就是分子与原子的动能和位能。其中,内动能是粒子热运动的能量,包括平动动能、振动动能和转动动能,而物质分子间的作用力形成的分子间的位能则组成气体的内位能。显然,由分子运动论知,内动能仅和物质的温度有关;物质的内位能与分子间的平均距离有关,即和物质的比容有关。当物质的温度和比容一定时,内能即有确定的数值,所以内能也是一个状态参数,可以由任意两个独立参数确定。

设系统中物质的质量为 m,其内能为 U,则单位质量物质的内能(比内能)为

$$e_u = \frac{U}{m} \tag{3-7}$$

系统的贮能(Stored energy)就是系统的总能量,包括能够储存在系统中的所有能量形式,用符号 E_m 表示。系统总能量除了由系统热力学状态确定的内能外,还包括由系统整体力学状态确定的系统宏观运动的动能和系统的重力位能,即

$$E_m = U + \frac{1}{2}mV^2 + mgz \tag{3-8}$$

式中:$\frac{1}{2}V^2$ 为单位质量的动能(比动能),V 为运动速度;gz 为单位质量的重力位能,z 为系统质量中心在参考坐标系中的高度,g 为重力加速度。单位质量系统的贮能

称为比贮能,用 E 表示,则

$$E = e_u + \frac{1}{2}V^2 + gz \tag{3-9}$$

如果系统中存在功和热量的交换,则必然引起系统物质内能的变化。热力学第一定律是应用于热现象时的能量转换与守恒定律,可以表述为

[系统贮能的变化]＝[进入系统的能量]－[离开系统的能量]

对于封闭系统,设系统在微元过程中吸热 δQ,对外膨胀做功 δW,则应用于此微元过程的热力学第一定律的数学表达式为

$$dE_m = \delta Q - \delta W \tag{3-10}$$

或者,以单位质量的形式表示,可写成

$$dE = \delta q - \delta w \tag{3-11}$$

式(3-10)和(3-11)表明,加给系统的热量一部分用于增加系统的贮能,一部分以做功的方式传递给外界,这对于可逆过程和不可逆过程都是适用的。

在多数情况下,封闭系统的状态发生变化时,其宏观动能和重力位能的变化或为零,或与过程中参与能量转换的其他能量相比可忽略不计,因此在系统贮能中只有内能可能发生变化。此时,热力学第一定律可以写成

$$dU = \delta Q - \delta W \tag{3-12}$$

以及

$$de_u = \delta q - \delta w \tag{3-13}$$

将膨胀功定义式(3-5)代入式(3-13),可得

$$de_u = \delta q - pdv \tag{3-14}$$

3.1.4　热力学第二定律

热力学第一定律阐明了各种热过程中热能和其他形式能量相互转换时总能量始终保持守恒的规律,从而解释了热能具有和其他形式能量相同的能的普遍属性。但是,实践证明,热力学第一定律不能指出热过程进行的方向、条件和限度。例如,对温度不同的两个物体之间的传热,第一定律只能说明由一个物体传出的热量必等于另一个物体所得到的热量,但不能确定哪个物体失去了热量,哪个物体得到了热量,也不能说明传热在什么条件下才能进行以及进行到何时为止。又如,通过摩擦,功变为热,第一定律只能说明功和热转变前后能量的数量不变,但是不能回答通过摩擦由功变成的热还能否再自动地变为功? 在什么条件下才能变为功? 能否全部变为功? 再如,它也不能说明气体的热能能否完全转化为气体膨胀时的机械功。事实上,甚至在一个可逆过程中也不可能将加给系统的热量全部转化为有用功,总是不可避免地伴随着一部分能量变为无用形式。

热力学第二定律正是对上述问题的回答。不同研究者,对热力学第二定律的阐述不同,但其本质是一致的。开尔文-普朗克说法(Kelvin - Planck statement)为:

"不可能制成一种循环工作的机器,只从一个热源吸取热量,使之完全变为有用功,而其他物体不发生任何变化。"克劳修斯说法(Clausius' statement)为:"热量不可能自动地无偿地从低温物体传到高温物体。"这些表述都说明实现某种能量转换过程是需要必要条件的,可以证明它们都是等价的。如果我们将自发实现的过程称为自发过程,其逆向过程称非自发过程,则热力学第二定律表明非自发过程不可能自发地实现。欲实现非自发过程,必须进行另一种自发过程,以作为实现非自发过程的补偿。因此,只要系统进行了一个自发过程,则无论用什么方法都不可能使系统和外界完全恢复原状而不留下任何变化,亦即自发过程产生的效果是无法消除的,或者说是不可逆的。所以,从更广泛的意义上,可以将热力学第二定律叙述成:"一切自发地实现的涉及热现象的过程都是不可逆的。"

热力学第二定律还可以表述成卡诺(S. Carnot)定理的形式,即在两个给定的热源间工作的所有热机不可能具有比可逆热机更高的热效率。将卡诺定理应用于任意多热源循环时可以推导出克劳修斯(R. Clausius)不等式,即

$$\oint \frac{\delta Q}{T} \leqslant 0 \qquad (3-15)$$

式中:"="用于可逆过程,"<"用于不可逆过程。根据克劳修斯不等式可以定义热力学中一个极为重要的概念——状态参数熵(Entropy)的增量(熵增,或熵变),即

$$dS \equiv \frac{\delta Q_{rev}}{T} \qquad (3-16)$$

式中:δQ_{rev}是系统在微元可逆过程中与外界交换的热量,T 为传热时系统的温度,dS 即为微元过程中系统的熵增。以单位质量表示,熵增可写成

$$ds \equiv \frac{\delta q_{rev}}{T} \qquad (3-17)$$

根据克劳修斯不等式,有

$$ds \geqslant \frac{\delta q}{T} \qquad (3-18)$$

式中:"="用于可逆过程,">"用于不可逆过程。在可逆过程中,使系统的熵发生变化的唯一因素是系统与外界的传热,且熵的变化量即为式(3-17)。而不可逆过程中系统熵的变化,除了由于系统与外界传热外,还有因不可逆因素的影响而产生的熵,两者的和满足式(3-18)(只有可逆时取"=")。这就是说可以将系统熵的变化作为过程可逆与否及不可逆性大小的基本判据。所以,式(3-18)实际上就是热力学第二定律的数学表达式。

显然,对于绝热过程,系统与外界不发生任何热量交换,即 $\delta q = 0$,故式(3-18)变成

$$ds \geqslant 0 \qquad (3-19)$$

如果过程是绝热可逆的,则有

$$ds = 0 \qquad (3-20)$$

亦即在绝热可逆过程中,系统的熵不发生变化,这种过程称为等熵过程(Isentropic process)。

　　熵是普遍存在的一个状态参数。实际上,当系统进行一个过程而与外界交换热量时,除了系统的熵发生变化外,外界的熵也会发生变化。如果我们把系统和外界合并在一起作为一个孤立系统考虑,则这个孤立系统进行的必然是绝热过程,于是根据式(3-20)应有

$$ds_{iso} \geqslant 0 \tag{3-21}$$

式中:下标"iso"表示孤立系统,"="用于可逆过程,">"用于不可逆过程。式(3-21)表明,系统与有关的周围物质(外界)两者熵的总和始终不可能减小,在不可逆过程中两者熵的总和总是不断增大的,而在可逆过程中两者熵的总和保持不变。这个结论称为孤立系统熵增原理,它是热力学第二定律普遍形式的数学表达式。孤立系统熵增原理说明了过程进行的方向,更好地反映了热力学第二定律的实质。根据孤立系统熵增原理,可以判断任意复杂过程是否可能实现,而不必涉及该过程所经历的各个具体细节,这时只需确定过程初始状态和终止状态下系统的熵和外界的熵,根据两者熵的总和的变化来判断过程实现的可能性。凡是符合熵增原理的过程就可能实现;反之,两者熵的总和减小的过程是不可能实现的。

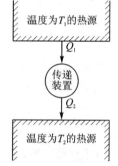

图 3-4　两个热源之间的传热

　　以图 3-4 所示两热源的热量传递为例,其热量传递过程可分为两步:首先温度为 T_1 的热源传出热量 Q_1 给某装置,然后该装置把热量 Q_2 传递给下一热源 T_2。设传递装置没有任何内能变化,以该装置为研究对象(系统),根据热力学第一定律,有

$$Q_1 = Q_2$$

　　该系统唯一的外界即为两个外热源,由系统和外界组成一个孤立系统,由式(3-21)可知

$$ds_{iso} = ds_{装置} + ds_{热源} \geqslant 0 \tag{3-22}$$

　　由于 $Q_1 = Q_2$,故

$$ds_{装置} = \frac{\delta Q}{T} = 0$$

而

$$ds_{热源} = ds_{Q_1} + ds_{Q_2} = \frac{\delta Q_1}{T_1} + \frac{\delta Q_2}{T_2} = \frac{0 - Q_1}{T_1} + \frac{Q_2 - 0}{T_2} = Q_1 \left(\frac{1}{T_2} - \frac{1}{T_1} \right)$$

　　代入式(3-22)得

$$ds_{iso} = Q_1 \left(\frac{1}{T_2} - \frac{1}{T_1} \right) \geqslant 0$$

因此,只有满足

$$T_1 > T_2$$

才能满足热力学第二定律,即热量不可能从低温热源自发地传向高温热源。

3.2　热力学第三定律与绝对熵

根据热力学第二定律,在任何实际过程中,熵总是增加的,当封闭系统达到稳定平衡时,熵应该达到最大值,只是对于理想气体的绝热可逆过程,熵的变化为零。那么,熵是否存在最小值呢?

1702年,法国物理学家阿蒙顿(G. Amontons)提到"绝对零度"的概念。1906年,德国物理学家能斯特(W. H. Nernst)在研究低温条件下物质的变化时,把热力学的原理应用到低温现象和化学反应过程中,发现了一个新的规律,这个规律被表述为:"当绝对温度趋于零时,凝聚系(固体和液体)的熵在等温过程中的改变趋于零",即

$$\lim_{T \to 0K} \Delta s = 0 \tag{3-23}$$

德国著名物理学家普朗克(M. Planck)把这一定律改述为:"当绝对温度趋于零时,一切完美晶体的熵值等于零",即

$$\lim_{T \to 0K} s_0 = 0 \tag{3-24}$$

这就是热力学第三定律,它指出在绝对温度为 0 K 时对应的熵 s_0 为 0,这样就消除了熵取值的任意性。所谓"完美晶体",是指没有任何缺陷的规则晶体。实际上,在 $T = 0$ K 时,任何物质都可能成为完美晶体。

1912年,能斯特又将这一规律表述为绝对零度不可能达到原理:"不可能使一个物体冷却到绝对温度的零度"。1940 年否勒(R. H. Fowler)和古根海姆(E. A. Guggenheim)还提出热力学第三定律的另一种表述形式:"任何系统都不能通过有限的步骤使自身温度降低到 0 K",称为 0 K 不能达到原理。

由熵的定义式(3-17),可知

$$s - s_0 = \int_0^T \frac{\delta q_{rev}}{T}$$

由于规定了 $s_0 = 0$,因此,在任意温度下的熵则变为绝对熵,即

$$s = \int_0^T \frac{\delta q_{rev}}{T} \tag{3-25}$$

因此,任何物质的绝对熵值都是正值(离子除外),它是反映体系内部质点运动的混乱程度的状态函数。

玻耳兹曼(L. E. Boltzmann)指出,熵是系统微观状态数(用 Ω 表示)的度量,即

$$S = k^0 \ln \Omega \tag{3-26}$$

式中:k^0 为玻耳兹曼常量。量子力学中,微观状态数 Ω 定义为体系中所有与宏观状态相容的量子态的总数。微观状态数越多,表明系统内的微观粒子的混乱度越大。

因此,从微观的角度看,熵是微观状态的混乱度(或无序度)的量度。

对于同一种物质,相同温度下一般有 $s(s)<s(l)<s(g)$,其中,s、l、g 分别表示固体、液体和气体;同种物质在同一物理状态下,温度越高,微观状态数越多,熵越大。对于不同物质,在相同条件下,相对分子量越大,分子结构越复杂,分子构象越丰富,可能的微观状态数也越大,熵就越大,例如 $F_2(g)$ 的熵值小于 $Cl_2(g)$ 的熵值。对于化学反应系统,凡气体分子总数增多的反应,一定是熵增大反应;反之,是熵减小反应;反应前后分子总数不变则熵的变化难以判断,但数值一定不大,接近零。

熵的大小除与温度有关外,气体的熵还随压强的增大而减小。规定在压强等于 $0.101\,325$ MPa(即 1 atm)下的绝对熵为标准状态熵,用符号 S^0 表示,单位 J/(kg·K)。也可用单位摩尔数物质表示熵,在压强等于 $0.101\,325$ MPa 下,称为标准摩尔熵,用符号 $S_{m,T}^0$ 表示,单位 J/(mol·K)。

3.3 状态函数

物质的状态参数按其性质可以有特定的组合,这些组合也具有状态参数的性质,称为状态函数。常见的组合有焓、赫姆霍尔兹自由能(Helmholtz free energy)和吉布斯自由能(Gibbs free energy)。赫姆霍尔兹自由能又称功函,通常所说的自由能是指吉布斯自由能。

定义

$$H \equiv U + pV_g \qquad (3-27)$$

称为质量焓,表示内能 U 与流动功 pV_g 之和。焓是物质进出开口系统时带入或带出的内能与流动功之和,是随物质一起转移的能量。流动功是由于物质具有压强而产生的做功能力,又称为压强势能。

单位质量的质量焓称为比焓,即为

$$h = e_u + pv \qquad (3-28)$$

定义

$$F \equiv U - TS \qquad (3-29)$$

称为赫姆霍尔兹自由能,表示在等温等容条件下,系统减少的内能中可以转化为对外做功的部分。其中"TS"表示系统由于熵的变化引起的做功能力的损失。

单位质量物质的赫姆霍尔兹自由能为

$$f = e_u - Ts \qquad (3-30)$$

定义

$$G \equiv H - TS \qquad (3-31)$$

称为吉布斯自由能,表示在等温等压条件下系统向环境可能做出的最大有用功。

注意,自由能只表示等温等容或等温等压过程系统向环境做最大有用功的能力,不包括气体膨胀做功。因为系统在发生自发过程中,膨胀功是可正可负的,故不包括膨胀做功的自由能可以更明确地表示系统自发过程的方向性。

单位质量物质的吉布斯自由能为

$$g = h - Ts \tag{3-32}$$

由上述关系式,不难得到赫姆霍尔兹自由能与吉布斯自由能之间的关系,即为

$$F = G - pV_g \tag{3-33}$$

或

$$f = g - pv \tag{3-34}$$

3.4　热力学普遍关系式

热力学上,有些参数可以很容易获得,如温度、压强等;有些参数却很难测量,如焓、熵等。根据热力学第一、第二定律,通过数学推导,得到热力学中的一些普遍关系式,可以利用能直接测量的参数来确定不能直接测量的参数。

3.4.1　全微分的性质

当任意参数 z 表示为另外两个独立参数 x、y 的函数时,其全微分可表示为

$$dz = \left(\frac{\partial z}{\partial x}\right)_y dx + \left(\frac{\partial z}{\partial y}\right)_x dy \tag{3-35}$$

如将该式写为

$$dz = M_x \cdot dx + N_y \cdot dy \tag{3-36}$$

则根据导数与求导次序无关的性质,可得

$$\left(\frac{\partial M_x}{\partial y}\right)_x = \left(\frac{\partial N_y}{\partial x}\right)_y \tag{3-37}$$

对式(3-35)进一步展开,即

$$dz = \left(\frac{\partial z}{\partial x}\right)_y \left[\left(\frac{\partial x}{\partial y}\right)_z dy + \left(\frac{\partial x}{\partial z}\right)_y dz\right] + \left(\frac{\partial z}{\partial y}\right)_x dy =$$

$$\left(\frac{\partial z}{\partial x}\right)_y \left(\frac{\partial x}{\partial y}\right)_z dy + \left(\frac{\partial z}{\partial x}\right)_y \left(\frac{\partial x}{\partial z}\right)_y dz + \left(\frac{\partial z}{\partial y}\right)_x dy =$$

$$\left(\frac{\partial z}{\partial x}\right)_y \left(\frac{\partial x}{\partial y}\right)_z dy + dz + \left(\frac{\partial z}{\partial y}\right)_x dy$$

得

$$\left(\frac{\partial z}{\partial x}\right)_y \left(\frac{\partial x}{\partial y}\right)_z + \left(\frac{\partial z}{\partial y}\right)_x = 0, \quad 或 \quad \left(\frac{\partial x}{\partial y}\right)_z \left(\frac{\partial y}{\partial z}\right)_x \left(\frac{\partial z}{\partial x}\right)_y = -1 \tag{3-38}$$

3.4.2　麦克斯韦尔关系式

根据热力学第一定律,当封闭系统经历一个可逆过程,从一个平衡状态变化到另

一个平衡状态时,系统吸收的热量用热力学第一定律式(3-14)计算,即有

$$\delta q = \mathrm{d}e_u + p\mathrm{d}v \qquad (3-39)$$

对比焓关系式(3-28)微分得

$$\mathrm{d}h = \mathrm{d}e_u + \mathrm{d}(pv) = \mathrm{d}e_u + p\mathrm{d}v + v\mathrm{d}p \qquad (3-40)$$

将式(3-39)代入熵的定义式(3-17)可得

$$T\mathrm{d}s = \mathrm{d}e_u + p\mathrm{d}v \qquad (3-41)$$

再将式(3-40)代入式(3-41)还可得

$$T\mathrm{d}s = \mathrm{d}h - v\mathrm{d}p \qquad (3-42)$$

式(3-41)和式(3-42)虽然是从可逆过程导出的,但它们对不可逆过程也成立,是基本的热力学普遍关系式。把这两个关系式整理成全微分形式,为

$$\mathrm{d}e_u = T\mathrm{d}s - p\mathrm{d}v \qquad (3-43)$$

$$\mathrm{d}h = T\mathrm{d}s + v\mathrm{d}p \qquad (3-44)$$

对自由能定义式(3-30)和式(3-32)取全微分,并考虑式(3-43)和式(3-44),可得

$$\mathrm{d}f = -s\mathrm{d}T - p\mathrm{d}v \qquad (3-45)$$

$$\mathrm{d}g = -s\mathrm{d}T + v\mathrm{d}p \qquad (3-46)$$

由式(3-43)~式(3-46)4个全微分关系式,根据全微分性质式(3-37),可得下列4个重要的关系式,称为麦克斯韦尔关系式,即

$$\begin{cases} \left(\dfrac{\partial T}{\partial v}\right)_s = -\left(\dfrac{\partial p}{\partial s}\right)_v \\[2mm] \left(\dfrac{\partial T}{\partial p}\right)_s = \left(\dfrac{\partial v}{\partial s}\right)_p \\[2mm] \left(\dfrac{\partial s}{\partial v}\right)_T = \left(\dfrac{\partial p}{\partial T}\right)_v \\[2mm] \left(\dfrac{\partial s}{\partial p}\right)_T = -\left(\dfrac{\partial v}{\partial T}\right)_p \end{cases} \qquad (3-47)$$

麦克斯韦尔关系式给出了熵对压强等参数的偏导数关系,结合基本热力学关系式(3-41)和式(3-42),为求取各种热力学普遍关系式奠定了基础。

由式(3-43)~式(3-46)4个全微分关系式,并考虑全微分关系式(3-35),还可以得到

$$T = \left(\frac{\partial e_u}{\partial s}\right)_v = \left(\frac{\partial h}{\partial s}\right)_p \qquad (3-48)$$

$$p = -\left(\frac{\partial e_u}{\partial v}\right)_s = -\left(\frac{\partial f}{\partial v}\right)_T \qquad (3-49)$$

$$v = \left(\frac{\partial h}{\partial p}\right)_s = \left(\frac{\partial g}{\partial p}\right)_T \qquad (3-50)$$

$$s = -\left(\frac{\partial f}{\partial T}\right)_v = -\left(\frac{\partial g}{\partial T}\right)_p \qquad (3-51)$$

对于全部质量的系统,即当采用 U、H、F、G、V_g 时,上述关系式仍然成立。

3.4.3 比热容

在计算热量时常采用物质的比热容(Specific heat capacity)概念,定义为单位质量(1 kg)物质温度升高 1 K(或 1 ℃)所需的热量,用符号 c 表示,即

$$c = \frac{\delta q}{\mathrm{d}T} \tag{3-52}$$

因为热量是过程量,对不同的过程有不同的热量,所以对应的比热容也不同。对于气体,相应于定容过程的比热容称为比定容热容,用 c_v 表示;相应于定压过程的比热容称为比定压热容,用 c_p 表示,即

$$c_v = \left(\frac{\delta q}{\mathrm{d}T}\right)_v \tag{3-53}$$

$$c_p = \left(\frac{\delta q}{\mathrm{d}T}\right)_p \tag{3-54}$$

根据热力学第一定律式(3-14),在定容条件下,$\mathrm{d}v = 0$,有 $\delta q = \mathrm{d}e_u$,所以

$$c_v = \left(\frac{\partial e_u}{\partial T}\right)_v \tag{3-55}$$

联立热力学第一定律式(3-14)和焓的关系式(3-40),可得到用焓表示的热力学第一定律,即

$$\mathrm{d}h = \delta q + v\mathrm{d}p \tag{3-56}$$

对于定压过程,$\mathrm{d}p = 0$,由上式可得 $\delta q = \mathrm{d}h$,故比定压热容的表达式为

$$c_p = \left(\frac{\partial h}{\partial T}\right)_p \tag{3-57}$$

比定压热容与比定容热容的比值称为比热比(Specific heat ratio),即

$$\gamma = \frac{c_p}{c_v} \tag{3-58}$$

常见物质的比热容等热力性质如表 3-1 所列。

表 3-1 常见物质的热力性质($p = 0.101\ 325$ MPa)

物　质	化学式	摩尔质量/(kg·kmol^{-1})	温度/K	密度 ρ/(kg·m^{-3})	c_p/(kJ·kg^{-1}·K^{-1})	γ
空气	Air	28.97	273.15	1.293	1.004	1.400
氦	He	4.003	273.15	0.179	5.234	1.667
氩	Ar	39.94	273.15	1.784	0.524	1.667
二氧化碳	CO_2	44.01	273.15	1.977	0.850	1.285
一氧化碳	CO	28.011	273.15	1.250	1.042	1.399
氢气	H_2	2.016	273.15	0.090	14.36	1.404
氮气	N_2	28.013	273.15	1.250	1.038	1.400

物　　质	化学式	摩尔质量/ $(kg \cdot kmol^{-1})$	温度/K	密度 ρ/ $(kg \cdot m^{-3})$	c_p/ $(kJ \cdot kg^{-1} \cdot K^{-1})$	γ
氧气	O_2	32.00	273.15	1.429	0.917	1.395
甲烷	CH_4	16.04	273.15	0.717	2.227	1.320
乙烯	C_2H_4	28.054	273.15	1.260	1.721	1.208
水蒸气	$H_2O(g)$	18.016	380.00	0.804	1.863	1.329
水	$H_2O(l)$	18.016	298.15	996.7	$c = 4180.3$	1

3.4.4　其他热力学普遍关系式

对内能、焓、熵等状态参数取全微分,通过麦克斯韦尔关系式和前述热力学普遍关系式,可得

$$de_u = c_v dT + \left[T\left(\frac{\partial p}{\partial T}\right)_v - p \right] dv \tag{3-59}$$

$$dh = c_p dT + \left[v - T\left(\frac{\partial v}{\partial T}\right)_p \right] dp \tag{3-60}$$

$$ds = \frac{c_v}{T} dT + \left(\frac{\partial p}{\partial T}\right)_v dv \tag{3-61}$$

或

$$ds = \frac{c_p}{T} dT - \left(\frac{\partial v}{\partial T}\right)_p dp \tag{3-62}$$

对应的积分关系式为

$$e_{u2} - e_{u1} = \int_1^2 c_v dT + \int_1^2 \left[T\left(\frac{\partial p}{\partial T}\right)_v - p \right] dv \tag{3-63}$$

$$h_2 - h_1 = \int_1^2 c_p dT + \int_1^2 \left[v - T\left(\frac{\partial v}{\partial T}\right)_p \right] dp \tag{3-64}$$

$$s_2 - s_1 = \int_1^2 \frac{c_v}{T} dT + \int_1^2 \left(\frac{\partial p}{\partial T}\right)_v dv \tag{3-65}$$

或

$$s_2 - s_1 = \int_1^2 \frac{c_p}{T} dT - \int_1^2 \left(\frac{\partial v}{\partial T}\right)_p dp \tag{3-66}$$

利用熵的关系式(3-61)和式(3-62),并利用全微分的性质式(3-37),可以得到比定压热容与比定容热容的关系

$$c_p - c_v = T\left(\frac{\partial v}{\partial T}\right)_p \left(\frac{\partial p}{\partial T}\right)_v \tag{3-67}$$

及

$$c_p - c_v = -T\left(\frac{\partial v}{\partial T}\right)_p^2 \left(\frac{\partial p}{\partial v}\right)_T \tag{3-68}$$

由上述比定压热容与比定容热容的关系式(3-67)和式(3-68),可以得出如下

结论：

（1）对于固体和液体物质，在定压下，当升高其温度时，其体积增加很少，即 $\left(\dfrac{\partial v}{\partial T}\right)_p$ 很小，因此固体和液体物质的比定压热容与比定容热容近似相等，即 $c_p \approx c_v$；

（2）当 $T = 0\ \text{K}$ 时，由式（3-67）或式（3-68）可知，$c_p - c_v = 0$，这时任何物质的比定压热容与比定容热容相等；

（3）当温度不变，增大压强时，比容 v 必然减小，即 $\left(\dfrac{\partial p}{\partial v}\right)_T$ 总是为负；同时，$\left(\dfrac{\partial v}{\partial T}\right)_p^2$ 总是为正。因此，由式（3-68）可知，比定压热容总是大于比定容热容，即 $c_p > c_v$ 或 $\gamma > 1$。

对于理想气体，满足理想气体热状态方程 $pv = R_g T$，应用于式（3-59）、式（3-60）和式（3-67），可以证明

$$\mathrm{d}e_u = c_v \mathrm{d}T \tag{3-69}$$

$$\mathrm{d}h = c_p \mathrm{d}T \tag{3-70}$$

$$c_p - c_v = R_g \tag{3-71}$$

可见，理想气体的比内能和比焓都仅仅是温度的函数。

由自由能关系式（3-46）可知，自由能不仅与温度有关，还与压强有关。当等温时，$\mathrm{d}T = 0$，由式（3-46）可得

$$\mathrm{d}g = v\mathrm{d}p = \frac{R_g T}{p}\mathrm{d}p = R_g T\,\frac{\mathrm{d}p}{p}$$

在任意两个压强状态 p_1 和 p_2 下积分得

$$\Delta g = R_g T\ln\frac{p_2}{p_1} \tag{3-72}$$

考虑物质质量，则

$$\Delta G = nR_0 T\ln\frac{p_2}{p_1} \tag{3-73}$$

该式表示了在等温条件下由于压强变化引起的自由能增量，与压强比的自然对数成正比。

当等压时，$\mathrm{d}p = 0$，由自由能关系式（3-46）可得 $\mathrm{d}g = -s\mathrm{d}T$，这与式（3-51）是一致的。考虑物质质量，并考虑增量形式，有

$$\Delta S = -\left[\frac{\partial(\Delta G)}{\partial T}\right]_p \tag{3-74}$$

在一定温度条件下，对自由能定义式（3-31）取微增量，得

$$\Delta G = \Delta H - T\Delta S \tag{3-75}$$

该方程称为吉布斯-赫姆霍尔兹方程，它指出了自由能随温度的变化关系。吉布斯-赫姆霍尔兹方程还可以有其他形式。结合式（3-74）和式（3-75），可得

$$\left[\frac{\partial(\Delta G)}{\partial T}\right]_p = \frac{\Delta G - \Delta H}{T} \tag{3-76}$$

上式还可以变形为易于积分的形式。由于

$$\left[\frac{\partial(\Delta G/T)}{\partial T}\right]_p = \frac{1}{T}\left[\frac{\partial(\Delta G)}{\partial T}\right]_p - \frac{\Delta G}{T^2}$$

将式（3-76）代入，可得

$$\left[\frac{\partial(\Delta G/T)}{\partial T}\right]_p = -\frac{\Delta H}{T^2} \tag{3-77}$$

或

$$\left[\frac{\partial(\Delta G/T)}{\partial(1/T)}\right]_p = \Delta H \tag{3-78}$$

对于任意化学反应，根据式（3-78），只要试验测出 $\dfrac{\Delta G}{T} \sim \dfrac{1}{T}$ 曲线，就很容易得到焓的增量 ΔH，即为该反应的反应焓。

3.5　气体混合物的热力性质

气体混合物包含有多种组分（气相组分和凝聚相组分），其热力性能是由这些组成组分共同决定的。

3.5.1　气体混合物的内能和焓

根据能量守恒，气体混合物的热力学能 U 即内能应等于各组分的热力学能之和，即

$$U = \sum_{i=1}^{N} U_i \tag{3-79}$$

式中：N 为气体混合物的组分数。用比内能 e_u 表示，有

$$m e_u = \sum_{i=1}^{N} m_i (e_u)_i, \quad 或 \quad e_u = \sum_{i=1}^{N} Y_i (e_u)_i \tag{3-80}$$

类似地，气体混合物的焓应等于各组分的焓之和，即

$$H = U + p V_g = \sum_{i=1}^{N} H_i \tag{3-81}$$

或用单位质量的焓 h（比焓）表示为

$$m h = \sum_{i=1}^{N} m_i h_i, \quad 或 \quad h = \sum_{i=1}^{N} Y_i h_i \tag{3-82}$$

如果用 $H_{m,T}^0$ 表示温度 T 下的标准摩尔焓（单位摩尔物质在标准状态下的焓），则气体混合物的焓为

$$H = \sum_{i=1}^{N} n_i (H_{m,T}^0)_i \tag{3-83}$$

用单位质量表示,可写成

$$h = \frac{1}{m} \sum_{i=1}^{N} n_i (H_{m,T}^0)_i \qquad (3-84)$$

如果各组分摩尔数 n_i 按单位质量混合物来计算,即用 n_i 代替 n_i/m,则有

$$h = \sum_{i=1}^{N} n_i (H_{m,T}^0)_i \qquad (3-85)$$

3.5.2 气体混合物的比热容

根据比定压热容的定义式(3-57),将混合物的比焓关系式(3-82)对温度 T 求导,可得

$$c_p = \left(\frac{\partial h}{\partial T}\right)_p = \sum_{i=1}^{N} Y_i \left(\frac{\partial h_i}{\partial T}\right)_p = \sum_{i=1}^{N} Y_i (c_p)_i \qquad (3-86)$$

如果用 $C_{p,m,T}^0$ 表示温度 T 下的标准摩尔热容(标准摩尔比定压热容),将式(3-85)对温度 T 求导,则气体混合物的比定压热容为

$$c_p = \sum_{i=1}^{N} n_i (C_{p,m,T}^0)_i \qquad (3-87)$$

式中:n_i 为单位质量混合物中组分 i 的摩尔数。

上式实际上只在组分冻结不变的情况下成立。如果考虑化学反应引起的组分与能量变化,则化学平衡状态下的比定压热容为

$$c_p = \sum_{i=1}^{N} n_i (C_{p,m,T}^0)_i + \sum_{i=1}^{N} n_i \frac{(H_{m,T}^0)_i}{T} \left(\frac{\partial \ln n_i}{\partial \ln T}\right)_p \qquad (3-88)$$

类似地,由比定容热容的定义式(3-55),将混合物内能关系式(3-80)对温度 T 求导,可得比定容热容为

$$c_v = \left(\frac{\partial e_u}{\partial T}\right)_v = \sum_{i=1}^{N} Y_i \left[\frac{\partial (e_u)_i}{\partial T}\right]_v = \sum_{i=1}^{N} Y_i (c_v)_i \qquad (3-89)$$

比定容热容也可通过式(3-68)计算,即

$$c_v = c_p + T \left(\frac{\partial v}{\partial T}\right)_p^2 \left(\frac{\partial p}{\partial v}\right)_T = c_p + \frac{T \left(\frac{\partial v}{\partial T}\right)_p^2}{\left(\frac{\partial v}{\partial p}\right)_T} \qquad (3-90)$$

3.5.3 气体混合物的熵

用 S^0 表示标准状态熵,则单位质量任意组分的熵(比熵)为

$$\begin{cases} s_i = (S^0)_i - n_i R_0 \ln p_i, & i = 1,2,\cdots,N_g \\ s_j = (S^0)_j, & j = 1,2,\cdots,N-N_g \end{cases} \qquad (3-91)$$

式中:N 为混合物总的组分数,N_g 为气相组分数,$N-N_g$ 为凝聚相组分数。

气体混合物的熵为各组分熵的总和,考虑到分压强关系式(2-16),则单位质量

气体混合物的熵为

$$s = \sum_{i=1}^{N}(S^0)_i - \sum_{i=1}^{N_g} n_i R_0 \ln p_i = \sum_{i=1}^{N}(S^0)_i - R_0 \sum_{i=1}^{N_g} n_i \ln \frac{n_i}{n_g} - n_g R_0 \ln p$$

$$(3-92)$$

式中：n_g 为气相组分总摩尔数。

如果用 $S^0_{m,T}$ 表示温度 T 下的标准摩尔熵，则单位质量气体混合物的熵为

$$s = \sum_{i=1}^{N} n_i (S^0_{m,T})_i - R_0 \sum_{i=1}^{N_g} n_i \ln \frac{n_i}{n_g} - n_g R_0 \ln p$$

$$(3-93)$$

3.5.4　气体混合物的标准摩尔焓、标准摩尔熵、标准摩尔比定压热容和 JANAF 热力数据表

组分的标准摩尔焓 $H^0_{m,T}$、标准摩尔熵 $S^0_{m,T}$ 和标准摩尔比定压热容 $C^0_{p,m,T}$ 只随温度变化，其值可查化学手册得到，其中表 3-2 所列为 H_2、N_2、O_2 和 H_2O 等几种常见物质的热力数据，从中可以看出它们随温度的变化规律。

也可以采用美国 JANAF 热力数据表计算这些热力参数，其拟合表达式为

$$\begin{cases} \dfrac{H^0_{m,T}}{R_0 T} = -a_1 T^{-2} + a_2 T^{-1}\ln T + a_3 + \dfrac{a_4}{2}T + \dfrac{a_5}{3}T^2 + \dfrac{a_6}{4}T^3 + \dfrac{a_7}{5}T^4 + \dfrac{a_8}{T} \\[2mm] \dfrac{S^0_{m,T}}{R_0} = -\dfrac{a_1 T^{-2}}{2} - a_2 T^{-1} + a_3\ln T + a_4 T + \dfrac{a_5}{2}T^2 + \dfrac{a_6}{3}T^3 + \dfrac{a_7}{4}T^4 + a_9 \\[2mm] \dfrac{C^0_{p,m,T}}{R_0} = a_1 T^{-2} + a_2 T^{-1} + a_3 + a_4 T + a_5 T^2 + a_6 T^3 + a_7 T^4 \end{cases}$$

$$(3-94)$$

式中：系数 $a_1 \sim a_9$ 为热力数据表 JANAF 中的拟合系数，表 3-3 所列为部分组分的拟合系数。

在较早版本的 JANAF 表中，采用的拟合表达式为

$$\begin{cases} \dfrac{H^0_{m,T}}{R_0 T} = a_1 + \dfrac{a_2}{2}T + \dfrac{a_3}{3}T^2 + \dfrac{a_4}{4}T^3 + \dfrac{a_5}{5}T^4 + \dfrac{a_6}{T} \\[2mm] \dfrac{S^0_{m,T}}{R_0} = a_1\ln T + a_2 T + \dfrac{a_3}{2}T^2 + \dfrac{a_4}{3}T^3 + \dfrac{a_5}{4}T^4 + a_7 \\[2mm] \dfrac{C^0_{p,m,T}}{R_0} = a_1 + a_2 T + a_3 T^2 + a_4 T^3 + a_5 T^4 \end{cases} \quad (3-95)$$

部分组分的拟合系数如表 3-4 所列。

表 3-2 部分物质的标准状态热力参数表

T/K	H₂(g)			N₂(g)			O₂(g)			H₂O(g)		
	$H^0_{m,T}$ / kJ·mol⁻¹	$C^0_{p,m,T}$ / J·(mol·K)⁻¹	$S^0_{m,T}$ / J·(mol·K)⁻¹	$H^0_{m,T}$ / kJ·mol⁻¹	$C^0_{p,m,T}$ / J·(mol·K)⁻¹	$S^0_{m,T}$ / J·(mol·K)⁻¹	$H^0_{m,T}$ / kJ·mol⁻¹	$C^0_{p,m,T}$ / J·(mol·K)⁻¹	$S^0_{m,T}$ / J·(mol·K)⁻¹	$H^0_{m,T}$ / kJ·mol⁻¹	$C^0_{p,m,T}$ / J·(mol·K)⁻¹	$S^0_{m,T}$ / J·(mol·K)⁻¹
0	−8.473 3			−8.676 3			−8.686 4			−251.897 6		
100	−5.295 9	22.581 1	102.106 4	−5.771 9	29.124 2	159.813 9	−5.732 8	29.126 3	173.319 7	−248.605 9	33.329 4	152.382 4
200	−2.772 1	27.290 4	119.412 6	−2.859 6	29.128 0	180.002 7	−2.869 6	29.146 4	193.511 8	−245.271 5	33.366 3	175.492 7
298.15	0	28.854 6	130.661 2	0	29.144 7	191.634 4	0	29.397 6	205.182 5	−241.840 0	33.601 6	188.847 3
300	0.053 2	28.863 0	130.844 6	0.054 0	29.145 6	191.814 9	0.054 4	29.406 8	205.364 2	−241.925 9	33.610 0	189.055 0
400	2.961 3	29.204 2	139.214 5	2.973 1	29.269 9	200.212 4	3.027 9	30.128 6	213.913 2	−238.535 0	34.274 8	198.805 6
500	5.886 2	29.279 1	145.737 5	5.915 1	29.601 9	206.775 2	6.088 9	31.114 2	220.739 9	−235.061 2	35.236 5	206.553 3
600	8.817 0	29.345 7	151.079 4	8.900 3	30.131 6	212.216 8	9.250 7	32.114 4	226.502 1	−231.483 6	36.332 6	213.073 4
700	11.757 0	29.462 1	155.613 7	11.944 9	30.776 8	216.909 3	12.508 1	33.007 5	231.521 3	−227.792 5	37.501 0	218.761 1
800	14.711 2	29.645 1	159.557 7	15.056 6	31.455 9	221.063 0	15.847 9	33.761 6	235.979 8	−223.981 2	38.726 2	223.848 1
900	17.688 4	29.903 0	163.060 4	18.235 6	32.112 8	224.806 5	19.255 9	34.385 8	239.993 2	−220.045 7	39.991 5	228.482 1
1 000	20.694 9	30.227 4	166.222 2	21.477 5	32.719 0	228.221 6	22.721 3	34.902 0	243.643 7	−215.982 4	41.272 2	232.761 8
1 100	23.736 2	30.601 7	169.125 8	24.777 1	33.263 7	231.366 3	26.233 7	35.334 1	246.991 1	−211.791 8	42.542 1	236.755 2
1 200	26.816 5	31.009 5	171.804 9	28.128 2	33.745 6	234.281 6	29.786 2	35.703 4	250.081 8	−207.475 2	43.777 2	240.510 3
1 300	29.939 0	31.450 4	174.301 1	31.524 5	34.168 5	236.999 7	33.373 0	36.026 6	252.952 6	−203.038 0	44.959 5	244.061 6
1 400	33.104 6	31.891 7	176.655 8	34.960 2	34.538 6	239.545 7	36.990 4	36.317 6	255.633 5	−198.485 3	46.078 3	247.434 4
1 500	36.316 3	32.324 2	178.868 9	38.430 6	34.862 4	241.940 1	40.635 8	36.586 8	258.148 5	−193.824 6	47.126 6	250.649 9
1 600	39.571 1	32.748 7	180.965 6	41.931 2	35.146 1	244.199 3	44.307 2	36.841 8	260.517 8	−189.062 5	48.103 8	253.723 0
1 700	42.858 6	33.156 1	182.962 3	45.458 6	35.395 6	246.337 5	48.003 8	37.087 5	262.758 5	−184.206 2	49.010 7	256.666 8
1 800	46.199 7	33.555 5	184.867 7	49.009 4	35.615 9	248.367 3	51.724 6	37.327 4	264.885 4	−179.262 5	49.850 1	259.492 0

续表 3 - 2

T/K	H₂(g) H°m,T / kJ·mol⁻¹	H₂(g) C°p,m,T / J·(mol·K)⁻¹	H₂(g) S°m,T / J·(mol·K)⁻¹	N₂(g) H°m,T / kJ·mol⁻¹	N₂(g) C°p,m,T / J·(mol·K)⁻¹	N₂(g) S°m,T / J·(mol·K)⁻¹	O₂(g) H°m,T / kJ·mol⁻¹	O₂(g) C°p,m,T / J·(mol·K)⁻¹	O₂(g) S°m,T / J·(mol·K)⁻¹	H₂O(g) H°m,T / kJ·mol⁻¹	H₂O(g) C°p,m,T / J·(mol·K)⁻¹	H₂O(g) S°m,T / J·(mol·K)⁻¹
1 900	49.575 5	33.946 6	186.689 8	52.581 2	35.811 0	250.298 2	55.469 2	37.564 0	266.909 8	−174.238 3	50.626 4	262.208 4
2 000	52.988 6	34.312 9	188.445 8	56.171 0	35.984 7	252.139 6	59.237 4	37.798 4	268.842 8	−169.139 2	51.344 0	264.823 9
2 100	56.437 2	34.653 7	190.126 4	59.777 5	36.139 6	253.898 9	63.028 9	38.030 8	270.692 5	−163.971 4	52.008 0	267.345 2
2 200	59.918 1	34.978 2	191.748 7	63.398 2	36.278 6	255.583 6	66.843 5	38.261 5	272.466 9	−158.739 2	52.623 5	269.779 0
2 300	63.432 5	35.286 4	193.304 6	67.032 8	36.404 2	257.198 9	70.681 1	38.490 1	274.173 0	−153.447 9	53.194 6	272.130 7
2 400	66.976 2	35.577 3	194.818 9	70.678 6	36.518 1	258.750 9	74.541 4	38.716 2	275.815 9	−148.101 8	53.725 4	274.406 2
2 500	70.548 4	35.860 4	196.275 1	74.335 8	36.621 1	260.243 5	78.424 2	38.939 3	277.400 6	−142.704 2	54.220 3	276.609 3
2 600	74.148 2	36.126 6	197.689 4	78.002 6	36.715 7	261.681 7	82.329 2	39.158 3	278.932 2	−137.258 8	54.682 5	278.745 0
2 700	77.773 2	36.384 6	199.053 9	81.678 6	36.802 0	263.069 2	86.255 6	39.373 5	280.414 3	−131.768 6	55.115 9	280.817 1
2 800	81.424 1	36.625 7	200.385 3	85.363 0	36.881 5	264.409 0	90.203 4	39.583 3	281.849 9	−126.236 6	55.522 8	282.828 8
2 900	85.098 0	36.858 9	201.674 8	89.054 9	36.955 2	265.704 4	94.172 0	39.788 0	283.242 5	−120.664 8	55.906 3	284.784 0
3 000	88.796 6	37.091 7	202.922 9	92.754 0	37.023 0	266.958 3	98.161 2	39.987 3	284.594 8	−115.055 8	56.268 5	286.685 7
3 100	92.518 7	37.324 5	204.145 9	96.459 3	37.086 7	268.173 3	102.169 2	40.180 3	285.909 0	−109.411 6	56.611 4	288.536 3
3 200	96.263 3	37.549 3	205.336 6	100.170 9	37.145 7	269.351 9	106.196 9	40.367 0	287.187 7	−103.734 3	56.937 6	290.338 7
3 300	100.025 2	37.774 2	206.492 1	103.888 3	37.201 0	270.495 8	110.242 6	40.547 5	288.432 8	−98.024 7	57.247 8	292.095 5
3 400	103.813 8	37.990 2	207.623 8	107.611 2	37.252 9	271.606 9	114.305 9	40.721 2	289.645 8	−92.285 0	57.544 2	293.809 1
3 500	107.625 9	38.198 3	208.730 4	111.338 7	37.301 9	272.687 5	118.386 6	40.888 7	290.828 5	−86.516 5	57.828 1	295.481 3
3 600	111.452 2	38.389 6	209.803 5	115.071 3	37.348 4	273.739 3	122.483 6	41.049 5	291.982 8	−80.719 8	58.100 6	297.114 2
3 700	115.297 8	38.580 9	210.860 2	118.808 4	37.391 9	274.762 9	126.596 3	41.204 0	293.109 5	−74.896 4	58.363 2	298.709 8
3 800	119.171 0	38.756 0	211.891 9	122.549 8	37.433 8	275.760 7	130.724 0	41.352 2	294.210 2	−69.047 5	58.616 0	300.269 3
3 900	123.052 2	38.938 9	212.907 2	126.295 2	37.473 1	276.733 7	134.866 5	41.494 5	295.286 2	−63.173 4	58.861 0	301.795 4
4 000	126.957 2	39.113 5	213.889 0	130.044 5	37.511 2	277.682 8	139.022 7	41.630 6	296.338 8	−57.275 4	59.097 9	303.288 4

表 3 - 3　新版 JANAF 热力数据表部分组分的热力参数拟合系数[*]（T=1 000~6 000 K）

组　分	a_1	a_2	a_3	a_4	a_5	a_6	a_7	a_8	a_9
Al_2O_3	−2.777 784 969 D+05	−4.917 465 930 D+02	1.386 703 888 D+01	−1.469 381 940 D−04	3.250 406 490 D−08	−3.730 867 350 D−12	1.730 444 284 D−16	−6.790 757 850 D+04	−4.375 559 873 D+01
Cl	−1.697 932 930 D+05	6.081 726 460 D+02	2.128 664 090 D+00	1.307 367 034 D−04	−2.644 883 596 D−08	2.842 504 775 D−12	−1.252 911 731 D−16	9.934 387 400 D+03	8.844 772 103 D+00
Cl_2	6.092 569 420 D+06	−1.949 627 662 D+04	2.854 535 795 D+00	−1.449 968 764 D−02	4.463 890 770 D−06	−6.358 525 860 D−10	3.327 360 290 D−14	1.212 117 724 D+05	−1.690 778 824 D+02
CO	4.619 197 250 D+05	−1.944 704 863 D+03	5.916 714 180 D+00	−5.664 282 830 D−04	1.398 814 540 D−07	−1.787 680 361 D−11	9.620 935 570 D−16	−2.466 261 084 D+03	−1.387 413 108 D+01
CO_2	1.176 962 419 D+05	−1.788 791 477 D+03	8.291 523 190 D+00	−9.223 156 780 D−05	4.863 676 880 D−09	−1.891 053 312 D−12	6.330 036 590 D−16	−3.908 350 590 D+04	−2.652 669 281 D+01
H	6.078 774 250 D+01	−1.819 354 417 D−01	2.500 211 817 D+00	−1.226 512 864 D−07	3.732 876 330 D−11	−5.687 744 560 D−15	3.410 210 197 D−19	2.547 486 398 D+04	−4.481 917 770 D−01
H_2	5.608 128 010 D+05	−8.371 504 740 D+02	2.975 364 532 D+00	1.252 249 124 D−03	−3.740 716 190 D−07	5.936 625 200 D−11	−3.606 994 100 D−15	5.339 824 410 D+03	−2.202 774 769 D+01
HCl	9.157 749 510 D+05	−2.770 550 211 D+03	5.973 539 790 D+00	−3.629 810 060 D−04	4.735 529 190 D−08	2.810 262 054 D−12	−6.656 104 220 D−16	5.674 958 050 D+03	−1.642 825 822 D+01
H_2O	1.034 972 096 D+06	−2.412 698 562 D+03	4.646 110 780 D+00	2.291 998 307 D−03	−6.836 830 480 D−07	9.426 468 930 D−11	−4.822 380 530 D−15	−1.384 286 509 D+04	−7.978 148 510 D+00
N	8.876 501 380 D+04	−1.071 231 500 D+02	2.362 188 287 D+00	2.916 720 081 D−04	−1.729 515 100 D−07	4.012 657 880 D−11	−2.677 227 571 D−15	5.697 351 330 D+04	4.865 231 506 D+00

* 考虑业界习惯，此表未做规范化处理 —— 出版者

续表 3－3

组分	a_1	a_2	a_3	a_4	a_5	a_6	a_7	a_8	a_9
N_2	5.877 124 060 D+05	−2.239 249 073 D+03	6.066 949 220 D+00	−6.139 685 500 D−04	1.491 806 679 D−07	−1.923 105 485 D−11	1.061 954 386 D−15	1.283 210 415 D+04	−1.586 640 027 D+01
NO	2.239 018 716 D+05	−1.289 651 623 D+03	5.433 936 030 D+00	−3.656 034 900 D−04	9.880 966 450 D−08	−1.416 076 856 D−11	9.380 184 620 D−16	1.750 317 656 D+04	−8.501 669 090 D+00
NO_2	7.213 001 570 D+05	−3.832 615 200 D+03	1.113 963 285 D+01	−2.238 062 246 D−03	6.547 723 430 D−07	−7.611 335 900 D−11	3.328 361 050 D−15	2.502 497 403 D+04	−4.305 130 040 D+01
O	2.619 020 262 D+05	−7.298 722 030 D+02	3.317 177 270 D+00	−4.281 334 360 D−04	1.036 104 594 D−07	−9.438 304 330 D−12	2.725 038 297 D−16	3.392 428 060 D+04	−6.679 585 350 D−01
O_2	−1.037 939 022 D+06	2.344 830 282 D+03	1.819 732 036 D+00	1.267 847 582 D−03	−2.188 067 988 D−07	2.053 719 572 D−11	−8.193 467 050 D−16	−1.689 010 929 D+04	1.738 716 506 D+01
OH	1.017 393 379 D+06	−2.509 957 276 D+03	5.116 547 860 D+00	1.305 299 930 D−04	−8.284 322 260 D−08	2.006 475 941 D−11	−1.556 993 656 D−15	2.019 640 206 D+04	−1.101 282 337 D+01
SO_2	−1.127 640 116 D+05	−8.252 261 380 D+02	7.616 178 630 D+00	−1.999 327 610 D−04	5.655 631 430 D−08	−5.454 316 610 D−12	2.918 294 102 D−16	−3.351 308 690 D+04	−1.655 776 085 D+01

表 3-4　旧版 JANAF 热力数据表部分组分的热力参数拟合系数① （T=1 000~5 000 K）

组分	a_1	a_2	a_3	a_4	a_5	a_6	a_7
Al_2O_3*	0.12065893E+02	0.31581314E-02	0.40988675E-06	-0.80395601E-09	0.17762273E-12	-0.20578225E+06	-0.64814148E+02
Al_2O_3**	0.20129166E+02	0.0	0.0	0.0	0.0	-0.20365244E+06	-0.11488425E+03
Cl	0.29537792E+01	-0.40792697E-03	0.15288339E-06	-0.26384339E-10	0.17206581E-14	0.13695676E+05	0.30667324E+01
Cl_2	0.43077812E+01	0.31182799E-03	-0.15310803E-06	0.44511908E-10	-0.43057734E-14	-0.13458250E+04	0.20666676E+01
CO	0.29840689E+01	0.14891389E-02	-0.57899683E-06	0.10364576E-09	-0.69353533E-14	-0.14245227E+05	0.63479147E+01
CO_2	0.44608040E+01	0.30981717E-02	-0.12392566E-05	0.22741324E-09	-0.15525951E-13	-0.48961441E+05	-0.98635978E+00
H	0.25000000E+01	0.0	0.0	-0.34909964E-10	0.0	0.25471625E+05	-0.46011758E+00
H_2	0.31001892E+01	0.51119458E-03	0.52644207E-07	0.73499401E-10	0.36945341E-14	-0.87738037E+03	-0.19629412E+01
HCl	0.27665882E+01	0.14381881E-02	-0.46992994E-06	0.10226681E-09	-0.43731091E-14	-0.11917465E+05	0.64583540E+01
H_2O	0.27167625E+01	0.29451372E-02	-0.80224373E-06	0.18796520E-09	-0.48472138E-14	-0.29905824E+05	0.66305666E+01
N	0.24502678E+01	0.10661458E-03	-0.74653371E-07	0.99807385E-10	-0.10259837E-14	0.56116039E+05	0.44487572E+01
N_2	0.28963194E+01	0.15154865E-02	-0.57235275E-06	0.95919328E-10	-0.65223536E-14	-0.90586182E+03	0.61615143E+01
NO	0.31889992E+01	0.13382279E-02	-0.52899316E-06	0.19879239E-09	-0.64847928E-14	0.98283281E+04	0.67458124E+01
NO_2	0.46240768E+01	0.25260330E-02	-0.10609492E-05	0.45510670E-11	-0.13799383E-13	0.22899900E+04	0.13324137E+01
O	0.25420589E+01	-0.27550617E-04	-0.31028031E-08	0.36201556E-10	-0.43680494E-15	0.29230801E+05	0.49203072E+01
O_2	0.36219530E+01	0.73618256E-03	-0.19652225E-06	0.12730795E-10	-0.28945625E-14	-0.12019824E+04	0.36150951E+01
OH	0.29131222E+01	0.95418235E-03	-0.19084320E-06	0.15149969E-09	-0.24803920E-15	0.39647058E+04	0.54288731E+01
SO_2	0.52451363E+01	0.19704204E-02	-0.80375764E-06		-0.10558001E-13	-0.37558227E+05	-0.10873518E+01

注：*温度范围 1 000~2 327 K；**温度范围 2 327~6 000 K。

3.5.5 气体混合物的自由能

气体混合物系统总的自由能等于各组成组分的自由能之和,即

$$G = \sum_{i=1}^{N} n_i (G_{m,T})_i \qquad (3-96)$$

式中:$(G_{m,T})_i$ 表示 1 mol 组分 i 的自由能,称为摩尔吉布斯自由能,又称为化学势。有

$$\begin{cases} (G_{m,T})_i = (G_{m,T}^0)_i + R_0 T \ln p_i, & i = 1, 2, \cdots, N_g \\ (G_{m,T})_j = (G_{m,T}^0)_j, & j = 1, 2, \cdots, N - N_g \end{cases} \qquad (3-97)$$

式中:$(G_{m,T}^0)_i$、$(G_{m,T}^0)_j$ 为标准压强下 1 mol 组分 i、j 的自由能,称为标准摩尔吉布斯自由能,它只是温度 T 的函数,并由自由能定义式(3-31),可得

$$\frac{G_{m,T}^0}{R_0 T} = \frac{H_{m,T}^0}{R_0 T} - \frac{S_{m,T}^0}{R_0} \qquad (3-98)$$

式中:$H_{m,T}^0$ 和 $S_{m,T}^0$ 可通过热力数据手册或热力数据表(如 JANAF 表)获得,如式(3-94)或式(3-95)。

考虑到分压强关系式(2-16),则可得气体混合物总的自由能为

$$G = \sum_{i=1}^{N} n_i (G_{m,T}^0)_i + R_0 T \cdot \sum_{i=1}^{N_g} n_i \ln p_i =$$

$$\sum_{i=1}^{N} n_i (G_{m,T}^0)_i + R_0 T \cdot \sum_{i=1}^{N_g} n_i \left(\ln p + \ln \frac{n_i}{n_g} \right) \qquad (3-99)$$

这就是计算化学平衡系统总的吉布斯自由能的公式,在一定压强下,既与组分摩尔数 n_i 有关,也与温度 T 有关。

参考文献

[1] 武晓松,陈军,王栋. 固体火箭发动机气体动力学 [M]. 北京:国防工业出版社,2005.

[2] [美]左克罗 M J,霍夫曼 J D. 气体动力学(上、下册)[M]. 王汝涌,等译. 北京:国防工业出版社,1984.

[3] 华自强. 工程热力学[M]. 2 版. 北京:高等教育出版社,1995.

[4] [美]黄福赐. 工程热力学原理与应用 [M]. 谢益棠,译. 北京:电力工业出版社,1982.

[5] [美]沃克. 热力学 [M]. 马元,等译. 北京:高等教育出版社,1982.

[6] [日]小林清志. 工程热力学 [M]. 刘吉萱,译. 北京:水利电力出版社,1983.

[7] Gordon S, Mcbridge B J. Computer Program for Calculation of Complex Chemical Equilibrium Compositions, Rocket Performance, Incident and Reflected Shocks, and Chapman - Jonguet Detonations [R]. NASA SP - 273, 1976.

第4章 化学热力学

用热力学的定律、原理和方法研究燃烧过程中化学反应的能量、方向、程度和相应的温度效应,称为化学热力学。利用热力学第一定律可以研究化学反应过程中能量的变化规律,称为热化学。利用热力学第二定律可以研究化学反应进行的方向与程度。在此基础上,可建立化学平衡条件,确定绝热燃烧温度。

本章主要内容包括:4.1 化学反应与化学反应热;4.2 燃料及其燃烧性质;4.3 化学反应平衡;4.4 平衡组分与绝热燃烧温度。

4.1 化学反应与化学反应热

化学反应常常伴随着能量的释放或吸收,燃烧过程更是放出大量热量。化学反应的热量变化称为化学反应的热效应,对科学研究、工业生产、燃料的利用、设备条件等都具有非常重要的影响。

4.1.1 热化学反应方程式和反应热

所谓热化学反应方程式,是指在化学反应方程式中能够反映出能量的变化的方程式。对于式(2-28)表示的任意化学反应,其热化学反应方程式为

$$\sum_{i=1}^{N} \nu_i' A_i(s, l, g) \rightarrow \sum_{i=1}^{N} \nu_i'' A_i(s, l, g) + q_{RT} \tag{4-1}$$

式中:符号 s、l、g 分别表示物质的物理状态(固态、液态或气态);q_{RT} 称为该化学反应的反应热,即该化学反应放出或吸收的热量,单位为 kJ/mol 或 kJ/kg,用"-"表示放热,"+"表示吸热。反应热的严格定义为,在一定条件下(如定容或定压而且不做其他功),当一个化学反应发生后,若使产物的温度回到反应物的起始温度,则这时体系放出或吸收热量。

热化学反应方程式的特点有:

(1) 需要标明各物质的物理状态

反应系统各物质的物理状态不同,将影响反应热的大小,一般称放热量多的反应为高热值反应,放热量相对小的反应为低热值反应。如 H_2 燃烧生成 $H_2O(l)$ 的反应为高热值反应,生成 $H_2O(g)$ 的反应则为低热值反应,即

$$2H_2(g) + O_2(g) \rightarrow 2H_2O(l) \quad -571.70 \text{ kJ}/(2\text{mol}) \tag{4-2}$$

$$2H_2(g) + O_2(g) \rightarrow 2H_2O(g) \quad -483.68 \text{ kJ}/(2\text{mol}) \tag{4-3}$$

其中反应热为 2 mol $H_2(g)$ 燃烧放出的热量。常见的反应大都为低热值反应,高热

值反应一般需要一定条件,如燃烧过程中液态水需要通过冷却才能得到。

（2）需要标明反应物的化学当量系数

反应物化学当量系数可以为整数,也可以为分数,需要根据不同的研究对象确定。如以 1 mol 的 H_2 为研究对象,则反应可表示为

$$H_2(g) + 0.5O_2(g) \rightarrow H_2O(l) \quad -285.85 \text{ kJ/mol} \tag{4-4}$$

$$H_2(g) + 0.5O_2(g) \rightarrow H_2O(g) \quad -241.84 \text{ kJ/mol} \tag{4-5}$$

其中反应热为 1 mol $H_2(g)$ 燃烧放出的热量。

（3）需要指明反应条件,即反应温度和压强

一般规定标准条件为初始温度 298.15 K,压强 0.101 325 MPa(1 atm)。同时还需要指明反应中的研究对象,如不同燃料,其燃烧产生的热量不同。

注意,反应中的反应热是属于这个反应的,而不是属于某种物质的。只是为了应用方便,人为规定了反应中的反应热是属于某种物质的,这就提出了生成焓、燃烧焓等概念。

1. 生成焓和标准生成焓

任何化合物都可以看作是由单质合成的。某物质的生成焓(Formation enthalpy)是指由稳定单质生成单位质量该物质所产生的反应热(一般在定压条件下)。用符号 $(H_{f,T})_j$ 表示在温度 T 下某物质 j 的生成焓,单位为 kJ/mol 或 kJ/kg。

由于任何物质都具有焓值,为了得到生成焓的绝对值,人为规定稳定单质(如 H_2、O_2、N_2、Al、石墨 C 等)的焓为 0,即认为稳定单质的生成焓为 0,它是不能生成的,只能由它生成别的物质。

生成焓一般是在标准压强条件下测得的,对应的生成焓称为标准生成焓(Standard enthalpy of formation),用符号 $(H_{f,T}^0)_j$ 表示。表 4-1 所列为一些物质的标准生成焓。实际上,生成 1 mol 物质的标准生成焓即等于该物质的标准摩尔焓 $H_{m,T}^0$。如表 4-1 所列 $H_2O(g)$ 的标准生成焓为 $(H_{f,298}^0)_{H_2O(g)} = -241.84$ kJ/mol,这与表 3-2 所列标准摩尔焓是一致的。

表 4-1　部分物质的标准生成焓（$T=298.15$ K）

物　质	化学式	物　态	摩尔质量/ （kg·kmol^{-1}）	标准生成焓/ （kJ·mol^{-1}）
一氧化碳	CO	g	28.01	−110.54
二氧化碳	CO_2	g	44.01	−393.51
甲烷	CH_4	g	16.04	−74.85
乙烷	C_2H_6	g	30.07	−84.68
乙烯	C_2H_4	g	28.05	52.55
氢气	H_2	g	2.02	0

续表 4 – 1

物　质	化学式	物　态	摩尔质量/ (kg·kmol⁻¹)	标准生成焓/ (kJ·mol⁻¹)
氧气	O_2	g	32.00	0
碳(石墨)	C	s	12.01	0
碳(碳黑)	C	s	12.01	−1.05
碳(无定形碳)	C	s	12.01	−15.07
碳(金刚石)	C	s	12.01	1.88
水	H_2O	g	18.02	−241.84
水	H_2O	l	18.02	−285.85
溴化氢	HBr	g	80.92	(291 K)−35.98
碘化氢	HI	g	127.91	(291 K) 25.10
氧化镁	MgO	s	40.30	−602.23
三氧化二铁	Fe_2O_3	s	159.69	−822.71
过氯酸钾	$KClO_4$	s	138.55	−433.75
硝酸钾	KNO_3	s	101.10	−493.04
过氯酸铵	NH_4ClO_4	s	117.49	−290.65
硝酸铵	NH_4NO_3	s	80.04	−365.38

2. 燃烧焓

单位质量燃料在标准压强条件下完全燃烧所释放的热量称为该燃料的燃烧焓，是衡量燃料能量高低的重要参数。完全燃烧是指物质中的 C 变为 $CO_2(g)$，H 变为 $H_2O(l)$，N 变为 $N_2(g)$，S 变为 $SO_2(g)$，Cl 变为 HCl（水溶液）等。

对应 1 mol 燃料时的燃烧焓又称为燃料的摩尔燃烧焓，单位为 kJ/mol，符号为 $H_{b,T}$；标准压强条件下的燃烧焓称为燃料的标准摩尔燃烧焓，符号为 $H_{b,T}^0$。通常所说的燃烧焓一般指标准摩尔燃烧焓。在应用中，还经常用到燃料热值的概念，一般指 1 kg 燃料燃烧时的燃烧焓，常用绝对值表示，单位为 kJ/kg，符号为 $Q_{b,T}^0$。

热值还与反应系统物质的状态有关。在定温定容下测得的热值称为定容热值，用符号 $(Q_{b,T}^0)_v$ 表示，在定温定压下测得的热值称为定压热值，用符号 $(Q_{b,T}^0)_p$ 表示。热值还与生成物 H_2O 的状态有关，生成 $H_2O(l)$ 得到的热值称为高热值，生成 H_2O(g) 得到的热值称为低热值，分别用 $Q_{b,T,h}^0$ 和 $Q_{b,T,l}^0$ 表示。无特殊说明，文中所使用的热值均指定压低热值。

常见燃料的燃烧焓如表 4 – 2 所列。

从表中数据可以发现，不同燃料，其燃烧焓存在较大差异。根据热值的高低，燃料分为低热值燃料和高热值燃料。以甲烷、辛烷为例，其燃烧焓分别为 −881.99 kJ/

mol 和 −5450.50 kJ/mol，分别属于低热值燃料和高热值燃料。一般天然气主要成分为甲烷，热值较低；人工煤气中含低热值的组分较多，主要成分为甲烷、氢气、一氧化碳等；而液化石油气（简称液化气）是从油田或石油炼制过程中得到的较轻组分，是饱和和不饱和的烃类混合物，主要成分为丙烷、丙烯、正异丁烷、正异丁烯等烃类，不同生产过程中得到的液化石油气其热值有所差异，一般热值较高。

表 4 − 2　部分物质的燃烧焓（$T = 298.15$ K）

物　质	化学式	物　态	摩尔质量/ （kg·kmol^{-1}）	燃烧焓/ （kJ·mol^{-1}）
碳（石墨）	C	s	12.01	−392.88
氢气	H_2	g	2.02	−285.77
一氧化碳	CO	g	28.01	−282.84
硫	S	s	32.06	−335.35
甲烷	CH_4	g	16.04	−881.99
乙烷	C_2H_6	g	30.07	−1 541.39
丙烷	C_3H_8	g	44.10	−2 202.04
丁烷	C_4H_{10}	l	58.12	−2 870.64
戊烷	C_5H_{12}	l	72.15	−3 486.95
庚烷	C_7H_{16}	l	100.21	−4 811.18
辛烷	C_8H_{18}	l	114.23	−5 450.50
十二烷	$C_{12}H_{26}$	l	170.34	−8 132.44
十六烷	$C_{16}H_{34}$	s	226.45	−10 707.27
乙烯	C_2H_4	g	28.05	−1 411.26
乙醇	C_2H_5OH	l	46.07	−1 370.68
甲醇	CH_3OH	l	32.04	−715.05
苯	C_6H_6	l	78.11	−3 273.14
甲苯	C_7H_8	l	92.14	−3 908.70
环庚烷	C_7H_{14}	l	98.19	−4 549.26
环戊烷	C_5H_{10}	l	70.14	−3 278.58
醋酸	$C_2H_4O_2$	l	60.05	−876.13
苯酸	$C_7H_6O_2$	s	122.12	−3 226.70
乙基醋酸盐	$C_4H_8O_2$	l	88.11	−2 246.39
萘	$C_{10}H_8$	s	128.18	−5 156.78
蔗糖	$C_{12}H_{22}O_{11}$	s	342.30	−5 646.73
茨酮−2	$C_{10}H_{16}$	s	136.24	−5 903.62

3. 反应焓

前面已经提到，反应中的反应热是属于这个反应的，而不是属于其中的某种物质的。因此，针对具体的化学反应，在一定条件下(包括压强条件和温度条件等)的反应热即为该化学反应的反应焓，用符号 $\Delta H_{RT,T}^0$ 表示。如 $\Delta H_{RT,T}^P$ 表示标准压强条件下的反应焓。

每个化学反应包含了反应物和生成物，每个反应物和生成物均具有其各自的生成焓，故反应焓的大小是由组成该化学反应的各组分的生成焓决定的。可以证明，化学反应的反应焓等于生成物的生成焓与反应物的生成焓之差，即

$$\Delta H_{RT,T}^0 = \sum_{\text{Products},i} n_i (H_{f,T}^0)_i - \sum_{\text{Reactants},j} n_j (H_{f,T}^0)_j \tag{4-6}$$

式中：$(H_{f,T}^0)_i$、$(H_{f,T}^0)_j$ 分别为生成物组分 i 和反应物组分 j 在温度 T 下的标准生成焓；n_i、n_j 为生成物和反应物的组分摩尔数。

例如甲烷的燃烧反应

$$CH_4(g) + 2O_2(g) \longrightarrow CO_2(g) + 2H_2O(l) \tag{4-7}$$

由表 4-1 中可以得到 298.15 K 时各组分的标准生成焓，从而可以得到在 298.15 K 下该燃烧反应的反应焓为

$$(\Delta H_{RT,298}^0)_{RT-CH_4(g)+2O_2(g)} = -393.51 - 2 \times 285.85 - (-74.85) - 0 =$$
$$-890.36 \text{ kJ/mol}$$

计算出的反应焓为负，表明该反应放热。计算得到的反应焓正好对应 1 mol 燃料 $CH_4(g)$ 的燃烧，因此，这时得到的反应焓实际上等于 $CH_4(g)$ 的燃烧焓，如表 4-2 所列。

当反应物为单质且生成物为 1 mol 的化合物时，反应焓等于该化合物的生成焓。

当化合物的标准生成焓未知时，可用键能来近似计算反应焓。键能是指化合物中联络各原子间的能量平均值。化学反应的实质是分子之间的原子或原子团的重新组合，也就是化合物旧键的拆散和新键的形成过程。旧键的拆散和新键的形成伴随着能量的变化，因此，通过键能可以计算化学反应中的能量变化。表 4-3 所列为标准条件下一些常见原子间的键能。

以甲烷的燃烧反应式(4-7)为例，反应物 CH_4 需要断裂 4 个 C—H 键，需要键能为 $410.03 \times 4 = 1640.12$ kJ/mol，$2O_2$ 需要断裂 2 个 O=O 键，需要键能为 $489.53 \times 2 = 979.06$ kJ/mol；生成物 CO_2 有 2 个 C=O 键，需要键能为 $723.83 \times 2 = 1\ 447.66$ kJ/mol，$2H_2O$ 需要 4 个 O—H 键，需要键能为 $465.06 \times 4 = 1\ 860.24$ kJ/mol，则 1 mol 甲烷燃烧反应的反应焓为

$$(\Delta H_{RT,298}^0)_{RT-CH_4(g)+2O_2(g)} \approx 1\ 640.12 + 979.06 - 1\ 447.66 - 1\ 860.24 =$$
$$-688.72 \text{ kJ/mol}$$

与利用生成焓的计算结果相比，数值是近似的，但存在一定误差，在缺乏实验数据的情况下，仍有一定参考价值。

表 4-3　标准条件下常见化学键的平均键能

kJ/mol

键	键　能	键	键　能	键	键　能
C—C	355.64	C—S	267.78	Br—Br	192.46
C=C	598.31	O—O	138.07	I—I	150.62
C≡C	828.43	O=O	489.53	F—F	150.62
C—H	410.03	N—N	251.04	H—Cl	430.95
C—O	359.82	N≡N	941.40	H—Br	368.19
C=O	723.83	H—H	430.95	H—I	301.25
C—N	338.90	O—N	465.06	H—F	564.84
C≡N	878.64	O—N	627.60	H—P	317.98
C—Cl	326.35	N—H	368.19	H—S	338.96
C—Br	283.33	P—P	20.08	P—Cl	326.35
C—I	267.78	S—S	209.20	P—Br	267.77
C—F	426.77	Cl—Cl	238.49	S—Cl	251.04

4.1.2　盖斯定律

化合物的生成可以通过不同的方式实现,如 C 生成 CO_2 的反应可以有如图 4-1 所示的两种途径:一是"$C+O_2 \rightarrow CO_2$";二是"$C+0.5O_2 \rightarrow CO$"与"$CO+0.5O_2 \rightarrow CO_2$"。

1840 年,俄国化学家盖斯(G. H. Hess)在大量实验的基础上提出,化学反应的热效应只与起始状态和终止状态有关,而与变化途径无关。这就是盖斯定律,又称热效应总值一定定律。

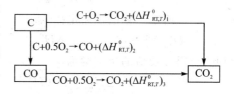

图 4-1　化合物生成的不同路径

根据这一性质,从图 4-1 中可知,由 C 生成 CO_2 的两个过程,在相同温度 T 下其热效应是相同的,即反应焓

$$(\Delta H^0_{RT,T})_1 = (\Delta H^0_{RT,T})_2 + (\Delta H^0_{RT,T})_3 \qquad (4-8)$$

注意,盖斯定律只对定压或定容过程成立。由一般性热力关系式(3-60)和式(3-59)可知,定压过程的热效应用焓表示比较方便,定容过程的热效应用内能表示比较方便,而焓和内能都是状态参量,只与起始状态和终止状态有关。因此,盖斯定律是热力学第一定律的必然结果。

盖斯定律可用来确定难以用实验测定的反应热效应。如图 4-1 所示,C 不完全燃烧生成 CO 的反应一般很难实现,因为它总会伴随着 CO_2 的生成,故"$C+0.5O_2 \rightarrow CO$"的反应焓 $(\Delta H^0_{RT,T})_2$ 很难试验测定。这时,根据盖斯定律,可通过其他反应来推算,即 $(\Delta H^0_{RT,T})_2 = (\Delta H^0_{RT,T})_1 - (\Delta H^0_{RT,T})_3$。

标准条件下化学反应 $C+O_2 \rightarrow CO_2$ 的反应焓,即 CO_2 的标准生成焓为 -393.51 kJ/mol(查表 4−1),故 $(\Delta H^0_{RT,298})_1 = -393.51$ kJ/mol;化学反应 $CO+0.5O_2 \rightarrow CO_2$ 的反应焓测得为 $(\Delta H^0_{RT,298})_3 = -282.97$ kJ/mol。因此,可以推算化学反应 $C+0.5O_2 \rightarrow CO$ 的反应焓为

$$(\Delta H^0_{RT,298})_2 = (\Delta H^0_{RT,298})_1 - (\Delta H^0_{RT,298})_3 = -393.51 - (-282.97) = -110.54(kJ/mol)$$

即等于表 4−1 所列 CO 的标准生成焓。

对于一个包含了若干步序(基元反应)的总包反应,根据盖斯定律可以推知,其反应焓等于各个步序的反应焓之和。如式(4−4)表示的化学反应

$$H_2(g) + 0.5O_2(g) \rightarrow H_2O(l)$$

假设由如下 3 步反应完成

$$① \quad H_2(g) + 0.5O_2(g) \rightarrow 2H(g) + O(g)$$

$$② \quad 2H(g) + O(g) \rightarrow H_2O(g)$$

$$③ \quad H_2O(g) \rightarrow H_2O(l)$$

对应的反应焓分别为 $(\Delta H^0_{RT,298})_1 = 676.06$ kJ/mol,$(\Delta H^0_{RT,298})_2 = -917.90$ kJ/mol,$(\Delta H^0_{RT,298})_3 = -44.01$ kJ/mol。三者相加,则得到总包反应 $H_2(g)+0.5O_2(g) \rightarrow H_2O(l)$ 的反应焓,即 $(\Delta H^0_{RT,298})_{RT-H_2(g)+0.5O_2(g)} = -285.85$ kJ/mol。

利用盖斯定律,还可以证明反应焓的计算式 (4−6)。设有化学反应过程

$$A + B \rightarrow P$$

如图 4−2 所示。根据盖斯定律,有

$$(H^0_{f,T})_A + (H^0_{f,T})_B + \Delta H^0_{RT,T} = (H^0_{f,T})_P$$

因此,可得该反应的反应焓为

$$\Delta H^0_{RT,T} = (H^0_{f,T})_P - [(H^0_{f,T})_A + (H^0_{f,T})_B]$$

可见,该表达式的意义与式(4−6)是完全相同的。

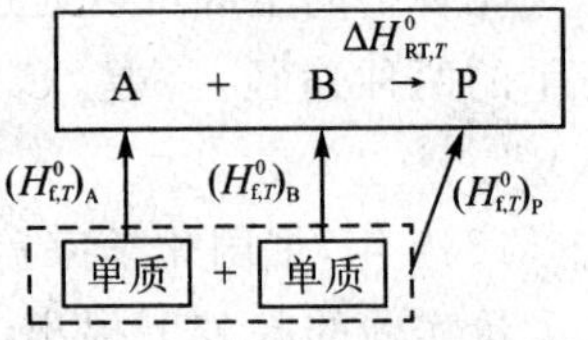

图 4−2　盖斯定律与反应焓

4.1.3　基尔霍夫定律

盖斯定律给出了一定温度下(一般在标准温度 298.15 K 条件下)反应焓的计算方法。而实际应用中,经常要用到非标准温度条件下的反应焓。如何从已知温度下的反应焓求出任意温度下的反应焓,这即是德国物理学家基尔霍夫(G. R. Kirchhoff)于 1845 年提出的基尔霍夫定律所解决的问题。

对于任一化学反应

$$aR \rightarrow bP$$

即 a mol 的反应物 R 生成 b mol 的生成物 P。根据盖斯定律,定压时任意温度 T 下

的反应焓为

$$\Delta H^0_{RT,T} = b(H^0_{f,T})_P - a(H^0_{f,T})_R$$

对上式求导,可得定压下反应焓随温度 T 的变化为

$$\frac{d(\Delta H^0_{RT,T})}{dT}\bigg|_p = b\frac{d(H^0_{f,T})_P}{dT}\bigg|_p - a\frac{d(H^0_{f,T})_R}{dT}\bigg|_p$$

根据比定压热容的定义式(3-57),可得

$$\frac{d(\Delta H^0_{RT,T})}{dT}\bigg|_p = b(C^0_{p,m,T})_P - a(C^0_{p,m,T})_R$$

式中:$(C^0_{p,m,T})_P$、$(C^0_{p,m,T})_R$ 分别为产物和反应物的摩尔比定压热容。该式表明,定压下反应焓随温度的变化等于生成物与反应物的摩尔比定压热容之差,这就是基尔霍夫定律。积分该式,可得任意温度下的反应焓为

$$\Delta H^0_{RT,T} = \Delta H^0_{RT,T_i} + \int_{T_i}^{T} [b(C^0_{p,m,T})_P - a(C^0_{p,m,T})_R] \cdot dT \tag{4-9}$$

如果采用标准温度 $T_i = 298.15$ K 下的标准反应焓,则有

$$\Delta H^0_{RT,T} = \Delta H^0_{RT,298} + \int_{298}^{T} [b(C^0_{p,m,T})_P - a(C^0_{p,m,T})_R] \cdot dT \tag{4-10}$$

把上式推广到一般化学反应,则有

$$\Delta H^0_{RT,T} = \Delta H^0_{RT,298} + \int_{298}^{T} \Big[\sum_{Products,i} n_i (C^0_{p,m,T})_i - \sum_{Reactants,j} n_j (C^0_{p,m,T})_j \Big] \cdot dT =$$

$$\Delta H^0_{RT,298} + \int_{298}^{T} [(c_p)_P - (c_p)_R] \cdot dT \tag{4-11}$$

式中:n_i、n_j 分别为单位质量化学反应体系中生成物和反应物的摩尔数;$(c_p)_P$、$(c_p)_R$ 分别为生成物和反应物总的比定压热容。

各组分在不同温度下的摩尔比定压热容可通过查热力手册得到,也可由 JANAF 热力计算表的拟合公式(3-94)或式(3-95)计算,表 3-2 也列出了部分组分的热力数据。

当温度不太高时,摩尔比定压热容可近似为常数,这时式(4-11)可以直接积分。表 4-4 所列为摩尔比定压热容的简单拟合表达式数据,即为

$$C^0_{p,m,T} = a + bT + cT^2 \tag{4-12}$$

式中 a、b、c 为拟合系数,如表 4-4 所列。

表 4-4 部分物质的摩尔比定压热容($C^0_{p,m,T} = a + bT + cT^2$)

J·mol⁻¹·K⁻¹

物　　质	温度范围 360 K<T≤2 000 K			2 000 K<T<6 000 K		
	a	$b/10^{-3}$	$c/10^{-6}$	a	$b/10^{-3}$	$c/10^{-6}$
H_2	25.869 7	19.709 6	−45.695 6	17.168 2	16.659 9	5.968 5
O_2	30.798 8	−22.466 4	85.946 9	35.309 2	−1.575 3	2.601 2
N_2	32.258 2	−23.028 3	54.899 9	23.636 3	14.974 5	−7.507 4

续表 4 - 4

温度范围 物　质	360 K<T≤2 000 K			2 000 K<T<6 000 K		
	a	$b/10^{-3}$	$c/10^{-6}$	a	$b/10^{-3}$	$c/10^{-6}$
N	20.780 0	0.048 1	−0.139 3	20.274 4	0.338 0	0.367 8
H_2O	33.425 1	−6.302 4	27.891 8	14.233 5	39.467 7	−17.018 0
NH_3	29.457 5	5.058 9	76.692 7	85834.8	58.709 9	55.504 9
NO	35.406 3	−43.541 6	115.264 2	27.573 4	10.896 0	−5.402 4
NO_2	27.656 7	22.724 6	53.241 8	41.626 6	188 012	−9.821 1
N_2O	20.194 9	84.262 8	−92.617 4	41.312 4	23.473 5	−12.161 6
SO	24.770 5	19.475 3	0.199 2	32.951 1	5.345 5	−2.670 2
SO_2	24.795 2	60.545 0	−30.949 0	46.151 2	14.548 6	−7.379 7
SO_3	16.404 6	158.314 2	−174.054 4	62.956 6	23.552 6	−12.613 9
CO	32.686 2	−27.900 2	72.312 1	24.963 8	13.760 8	−6.947 5
CO_2	18.095 4	87.064 4	−96.005 6	34.112 2	35.193 3	−20.063 1
CH_4	33.130 6	−47.769 6	266.665 1	9.911 5	100.779 2	−49.166 2
C_2H_2	6.907 4	199.928 3	−339.029 5	34.409 6	52.212 1	−234 840
C_2H_4	6.312 4	133.578 4	−24.479 7	27.401 0	108.821 7	−53.287 4
C_2H_6	5.753 0	175.108 8	−57.852 2	—	—	—
C_3H_8	28.454 5	120.122 6	260.868 2	10.682 6	230.785 3	−81.119 2
C_6H_{10}	−66.406 0	1727.573 6	−4149.440 2	35.575 7	236.278 8	−96.616 9
C_6H_6	6.905 7	286.378 1	−12.370 4	38.347 6	239.584 2	−93.529 1
C_6H_{12}	30.597 6	438.926 7	−135.549 0	—	—	—
Cl_2	31.695 9	5.494 8	−4.037 6	—	—	—

以式(4-5)表示的化学反应

$$H_2(g) + 0.5O_2(g) \rightarrow H_2O(g)$$

为例,可知该反应在标准条件下的反应焓等于标准生成焓,即 $\Delta H_{RT,298}^0 = -241.84$ kJ/mol。如果反应的初始温度为 500 K,那么对应的反应焓是多少呢?这就可应用基尔霍夫定律来确定。

由摩尔比定压热容的拟合关系式(4-12),可得对应 $H_2(g)$、$O_2(g)$ 和 $H_2O(g)$ 的摩尔比定压热容分别为

$$(C_{p,m,T}^0)_{H_2(g)} = a_1 + b_1 T + c_1 T^2$$

$$(C_{p,m,T}^0)_{O_2(g)} = a_2 + b_2 T + c_2 T^2$$

$$(C_{p,m,T}^0)_{H_2O(g)} = a_3 + b_3 T + c_3 T^2$$

代入基尔霍夫定律式(4-11)可得

$$\Delta H^0_{RT,T} = \Delta H^0_{RT,298} + \int_{298}^{T} \left[(C^0_{p,m,T})_{H_2O(g)} - (C^0_{p,m,T})_{H_2(g)} - 0.5 \times (C^0_{p,m,T})_{O_2(g)} \right] \cdot dT =$$

$$\Delta H^0_{RT,298} + \int_{298}^{T} \left[(a_3 + b_3 T + c_3 T^2) - (a_1 + b_1 T + c_1 T^2) - 0.5 \times (a_2 + b_2 T + c_2 T^2) \right] \cdot dT =$$

$$\Delta H^0_{RT,298} + \int_{298}^{T} \left[(a_3 - a_1 - 0.5a_2) + (b_3 - b_1 - 0.5b_2)T + (c_3 - c_1 - 0.5c_2)T^2 \right] \cdot dT =$$

$$\Delta H^0_{RT,298} + (a_3 - a_1 - 0.5a_2)(T - 298.15) + \frac{1}{2}(b_3 - b_1 - 0.5b_2)(T^2 - 298.15^2) + \frac{1}{3}(c_3 - c_1 - 0.5c_2)(T^3 - 298.15^3)$$

查表 4-4,可得 $H_2(g)$、$O_2(g)$ 和 $H_2O(g)$ 对应的摩尔比定压热容温度系数分别为 $a_1 = 25.8697, b_1 = 19.7096 \times 10^{-3}, c_1 = -45.6956 \times 10^{-6}$；$a_2 = 30.7988, b_2 = -22.4664 \times 10^{-3}, c_2 = 85.9469 \times 10^{-6}$；$a_3 = 33.4251, b_3 = -6.3024 \times 10^{-3}, c_3 = 27.8918 \times 10^{-6}$。因此

$$a_3 - a_1 - 0.5a_2 = -7.8440$$
$$b_3 - b_1 - 0.5b_2 = -14.7788 \times 10^{-3}$$
$$c_3 - c_1 - 0.5c_2 = 30.61395 \times 10^{-6}$$

可得

$$\Delta H^0_{RT,500} = \Delta H^0_{RT,298} - 7.8440 \times (500 - 298.15) -$$
$$0.5 \times 14.7788 \times 10^{-3} \times (500^2 - 298.15^2) +$$
$$\frac{1}{3} \times 30.61395 \times 10^{-6} \times (500^3 - 298.15^3) =$$
$$\Delta H^0_{RT,298} - 1583.3114 - 1190.4809 + 1005.1216 =$$
$$-241.84 \times 10^3 - 1768.6707 =$$
$$-243.61 \text{ (kJ/mol)}$$

从计算结果看,反应温度从 298.15 K 变化到 500 K 对反应焓存在影响,但影响不大,这是因为在该温度范围内,比定压热容的相对变化均较小。

4.2　燃料及其燃烧性质

燃料是人类社会发展不可或缺的物质,它伴随着人类从钻木取火开始的整个文明进程。矿物燃料目前仍然是人类依赖程度最高的一种燃料,其组成元素主要是 C、H、S 等,形成的燃料种类很多。表 4-5 给出了常见燃料的种类。

天然矿物燃料,是由植物和动物残骸在地下经长时期的堆积、埋藏,受到地质变

化作用(包括物理、化学、生物等作用),逐渐分解而最后形成的可燃的矿物燃料。人造燃料就是通过人工合成或对天然燃料进行加工处理后所得到的各种产品。

表 4 - 5　常见燃料的种类

物　态 ＼ 形　成	天然燃料	人造燃料
固体燃料	木柴、煤、油页岩	木炭、焦炭、固体贫氧推进剂
液体燃料	石油	汽油、煤油、柴油、酒精、液体推进剂等
气体燃料	天然气	煤气、液化石油气、沼气等

推进剂是一种特殊的燃烧物质。固体推进剂一般既包括了燃料又包括了氧化剂,可以不借助空气进行燃烧,而固体贫氧推进剂是指含氧量很低的推进剂,其燃烧需要空气中的氧才能进行,在固体冲压发动机和固液混合火箭发动机中得到大量使用。液体推进剂目前使用最多的是液氢及精炼石油产品如精炼航空煤油、RP-1 等,大部分与液态氧化剂(如液氧)分开使用,少部分也有燃料和氧化剂混合在一起的液体推进剂。

4.2.1　燃料的化学组成

燃料是一种复杂的混合物,由有机可燃质和不可燃的无机矿物杂质(如灰分)与水分等组成。

气体燃料都是由单一气体(简单化合物或单质)和少量杂质混合而成的,其中可燃性的气体有 CO、H_2、CH_4、C_2H_6、C_mH_n 及 H_2S 等,不可燃的气体有 CO_2、N_2 和少量的 O_2。在气体燃料中还含有水蒸气、焦油蒸气及粉尘等杂质。

固体燃料和液体燃料中的可燃物质是各种复杂高分子有机化合物的混合物,其分子结构和性质至今还不甚清楚,因此要分析、测定其化学构成是极其困难的。根据燃料的元素分析可知,这些可燃的有机化合物都是由 C、H、O、N、S 等化学元素组成的。因此在一般工程计算中(如进行燃料燃烧性质计算等)可认为燃料就是由这些元素组成的机械混合物,而不考虑由这些元素所构成的各有机化合物的单独性质。显然,这样做是不严格的,不能反映出燃料的全部特性,但是作为燃料燃烧性质估算的原始数据仍然是十分有用的。

虽然燃料的化学元素组成不能用来确定和判断燃料的全部特性,但燃料中各组成元素的性质及其含量与燃料燃烧性能却密切相关,下面分别说明。

1. 碳

碳是燃料中最主要的可燃元素,其发热量为 32 713 kJ/kg,即每 1 kg 碳元素全部燃烧时能放出 32 713 kJ 的热量,反应式为

$$C(s) + O_2(g) \rightarrow CO_2(g) \qquad -32\ 713\ kJ/kg$$

从表 4-2 可知 C 的燃烧焓为 -392.88 kJ/mol,除以 C 的摩尔质量 12.01 kg/

kmol,即可得到 C 的发热量。

碳在固体燃料的可燃物质中含量是相当高的,一般超过 50%,且随着碳化程度的加深其含量会显著增加。碳在液体燃料中的含量比固体燃料更高,且不同产品中碳的含量相对固定,一般为 85%～87%。因此,燃料热值的高低主要是由含碳量决定的。

同时,碳又是一种较难燃烧的元素,需要在较高温度下才能着火燃烧,所以碳化程度深的固体燃料(如无烟煤等),就不太容易着火燃烧。

2. 氢

氢是燃料中最有利的可燃元素,燃烧时能放出大量的热量,其发热量约为 141 470 kJ/kg,约相当于碳发热量的 4.3 倍。此外,氢最易燃烧,所以燃料中含氢愈多,燃料就愈易着火,放热量愈多。

在固体燃料中,氢一部分与氧化合形成结晶状态的水,该部分氢称为"化合氢",不能燃烧放热;未与氧化合的那部分氢称为"自由氢",和其他元素(如碳、硫等)化合,构成可燃化合物,在燃烧时与空气中的氧反应能放出很高的热量。含有大量氢的固体燃料在贮藏时容易风化,风化时会失去部分可燃元素,其中首先就是氢。

在液体燃料中,碳、氢两元素相互结合成复杂的有机化合物。这种碳氢化合物在有机化学中称为烃。根据结合时构造和形状的不同,烃可以有成千上万种。石油就是由这些不同的烃类化合物组成的液态混合物。

氢在固体矿物燃料中的含量很少,为 2%～6%,且随碳化程度的加深,氢的含量逐渐减少。氢在液体矿物燃料中的含量较固体燃料为高,一般为 11%～14%,不同油品的含氢量都差不多,且碳、氢两元素的总含量可占其可燃元素组成总量的 96%～99.5%。所以,液体燃料主要由碳和氢两元素组成,其发热量相当高,一般为 39 800～44 000 kJ/kg。另外,含氢较多的燃料燃烧时,易生成碳黑。

3. 硫

硫是燃料中最有害的可燃元素。虽然它在燃烧时可放出少量的热量(每 kg 硫燃烧时可放出 10 460 kJ 的热量,约为碳发热量的 1/3),但它在燃烧后会生成 SO_2 与 SO_3 气体,这些气体与烟气中的水蒸气结合,形成硫酸或亚硫酸等蒸气,对燃烧设备的金属表面有严重的腐蚀作用;同时,SO_2 与 SO_3 随烟气排放污染空气,对人和动植物都有严重的危害性。

固体矿物燃料中含硫量一般不多。我国煤的含硫量约为 0.5%～3%,亦有少数煤超过 3%。硫在燃料中也是以化合物形式存在的,主要分有机硫(与有机质相结合的硫,如硫醇、硫酚、硫醚、磺酸、亚磺酸等)和无机硫(如黄铁矿硫和硫酸盐硫)两种形态。有机硫和黄铁矿硫在空气中燃烧能放出热量并生成 SO_2,而硫酸盐硫是不能燃烧的,属于燃料中灰分的一部分。

在液体燃料中,含氢量一般较固体燃料为高,燃烧后会生成大量的水蒸气,所以液体燃料中含硫造成的危害性较固体燃料更大,因此对硫在液体燃料中的含量都有严格的要求。我国出产的石油含硫量大都很少(一般小于1%)。按照含硫的多少，石油(原油)可分为低硫油(小于0.5%，如大庆原油)、中硫油(0.5%～1%，如胜利原油)以及高硫油(大于1%，如中东原油)三种。

4. 氧和氮

氧和氮在燃料中的作用与燃烧条件有关。氧对于在空气中的燃烧来说没有什么好处，且相对地减少了可燃元素碳和氢的含量，因而使燃料发热量减少。氧在燃料中呈化合物状态存在，与一部分可燃元素(如氢和碳)结合成化合物，这样就约束了一部分可燃成分，使燃料发热量进一步减少。对于没有空气提供氧的推进剂来说，氧化剂的含量对于燃烧来说又变得特别重要，提高氧化剂含量是提高推进剂能量效率的重要途径。

氮在较低温度下既不能燃烧，亦不能助燃，因此一般不参加反应而进入到烟气中。但在温度高和含氮量高的情况下，将会产生氮氧化物(NO_x)等物质，排入大气会造成环境污染。氮在普通固体燃料和液体燃料中含量一般都不高，然而在推进剂和某些气体燃料中氮的含量却占有很大比例。固体推进剂中含氮量较高，由于燃烧温度很高，氮的还原反应较剧烈，燃烧后生成NO_x和稳定的N_2，放出大量热量，因此，固体推进剂中的氮也是推进剂的能量来源。

5. 杂质和微量组元

在燃料中除了含有机可燃元素碳、氢、硫外，还有不可燃的无机矿物质如水分和灰分以及其他微量组元。显然，水分和灰分对燃料燃烧来说都是无用的物质，一般称作燃料的外部杂质，它们的存在不仅减少了可燃元素的含量，降低了燃料发热量，同时还给燃料的燃烧带来一定的困难，如不易着火、燃烧后结渣等。液态水在燃烧过程中变为气态水会吸收热(即水的汽化潜热)，由表4-1提供的生成焓可知，水汽化的吸热量为$-241.84+285.85=44.01(kJ/mol)=2\ 442.3(kJ/kg)$。

石油中水分含量一般不多，规定应在2%以下。在贮存、装卸和运输过程中水分有可能增加(例如用水蒸气直接加温)；在石油炼制过程中水分亦会发生变化，故石油中水分不是恒定不变。煤中水分含量相对来说比较高，且变动范围也很大，同时不同碳化程度的煤，水分含量相差也很大。石油中灰分含量是很少的，一般在0.05%以下，它们大都是由碱金属或碱土金属的氯化物和硫酸盐等盐类组成的，燃烧后，灰分将以灰尘的形式随烟气带走，这会引起各类燃烧装置和通道的阻塞与磨损，并影响传热，如果含有钒、钠等化合物(钒盐、钠盐)，还会产生高温腐蚀。

固体燃料煤中的水分和灰分含量比较多，而且变化范围很大，灰分为5%～50%，其中油页岩灰分最高，可达80%。煤的水分分为外在水分与内在水分。外在水分是吸附在煤块外表面的水分，通过自然风干等方法即可去除；内在水分是煤块内部以物理化学方式结合在一起的水分，需要加热到102～105℃时才能去除。煤还含有少量结晶水，需要更高温度才能去除。

固体推进剂中的许多组元具有吸湿性(如硝化棉、硝酸盐、过氯酸盐、铵盐、钾盐、过氯酸铵等),其含水量还取决于推进剂表面的光滑与否和空气的相对湿度。在通常温度下,水分并不和推进剂组元发生明显的化学反应,但却会降低推进剂能量、恶化燃烧性能(如点火困难、燃速降低),还会显著影响推进剂的力学性能。

推进剂的微量组元可分为两类。第一类是使推进剂安定的化合物,称为负催化剂或化学安定剂,包括碳酸盐、带苯环的有机化合物(如二苯胺、中定剂等)以及带不饱和键的有机化合物(如凡士林),在这些物质中,有些(如碳酸盐)是起中和 H^+ 作用的,另一些(如中定剂)则吸收 NO_2 和 NO,从而消除或减缓其自动催化作用。第二类是促使双基和改性双基推进剂不安定的物质,称为正催化剂,包括某些金属(如 Fe)及其氧化物(Fe_2O_3、Al_2O_3 等)、酸(H_2SO_4、HNO_3)、水杨酸铅和水杨酸铜等,这些化合物除个别混杂的杂质外,多数是为改善推进剂燃烧性能而添加的燃速调节剂。

4.2.2 燃料燃烧性质的工程计算

对燃料燃烧性质的研究,主要关心其能量的高低、燃烧时所需要的空气量、燃烧后产生的产物量,以及燃烧温度等特性,以达到合理利用和控制污染的目的。

在工程计算中,把固体燃料和液体燃料看作是由不同可燃元素机械组成的,气体燃料是由各气体组分机械组成的,因此,燃料性质可看作其组成元素或组成组分性质的总和。

1. 热值计算

燃料的总热值等于各组成元素或组成组分单独与氧气燃烧所产生热值的总和。

对于固体燃料和液体燃料,燃烧 1 kg 燃料产生的高热值和低热值分别为

$$Q_{b,298,h}^0 = 32\ 713Y_C + 141\ 470 \times Y_H + 104\ 60Y_S \quad (kJ/kg) \quad (4-13)$$

$$Q_{b,298,l}^0 = Q_{b,298,h}^0 - 2442 \times (9Y_H + Y_{H_2O}) \quad (kJ/kg) \quad (4-14)$$

式中:Y 为质量百分比,下标 C、H、S 分别表示为 C 元素,H 元素和 S 元素;Y_H 为不包括燃料中水分 H 元素的质量百分比。

对于气体燃料,通过其组成组分的燃烧焓可以计算燃料的热值。燃烧 1 m³ 燃料产生的高热值和低热值分别为

$$Q_{b,298,h}^0 = \frac{10^3}{22.4}\left[285.77X_{H_2} + 282.84X_{CO} + \sum_{i=1}^{N}(Q_{b,298}^0)_{(C_mH_n)_i}X_{(C_mH_n)_i}\right] \quad (kJ/m^3)$$

$$(4-15)$$

$$Q_{b,298,l}^0 = Q_{b,298,h}^0 - \frac{44.01 \times 10^3}{22.4}\left[X_{H_2} + \sum_{i=1}^{N}\frac{n_i}{2}X_{(C_mH_n)_i}\right] \quad (kJ/m^3) \quad (4-16)$$

式中:X 为气体燃料中组分的摩尔分数或容积分数(m³/m³);N 为气体燃料中烃类燃料 C_mH_n 的种类数量。气体燃料的热值用单位体积来表示,对于 1 mol 理想气体,标准摩尔体积为 22.4×10^{-3} m³。烃类燃料燃烧的化学当量系数如表 4-6 所列,1 mol 烃类燃料 C_mH_n 燃烧会产生 $(n/2)$mol 的 H_2O;而 1 mol 燃料 H_2 燃烧会产生 1 mol 的 H_2O。

表 4-6　烃类燃料燃烧的化学当量系数

C_mH_n	+	$(m+n/4)\,O_2$	→	$m\,CO_2$	+	$(n/2)\,H_2O$
1 mol		$(m+n/4)$ mol		m mol		$(n/2)$ mol

2. 空气量

燃料燃烧需要的总空气量等于各组成元素或组成组分单独与氧气燃烧所需要空气量的总和。为使用方便,常把氧气量换算成空气量。在地面的理想空气中,O_2 的体积百分比为 21%,质量百分比为 23.2%。

对于固体燃料和液体燃料,燃烧 1 kg 燃料所需的空气量为

$$A = \frac{1}{0.232}\left(\frac{8}{3}Y_C + 8Y_H - Y_O + Y_S\right) =$$
$$34.483 \times \left(\frac{1}{3}Y_C + Y_H - \frac{Y_O - Y_S}{8}\right) \quad (\text{kg/kg}) \quad (4-17)$$

除以空气的标准密度 $\rho = 1.293\ \text{kg/m}^3$,则得燃烧 1 kg 固体或液体燃料需要的空气体积量为

$$A = 26.67 \times \left(\frac{1}{3}Y_C + Y_H - \frac{Y_O - Y_S}{8}\right) \quad (\text{m}^3/\text{kg}) \quad (4-18)$$

对于气体燃料,燃烧 1 m³ 燃料所需空气的体积量为

$$A = \frac{1}{0.21}\left[\frac{1}{2}X_{H_2} + \frac{1}{2}X_{CO} + \frac{3}{2}X_{H_2S} + \sum_{i=1}^{N}\left(m+\frac{n}{4}\right)_i X_{(C_mH_n)_i} - X_{O_2}\right] \quad (\text{m}^3/\text{m}^3)$$
$$(4-19)$$

式中:各组分和元素的系数与其各自的燃烧反应有关,如表 4-7 所列,1 kg C 元素燃烧需要 $(8/3)$ kg 的 O_2。对于气体 C_mH_n 燃料,如表 4-6 所列,1 mol 的 C_mH_n 燃烧需要 $(m+n/4)$ mol 的 O_2。其他元素的系数类似可以得到。

表 4-7　可燃元素 C 燃烧中反应物与生成物的化学当量关系

C	+	O_2	→	CO_2
1 mol		1 mol		1 mol
12 kg		32 kg		44 kg
1 kg 或 $(1/12)$ kmol		$(8/3)$ kg 或 $(1/12)$ kmol		$(11/3)$ kg 或 $(1/12)$ kmol

上述得到的空气量为燃料完全燃烧所需要的理论空气量。为保证燃料充分燃烧,实际中使用的空气量需要适当过量。定义余气系数为

$$\alpha_A = \frac{A_r}{A} \quad (4-20)$$

式中:A_r 为实际空气量。在实际应用中,一般根据燃烧性质,给定余气系数,则实际空气量为

$$A_r = \alpha_A \cdot A \qquad (4-21)$$

定义空燃比（空气与燃料的流量比）为

$$r = \frac{\dot{m}_a}{\dot{m}_{fu}} \qquad (4-22)$$

按每公斤燃料需要的实际空气量（对于气体燃料，可以把 m^3/m^3 转化为 kg/kg），则

$$r = A_r = \alpha_A \cdot A \qquad (4-23)$$

如某固体推进剂燃料的理论空气量为 $A=10.71$ kg/kg，余气系数 α_A 取 1.7，则空燃比为 $r=\alpha_A \cdot A=10.71 \times 1.7 \approx 20$。

3. 燃料产物量

燃料的燃烧产物主要包括 CO_2、H_2O、SO_2，以及加入空气中的 N_2 和没有燃烧的 O_2，不完全燃烧时还有 C、CO、H_2、C_mH_n 等，实际上还有氮氧化物 NO_x、离子等。这里忽略 NO_x，不考虑化学平衡，即只考虑单向反应，并假设燃料完全燃烧，且空气干燥。

产物量一般都以体积为单位，即所谓体积量，是指燃烧单位燃料所产生产物的体积。对于固体燃料和液体燃料，燃烧 1 kg 燃料所产生的各组分产物量和总产物量（体积量）分别为

$$
\begin{cases}
G_{CO_2} = 22.4 \cdot \dfrac{Y_C}{12} \\[2mm]
G_{H_2O} = 22.4 \cdot \left(\dfrac{Y_H}{2} + \dfrac{Y_{H_2O}}{18} \right) \\[2mm]
G_{SO_2} = 22.4 \cdot \dfrac{Y_S}{32} \qquad\qquad (m^3/kg) \qquad (4-24) \\[2mm]
G_{N_2} = 0.79 \cdot A \\[2mm]
G_{air} = A \cdot (\alpha_A - 1) \\[2mm]
G_{pr} = G_{CO_2} + G_{H_2O} + G_{SO_2} + G_{N_2} + G_{air}
\end{cases}
$$

式中：G_{pr} 为总产物量，G_{air} 为过剩空气量。式中各元素质量百分比的系数与燃烧反应有关，如表 4-7 所列，1 kg 的 C 元素燃烧会产生 1/12 kmol 的 CO_2。

对于气体燃料，燃烧 1 m^3 燃料所产生的各组分产物量和总产物量（体积量）为

$$
\begin{cases}
G_{CO_2} = X_{CO_2} + X_{CO} + \displaystyle\sum_{i=1}^{N} \left[m_i X_{(C_mH_n)_i} \right] \\[3mm]
G_{N_2} = X_{N_2} + 0.79 \cdot A \\[3mm]
G_{H_2O} = X_{H_2O} + X_{H_2} + \displaystyle\sum_{i=1}^{N} \left[\dfrac{n_i}{2} X_{(C_mH_n)_i} \right] \qquad (m^3/m^3) \qquad (4-25) \\[3mm]
G_{air} = A \cdot (\alpha_A - 1) \\[3mm]
G_{pr} = G_{CO_2} + G_{N_2} + G_{H_2O} + G_{air}
\end{cases}
$$

式中各组分摩尔分数的系数与燃烧反应有关。对于 C_mH_n 燃料，如表 4-6 所列，1 mol 的 C_mH_n 燃烧会产生 m mol 的 CO_2、$(n/2)$ mol 的 H_2O。

例[4-1]：已知某固体贫氧推进剂的假定化学式为 $C_{67.32}H_{87.83}O_{3.81}N_{0.91}S_{0.91}$，试计算该推进剂的高热值和理论空气量。如果余气系数取 $\alpha_A = 1.5$，求该推进剂燃烧时的空燃比。

解：所谓假定化学式，是指 1 kg 物质的化学表达式，即 1 kg 推进剂 $C_{67.32}H_{87.83}O_{3.81}N_{0.91}S_{0.91}$ 中含 C 元素 67.32 mol，含 H 元素 87.83 mol，含 O 元素 3.81 mol，含 N 元素 0.91 mol，含 S 元素 0.91 mol。转换成质量分数，分别为 80.84%、8.87%、6.10%、1.27% 和 2.92%。

由固体燃料热值计算式（4-13），可得高热值为

$$Q_{b,298,h}^0 = 32\,713Y_C + 141\,470 \times Y_H + 10\,460Y_S =$$
$$32\,713 \times 80.84\% + 141\,470 \times 8.87\% + 10\,460 \times 2.92\% =$$
$$39\,299.01 \quad (kJ/kg)$$

由式（4-17）可得理论空气量为

$$A = 34.483 \times \left(\frac{1}{3}Y_C + Y_H - \frac{Y_O - Y_S}{8} \right) =$$
$$34.483 \times \left(\frac{1}{3} \times 80.84\% + 8.87\% - \frac{6.10\% - 2.92\%}{8} \right) =$$
$$12.21 \quad (kg/kg)$$

则该推进剂的空燃比为

$$r = A_r = \alpha_A \cdot A = 1.5 \times 12.21 = 18.32$$

固体推进剂中 N 元素会参与燃烧，而此计算中没有考虑，故结果只能作为参考。

例[4-2]：已知某天然气含 CH_4、C_2H_6、CO_2 和 N_2，其摩尔分数分别为 64%、32%、2% 和 2%，求该天然气的：（1）热值；（2）理论空气量；（3）理论燃烧产物量。

解：查表 4-2 可得 CH_4 和 C_2H_6 的燃烧焓分别为 -881.99 kJ/mol，-1541.39 kJ/mol，则由式（4-15）和式（4-16）可得高热值和低热值分别为

$$Q_{b,298,h}^0 = \frac{10^3}{22.4}\left[285.77X_{H_2} + 282.84X_{CO} + \sum_{i=1}^{N}(Q_{b,298}^0)_{(C_mH_n)_i}X_{(C_mH_n)_i} \right] =$$
$$\frac{10^3}{22.4}\left[\sum_{i=1}^{N}(Q_{b,298}^0)_{(C_mH_n)_i}X_{(C_mH_n)_i} \right] =$$
$$\frac{10^3}{22.4}(881.99 \times 64\% + 1541.39 \times 32\%) = 47219.57 \quad (kJ/m^3)$$

$$Q_{b,298,l}^0 = Q_{b,298,h}^0 - \frac{44.01 \times 10^3}{22.4}\left[\sum_{i=1}^{N}\frac{n_i}{2}X_{(C_mH_n)_i} + X_{H_2} \right] =$$
$$Q_{b,298,h}^0 - \frac{44.01 \times 10^3}{22.4}\left[\sum_{i=1}^{N}\frac{n_i}{2}X_{(C_mH_n)_i} \right] =$$
$$47\,219.57 - \frac{44.01 \times 10^3}{22.4}\left[\frac{4}{2} \times 64\% + \frac{6}{2} \times 32\% \right] =$$
$$42\,818.57 \quad (kJ/m^3)$$

由式(4-19)可得理论空气量为

$$A = \frac{1}{0.21}\left[\frac{1}{2}X_{H_2} + \frac{1}{2}X_{CO} + \frac{3}{2}X_{H_2S} + \sum_{i=1}^{N}\left(m+\frac{n}{4}\right)_i X_{(C_mH_n)_i} - X_{O_2}\right] =$$

$$\frac{1}{0.21}\left[\sum_{i=1}^{N}\left(m+\frac{n}{4}\right)_i X_{(C_mH_n)_i}\right] =$$

$$\frac{1}{0.21}\left[\left(1+\frac{4}{4}\right)\times 64\% + \left(2+\frac{6}{4}\right)\times 32\%\right] =$$

$$\frac{1}{0.21}\left[\left(1+\frac{4}{4}\right)\times 64\% + \left(2+\frac{6}{4}\right)\times 32\%\right] =$$

$$11.43 \quad (m^3/m^3)$$

由式(4-25)可得理论燃烧产物量为

$$G_{CO_2} = X_{CO_2} + \sum_{i=1}^{N}m_i X_{(C_mH_n)_i} =$$

$$2\% + [1\times 64\% + 2\times 32\%] = 1.30 \quad (m^3/m^3)$$

$$G_{H_2O} = X_{H_2O} + X_{H_2} + \sum_{i=1}^{N}\frac{n_i}{2}X_{(C_mH_n)_i} = \sum_{i=1}^{N}\frac{n_i}{2}X_{(C_mH_n)_i} =$$

$$\frac{4}{2}\times 64\% + \frac{6}{2}\times 32\% = 2.24 \quad (m^3/m^3)$$

$$G_{N_2} = X_{N_2} + 0.79A = 2\% + 0.79\times 11.43 = 9.05 \quad (m^3/m^3)$$

总产物量为

$$G_{pr} = G_{CO_2} + G_{H_2O} + G_{N_2} + G_{air} = 1.30 + 2.24 + 9.05 + 0 = 12.59 \quad (m^3/m^3)$$

4.3 化学反应平衡

自然界中事物发生的过程都有一定的方向性,例如:水往低处流,高温物体向低温物体传热,以及自然发生的化学反应如铁器在空气中生锈等。像这样不需要外部做功就能自动进行的过程称为自发过程。

对于化学反应,如果在给定的条件下,一个反应可以自发地进行到显著程度,就称为自发反应。如

$$Zn + 2HCl \rightarrow ZnCl_2 + H_2, \quad Zn + Cu^{2+} \rightarrow Cu + Zn^{2+}$$

这些自发过程有如下共同特点:自发过程只能单向自发地进行而不可能自发逆转进行;自发过程都可以用来做功;自发过程有一定的进行程度(或限度),一般朝着平衡方向进行;另外,自发反应一般都比较缓慢。

同时发现,大多数的放热反应是自发反应,大多数的吸热反应是非自发反应。但是也有些放热反应是非自发反应,这是因为反应能否自发进行还与熵等因素有关。

4.3.1　化学反应的进行方向

利用熵可以判断一个自发过程的方向,但是体系必须是孤立的,即式(3-21)表示的孤立系统熵增原理,需要确定过程在初始状态和终止状态下系统的熵和外界的熵,根据两者熵的总和的变化来判断过程实现的可能性。但如果系统发生自发过程,膨胀功可正可负,则很难按照数值的正负来判别反应进行的方向,而且还要同时考虑环境熵变,这在应用上很不方便。

由式(3-29)和式(3-31)定义的赫姆霍尔兹自由能和吉布斯自由能,两者都不包括气体膨胀做功,因此,利用自由能可以更方便地表示系统自发过程的方向性。可见,判别一个过程进行的方向,除了可以利用熵变外,还可以利用自由能的变化。

1. 熵判据

在孤立体系中,自发过程是朝熵增方向进行的。当体系达到平衡态之后,如果有任何自发过程发生,必定是可逆的,此时 $dS_{iso}=0$,熵值不变。由于孤立体系的 U、V_g 不变,所以熵判据可写为

$$(dS_{iso})_{U,V_g} \geqslant 0 \tag{4-26}$$

2. 赫姆霍尔兹自由能判据

在等温等容条件下,自发过程总是朝着向赫姆霍尔兹自由能减少的方向进行的,直到体系达到平衡状态。赫姆霍尔兹自由能判据可写为

$$(dF)_{T,V_g} \leqslant 0 \tag{4-27}$$

3. 吉布斯自由能判据

在等温等压条件下,自发过程总是朝着吉布斯自由能减少的方向进行的,直到体系达到平衡状态。吉布斯自由能判据可写为

$$(dG)_{T,p} \leqslant 0 \tag{4-28}$$

即当 $\Delta G<0$ 时,过程是正向自发进行;当 $\Delta G>0$ 时,过程是正向非自发进行;当 $\Delta G=0$ 时,过程处于平衡状态。

由以上判据可以看出,用熵作为判据时必须是孤立体系,除考虑体系自身的熵变以外,还必须考虑环境的熵变。但用赫姆霍尔兹自由能和吉布斯自由能作为判据时,只需考虑体系自身的性质,应用非常方便。

根据吉布斯-赫姆霍尔兹方程式(3-75),为应用方便,重新编号为

$$\Delta G = \Delta H - T\Delta S \tag{4-29}$$

该方程指出,自由能随温度的变化十分接近线性关系。对于化学反应,$\Delta H<0$ 表示放热反应,反之为吸热反应;$\Delta S<0$ 表示熵减少,反之为熵增加。

从吉布斯-赫姆霍尔兹方程可以分析,在等压下,当反应体系的温度变化时,反应的自发方向取决于 ΔH 和 ΔS 的符号,可概括为如下 4 类(如表 4-8 所列):

(1) 当 $\Delta H<0$,且 $\Delta S>0$ 时,恒有 $\Delta G<0$,即这类放热反应在 0 K 以上的任何温度下都能进行。如:$H_2(g)+F_2(g)\rightarrow 2HF(g)$。

表 4 - 8 吉布斯-赫姆霍尔兹方程的 4 种变化类型

反应自发性与温度的关系	ΔH	ΔS	ΔG
任何温度下正反应自发进行	—	+	—
任何温度下逆反应自发进行	+	—	+
温度低于某临界点正反应自发进行	—	—	+/−
温度高于某临界点正反应自发进行	+	+	+/−

(2) 当 $\Delta H < 0$，且 $\Delta S < 0$ 时，由于 $-T\Delta S > 0$，因此，温度 T 对这类放热反应是否自发起着很大的作用。由热力参数表 3 - 2 可知，ΔS 一般比 ΔH 小 10^3 数量级，在室温下必有 $\Delta G < 0$，因此在室温下的放热反应都是自发的。只有当温度很高时，加强了熵效应的影响，才可能大幅提高 $T\Delta S$，使得 $\Delta G > 0$。

(3) 当 $\Delta H > 0$，且 $\Delta S < 0$ 时，恒有 $\Delta G > 0$，即这类吸热反应在 0 K 以上的任何温度下都不能自发进行，而其逆反应在任何温度下都能自发进行。如：$CO(g) \leftarrow C(S) + 0.5O_2(g)$，此反应 CO 不会热分解成单质。

(4) 当 $\Delta H > 0$，且 $\Delta S > 0$ 时，由于 $-T\Delta S < 0$，因此，温度 T 对这类吸热反应是否自发同样起着很大的作用。通常在室温下吸热反应都是非自发的，因为必有 $\Delta G > 0$。只有当温度很高时加强了熵效应的影响，才可能使得 $\Delta G < 0$，反应才可自发进行。

注意，用自由能变化来判断化学反应的自发性是有一定条件限制的，它必须是在等温等容（赫姆霍尔兹自由能）或等温等压（吉布斯自由能）条件下，系统只做膨胀功不做其他功。

4.3.2 标准反应自由能与标准生成自由能

对于化学反应，类似于反应焓的定义，也有反应自由能的概念。标准反应自由能定义为化学反应前后标准自由能（一般指吉布斯自由能）的变化，用符号 $\Delta G_{RT,T}^0$ 表示，等于各生成物的总标准自由能与各反应物的总标准自由能之差，即

$$\Delta G_{RT,T}^0 = \sum_{Products,i} n_i (G_{m,T}^0)_i - \sum_{Reactants,j} n_j (G_{m,T}^0)_j \qquad (4-30)$$

式中：$(G_{m,T}^0)_i$、$(G_{m,T}^0)_j$ 分别为生成物组分 i 和反应物组分 j 的标准摩尔吉布斯自由能，只是温度 T 的函数。

类似于标准生成焓的定义，对于任意物质也有标准生成自由能的概念，一般指标准生成吉布斯自由能（Standard Gibbs free energy of formation）。由于自由能也不存在绝对值，同样需要人为规定稳定单质的标准生成自由能为 0。因此，标准生成自由能定义为由稳定单质在标准压强条件下生成 1 mol 该物质所产生的吉布斯自由能。用符号 $(G_{f,T}^0)_j$ 表示物质 j 在温度 T 下的标准生成自由能，单位为 kJ/mol。表 4 - 9 列出了一些物质在标准温度 298.15 K 时的标准生成自由能。

有了标准生成自由能的概念,则标准反应自由能可定义为反应前后标准生成自由能的变化,即等于各生成物的总标准生成自由能与各反应物的总标准生成自由能之差,表示为

$$\Delta G_{RT,T}^0 = \sum_{\text{Products},i} n_i (G_{f,T}^0)_i - \sum_{\text{Reactants},j} n_j (G_{f,T}^0)_j \qquad (4-31)$$

以式(4-5)表示的反应 $H_2(g)+0.5O_2(g) \rightarrow H_2O(g)$ 为例,其标准反应自由能为

$$(\Delta G_{RT,T}^0)_{RT-H_2(g)+O_2(g)} = 1 \times (G_{f,T}^0)_{H_2O(g)} - 1 \times (G_{f,T}^0)_{H_2(g)} - 0.5 \times (G_{f,T}^0)_{O_2(g)}$$

由于稳定单质 H_2 和 O_2 的标准生成自由能为 0,故

$$(G_{f,T}^0)_{H_2O(g)} = (\Delta G_{RT,T}^0)_{RT-H_2(g)+O_2(g)}$$

表 4-9 部分物质的标准生成自由能($T=298.15$ K)

物 质	化学式	物 态	标准生成自由能/ $(kJ \cdot mol^{-1})$
一氧化碳	CO	g	-137.28
二氧化碳	CO_2	g	-394.38
水	H_2O	g	-228.61
水	H_2O	l	-237.35
一氧化氮	NO	g	86.69
二氧化氮	NO_2	g	51.84
一氧化二氮	N_2O	g	104.18
二氧化硫	SO_2	g	-300.37
三氧化硫	SO_3	g	-370.37
硫化氢	H_2S	g	-33.01
氨	NH_3	g	-16.61
氯化氢	HCl	g	-95.27
溴化氢	HBr	g	-53.22
碘化氢	HI	g	1.30
臭氧	O_3	g	163.43
氧	O_2	g	0
氢	H_2	g	0
氮	N_2	g	0
碳(石墨)	C	s	0
甲烷	CH_4	g	-50.79
乙烷	C_2H_6	g	-32.89
丙烷	C_3H_8	g	-23.47
辛烷	C_8H_{18}	l	6.62

续表 4 - 9

物　质	化学式	物　态	标准生成自由能/ (kJ·mol^{-1})
乙烯	C_2H_4	g	68.12
乙炔	C_2H_2	g	209.20
氯甲烷	CH_3Cl	g	−58.58
甲醇	CH_3OH	l	−166.23
乙醇	C_2H_5OH	l	−174.77
醋酸	$C_2H_4O_2$	l	−392.46
苯	C_6H_6	l	129.70

因此,气态 H_2O 的标准生成自由能即等于反应式(4-5)的标准反应自由能,这与标准生成自由能的定义是一致的。

例[4-3]:假设没有任何标准生成自由能的数据,试利用自由能与焓、熵之间的关系,确定 $H_2O(g)$ 的标准生成自由能的大小。

解:由式(3-31)或式(3-98)可知,$G_{m,T}^0 = H_{m,T}^0 - T \cdot S_{m,T}^0$,只要知道焓和熵即可计算标准摩尔吉布斯自由能。以式(4-5)表示的反应 $H_2(g) + 0.5O_2(g) \rightarrow H_2O(g)$ 为例,通过定义式(4-30)即可得到该反应的标准反应自由能,即等于 $H_2O(g)$ 的标准生成自由能。

查表 3-2 可知 $H_2O(g)$、$H_2(g)$ 和 $O_2(g)$ 的标准摩尔焓和标准摩尔熵,分别为

$(H_{m,298}^0)_{H_2O(g)} = -241.840\,0$ kJ/mol,$(S_{m,298}^0)_{H_2O(g)} = 188.847\,3$ J/(mol·K)

$(H_{m,298}^0)_{H_2(g)} = 0$,$(S_{m,298}^0)_{H_2(g)} = 130.661\,2$ J/(mol·K)

$(H_{m,298}^0)_{O_2(g)} = 0$,$(S_{m,298}^0)_{O_2(g)} = 205.182\,5$ J/(mol·K)

则

$(G_{m,298}^0)_{H_2O(g)} = (H_{m,298}^0)_{H_2O(g)} - 298.15 \times (S_{m,298}^0)_{H_2O(g)} \times 10^{-3} = -298.144\,8$ (kJ/mol)

$(G_{m,298}^0)_{H_2(g)} = (H_{m,298}^0)_{H_2(g)} - 298.15 \times (S_{m,298}^0)_{H_2(g)} \times 10^{-3} = -38.956\,6$ (kJ/mol)

$(G_{m,298}^0)_{O_2(g)} = (H_{m,298}^0)_{O_2(g)} - 298.15 \times (S_{m,298}^0)_{O_2(g)} \times 10^{-3} = -61.157\,2$ (kJ/mol)

代入标准反应自由能的定义式(4-30),可得

$(\Delta G_{RT,T}^0)_{RT-H_2(g)+O_2(g)} = 1 \times (G_{m,298}^0)_{H_2O(g)} - 1 \times (G_{m,298}^0)_{H_2(g)} - 0.5 \times (G_{m,298}^0)_{O_2(g)} =$

$\qquad -1 \times 298.144\,8 + 1 \times 38.956\,6 + 0.5 \times 61.157\,2 =$

$\qquad -228.60$ (kJ/mol)

由标准生成自由能的定义可知,该标准反应自由能正是 $H_2O(g)$ 的标准生成自由能,结果与表 4-9 中的数值是吻合的。

对比例 4-3 和表 4-9 中的数据可知,任意温度 T 下物质的标准摩尔吉布斯自由能 $G_{m,T}^0$ 与标准生成自由能 $G_{f,T}^0$ 是两个不同的概念,标准摩尔吉布斯自由能是物质

的热力性能,而标准生成自由能是物质与具体化学反应相关的热力性能。

如果已知物质的标准生成自由能,可以利用式(4-31)方便地计算化学反应的标准反应自由能。同样可以利用化学反应自由能的正负来判断其燃烧反应进行的方向。例如以式(4-5)表示的化学反应 $H_2(g)+0.5O_2(g)\rightarrow H_2O(g)$ 为例,该反应中各组分的标准生成自由能查表 4-9 可知:$(G^0_{f,298})_{H_2O(g)}=-228.61$ kJ/mol,$(G^0_{f,298})_{H_2(g)}=0$,$(G^0_{f,298})_{O_2(g)}=0$,因此,该反应的标准反应自由能为

$$(\Delta G^0_{RT,298})_{RT-H_2(g)+O_2(g)}=-228.61 \quad (kJ/mol)$$

这与例4-3的计算结果一致。由于 $(\Delta G^0_{RT,298})_{RT-H_2(g)+O_2(g)}<0$,因此,该反应在标准条件下将会正向自发进行。

例[4-4]:设一反应体系 $H_2(g)+CO_2(g)\leftrightarrow CO(g)+H_2O(g)$,试计算该反应的标准反应自由能,并通过计算说明在标准状态下该反应将向哪个方向进行。

解:查表 4-9 可知各物质的标准生成自由能为

$$(G^0_{f,298})_{H_2(g)}=0,\quad (G^0_{f,298})_{CO_2(g)}=-394.38 \text{ kJ/mol}$$

$$(G^0_{f,298})_{CO(g)}=-137.28 \text{ kJ/mol},\quad (G^0_{f,298})_{H_2O(g)}=-228.61 \text{ kJ/mol}$$

由式(4-31),得

$$(\Delta G^0_{RT,298})_{RT-H_2(g)+CO_2(g)}=\sum_{Products,i} n_i(G^0_{f,298})_i - \sum_{Reactants,j} n_j(G^0_{f,298})_j =$$
$$(-1.0\times137.28-1.0\times228.61)-$$
$$(1.0\times0-1.0\times394.38)=$$
$$28.49 \text{ (kJ/mol)}$$

由于 $(\Delta G^0_{RT,298})_{RT-H_2(g)+CO_2(g)}>0$,故该反应会逆向自发进行。

4.3.3 化学反应平衡

一般地,任意一个化学反应系统均存在正反应与逆反应,称为可逆反应。当可逆反应中正、逆反应速率相等时,在温度和压强不变的情况下,反应物和生成物的浓度不再随时间而改变,这种状态称为化学反应平衡。化学反应平衡是动态平衡,受温度、压强和浓度的影响,由勒沙特列原理可知:如果改变影响平衡的条件(如浓度、压强、温度等),平衡就向能够减弱这种改变的方向移动。例如,在温度、压强不变的条件下,增加反应物的浓度或减少生成物的浓度,平衡朝正反应方向移动。勒沙特列原理在生产上有广泛的应用,利用这一原理选择适当的反应条件,可以提高效率、降低成本。

化学反应处于平衡状态时,由于正、逆反应速率相等,存在化学平衡常数;根据吉布斯自由能判据式(4-28),有 $(dG)_{T,p}=0$。利用这些特性,可以确定化学反应系统中各组分组成和系统温度。

1. 平衡常数与标准反应自由能

由化学动力学知识可知,对于任意一对可逆化学反应,以组分摩尔数和分压形式

表示的平衡常数由式(2-50)和式(2-51)定义。表4-10给出了一些化学反应在不同温度下的平衡常数(分压形式)。

表 4-10　部分化学反应的平衡常数

k_p 序	反应方程式	k_p 序	反应方程式
k_{p1}	$CO_2 + H_2 \leftrightarrow CO + H_2O(g)$	k_{p6}	$O_2 \leftrightarrow 2O$
k_{p2}	$CO_2 \leftrightarrow CO + 0.5O_2$	k_{p7}	$N_2 \leftrightarrow 2N$
k_{p3}	$H_2O(g) \leftrightarrow H_2 + 0.5O_2$	k_{p8}	$CO \leftrightarrow C + O$
k_{p4}	$N_2 + O_2 \leftrightarrow 2NO$	k_{p9}	$CO_2 \leftrightarrow C + 2O$
k_{p5}	$H_2 \leftrightarrow 2H$		

T/K	$\lg k_{p1}$	$\lg k_{p2}$	$\lg k_{p3}$	$\lg k_{p4}$	$\lg k_{p5}$	$\lg k_{p6}$	$\lg k_{p7}$	$\lg k_{p8}$	$\lg k_{p9}$
100	−19.230 4	−142.823 3	−123.592 9	−93.003 2	−221.898 8	−253.463 9	−487.427 1	−555.235 7	−824.791 0
200	−8.561 5	−69.352 9	−60.791 4	−45.904 4	−108.639 3	−123.978 9	−240.943 1	−274.715 0	−406.057 4
298.15	−5.016 0	−45.063 1	−40.047 1	−30.372 4	−71.221 2	−81.204 3	−159.689 9	−182.237 0	−267.902 3
400	−3.189 7	−32.428 5	−29.238 8	−22.307 8	−51.749 4	−58.944 9	−117.475 5	−134.193 1	−196.094 1
500	−2.137 8	−25.022 6	−22.884 8	−17.584 6	−40.315 6	−45.878 2	−92.727 4	−106.030 2	−153.991 9
600	−1.451 8	−20.083 8	−18.632 0	−14.435 4	−32.671 5	−37.146 9	−76.207 7	−87.233 4	−125.890 7
700	−0.974 4	−16.557 1	−15.582 7	−12.185 6	−27.196 3	−30.897 6	−64.393 5	−73.792 7	−105.798 6
800	−0.625 8	−13.913 7	−13.287 9	−10.498 7	−23.078 4	−26.202 0	−55.522 8	−63.702 2	−90.716 9
900	−0.362 1	−11.859 7	−11.497 6	−9.184 8	−19.866 8	−22.543 8	−48.615 9	−55.846 9	−78.978 5
1 000	−0.157 0	−10.218 3	−10.061 3	−8.134 4	−17.290 5	−19.612 9	−43.084 9	−49.557 3	−69.582 1
1 100	0.005 4	−8.877 2	−8.882 6	−7.274 6	−15.177 8	−17.211 6	−38.555 3	−44.407 1	−61.890 1
1 200	0.137 3	−7.761 1	−7.898 4	−6.558 0	−13.412 6	−15.207 9	−34.777 3	−40.112 2	−55.477 3
1 300	0.245 8	−6.818 2	−7.064 0	−5.951 1	−11.915 3	−13.510 5	−31.578 0	−36.475 5	−50.049 0
1 400	0.335 6	−6.011 3	−6.346 9	−5.431 6	−10.629 5	−12.053 9	−28.833 5	−33.356 3	−45.394 4
1 500	0.411 8	−5.313 2	−5.725 0	−4.981 0	−9.512 2	−10.790 1	−26.453 2	−30.651 3	−41.359 6
1 600	0.476 6	−4.703 5	−5.180 1	−4.586 6	−8.532 5	−9.683 2	−24.369 0	−28.283 0	−37.828 1
1 700	0.532 3	−4.166 3	−4.698 6	−4.238 6	−7.666 5	−8.705 6	−22.528 7	−26.192 2	−34.711 3
1 800	0.580 3	−3.689 8	−4.270 1	−3.929 2	−6.895 3	−7.835 9	−20.891 9	−24.332 6	−31.940 4
1 900	0.622 3	−3.264 2	−3.886 5	−3.652 6	−6.203 9	−7.057 0	−19.426 4	−22.667 9	−29.460 6
2 000	0.658 6	−2.881 9	−3.540 5	−3.403 4	−5.581 0	−6.355 4	−18.106 7	−21.168 9	−27.228 5
2 100	0.691 1	−2.536 6	−3.227 7	−3.178 2	−5.016 2	−5.720 2	−16.912 0	−19.812 0	−25.208 7
2 200	0.719 5	−2.223 3	−2.942 8	−2.973 6	−4.502 1	−5.142 3	−15.825 2	−18.577 8	−23.372 1
2 300	0.745 3	−1.937 7	−2.683 0	−2.786 6	−4.031 7	−4.614 3	−14.832 4	−17.450 4	−21.695 3
2 400	0.767 5	−1.676 6	−2.444 1	−2.615 6	−3.600 4	−4.130 0	−13.921 9	−16.416 4	−20.158 0
2 500	0.787 9	−1.436 7	−2.224 6	−2.458 2	−3.202 7	−3.684 2	−13.083 7	−15.464 7	−18.743 5

T/K	$\lg k_{p1}$	$\lg k_{p2}$	$\lg k_{p3}$	$\lg k_{p4}$	$\lg k_{p5}$	$\lg k_{p6}$	$\lg k_{p7}$	$\lg k_{p8}$	$\lg k_{p9}$
2 600	0.806 0	−1.215 7	−2.021 7	−2.313 0	−2.835 4	−3.272 5	−12.309 6	−14.585 7	−17.437 7
2 700	0.822 6	−1.011 5	−1.834 1	−2.178 6	−2.494 6	−2.891 0	−11.592 5	−13.771 5	−16.228 8
2 800	0.837 3	−0.822 1	−1.659 4	−2.054 0	−2.178 1	−2.536 7	−10.926 3	−13.015 1	−15.105 6
2 900	0.850 7	−0.646 2	−1.496 9	−1.938 0	−1.883 0	−2.206 6	−10.305 7	−12.310 5	−14.060 0
3 000	0.863 1	−0.482 4	−1.345 5	−1.830 0	−1.606 9	−1.898 4	−9.726 1	−11.652 5	−13.084 1
3 100	0.874 0	−0.329 3	−1.203 3	−1.729 0	−1.348 8	−1.610 0	−9.183 7	−11.036 7	−12.171 0
3 200	0.884 1	−0.186 0	−1.070 1	−1.634 4	−1.106 6	−1.339 5	−8.671 9	−10.459 1	−11.314 9
3 300	0.893 3	−0.051 8	−0.945 1	−1.545 6	−0.878 7	−1.085 3	−8.196 7	−9.916 2	−10.510 7
3 400	0.901 6	0.074 4	−0.827 2	−1.462 2	−0.664 1	−0.846 1	−7.746 5	−9.405 0	−9.753 7
3 500	0.909 2	0.193 1	−0.716 1	−1.383 8	−0.461 7	−0.620 4	−7.321 7	−8.922 8	−9.039 9
3 600	0.916 3	0.305 0	−0.611 3	−1.309 6	−0.270 1	−0.407 2	−6.920 2	−8.467 1	−8.365 7
3 700	0.922 7	0.410 9	−0.511 8	−1.239 8	−0.089 1	−0.205 5	−6.540 3	−8.035 9	−7.727 8
3 800	0.928 6	0.510 8	−0.417 8	−1.173 6	0.082 7	−0.014 3	−6.180 2	−7.627 1	−7.123 5
3 900	0.933 5	0.605 4	−0.328 1	−1.111 0	0.245 4	0.167 1	−5.838 3	−7.239 1	−6.550 1
4 000	0.938 8	0.695 2	−0.243 6	−1.051 6	0.400 7	0.339 4	−5.513 3	−6.870 2	−6.005 3
4 100	0.943 0	0.780 5	−0.162 5	−0.995 2	0.547 9	0.503 4	−5.204 0	−6.519 2	−5.487 0
4 200	0.947 5	0.861 5	−0.086 0	−0.941 6	0.688 9	0.659 6	−4.909 2	−6.184 7	−4.993 4
4 300	0.951 3	0.938 7	−0.012 6	−0.890 6	0.822 9	0.808 5	−4.628 0	−5.865 6	−4.522 6
4 400	0.954 6	1.012 2	0.057 6	−0.842 0	0.950 9	0.950 7	−4.359 3	−5.560 8	−4.073 2
4 500	0.957 6	1.082 3	0.124 7	−0.795 6	1.073 1	1.086 7	−4.102 4	−5.269 4	−3.643 7
4 600	0.960 4	1.149 3	0.188 9	−0.751 4	1.190 2	1.216 7	−3.856 4	−4.990 5	−3.232 8
4 700	0.963 0	1.213 3	0.250 3	−0.709 0	1.302 4	1.341 2	−3.620 8	−4.723 3	−2.839 4
4 800	0.965 5	1.274 5	0.309 0	−0.668 6	1.410 0	1.460 5	−3.394 8	−4.467 1	−2.462 0
4 900	0.967 6	1.333 2	0.365 6	−0.630 0	1.513 0	1.575 0	−3.177 8	−4.221 2	−2.100 5
5 000	0.969 5	1.389 4	0.419 9	−0.593 0	1.612 0	1.685 0	−2.969 3	−3.985 0	−1.753 1
5 100	0.971 4	1.443 3	0.471 9	−0.557 4	1.707 3	1.790 6	−2.768 8	−3.757 9	−1.419 3
5 200	0.972 9	1.495 1	0.522 2	−0.523 4	1.798 7	1.892 2	−2.575 8	−3.539 5	−1.098 3
5 300	0.974 1	1.544 8	0.570 7	−0.490 6	1.886 5	1.990 0	−2.389 9	−3.329 1	−0.789 3
5 400	0.975 7	1.592 6	0.616 9	−0.459 2	1.971 7	2.084 2	−2.210 7	−3.126 4	−0.491 7
5 500	0.976 6	1.638 5	0.661 9	−0.420 0	2.053 3	2.174 9	−2.037 9	−2.930 9	−0.204 9
5 600	0.977 8	1.682 8	0.705 0	−0.400 0	2.132 2	2.262 5	−1.871 0	−2.742 4	0.071 7
5 700	0.978 6	1.725 5	0.746 9	−0.372 2	2.208 2	2.347 0	−1.709 8	−2.560 3	0.338 7
5 800	0.979 2	1.766 5	0.787 3	−0.345 2	2.281 4	2.428 6	−1.554 0	−2.384 3	0.596 5
5 900	0.980 1	1.806 2	0.826 1	−0.319 2	2.352 6	2.507 4	−1.403 2	−2.214 3	0.845 6
6 000	0.980 4	1.844 5	0.864 1	−0.294 2	2.420 8	2.583 4	−1.257 3	−2.049 8	1.086 5

设有任意化学反应

$$aA + bB \leftrightarrow cC + dD \qquad (4-32)$$

由不同平衡常数的定义及转换关系式(2-52),可知有

$$k_p = \frac{p_C^c p_D^d}{p_A^a p_B^b} = \frac{n_C^c n_D^d}{n_A^a n_B^b} \left(\frac{p}{n_g}\right)^{c+d-a-b} = \frac{X_C^c X_D^d}{X_A^a X_B^b} p^{c+d-a-b} = k_n \cdot \left(\frac{p}{n_g}\right)^{c+d-a-b}$$

$$(4-33)$$

式中:p 为反应系统总的压强(该定义中压强单位为 atm),n_g 为反应系统的气相总摩尔数。例如,化学反应 $CO_2 \leftrightarrow CO + 0.5O_2$ 的平衡常数方程可写成

$$k_{p,CO_2} = \frac{n_{CO} n_{O_2}^{0.5}}{n_{CO_2}} \left(\frac{p}{n_g}\right)^{0.5} \quad \text{或} \quad k_{p,CO_2} = \frac{X_{CO} X_{O_2}^{0.5}}{X_{CO_2}} p^{0.5}$$

前已述及,气相物质的自由能既与温度有关,也与压强有关,由式(3-97)确定,即任意压强 p 下的摩尔自由能为

$$(G_{m,T}^p)_i = (G_{m,T}^0)_i + R_0 T \ln p_i, \qquad i = 1, 2, \cdots, N_g \qquad (4-34)$$

任意化学反应在任意压强 p 下的实际反应自由能可由标准反应自由能定义式(4-30)类似表示为

$$\Delta G_{RT,T}^p = \sum_{\text{Products},i} n_i (G_{m,T}^p)_i - \sum_{\text{Reactants},j} n_j (G_{m,T}^p)_j \qquad (4-35)$$

对于任意化学反应式(4-32),结合上述式(4-34)和式(4-35),可得在任意压强 p 条件下的实际反应自由能为

$$\Delta G_{RT,T}^p = c(G_{m,T}^p)_C + d(G_{m,T}^p)_D - a(G_{m,T}^p)_A - b(G_{m,T}^p)_B =$$

$$c(G_{m,T}^0)_C + d(G_{m,T}^0)_D - a(G_{m,T}^0)_A - b(G_{m,T}^0)_B + R_0 T \ln \frac{p_C^c p_D^d}{p_A^a p_B^b} =$$

$$\Delta G_{RT,T}^0 + R_0 T \ln \frac{p_C^c p_D^d}{p_A^a p_B^b}$$

可见在任意化学反应中,压强变化引起的自由能变化为

$$\Delta G_{RT,T}^p - \Delta G_{RT,T}^0 = R_0 T \ln \frac{p_C^c p_D^d}{p_A^a p_B^b} \qquad (4-36)$$

当反应达到平衡时,由自由能判断准则式(4-28),有 $\Delta G_{RT,T}^p = 0$;同时考虑分压形式的平衡常数关系式(4-33),可得化学平衡时标准反应自由能与平衡常数的关系为

$$\Delta G_{RT,T}^0 = -R_0 T \ln k_p \quad \text{或} \quad \ln k_p = -\frac{\Delta G_{RT,T}^0}{R_0 T} \qquad (4-37)$$

式中:$\Delta G_{RT,T}^0$ 只与温度有关,因此,化学平衡常数 k_p 也只与温度有关,而与压强无关。虽然平衡常数与压强无关,同时惰性气体也不影响平衡常数,但平衡系统的组分组成却受其影响,即它们可以使平衡发生移动。

结合式(4-36)和式(4-37),可得

$$\Delta G_{RT,T}^{p} = -R_0 T \ln k_p + R_0 T \ln \frac{p_C^c p_D^d}{p_A^a p_B^b} =$$

$$-R_0 T \ln k_p + R_0 T \ln Q_p =$$

$$R_0 T \ln \frac{Q_p}{k_p} \qquad (4-38)$$

该式由荷兰物理化学家范特霍夫提出,称为范特霍夫等温方程式,又称为化学反应等温方程,表示了平衡常数、温度、反应热之间的关系。其中

$$Q_p = \frac{p_C^c p_D^d}{p_A^a p_B^b} \qquad (4-39)$$

Q_p 称为"分压商",代表任意压强和任意反应状态下各组分分压的关系(而 k_p 只表示反应平衡状态下各组分分压的关系)。若反应体系中的气体不是理想气体或是在稀溶液中进行,则 Q_p 用浓度商 Q_C 代替,见式(2-110)。

用范特霍夫等温方程式也可以判断在一定条件下化学反应进行的方向和限度,即在等温等压只做膨胀功不做其他功的情况下:

- 当 $Q_p < k_p$ 时,$\Delta G < 0$,正反应能自发进行;
- 当 $Q_p > k_p$ 时,$\Delta G > 0$,正反应不能自发进行;
- 当 $Q_p = k_p$ 时,$\Delta G = 0$,反应达到平衡状态。

2. 反应度

根据化学反应平衡时存在化学平衡常数这一条件,可以求解在给定温度下化学反应平衡中各个组分的摩尔数。

对任意化学反应式(4-32),当化学平衡时,由于逆反应的存在,使得各反应物不会完全燃烧。引入化学反应的反应度 λ 的概念,有

$$aA + bB \rightarrow (1-\lambda)(aA + bB) + \lambda(c C + dD) \qquad (4-40)$$

当反应度 $\lambda = 1$ 时,表示化学反应的反应物完全燃烧转变为产物;当反应度 $\lambda = 0$ 时,表示化学反应还没有进行;当化学反应处于平衡时,有 $0 < \lambda < 1$。因此,反应度 λ 是一个表示化学反应进行程度的参量。

这时,反应式(4-40)在反应平衡时的总摩尔数为

$$n = (1-\lambda)(a+b) + \lambda(c+d) \qquad (4-41)$$

则各组分 A、B、C、D 的摩尔分数分别为

$$\begin{cases} X_A = \dfrac{a(1-\lambda)}{(1-\lambda)(a+b)+\lambda(c+d)} \\[3mm] X_B = \dfrac{b(1-\lambda)}{(1-\lambda)(a+b)+\lambda(c+d)} \\[3mm] X_C = \dfrac{\lambda c}{(1-\lambda)(a+b)+\lambda(c+d)} \\[3mm] X_D = \dfrac{\lambda d}{(1-\lambda)(a+b)+\lambda(c+d)} \end{cases} \qquad (4-42)$$

代入平衡常数关系式(4-33),可以解得给定温度下的反应度 λ。

例[4-5]:对于 H_2 的燃烧反应:$H_2 + 0.5O_2 \leftrightarrow H_2O$,设燃烧系统的压强为 $p = 0.507$ MPa,求燃烧温度为 3 000 K 和 4 000 K 时的反应度。

解:燃烧温度为 3 000 K 时,从表 4-10 可以查得 $H_2O \leftrightarrow H_2 + 0.5O_2$ 的平衡常数为 $\lg k_{p,H_2O} = -1.345\ 5$,即 $k_{p,H_2O} = 0.045\ 1\ 3$。可得 $H_2 + 0.5O_2 \leftrightarrow H_2O$ 的平衡常数为 $k_{p,H_2} = 1/k_{p,H_2O} = 22.158\ 2$。

化学平衡时,设反应度为 λ,则
$$H_2 + 0.5O_2 \rightarrow (1-\lambda)(H_2 + 0.5O_2) + \lambda H_2O$$

由式(4-42)可知各组分的摩尔分数分别为

$$\begin{cases} X_{H_2} = \dfrac{1-\lambda}{1.5 \times (1-\lambda) + \lambda} = \dfrac{1-\lambda}{1.5 - 0.5\lambda} \\[3mm] X_{O_2} = \dfrac{0.5 \times (1-\lambda)}{1.5 - 0.5\lambda} \\[3mm] X_{H_2O} = \dfrac{\lambda}{1.5 - 0.5\lambda} \end{cases} \qquad (a)$$

给定燃烧系统的压强为 $p = 0.507$ MPa $= 5.0$ atm,则

$$k_{p,H_2} = \frac{X_{H_2O}}{X_{H_2} X_{O_2}^{0.5}} p^{-0.5} = 22.158\ 2$$

即

$$\frac{\dfrac{\lambda}{1.5 - 0.5\lambda}}{\dfrac{1-\lambda}{1.5 - 0.5\lambda} \cdot \left[\dfrac{0.5 \times (1-\lambda)}{1.5 - 0.5\lambda}\right]^{0.5}} \times 5^{-0.5} = 22.158\ 2$$

或

$$\frac{\lambda^2 (3-\lambda)}{(1-\lambda)^3} = 22.158\ 2^2 \times 5 = 2\ 454.929\ 1$$

解得 $\lambda = 0.911\ 0$。

解出反应度后,再代回式(a)可得到各组分的摩尔分数,即

$$X_{H_2} = \frac{1 - 0.911\ 0}{1.044\ 5} \times 100\% = 8.52\%$$

$$X_{O_2} = \frac{0.5 \times (1 - 0.911\ 0)}{1.044\ 5} \times 100\% = 4.26\%$$

$$X_{H_2O} = \frac{0.911\ 0}{1.044\ 5} \times 100\% = 87.22\%$$

类似地,取燃烧温度为 4 000 K,从表 4-10 可以查得 $H_2O \leftrightarrow H_2 + 0.5O_2$ 的平衡常数为 $\lg k_{p,H_2O} = -0.243\ 6$,即 $k_{p,H_2O} = 0.570\ 7$,则 $H_2 + 0.5O_2 \leftrightarrow H_2O$ 的平衡常数为 $k_{p,H_2} = 1/k_{p,H_2O} = 1.752\ 2$。可以解得这时的反应度为 $\lambda = 0.612\ 2$。

对应各组分的摩尔分数为

$$X_{H_2} = \frac{1 - 0.612\,2}{1.193\,9} \times 100\% = 32.48\%$$

$$X_{O_2} = \frac{0.5 \times (1 - 0.612\,2)}{1.193\,9} \times 100\% = 16.24\%$$

$$X_{H_2O} = \frac{0.612\,2}{1.193\,9} \times 100\% = 51.28\%$$

这说明,氢氧燃烧随温度的增高而其平衡常数下降,反应度下降,逆向分解增加。

4.4 平衡组分与绝热燃烧温度

利用反应度的概念,一般只能计算简单化学反应的平衡性质,很难考虑包括若干基元反应的复杂反应系统,这时需要采用更复杂的计算模型,包括平衡常数模型和最小自由能模型等。

4.4.1 复杂化学反应系统的平衡组分

一个复杂反应系统中,包括了多种组分(气相或凝聚相组分)、多种化学反应(可逆化学反应、中间反应等),在化学平衡条件下,组分摩尔数的求解一般需要复杂的计算过程。

无论反应如何进行,在反应过程中必须满足质量守恒原理,化学元素在反应前后的原子数(或摩尔数)保持守恒,即

$$\sum_{i=1}^{N} a_{ik} n_i = N_k, \qquad k = 1, 2, \cdots, N_e \qquad (4-43)$$

式中:N 为反应系统组分数(其中气相组分数为 N_g,凝聚相组分数为 $N - N_g$);a_{ik} 为元素 k 在组分 i 中的当量系数,表示 1 mol 组分 i 中含有的 k 元素的原子数;n_i 表示单位质量燃烧产物中各组分 i 的摩尔数;N_k 为单位质量燃烧系统中 k 元素的总原子数;N_e 为燃烧系统中元素的种类数。可见,质量守恒方程的数量只有 N_e 个。

为求解化学反应系统的组分组成,首先要确定该反应系统中存在哪些燃烧产物,这是一个需要理论和实验来解决的问题。研究表明,对于含有 C、H、O、N 四种元素的反应系统,燃烧产物通常包括有 CO_2、CO、H_2O、H_2、N_2、O_2、OH、H、O、N、NO 等,其反应过程可表示为

$$C_{N_C} H_{N_H} O_{N_O} N_{N_N} \xrightarrow{\text{配平}} n_{CO_2} CO_2 + n_{CO} CO + n_{H_2O} H_2O + n_{H_2} H_2 + n_{N_2} N_2 +$$

$$n_{O_2} O_2 + n_{OH} OH + n_H H + n_O O + n_N N + n_{NO} NO \qquad (4-44)$$

式中:$C_{N_C} H_{N_H} O_{N_O} N_{N_N}$ 表示单位质量燃烧组分的统一化学式(称为假定化学式);燃烧产物中各组分 i 的摩尔数 n_i 即为配平系数。因此,对应的质量方程只有 4 个,分别为

$$\begin{cases} N_C = n_{CO_2} + n_{CO} \\ N_H = 2n_{H_2O} + 2n_{H_2} + n_{OH} + n_H \\ N_O = 2n_{CO_2} + n_{CO} + n_{H_2O} + 2n_{O_2} + n_{OH} + n_O + n_{NO} \\ N_N = 2n_{N_2} + n_N + n_{NO} \end{cases} \qquad (4-45)$$

由于质量守恒方程的数量只有 N_e 个,而燃烧产物包括有 N 种组分,即 N 个待求变量,一般 $N \gg N_e$,因此还需要补充 $(N - N_e)$ 个方程才能解出所有的组分摩尔数。这些补充方程就需要假设化学反应系统处于平衡这样一个条件来建立,如平衡常数方程、最小自由能方程等。

1. 平衡常数模型

平衡常数方程采用式(4-33)建立,这时需要寻求数量为 $(N - N_e)$ 对的可逆化学反应关系式,以补充 $(N - N_e)$ 个化学平衡方程。这个过程需要更多的理论和经验知识。一般地,对于贫氧燃烧(绝大多数固体推进剂的燃烧均为贫氧燃烧),需要首先考虑水煤气反应,即

$$CO_2 + H_2 \leftrightarrow CO + H_2O \qquad (4-46)$$

另外,绝大部分高温燃烧反应还存在中间离解产物,可按照化学反应的分解、化合规律确定,如 $CO_2 \leftrightarrow CO + 0.5O_2$、$H_2 \leftrightarrow 2H$ 等。对于含有 C、H、O、N 四种元素的反应系统,常见化学反应为

$$CO_2 + H_2 \leftrightarrow CO + H_2O \qquad CO_2 \leftrightarrow CO + 0.5O_2 \qquad O_2 \leftrightarrow 2O$$
$$H_2 \leftrightarrow 2H \qquad H_2O \leftrightarrow OH + 0.5H_2 \qquad N_2 \leftrightarrow 2N$$
$$N_2 + O_2 \leftrightarrow 2NO$$

对应的平衡常数方程分别为

$$k_p = \frac{n_{CO} n_{H_2O}}{n_{CO_2} n_{H_2}} \qquad (4-47)$$

$$k_{p,CO_2} = \frac{n_{CO} n_{O_2}^{0.5}}{n_{CO_2}} \cdot \left(\frac{p}{n_g} \right)^{0.5} \qquad (4-48)$$

$$k_{p,O_2} = \frac{n_O^2}{n_{O_2}} \cdot \frac{p}{n_g} \qquad (4-49)$$

$$k_{p,H_2} = \frac{n_H^2}{n_{H_2}} \cdot \frac{p}{n_g} \qquad (4-50)$$

$$k_{p,H_2O} = \frac{n_{OH} n_{H_2}^{0.5}}{n_{H_2O}} \cdot \left(\frac{p}{n_g} \right)^{0.5} \qquad (4-51)$$

$$k_{p,N_2} = \frac{n_N^2}{n_{N_2}} \cdot \frac{p}{n_g} \qquad (4-52)$$

$$k_{p,NO} = \frac{n_{NO}^2}{n_{N_2} n_{O_2}} \qquad (4-53)$$

式中：n_g 为燃烧产物中气相组分的总摩尔数，即

$$n_g = \sum_{i=1}^{N_g} n_i \qquad (4-54)$$

式中：n_i 为第 i 种气相组分的摩尔数。

各化学平衡反应在给定温度 T 下的平衡常数可通过查化学手册得到，表 4-10 也给出了部分反应的平衡常数。这样，由式 $(4-45)$、式 $(4-47)\sim$ 式 $(4-53)$ 组成的 11 个方程，可以求解 11 个组分的摩尔数，方程组是封闭的。

2. 最小自由能模型

化学反应平衡时，求解平衡系统各组分的摩尔数也可以利用自由能判据式 $(4-28)$，这时，系统自由能 G 在平衡时达到最小，即在等温等压条件下满足 $dG=0$。反应系统总的自由能由式 $(3-99)$ 计算，令

$$G(n) = \frac{G}{R_0 T} \qquad (4-55)$$

则式 $(3-99)$ 变为

$$G(n) = \sum_{i=1}^{N} n_i \frac{(G_{m,T}^0)_i}{R_0 T} + \sum_{i=1}^{N_g} n_i \left(\ln p + \ln \frac{n_i}{n_g} \right) \qquad (4-56)$$

这就是化学平衡系统总的吉布斯自由能的计算公式。在一定压强和温度下，它只是组分摩尔数 n_i（包括总摩尔数 n_g）的函数。

为了在满足自由能最小的同时满足质量守恒方程式 $(4-43)$，引入拉格朗日（J. L. Lagrange）乘子 λ_k，构造如下的拉格朗日变换式

$$L_G = G(n) + \sum_{k=1}^{N_e} \lambda_k \left(N_k - \sum_{i=1}^{N} a_{ik} n_i \right) \qquad (4-57)$$

于是，在一定温度下，使化学平衡系统自由能 G 达到最小的极值条件为

$$\begin{cases} \dfrac{\partial L_G}{\partial n_i} = 0 & i = 1, 2, \cdots, N \\[2mm] \dfrac{\partial L_G}{\partial \lambda_k} = 0 & k = 1, 2, \cdots, N_e \end{cases} \qquad (4-58)$$

将式 $(4-57)$ 按式 $(4-58)$ 条件微分，可得

$$\begin{cases} \dfrac{(G_{m,T}^0)_i}{R_0 T} + \ln p + \ln \dfrac{n_i}{n_g} - \sum_{k=1}^{N_e} \dfrac{\lambda_k}{R_0 T} a_{ik} = 0 & i = 1, 2, \cdots, N_g \\[4mm] \dfrac{(G_{m,T}^0)_j}{R_0 T} - \sum_{k=1}^{N_e} \dfrac{\lambda_k}{R_0 T} a_{jk} = 0 & j = 1, 2, \cdots, N - N_g \\[4mm] N_k - \sum_{i=1}^{N} a_{ik} n_i = 0 & k = 1, 2, \cdots, N_e \end{cases}$$

$$(4-59)$$

在给定温度 T 下，该方程组包括 $N+N_e$ 个方程，可求解 $N+N_e$ 个未知数，即 N

个 n_i 和 N_e 个 λ_k，方程组是封闭的。

4.4.2　绝热燃烧温度

燃烧系统在一定的初始状态下经过绝热燃烧过程达到化学平衡，这时系统的温度称为绝热燃烧温度，或绝热火焰温度，用 T_f 表示。

质量守恒方程和化学平衡方程的求解必须在已知温度 T 的条件下才能进行（平衡常数 k_p、标准摩尔吉布斯自由能 $G_{m,T}^0$ 与温度有关），而温度 T 本身也是未知的，所以必须使用迭代求解方法。通常，先假定一个温度值 $T = T^{(0)}$ 来计算，然后再用能量守恒方程校正，直到满足校正精度 ε_T，得到的温度值即为绝热燃烧温度 T_f。迭代过程如图 4-3 所示。

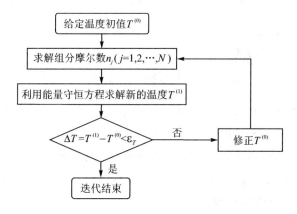

图 4-3　燃烧温度的求解过程

在绝热条件下，燃烧过程的能量守恒可表述为：反应物在初温 T_i 下的总焓 $h_{0R}(T_i)$ 等于其燃烧产物即燃气在平衡状态下对应燃烧温度 T_f 下的总焓 $h_{0P}(T_f)$，即

$$h_{0R}(T_i) = h_{0P}(T_f) \tag{4-60}$$

为研究方便，常取单位质量物质（如 1 kg 等）的反应物作为研究对象。反应物一般包含有多种组元，因此总焓可通过各组元的质量分数求和得到，即

$$h_{0R}(T_i) = \sum_{j=1}^{N_R} Y_j \frac{1\,000}{M_j} h_{0R_j}(T_i) \qquad \text{(kJ/kg)} \tag{4-61}$$

式中：N_R 表示反应物的组元个数；Y_j 为组元 j 的质量分数；$h_{0R_j}(T_i)$ 为任意组元 j 的总焓，单位 kJ/mol，如果 $T_i = 298.15$ K，则组元的总焓等于标准生成焓（$H_{f,298}^0$）$_j$。在任意初始温度 T_i 下，组元 j 的总焓 $h_{0R_j}(T_i)$ 为

$$h_{0R_j}(T_i) = (H_{f,298}^0)_j + (C_{p,m,T_i}^0)_j (T_i - 298.15) \tag{4-62}$$

燃气的总焓由式（3-85）计算，有

$$h_{0P}(T) = \sum_{j=1}^{N} n_j (H_{m,T}^0)_j \tag{4-63}$$

式中：n_j 为任意燃气组分 j 在单位质量燃气系统中的摩尔数；$(H_{m,T}^0)_j$ 为燃气组分 j 在温度 T 下的标准摩尔焓，可通过查化学手册或由 JANAF 热力数据表给出的表达式(3-94)或式(3-95)计算得到。

例[4-6]：以例 4-5 中 H_2 的燃烧反应为例，试确定该反应在化学反应平衡时的燃烧温度。

解：单位质量(1 kg)该反应物 H_2 和 O_2 在初温 $T_i = 298.15$ K 的总焓为 0(其标准生成焓均为 0)，故 $h_{0R}(T_i) = 0$。

根据例 4-5 反应度的计算，取 $T = 4\,000$ K 时，可知平衡组分为 $X_{H_2} = 32.48\%$、$X_{O_2} = 16.24\%$ 和 $X_{H_2O} = 51.28\%$。该燃气的摩尔质量由式(2-23)可得

$$M = \sum_{i=1}^{N} X_i M_i = 32.48\% \times 2.016 + 16.24\% \times 31.999 + 51.28\% \times 18.015 =$$
$$15.09(\text{kg/kmol})$$

单位质量该燃烧产物的总摩尔数为

$$n_g = \frac{m}{M} = \frac{1 \times 10^3}{15.09} = 66.27 \ (\text{mol})$$

在 1 kg 该燃气系统中，每个燃气组分的摩尔数分别为 $n_{H_2} = n_g X_{H_2} = 21.52$ mol、$n_{O_2} = n_g X_{O_2} = 10.76$ mol 和 $n_{H_2O} = n_g X_{H_2O} = 33.98$ mol。

由表 3-2 可以查得燃气组分在 $T = 4\,000$ K 时的标准摩尔焓分别为 $(H_{m,4000}^0)_{H_2} = 126.96$ kJ/mol、$(H_{m,4000}^0)_{O_2} = 139.02$ kJ/mol 和 $(H_{m,4000}^0)_{H_2O} = -57.28$ kJ/mol。代入式(4-63)可得燃气的总焓为

$$h_{0P}(4\,000 \text{ K}) = \sum_{j=1}^{N} n_j (H_{m,T}^0)_j =$$
$$21.52 \times 126.96 + 10.76 \times 139.02 - 33.98 \times 57.28 =$$
$$2\,281.66 \quad (\text{kJ/kg})$$

由于 $h_{0P}(4\,000 \text{ K}) > h_{0R}(T_i)$，不满足能量守恒方程，说明温度初值偏高。取 $T = 3\,000$ K 时重新计算，这时标准摩尔焓分别为 $(H_{m,3000}^0)_{H_2} = 88.80$ kJ/mol、$(H_{m,3000}^0)_{O_2} = 98.16$ kJ/mol 和 $(H_{m,3000}^0)_{H_2O} = -115.06$ kJ/mol，类似上述过程，可得 $T = 3\,000$ K 时的燃气总焓为 $h_{0P}(3\,000 \text{ K}) = -5\,136.31$ kJ/kg，可见 $h_{0P}(3\,000 \text{ K}) < h_{0R}(T_i)$，仍然不满足能量守恒方程。但由于 $h_{0P}(3\,000 \text{ K}) < h_{0R}(T_i) < h_{0P}(4\,000 \text{ K})$，因此，燃烧温度必然在 $3\,000 \sim 4\,000$ K 之间。

利用最小自由能模型通过迭代求解可以得到 H_2 燃烧的绝热燃烧温度为 $3\,298$ K。

一般情况下，给定初值 $T^{(0)}$ 不能满足能量守恒方程，需要对温度值进行修正。根据焓与温度的关系式(3-70)，可得温度的修正公式为

$$T^{(1)} = T^{(0)} + \frac{h_{0R}(T_i) - h_{0P}(T^{(0)})}{c_p} \tag{4-64}$$

式中：c_p 为燃烧产物的比定压热容，可由式（3-87）计算，即

$$c_p = \sum_{j=1}^{N} n_j (C_{p,\mathrm{m},T}^0)_j \tag{4-65}$$

设与反应物总焓 $h_{0\mathrm{R}}(T_i)$ 对应的燃烧温度准确值为 T_f，如果计算出 $h_{0\mathrm{P}}(T)$ $> h_{0\mathrm{R}}(T_i)$，则应使温度下降；反之，温度应上升，如图 4-4 所示。如果给定的温度值过高，总焓 $h_{0\mathrm{P}}(T)$ 将增大，由温度修正式（4-64）表明，这时修正的温度将下降，以逐渐趋近于真实的燃烧温度 T_f。

在实际计算中，还可以用插值方法确定燃烧温度。取两个初值温度点 $T^{(0)}$

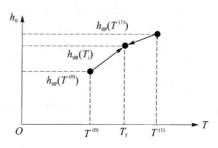

图 4-4 焓与燃烧温度的修正关系

和 $T^{(1)}$，进行两次计算，得到两个温度下的燃气总焓值 $h_{0\mathrm{P}}(T^{(0)})$ 和 $h_{0\mathrm{P}}(T^{(1)})$，而反应物的总焓 $h_{0\mathrm{R}}(T_i)$ 是已知的，则通过线性插值可以得到对应的绝热燃烧温度 T_f，如图 4-4 所示，即为

$$T_f = T^{(0)} + \frac{h_{0\mathrm{R}}(T_i) - h_{0\mathrm{P}}(T^{(0)})}{h_{0\mathrm{P}}(T^{(1)}) - h_{0\mathrm{P}}(T^{(0)})} \cdot [T^{(1)} - T^{(0)}] \tag{4-66}$$

以例 4-6 的计算结果为例，代入两个温度 $T^{(0)} = 3\,000$ K 和 $T^{(1)} = 4\,000$ K 下的燃气总焓，可以得到插值后的绝热燃烧温度为

$$T_f = 3\,000 + \frac{0 - (-5\,136.31)}{2\,281.66 - (-5\,136.31)} \cdot (4\,000 - 3\,000) = 3\,692.41 \text{ K}$$

与迭代计算结果 3 298 K 相比存在一定误差。一般来说，如果燃烧温度的初值与真实值越接近，利用插值法的计算精度就越高。同时，也可以采用多点插值，以提高插值法的精度。

参考文献

[1] 曲作家，张振铎，孙思诚. 燃烧理论基础 [M]. 北京：国防工业出版社，1989.

[2] 傅维标，卫景彬. 燃烧物理学基础[M]. 北京：机械工业出版社，1984.

[3] 顾恒祥. 燃料与燃烧 [M]. 西安：西北工业大学出版社，1993.

[4] 汪军，马其良，张振东. 工程燃烧学 [M]. 北京：中国电力出版社，2008.

[5] 华自强. 工程热力学[M]. 2 版. 北京：高等教育出版社，1995.

[6] [美]黄福赐. 工程热力学原理与应用 [M]. 谢益棠 译. 北京：电力工业出版社，1982.

[7] 田德余，刘剑洪. 化学推进剂计算能量学 [M]. 郑州：河南科学技术出版社，1999.

[8] 刘继华. 火药物理化学性能 [M]. 北京：北京理工大学出版社，1997.

[9] Gordon S, McBridge B J. Computer Program for Calculation of Complex Chemical Equilibrium Compositions and Applications [R]. NASA Reference Publication 1311,

1994.10.

[10] Gordon S, McBridge B J, Zeleznik F J. Computer Program for Calculation of Complex Chemical Equilibrium Compositions and Applications, Supplement I – Transport Properties [R]. NASA TM – 86885, 1984

[11] Gordon S, McBridge B J. Computer Program for Calculation of Complex Chemical Equilibrium Compositions, Rocket Performance, Incident and Reflected Shocks, and Chapman – Jonguet Detonations [R]. NASA SP – 273, 1976.

[12] McBridge B J, Zehe M J, Gordon S. NASA Glenn Coefficients for Calculating Thermodynamic Properties of Individual Species [R]. NASA/TP – 2002 – 211556, 2002.9.

第 5 章　燃烧流动控制方程

在燃烧过程中,总是伴随着燃烧组分即燃气的流动,故燃气是一种伴随着复杂化学反应的流体,称为反应流体。当化学反应速率趋于无穷大时,化学反应是瞬时完成的,系统组成处于平衡状态,称为化学平衡流动;当化学反应速率为零时,系统组成始终保持不变,称为化学冻结流动。实际的化学反应速率介于两者之间,称为有限速率化学反应。

因此,燃烧的流动现象比单纯的流体流动问题要复杂得多,主要表现在以下几个方面:(1)燃烧时流体流动状态差别很大,可能有层流、湍流和过渡流,而且它们可以同时出现在同一个燃烧过程之中;(2)燃烧时流体介质是多组分的,它可以由燃料、氧化剂、燃烧产物和惰性物质等多种组分组成;(3)流动伴随有化学反应,化学反应使流动中的组分不断变化;(4)流动现象可能是多相的,而且存在着相的变化;(5)流体的物理性质都存在着非均匀分布,除了宏观流动外,还伴有由于分子热运动或涡团脉动所引起的质量、动量或能量的输运现象。由此可见,燃烧中的流动问题涉及了现代流体力学许多复杂的领域,经典的解析方法很难发挥作用,因而数值分析方法在这一领域中的重要性就显得尤其突出。

本章主要讨论多组分反应气体混合物的纯气相流动,主要内容包括:5.1 有限速率化学反应流动;5.2 有限速率化学反应湍流流动;5.3 流动与燃烧的模型方程。

5.1　有限速率化学反应流动

对所研究的流动空间取任意控制体,体积为 $d\Omega$,表面积为 A。设 φ 为微元体中某一特征量,定义该特征量 $\varphi = n\rho$,在气体动力学上称 n 为强度量。特征量 φ 在微元体中的总和为 Φ,即 $\Phi = \int_{\Omega} \varphi d\Omega$,称 Φ 为广延量。广延量与强度量在控制体上存在如下关系

$$\frac{D\Phi}{Dt} = \frac{\partial}{\partial t} \int_{\Omega} n\rho \, d\Omega + \int_{A} n\rho \boldsymbol{V} \cdot d\boldsymbol{A} = \int_{\Omega} \left[\frac{\partial(n\rho)}{\partial t} + \frac{\partial(n\rho v_j)}{\partial x_j} \right] d\Omega, \quad j = 1, 2, 3 \text{ 求和}$$

$$(5-1)$$

称为雷诺(O. Reynolds)输运定理。式中 $v_j (j = 1, 2, 3)$ 满足张量运算法则及求和约定,为速度矢量 $\boldsymbol{V}$ 在笛卡儿(R. Descartes)坐标系或直角坐标系 x、y、z 三个坐标方向上的三个分量,用 u、v、w 表示。雷诺输运定理指出,控制体的广延量 Φ 在 t 时刻的时间变化率是由两部分组成的:第一项是相对于控制体的,即当地变化率;而第二

项则是相对于控制面的,称为迁移变化率,它是广延量 Φ 通过控制面的净流量。

对应不同的强度量 n,广延量 Φ 代表了不同的流动性质。当

$n = 1$ 时,Φ 为体系的质量 m:$\Phi = m = \int_{\Omega} \rho \, d\Omega$;

$n = Y_{\chi}$ 时,Φ 为体系中组分 χ 的质量 m_{χ}:$\Phi = m_{\chi} = \int_{\Omega} \rho Y_{\chi} \, d\Omega$;

$n = \boldsymbol{V}$ 时,Φ 为体系的动量 $\boldsymbol{M}$:$\Phi = \boldsymbol{M} = \int_{\Omega} \boldsymbol{V} \rho \, d\Omega$;

$n = E = e_u + \dfrac{\boldsymbol{V}^2}{2} + gz$ 时,Φ 为体系的质量总贮能 E_m:$\Phi = E_m = \int_{\Omega} E \rho \, d\Omega$。

式中:E 为体系的比贮能;e_u 为比内能;$\dfrac{\boldsymbol{V}^2}{2}$ 表示体系的比动能,也可表示为 $\dfrac{\boldsymbol{V} \cdot \boldsymbol{V}}{2}$,或 $\dfrac{v_i v_i}{2}$($i = 1, 2, 3$ 求和),或 $\dfrac{u^2 + v^2 + w^2}{2}$;$gz$ 为比重力位能,对于气相的燃烧反应,通常可以忽略。

5.1.1　组分及气体混合物连续方程

设气体混合物有 N 种组分,根据组分质量守恒原理,任意组分 χ 的质量变化率等于该组分的扩散率与化学反应产生的质量生成率之和,可得组分 χ 的质量变化率为

$$\frac{D\Phi}{Dt} = \frac{Dm_{\chi}}{Dt} = \int_{\Omega} \left[\frac{\partial}{\partial x_j} \left(\rho D_{\chi m} \frac{\partial Y_{\chi}}{\partial x_j} \right) + \dot{\omega}_{\chi} \right] d\Omega, \quad j = 1, 2, 3 \text{ 求和};\chi = 1, 2, \cdots, N$$

$$(5-2)$$

式中:$D_{\chi m}$ 表示组分 χ 对其余组分混合物的扩散系数,参见第 6 章"燃烧中的物理过程"中输运系数的计算式(6-19),其中组分的扩散率由费克(A. Fick)扩散定律式(6-6)确定。

在雷诺输运定理式(5-1)中取 $n = Y_{\chi}$,代入式(5-2),有

$$\int_{\Omega} \left[\frac{\partial(\rho Y_{\chi})}{\partial t} + \frac{\partial(\rho Y_{\chi} v_j)}{\partial x_j} \right] d\Omega = \int_{\Omega} \left[\frac{\partial}{\partial x_j} \left(\rho D_{\chi m} \frac{\partial Y_{\chi}}{\partial x_j} \right) + \dot{\omega}_{\chi} \right] d\Omega,$$

$$j = 1, 2, 3 \text{ 求和};\chi = 1, 2, \cdots, N \qquad (5-3)$$

这就是积分形式的组分质量守恒方程,也称为组分连续方程或组分扩散方程。

考虑微元体积 Ω 的选取是任意的,由上式可得

$$\frac{\partial(\rho Y_{\chi})}{\partial t} + \frac{\partial(\rho Y_{\chi} v_j)}{\partial x_j} = \frac{\partial}{\partial x_j} \left(\rho D_{\chi m} \frac{\partial Y_{\chi}}{\partial x_j} \right) + \dot{\omega}_{\chi}, \quad j = 1, 2, 3 \text{ 求和};\chi = 1, 2, \cdots, N$$

$$(5-4)$$

这就是微分形式的组分质量守恒方程。由于 $\rho_{\chi} = \rho Y_{\chi}$,有时用组分密度 ρ_{χ} 代替 ρY_{χ} 作为求解变量。

如果把系统中所有组分的质量相加,则由于化学反应和组分扩散的总效果是既

不产生物质,也没有物质消失,故有

$$\sum_{\chi=1}^{N} \dot{\omega}_{\chi} = 0, \quad \sum_{\chi=1}^{N} \frac{\partial}{\partial x_j}\left(\rho D_{\chi m} \frac{\partial Y_{\chi}}{\partial x_j}\right) = 0, \quad j = 1,2,3 \ 求和 \tag{5-5}$$

根据质量分数定义,有 $\sum_{\chi=1}^{N} Y_{\chi} = 1$,所以,对式(5-4)所有组分叠加,并考虑式(5-5),可得

$$\frac{\partial \rho}{\partial t} + \frac{\partial(\rho v_j)}{\partial x_j} = 0, \quad j = 1,2,3 \ 求和 \tag{5-6}$$

这就是混合物总的质量守恒方程,即混合物连续方程。可以看出,尽管多组分化学反应的组分连续方程与一般流体的连续方程有所不同,但总的连续方程却是相同的。

由组分连续方程式(5-4)可见,对于有 N 种组分的化学反应系统来说,有 N 个组分连续方程,它们是相互独立的,而混合物连续方程是由 N 个组分连续方程叠加得到的,因此 N 个组分连续方程不是完全独立的。一般地,质量守恒方程可用$(N-1)$个组分连续方程和 1 个混合物连续方程构成。

5.1.2 动量方程

根据牛顿第二定律,体系动量随时间的变化率等于作用于该体系上外力的总和 $\boldsymbol{F}$。在雷诺输运定理式(5-1)中取 $n = v_i (i=1,2,3)$,即为

$$\frac{D\boldsymbol{M}}{Dt} = \int_{\Omega}\left[\frac{\partial(\rho v_i)}{\partial t} + \frac{\partial}{\partial x_j}(\rho v_i v_j)\right]\mathrm{d}\Omega = \boldsymbol{F}, \quad i = 1,2,3;\ j = 1,2,3 \ 求和$$

$$\tag{5-7}$$

这即为积分形式的动量方程。

外力包括表面力和彻体力两种,即 $\boldsymbol{F} = \boldsymbol{F}_S + \boldsymbol{F}_B$。表面力和彻体力分别为

$$\boldsymbol{F}_S = \int_{\Omega} (\nabla \boldsymbol{P})\mathrm{d}\Omega = \int_{\Omega} \frac{\partial P_{ij}}{\partial x_j}\mathrm{d}\Omega, \quad i = 1,2,3;\ j = 1,2,3 \ 求和 \tag{5-8}$$

$$\boldsymbol{F}_B = \int_{\Omega} \sum_{\chi=1}^{N} \rho_{\chi}(\boldsymbol{g}_B)_{\chi}\mathrm{d}\Omega \tag{5-9}$$

式中:$(\boldsymbol{g}_B)_{\chi}$ 表示单位质量组分 χ 的彻体力,相对于地球引力来说,则为重力加速度 $\boldsymbol{g}$,在燃气流动中,一般忽略其影响;表面力 $\boldsymbol{F}_S$ 对应的应力状态用二维表面应力张量 $\boldsymbol{P}$(张量元素为 P_{ij})表示,包括正应力与切应力。牛顿流体的表面应力张量表达式为

$$P_{ij} = -p\delta_{ij} + \tau_{ij} =$$
$$-p\delta_{ij} + \mu\left(\frac{\partial v_i}{\partial x_j} + \frac{\partial v_j}{\partial x_i}\right) - \frac{2}{3}\mu \mathrm{div}(\boldsymbol{V}) \cdot \delta_{ij}, \quad i,j = 1,2,3 \tag{5-10}$$

式中:p 为正应力静压;τ_{ij} 为切应力张量;δ_{ij} 为单位张量($i=j$ 时,$\delta_{ij}=1$;$i \neq j$ 时,$\delta_{ij}=0$);散度 $\mathrm{div}(\boldsymbol{V}) = \nabla \cdot \boldsymbol{V} = \frac{\partial u}{\partial x} + \frac{\partial v}{\partial y} + \frac{\partial w}{\partial z} = \frac{\partial v_j}{\partial x_j}(j=1,2,3 \ 求和)$。

对于牛顿黏性流体,由式(5-10)可得切应力的各个张量元素 τ_{ij} $(i,j=1,2,3)$为

$$\begin{cases} \tau_{xx} = 2\mu\dfrac{\partial u}{\partial x} - \dfrac{2}{3}\mu(\nabla \cdot \boldsymbol{V}), & \tau_{xy} = \tau_{yx} = \mu\left(\dfrac{\partial u}{\partial y} + \dfrac{\partial v}{\partial x}\right) \\[2mm] \tau_{yy} = 2\mu\dfrac{\partial v}{\partial y} - \dfrac{2}{3}\mu(\nabla \cdot \boldsymbol{V}), & \tau_{yz} = \tau_{zy} = \mu\left(\dfrac{\partial v}{\partial z} + \dfrac{\partial w}{\partial y}\right) \\[2mm] \tau_{zz} = 2\mu\dfrac{\partial w}{\partial z} - \dfrac{2}{3}\mu(\nabla \cdot \boldsymbol{V}), & \tau_{xz} = \tau_{zx} = \mu\left(\dfrac{\partial u}{\partial z} + \dfrac{\partial w}{\partial x}\right) \end{cases} \quad (5-11)$$

则各个张量元素 P_{ij} 可用矩阵表示为

$$P_{ij} = \begin{bmatrix} -p + \tau_{xx} & \tau_{xy} & \tau_{xz} \\ \tau_{yx} & -p + \tau_{yy} & \tau_{yz} \\ \tau_{zx} & \tau_{zy} & -p + \tau_{zz} \end{bmatrix} =$$

$$\begin{bmatrix} -p + 2\mu\dfrac{\partial u}{\partial x} - \dfrac{2}{3}\mu(\nabla \cdot \boldsymbol{V}) & \mu\left(\dfrac{\partial u}{\partial y} + \dfrac{\partial v}{\partial x}\right) & \mu\left(\dfrac{\partial u}{\partial z} + \dfrac{\partial w}{\partial x}\right) \\[2mm] \mu\left(\dfrac{\partial u}{\partial y} + \dfrac{\partial v}{\partial x}\right) & -p + 2\mu\dfrac{\partial v}{\partial y} - \dfrac{2}{3}\mu(\nabla \cdot \boldsymbol{V}) & \mu\left(\dfrac{\partial v}{\partial z} + \dfrac{\partial w}{\partial y}\right) \\[2mm] \mu\left(\dfrac{\partial u}{\partial z} + \dfrac{\partial w}{\partial x}\right) & \mu\left(\dfrac{\partial v}{\partial z} + \dfrac{\partial w}{\partial y}\right) & -p + 2\mu\dfrac{\partial w}{\partial z} - \dfrac{2}{3}\mu(\nabla \cdot \boldsymbol{V}) \end{bmatrix}$$

$$(5-12)$$

将表面力式（5-8）和彻体力式（5-9）代入积分形式的动量方程式（5-7），并考虑微元体 Ω 的选取是任意的，可得微分形式的动量方程为

$$\frac{\partial(\rho v_i)}{\partial t} + \frac{\partial}{\partial x_j}(\rho v_i v_j - P_{ij}) = \sum_{\chi=1}^{N}\rho_\chi (g_{B,i})_\chi, \qquad i=1,2,3; \ j=1,2,3 \text{ 求和}$$

式中：$g_{B,i}$ 为单位质量物质的彻体力在 i 方向的分量。将表面应力张量式（5-10）代入，可得

$$\frac{\partial(\rho v_i)}{\partial t} + \frac{\partial(\rho v_i v_j + p\delta_{ij})}{\partial x_j} =$$

$$\frac{\partial}{\partial x_j}\left[\mu\left(\frac{\partial v_i}{\partial x_j} + \frac{\partial v_j}{\partial x_i}\right)\right] - \frac{2}{3}\frac{\partial}{\partial x_i}\left(\mu\frac{\partial v_j}{\partial x_j}\right) + \sum_{\chi=1}^{N}\rho_\chi (g_{B,i})_\chi,$$

$$i=1,2,3; j=1,2,3 \text{ 求和} \qquad (5-13)$$

该式首先由法国科学家纳维尔（L. M. H. Navier）和英国科学家斯托克斯（G. G. Stokes）在 1843-1845 年建立，称为纳维尔-斯托克斯（Navier-Stokes）方程，简称 N-S 方程，方程考虑了黏性对流动的作用。忽略流体黏性时，表面应力只有静压强，得到的控制方程称为欧拉（L. Euler）方程，同时忽略彻体力，即为

$$\frac{\partial(\rho v_i)}{\partial t} + \frac{\partial(\rho v_i v_j + p\delta_{ij})}{\partial x_j} = 0, \qquad i=1,2,3; \quad j=1,2,3 \text{ 求和} \quad (5-14)$$

代入表面应力的各个张量元素式（5-12），可得标量形式的纳维尔-斯托克斯方程为

$$\begin{cases} \dfrac{\partial(\rho u)}{\partial t} + \dfrac{\partial(\rho u^2 + p)}{\partial x} + \dfrac{\partial(\rho uv)}{\partial y} + \dfrac{\partial(\rho uw)}{\partial z} = \dfrac{\partial}{\partial x}\left[2\mu\dfrac{\partial u}{\partial x} - \dfrac{2}{3}\mu(\nabla\cdot\boldsymbol{V})\right] + \\[3mm] \qquad \dfrac{\partial}{\partial y}\left[\mu\left(\dfrac{\partial u}{\partial y} + \dfrac{\partial v}{\partial x}\right)\right] + \dfrac{\partial}{\partial z}\left[\mu\left(\dfrac{\partial w}{\partial x} + \dfrac{\partial u}{\partial z}\right)\right] + \sum_{\chi=1}^{N}\rho_\chi(g_{\mathrm{B},x})_\chi \\[3mm] \dfrac{\partial(\rho v)}{\partial t} + \dfrac{\partial(\rho vu)}{\partial x} + \dfrac{\partial(\rho v^2 + p)}{\partial y} + \dfrac{\partial(\rho vw)}{\partial z} = \dfrac{\partial}{\partial x}\left[\mu\left(\dfrac{\partial u}{\partial y} + \dfrac{\partial v}{\partial x}\right)\right] + \\[3mm] \qquad \dfrac{\partial}{\partial y}\left[2\mu\dfrac{\partial v}{\partial y} - \dfrac{2}{3}\mu(\nabla\cdot\boldsymbol{V})\right] + \dfrac{\partial}{\partial z}\left[\mu\left(\dfrac{\partial v}{\partial z} + \dfrac{\partial w}{\partial y}\right)\right] + \sum_{\chi=1}^{N}\rho_\chi(g_{\mathrm{B},y})_\chi \\[3mm] \dfrac{\partial(\rho w)}{\partial t} + \dfrac{\partial(\rho wu)}{\partial x} + \dfrac{\partial(\rho wv)}{\partial y} + \dfrac{\partial(\rho w^2 + p)}{\partial z} = \dfrac{\partial}{\partial x}\left[\mu\left(\dfrac{\partial w}{\partial x} + \dfrac{\partial u}{\partial z}\right)\right] + \\[3mm] \qquad \dfrac{\partial}{\partial y}\left[\mu\left(\dfrac{\partial v}{\partial z} + \dfrac{\partial w}{\partial y}\right)\right] + \dfrac{\partial}{\partial z}\left[2\mu\dfrac{\partial w}{\partial z} - \dfrac{2}{3}\mu(\nabla\cdot\boldsymbol{V})\right] + \sum_{\chi=1}^{N}\rho_\chi(g_{\mathrm{B},z})_\chi \end{cases}$$

$$(5-15)$$

令纳维尔-斯托克斯方程的右边项为 0，即忽略流体黏性和彻体力，可得标量形式的欧拉方程为

$$\begin{cases} \dfrac{\partial(\rho u)}{\partial t} + \dfrac{\partial(\rho u^2 + p)}{\partial x} + \dfrac{\partial(\rho uv)}{\partial y} + \dfrac{\partial(\rho uw)}{\partial z} = 0 \\[3mm] \dfrac{\partial(\rho v)}{\partial t} + \dfrac{\partial(\rho vu)}{\partial x} + \dfrac{\partial(\rho v^2 + p)}{\partial y} + \dfrac{\partial(\rho vw)}{\partial z} = 0 \\[3mm] \dfrac{\partial(\rho w)}{\partial t} + \dfrac{\partial(\rho wu)}{\partial x} + \dfrac{\partial(\rho wv)}{\partial y} + \dfrac{\partial(\rho w^2 + p)}{\partial z} = 0 \end{cases}$$

$$(5-16)$$

5.1.3　能量方程

根据能量守恒原理（热力学第一定律），体系能量 E_m 的变化率应等于获得外热的总和 $\dot{Q}$ 减去对外做的总功 $\dot{W}$。在控制体中，能量相应的强度量 $n = E$，代入雷诺输运定理式(5-1)得

$$\frac{D\Phi}{Dt} = \frac{DE_m}{Dt} = \int_\Omega \left[\frac{\partial(\rho E)}{\partial t} + \frac{\partial(\rho Ev_j)}{\partial x_j}\right]\mathrm{d}\Omega = \dot{Q} - \dot{W}, \quad j = 1,2,3\ \text{求和}$$

$$(5-17)$$

这就是积分形式的能量方程。

体系中获得外热的总和为

$$\dot{Q} = \int_\Omega \delta\dot{Q}\mathrm{d}\Omega \tag{5-18}$$

式中：$\delta\dot{Q}$ 为单位体积微元控制体中获得的总外热。在燃烧的化学反应系统中，获得的外热包括由导热、组分扩散和热辐射传给控制体的净热量，以及化学反应热，即

$$\delta\dot{Q} = \frac{\partial}{\partial x_j}\left(\kappa\frac{\partial T}{\partial x_j}\right) + \frac{\partial}{\partial x_j}\left(\sum_{\chi=1}^{N}\rho D_{\chi\mathrm{m}}h_\chi\frac{\partial Y_\chi}{\partial x_j}\right) + \frac{\partial\dot{q}_{rj}}{\partial x_j} - \sum_{\chi=1}^{N}\dot{\omega}_\chi\cdot(H_{\mathrm{f},T})_\chi,$$

$$j = 1,2,3 \ \text{求和} \qquad (5-19)$$

式中：κ 为导热系数，h_χ 为组分 χ 的比焓，$D_{\chi m}$ 为组分 χ 的扩散系数；$\dot{q}_r$ 为辐射传热量；$\dot{\omega}_\chi$ 为组分 χ 的总化学反应速率（消耗率或生成率），$(H_{f,T})_\chi$ 为组分 χ 的生成焓（J/kg）。

对外做的总功 $\dot{W}$ 包括表面力做功和彻体力做功，即为

$$\dot{W} = -\int_\Omega \frac{\partial}{\partial x_j}(P_{ij}v_i)\mathrm{d}\Omega - \int_\Omega \Big[\sum_{\chi=1}^N \rho_\chi(\mathbf{g}_B)_\chi \cdot \mathbf{V}_\chi\Big]\mathrm{d}\Omega, \quad i,j = 1,2,3 \ \text{求和}$$

$$(5-20)$$

由于对外做功为正，故取表面力和彻体力所做的功为负。$\mathbf{V}_\chi$ 为组分 χ 的宏观速度，与混合物宏观速度 $\mathbf{V}$ 的差值称为组分 χ 的扩散速度，用 $(\mathbf{V}_D)_\chi$ 表示，即 $(\mathbf{V}_D)_\chi = \mathbf{V}_\chi - \mathbf{V}$。

把外热和功的表达式(5-18)和式(5-20)代入积分形式的能量方程式(5-17)，并考虑微元体积 Ω 的选取是任意的，可得微分形式的能量方程为

$$\frac{\partial(\rho E)}{\partial t} + \frac{\partial(\rho E v_j)}{\partial x_j} = \delta\dot{Q} + \frac{\partial}{\partial x_j}(P_{ij}v_i) + \sum_{\chi=1}^N \rho_\chi(\mathbf{g}_B)_\chi \cdot \mathbf{V}_\chi, \quad i,j = 1,2,3 \ \text{求和}$$

$$(5-21)$$

式中：ρE 为体系的体积总贮能。把表面应力式(5-10)中的静压 p 合并到能量方程式(5-21)左边，并由求和约定准则可知 $-p\delta_{ij}v_i = -pv_j$，又

$$\rho E + p = \rho\Big(E + \frac{p}{\rho}\Big) = \rho(h + \mathbf{V}^2/2) = \rho h_0 \qquad (5-22)$$

式中：h_0 为总焓，则能量方程式(5-21)可写为

$$\frac{\partial(\rho E)}{\partial t} + \frac{\partial[(\rho E + p)v_j]}{\partial x_j} = \delta\dot{Q} + \frac{\partial}{\partial x_j}(\tau_{ij}v_i) + \sum_{\chi=1}^N \rho_\chi(\mathbf{g}_B)_\chi \cdot \mathbf{V}_\chi,$$
$$i,j = 1,2,3 \ \text{求和} \qquad (5-23)$$

或

$$\frac{\partial(\rho E)}{\partial t} + \frac{\partial(\rho v_j h_0)}{\partial x_j} = \delta\dot{Q} + \frac{\partial}{\partial x_j}(\tau_{ij}v_i) + \sum_{\chi=1}^N \rho_\chi(\mathbf{g}_B)_\chi \cdot \mathbf{V}_\chi, \quad i,j = 1,2,3 \ \text{求和}$$

$$(5-24)$$

式中：$\dfrac{\partial}{\partial x_j}(\tau_{ij}v_i)$ 项表示单位时间内单位体积流体的切应力做功，由切应力表达式(5-11)，可知

$$\frac{\partial}{\partial x_j}(\tau_{ij}v_i) = \frac{\partial(u\tau_{xx} + v\tau_{yx} + w\tau_{zx})}{\partial x} + \frac{\partial(u\tau_{xy} + v\tau_{yy} + w\tau_{zy})}{\partial y} +$$
$$\frac{\partial(u\tau_{xz} + v\tau_{yz} + w\tau_{zz})}{\partial z} \qquad (5-25)$$

对于燃烧和传热过程，常用总温 T_0 表示能量方程。考虑到

$$\rho E = \rho h_0 - p = \rho c_p T_0 - p \qquad (5-26)$$

代入能量方程式(5-24),可得

$$\frac{\partial(\rho c_p T_0)}{\partial t} + \frac{\partial(\rho v_j c_p T_0)}{\partial x_j} = \frac{\partial p}{\partial t} + \delta \dot{Q} + \frac{\partial}{\partial x_j}(\tau_{ij} v_i) + \sum_{\chi=1}^{N} \rho_\chi (\boldsymbol{g}_B)_\chi \cdot \boldsymbol{V}_\chi,$$
$$i, j = 1,2,3 \ 求和 \qquad (5-27)$$

利用总焓与静焓的关系,可把上式变换为用静焓 $h(c_p T)$ 表示的能量方程,即

$$\frac{\partial(\rho c_p T)}{\partial t} + \frac{\partial(\rho v_j c_p T)}{\partial x_j} = \frac{\partial p}{\partial t} + v_j \frac{\partial p}{\partial x_j} + \delta \dot{Q} + \tau_{ij} \frac{\partial v_i}{\partial x_j} + \sum_{\chi=1}^{N} \rho_\chi (\boldsymbol{g}_B)_\chi \cdot (\boldsymbol{V}_D)_\chi,$$
$$i, j = 1,2,3 \ 求和 \qquad (5-28)$$

变换过程中,需要联合利用动量方程和连续方程来消除比动能项 $\boldsymbol{V}^2/2$。

为应用方便,反应流体的控制方程汇总于表 5-1 中。

表 5-1 多组分含化学反应流体流动的控制方程组(直角坐标形式)

方程类型	控制方程
连续方程	$\dfrac{\partial(\rho Y_\chi)}{\partial t} + \dfrac{\partial(\rho Y_\chi v_j)}{\partial x_j} = \dfrac{\partial}{\partial x_j}\left(\rho D_{\chi m} \dfrac{\partial Y_\chi}{\partial x_j}\right) + \dot{\omega}_\chi, \quad j=1,2,3\ 求和;\chi=1,2,\cdots,N-1$ $\dfrac{\partial \rho}{\partial t} + \dfrac{\partial(\rho v_j)}{\partial x_j} = 0, \quad j=1,2,3\ 求和$
动量方程	$\dfrac{\partial(\rho v_i)}{\partial t} + \dfrac{\partial(\rho v_i v_j - P_{ij})}{\partial x_j} = \sum\limits_{\chi=1}^{N} \rho_\chi (\boldsymbol{g}_{B,i})_\chi, \quad i=1,2,3; \quad j=1,2,3\ 求和$ 其中表面应力:$P_{ij} = -p\delta_{ij} + \tau_{ij}, \quad i,j=1,2,3$
能量方程	$\dfrac{\partial(\rho E)}{\partial t} + \dfrac{\partial(\rho E v_j)}{\partial x_j} = \delta \dot{Q} + \dfrac{\partial}{\partial x_j}(P_{ij} v_i) + \sum\limits_{\chi=1}^{N} \rho_\chi (\boldsymbol{g}_B)_\chi \cdot \boldsymbol{V}_\chi, \quad i,j=1,2,3\ 求和$ $\dfrac{\partial(\rho E)}{\partial t} + \dfrac{\partial(\rho v_j h_0)}{\partial x_j} = \delta \dot{Q} + \dfrac{\partial}{\partial x_j}(\tau_{ij} v_i) + \sum\limits_{\chi=1}^{N} \rho_\chi (\boldsymbol{g}_B)_\chi \cdot \boldsymbol{V}_\chi, \quad i,j=1,2,3\ 求和$ $\dfrac{\partial(\rho c_p T_0)}{\partial t} + \dfrac{\partial(\rho v_j c_p T_0)}{\partial x_j} = \dfrac{\partial p}{\partial t} + \delta \dot{Q} + \dfrac{\partial}{\partial x_j}(\tau_{ij} v_i) + \sum\limits_{\chi=1}^{N} \rho_\chi (\boldsymbol{g}_B)_\chi \cdot \boldsymbol{V}_\chi, \quad i,j=1,2,3\ 求和$ $\dfrac{\partial(\rho c_p T)}{\partial t} + \dfrac{\partial(\rho v_j c_p T)}{\partial x_j} = \dfrac{\partial p}{\partial t} + v_j \dfrac{\partial p}{\partial x_j} + \delta \dot{Q} + \tau_{ij} \dfrac{\partial v_i}{\partial x_j} + \sum\limits_{\chi=1}^{N} \rho_\chi (\boldsymbol{g}_B)_\chi \cdot (\boldsymbol{V}_D)_\chi,$ $\qquad\qquad\qquad\qquad\qquad\qquad\qquad\qquad\qquad i,j=1,2,3\ 求和$

5.1.4 控制方程组的矩阵表示法

分析上述控制方程组,可知每个方程中一般包括时间导数项 $\dfrac{\partial(\ )}{\partial t}$、对流扩散项 $\dfrac{\partial(\ )_j}{\partial x_j}$ ($j=1,2,3$ 求和)和源项 $\boldsymbol{S}$,因此,在流场计算中,常用矩阵形式统一表示控制方程组,即为

$$\frac{\partial \boldsymbol{U}}{\partial t} + \frac{\partial(\boldsymbol{E} - \boldsymbol{E}_v)}{\partial x} + \frac{\partial(\boldsymbol{F} - \boldsymbol{F}_v)}{\partial y} + \frac{\partial(\boldsymbol{G} - \boldsymbol{G}_v)}{\partial z} = \boldsymbol{S} \qquad (5-29)$$

式中 U、E、F、G、E_v、F_v、G_v、S 为对应控制方程组中各参数的列矩阵,分别为

$$U = \begin{bmatrix} \rho \\ \rho Y_\chi \\ \rho u \\ \rho v \\ \rho w \\ \rho E \end{bmatrix} \quad E = \begin{bmatrix} \rho u \\ \rho u Y_\chi \\ \rho u^2 + p \\ \rho u v \\ \rho u w \\ (\rho E + p) u \end{bmatrix} \quad F = \begin{bmatrix} \rho v \\ \rho v Y_\chi \\ \rho v u \\ \rho v^2 + p \\ \rho v w \\ (\rho E + p) v \end{bmatrix} \quad G = \begin{bmatrix} \rho w \\ \rho w Y_\chi \\ \rho w u \\ \rho w v \\ \rho w^2 + p \\ (\rho E + p) w \end{bmatrix}$$

$$(5-30)$$

$$E_v = \begin{bmatrix} 0 \\ \rho D_{\chi m} \dfrac{\partial Y_\chi}{\partial x} \\ \tau_{xx} \\ \tau_{yx} \\ \tau_{zx} \\ u\tau_{xx} + v\tau_{yx} + w\tau_{zx} + \delta \dot{Q}_x \end{bmatrix} \quad F_v = \begin{bmatrix} 0 \\ \rho D_{\chi m} \dfrac{\partial Y_\chi}{\partial y} \\ \tau_{xy} \\ \tau_{yy} \\ \tau_{zy} \\ u\tau_{xy} + v\tau_{yy} + w\tau_{zy} + \delta \dot{Q}_y \end{bmatrix}$$

$$G_v = \begin{bmatrix} 0 \\ \rho D_{\chi m} \dfrac{\partial Y_\chi}{\partial z} \\ \tau_{xz} \\ \tau_{yz} \\ \tau_{zz} \\ u\tau_{xz} + v\tau_{yz} + w\tau_{zz} + \delta \dot{Q}_z \end{bmatrix} \qquad (5-31)$$

$$S = \begin{bmatrix} 0 \\ \dot{\omega}_\chi, \ \chi = 1, 2, \cdots, N-1 \\ 0 \\ 0 \\ 0 \\ -\displaystyle\sum_{\chi=1}^{N} \dot{\omega}_\chi \cdot (H_{f,T})_\chi \end{bmatrix} \qquad (5-32)$$

式中:E_v、F_v、G_v 表示流体组分具有的扩散项、流体黏性具有的切应力项或传热项;$\delta \dot{Q}_x$、$\delta \dot{Q}_y$ 和 $\delta \dot{Q}_z$ 表示除化学反应热之外的总外热在 x、y、z 三个方向上的分量。由获得的外热公式(5-19),可得(化学反应热放到源项中)

$$\begin{cases} \delta \dot{Q}_x = \kappa \dfrac{\partial T}{\partial x} + \sum_{\chi=1}^{N} \left(\rho D_{\chi m} h_{\chi} \dfrac{\partial Y_{\chi}}{\partial x} \right) + \dfrac{\partial \dot{q}_{rx}}{\partial x} \\[2mm] \delta \dot{Q}_y = \kappa \dfrac{\partial T}{\partial y} + \sum_{\chi=1}^{N} \left(\rho D_{\chi m} h_{\chi} \dfrac{\partial Y_{\chi}}{\partial y} \right) + \dfrac{\partial \dot{q}_{ry}}{\partial y} \\[2mm] \delta \dot{Q}_z = \kappa \dfrac{\partial T}{\partial z} + \sum_{\chi=1}^{N} \left(\rho D_{\chi m} h_{\chi} \dfrac{\partial Y_{\chi}}{\partial z} \right) + \dfrac{\partial \dot{q}_{rz}}{\partial z} \end{cases} \tag{5-33}$$

注意,控制方程中压强 p 不是一个独立变量,对理想气体有

$$p = (\gamma - 1) \left[\rho E - \frac{1}{2} \rho (u^2 + v^2 + w^2) \right] \tag{5-34}$$

5.1.5　柱坐标系下的控制方程

很多时候,燃烧和燃气流动在圆柱形容器中进行(如大部分火箭发动机中的燃烧),这时采用圆柱坐标(简称柱坐标)比较方便。柱坐标 $(x、r、\theta)$ 与直角坐标 $(x、y、z)$ 的换算关系如图 5-1 所示(设 x 轴相同),即为

$$\begin{cases} x = x, & v_x = \dfrac{\mathrm{d}x}{\mathrm{d}t} = u, & u = v_x \\[2mm] r = \sqrt{y^2 + z^2}, & v_r = \dfrac{\mathrm{d}r}{\mathrm{d}t} = v\cos\theta + w\sin\theta, & v = v_r\cos\theta - v_\theta\sin\theta \\[2mm] \theta = \arctan\dfrac{z}{y}, & v_\theta = r\dfrac{\mathrm{d}\theta}{\mathrm{d}t} = -v\sin\theta + w\cos\theta, & w = v_r\sin\theta + v_\theta\cos\theta \end{cases} \tag{5-35}$$

以及

$$\begin{cases} \dfrac{\partial x}{\partial x} = 1, & \dfrac{\partial x}{\partial y} = 0, & \dfrac{\partial x}{\partial z} = 0 \\[2mm] \dfrac{\partial r}{\partial x} = 0, & \dfrac{\partial r}{\partial y} = \cos\theta, & \dfrac{\partial r}{\partial z} = \sin\theta \\[2mm] \dfrac{\partial \theta}{\partial x} = 0, & \dfrac{\partial \theta}{\partial y} = -\dfrac{1}{r}\sin\theta, & \dfrac{\partial \theta}{\partial z} = \dfrac{1}{r}\cos\theta \end{cases} \tag{5-36}$$

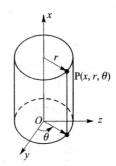

图 5-1　柱坐标和直角坐标的换算关系

式中:v_x、v_r 和 v_θ 为柱坐标系下对应 x、r、θ 方向(轴向、径向和周向)的速度分量。根据克莱默(G. Cramer)法则,从直角坐标系下转换为柱坐标系下的控制方程为

$$\frac{\partial \boldsymbol{U}}{\partial t} + \frac{\partial (\boldsymbol{E} - \boldsymbol{E}_v)}{\partial x} \cdot \frac{\partial x}{\partial x} + \frac{\partial (\boldsymbol{E} - \boldsymbol{E}_v)}{\partial r} \cdot \frac{\partial r}{\partial x} + \frac{\partial (\boldsymbol{E} - \boldsymbol{E}_v)}{\partial \theta} \cdot \frac{\partial \theta}{\partial x} +$$

$$\frac{\partial (\boldsymbol{F} - \boldsymbol{F}_v)}{\partial x} \cdot \frac{\partial x}{\partial y} + \frac{\partial (\boldsymbol{F} - \boldsymbol{F}_v)}{\partial r} \cdot \frac{\partial r}{\partial y} + \frac{\partial (\boldsymbol{F} - \boldsymbol{F}_v)}{\partial \theta} \cdot \frac{\partial \theta}{\partial y} +$$

$$\frac{\partial (\boldsymbol{G} - \boldsymbol{G}_v)}{\partial x} \cdot \frac{\partial x}{\partial z} + \frac{\partial (\boldsymbol{G} - \boldsymbol{G}_v)}{\partial r} \cdot \frac{\partial r}{\partial z} + \frac{\partial (\boldsymbol{G} - \boldsymbol{G}_v)}{\partial \theta} \cdot \frac{\partial \theta}{\partial z} = \boldsymbol{S} \tag{5-37}$$

将变换关系式(5-35)和式(5-36)代入式(5-37),即得

$$\frac{\partial \boldsymbol{U}}{\partial t} + \frac{\partial (\boldsymbol{E}-\boldsymbol{E}_v)}{\partial x} + \frac{1}{r}\frac{\partial r\left[(\boldsymbol{F}-\boldsymbol{F}_v)\cos\theta + (\boldsymbol{G}-\boldsymbol{G}_v)\sin\theta\right]}{\partial r} +$$

$$\frac{1}{r}\frac{\partial\left[-(\boldsymbol{F}-\boldsymbol{F}_v)\sin\theta + (\boldsymbol{G}-\boldsymbol{G}_v)\cos\theta\right]}{\partial\theta} = \boldsymbol{S} \qquad (5-38)$$

通过整理,可得到柱坐标系下的控制方程组。为统一符号,仍然用 u、v、w 表示柱坐标系下对应 x、r、θ 方向的速度分量(代替 v_x、v_r 和 v_θ),矩阵符号 $\boldsymbol{U}$、$\boldsymbol{E}$、$\boldsymbol{F}$、$\boldsymbol{G}$、$\boldsymbol{E}_v$、$\boldsymbol{F}_v$ 和 $\boldsymbol{G}_v$ 也与直角坐标系相同,只是意义不同,则柱坐标系下反应流体的控制方程可统一表示为

$$\frac{\partial \boldsymbol{U}}{\partial t} + \frac{\partial (\boldsymbol{E}-\boldsymbol{E}_v)}{\partial x} + \frac{1}{r}\frac{\partial\left[r(\boldsymbol{F}-\boldsymbol{F}_v)\right]}{\partial r} + \frac{1}{r}\frac{\partial (\boldsymbol{G}-\boldsymbol{G}_v)}{\partial\theta} = \boldsymbol{S} \qquad (5-39)$$

其中

$$\boldsymbol{U} = \begin{bmatrix} \rho \\ \rho Y_\chi \\ \rho u \\ \rho v \\ \rho w \\ \rho E \end{bmatrix} \quad \boldsymbol{E} = \begin{bmatrix} \rho u \\ \rho u Y_\chi \\ \rho u^2 + p \\ \rho u v \\ \rho u w \\ (\rho E + p)u \end{bmatrix} \quad \boldsymbol{F} = \begin{bmatrix} \rho v \\ \rho v Y_\chi \\ \rho v u \\ \rho v^2 + p \\ \rho v w \\ (\rho E + p)v \end{bmatrix} \quad \boldsymbol{G} = \begin{bmatrix} \rho w \\ \rho w Y_\chi \\ \rho w u \\ \rho w v \\ \rho w^2 + p \\ (\rho E + p)w \end{bmatrix}$$

$$(5-40)$$

$$\boldsymbol{E}_v = \begin{bmatrix} 0 \\ \rho D_{\chi m}\dfrac{\partial Y_\chi}{\partial x} \\ \tau_{xx} \\ \tau_{rx} \\ \tau_{\theta x} \\ u\tau_{xx} + v\tau_{rx} + w\tau_{\theta x} + \delta\dot{Q}_x \end{bmatrix}, \quad \boldsymbol{F}_v = \begin{bmatrix} 0 \\ \rho D_{\chi m}\dfrac{\partial Y_\chi}{\partial r} \\ \tau_{xr} \\ \tau_{rr} \\ \tau_{\theta r} \\ u\tau_{xr} + v\tau_{rr} + w\tau_{\theta r} + \delta\dot{Q}_r \end{bmatrix},$$

$$\boldsymbol{G}_v = \begin{bmatrix} 0 \\ \rho D_{\chi m}\dfrac{1}{r}\dfrac{\partial Y_\chi}{\partial\theta} \\ \tau_{x\theta} \\ \tau_{r\theta} \\ \tau_{\theta\theta} \\ u\tau_{x\theta} + v\tau_{r\theta} + w\tau_{\theta\theta} + \delta\dot{Q}_\theta \end{bmatrix} \qquad (5-41)$$

$$\begin{cases} \tau_{xx} = 2\mu \dfrac{\partial u}{\partial x} - \dfrac{2}{3}\mu(\nabla \cdot \boldsymbol{V}) = \dfrac{2}{3}\mu\left[2\dfrac{\partial u}{\partial x} - \dfrac{1}{r}\dfrac{\partial(rv)}{\partial r} - \dfrac{1}{r}\dfrac{\partial w}{\partial \theta} \right] \\[2mm] \tau_{rr} = 2\mu \dfrac{\partial v}{\partial r} - \dfrac{2}{3}\mu(\nabla \cdot \boldsymbol{V}) = \dfrac{2}{3}\mu\left[\dfrac{2}{r}\dfrac{\partial(rv)}{\partial r} - \dfrac{1}{r}\dfrac{\partial w}{\partial \theta} - \dfrac{\partial u}{\partial x} \right] - 2\mu\dfrac{v}{r} \\[2mm] \tau_{\theta\theta} = 2\mu\dfrac{1}{r}\left(\dfrac{\partial w}{\partial \theta} + v \right) - \dfrac{2}{3}\mu(\nabla \cdot \boldsymbol{V}) = \dfrac{2}{3}\mu\left[\dfrac{2}{r}\dfrac{\partial w}{\partial \theta} - \dfrac{1}{r}\dfrac{\partial(rv)}{\partial r} - \dfrac{\partial u}{\partial x} \right] + \mu\dfrac{2v}{r} \\[2mm] \tau_{xr} = \tau_{rx} = \mu\left(\dfrac{\partial v}{\partial x} + \dfrac{\partial u}{\partial r} \right) = \mu\left[\dfrac{\partial v}{\partial x} + \dfrac{1}{r}\dfrac{\partial(ru)}{\partial r} - \dfrac{u}{r} \right] \\[2mm] \tau_{x\theta} = \tau_{\theta x} = \mu\left(\dfrac{\partial w}{\partial x} + \dfrac{1}{r}\dfrac{\partial u}{\partial \theta} \right) \\[2mm] \tau_{r\theta} = \tau_{\theta r} = \mu\left(\dfrac{\partial w}{\partial r} + \dfrac{1}{r}\dfrac{\partial v}{\partial \theta} - \dfrac{w}{r} \right) = \mu\left[\dfrac{1}{r}\dfrac{\partial(rw)}{\partial r} + \dfrac{1}{r}\dfrac{\partial v}{\partial \theta} \right] - 2\mu\dfrac{w}{r} \end{cases}$$

$$(5-42)$$

式中

$$\nabla \cdot \boldsymbol{V} = \frac{\partial u}{\partial x} + \frac{1}{r}\frac{\partial(rv)}{\partial r} + \frac{1}{r}\frac{\partial w}{\partial \theta} \tag{5-43}$$

如果只考虑导热项,则

$$\delta \dot{Q}_x = \kappa\frac{\partial T}{\partial x}, \quad \delta \dot{Q}_r = \kappa\frac{\partial T}{\partial r}, \quad \delta \dot{Q}_\theta = \frac{1}{r}\kappa\frac{\partial T}{\partial \theta} \tag{5-44}$$

这里源项 $\boldsymbol{S}$ 主要是坐标变换产生的余项和化学反应项,即

$$\boldsymbol{S} = \begin{bmatrix} 0 \\ \dot{\omega}_\chi, \chi = 1,2,\cdots,N-1 \\ 0 \\ \dfrac{\rho w^2 + p - \tau_{\theta\theta}}{r} \\ \dfrac{-\rho wv + \tau_{\theta r}}{r} \\ -\displaystyle\sum_{\chi=1}^{N} \dot{\omega}_\chi \cdot (H_{\mathrm{f},T})_\chi \end{bmatrix} \tag{5-45}$$

控制方程组中包括 ρ、$Y_\chi(\chi=1,2,\cdots,N-1)$、$u$、$v$、$w$ 和 ρE 六种类型的未知数(将 Y_χ 看作一类),方程组是封闭的。由于燃烧过程是多组分的,因此方程数量随组分数 N 急剧增加,同时增加了许多源项如化学反应速率 $\dot{\omega}$ 等,使得化学反应流动问题变得非常复杂,只有在适当简化的条件下才能求解。

5.2　有限速率化学反应湍流流动

流体的运动可以分为两种本质不同的类型,一种是在较低雷诺数下很光滑的流动,即流体的速度、压强等物理参数随时间和空间的变化是很平滑的,这种流动称为

层流;一种是高雷诺数下的流动,这种流动常伴随着噪声、涡旋随机运动并穿越邻近的流体层,流动不再平滑有序,称为湍流,湍流中随时间非线性的随机运动称为脉动。

虽然脉动的瞬时值可以通过前述控制方程求出,但这种随机值没有实际应用价值,常通过变换求出平均值,这在实际中才有用。求平均值的方法常有时间平均法和密度加权平均法两种,分别称为雷诺时均法(Reynolds time averaging,or Reynolds averaging)和法夫雷质均法(Density weighted time averaging,or Favre averaging)。

任意物理量的瞬时值 ϕ 在时间 Δt 内的雷诺平均 $\bar{\phi}$ 和法夫雷平均 $\tilde{\phi}$ 分别定义为

$$\bar{\phi} \equiv \frac{1}{\Delta t}\int_{t}^{t+\Delta t}\phi(t)\mathrm{d}t \tag{5-46}$$

$$\tilde{\phi} \equiv \frac{\int_{t}^{t+\Delta t}\rho\phi(t)\mathrm{d}t}{\int_{t}^{t+\Delta t}\rho\mathrm{d}t} = \frac{\overline{\rho\phi}}{\bar{\rho}} \tag{5-47}$$

一般前者适用于不可压缩流动,后者适用于可压缩流动。按雷诺时均法和法夫雷质均法得到的控制方程分别称为雷诺时均方程和法夫雷质均方程。法夫雷质均法由于对密度 ρ 也进行平均,求解过程更为复杂。在实际应用中,由于密度 ρ 的脉动较小,在可压缩流动中也可简化为不对密度 ρ 平均。因此,这里只讨论雷诺时均法。

关于湍流运动的数值模拟,是目前计算流体力学中最活跃的领域之一。将控制方程对时间作平均,在所得出的时均物理量的控制方程中包含了脉动量乘积的时均值等未知量,使得控制方程组不再封闭。为此,必须建立湍流模型,把未知的脉动量乘积的时均值表示成在计算中可以确定的量,从而使方程组重新封闭。

5.2.1 雷诺时均方程

物理量的瞬时值 ϕ、时均值 $\bar{\phi}$ 及脉动值 ϕ' 之间的关系为

$$\phi = \bar{\phi} + \phi' \tag{5-48}$$

根据雷诺时均的定义式(5-46)和脉动关系式(5-48),可得时均运算法则为

$$\begin{cases} \overline{\phi'} = 0 \\ \bar{\bar{\phi}} = \bar{\phi} \\ \overline{\phi \pm f} = \bar{\phi} \pm \bar{f} \\ \overline{\phi \cdot f} = \bar{\phi} \cdot \bar{f} + \overline{\phi' \cdot f'} \\ \overline{\bar{\phi} \cdot f} = \bar{\phi} \cdot \bar{f} \\ \overline{\alpha \cdot \phi} = \alpha \cdot \bar{\phi} \quad (\alpha \text{ 为常系数}) \end{cases} \tag{5-49}$$

以及

$$\begin{cases} \overline{\dfrac{\partial \phi}{\partial t}} = \dfrac{\partial \bar{\phi}}{\partial t}; \quad \overline{\dfrac{\partial \phi}{\partial x_i}} = \dfrac{\partial \bar{\phi}}{\partial x_i}; \quad \overline{\dfrac{\partial^2 \phi}{\partial x_i^2}} = \dfrac{\partial^2 \bar{\phi}}{\partial x_i^2} \\[3mm] \overline{\dfrac{\partial \phi'}{\partial x_i}} = 0; \quad \overline{\dfrac{\partial^2 \phi'}{\partial x_i^2}} = 0 \end{cases} \tag{5-50}$$

以动量方程式(5-13)为例(忽略彻体力),两边同时取时间平均,得

$$\overline{\dfrac{\partial(\rho v_i)}{\partial t}} + \overline{\dfrac{\partial(\rho v_i v_j + p\delta_{ij})}{\partial x_j}} = \overline{\dfrac{\partial}{\partial x_j}\left[\mu\left(\dfrac{\partial v_i}{\partial x_j} + \dfrac{\partial v_j}{\partial x_i}\right)\right]} - \dfrac{2}{3}\overline{\dfrac{\partial}{\partial x_i}\left(\mu\dfrac{\partial v_j}{\partial x_j}\right)}$$

按时均运算法则,可得

$$\dfrac{\partial(\overline{\rho v_i})}{\partial t} + \dfrac{\partial(\overline{\rho v_i v_j} + \bar{p}\delta_{ij})}{\partial x_j} = \dfrac{\partial}{\partial x_j}\left[\mu\left(\dfrac{\partial \bar{v}_i}{\partial x_j} + \dfrac{\partial \bar{v}_j}{\partial x_i}\right)\right] - \dfrac{2}{3}\dfrac{\partial}{\partial x_i}\left(\mu\dfrac{\partial \bar{v}_j}{\partial x_j}\right)$$

假设为不可压,即 ρ 为常数,则

$$\dfrac{\partial(\rho \bar{v}_i)}{\partial t} + \dfrac{\partial(\rho \overline{v_i v_j} + \bar{p}\delta_{ij})}{\partial x_j} = \dfrac{\partial}{\partial x_j}\left[\mu\left(\dfrac{\partial \bar{v}_i}{\partial x_j} + \dfrac{\partial \bar{v}_j}{\partial x_i}\right)\right] - \dfrac{2}{3}\dfrac{\partial}{\partial x_i}\left(\mu\dfrac{\partial \bar{v}_j}{\partial x_j}\right)$$

由于 $\overline{v_i v_j} = \bar{v}_i \bar{v}_j + \overline{v'_i v'_j}$,可见对两个及以上相乘的变量进行平均会产生关联项 $\overline{v'_i v'_j}$,则

$$\dfrac{\partial(\rho \bar{v}_i)}{\partial t} + \dfrac{\partial(\rho \bar{v}_i \bar{v}_j + \bar{p}\delta_{ij})}{\partial x_j} = -\dfrac{\partial(\rho \overline{v'_i v'_j})}{\partial x_j} + \dfrac{\partial}{\partial x_j}\left[\mu\left(\dfrac{\partial \bar{v}_i}{\partial x_j} + \dfrac{\partial \bar{v}_j}{\partial x_i}\right)\right] -$$
$$\dfrac{2}{3}\dfrac{\partial}{\partial x_i}\left(\mu\dfrac{\partial \bar{v}_j}{\partial x_j}\right) \tag{5-51}$$

式中关联项 $\overline{v'_i v'_j}$ 称为雷诺相关项,是指多个脉动量之间的关联程度,一般 $\overline{v'_i v'_j} \neq 0$,这相当于引入了新的变量。关联项 $-\rho\overline{v'_i v'_j}$ 称为雷诺应力或湍流切应力。

将直角坐标系下的控制方程组(忽略彻体力)雷诺平均后,得到的方程组为

$$\begin{cases} \dfrac{\partial \rho}{\partial t} + \dfrac{\partial(\rho \bar{v}_j)}{\partial x_j} = 0 \\[3mm] \dfrac{\partial(\rho \overline{Y}_\chi)}{\partial t} + \dfrac{\partial(\rho \overline{Y}_\chi \bar{v}_j)}{\partial x_j} = \\[3mm] \qquad -\dfrac{\partial(\rho \overline{v'_j Y'_\chi})}{\partial x_j} + \dfrac{\partial}{\partial x_j}\left(\rho D_{\chi m}\dfrac{\partial \overline{Y}_\chi}{\partial x_j}\right) + \bar{\omega}_\chi, \quad \chi = 1,2,\cdots,N-1 \\[3mm] \dfrac{\partial(\rho \bar{v}_i)}{\partial t} + \dfrac{\partial(\rho \bar{v}_i \bar{v}_j + \bar{p}\delta_{ij})}{\partial x_j} = \\[3mm] \qquad -\dfrac{\partial(\rho \overline{v'_i v'_j})}{\partial x_j} + \dfrac{\partial}{\partial x_j}\left[\mu\left(\dfrac{\partial \bar{v}_i}{\partial x_j} + \dfrac{\partial \bar{v}_j}{\partial x_i}\right)\right] - \dfrac{2}{3}\dfrac{\partial}{\partial x_i}\left(\mu\dfrac{\partial \bar{v}_j}{\partial x_j}\right), \quad i = 1,2,3 \\[3mm] \dfrac{\partial(\rho \overline{E})}{\partial t} + \dfrac{\partial(\rho \bar{v}_j \bar{h}_0)}{\partial x_j} = -\dfrac{\partial(\rho \overline{v'_j h'_0})}{\partial x_j} + \dfrac{\partial}{\partial x_j}\left(\kappa\dfrac{\partial \overline{T}}{\partial x_j}\right) - \sum_{\chi=1}^{N}\bar{\omega}_\chi \cdot (H_{f,T})_\chi \end{cases}$$
$$\tag{5-52}$$

式中:$j = 1,2,3$ 求和;关联项 $-\rho\overline{v'_j Y'_\chi}$、$-\rho\overline{v'_j h'_0}$ 为扩散、传热的雷诺相关项;其中能量方程中的热源项 δQ 只考虑了导热和化学反应热,$\bar{\omega}_\chi$ 为雷诺平均后的化学反应

速率。

比较雷诺平均前后的控制方程组,可以发现其形式完全一样,不同的是增加了雷诺相关项。由于雷诺相关项是与湍流有关的新变量,为了使方程组封闭,必须找出确定这些附加项的关系式,这就需要确定相应的湍流模型。

5.2.2 湍流模型

布辛奈斯克(J. Boussinesq)最早提出了湍流切应力的概念。他由层流切应力(牛顿黏性定律)得到启发,引入湍流黏性系数 μ_t,称为布辛奈斯克涡黏性(Eddy viscosity)假设。

层流时流体切应力与应变率的本构方程由表面应力式(5−10)可得

$$\tau_{ij} = \mu\left(\frac{\partial v_i}{\partial x_j} + \frac{\partial v_j}{\partial x_i}\right) - \frac{2}{3}\mu \mathrm{div}(\boldsymbol{V}) \cdot \delta_{ij} = \mu\left(\frac{\partial v_i}{\partial x_j} + \frac{\partial v_j}{\partial x_i} - \frac{2}{3}\frac{\partial v_j}{\partial x_j} \cdot \delta_{ij}\right)$$

类似地,湍流切应力可以表示为

$$-\rho\overline{v_i'v_j'} = \mu_t\left(\frac{\partial \bar{v}_i}{\partial x_j} + \frac{\partial \bar{v}_j}{\partial x_i} - \frac{2}{3}\frac{\partial \bar{v}_j}{\partial x_j} \cdot \delta_{ij}\right) \tag{5−53}$$

对于扩散、传热的雷诺相关项,类似可得

$$-\rho\overline{v_j'Y_\chi'} = \rho D_t \frac{\partial \bar{Y}_\chi}{\partial x_j} = \frac{\mu_t}{Sc_t} \cdot \frac{\partial \bar{Y}_\chi}{\partial x_j} \tag{5−54}$$

$$-\rho\overline{v_j'h_0'} = -\rho c_p\overline{v_j'T_0'} = \kappa_t\frac{\partial \bar{T}}{\partial x_j} = \frac{c_p\mu_t}{Pr_t} \cdot \frac{\partial \bar{T}}{\partial x_j} \tag{5−55}$$

式中:D_t、κ_t 分别为湍流扩散系数和湍流导热系数;Sc_t、Pr_t 分别为湍流施密特数和湍流普朗特数,其中 $Sc = \mu/(\rho D)$。

把布辛奈斯克涡黏性假设关系式(5−53)、式(5−54)和式(5−55)代入控制方程式(5−52)中,可得

$$\begin{cases} \dfrac{\partial \rho}{\partial t} + \dfrac{\partial(\rho\bar{v}_j)}{\partial x_j} = 0 \\[3mm] \dfrac{\partial(\rho\bar{Y}_\chi)}{\partial t} + \dfrac{\partial(\rho\bar{Y}_\chi\bar{v}_j)}{\partial x_j} = \dfrac{\partial}{\partial x_j}\left(\rho D_{e,\chi m}\dfrac{\partial \bar{Y}_\chi}{\partial x_j}\right) + \bar{\omega}_\chi, \quad \chi = 1,2,\cdots,N-1 \\[3mm] \dfrac{\partial(\rho\bar{v}_i)}{\partial t} + \dfrac{\partial(\rho\bar{v}_i\bar{v}_j + \bar{p}\delta_{ij})}{\partial x_j} = \dfrac{\partial}{\partial x_j}\left[\mu_e\left(\dfrac{\partial \bar{v}_i}{\partial x_j} + \dfrac{\partial \bar{v}_j}{\partial x_i}\right)\right] - \dfrac{2}{3}\dfrac{\partial}{\partial x_i}\left(\mu_e\dfrac{\partial \bar{v}_j}{\partial x_j}\right), \\[2mm] \hspace{8cm} i = 1,2,3 \\[3mm] \dfrac{\partial(\rho\bar{E})}{\partial t} + \dfrac{\partial(\rho\bar{v}_j\bar{h}_0)}{\partial x_j} = \dfrac{\partial}{\partial x_j}\left(\kappa_e\dfrac{\partial \bar{T}}{\partial x_j}\right) - \sum_{\chi=1}^{N}\bar{\omega}_\chi \cdot (H_{f,T})_\chi \end{cases}$$

$$\tag{5−56}$$

式中

$$\begin{cases} \mu_e = \mu + \mu_t \\ D_e = D + D_t \\ \kappa_e = \kappa + \kappa_t \end{cases} \tag{5-57}$$

分别称为湍流的有效黏性系数、有效扩散系数和有效导热系数。可见,引入布辛奈斯克假设后,湍流控制方程的形式与层流完全相同,这时计算湍流流动的关键就在于如何确定湍流黏性系数 μ_t（D_t、κ_t 一般根据湍流尺度等性质直接确定）。依据确定 μ_t 的微分方程数目的多少,有所谓零方程模型、一方程模型、两方程模型等。

1. 零方程模型

零方程模型又叫代数模型,对相关项直接求解,而不用增加控制方程组数量。常用的代数模型为普朗特混合长度模型,即

$$\mu_t = c_\mu \rho l^2 \left| \frac{\partial u}{\partial y} \right| = \rho l_m^2 \left| \frac{\partial u}{\partial y} \right| \tag{5-58}$$

一般垂直于主流方向（即 $\partial u/\partial y$）的黏性最大,其余方向可忽略。式中:c_μ 为常数,l、l_m 为混合长度,与具体的物理过程有关。对于圆管内充分发展的湍流,尼古拉兹（J. Nikuradse）提出

$$\frac{l_m}{R} = 0.14 - 0.08 \left(1 - \frac{y}{R}\right)^2 - 0.06 \left(1 - \frac{y}{R}\right)^4 \tag{5-59}$$

式中:R 为圆管半径。

2. 一方程模型

为了避免零方程模型过于简单而带来的较大误差,柯尔莫哥洛夫（A. N. Kolmogorov）和普朗特又提出了一方程模型为

$$\mu_t = c_\mu \rho k^{\frac{1}{2}} l \tag{5-60}$$

式中:k 为单位质量流体的湍流脉动动能,l 为混合长度。

由于引入了新未知数 k,需建立关于 k 的守恒方程。湍流脉动动能 k 定义为

$$k = \frac{1}{2} \overline{v'_j v'_j} = \frac{1}{2}(\overline{u'^2} + \overline{v'^2} + \overline{w'^2}) \tag{5-61}$$

由于湍流应力考虑的是力的作用,因此,可仿照建立动量方程的过程来建立关于 k 的湍流应力动量方程,结果为

$$\frac{\partial(\rho k)}{\partial t} + \frac{\partial(\rho \bar{v}_j k)}{\partial x_j} = \frac{\partial}{\partial x_j}\left[\left(\mu + \frac{\mu_t}{Pr_k}\right)\frac{\partial k}{\partial x_j}\right] + \mu_t\left(\frac{\partial \bar{v}_i}{\partial x_j} + \frac{\partial \bar{v}_j}{\partial x_i}\right)\frac{\partial \bar{v}_i}{\partial x_j} - \frac{c_D \rho k^{\frac{3}{2}}}{l}$$

$$\tag{5-62}$$

式中:c_D 为常数（c_μ 和 c_D 需匹配取值,一般 $c_\mu c_D = 0.09$）,Pr_k 为湍流脉动动能普朗特数（可取 1.0）。

3. 两方程模型

在一方程模型中,还没有完全摆脱混合长度的经验公式。周培源、斯柏尔丁、哈劳（F. H. Harlow）、朗德（B. E. Launder）等人引入另一变量 ε,称为湍流动能耗散

率,以代替混合长度 l,这就是 $k-\varepsilon$ 两方程模型。

取各向同性湍流,定义

$$\varepsilon = \frac{\mu_t}{\rho} \overline{\left(\frac{\partial v_i'}{\partial x_j} + \frac{\partial v_j'}{\partial x_i} \right) \frac{\partial v_i'}{\partial x_j}} = c_D k^{\frac{3}{2}} / l \tag{5-63}$$

则在 $k-\varepsilon$ 两方程模型中,湍流黏性系数表示形式为

$$\mu_t = \frac{c_\mu c_D \rho k^2}{\varepsilon} = \frac{0.09 \rho k^2}{\varepsilon} \tag{5-64}$$

类似地,可建立关于 ε 的湍流应力动量方程为

$$\frac{\partial(\rho\varepsilon)}{\partial t} + \frac{\partial(\rho \bar{v}_j \varepsilon)}{\partial x_j} = \frac{\partial}{\partial x_j} \left[\left(\mu + \frac{\mu_t}{Pr_\varepsilon} \right) \frac{\partial \varepsilon}{\partial x_j} \right] + \frac{\varepsilon}{k} \left[c_1 \mu_t \left(\frac{\partial \bar{v}_i}{\partial x_j} + \frac{\partial \bar{v}_j}{\partial x_i} \right) \frac{\partial \bar{v}_i}{\partial x_j} - c_2 \rho\varepsilon \right] \tag{5-65}$$

式中: Pr_ε 为湍流耗散动能普朗特数,可取 1.3; c_1、c_2 为经验常数,一般取 $c_1 = 1.44 \sim 1.45$, $c_2 = 1.92$。

采用 $k-\varepsilon$ 模型求解湍流流动参数时,方程数增加,相应地增加了计算复杂程度。为考虑湍流中更多的复杂因素,许多学者提出了修正的 $k-\varepsilon$ 模型,甚至多方程模型,这里不再赘述。

5.2.3 湍流燃烧模型

在有限速率化学反应的流动中,组分连续方程和能量方程中包含化学反应速率 $\dot{\omega}$,又称组分源函数。由组分化学反应速率公式(2-103)可以推知,其雷诺平均后,也必将产生新的组分湍流脉动项,使得方程组不封闭。如何寻找 $\bar{\omega}$ 的求解方法,就是湍流燃烧模型所要解决的问题。

以双组分(分别为 fu 和 ox)反应、每个组分的反应级数均为 1 的简单二级反应为例,反应物 fu 的反应速率表达式为式(2-103),即

$$\dot{\omega}_{fu} = -\frac{f_A}{M_{ox}} \rho^2 Y_{fu} Y_{ox} \exp\left(-\frac{E_{fu}}{R_0 T} \right) \tag{5-66}$$

将非线性指数项 exp( )在平均值 $\bar{T}$ 处按二阶精度(忽略三阶以后项)近似展开,然后对 $\dot{\omega}_{fu}$ 取时均值,可得

$$\bar{\omega}_{fu} = -\frac{f_A}{M_{ox}} \rho^2 \bar{Y}_{fu} \bar{Y}_{ox} \exp\left(-\frac{E_{fu}}{R_0 \bar{T}} \right) \left[1 + \frac{\overline{Y_{fu}' Y_{ox}'}}{\bar{Y}_{fu} \bar{Y}_{ox}} + \frac{E_{fu}}{R_0 \bar{T}} \left(\frac{\overline{T' Y_{fu}'}}{\bar{T} \bar{Y}_{fu}} + \frac{\overline{T' Y_{ox}'}}{\bar{T} \bar{Y}_{ox}} \right) + \right.$$
$$\left. \frac{E_{fu}}{R_0 \bar{T}} \left(\frac{1}{2} \frac{E_{fu}}{R_0 \bar{T}} - 1 \right) \cdot \frac{\overline{T'^2}}{\bar{T}^2} \right] \tag{5-67}$$

为了求解 $\bar{\omega}_{fu}$,必须找出 $\overline{Y_{fu}' Y_{ox}'}$、$\overline{T' Y_{fu}'}$、$\overline{T' Y_{ox}'}$ 和 $\overline{T'^2}$ 这些相关项的计算方法。湍流燃烧模型与不同燃烧的特性有关,在第 7 章"火焰理论"中将进行讨论。

5.3　流动与燃烧的模型方程

　　研究燃烧需要结合燃烧模型与有限速率化学反应流动控制方程。采用数值方法时，一般采用二维或者三维方程，其求解过程需要经过大量的数值计算，只能得到数值解，而不能得到具有一般意义的解析解。因此，研究燃烧过程通常抓住燃烧的本质，忽略次要因素，从而使控制方程大大简化，这些方程称为燃烧模型方程。

　　流动与燃烧的模型方程以一维或简化二维控制方程为主。一维流动包含两个含义，其一是流道的曲率及横截面积 A 不沿流动方向变化或变化很缓慢，即 $A=$ Const，称为等截面一维流动；其二是流道的曲率很小，或者流道的曲率半径与流道本身的半径相比足够大，这时 $A \neq$ Const，称为变截面一维流动。在一维流动假设下，流动参数的变化只发生在流动方向上，而在其他方向上的变化忽略不计。

5.3.1　等截面一维流动控制方程

　　等截面一维流动控制方程可直接从三维有限速率化学反应流动控制方程推出，即只考虑 x 方向而略去其他两个方向。

1. 组分及气体混合物连续方程

　　由任意组分 χ 的质量守恒方程式(5-4)，可得

$$\frac{\partial(\rho Y_\chi)}{\partial t} + \frac{\partial(\rho Y_\chi u)}{\partial x} = \frac{\partial}{\partial x}\left(\rho D_{\chi\mathrm{m}} \frac{\partial Y_\chi}{\partial x}\right) + \dot{\omega}_\chi, \quad \chi = 1, 2, \cdots, N \tag{5-68}$$

　　由式(5-6)可得混合物总的质量守恒方程即混合物连续方程为

$$\frac{\partial\rho}{\partial t} + \frac{\partial(\rho u)}{\partial x} = 0 \tag{5-69}$$

　　对于定常流动，令非定常项 $\dfrac{\partial(\ )}{\partial t} = 0$，则一维定常组分连续方程和总连续方程分别为

$$\frac{\mathrm{d}(\rho Y_\chi u)}{\mathrm{d}x} = \frac{\mathrm{d}}{\mathrm{d}x}\left(\rho D_{\chi\mathrm{m}} \frac{\partial Y_\chi}{\partial x}\right) + \dot{\omega}_\chi, \quad \chi = 1, 2, \cdots, N \tag{5-70}$$

$$\rho u = \mathrm{Const} \tag{5-71}$$

等截面一维定常流动的连续方程式(5-71)表明，在每一个横截面上的密流(Flow flux) ρu 都是相等的。

2. 动量方程

　　由纳维尔-斯托克斯方程式(5-15)，可得等截面一维动量方程为

$$\frac{\partial(\rho u)}{\partial t} + \frac{\partial(\rho u^2 + p)}{\partial x} = \frac{4}{3} \frac{\partial}{\partial x}\left(\mu \frac{\partial u}{\partial x}\right) + \sum_{\chi=1}^{N} \rho_\chi (g_{\mathrm{B},x})_\chi \tag{5-72}$$

　　对于定常流动，等截面一维动量方程为

$$\frac{\mathrm{d}(\rho u^2 + p)}{\mathrm{d}x} = \frac{4}{3} \frac{\mathrm{d}}{\mathrm{d}x}\left(\mu \frac{\mathrm{d}u}{\mathrm{d}x}\right) + \sum_{\chi=1}^{N} \rho_\chi (g_{\mathrm{B},x})_\chi \tag{5-73}$$

忽略彻体力和流动黏性,则非定常与定常流动的动量方程分别为

$$\frac{\partial(\rho u)}{\partial t} + \frac{\partial(\rho u^2 + p)}{\partial x} = 0 \qquad (5-74)$$

$$\frac{\mathrm{d}(\rho u^2 + p)}{\mathrm{d} x} = 0 \quad 或 \quad p + \rho u^2 = \mathrm{Const} \qquad (5-75)$$

3. 能量方程

由表面应力的张量元素式(5-12),在一维流动时,有

$$P_{11} = -p + \frac{4}{3} \mu \frac{\partial u}{\partial x} \qquad (5-76)$$

代入能量方程式(5-24),可得一维能量方程为

$$\frac{\partial(\rho E)}{\partial t} + \frac{\partial(\rho u h_0)}{\partial x} = \delta \dot{Q} + \frac{4}{3} \frac{\partial}{\partial x}\left(\mu u \frac{\partial u}{\partial x}\right) + \sum_{\chi=1}^{N} \rho_\chi (g_{\mathrm{B},x})_\chi \cdot u_\chi \qquad (5-77)$$

式中,$\delta \dot{Q}$ 为单位体积微元控制体中获得的总外热。一维流动时,由式(5-19)可得

$$\delta \dot{Q} = \frac{\partial}{\partial x}\left(\kappa \frac{\partial T}{\partial x}\right) + \frac{\partial}{\partial x}\left(\sum_{\chi=1}^{N} \rho D_{\chi \mathrm{m}} h_\chi \frac{\partial Y_\chi}{\partial x}\right) + \frac{\partial \dot{q}_{\mathrm{r}}}{\partial x} - \sum_{\chi=1}^{N} \dot{\omega}_\chi \cdot (H_{\mathrm{f},T})_\chi \qquad (5-78)$$

忽略彻体力和流动黏性,则能量方程为

$$\frac{\partial(\rho E)}{\partial t} + \frac{\partial(\rho u h_0)}{\partial x} = \delta \dot{Q} \qquad (5-79)$$

由能量方程式(5-27),忽略彻体力和流动黏性,可得用总温 T_0 表示的能量方程为

$$\frac{\partial(\rho c_p T_0)}{\partial t} + \frac{\partial(\rho u c_p T_0)}{\partial x} = \frac{\partial p}{\partial t} + \delta \dot{Q} \qquad (5-80)$$

由能量方程式(5-28),可得用静温 T 表示的能量方程,即

$$\frac{\partial(\rho c_p T)}{\partial t} + \frac{\partial(\rho u c_p T)}{\partial x} = \frac{\partial p}{\partial t} + u \frac{\partial p}{\partial x} + \delta \dot{Q} \qquad (5-81)$$

在燃烧容器中的燃烧,常可忽略流动效应(即 $u=0$),满足不可压($\rho=\mathrm{Const}$)流动条件,这时只有能量随时间的变化,由式(5-79)可得容器中燃烧的模型方程为

$$\frac{\mathrm{d}(\rho E)}{\mathrm{d} t} = \rho c_v \frac{\mathrm{d} T}{\mathrm{d} t} = \delta \dot{Q} \qquad (5-82)$$

由于忽略了流动,总温与静温相等,这时燃烧系统的能量形式只是内能 $c_v T$。

对于燃烧与传热,能量方程中热源项 $\delta \dot{Q}$ 是非常重要的。根据不同燃烧过程中传热形式所起的作用不同,通常取一种传热方式(如热传导)作为主要传热方式或等效的综合传热,而忽略其他传热方式。

对于固态物体或没有流动的燃烧系统内部的热传导问题($u=0$,$\rho=\mathrm{Const}$),由式(5-81),把热源项 $\delta \dot{Q}$ 中的导热项 $\frac{\partial}{\partial x}\left(\kappa \frac{\partial T}{\partial x}\right)$ 分离出来,其余热源用 $\delta \dot{Q}_{\mathrm{R}}$ 表示,则可得导热微分方程为

$$\frac{\partial T}{\partial t} = a\,\frac{\partial^2 T}{\partial x^2} + \delta\dot{Q}_{\mathrm{R}}/(\rho c) \tag{5-83}$$

式中：$\delta\dot{Q}_{\mathrm{R}}$ 为导热物质内部的热源（如化学反应放热等）；a 为热扩散系数，或称导温系数，定义为 $a = \kappa/(\rho c)$，对于气相，比热容 c 为比定压热容 c_p。

下面给出定常流动的等截面一维能量方程。一般地，由式（5-77），可得

$$\frac{\mathrm{d}(\rho u h_0)}{\mathrm{d}x} = \delta\dot{Q} + \frac{4}{3}\frac{\mathrm{d}}{\mathrm{d}x}\left(\mu u\,\frac{\mathrm{d}u}{\mathrm{d}x}\right) + \sum_{\chi=1}^{N}\rho_{\chi}(g_{\mathrm{B},x})_{\chi}\cdot u_{\chi} \tag{5-84}$$

忽略彻体力和流动黏性，则为

$$\frac{\mathrm{d}(\rho u h_0)}{\mathrm{d}x} = \delta\dot{Q} \tag{5-85}$$

由于定常流动满足连续方程式（5-71）即 $\rho u = \mathrm{Const}$，能量方程式（5-85）的积分形式可得为

$$(h_0)_2 = (h_0)_1 + q,\quad\text{或}\quad h_2 + \frac{u_2^2}{2} = h_1 + \frac{u_1^2}{2} + q \tag{5-86}$$

式中：总焓 $h_0 = h + u^2/2$；q 为单位质量流体吸收或放出的能量。

当 $\delta\dot{Q} = 0$（如无化学反应且绝热），则

$$\frac{\mathrm{d}(\rho u h_0)}{\mathrm{d}x} = 0,\quad\text{或}\quad h_0 = h + \frac{u^2}{2} = \mathrm{Const} \tag{5-87}$$

只考虑热传导和化学反应，即 $\delta\dot{Q} = \dfrac{\mathrm{d}}{\mathrm{d}x}\left(\kappa\,\dfrac{\mathrm{d}T}{\mathrm{d}x}\right) - \sum\limits_{\chi=1}^{N}\dot{\omega}_{\chi}\cdot(H_{\mathrm{f},T})_{\chi}$，由式（5-81），可得用静温表示的等截面一维定常无黏能量方程为

$$\frac{\mathrm{d}(\rho u c_p T)}{\mathrm{d}x} = u\,\frac{\mathrm{d}p}{\mathrm{d}x} + \frac{\mathrm{d}}{\mathrm{d}x}\left(\kappa\,\frac{\mathrm{d}T}{\mathrm{d}x}\right) - \sum_{\chi=1}^{N}\dot{\omega}_{\chi}\cdot(H_{\mathrm{f},T})_{\chi} \tag{5-88}$$

在燃烧过程中，常采用常物性假设（即物性参数如输运系数、热力参数等为常数），忽略压强梯度对能量的影响，同时考虑连续方程 $\rho u = \mathrm{Const}$，这时能量方程式（5-88）可表示为

$$\rho u c_p\,\frac{\mathrm{d}T}{\mathrm{d}x} = \kappa\,\frac{\mathrm{d}^2 T}{\mathrm{d}x^2} + \dot{\omega}_{\mathrm{fu}}\cdot(H_{\mathrm{b},T})_{\mathrm{fu}} \tag{5-89}$$

式中，化学反应总的热效应用燃料的燃烧焓 $H_{\mathrm{b},T}$（J/kg）来表示。

5.3.2　变截面一维定常流动控制方程

变截面一维流动需要考虑截面 A 的变化对流动的影响，因此其控制方程只能从积分形式的一般性控制方程中推出。根据散度定理，控制体的体积分可以变为该控制面的面积分，即

$$\int_{\Omega}\nabla\cdot(n\rho\boldsymbol{V})\mathrm{d}\Omega = \int_{A}n\rho\boldsymbol{V}\cdot\mathrm{d}\boldsymbol{A} \tag{5-90}$$

其中 $\nabla\cdot(n\rho\boldsymbol{V}) = \dfrac{\partial(n\rho v_j)}{\partial x_j}$，$j = 1,2,3$ 求和。

1. 组分及气体混合物连续方程

任意组分 χ 的质量守恒方程由积分方程 $(5-3)$ 式，并应用散度定理 $(5-90)$ 式整理可得

$$\int_A (\rho Y_\chi u) \cdot \mathrm{d}\boldsymbol{A} = \int_\Omega \left[\frac{\mathrm{d}}{\mathrm{d}x}\left(\rho D_{\chi m}\frac{\mathrm{d}Y_\chi}{\mathrm{d}x}\right) + \dot{\omega}_\chi\right]\mathrm{d}\Omega, \quad \chi = 1, 2, \cdots, N \qquad (5-91)$$

其中 A 为垂直于 x 方向的截面积。

对于混合物总的质量守恒方程，同样化学反应和组分扩散的总效果是既不产生物质，也没有物质消失，即满足式 $(5-5)$，且有 $\sum\limits_{\chi=1}^{N} Y_\chi = 1$。由上式，所有组分叠加，可得

$$\int_A (\rho u) \cdot \mathrm{d}\boldsymbol{A} = 0 \qquad (5-92)$$

对于只有进口截面 A_1 和出口截面 A_2 的一维流动，由于各个截面上流动参数均匀，积分后得

$$-\int_{A_1} \rho u \cdot \mathrm{d}\boldsymbol{A} + \int_{A_2} \rho u \cdot \mathrm{d}\boldsymbol{A} = -\rho_1 u_1 A_1 + \rho_2 u_2 A_2 = 0$$

其中截面以外法线方向为正。则得到

$$\rho_1 u_1 A_1 = \rho_2 u_2 A_2 = \text{Const}, \quad \text{或} \quad \dot{m} = \rho u A = \text{Const} \qquad (5-93)$$

这就是一维定常流动的连续方程，即在每一个横截面上的质量流率 $\dot{m}$ 都是相等的。

2. 动量方程

由积分形式的动量方程式 $(5-7)$，并代入外力表达式 $(5-8)$ 和式 $(5-9)$，可得一维定常流动的动量方程为

$$\int_A (\rho u^2) \cdot \mathrm{d}\boldsymbol{A} = \int_\Omega \left[\frac{\mathrm{d}P_{11}}{\mathrm{d}x} + \sum\limits_{\chi=1}^{N} \rho_\chi (g_B)_\chi\right]\mathrm{d}\Omega \qquad (5-94)$$

其中表面应力 P_{11} 见式 $(5-76)$。

忽略彻体力，并利用散度定理，则动量方程为

$$\int_A (\rho u^2) \cdot \mathrm{d}\boldsymbol{A} = \int_A \boldsymbol{P} \cdot \mathrm{d}\boldsymbol{A} \qquad (5-95)$$

忽略黏性，则

$$\int_A (\rho u^2) \cdot \mathrm{d}\boldsymbol{A} = -\int_A p\,\mathrm{d}\boldsymbol{A} \qquad (5-96)$$

由于截面不相等，且参数作用截面的性质不同，因此上式左右边的被积函数不一定相等。对于一维流动，需要确定控制体上各个控制面的积分。如无质量加入的变截面管内无黏流动，进口参数为 ρ、u、A，出口截面参数为 $\rho+\mathrm{d}\rho$、$u+\mathrm{d}u$、$A+\mathrm{d}A$，控制体所有控制面包括进口截面 A_1、出口截面 A_2 和侧面 A_3。则

$$\int_A (\rho u^2) \cdot \mathrm{d}\boldsymbol{A} = -\int_{A_1} (\rho u^2) \cdot \mathrm{d}\boldsymbol{A} + \int_{A_2} (\rho+\mathrm{d}\rho)(u+\mathrm{d}u)^2 \cdot \mathrm{d}\boldsymbol{A} =$$

$$-\rho u^2 A + (\rho+\mathrm{d}\rho)(u+\mathrm{d}u)^2 (A+\mathrm{d}A) = \dot{m}\mathrm{d}u$$

$$\int_A p \mathrm{d}\boldsymbol{A} = \int_{A_1} p \mathrm{d}\boldsymbol{A} + \int_{A_2} p \mathrm{d}\boldsymbol{A} + \int_{A_3} p \mathrm{d}\boldsymbol{A} = -pA + (p + \mathrm{d}p)(A + \mathrm{d}A) - p\mathrm{d}A = A\mathrm{d}p$$

因此，可得无质量加入变截面管内无黏流动的动量方程为

$$\dot{m}\mathrm{d}u = -A\mathrm{d}p \quad 或 \quad \mathrm{d}p + \rho u \mathrm{d}u = 0 \tag{5-97}$$

该方程称为柏努利（D. Bernoulli）方程。

3. 能量方程

由积分形式的能量方程式（5-17），利用散度定理，可得一维定常流动的能量方程为

$$\int_A (\rho E u) \cdot \mathrm{d}\boldsymbol{A} = \dot{Q} - \dot{W} \tag{5-98}$$

考虑表面力和彻体力做功式（5-20），代入表面应力张量元素表达式（5-12），忽略彻体力和流动黏性，则能量方程为

$$\int_A (\rho E + p) u \cdot \mathrm{d}\boldsymbol{A} = \int_\Omega \delta \dot{Q} \mathrm{d}\Omega \tag{5-99}$$

考虑到式（5-22）即 $\rho E + p = \rho h_0 = \rho(h + u^2/2)$，令 $q = \int_\Omega \delta \dot{Q} \mathrm{d}\Omega$，可得用总焓表示的能量方程为

$$\int_A (\rho u h_0) \cdot \mathrm{d}\boldsymbol{A} = q \tag{5-100}$$

类似地，对于无质量加入的变截面管内无黏流动，考虑连续方程式（5-93），能量方程的左边项可积分为

$$\int_A (\rho u h_0) \cdot \mathrm{d}\boldsymbol{A} = -\int_{A_1} (\rho u h_0) \cdot \mathrm{d}\boldsymbol{A} + \int_{A_2} (\rho + \mathrm{d}\rho)(u + \mathrm{d}u)(h_0 + \mathrm{d}h_0) \cdot \mathrm{d}\boldsymbol{A} =$$
$$-\rho u h_0 A + (\rho + \mathrm{d}\rho)(u + \mathrm{d}u)(h_0 + \mathrm{d}h_0)(A + \mathrm{d}A) =$$
$$\mathrm{d}(\rho u A h_0) = \dot{m} \cdot \mathrm{d}h_0$$

则可得到能量方程式（5-100）的积分结果与式（5-86）相同，即为

$$(h_0)_2 = (h_0)_1 + q, \quad 或 \quad h_2 + \frac{u_2^2}{2} = h_1 + \frac{u_1^2}{2} + q \tag{5-101}$$

式中：q 为单位质量流体吸收或放出的能量。

5.3.3　二维柱坐标定常流动控制方程

火箭发动机中的燃烧和流动如果是轴对称问题，则可采用二维柱坐标 (x, r) 下的控制方程，由式（5-39），令 $\dfrac{\partial()}{\partial t} = 0$，略去 θ 方向的变化，则可得二维柱坐标定常流动控制方程。

1. 组分及气体混合物连续方程

混合物连续方程为

$$\frac{\partial}{\partial x}(\rho r u) + \frac{\partial}{\partial r}(\rho r v) = 0 \tag{5-102}$$

在射流的研究中,常可忽略流动方向即轴向 x 方向上的输运过程(即只有径向存在传质),则任意组分 χ 的组分连续方程为

$$\frac{\partial}{\partial x}(\rho u Y_\chi) + \frac{\partial}{\partial r}(\rho v Y_\chi) = \frac{\partial}{\partial r}\left(\rho D_{\chi m} r \frac{\partial Y_\chi}{\partial r}\right) + r\dot{\omega}_\chi \tag{5-103}$$

将连续方程式(5-102)代入,可得非守恒形式的组分连续方程为

$$\rho u \frac{\partial Y_\chi}{\partial x} + \rho v \frac{\partial Y_\chi}{\partial r} = \frac{\partial}{\partial r}\left(\rho D_{\chi m} r \frac{\partial Y_\chi}{\partial r}\right) + r\dot{\omega}_\chi \tag{5-104}$$

没有化学反应时,单一组分的组分连续方程为

$$\frac{\partial}{\partial x}(\rho u Y) + \frac{\partial}{\partial r}(\rho v Y) = \frac{\partial}{\partial r}\left(\rho D r \frac{\partial Y}{\partial r}\right) \tag{5-105}$$

或

$$\rho u \frac{\partial Y}{\partial x} + \rho v \frac{\partial Y}{\partial r} = \frac{\partial}{\partial r}\left(\rho D r \frac{\partial Y}{\partial r}\right) \tag{5-106}$$

2. 动量方程

$$\frac{\partial(\rho u^2 + rp)}{\partial x} + \frac{\partial(\rho r v u)}{\partial r} =$$

$$\frac{2}{3}\frac{\partial}{\partial x}\left\{\mu r\left[2\frac{\partial u}{\partial x} - \frac{1}{r}\frac{\partial(rv)}{\partial r}\right]\right\} + \frac{\partial}{\partial r}\left[\mu r\left(\frac{\partial v}{\partial x} + \frac{\partial u}{\partial r}\right)\right] \tag{5-107}$$

$$\frac{\partial(\rho r u v)}{\partial x} + \frac{\partial(\rho r v^2 + rp)}{\partial r} =$$

$$\frac{\partial}{\partial x}\left[\mu r\left(\frac{\partial v}{\partial x} + \frac{\partial u}{\partial r}\right)\right] + \frac{2}{3}\frac{\partial}{\partial r}\left\{\mu r\left[\frac{2}{r}\frac{\partial(rv)}{\partial r} - \frac{\partial u}{\partial x}\right] - 3\mu v\right\} + p \tag{5-108}$$

在射流研究中,常忽略压强对轴向 x 方向动量的影响,在 x 方向的动量方程中只考虑轴向速度在径向上的变化(即只考虑 $\partial u/\partial r$),则 x 方向的动量方程简化为

$$\frac{\partial}{\partial x}(\rho u \cdot u) + \frac{\partial}{\partial r}(\rho r v \cdot u) = \frac{\partial}{\partial r}\left(\mu r \frac{\partial u}{\partial r}\right) \tag{5-109}$$

3. 能量方程

$$\frac{\partial(\rho r u h_0)}{\partial x} + \frac{\partial(\rho r v h_0)}{\partial r} =$$

$$\frac{\partial[r(u\tau_{xx} + v\tau_{rx} + \delta\dot{Q}_x)]}{\partial x} + \frac{\partial[r(u\tau_{xr} + v\tau_{rr} + \delta\dot{Q}_r)]}{\partial r} - r\sum_{\chi=1}^{N}\dot{\omega}_\chi \cdot (H_{f,T})_\chi \tag{5-110}$$

忽略流动黏性,外热只考虑热传导和化学反应的作用,且忽略流动方向即轴向上的传热(即只有在径向存在传热),则能量方程可简化为

$$\frac{\partial}{\partial x}(\rho r u h_0) + \frac{\partial}{\partial r}(\rho r v h_0) = \frac{\partial}{\partial r}\left(\kappa r \frac{\partial T}{\partial r}\right) + r\dot{\omega}_{fu}(H_{b,T})_{fu} \tag{5-111}$$

将连续方程式(5-102)代入,可得非守恒形式的能量方程为

$$\rho u \frac{\partial h_0}{\partial x} + \rho v \frac{\partial h_0}{\partial r} = \frac{\partial}{\partial r}\left(\kappa r \frac{\partial T}{\partial r}\right) + r\dot{\omega}_{fu}(H_{b,T})_{fu} \tag{5-112}$$

没有化学反应时，能量方程为

$$\frac{\partial}{\partial x}(\rho r u h_0) + \frac{\partial}{\partial r}(\rho r v h_0) = \frac{\partial}{\partial r}\left(\kappa r \frac{\partial T}{\partial r}\right) \qquad (5-113)$$

或

$$\rho r u \frac{\partial h_0}{\partial x} + \rho r v \frac{\partial h_0}{\partial r} = \frac{\partial}{\partial r}\left(\kappa r \frac{\partial T}{\partial r}\right) \qquad (5-114)$$

利用总焓与静焓的关系 $h_0 = h + \mathbf{V}^2/2$，忽略压强的作用与流动黏性的影响，可变换为用静温 T 表示的能量方程，即

$$\frac{\partial}{\partial x}(\rho r u c_p T) + \frac{\partial}{\partial r}(\rho r v c_p T) = \frac{\partial}{\partial r}\left(\kappa r \frac{\partial T}{\partial r}\right) + r\dot{\omega}_{fu}(H_{b,T})_{fu} \qquad (5-115)$$

$$\frac{\partial}{\partial x}(\rho r u c_p T) + \frac{\partial}{\partial r}(\rho r v c_p T) = \frac{\partial}{\partial r}\left(\kappa r \frac{\partial T}{\partial r}\right) \qquad (5-116)$$

参考文献

[1] 武晓松,陈军,王栋,等. 固体火箭发动机工作过程数值仿真 [M]. 北京:高等教育出版社,2006.

[2] 曲作家,张振铎,孙思诚. 燃烧理论基础 [M]. 北京:国防工业出版社,1989.

[3] 周力行. 燃烧理论和化学流体力学 [M]. 北京:科学出版社,1986.

[4] 周力行. 湍流气粒两相流动和燃烧的理论与数值模拟 [M]. 北京:科学出版社,1994.

[5] 王守范. 固体火箭发动机燃烧与流动 [M]. 北京工业学院出版社,1987.

[6] 范维澄,万跃鹏. 流动及燃烧的模型与计算 [M]. 安徽:中国科学技术大学出版社,1992.

[7] 王应时,范维澄. 燃烧过程数值计算 [M]. 北京:科学出版社,1986.

[8] 范维澄,陈义良. 计算燃烧学 [M]. 安徽:安徽科学技术出版社,1987.

[9] [美] 帕坦卡 S V. 传热与流体流动的数值计算 [M]. 张政,译. 北京:科学出版社,1984.

[10] 马铁犹. 计算流体力学 [M]. 北京:北京航空学院出版社,1986.

[11] 李万平. 计算流体力学 [M]. 武汉:华中科技大学出版社,2004.

[12] 王承尧,王正华,杨晓辉. 计算流体力学及其并行算法 [M]. 长沙:国防科技大学出版社,2000.

[13] 蔡体敏. 固体火箭发动机工作过程的数值分析 [M]. 陕西:西北工业大学出版社,1991.

[14] Patankar S V, Spalding D B. A Calculation Procedure for Heat Mass and Momentum Transfer in Three – Dimensional Parabolic Flow [J]. Heat Mass Transfer, 1972, 12:1787.

[15] Patankar S V. Numerical Heat Transfer and Fluid Flow [M]. McGraw – Hill Book Company,1980.

第6章　燃烧中的物理过程

在燃烧过程中,总会伴随有燃烧组分(燃气)的传热传质和物理化学性质的改变。燃气的物理性质(物性参数)主要包括燃气的热力性质(如燃气组成、比热比、气体常数、分子量、比热容和绝热燃烧温度等)和输运性质(黏性系数 μ、导热系数 κ 和扩散系数 D),还包括传热传质引起的物理性质的变化。

在通常的应用计算中,燃气的许多性质都被简单处理,很多时候都被看作常数。实际上,燃烧过程中燃气内部及流动边界必然存在传热和传质现象,故燃气的物性参数大多随着温度而变化。同时,燃烧过程对边界的传热和传质,不仅是重要的边界条件,反过来又会影响燃烧的性质。因此,分析燃烧中的物理过程对研究燃烧机理具有重要意义。

燃气的热力性质在第4章"化学热力学"中已进行了深入讨论,本章主要讨论燃气的输运性质,内容包括:6.1 输运系数;6.2 燃烧中的传热和传质;6.3 斯蒂芬流。

6.1　输运系数

燃气的流速、温度及组分等,如果在所研究的空间中分布不均匀,就会引起燃气的物理性质在空间的传输,称为输运现象。速度梯度产生动量输运,温度梯度产生热量输运,组分浓度梯度产生质量输运。这些输运现象往往同时存在且相互影响,如由浓度梯度引起的热传导现象(扩散传热)称为迪富尔效应(Dufour effect),由温度梯度引起的质量扩散现象(热扩散)称为索瑞特效应(Soret effect)。在温度梯度或压差不大的条件下,这种交叉输运较小,通常可以忽略,因此可以认为动量输运、热量输运和质量输运是相互独立且各向同性的。

对于层流,引起这些输运现象的根本原因是分子热运动;而对于湍流,更重要的原因是流场中微小涡团的传输作用,其输运现象比层流要复杂得多。本节只讨论层流输运现象。

6.1.1　输运定律

由于输运现象是由分子热运动引起的,因此可以采用分子运动模型来描述输运现象。设单个分子 A 的任意平均强度量用 φ 表示,它在某个方向 y 上从位置 1 变化到另一个位置 2,相应地,该分子所具有的强度量随着位置的改变而发生转移,这就是输运现象,如图 6-1 所示,其间的距离 δy 即为分子的平均自由程 $\bar{l}$。

显然,强度量 φ 在某个方向上的总输运量 Φ 应与分子数密度 C_{N_A}、分子平均速

度 $\bar{v}$、分子平均自由程 $\bar{l}$ 及强度量在该方向上的梯度 $\dfrac{\partial \varphi}{\partial y}$ 成正比,即

$$\Phi = -\beta C_{N_A} \bar{v} \bar{l} \; \frac{\partial \varphi}{\partial y} = -\wp \frac{\partial \varphi}{\partial y} \tag{6-1}$$

该式称为通用输运方程。其中 β、$\wp$ 为比例系数。当 $\varphi = m_A v$、$m_A c_v T$、m_A 时,分别代表分子的平均动量、平均能量和平均分子质量,则对应的输运量(用 Φ_μ、Φ_κ、Φ_D 表示)分别为

$$\begin{cases} \Phi_\mu = -\beta_\mu \rho_A \bar{v} \bar{l} \cdot \dfrac{\partial v}{\partial y} \\[2mm] \Phi_\kappa = -\beta_\kappa \rho_A \bar{v} \bar{l} c_v \cdot \dfrac{\partial T}{\partial y} \\[2mm] \Phi_D = -\beta_D \rho \bar{v} \bar{l} \cdot \dfrac{\partial Y_A}{\partial y} \end{cases} \tag{6-2}$$

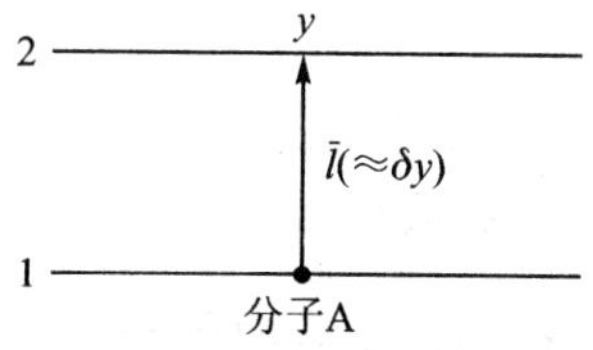

图 6-1　分子运动模型示意图

式中:β_μ、β_κ、β_D 分别对应于不同强度量 φ 的比例系数;ρ_A 为组分 A 的密度,ρ 为总密度,即有 $\rho_A = \rho Y_A = C_{N_A} m_A$。如果定义

$$\begin{cases} \mu = \beta_\mu \rho_A \bar{v} \bar{l}, \quad \text{或} \quad \upsilon = \beta_\mu \bar{v} \bar{l} \\[2mm] \kappa = \beta_\kappa \rho_A \bar{v} \bar{l} c_v \\[2mm] D = \beta_D \bar{v} \bar{l} \end{cases} \tag{6-3}$$

分别对应动量输运、热量输运和质量输运的黏性系数 μ、导热系数 κ 和扩散系数 D,统称为输运系数,则有

$$\Phi_\mu = \tau = -\mu \cdot \frac{\partial v}{\partial y} \tag{6-4}$$

称为牛顿(I. Newton)黏性定律,其中 τ 为流体切应力;

$$\Phi_\kappa = \dot{q} = -\kappa \cdot \frac{\partial T}{\partial y} \tag{6-5}$$

称为傅里叶(Fourier,Jean Baptiste Joseph)导热定律,其中 $\dot{q}$ 为热流密度;

$$\Phi_D = J_A = -\Gamma_A \cdot \frac{\partial Y_A}{\partial y} \tag{6-6}$$

称为费克(A. Fick)扩散定律,其中 J_A 为 A 分子的扩散质量通量,$\Gamma_A = \rho D_A$ 称为组分 A 的质量交换系数。

从输运系数的定义式(6-3)可知,欲求输运系数,须知分子运动参数 $\bar{v}$、$\bar{l}$ 和系数 β。对于刚球分子模型,认为分子运动沿 x、y、z 三方向的随机运动几率均等,即可取

$$\beta_\mu = \beta_\kappa = \beta_D = \frac{1}{3} \tag{6-7}$$

根据麦克斯韦尔(J. C. Maxwell)速度分布规律及分子运动论,有

$$\bar{l} = \frac{1}{\sqrt{2}\,\pi C_{N_A} \sigma^2}, \quad \bar{v} = \sqrt{\frac{8 k^\circ T}{\pi m_A}}, \quad C_{N_A} = \frac{\rho_A}{m_A} = \frac{p}{k^\circ T} \tag{6-8}$$

其中 σ 为碰撞直径,k° 为玻耳兹曼常数。代入 μ、κ、D 的定义式(6-3),可得刚球分

子模型假设下的输运系数的计算公式为

$$
\begin{cases}
\mu = \dfrac{2}{3\pi} \sqrt{\dfrac{k^\circ m_A}{\pi}} \cdot \dfrac{T^{1/2}}{\sigma^2} \\[3mm]
\kappa = \dfrac{2}{3\pi} \sqrt{\dfrac{k^\circ m_A}{\pi}} \cdot \dfrac{c_v T^{1/2}}{\sigma^2} \\[3mm]
D = \dfrac{2}{3\pi} \sqrt{\dfrac{(k^\circ)^3}{\pi m_A}} \cdot \dfrac{T^{3/2}}{p\sigma^2}
\end{cases}
\tag{6-9}
$$

该公式指出了输运系数的基本变化规律,即黏性系数和导热系数都与 $T^{1/2}/\sigma^2$ 成正比,扩散系数与 $T^{3/2}/(p\sigma^2)$ 成正比。

6.1.2　输运系数的计算

虽然刚球分子模型得出了输运系数的变化规律,但存在较大的误差,因为分子间存在引力和斥力,不同的分子如单原子、多原子等,β 系数都不一样。分子之间的引力或斥力,目前广泛采用伦纳德-琼斯(Lennard-Jones)势能函数来表示。利用伦纳德-琼斯势对式(6-9)进行修正,赫希费尔德(J. O. Hirschfelder)等人推导出了精度较高的计算公式。

1. 单组分气体

对于只有单原子分子的组分,利用伦纳德-琼斯势修正,黏性系数、导热系数和扩散系数的计算公式分别为

$$
\mu = 2.6693 \times 10^{-6} \frac{(MT)^{1/2}}{\sigma^2 \Omega_\mu}
\tag{6-10}
$$

$$
\kappa = 8.3280 \times 10^{-2} \frac{(T/M)^{1/2}}{\sigma^2 \Omega_\kappa}
\tag{6-11}
$$

$$
D = 2.6628 \times 10^{-8} \frac{(T^3/M)^{1/2}}{p\sigma^2 \Omega_D}
\tag{6-12}
$$

式中:Ω_μ、Ω_κ、Ω_D 为伦纳德-琼斯参数,称为碰撞积分,见表6-1和表6-2,表中 ε/k° 具有温度量纲,为分子之间相互作用的特性温度(ε 为分子平均动能);M、T、p 分别为摩尔质量(kg/kmol)、温度(K)和压强(MPa),σ 为碰撞直径(Å,$1\text{Å}=10^{-10}$ m)。按上述单位计算,μ、κ、D 的单位分别为 Pa · s、W/(m · K) 和 m²/s。

对于多原子分子的组分,除导热系数公式应作修正外,黏性系数和扩散系数的计算公式仍适用。欧肯(A. Eucken)建议

$$
\kappa' = \kappa \left(\frac{4 C^0_{v,m,T}}{15 R_0} + \frac{3}{5} \right)
\tag{6-13}
$$

式中:κ' 为修正后的多原子分子导热系数;$C^0_{v,m,T}$ 为标准摩尔比定容热容。

2. 多组分气体混合物

设任意组分 i 的黏性系数和导热系数分别为 μ_i 和 κ_i,则包括 N 种组分的气体混合物的黏性系数和导热系数分别为

$$\begin{cases} \mu = \sum_{i=1}^{N} \left[\mu_i \left(1 + \sum_{j=1, i\neq j}^{N} \varphi_{ij} \frac{X_j}{X_i} \right)^{-1} \right] \\ \kappa = \sum_{i=1}^{N} \left[\kappa_i \left(1 + \sum_{j=1, i\neq j}^{N} A_{ij} \frac{X_j}{X_i} \right)^{-1} \right] \end{cases} \qquad (6-14)$$

其中

$$\varphi_{ij} = \frac{1}{\sqrt{8}} \left(1 + \frac{M_i}{M_j} \right)^{-\frac{1}{2}} \left[1 + \left(\frac{\mu_i}{\mu_j} \right)^{\frac{1}{2}} \left(\frac{M_j}{M_i} \right)^{\frac{1}{4}} \right]^2 \qquad (6-15)$$

$$A_{ij} = \frac{1}{\sqrt{8}} \left(1 + \frac{M_i}{M_j} \right)^{-\frac{1}{2}} \left[1 + \left(\frac{\kappa_i}{\kappa_j} \right)^{\frac{1}{2}} \left(\frac{M_j}{M_i} \right)^{\frac{1}{4}} \right]^2 \qquad (6-16)$$

表 6-1 伦纳德-琼斯势中所用参数

物 质		摩尔质量 /(kg·kmol^{-1})	ε/k /K	σ /Å	物 质		摩尔质量 /(kg·kmol^{-1})	ε/k /K	σ /Å
Ar	氩	39.948	124	3.418	C_2N_2	氰	52.036	339	4.380
He	氦	4.003	10.22	2.576	COS	羰基硫	60.075	335	4.130
Kr	氪	83.800	190	3.600	CO	一氧化碳	28.011	110	3.590
Ne	氖	20.183	35.7	2.789	CO_2	二氧化碳	44.010	190	3.996
Xe	氙	131.300	229	4.055	CH_4	甲烷	16.043	136.5	3.822
Air	空气	28.850	97	3.617	C_2H_2	乙炔	26.038	185	4.221
AsH_3	胂	77.946	281	4.060	C_2H_4	乙烯	28.054	205	4.232
Cl_2	氯	70.906	357	4.115	C_2H_6	乙烷	30.070	230	4.418
Br_2	溴	159.818	520	4.268	C_3H_8	丙烷	44.097	254	5.061
F_2	氟	37.997	112	3.653	C_4H_{10}	i-丁烷	58.124	313	5.341
I_2	碘	253.809	550	4.982	C_4H_{10}	n-丁烷	58.124	410	4.997
H_2	氢	2.016	33.3	2.968	C_5H_{12}	n-戊烷	72.151	345	5.769
N_2	氮	28.013	91.5	3.681	C_6H_{14}	n-己烷	86.178	413	5.905
O_2	氧	31.999	113	3.433	C_7H_{16}	n-庚烷	100.206	282	8.880
H_2O	水	18.015	356	2.649	C_8H_{18}	n-辛烷	114.233	320	7.451
HCl	氯化氢	36.461	360	3.305	C_9H_{20}	n-壬烷	128.260	240	8.448
HI	碘化氢	127.912	324	4.123	C_6H_{12}	环己烷	84.163	324	6.093
HgI_2	碘化汞	454.399	691	5.625	C_6H_6	苯	78.115	440	5.270
Hg	汞	200.590	851	2.898	CH_3OH	甲醇	32.042	507	3.585
NO	一氧化氮	30.006	119	3.470	C_2H_5OH	乙醇	46.070	391	4.455
N_2O	氧化亚氮	44.013	220	3.879	CCl_4	四氯化碳	153.823	327	5.881
SO_2	二氧化硫	64.063	252	4.290	$CHCl_3$	三氯甲烷	119.378	327	5.430
SF_6	六氟化硫	108.058	201	5.510	CH_2Cl_2	二氯甲烷	84.933	406	4.759
CS_2	二硫化碳	76.139	488	4.438	CH_3Cl	氯甲烷	50.488	855	3.375
CF_4	四氟化碳	88.005	152	4.700	C_2H_5Cl	氯乙烷	64.515	300	4.898

表 6 – 2　伦纳德-琼斯势的碰撞积分

$T/(\varepsilon/k°)$	$\Omega_\mu=\Omega_\kappa$	Ω_D	$T/(\varepsilon/k°)$	$\Omega_\mu=\Omega_\kappa$	Ω_D	$T/(\varepsilon/k°)$	$\Omega_\mu=\Omega_\kappa$	Ω_D
0.30	2.785	2.662	1.80	1.221	1.116	4.60	0.942 2	0.856 8
0.35	2.628	2.476	1.85	1.209	1.105	4.70	0.938 2	0.853 0
0.40	2.492	2.318	1.90	1.197	1.094	4.80	0.934 3	0.849 2
0.45	2.368	2.184	1.95	1.186	1.084	4.90	0.930 5	0.845 6
0.50	2.257	2.066	2.00	1.175	1.075	5.00	0.926 9	0.842 2
0.55	2.156	1.966	2.10	1.156	1.057	6.0	0.896 3	0.812 4
0.60	2.065	1.877	2.20	1.138	1.041	7.0	0.872 7	0.789 6
0.65	1.982	1.798	2.30	1.122	1.026	8.0	0.853 8	0.771 2
0.70	1.908	1.729	2.40	1.107	1.012	9.0	0.837 9	0.755 6
0.75	1.841	1.667	2.50	1.093	0.999 6	10.0	0.824 2	0.742 4
0.80	1.780	1.612	2.60	1.081	0.987 8	20.0	0.743 2	0.664 0
0.85	1.725	1.562	2.70	1.069	0.977 0	30.0	0.700 5	0.623 2
0.90	1.675	1.517	2.80	1.058	0.967 2	40.0	0.671 8	0.596 0
0.95	1.629	1.476	2.90	1.048	0.957 6	50.0	0.650 4	0.575 6
1.00	1.587	1.439	3.00	1.039	0.949 0	60.0	0.633 5	0.559 6
1.05	1.549	1.406	3.10	1.030	0.940 6	70.0	0.619 4	0.546 4
1.10	1.514	1.375	3.20	1.022	0.932 8	80.0	0.607 6	0.535 2
1.15	1.482	1.346	3.30	1.014	0.925 6	90.0	0.597 3	0.525 6
1.20	1.452	1.320	3.40	1.007	0.918 6	100.0	0.588 2	0.517 0
1.25	1.424	1.296	3.50	0.999 9	0.912 0	200.0	0.532 0	0.464 4
1.30	1.399	1.273	3.60	0.993 2	0.905 8	300.0	0.501 6	0.436 0
1.35	1.375	1.253	3.70	0.987 0	0.899 8	400.0	0.481 1	0.417 0
1.40	1.353	1.233	3.80	0.981 1	0.894 2			
1.45	1.333	1.215	3.90	0.975 5	0.888 8			
1.50	1.314	1.198	4.00	0.970 0	0.883 6			
1.55	1.296	1.182	4.10	0.964 9	0.878 8			
1.60	1.279	1.167	4.20	0.960 0	0.874 0			
1.65	1.264	1.153	4.30	0.955 3	0.869 4			
1.70	1.248	1.140	4.40	0.950 7	0.865 2			
1.75	1.234	1.128	4.50	0.946 4	0.861 0			

式中：X_i 和 X_j 分别为组分 i 和 j 的摩尔分数，M_i 和 M_j 分别为组分 i 和组分 j 的摩尔质量，i、$j=1,2,\cdots,N$。显然，$i=j$ 时，有 $\varphi_{ij}=A_{ij}=1$。

当燃气中存在凝聚相时，可采用下式修正黏性系数

$$\mu' = \mu\left(1+\frac{5}{12}\pi d_s^3 C_{N_s}\right) \tag{6-17}$$

式中:d_s 为凝聚相颗粒的平均直径(m);C_{N_s} 为单位体积内凝聚相的颗粒数(即粒子数浓度,m^{-3})。这时,导热系数也可采用欧肯建议的公式计算,即

$$\kappa' = \mu'\left(C_{p,m,T}^0 + \frac{5}{4}\frac{R_0}{M}\right) \qquad (6-18)$$

式中:$C_{p,m,T}^0$ 为标准摩尔比定压热容。

混合物扩散问题十分复杂,组分愈多,求解混合扩散系数就愈困难。在流动计算中,常使用某一组分 i 相对于其余组分的扩散系数(用 D_{im} 表示),即将除组分 i 以外的所有其余组分(用 m 表示)看作一种组分,使其简化成双组元扩散问题,可用下式近似计算

$$D_{im} = \frac{1 - X_i}{\sum\limits_{j=1, j\neq i}^{N} \dfrac{X_j}{D_{ij}}} \qquad (6-19)$$

式中:双组元的扩散系数 D_{ij} 可以采用式(6-12)计算,即

$$D_{ij} = 2.6628 \times 10^{-8} \frac{(T^3/M)^{1/2}}{p\sigma^2\Omega_D} \qquad (6-20)$$

这时,摩尔质量 M 和碰撞直径 σ 分别取

$$\begin{cases} M = \dfrac{2M_iM_j}{M_i + M_j} \\ \sigma = \dfrac{\sigma_i + \sigma_j}{2} \end{cases} \qquad (6-21)$$

分子平均动能取

$$\varepsilon = \sqrt{\varepsilon_i\varepsilon_j} \quad \text{或} \quad \varepsilon/k^\circ = \sqrt{(\varepsilon_i/k^\circ)\cdot(\varepsilon_j/k^\circ)} \qquad (6-22)$$

可以证明

$$D_{ij} = D_{ji} \qquad (6-23)$$

部分气体双组元之间的扩散系数如表 6-3 所列。

表 6-3　部分气体双组元之间的扩散系数($T=273.15$ K, $p=0.101\ 325$ MPa)

气体双组元	$D\times10^4$ /(m²·s⁻¹)	气体双组元	$D\times10^4$ /(m²·s⁻¹)	气体双组元	$D\times10^4$ /(m²·s⁻¹)	气体双组元	$D\times10^4$ /(m²·s⁻¹)
N_2-He	0.71	H_2-(n-丁烷)	0.38	CO_2-CO	0.14	空气—O_2	0.18
N_2-Ar	0.20	H_2-O_2	0.81	$CO_2-C_2H_4$	0.15	空气—CO_2	0.14
N_2-H_2	0.78	H_2-CO	0.75	CO_2-CH_4	0.15	空气—H_2O	0.23
N_2-O_2	0.22	H_2-CO_2	0.65	CO_2-H_2O	0.19	空气—CS_2	0.10
N_2-CO	0.22	H_2-CH_4	0.73	$CO_2-C_3H_8$	0.09	空气—甲醇	0.11
N_2-CO_2	0.16	$H_2-C_2H_4$	0.60	CO_2-甲醇	0.09	空气—C_6H_6	0.08
N_2-H_2O	0.24	$H_2-C_2H_6$	0.54	$CO_2-C_6H_6$	0.06	空气—H_2	0.63
$N_2-C_2H_4$	0.16	H_2-H_2O	0.90	CO_2-O_2	0.18	H_2O-CH_4	0.28
$N_2-C_2H_6$	0.15	H_2-Br_2	0.58	O_2-CO	0.21	$H_2O-C_2H_4$	0.20
$N_2-C_4H_{10}$	0.10	$H_2-C_6H_6$	0.34	$CO-C_2H_4$	0.13	H_2O-O_2	0.27

例[6-1]：计算在一个大气压（0.101 325 MPa）和 175℃时氩气在氢气中的扩散系数。（实测值为 1.76×10^{-4} m^2/s）

解：查表 6-1：$\sigma_{Ar} = 3.418$ Å，$\sigma_{H_2} = 2.968$ Å

$$\varepsilon_{Ar}/k^\circ = 124 \text{ K}, \quad \varepsilon_{H_2}/k^\circ = 33.3 \text{ K}$$

由式（6-21）和式（6-22），得

$$\sigma = \frac{\sigma_{Ar} + \sigma_{H_2}}{2} = 3.193 \text{（Å）}, \quad \varepsilon/k^\circ = \sqrt{(\varepsilon_{Ar}/k^\circ) \cdot (\varepsilon_{H_2}/k^\circ)} = 64.259 \text{（K）}$$

则

$$T/(\varepsilon/k^\circ) = \frac{175 + 273.15}{64.259} = 6.974$$

查表 6-2：插值得 $\Omega_D = 0.7902$

又知 $M_{Ar} = 39.95$ kg/kmol，$M_{H_2} = 2.02$ kg/kmol，则 $M = \dfrac{2M_{Ar}M_{H_2}}{M_{Ar} + M_{H_2}} = 3.846$（kg/kmol）

代入式（6-20），得

$$D_{Ar-H_2} = 2.6628 \times 10^{-8} \frac{(T^3/M)^{1/2}}{p\sigma^2 \Omega_D} = 1.578 \times 10^{-4} \quad \text{（m^2/s）}$$

可见，理论计算结果与实测值的误差为 10.3%，具有较好的预示精度。

6.1.3 温度和压强对输运系数的影响

燃烧过程中，一般燃气温度非常高，同时，有些燃烧过程压强也很高（如固体火箭发动机中的燃烧压强常达 10 MPa 以上），前述计算模型中均考虑了温度 T 的影响，但没有考虑压强的影响。大量研究发现，低压和中压下压强对输运系数的影响很小，但在高压下有一定影响。温度是影响输运系数的主要因素，压强的影响较小（特别对于气体的黏性系数和导热系数，在缺乏数据的情况下可不作修正）。

温度对输运系数的影响存在一定的规律性，通过这些规律，可以很方便地确定不同温度下的输运系数。对于单一气体，萨瑟兰（D. M. Sutherland）提出

$$\frac{\mu}{\mu_{ref}} = \frac{\kappa}{\kappa_{ref}} = \frac{T_{ref} + S}{T + S}\left(\frac{T}{T_{ref}}\right)^{\frac{3}{2}} \tag{6-24}$$

式中：μ、κ 为温度 T 下的黏性系数和导热系数；μ_{ref}、κ_{ref} 为参考温度 T_{ref}（一般取 273.15 K）下的黏性系数和导热系数；S 为萨瑟兰常数。

表 6-4 给出了部分气体的相关数据，其中空气的物性参数也可用萨瑟兰公式来计算，因为其主要组分 N_2 和 O_2 是结构大致相同的双原子分子。对于表中未列出的组分，萨瑟兰常数 S 可取为

$$S \approx 1.5 T_B \tag{6-25}$$

式中：T_B 为组分的沸点。

萨瑟兰公式的适用温度可达 2 000 K 左右，计算结果比较精确。有时，也可用麦克斯韦-瑞利（Maxwell-Rayleigh）提出的近似幂律公式

$$\frac{\mu}{\mu_{ref}} = \left(\frac{T}{T_{ref}}\right)^{n_1}, \quad \frac{\kappa}{\kappa_{ref}} = \left(\frac{T}{T_{ref}}\right)^{n_2} \tag{6-26}$$

式中:指数 n_1、n_2 对于大部分气体约为 0.7,见表 6-4。

表 6-4　部分气体的输运性质和萨瑟兰常数($T=273.15$ K,$p=0.101\ 325$ MPa)

气　体	化学式	$\mu \times 10^5$ /(Pa·s)	$\kappa \times 10^2$ /(W·m^{-1}·K^{-1})	ρ /(kg·m^{-3})	S /K	n_1	n_2
空气	Air	1.716	2.413	1.293	110.6	0.666	0.81
氩	Ar	2.125	1.634	1.784	144.4	0.72	0.73
二氧化碳	CO_2	1.370	1.454	1.977	222.2	0.79	1.38
一氧化碳	CO	1.657	2.322	1.250	136.1	0.71	0.85
氢气	H_2	0.841	16.261	0.090	96.7	0.68	0.85
氮气	N_2	1.663	2.422	1.250	106.7	0.67	0.76
氧气	O_2	1.919	2.545	1.429	138.9	0.69	0.86
水蒸气	H_2O	1.703	1.792	0.804	861.1	1.04	1.20

对于高温下气体混合物的导热系数,尤利宾(S. A. Ulybin)提出如下经验公式

$$\frac{\kappa_{T_2}}{\kappa_{T_1}} = \sum_{i=1}^{N} Y_i \frac{\kappa_{i,T_2}}{\kappa_{i,T_1}} \tag{6-27}$$

式中:κ_{T_1}、κ_{T_2} 为对应温度 T_1 和 T_2 下气体混合物的导热系数;κ_{i,T_1}、κ_{i,T_2} 为对应温度 T_1 和 T_2 下单一组分 i 的导热系数。

扩散系数随温度和压强的变化可用如下关系式计算

$$D = D_{ref}\left(\frac{p_{ref}}{p}\right)\left(\frac{T}{T_{ref}}\right)^{1.5}\left[\frac{(\Omega_D)_{ref}}{\Omega_D}\right] \tag{6-28}$$

式中:带下标 ref 的参数表示参考状态(一般取常温、常压)下的值。

6.1.4　输运系数的相似准则

在燃烧过程中,输运现象是同时发生的,它们之间必然存在一定的内在联系。表 6-5 总结了动量输运、能量输运和质量输运的相似性。

普朗特数(Prandtl number)、施密特数(Schmidt number)和路易斯数(Lewis number)指出了动量输运、能量输运和质量输运之间的关系,称为输运相似准则。普朗特数把动量输运和能量输运联系起来,用符号 Pr 表示,定义为

$$Pr = \frac{\upsilon}{a} = \frac{c_p \mu}{\kappa} \tag{6-29}$$

施密特数把动量输运和质量输运联系起来,用符号 Sc 表示,定义为

$$Sc = \frac{\upsilon}{D} = \frac{\mu}{\rho D} \tag{6-30}$$

路易斯数把质量输运和能量输运联系起来,用符号 Le 表示,定义为

$$Le = \frac{a}{D} = \frac{\kappa}{\rho c_p D} \tag{6-31}$$

式中：v 为燃气的运动黏性系数；μ 为燃气的动力黏性系数；a 为燃气的热扩散系数（或导温系数），定义为

$$a = \frac{\kappa}{\rho c_p} \tag{6-32}$$

表 6-5　输运现象的相似性

输运现象 / 相似性	动量输运	能量输运	质量输运
宏观原因	速度梯度	温度梯度	组分浓度梯度
宏观结果	黏性	热传导	扩散
输运系数 ϱ	动力或运动黏性系数 μ,v	导热系数 κ 或热扩散系数 a	扩散系数 D
输运强度量 φ	流速 v 或动量密度 ρv	温度 T 或能量密度 $\rho c_p T$	质量分数 Y_Λ
输运通量 Φ	切应力 τ	热流密度 $\dot{q}$	组分的扩散质量通量 J_Λ
输运定律 $\Phi = -\varrho \dfrac{\partial \varphi}{\partial y}$	牛顿黏性定律 $\tau = -\mu \dfrac{\partial v}{\partial y}$ $\tau = -v \dfrac{\partial(\rho v)}{\partial y}$	傅里叶导热定律 $\dot{q} = -\kappa \dfrac{\partial T}{\partial y}$ $\dot{q} = -a \dfrac{\partial(\rho c_p T)}{\partial y}$	费克扩散定律 $J_\Lambda = -\Gamma_\Lambda \dfrac{\partial Y_\Lambda}{\partial y}$

由黏性系数和导热系数的计算式（6-10）和式（6-11）可知，它们存在相似性，欧肯推导出

$$Pr = \frac{4\gamma}{9\gamma - 5} \tag{6-33}$$

该式和实验数据符合较好。对于单原子气体，$\gamma = 5/3$，则 $Pr = 2/3 \approx 0.667$；对于空气，$\gamma = 1.4$，则 $Pr \approx 0.737$。对于一般的气体混合物，Pr 的典型取值为 0.72 左右。

对于两种成分的混合气体，一般可取 $Sc \approx 0.83$ 和 $Le \approx 1.25$。通常普朗特数 Pr 和施密特数 Sc 均小于 1，但接近于 1；而路易斯数 Le 对于大多气体非常接近于 1，燃气通常略小于 1。由于燃烧问题非常复杂，为了简化，通常假设上述三个准则数均等于 1。确定各个准则数后，输运系数之间的转换关系便确定了。部分物质的输运相似准则数见表 6-6。

表 6-6　部分物质的普朗特数 Pr、施密特数 Sc 和路易斯数 Le（$T=273.15$ K，$p=0.101\,325$ MPa）

相似准则数 / 物质	Pr	Sc	Le
Ar	0.67	0.75	1.12
N_2	0.71	0.74	1.04
O_2	0.72	0.74	1.03
H_2	0.71	0.73	1.03
CO_2	0.75	0.71	0.95
空气	0.72	—	—
甲烷	0.74	0.70	0.95
$H_2O(g)$	1.07(380K)	—	—
$H_2O(l)$	13.6		

6.2 燃烧中的传热和传质

在燃烧过程中,不可避免地会产生热量,这些热量以不同方式为人们所利用,有的需要尽可能减少热损失,有的需要加强热传递。因此,燃烧总是伴随着传热,同时伴随着质量的传递即传质。传热和传质不仅影响燃烧过程本身,也是燃烧系统的重要边界条件。本节从实际应用出发给出各种传热和传质的基本计算方法。

6.2.1 传热的基本定律

由于燃烧产生高温燃气,往往同时伴随着流动,因此三种基本的传热方式在燃烧中均存在,即热传导、对流传热和辐射传热。

1. 热传导

热传导简称导热,其基本定律为傅里叶导热定律式(6-5)。它指出,通过物体内任意位置处的导热热流密度 $\dot{q}$ 与该点上的温度梯度成正比,即

$$\dot{q} = \frac{\mathrm{d}\Phi}{\mathrm{d}A} = -\kappa\,\frac{\partial T}{\partial y} \tag{6-34}$$

式中:Φ 为热流量(W),即单位时间内所传递的热量;A 为传热面积;κ 为材料的导热系数。

推广到一般性,有

$$\dot{q} = \frac{\mathrm{d}\Phi}{\mathrm{d}A} = -\kappa \cdot \nabla T \tag{6-35}$$

在能量控制方程式(5-28)中,热传导的影响体现在方程中的热量项 $\delta\dot{Q}$ 中。忽略流动效应(即 v_i、$v_j = 0$,$\rho = \mathrm{Const}$),把热源项 $\delta\dot{Q}$ 中的导热项 $\dfrac{\partial}{\partial x_j}\left(\kappa\,\dfrac{\partial T}{\partial x_j}\right)$ 分离出来,其余热源用 $\delta\dot{Q}_R$ 表示,则可得导热微分方程为

$$\rho c\,\frac{\partial T}{\partial t} = \frac{\partial}{\partial x_j}\left(\kappa\,\frac{\partial T}{\partial x_j}\right) + \delta\dot{Q}_R, \quad j = 1,2,3 \text{ 求和} \tag{6-36}$$

该方程也可由一维导热微分方程式(5-83)推广到多维而得到。当导热系数 κ、材料密度 ρ 和比热容 c 均看作为常数时,考虑材料的热扩散系数(或称导温系数)a 的定义式(6-32),式(6-36)可写为

$$\frac{\partial T}{\partial t} = a\left(\frac{\partial^2 T}{\partial x^2} + \frac{\partial^2 T}{\partial y^2} + \frac{\partial^2 T}{\partial z^2}\right) + \frac{1}{\rho c}\cdot\delta\dot{Q} = a\nabla^2 T + \frac{1}{\rho c}\cdot\delta\dot{Q} \tag{6-37}$$

在柱坐标系中,导热微分方程的形式为

$$\frac{\partial T}{\partial t} = a\left(\frac{\partial^2 T}{\partial r^2} + \frac{1}{r}\,\frac{\partial T}{\partial r} + \frac{1}{r^2}\,\frac{\partial^2 T}{\partial \theta^2} + \frac{\partial^2 T}{\partial x^2}\right) + \frac{1}{\rho c}\cdot\delta\dot{Q} \tag{6-38}$$

实际应用中,很多传热问题可以简化为一维导热过程,这时方程式(6-38)可简化为

$$\frac{\partial T}{\partial t} = a\left(\frac{\partial^2 T}{\partial r^2} + \frac{1}{r}\frac{\partial T}{\partial r}\right) + \frac{1}{\rho c} \cdot \delta\dot{Q} \qquad (6-39)$$

2. 对流传热

对流是燃气流动对固壁的主要传热方式。对流传热计算依据的是牛顿冷却定律,即

$$\Phi = \alpha(T_w - T)A, \quad \text{或} \quad \dot{q} = \alpha(T_w - T) \qquad (6-40)$$

式中:α 为对流传热系数,T_w 和 T 分别表示固壁表面温度和燃气流温度,A 为传热面积。影响 α 的因素非常多,从理论上确定其解析表达式是非常困难的,在工程计算中通常采用各种形式的经验或半经验关系式。

在壁面上,对流传热与壁面的导热满足如下边界条件

$$\alpha(T_w - T) = -\kappa\left(\frac{\partial T}{\partial y}\right)_{y=0} \qquad (6-41)$$

式中:y 为离开固壁的法向距离,即在稳态条件下,燃气流对壁面的对流传热量等于固体壁面的导热量。可见,只要知道对流传热系数 α,便不难确定传热量 Φ 和边界条件。

在实际计算中,常用无量纲数将对流传热系数 α 表示成相似准则关系式,其中以努塞尔数 Nu(Nusselt number)表示最为方便,定义为

$$Nu = \frac{\alpha L}{\kappa} \qquad (6-42)$$

式中:L 为特征尺寸。

因此,只要已知努塞尔数,就可计算出对流传热系数 α 的值。有关努塞尔数的计算方法可参见传热学的知识。本节后面将讨论在流动边界层中传热的努塞尔数计算模型,以提供燃气流动过程中边界条件的求解方法。

3. 燃气与固壁间的辐射传热

辐射传热量的计算基于斯蒂芬-玻耳兹曼(Stefan - Boltzmann)定律,又称为辐射传热的四次方定律,即为

$$\dot{q} = \varepsilon\sigma T^4 \qquad (6-43)$$

式中:$\dot{q}$ 为热流密度;σ 为斯蒂芬-玻耳兹曼常数,$\sigma = 5.669 \times 10^{-8}\,\text{W}/(\text{m}^2 \cdot \text{K}^4)$;$\varepsilon$ 为灰体的发射率,对于黑体 $\varepsilon = 1$。实际物质一般都不是典型的灰体或黑体,但在工程计算中,仍用四次方定律形式,其误差可折算到物体发射率 ε 中加以修正。

在火箭发动机中,燃气温度非常高,通常达 3 000 K 左右,因此燃气对固壁的辐射是十分显著的。利用四次方定律,燃气对固壁的辐射热流密度可表示成

$$\dot{q} = \varepsilon'_w\sigma(\varepsilon T^4 - \beta T_w^4) \qquad (6-44)$$

式中:ε'_w 为固体壁面的有效发射率;ε 为温度为 T 的燃气的发射率;β 为燃气对来自温度为 T_w 的壁面辐射的吸收率。

为了计算方便,假设固壁表面为灰体,霍特尔(H. C. Hottel)建议有效发射率取为

$$\varepsilon_w' = \frac{\varepsilon_w + 1}{2} \tag{6-45}$$

式中：ε_w 为固体壁面的真实发射率，其值在 $0.8 \sim 1$ 之间。对于火箭发动机内壁表面，可取 $\varepsilon_w = 0.8$。因此，由式 (6-44) 中可知，欲求辐射能，关键是要确定燃气的发射率 ε 和壁面的吸收率 β。

　　燃气的热辐射受高温、高压的影响，各组分的发射率随温度的升高而降低，而随压强的升高而增大。在固体火箭发动机中，目前所用的推进剂主要含 C、H、O、N 等元素，其热辐射特性取决于其中多原子分子如 H_2O、CO_2、NO、OH、HF 等极性分子和凝聚相微粒。如果只考虑 CO_2 和 H_2O（这两种常常是主要的）的热辐射，则燃气的发射率为

$$\varepsilon = \varepsilon_{CO_2} + \varepsilon_{H_2O} - \varepsilon_{CO_2}\varepsilon_{H_2O} \tag{6-46}$$

式中：ε_{CO_2}、ε_{H_2O} 分别为 CO_2 和 H_2O 的发射率。CO_2 的发射率查图 6-2 可得，H_2O 的发射率为

$$\varepsilon_{H_2O} = 1 - (1 - \varepsilon_{H_2O}^\circ)^n \tag{6-47}$$

该式考虑了 H_2O 对压强的敏感性修正。其中 $\varepsilon_{H_2O}^\circ$ 是理想条件（$p = 1\ atm$，$p_{H_2O} = 0$）下 H_2O 的发射率，可从图 6-3 中查得；指数 $n = 1 + k_{H_2O}p_{H_2O}$，可从图 6-4 中查得，分压 p_{H_2O} 或 p_{CO_2} 可由道尔顿分压定律或摩尔分数确定。

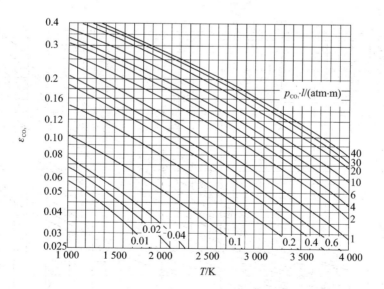

图 6-2　CO_2 的发射率随温度与射线平均行程的变化曲线

　　图中 l 表示热射线的平均行程，$l = 3.6\ \Omega/A_w$，Ω 为气体所占容积，A_w 为容器内表面积。一般地，直径为 d 的长圆柱形燃烧室对整个内表面辐射时取 $l = 0.90d$，只对侧表面辐射时取 $l = 0.95d$，如表 6-7 所列。

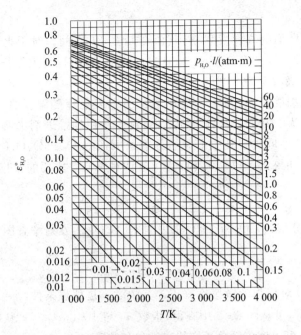

图 6 - 3 $\varepsilon_{H_2O}^{o}$ 随温度与射线平均行程的变化曲线

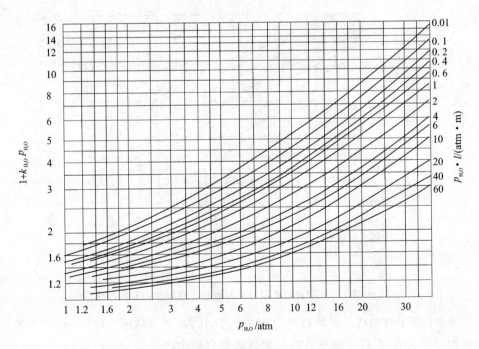

图 6 - 4 H_2O 的发射率指数 n 曲线

表 6 - 7　射线平均行程 l 值

气体容积形状	l
直径为 d 的球体对整个表面辐射	0.65d
边长为 a 的立方体对每个侧表面辐射	0.60a
长度等于直径 d 的圆柱体：对全表面辐射	0.60d
对底面中心辐射	0.77d
长度等于两倍直径 d 的圆柱体：对整个表面辐射	0.73d
对侧表面辐射	0.76d
对底面辐射	0.60d
直径为 d 的长圆柱：对整个表面辐射	0.90d
对侧表面辐射	0.95d

燃气的吸收率 β 与发动机壁温 T_w 有关，可按下式计算

$$\beta = \varepsilon'_{CO_2} + \varepsilon'_{H_2O} - \varepsilon'_{CO_2}\varepsilon'_{H_2O} \tag{6-48}$$

式中：CO_2、H_2O 的发射率 ε'_{CO_2} 和 ε'_{H_2O} 可按壁温 T_w 用上述方法查图 6 - 2～图 6 - 4 可得。

考虑燃气两相流动时，凝聚相微粒参与辐射热交换，可认为是缩短了辐射射线平均行程，因此，两相燃气的发射率 ε_m 为

$$\varepsilon_m = 1 - \exp[\ln(1-\varepsilon) - C_{N_s}A_{N_s}l] \tag{6-49}$$

式中：ε 为气相的发射率，由式（6 - 46）确定；C_{N_s}、A_{N_s} 分别为凝聚相的粒子数浓度和凝聚相粒子在垂直于射线方向上的投影面积。

对于辐射传热的计算，为了方便，也可用牛顿冷却定律式（6 - 40）的形式定义一个等效的对流传热系数 α_r，从而使对流和辐射计算统一起来。由式（6 - 44）和牛顿冷却定律，有

$$\alpha_r = \frac{\dot{q}}{T - T_w} = \frac{\varepsilon'_w \sigma(\varepsilon T^4 - \beta T_w^4)}{T - T_w} \tag{6-50}$$

如果用 α_c 表示对流和热辐射的总对流传热系数，即

$$\alpha_c = \alpha + \alpha_r \tag{6-51}$$

这样就可以统一用牛顿冷却定律式（6 - 40）计算对流和辐射传给固壁的热流密度。

6.2.2　边界层理论

在本章 6.1 节讨论的输运现象是由于分子热运动产生的，是普遍存在的。在实际应用中，还存在着宏观上的"输运"，表现为流动在边界（如壁面）上的参数变化，主要指动量传递和传热传质。在边界面上流动的流体与远离边界的流体在性质上有很大差别，1904 年普朗特提出了边界层的概念。

流体以 u_∞ 的速度流过固体壁面时，由于黏性的作用，在壁面上的速度为零，离开壁面很快接近原有流速 u_∞，如图 6 - 5 所示。普朗特把靠近固体壁面处流体速度梯度很大的这一薄层流体称为边界层（或附面层，Boundary layer），边界层之外为主流

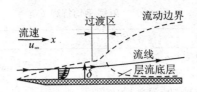

图 6-5　平板边界层

区。通常边界层厚度 δ 是指离开壁面且速度达到主流速度 u_∞ 的 99% 处的距离。

由图 6-5 中的流动变化规律可以看出，边界层厚度 δ 随离前沿距离 x 的增大而变厚。当 x 小于某一临界值时，边界层内的流动为层流；当 x 加大后，边界层内的流动为过渡流；当 x 增大到一定值后，边界层内的流动变为湍流。在湍流边界层内，还有一个非常薄的流层其流动仍为层流，具有很大的速度梯度，这就是层流底层，又称黏性子层（Viscous sublayer）。实验表明，对于平板流动，$Re \leqslant 2 \times 10^5$ 时，为层流边界层；$2 \times 10^5 < Re \leqslant 3 \times 10^6$ 时，边界层可能是层流也可能是湍流，称为过渡区；$Re > 3 \times 10^6$ 时，边界层为湍流。一般地，平板层流与湍流之间的临界雷诺数可取 $Re_{cr} = 2 \times 10^5$。

边界层只占流动区域的很微小部分，因此，可以把复杂的黏性流动等问题只放在边界层中研究，从而大大简化计算的复杂性；同时，边界层理论可以进一步明确给出具有真实物理意义的边界条件和物理参数，主要包括边界层内的速度分布、温度分布和浓度分布，以及其对应的壁面摩擦系数、对流传热系数和传质系数等。

为了得出边界层内的参数，普朗特对边界层作了如下基本假设：（1）在边界层内，垂直于壁面的速度远远小于平行于壁面的速度；（2）平行于壁面方向的速度梯度、温度梯度和各组分浓度梯度远远小于垂直于壁面方向的各相应梯度；（3）垂直于壁面的压强梯度小到近乎等于零。满足这些条件的边界层称为普朗特边界层。

进一步扩展边界层的概念，称由流体黏性形成的边界层为速度边界层或动量边界层（Flow or momentum boundary layer），由温度梯度形成的边界层为热边界层（Thermal boundary layer），由各组分浓度形成的边界层称为浓度边界层（Concentration boundary layer）。这三种边界层厚度分别用 δ、δ_T 和 δ_D 来表示，一般情况下，在层流中其大小并不相等，而在湍流中由于强烈的涡旋掺混作用使得这三种边界层厚度接近相同。

1. 平板层流边界层

所谓平板问题，实际上就是可以直接采用笛卡儿直角坐标系中的流动控制方程。对于如图 6-5 所示的平板流动，根据普朗特边界层理论，由基本假设（1）可知 $v \ll u$，即 $v = 0$；由假设（2）可知 $\dfrac{\partial(\ )}{\partial x} \ll \dfrac{\partial(\ )}{\partial y}$；由假设（3）可知 $\dfrac{\partial p}{\partial y} = 0$。从表 5-1 所列一般性的流动控制方程组中，忽略化学反应和彻体力，并假设定常流动，可以得到满足普朗特边界层基本假设的边界层流动控制方程组为

$$\begin{cases} \dfrac{\partial(\rho u)}{\partial x} + \dfrac{\partial(\rho v)}{\partial y} = 0 \\[3mm] \dfrac{\partial(\rho Y_\chi u)}{\partial x} + \dfrac{\partial(\rho Y_\chi v)}{\partial y} = \dfrac{\partial}{\partial y}\left(\rho D_{\chi m}\dfrac{\partial Y_\chi}{\partial y}\right), \quad \chi = 1,2,\cdots,N-1 \\[3mm] \dfrac{\partial(\rho u^2 + p)}{\partial x} + \dfrac{\partial(\rho u v)}{\partial y} = \dfrac{\partial}{\partial y}\left[\mu\left(\dfrac{\partial u}{\partial y}\right)\right] \\[3mm] \dfrac{\partial p}{\partial y} = 0 \\[3mm] \dfrac{\partial(\rho u c_p T)}{\partial x} + \dfrac{\partial(\rho v c_p T)}{\partial y} = u\dfrac{\partial p}{\partial x} + \dfrac{\partial}{\partial y}\left(\kappa\dfrac{\partial T}{\partial y}\right) \end{cases} \tag{6-52}$$

其中能量方程只考虑热传导引起的能量效应,即忽略了化学反应热、辐射传热、扩散传热及切应力和彻体力做功。

由于层流边界层流速较低,通常可以假设为不可压流动,即 $\rho =$ Const;同时,假设流动的物性参数如燃气的黏性系数 μ(或 v)、热扩散系数 a、扩散系数 D 等为常数,即采用常物性假设。常物性对应的温度在较薄的边界层中可直接取主流温度,边界层较厚时需要取膜温度(Film temperature),即平均温度;另外,布拉修斯(H. Blasius)为进一步简化计算,在普朗特基本假设基础上,还假设 $\partial p/\partial x = 0$,即不存在任何压强梯度,又称为布拉修斯边界层。这时,动量方程可简化为

$$u\frac{\partial u}{\partial x} + v\frac{\partial u}{\partial y} = v\frac{\partial^2 u}{\partial y^2} \tag{6-53}$$

该方程称为普朗特边界层微分方程,满足如下边界条件

$$\begin{cases} y = 0 \text{ 时}, \ u = v = 0 \\[2mm] y = \delta \text{ 时}, \ u = u_\infty \approx 0.99 u_\infty \\[2mm] \left.\dfrac{\mathrm{d}u}{\mathrm{d}y}\right|_{y=\delta} = 0 \\[2mm] \left.\dfrac{\mathrm{d}^2 u}{\mathrm{d}y^2}\right|_{y=0} = 0 \end{cases} \tag{6-54}$$

式中:最后一个边界条件可由普朗特边界层微分方程式(6-53)并结合第一个边界条件推出,其余三个都是物理边界条件。

可以得知,同时满足式(6-54)前两个边界条件的速度分布必须具有如下形式

$$\frac{u}{u_\infty} = f(y/\delta) \tag{6-55}$$

假定一个速度分布函数(如 3 次方型),利用式(6-54)的全部边界条件,可以得到速度分布为

$$\frac{u}{u_\infty} = \frac{3}{2}\frac{y}{\delta} - \frac{1}{2}\left(\frac{y}{\delta}\right)^3 \tag{6-56}$$

该结果与布拉修斯得出的解析解只差 5.7% 左右。

求解普朗特边界层微分方程，可得动量边界层的厚度为

$$\delta = 5.0 \sqrt{\frac{\upsilon x}{u_\infty}} = \frac{5.0x}{\sqrt{Re_x}} \qquad (6-57)$$

式中：x 为平板前沿到计算点的长度；雷诺数定义为 $Re_x = \dfrac{\rho u_\infty x}{\mu} = \dfrac{u_\infty x}{\upsilon}$。

有了速度分布式（6-56），可以通过牛顿黏性定律式（6-4）得到壁面切应力 τ_w 为

$$\tau_w = \mu \frac{\partial u}{\partial y}\bigg|_{y=0} = \frac{0.332\rho u_\infty^2}{\sqrt{Re_x}} \qquad (6-58)$$

式中：系数 0.332 是通过修正后的精确解。则可得壁面 x 处的范宁（J. T. Fanning）摩擦系数 C_D 为

$$C_D = \frac{\tau_w}{\rho u_\infty^2/2} = \frac{0.664}{\sqrt{Re_x}} \qquad (6-59)$$

在长度为 L 的平板上的平均摩擦系数 C_{DL} 为

$$C_{DL} = \frac{1}{L}\int_0^L C_D \mathrm{d}x = \frac{1.328}{\sqrt{Re_L}} \qquad (6-60)$$

式中：雷诺数 $Re_L = \dfrac{\rho u_\infty L}{\mu} = \dfrac{u_\infty L}{\upsilon}$。

长度为 L 的平板上的壁面阻力 F_D 为

$$F_D = \int_0^L \tau_w \mathrm{d}x = \frac{0.664\rho u_\infty^2 L}{\sqrt{Re_L}} \qquad (6-61)$$

类似地，可以把布拉修斯动量边界层的解推广到同样形状的平板层流传热问题上，便得到热边界层的解。由边界层流动控制方程组式（6-52）的能量方程和总连续方程可整理得

$$u\frac{\partial T}{\partial x} + v\frac{\partial T}{\partial y} = a\frac{\partial^2 T}{\partial y^2} \qquad (6-62)$$

该方程即为热边界层微分方程。式中 a 为热扩散系数，$a = \kappa/(\rho c_p)$。

同样，可以把布拉修斯动量边界层的解推广到同样形状的平板层流传质问题上，便得到浓度边界层的解。忽略化学反应，只考虑单一组分 A 向边界层中的传质，由式（6-52）的组分连续方程和总连续方程可整理得

$$u\frac{\partial Y_A}{\partial x} + v\frac{\partial Y_A}{\partial y} = D\frac{\partial^2 Y_A}{\partial y^2} \quad \text{或} \quad u\frac{\partial C_A}{\partial x} + v\frac{\partial C_A}{\partial y} = D\frac{\partial^2 C_A}{\partial y^2} \qquad (6-63)$$

该方程即为浓度边界层微分方程。式中 D 为壁面组分 A 向流动气体中的扩散系数。注意式中组分百分比的变换关系，质量分数和摩尔浓度之间的换算关系为式（2-17），即为

$$Y_A = C_A \cdot \frac{M_A}{\rho} \qquad (6-64)$$

把热边界层微分方程、浓度边界层微分方程与普朗特边界层微分方程相比，可见它们在形式上是完全相似的，因此其求解过程与结果也具有相似性。求解过程不再重复，结果直接给出在表 6-8 中，以方便使用。

表 6-8　平板层流边界层中的动量、热量和质量传递

特　性	动量传递	热量传递	质量传递
图示	$u_\infty \to x$　动量边界层（y，δ）	$T_\infty \to x$　热边界层（y，δ_T）	$C_{A\infty} \to x$　浓度边界层（y，δ_D）
边界层微分方程	$u\dfrac{\partial u}{\partial x} + v\dfrac{\partial u}{\partial y} = v\dfrac{\partial^2 u}{\partial y^2}$	$u\dfrac{\partial T}{\partial x} + v\dfrac{\partial T}{\partial y} = a\dfrac{\partial^2 T}{\partial y^2}$	$u\dfrac{\partial C_A}{\partial x} + v\dfrac{\partial C_A}{\partial y} = D\dfrac{\partial^2 C_A}{\partial y^2}$
参数分布	$\dfrac{u}{u_\infty} = \dfrac{3}{2}\dfrac{y}{\delta} - \dfrac{1}{2}\left(\dfrac{y}{\delta}\right)^3$	$\dfrac{T-T_w}{T_\infty - T_w} = \dfrac{3}{2}\dfrac{y}{\delta_T} - \dfrac{1}{2}\left(\dfrac{y}{\delta_T}\right)^3$	$\dfrac{C_A - C_{A,w}}{C_{A,\infty} - C_{A,w}} = \dfrac{3}{2}\dfrac{y}{\delta_D} - \dfrac{1}{2}\left(\dfrac{y}{\delta_D}\right)^3$
边界层厚度	$\delta = 5.0\sqrt{\dfrac{vx}{u_\infty}} = \dfrac{5.0x}{\sqrt{Re_x}}$	$\dfrac{\delta_T}{\delta} = Pr^{-1/3}$	$\dfrac{\delta_D}{\delta} = Sc^{-1/3}$
特性参数	壁面切应力 $\tau_w = \mu\dfrac{\partial u}{\partial y}\bigg|_{y=0} = \dfrac{0.332\rho u_\infty^2}{\sqrt{Re_x}}$	热边界层的努塞尔数 $Nu_x = \dfrac{\alpha x}{\kappa}$	浓度边界层的传质努塞尔数 $Nu_{Dx} = \dfrac{\alpha_D x}{D}$
	壁面摩擦系数 $C_D = \dfrac{\tau_w}{\rho u_\infty^2/2} = \dfrac{0.664}{\sqrt{Re_x}}$ $C_{DL} = \dfrac{1}{L}\int_0^L C_D\,dx = \dfrac{1.328}{\sqrt{Re_L}}$	热边界层的壁面传热系数 $\alpha_x = 0.332\dfrac{\kappa}{x}Re_x^{1/2}Pr^{1/3}$ $\alpha_L = 0.664\dfrac{\kappa}{L}Re_L^{1/2}Pr^{1/3}$	浓度边界层的壁面传质系数 $\alpha_{Dx} = 0.332\dfrac{D}{x}Re_x^{1/2}Sc^{1/3}$ $\alpha_{DL} = 0.664\dfrac{D}{L}Re_L^{1/2}Sc^{1/3}$
	壁面总阻力 $F_D = \int_0^L \tau_w\,dx = \dfrac{0.664\rho u_\infty^2 L}{\sqrt{Re_L}}$	热边界层的壁面努塞尔数 $Nu_x = 0.332Re_x^{1/2}Pr^{1/3}$ $Nu_L = 0.664Re_L^{1/2}Pr^{1/3}$	浓度边界层的壁面努塞尔数 $Nu_{Dx} = 0.332Re_x^{1/2}Sc^{1/3}$ $Nu_{DL} = 0.664Re_L^{1/2}Sc^{1/3}$
适用条件	$Re < 2\times10^5$	$Pr = 0.6\sim50$	$Sc \leqslant 1$

　　注：表中 T_∞ 为主流的燃气温度，T_w 为壁面温度；带下标 x 的参数表示 x 位置处的局部参数；D 为壁面组分 A 向其余气体中的扩散系数；带下标 L 的参数表示该参数在长为 L 的平板上的平均值。

　　对于浓度边界层的对流传质过程，与牛顿冷却定律式（6-40）类似，可引入如下关系式

$$N_A = \alpha_D(C_{A,w} - C_A)A \quad \text{或} \quad \dot{N}_A = \alpha_D(C_{A,w} - C_A) \qquad (6-65)$$

称为传质定律。式中 N_A 为单位时间内组分 A 的总传质通量（mol/s）；$\dot{N}_A$ 为组分 A 单位时间单位面积上的传质通量，单位 mol/(m² · s)；α_D 为对流传质系数，或称壁面

传质系数(m/s)。

由费克定律式(6-6),利用百分比 Y_A 和 C_A 的关系(6-64)式,可得

$$\dot{N}_A = J_A/M_A = -D_A \cdot \frac{\mathrm{d}C_A}{\mathrm{d}y} \tag{6-66}$$

如果知道边界层中的浓度分布,由式(6-66)便可以得到边界层内的传质通量。

为表示传质规律,引入传质努塞尔数 Nu_D(又称舍伍德数 Sh,T. K. Sherwood)为

$$\begin{cases} Nu_{Dx} = \dfrac{\alpha_{D^x}}{D} \\[3mm] Nu_{DL} = \dfrac{\alpha_D L}{D} \end{cases} \tag{6-67}$$

由于动量、热量和质量传递性质的相似性,可以通过类比的方法得到解析解。最早由雷诺提出动量和热量传递的类比,称为雷诺类比,只在 $Pr=1$ 时成立,后由柯尔朋(A. P. Colburn)修正,提出了平板的雷诺-柯尔朋类比,即为

$$j_H \equiv St \cdot Pr^{2/3} = \frac{C_D}{2} \qquad (Pr = 0.5 \sim 50) \tag{6-68}$$

其中称 j_H 为传热的雷诺-柯尔朋类比因子。式中引入了一个新的相似特征数 St,称为斯坦顿数(Stanton number),表示了热量传递与动量传递之间的关联,定义为

$$St = \frac{\alpha}{\rho c_p u_\infty} = \frac{Nu}{Re \cdot Pr} \tag{6-69}$$

奇尔顿(T. H. Chilton)和柯尔朋还提出动量传递与质量传递的类比,即奇尔顿-柯尔朋类比,为

$$j_D \equiv \frac{\alpha_D}{u_\infty} \cdot Sc^{2/3} = \frac{C_D}{2} \qquad (Sc = 0.6 \sim 2\,500) \tag{6-70}$$

式中:j_D 称为传质的奇尔顿-柯尔朋类比因子。

比较表6-8中的壁面摩擦系数和壁面传热系数,可知它们满足雷诺-柯尔朋类比,而壁面摩擦系数和壁面传质系数满足奇尔顿-柯尔朋类比。当已知壁面摩擦系数,即可以通过类比关系得到壁面传热系数或传质系数,反之亦然。

2. 平板湍流边界层

在实际流动中,大量问题属于湍流边界层问题,但是湍流问题比层流问题困难得多,必须依赖大量的实验资料,主要是速度分布关系,而这种速度关系很难直接从平板湍流边界层中测量。普朗特指出,可以充分利用湍流管流的大量实验资料来分析湍流边界层的性质,因为它们之间并无本质差别。普朗特认为,在层流底层中,流速随距离壁面的垂直距离 y 的增加而直线增加,而在此底层外面,根据实验,普朗特提出速度分布的实验关系式为(这里表示湍流流动参数的符号与层流相同,但意义表示其时均值)

$$\frac{u}{u_\infty} = \left(\frac{y}{\delta}\right)^{1/7} \tag{6-71}$$

湍流边界层速度分布如图 6 - 6 所示。对于雷诺数不太大($Re < 10^5$)的管内流动,布拉修斯提出切应力关系式为

$$\tau_w = 0.022\,5\rho u_\infty^2 \left(\frac{\upsilon}{u_\infty \delta}\right)^{1/4} \tag{6-72}$$

舒尔茨-格鲁瑙(Schultz - Grunow)实验证实该关系式在 $Re < 10^7$ 的情况下对于平板流动也是成立的。

在压强梯度为零的条件下,将以上两个经验关系式,代入普朗特边界层微分方程式(6 - 53),可解得

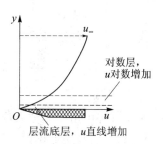

图 6 - 6　湍流边界层内流速的变化规律

$$\delta = \frac{0.376x}{Re_x^{1/5}} \tag{6-73}$$

壁面摩擦系数为

$$C_D = \frac{\tau_w}{\rho u_\infty^2/2} = \frac{0.0575}{Re_x^{1/5}} \tag{6-74}$$

依据普朗特对湍流边界的假设,可求出层流底层与湍流层分界面的速度 u_b 和厚度 δ_b 分别为

$$\frac{u_b}{u_\infty} = \frac{2.12}{Re_x^{0.1}} \tag{6-75}$$

$$\frac{\delta_b}{\delta} = \frac{194}{Re_x^{0.7}} \tag{6-76}$$

对于湍流的传热与传质,同样可以进行类比得到。普朗特提出了著名的动量和热量传递的普朗特类比,同时考虑了湍流边界层中过渡区和层流底层的影响,后由冯·卡门(T. von Kármán)修正,即冯·卡门类比,为

$$St = \frac{C_D/2}{1 + 5\sqrt{C_D/2}\left\{Pr - 1 + \ln\left[1 + \frac{5}{6}(Pr - 1)\right]\right\}} \tag{6-77}$$

当 $Pr = 1$ 时,即变为雷诺类比;当忽略 $\ln\left[1 + \frac{5}{6}(Pr - 1)\right]$ 项时,即变为普朗特类比。普朗特类比和冯·卡门类比均可以较好地计算 $Pr \geqslant 1$ 的结果,而冯·卡门类比更是包括了过渡区的计算。

冯·卡门在对传质问题进行分析后,还得出了湍流中包括了湍流过渡区和层流底层影响的动量和质量传递之间的类比,即

$$\frac{\alpha_{Dx}}{u_\infty} = \frac{C_D/2}{1 + 5\sqrt{C_D/2}\left\{Sc - 1 + \ln\left[1 + \frac{5}{6}(Sc - 1)\right]\right\}} \tag{6-78}$$

奇尔顿和柯尔朋建立了层流和湍流中动量、热量与质量三种传递之间的类比,其适用面更广,即

$$j_H = j_D = \frac{C_D}{2} \quad (Sc = 0.6 \sim 2500, Pr = 0.6 \sim 100) \qquad (6-79)$$

式中：类比因子定义同式(6-68)和式(6-70)。该类比对于平板流动是精确的，对于其他没有形状阻力的几何形体(如圆管)也是适用的。对于具有形状阻力的形体，发现 $j_H = j_D$ 仍然成立。

代入 j_H、j_D 的定义式(6-68)和式(6-70)，奇尔顿-柯尔朋类比可写为

$$\frac{\alpha}{\rho c_p u_\infty} \cdot Pr^{2/3} = \frac{\alpha_D}{u_\infty} \cdot Sc^{2/3} = \frac{C_D}{2} \quad (Sc = 0.6 \sim 2500, Pr = 0.6 \sim 100)$$

$$(6-80)$$

湍流过程中由于湍流涡旋强烈的掺混作用，使得动量、热量和浓度边界层的厚度基本相同，这点与层流不同。平板湍流边界层的动量、热量和质量传递性质通过奇尔顿-柯尔朋类比的结果列于表6-9中。

表6-9　平板湍流边界层中的动量、热量和质量传递

特　性	动量传递	热量传递	质量传递
图示	u_∞, x, y, δ 动量边界层	T_∞, x, y, δ_T 热边界层	$C_{A,\infty}$, x, y, δ_D 浓度边界层
边界层微分方程	$u\dfrac{\partial u}{\partial x} + v\dfrac{\partial u}{\partial y} = v_e\dfrac{\partial^2 u}{\partial y^2}$	$u\dfrac{\partial T}{\partial x} + v\dfrac{\partial T}{\partial y} = a_e\dfrac{\partial^2 T}{\partial y^2}$	$u\dfrac{\partial C_A}{\partial x} + v\dfrac{\partial C_A}{\partial y} = D_e\dfrac{\partial^2 C_A}{\partial y^2}$
参数分布	$\dfrac{u}{u_\infty} = \left(\dfrac{y}{\delta}\right)^{1/7}$	$\dfrac{T-T_w}{T_\infty - T_w} = \left(\dfrac{y}{\delta_T}\right)^{1/7}$	$\dfrac{C_A - C_{A,w}}{C_{A,\infty} - C_{A,w}} = \left(\dfrac{y}{\delta_D}\right)^{1/7}$
边界层厚度	$\delta = \dfrac{0.376x}{Re_x^{1/5}}$	同动量边界层	同动量边界层
特性参数	壁面切应力 $\tau_w = 0.022\,5\rho u_\infty^2 \left(\dfrac{v}{u_\infty \delta}\right)^{1/4}$	热边界层的壁面努塞尔数 $Nu_x = \dfrac{\alpha_T x}{\kappa}$	浓度边界层的壁面传质努塞尔数 $Nu_{Dx} = \dfrac{\alpha_D x}{D_e}$
	壁面摩擦系数 $C_D = \dfrac{\tau_w}{\rho u_\infty^2/2} = \dfrac{0.057\,5}{Re_x^{1/5}}$ $C_{DL} = \dfrac{1}{L}\displaystyle\int_0^L C_D dx = \dfrac{0.072\,0}{Re_L^{1/5}}$	热边界层的壁面传热系数 $\alpha_x = 0.028\,8\dfrac{\kappa}{x}Re_x^{4/5}Pr^{1/3}$ $\alpha_L = 0.036\,0\dfrac{\kappa}{L}Re_L^{4/5}Pr^{1/3}$	浓度边界层的壁面传质系数 $\alpha_{Dx} = 0.028\,8\dfrac{D_e}{x}Re_x^{4/5}Sc^{1/3}$ $\alpha_{DL} = 0.036\,0\dfrac{D_e}{L}Re_L^{4/5}Sc^{1/3}$
	壁面总阻力 $F_D = \displaystyle\int_0^L \tau_w dx = \dfrac{0.036\,0\rho u_\infty^2 L}{Re_L^{1/5}}$	热边界层的壁面努塞尔数 $Nu_x = 0.028\,8Re_x^{4/5}Pr^{1/3}$ $Nu_L = 0.036\,0Re_L^{4/5}Pr^{1/3}$	浓度边界层的壁面努塞尔数 $Nu_{Dx} = 0.028\,8Re_x^{4/5}Sc^{1/3}$ $Nu_{DL} = 0.036\,0Re_L^{4/5}Sc^{1/3}$
适用条件	$Re < 10^5 \sim 10^7$	$Pr = 0.6 \sim 100$	$Sc = 0.6 \sim 2\,500$

注：这里表示湍流流动参数的符号与前相同，但意义表示其平均值(如时均值)，可参考有关湍流的流体力学知识；v_e、a_e 和 D_e 表示湍流下的有效运动黏性系数、有效热扩散系数和有效质量扩散系数；表中 T_∞

为主流的燃气温度，T_w 为壁面温度；带下标 x 的参数表示 x 位置处的局部参数；带下标 L 的参数表示在长为 L 的平板上的平均值。

注意，表 6-9 中的公式是在全湍流平板上得到的（即从 $x=0$ 开始），而平板上实际形成的湍流是由层流逐渐过渡的（即湍流在临界雷诺数 Re_{cr} 对应的位置 x_{cr} 处才开始），计算中需要进行坐标平移。

实际使用中，在层流段使用表 6-8 中的层流公式计算，进入过渡段和湍流段后，再换用表 6-9 的公式，这时用相对坐标 $(x-x_{cr})$ 代替公式中的绝对坐标 x。

3. 管内流动边界层

在火箭发动机等实际应用中，大量问题属于圆管内的流动。管内流动层流和湍流的临界雷诺数为 $Re_{cr} \approx 2\,300$，$Re < 2\,300$ 则为层流，$Re > 10^4$ 则为湍流，$2\,300 < Re < 10^4$ 则为过渡流。管内流动的特征尺寸采用管内直径 d，如 $Re = \dfrac{\rho u_\infty d}{\mu} = \dfrac{u_\infty d}{\upsilon}$。

管内流动的控制方程一般采用柱坐标 (x, r, θ) 形式比较方便。管内层流和湍流如图 6-7 所示。与直角坐标系下的普朗特边界层微分方程式（6-53）类似，柱坐标下的轴对称普朗特边界层微分方程（管内流动不能忽略压强在 x 方向上的梯度）为

$$\rho u \frac{\partial u}{\partial x} + \rho v \frac{\partial u}{\partial r} = -\frac{\partial p}{\partial x} + \frac{\mu}{r} \frac{\partial}{\partial r} \left(r \frac{\partial u}{\partial r} \right) \tag{6-81}$$

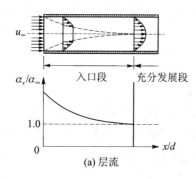
(a) 层流

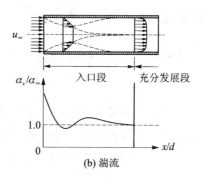
(b) 湍流

图 6-7　圆管内流动

对于充分发展的管内层流，$v=0$，$\partial u/\partial x = 0$，因此，式（6-81）变为

$$\frac{1}{r} \frac{\partial}{\partial r} \left(r \frac{\partial u}{\partial r} \right) = \frac{1}{\mu} \frac{\partial p}{\partial x} \tag{6-82}$$

该式称为管内层流的动量边界层微分方程。在常物性假设条件下，忽略压强梯度在径向上的变化（即截面上的 $\partial p/\partial x$ 看作为常数），积分上式两次，并考虑边界条件

$$\begin{cases} u \big|_{r=R} = 0 \\ \dfrac{\partial u}{\partial r} \bigg|_{r=0} = 0 \end{cases} \tag{6-83}$$

式中:R 为圆管内半径,$d=2R$。可得

$$u = -\frac{\partial p}{\partial x} \cdot \frac{R^2}{4\mu}\left[1-\left(\frac{r}{R}\right)^2\right] \qquad (6-84)$$

令 $u_{av} = -\frac{\partial p}{\partial x} \cdot \frac{R^2}{8\mu}$,则有

$$\frac{u}{u_{av}} = 2\left[1-\left(\frac{r}{R}\right)^2\right] \qquad (6-85)$$

式中:u_{av} 称为管内截面的等效平均速度。在等截面管内,不可压缩流动时有 $\rho A =$ Const,为满足连续方程即 $\dot{m} = \rho u_{av} A =$ Const 的条件,u_{av} 必然为常数。因此,式 (6-85)表明,对于充分发展的管内层流,其速度在径向呈抛物线分布。注意,等效平均速度 u_{av} 与该截面的平均速度 $\bar{u}$ 是不同的,可以证明有 $\bar{u} = \frac{1}{2R}\int_{-R}^{R} u\,\mathrm{d}r = \frac{4}{3}u_{av}$。

由于管内层流的速度分布与平板不同,故没有明显的速度边界层,或可理解为其速度边界层厚度等于圆管半径 R。

有了速度分布,可以通过牛顿黏性定律式(6-4)得到壁面切应力 τ_w 为

$$\tau_w = -\mu\frac{\partial u}{\partial r}\bigg|_{r=R} = \frac{8\rho u_{av}^2}{Re} \qquad (6-86)$$

式中 $Re = \frac{\rho u_{av} d}{\mu}$。则可得壁面摩擦系数为

$$C_D = \frac{\tau_w}{\rho u_{av}^2/2} = \frac{16}{Re} \qquad (6-87)$$

该式说明管内充分发展的层流中,摩擦系数与 Re 成反比,且与圆管的粗糙度没有关系。

对于管内湍流,速度分布仍然呈指数分布

$$\frac{u}{u_{max}} = \left(\frac{y}{R}\right)^{1/7} \qquad (6-88)$$

式中:u_{max} 为截面上的最大速度,y 为离开管壁的距离。

管内湍流的摩擦系数变得很复杂,与圆管的粗糙度有很大关系。在光滑管中

$$C_D = \frac{0.046}{Re^{1/5}} \quad (2\times10^4 < Re < 3\times10^5) \qquad (6-89)$$

光滑管中的过渡段可采用

$$\frac{1}{\sqrt{C_D}} = 4.0\lg(Re\sqrt{C_D}) - 0.40 \quad (Re > 3\,000) \qquad (6-90)$$

对于非光滑管,由于管壁的粗糙度(用 e/D 表示)对传热的影响很大,理论公式存在一定误差,人们得出了许多经验公式,其中哈兰德(S. E. Haaland)提出了精度较好(约±1.5%)的计算公式 $\left(\frac{1}{Re\sqrt{C_D}\cdot e/D} \leqslant 0.01\right)$

$$\frac{1}{\sqrt{C_D}} = -3.6\lg\left[\frac{6.9}{Re} + \left(\frac{e/D}{3.7}\right)^{10/9}\right] \quad (Re = 4\times10^4 \sim 10^8, e/D = 0 \sim 0.05)$$

$$(6-91)$$

在过渡段,即当 $\dfrac{1}{Re\sqrt{C_D}\cdot e/D}>0.01$ 时,科尔布鲁克(C. F. Colebrook)提出

$$\frac{1}{\sqrt{C_D}}=4.0\lg\left(\frac{1}{e/D}\right)+2.28-4.0\lg\left(4.67\frac{1}{Re\sqrt{C_D}\cdot e/D}+1\right) \quad (6-92)$$

对于圆管入口处的流动,层流或湍流还没有充分形成,摩擦系数很大,但逐渐减小,并趋近于充分发展后对应的数值,如图 6-7 所示,对应摩擦系数的计算还没有成熟的公式可用。从图 6-7 还可以看出,无论层流还是湍流,管内入口处的对流传热系数都是最高的,工业上常利用这一特性来提高热量交换。管内充分发展的层流需要的进口长度 L_{en} 可用朗哈尔(H. L. Langhaar)提出的公式计算,即

$$\frac{L_{en}}{d}=0.057\,5Re \quad (6-93)$$

对于湍流入口,变化关系比较复杂,其需要的进口长度普遍认为不少于 $50d$。

圆管内的对流传热,理论上可以采用雷诺类比或雷诺-柯尔朋类比。但由于管内传热的复杂性,计算公式大都采用经验公式。对于圆管内常物性流体充分发展的层流,理论上存在如下简单计算公式

$$Nu=\frac{\alpha d}{\kappa}=4.36 \quad (\dot{q}=\mathrm{Const}) \quad (6-94)$$

$$Nu=\frac{\alpha d}{\kappa}=3.66 \quad (T_w=\mathrm{Const}) \quad (6-95)$$

式中:物性参数以管流平均温度 T_b(进、出口平均温度的算术平均值)为定性温度。比较式(6-94)和式(6-95)可以看出,圆管内层流充分发展段的努赛尔数,常热流情况比常壁温情况约高 20%。

对于普朗特数 Pr 在很大温度范围内都接近于 0.7 的流体,如空气,凯斯(W. M. Kays)用数值法求解,给出了常壁温条件下的计算式

$$Nu_L=3.66+\frac{0.104(RePr\cdot d/L)}{1+0.016(RePr\cdot d/L)^{0.8}} \quad (RePr\cdot d/L\leqslant1\,000)$$

$$(6-96)$$

式(6-96)给出了空气的层流流动在整个管长 L 范围内的平均对流传热系数。可以看出,当 $L\rightarrow\infty$ 时,式(6-96)与式(6-95)是一致的。对于 $RePr\cdot d/L>1\,000$ 的情况,可以采用平板层流边界层的解。

对于圆管内的湍流对流传热,可以采用雷诺-柯尔朋类比,即

$$j_H\equiv St\cdot Pr^{2/3}=\frac{C_D}{2} \quad (Pr=0.5\sim100) \quad (6-97)$$

迪特斯(F. W. Dittus)和波尔特(L. M. K. Boelter)提出

$$Nu\equiv\frac{\alpha d}{\kappa}=0.023Re^{4/5}Pr^n \quad (10^4<Re<1.2\times10^5,Pr=0.7\sim100,L/d>60)$$

$$(6-98)$$

当流体被加热时 $n=0.4$，流体被冷却时 $n=0.3$。其中物性参数以管流平均温度 T_b 为定性温度。上式只适用于温差较小的流动（壁面温度与流体温度之差小于 $50\,℃$），当温差较大时，可用贝图霍夫（B. S. Petukhov）由实验得出的适用于气相流动的经验公式，即

$$Nu = \frac{\dfrac{C_D}{2} Re \cdot Pr}{1.07 + 12.7\left(\dfrac{C_D}{2}\right)^{1/2}(Pr^{2/3}-1)} \quad (0.5 < Pr < 200, 10^4 < Re < 5\times10^6)$$

$$(6-99)$$

该式可以在较大的 Re 和 Pr 数范围内使用。式中摩擦系数 C_D 由下式计算

$$\frac{C_D}{2} = \frac{1}{8\times(1.82\lg Re - 1.64)^2} \qquad (6-100)$$

对于湍流流动尚未充分发展的进口段，努塞尔建议

$$Nu = 0.036 Re^{0.8} Pr^{1/3}(d/L)^{0.056} \qquad (L/d = 10\sim400) \qquad (6-101)$$

对于燃烧中的高速流动（如火箭喷管），还需要考虑到燃气的可压缩性影响，称为高速对流传热，这时对流传热系数用如下经验公式计算

$$Nu = 0.029 Re^{0.8} Pr \qquad (6-102)$$

式中各燃气参数取燃气恢复温度 T_r 作定性温度，即

$$T_r = T\left(1 + \sqrt[3]{Pr} \cdot \frac{\gamma-1}{2} Ma^2\right) \qquad (6-103)$$

其中 $\sqrt[3]{Pr}$ 为恢复系数，T、Ma 分别为当地温度和流动马赫数。

对于管内层流传质，有

$$Nu_D \equiv \frac{\alpha_D d}{D} = 1.86\left(\frac{d}{L} Re \cdot Sc\right)^{1/3} \qquad (Re < 2\,000) \qquad (6-104)$$

对于湍流传质，吉利兰德（E. R. Gilliland）和舍伍德提出

$$Nu_D \equiv \frac{\alpha_D d}{D_{AB}} = 0.023 Re^{0.83} Pr^{0.44} \cdot \frac{p}{p_B} \quad (Re = 2\,000\sim35\,000, Sc = 0.6\sim2.5)$$

$$(6-105)$$

式中：D_{AB} 为组分 A 向流动气体 B 的扩散系数；p_B 为流动气体 B 的对数平均分压；p 为混合物总的压强。上述物性参数以管流平均温度 T_b 为定性温度。

传质的关系式与传热的关系式很相似，正说明它们之间的类比关系。管内传热传质的基本规律列于表 6-10 和表 6-11 中。

例[6-2]：空气流经一直径为 100 mm 的导热管中，在某截面流速达到 100 m/s，温度 300 K，空气密度为 $1.2\ \text{kg/m}^3$。试确定该截面处的对流传热系数。

解：首先确定空气在 300 K 时的黏性系数和导热系数。由萨瑟兰公式（6-24），并查表 6-4，可得

$$\mu = \mu_{ref} \cdot \frac{T_{ref} + S}{T + S} \left(\frac{T}{T_{ref}}\right)^{\frac{3}{2}} = 1.716 \times 10^{-5} \cdot \frac{273.15 + 110.6}{300 + 110.6} \left(\frac{300}{273.15}\right)^{\frac{3}{2}} =$$

$$1.846 \times 10^{-5} (Pa \cdot s)$$

$$\kappa = \kappa_{ref} \cdot \frac{T_{ref} + S}{T + S} \left(\frac{T}{T_{ref}}\right)^{\frac{3}{2}} = 2.413 \times 10^{-2} \cdot \frac{273.15 + 110.6}{300 + 110.6} \left(\frac{300}{273.15}\right)^{\frac{3}{2}} =$$

$$2.596 \times 10^{-2} (W \cdot m^{-1} \cdot K^{-1})$$

雷诺数为 $Re = \dfrac{\rho u d}{\mu} = \dfrac{1.2 \times 100 \times 0.1}{1.846 \times 10^{-5}} = 6.501 \times 10^5$

表 6 - 10　圆管内层流流动的动量、热量和质量传递

特　性	动量传递	热量传递	质量传递
图示		u_∞　入口段　充分发展段	
边界层微分方程	$\dfrac{1}{\mu}\dfrac{\partial p}{\partial x} = \dfrac{1}{r}\dfrac{\partial}{\partial r}\left(r\dfrac{\partial u}{\partial r}\right)$	$\dfrac{u}{a}\dfrac{\partial T}{\partial x} = \dfrac{1}{r}\dfrac{\partial}{\partial r}\left(r\dfrac{\partial T}{\partial r}\right)$	$\dfrac{u}{D}\dfrac{\partial C_A}{\partial x} = \dfrac{1}{r}\dfrac{\partial}{\partial r}\left(r\dfrac{\partial C_A}{\partial r}\right)$
参数分布	$\dfrac{u}{u_{av}} = 2\left[1 - \left(\dfrac{r}{R}\right)^2\right]$	温度、浓度分布比抛物线更复杂	
层流特性参数	壁面切应力 $\tau_w = \dfrac{8\rho u_{av}^2}{Re}$ 壁面摩擦系数 $C_D = \dfrac{\tau_w}{\rho u_{av}^2/2} = \dfrac{16}{Re}$	热边界层的壁面努塞尔数 $Nu = \dfrac{ad}{\kappa} = 4.36\ (\dot q = Const)$ $Nu = \dfrac{ad}{\kappa} = 3.66\ (T_w = Const)$ 平均壁面努塞尔数 $RePr \cdot d/L \leqslant 1000$ 时， $Nu_L = 3.66 + \dfrac{0.104(RePr \cdot d/L)}{1 + 0.016(RePr \cdot d/L)^{0.8}}$ $RePr \cdot d/L > 1\,000$ 时，采用平板层流边界层的解	浓度边界层的壁面传质努塞尔数 $Nu_D = 1.86\left(\dfrac{d}{L}Re \cdot Sc\right)^{1/3}$ $(Re < 2\,000)$

注：带下标 L 的参数表示该参数在长度为 L 上的平均值。

空气的普朗特数由式（6 - 33）得 $Pr = 0.737$，可见 Pr 和 Re 均满足贝图霍夫公式（6 - 99）的适用条件。由式（6 - 100）可得

$$\frac{C_D}{2} = \frac{1}{8 \times (1.82\lg Re - 1.64)^2} = \frac{1}{8 \times [1.82\lg(6.501 \times 10^5) - 1.64]^2} = 0.00718$$

代入贝图霍夫公式（6 - 99）得

$$Nu = \frac{\frac{C_D}{2} Re \cdot Pr}{1.07 + 12.7 \left(\frac{C_D}{2}\right)^{1/2} (Pr^{2/3} - 1)} =$$

$$\frac{0.007\,18 \times 6.501 \times 10^5 \times 0.737}{1.07 + 12.7 \times (0.007\,18)^{1/2} (0.737^{2/3} - 1)} = 3\,945.5$$

表 6-11 圆管内湍流流动的动量、热量和质量传递

特　性	动量传递	热量传递	质量传递
图示	<div style="text-align:center">u_∞ 入口段　充分发展段</div>		
边界层微分方程	$\dfrac{1}{\mu_e}\dfrac{\partial p}{\partial x} = \dfrac{1}{r}\dfrac{\partial}{\partial r}\left(r\dfrac{\partial u}{\partial r}\right)$	$\dfrac{u}{a_e}\dfrac{\partial T}{\partial x} = \dfrac{1}{r}\dfrac{\partial}{\partial r}\left(r\dfrac{\partial T}{\partial r}\right)$	$\dfrac{u}{D_e}\dfrac{\partial C_\Lambda}{\partial x} = \dfrac{1}{r}\dfrac{\partial}{\partial r}\left(r\dfrac{\partial C_\Lambda}{\partial r}\right)$
参数分布	$\dfrac{u}{u_{max}} = \left(\dfrac{y}{R}\right)^{1/7}$	温度、浓度分布更复杂	
湍流特性参数	壁面切应力 $\tau_w = 0.0225\rho u_\infty^2 \left(\dfrac{v}{u_\infty \delta}\right)^{1/4}$ 壁面摩擦系数 光滑管：$C_D = \dfrac{\tau_w}{\rho u_\infty^2/2} = \dfrac{16}{Re}$ 　$(2\times10^4 < Re < 3\times10^5)$ 光滑管中的过渡段： $\dfrac{1}{\sqrt{C_D}} = 4.0\lg(Re\sqrt{C_D}) - 0.40$ 　$(Re > 3000)$ 非光滑管 $\dfrac{1}{Re\sqrt{C_D}\cdot e/D} \leqslant 0.01$： $\dfrac{1}{\sqrt{C_D}} =$ $-3.6\lg\left[\dfrac{6.9}{Re} + \left(\dfrac{e/D}{3.7}\right)^{10/9}\right]$ 　$(Re = 4\times10^4 \sim 10^8,$ 　$e/D = 0 \sim 0.05)$ 非光滑管过渡段 $\dfrac{1}{Re\sqrt{C_D}\cdot e/D} > 0.01$： $\dfrac{1}{\sqrt{C_D}} = 4.0\lg\left(\dfrac{1}{e/D}\right) + 2.28$ $-4.0\lg\left(4.67\dfrac{1}{Re\sqrt{C_D}\cdot e/D} + 1\right)$	强迫对流传热： $Nu =$ $\dfrac{\frac{C_D}{2} Re \cdot Pr}{1.07 + 12.7\left(\frac{C_D}{2}\right)^{1/2}(Pr^{2/3} - 1)}$ $(0.5 < Pr < 200,$ $10^4 < Re < 5\times10^6)$ 式中摩擦系数 C_D 由下式计算： $\dfrac{C_D}{2} = \dfrac{1}{8\times(1.82\lg Re - 1.64)^2}$ 进口段： $Nu = 0.036 Re^{0.8} Pr^{1/3}(d/L)^{0.056}$ 　$(L/d = 10 \sim 400)$ 高速对流传热： $Nu = 0.029 Re^{0.8} Pr$ 该式取燃气恢复温度 T_r 作定性温度	浓度边界层的壁面传质努塞尔数 $Nu_D = 0.023 Re^{0.83} Pr^{0.44}\cdot\dfrac{p}{p_B}$ $(Re = 2\,000 \sim 35\,000,$ $Sc = 0.6 \sim 2.5)$

注：μ_e、a_e 和 D_e 表示湍流下的有效黏性系数、有效热扩散系数和有效质量扩散系数。

由努塞尔数定义式(6-42),可得对流传热系数为

$$\alpha = \frac{Nu \cdot \kappa}{d} = \frac{3945.5 \times 2.596 \times 10^{-2}}{0.1} = 1\,024.3(\text{W} \cdot \text{m}^{-2} \cdot \text{K}^{-1})$$

6.3　斯蒂芬流

水面蒸发是水汽和周围空气相互作用的结果。水汽由于蒸发而不断流向空气,空气也由于存在浓度梯度不断向水面扩散。但是空气不会被水面吸收,也不会堆积在水面,这部分流向水面的空气到哪里去了呢? 只有一个解释,就是除了扩散外,还存在一个混合物质(水汽和空气)的流动问题。该现象最早是由斯蒂芬(Joseph Stefan)发现的,这种混合物质总的物质流,称为水的蒸发流,或斯蒂芬流,图6-8表示了这种流动的特性。可见,液体表面蒸发的斯蒂芬流是质量输运过程(扩散过程)和流动过程相互影响的典型现象。

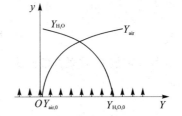

图 6-8　斯蒂芬流现象

由一维定常组分连续方程式(5-70),略去化学反应,并考虑总的连续方程式(5-71),可得水汽的组分连续方程为

$$G \frac{\mathrm{d}Y_{H_2O}}{\mathrm{d}y} - \frac{\mathrm{d}}{\mathrm{d}y}\left(\Gamma_{H_2O} \frac{\mathrm{d}Y_{H_2O}}{\mathrm{d}y}\right) = 0 \tag{6-106}$$

式中:$G = \rho v = \text{Const}$ 为水的蒸发流,即混合物质(水汽和空气)总的流量;$\Gamma_{H_2O} = \rho D_{H_2O}$ 为 H_2O 的质量交换系数。

积分式(6-106)得

$$GY_{H_2O} - \Gamma_{H_2O} \frac{\mathrm{d}Y_{H_2O}}{\mathrm{d}y} = \text{Const} \tag{6-107}$$

式中左边两项表示了水汽两种不同的物质交换作用:GY_{H_2O} 为流动过程的质量通量;$\Gamma_{H_2O} \dfrac{\mathrm{d}Y_{H_2O}}{\mathrm{d}y}$ 为扩散过程的质量通量,由费克扩散定律式(6-6)可知 $J_{H_2O} = -\Gamma_{H_2O} \dfrac{\mathrm{d}Y_{H_2O}}{\mathrm{d}y}$。

积分常数 Const 可由水面($y = 0$)的边界条件确定,即

$$GY_{H_2O} - \Gamma_{H_2O} \frac{\mathrm{d}Y_{H_2O}}{\mathrm{d}y} = G(Y_{H_2O})_{y=0} - (\Gamma_{H_2O})_{y=0} \left(\frac{\mathrm{d}Y_{H_2O}}{\mathrm{d}y}\right)_{y=0} = \text{Const}$$

$$\tag{6-108}$$

在 $y = 0$ 的水汽相分界面,空气流量为0,水汽的浓度 $(Y_{H_2O})_{y=0} = 1$,同时水汽的浓度梯度 $\left(\dfrac{\mathrm{d}Y_{H_2O}}{\mathrm{d}y}\right)_{y=0} = 0$,这可从图6-8中看出。因此,由上式可知积分常数

为 Const $= G$，代入式(6-107)得

$$G = GY_{\mathrm{H_2O}} - \Gamma_{\mathrm{H_2O}} \frac{\mathrm{d}Y_{\mathrm{H_2O}}}{\mathrm{d}y} \qquad (6-109)$$

该式表明，水的蒸发流 G 并不等于水汽的扩散物质流 $J_{\mathrm{H_2O}}$，而是等于水汽的扩散物质流 $J_{\mathrm{H_2O}}$ 与混合气体总体运动时所携带的水汽物质流 $GY_{\mathrm{H_2O}}$ 之和。

整理式(6-109)为

$$\Gamma_{\mathrm{H_2O}} \frac{\mathrm{d}Y_{\mathrm{H_2O}}}{\mathrm{d}y} = G(Y_{\mathrm{H_2O}} - 1) \qquad (6-110)$$

假设 $\Gamma_{\mathrm{H_2O}} = $ Const，积分式(6-110)，得

$$\ln(Y_{\mathrm{H_2O}} - 1) = \frac{Gy}{\Gamma_{\mathrm{H_2O}}} + C \qquad (6-111)$$

积分常数 C 由边界条件决定。设边界条件为

$$\begin{cases} y = 0 \text{ 时}, Y_{\mathrm{H_2O}} = Y_0 \\ y = \delta_s \text{ 时}, Y_{\mathrm{H_2O}} = Y_s \end{cases} \qquad (6-112)$$

式中：Y_0、Y_s 分别表示水汽在相分界面和一定距离 δ_s 处的百分含量。代入式(6-111)得

$$\begin{cases} C = \ln(Y_0 - 1) \\ \ln(Y_s - 1) = \dfrac{G\delta_s}{\Gamma_{\mathrm{H_2O}}} + C \end{cases} \qquad (6-113)$$

整理式(6-113)，有

$$\frac{G\delta_s}{\Gamma_{\mathrm{H_2O}}} = K_s \qquad (6-114)$$

其中

$$K_s = \ln\left(1 + \frac{Y_0 - Y_s}{1 - Y_0}\right) \qquad (6-115)$$

将积分常数 $C = \ln(Y_0 - 1)$ 代入式(6-111)，并利用式(6-114)和式(6-115)，整理可得

$$Y_{\mathrm{H_2O}} = 1 - (1 - Y_0)\exp\left(\frac{Gy}{\Gamma_{\mathrm{H_2O}}}\right) = 1 - (1 - Y_0)\exp\left(\frac{K_s y}{\delta_s}\right) \qquad (6-116)$$

该式表明，水汽的质量分数随扩散距离 y 呈指数形式下降，变化规律如图6-9所示，可见离开水表面越远，水汽的质量分数呈指数规律加速下降趋势。

斯蒂芬流现象在燃烧过程中是实际存在的，如液滴的蒸发燃烧、固体碳表面的燃烧等。从上面分析可知，产生斯蒂芬流现象的根本原因除了物质扩散外，还有物质的物理化学过程如流动过程、燃烧过程等。

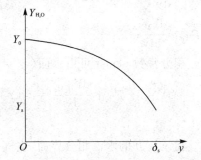

图6-9 斯蒂芬流水汽质量分数变化规律

另外,随着固态或液态物质的不断蒸发或燃烧,斯蒂芬流还伴随着相分界面的移动(即内移,如液滴大小不断减小)。一般情况下,这种移动的影响可以忽略。只有当压强非常高时,气相密度才会迅速升高,如油滴在气缸中的燃烧,这时考虑相分界面的移动才更合理。

参考文献

[1] 曲作家,张振铎,孙思诚.燃烧理论基础 [M].北京:国防工业出版社,1989.

[2] 陈军.固体火箭发动机真实流体输运系数的自动模拟 [J].推进技术,2004.2:4-6.

[3] 万俊华,郜冶,夏允庆.燃烧理论基础 [M].黑龙江:哈尔滨船舶工程学院出版社,1992.

[4] 郑亚,陈军,鞠玉涛,等.固体火箭发动机传热学 [M].北京航空航天大学出版社,2006.

[5] 周校平,张晓男.燃烧理论基础 [M].上海:上海交通大学出版社,2001.

[6] [美]威尔特 J R,威克斯 C E,威尔逊 R E,等.动量、热量和质量传递原理[M].马紫峰,吴卫生,等译.4 版.北京:化学工业出版社,2005.

[7] 杨世铭,陶文铨.传热学[M].3 版.北京:高等教育出版社,1998.

[8] 许肇钧.传热学[M].北京:机械工业出版社,1980.

[9] [英]斯柏尔丁 D B.燃烧与传质 [M].常弘哲,张连方,叶懋权,等译.北京:国防工业出版社,1984.

[10] Welty J R, Wicks C E, Wilson R E, et al. Fundamentals of Momentum, Heat, and Mass Transfer (Fourth Edition) [M]. New York: John Wiley & Sons, Inc. , 2001.

[11] Lienhard J H. A Heat Transfer Textbook [M]. New Jersey: Prentice-Hall Inc. , 1981.

[12] Kays W M, Crawford M E. Convective Heat and Mass Transfer[M]. 2nd ed. New York: McGraw-Hill Book Company. 1980.

第7章 火焰理论

前面分别学习了燃烧过程中涉及的化学热力学、化学动力学及燃烧过程中伴随的流动、传热、传质等现象,具备了有关燃烧的基本知识。

本章主要介绍研究燃烧的基础理论与方法。从理论上研究燃烧的目的,主要体现在两方面:一是相对于燃烧本身,研究燃烧的相关现象及机理;二是相对于流动过程,需要确定控制方程中的化学反应源项 $\dot{\omega}$、燃烧流动的初值和边界条件等。

本章内容包括:7.1 燃烧现象的分类;7.2 简单化学反应系统;7.3 预混燃烧;7.4 湍流燃烧模型。

7.1 燃烧现象的分类

燃烧现象多种多样,如火灾、煤气燃烧、煤的燃烧、火箭推进剂的燃烧等,形式千差万别,这说明不同燃烧过程具有不同的性质。燃烧现象虽然多种多样,但仍有着内在的规律。根据燃烧过程的不同性质,可以把燃烧过程和燃烧火焰分为不同的类型,每个类型都有自己的特点。

控制燃烧过程的因素有两类:一是物理因素,如流动、扩散混合、传热等;二是化学动力因素,即化学反应。这两类因素在燃烧中会同时存在,即燃烧必然伴随化学反应,也必然伴随流动、传热、混合、扩散等现象。但是,在某一具体燃烧过程中这两个因素的作用可能是不一样的,根据这两个因素在燃烧中所占用时间的长短,可把燃烧分为三类:

(1) 动力燃烧(Dynamic combustion):化学反应时间≫扩散时间;

(2) 扩散燃烧(Diffusion combustion):化学反应时间≪扩散时间;

(3) 预混燃烧(Premixed combustion):化学反应时间~扩散时间。

对应地,它们产生的火焰分别称为动力燃烧火焰、扩散火焰和预混火焰。燃烧的基本理论即是研究这三种燃烧火焰的基本现象和规律。

可见,动力燃烧和扩散燃烧是燃烧中的两个极限状态,即动力燃烧中扩散过程无限快,燃烧过程的性质主要取决于化学反应;而扩散燃烧中化学反应无限快,燃烧过程的性质主要取决于扩散过程。

动力燃烧是几乎不会发生扩散的燃烧,一般组分和温度分布均匀,如预先混合均匀的可燃气体的着火或爆炸。

扩散燃烧是组分先扩散,然后在扩散区域的局部发生的燃烧,一般组分和温度分布不均匀。由于扩散燃烧的化学反应常假设为无限快,因此,其燃烧的火焰面也被假设为无限薄的几何面,如图 7-1 所示。当燃料和氧单独存在时,发生的燃烧便是典型的扩散燃烧,如打火机、蜡烛等的燃烧。

预混燃烧的特点是,由于组分和温度分布存在一定程度的不均匀,从而扩散时间和化学反应时间具有相近的数量级,燃烧一般发生在较宽的区域,且存在火焰的传播等现象。燃料气体和氧预先充分混合后发生的燃烧便是典型的预混燃烧,如煤气灶、乙炔枪等的燃烧。

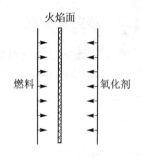

图 7-1　扩散燃烧示意图

对于一般的燃烧现象,判别其类别有两种方法:一是直接法,二是邓克勒(G. Damköhler)准则。

7.1.1　直接法

直接法是指直接测定化学反应时间和扩散时间,然后根据燃烧分类的定义进行判别的方法。

化学反应时间用半衰期 $t_{0.5}$ 表示,由式(2-77),可以通过试验测定;扩散时间 t_D 按如图 7-2 所示的模型可以推知 $t_D = \delta^2/D$,其中 δ 为扩散距离,D 为扩散系数。在近似的情况下,扩散时间也可用停留时间 δ/v 来代替(v 为流动速度)。

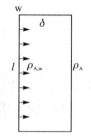

图 7-2　邓克勒燃烧模型

取一厚度为 δ 的长方体燃烧容器,其余边长为 l(壁面截面积 l^2),如图 7-2 所示。由费克扩散定律式(6-6),燃烧物质 A 从壁面 w 开始的传质通量为

$$J_A = -\rho D \frac{\partial Y}{\partial y} \approx -\rho D \frac{\Delta Y}{\delta} =$$

$$\alpha_{Dm}(Y_{A,w} - Y_A) = \frac{D}{\delta}(\rho_{A,w} - \rho_A) \qquad (7-1)$$

式中:$\alpha_{Dm} = \dfrac{\rho D}{\delta}$,称为传质交换系数,单位为 kg/(m²·s),与式(6-65)定义的对流传质系数 α_D 的关系为 $\alpha_{Dm} = \rho \alpha_D$。

容器中组分传质的质量(传质量)为

$$m_A = (\rho_{A,w} - \rho_A) \cdot l^2 \delta \qquad (7-2)$$

则扩散时间可表示为

$$t_D = \frac{传质量}{传质速率} = \frac{m_A}{J_A \cdot l^2} = \frac{(\rho_{A,w} - \rho_A) \cdot l^2 \delta}{\dfrac{D}{\delta}(\rho_{A,w} - \rho_A) \cdot l^2} = \frac{\delta^2}{D} \qquad (7-3)$$

得到化学反应时间 $t_{0.5}$ 和扩散时间 t_D,即可判断它们之间的大小,从而判断燃烧的类型,即 $t_{0.5} \gg t_D$ 时,为动力燃烧;$t_{0.5} \ll t_D$ 时,为扩散燃烧;$t_{0.5} \sim t_D$ 时,为预混燃烧。

7.1.2　邓克勒准则

邓克勒研究燃烧的模型与图 7-2 所示相同。考虑一个单反应物燃烧的一级化学反应,由相应的化学反应速率关系式(2-104),可知反应物 A 的化学反应速率(消耗率)为

$$\dot{\omega}_A = \frac{\mathrm{d}\rho_A}{\mathrm{d}t} = -\rho f_A Y_A \mathrm{e}^{-\frac{E}{R_0 T}} \tag{7-4}$$

式中:f_A 为碰撞频率。

稳态燃烧时,物质 A 的传质速率应等于其消耗率,即

$$\alpha_{Dm}(Y_{A,w} - Y_A) \cdot l^2 = \rho f_A Y_A \mathrm{e}^{-\frac{E}{R_0 T}} \cdot l^2 \delta \tag{7-5}$$

解得

$$Y_A = \frac{Y_{A,w}}{1 + \dfrac{\rho f_A \delta \cdot \mathrm{e}^{\frac{E}{R_0 T}}}{\alpha_{Dm}}} \tag{7-6}$$

令

$$D_a = \frac{\rho f_A \delta \cdot \mathrm{e}^{-\frac{E}{R_0 T}}}{\alpha_{Dm}} \tag{7-7}$$

称为邓克勒数,为无量纲综合参数,既包括了物理因素如 α_{Dm},又包括了化学因素如 ρf_A、E、$R_0 T$ 等。则

$$Y_A = \frac{Y_{A,w}}{1 + D_a} \tag{7-8}$$

根据邓克勒数 D_a 的大小,可以判断燃烧的类型,即:

当 $D_a \to 0$ 时,$\alpha_{Dm} \gg \rho f_A \delta \cdot \mathrm{e}^{-\frac{E}{R_0 T}}$,$Y_A = Y_{A,w}$,说明传质速度(扩散速度)非常快,所需时间很短,故为动力燃烧;

当 $D_a \to \infty$ 时,$\alpha_{Dm} \ll \rho f_A \delta \cdot \mathrm{e}^{-\frac{E}{R_0 T}}$,$Y_A = 0$,说明传质很慢,扩散所需时间很长,故为扩散燃烧。

当 D_a 为有限大小的值时,则可认为是预混燃烧。

7.2　简单化学反应系统

燃烧化学反应非常复杂,很难得到其中每个基元反应过程,而在分析许多含化学反应的燃烧及燃气流动时,主要考虑化学反应的宏观效应(包括温度和组分浓度分布等)以及对流动的影响,而不关心详细的化学反应过程。针对这个特点,斯柏尔丁(D. B. Spalding)等人提出了只包括燃料、氧化剂和产物三种组分(或加上惰性组分如 N_2 等共四种组分)的简单化学反应系统模型。

根据这个简化的模型,可以通过理论的方法对燃烧的机理作深入的分析。该模

型的主要内容包括如下三点：

（1）化学反应可以用下述单步不可逆反应来表征，即

$$f \text{ kg 燃料(fu)} + 1 \text{ kg 氧化剂(ox)} \rightarrow (1+f) \text{kg 产物(pr)} + Q_C \quad (7-9)$$

或

$$f \text{ kg 燃料(fu)} + 1 \text{ kg 氧化剂(ox)} + f_{in} \text{ kg 惰性组分(in)} \rightarrow$$
$$(1+f) \text{kg 产物(pr)} + f_{in} \text{kg 惰性组分(in)} + Q_C \quad (7-10)$$

式中：f 是燃烧 1 kg 氧化剂所需要的燃料质量，称为燃料与氧化剂的化学当量比；惰性组分 f_{in} 反应前后不变；Q_C 为燃烧 f kg 燃料放出的总热量，$Q_C = f \cdot H_{b,T}$，其中 $H_{b,T}$ 为燃料的燃烧焓(J/kg)。可见，该系统中只包括燃料、氧化剂和产物三种组分，考虑惰性组分时共四种组分。

（2）各组分的扩散系数 D_{fu}、D_{ox}、D_{pr} 彼此相等，等于总有效扩散系数 D，且路易斯数 $Le = \dfrac{\kappa}{\rho D c_p} = 1$；

（3）各组分的比热容彼此相等，且与温度无关。

注意，各组分的扩散系数和比热容虽彼此相等，但可以是空间位置的函数；比热容与温度无关的假设是非本质的，若考虑温度的影响，则需求温度分布。

根据上述假设可知，混合物中只包含燃料、氧化剂和产物三种组分，只要求出两种组分的含量即可（对于惰性组分，其质量反应前后不变）。因此组分连续方程只需两个，由组分连续方程式(5-4)可得

$$\frac{\partial(\rho Y_{fu})}{\partial t} + \frac{\partial(\rho Y_{fu} v_j)}{\partial x_j} = \frac{\partial}{\partial x_j}\left(\rho D_{fu} \frac{\partial Y_{fu}}{\partial x_j}\right) + \dot{\omega}_{fu}, \quad j = 1,2,3 \text{ 求和} \quad (7-11)$$

$$\frac{\partial(\rho Y_{ox})}{\partial t} + \frac{\partial(\rho Y_{ox} v_j)}{\partial x_j} = \frac{\partial}{\partial x_j}\left(\rho D_{ox} \frac{\partial Y_{ox}}{\partial x_j}\right) + \dot{\omega}_{ox}, \quad j = 1,2,3 \text{ 求和} \quad (7-12)$$

其余组分的含量按下述关系可得

$$Y_{fu} + Y_{ox} + Y_{pr} = 1, \quad \text{或} \quad Y_{fu} + Y_{ox} + Y_{pr} + Y_{in} = 1 \quad (7-13)$$

由组分化学反应速率之间的关系式(2-36)和转换关系式(2-35)，可知

$$-\frac{\dot{\omega}_{fu}}{f} = -\frac{\dot{\omega}_{ox}}{1} = \frac{\dot{\omega}_{pr}}{1+f} \quad (7-14)$$

按"式(7-11)$- f \times$式(7-12)"计算，得（并考虑假设 $D_{fu} = D_{ox} = D$）

$$\frac{\partial(\rho b)}{\partial t} + \frac{\partial}{\partial x_j}(\rho v_j b) = \frac{\partial}{\partial x_j}\left(\rho D \frac{\partial b}{\partial x_j}\right), \quad j = 1,2,3 \text{ 求和} \quad (7-15)$$

式中

$$b = Y_{fu} - f \cdot Y_{ox} \quad (7-16)$$

为组合变量，称为守恒标量。其中由式(7-14)可知 $\dot{\omega}_{fu} = f \cdot \dot{\omega}_{ox}$，这样，消去了方程中的化学反应源项，便绕过了求解化学反应 $\dot{\omega}$ 的问题，大大简化了求解过程。

对能量方程也可以作类似变换以消除化学反应源项。由能量方程式(5-24)，忽略彻体力和流动黏性，只考虑热传导和化学反应热效应的能量守恒方程为

$$\frac{\partial(\rho E)}{\partial t} + \frac{\partial(\rho v_j h_0)}{\partial x_j} = \frac{\partial}{\partial x_j}\left(\kappa\,\frac{\partial T}{\partial x_j}\right) - \sum_{\chi=1}^{N}\dot{\omega}_\chi \cdot (H_{f,T})_\chi, \quad j = 1,2,3\ \text{求和}$$

$$(7-17)$$

式中：$(H_{f,T})_\chi$ 为组分 χ 的生成焓（J/kg）。组分连续方程如式（7 - 11）、式（7 - 12）等，分别乘以各自组分的生成焓 $(H_{f,T})_\chi$，然后相加，再结合能量方程式（7 - 17），即可消去化学反应源项 $\sum_{\chi=1}^{N}\dot{\omega}_\chi \cdot (H_{f,T})_\chi$。另外，燃料燃烧的反应热可用燃料的燃烧焓来计算，即能量方程式（7 - 17）可变为

$$\frac{\partial(\rho E)}{\partial t} + \frac{\partial(\rho v_j h_0)}{\partial x_j} = \frac{\partial}{\partial x_j}\left(\kappa\,\frac{\partial T}{\partial x_j}\right) + \dot{\omega}_{\text{fu}} \cdot (H_{b,T})_{\text{fu}}, \quad j = 1,2,3\ \text{求和}$$

$$(7-18)$$

这时只需通过燃料的质量守恒方程式（7 - 11）即可消去化学反应源项。其中 $(H_{b,T})_{\text{fu}}$ 为燃料的燃烧焓（J/kg）。

计算"式（7 - 18）$-(H_{b,T})_{\text{fu}} \times$式（7 - 11）"，并考虑体积总贮能 ρE 与焓的关系式（5 - 26），以及假设 $Le=1$（即 $\kappa = \rho D c_p$）和 $D_{\text{fu}} = D_{\text{ox}} = D$，可得

$$\frac{\partial(\rho b_{\text{fu},T})}{\partial t} + \frac{\partial(\rho b_{\text{fu},T} v_j)}{\partial x_j} = \frac{\partial}{\partial x_j}\left(\rho D\,\frac{\partial b_{\text{fu},T}}{\partial x_j}\right) + \frac{\partial p}{\partial t}, \quad j = 1,2,3\ \text{求和}$$

$$(7-19)$$

式中：$\dfrac{\partial p}{\partial t}$ 为非定常项 $\dfrac{\partial(\rho E)}{\partial t}$ 中分离出的变量；$b_{\text{fu},T}$ 为守恒标量，即

$$b_{\text{fu},T} = h_0 - (H_{b,T})_{\text{fu}} \cdot Y_{\text{fu}} \qquad (7-20)$$

上述消去化学反应源项的过程称为泽尔道维奇变换。

7.3 预混燃烧

前面讨论的动力燃烧和扩散燃烧，是燃烧中的两个极限状态。广义上讲，实际中存在的燃烧都是预混燃烧，因为在燃烧中扩散和化学反应都不可避免地同时存在，只是其作用大小不同。

预混可燃气体的燃烧是典型的预混燃烧。预混可燃气体由着火开始进一步发展，使化学反应加剧，并出现火焰，该火焰首先发生在局部，然后向其余未燃气体中传播，直到燃烧结束，其传播速度称为火焰传播速度，也称为预混可燃气体的燃烧速度。因此，预混可燃气体的燃烧火焰处于运动传播之中，只有满足一定条件时，火焰才处于稳定平衡状态（动态平衡）。层流预混火焰的典型特征如图 1 - 5 所示。当流动达到湍流时，燃烧火焰表现的特点与层流火焰不同，其火焰锋不再平滑有序，属于湍流预混火焰。

7.3.1 本森灯

通常使用本森（R. W. Bunsen）灯来演示和研究不同的火焰特性，如火焰形状、

颜色、火焰传播速度等,其构造如图 7－3 所示,主要包括两个进口:空气进口和可燃气体进口。

当关闭空气进口阀门时,只有纯燃料气体进入,形成燃料气体的射流,点燃后形成扩散火焰,其特点是火焰长且明亮,火焰面由于扩散作用而容易摇曳。

当打开空气进口阀门时,随着空气量的增加,外层扩散火焰面慢慢消失,火焰逐渐变短、变细、变暗(呈蓝色);当满足化学当量比时,扩散火焰完全消失,这就是预混火焰。当气流速度增大到一定程度时,火焰会吹熄;反之,当气流速度减小时,火焰大小和位置会发生变化,减少到一定程度,会出现回火。因此,通过本森灯可以观察到预混火焰是传播的,同时可以证明火焰位置相对稳定的动态平衡条件。实际的预混火焰有一定厚度,理论研究时取中心位置的几何型面,称为理想锥型火焰,又称为火焰锥,如图 7－4 所示。该火焰还存在死区和外悬的现象。死区出现在管口,是由于管口导热的热损失引起燃烧淬熄,而外悬是由于预混火焰燃烧前后压强差引起的。

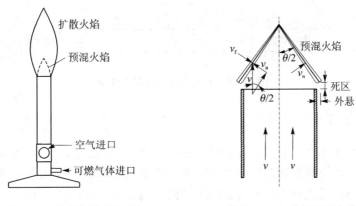

图 7－3　本森灯及其火焰　　　　图 7－4　本森灯预混火焰

图 7－4 所示的理想锥型火焰,其锥半角设为 $\theta/2$,火焰传播速度为 v_f。根据一维定常流动的连续方程式(5－93),管内可燃气体的流量等于从火焰锥中流出的流量,即

$$\dot{m} = \rho v A_e = \rho_f v_f A_f \tag{7－21}$$

式中:A_e 为管口截面积,A_f 为火焰锥的表面积。假设燃烧过程不可压,即 $\rho = \rho_f =$ Const,则

$$v_f = v \cdot \frac{A_e}{A_f} \tag{7－22}$$

火焰锥的表面积 A_f 在水平面的投影应等于管口截面积 A_e,即 $A_e = A_f \sin(\theta/2)$,代入上式可得

$$v_f = v \cdot \frac{A_e}{A_f} = v\sin(\theta/2) = v_n \tag{7－23}$$

即火焰传播速度 v_f 等于管内气流速度的法向速度 v_n——这即是火焰面保持动态平

衡的条件。

利用本森灯火焰可以测定火焰传播速度 v_f。由连续方程式(7-21),可得

$$v_f = \frac{\dot{m}/\rho_f}{A_f} = \frac{\dot{m}_v}{\pi R_e L_f} = \frac{\dot{m}_v}{\pi R_e \sqrt{h_f^2 + R_e^2}} \qquad (7-24)$$

式中:$\dot{m}_v$ 为管内预混可燃气体的体积流量(m^3/s),R_e 为管口半径,L_f 为火焰锥母线长,h_f 为火焰锥高度。可见,只要测出 $\dot{m}_v$、R_e 和 h_f,即可得到火焰传播速度。

当输入的气流速度 v 减小即减小进气量时,火焰锥半角 $\theta/2$ 逐渐增大,当 $\theta/2 = 90°$ 时,火焰位于管口,并逐渐进入管内,形成垂直于气体流速的火焰。这时,形成的现象与如图 7-5 所示水平长管中的燃烧试验类似,一端输入混合可燃气体,另一端点燃,产生垂直于气流速度的预混火焰。可以分析,调整输入气体的流速 v,火焰位置会随之改变,如流速 v 增加,火焰面远离进气方向而后移;反之,会向进气方向前移,即所谓回火。因此,保持火焰面稳定的条件仍然是 $v_f = v_n (= v)$。

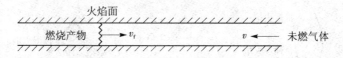

图 7-5　长管中预混火焰的传播

7.3.2　燃烧波

在预混可燃气体混合物中,点火后形成的燃烧火焰也可看作为厚度无限薄的波,称为燃烧波。燃烧波在预混可燃气体中的传播就是燃烧的物理化学过程的传播,其传播规律受燃烧反应动力学和流体动力学的共同控制,是燃烧学中的一个经典课题。

考察图 7-6 所示的长管,管中充满预混可燃气体。假设在左端点火,管中预混可燃气体将很快燃烧,但预混可燃气体不是瞬间同时燃烧的,而是在一个很薄的区域内燃烧,该区域以一定速度向未燃气体移动,这就是燃烧波的传播。当燃烧波扫过预混可燃气体时,气体经过燃烧反应变成燃烧产物,留在波后,同时释放出热量使燃烧产物的温度提高。

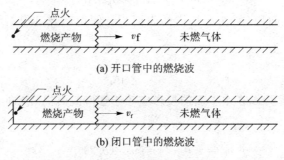

(a) 开口管中的燃烧波

(b) 闭口管中的燃烧波

图 7-6　长管中的燃烧波

在图 7-6(a) 所示的两端开口的长管中,燃烧波移动的速度即传播速度较低且稳定,相对于未燃气体呈亚声速传播,这种燃烧波称为爆燃波(Deflagration wave),其传播速度称为火焰速度(Flame speed)。爆燃波的传播速度取决于预混可燃气体的组分和初始状态,其量级为每秒几厘米至几米。

如果长管的一端是封闭的,如图 7-6(b) 所示,则在封闭端点火后所形成的燃烧波将很快加速,并达到超声速,这种燃烧波称为爆轰波,又称爆震波(Detonation wave),相对于未燃气体的传播速度称为爆震速度(Detonation velocity),它是超声速的。爆震波只有在一定条件下才能形成。

在实际情况中,究竟发生爆燃波还是爆震波取决于很多因素,主要是预混可燃气体混合物的组分、初始状态,以及管道点火端是开口还是闭口等边界条件。燃烧波的分析方法类似于正激波。所不同的是,正激波是绝热的,而燃烧波则伴随着化学反应释放的热能,可看成简单的热量加入,是非绝热的。

1. 控制方程

燃烧波的传播在静止参考系中是非定常过程。为了使用定常方法进行研究,需要建立运动坐标系,即在流场上叠加一个与燃烧波传播速度大小相等、方向相反的速度,如图 7-7 所示。此时燃烧波静止,波前波后均为定常流动,波前速度 v_1 即为燃烧波的传播速度。选取燃烧波为控制体,可以建立燃烧波的控制方程组。

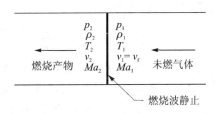

图 7-7　相对坐标系中的燃烧波

对于等截面一维定常流动,连续方程、动量方程和能量方程分别为式(5-71)、式(5-75)和式(5-86),即为

$$G = \rho_1 v_1 = \rho_2 v_2 = \mathrm{Const} \qquad (7-25)$$

$$p_1 + \rho_1 v_1^2 = p_2 + \rho_2 v_2^2 = \mathrm{Const} \qquad (7-26)$$

$$h_1 + \frac{v_1^2}{2} + q = h_2 + \frac{v_2^2}{2} \qquad (7-27)$$

式中:q 为燃烧反应释放的燃烧能;下标 1 表示波前参数,下标 2 表示波后参数。在由连续方程、动量方程和能量方程组成的控制方程组中,共有 p_2、h_2(或 T_2,$h_2 = c_p T_2$)、ρ_2、v_2 和 v_1 五个未知数。在燃烧波问题中,由于波前速度 v_1 即燃烧波传播速度是未知的,补充理想气体热状态方程以后,控制方程组仍只有四个方程,因此,燃烧波问题不能得到唯一解。

通过控制方程组的变换可以得到雨贡纽(P. H. Hugoniot)方程和瑞利(J. W. Rayleigh)方程,它们是分析燃烧波变化规律的基本方程。

2. 雨贡纽方程

根据连续方程式(7-25),有

$$v_1 + v_2 = \left(1 + \frac{v_2}{v_1}\right)v_1 = \left(1 + \frac{\rho_1}{\rho_2}\right)v_1 \tag{a}$$

将连续方程式(7-25)代入动量方程(7-26),得

$$v_1 - v_2 = \frac{p_2 - p_1}{\rho_1 v_1} \tag{b}$$

能量方程式(7-27)可以改写成

$$h_2 - h_1 - q = \frac{1}{2}(v_1^2 - v_2^2) = \frac{1}{2}(v_1 + v_2)(v_1 - v_2)$$

将(a)、(b)两式代入上式,得

$$h_2 - h_1 - q = \frac{1}{2}\left(1 + \frac{\rho_1}{\rho_2}\right)v_1 \frac{p_2 - p_1}{\rho_1 v_1} = \frac{1}{2}\left(\frac{1}{\rho_2} + \frac{1}{\rho_1}\right)(p_2 - p_1) \tag{7-28}$$

又由理想气体焓的关系式(3-70)和热状态方程式(2-1),有

$$h_2 - h_1 = c_p(T_2 - T_1) = \frac{\gamma}{\gamma - 1}\left(\frac{p_2}{\rho_2} - \frac{p_1}{\rho_1}\right) \tag{c}$$

代入式(7-28),可得

$$\frac{\gamma}{\gamma - 1}\left(\frac{p_2}{\rho_2} - \frac{p_1}{\rho_1}\right) - \frac{1}{2}\left(\frac{1}{\rho_2} + \frac{1}{\rho_1}\right)(p_2 - p_1) = q \tag{7-29}$$

该方程称为雨贡纽方程,规定了在初始状态
(p_1, ρ_1)以及燃烧能q给定的情况下,燃烧
波后压强p_2和密度ρ_2应满足的关系,如
图7-8所示。根据雨贡纽方程得到的波后
压强p_2随波后密度的倒数$1/\rho_2$变化的曲
线称为雨贡纽曲线,简称H线。

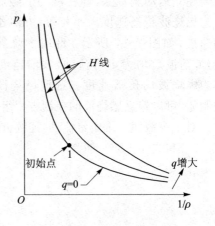

图7-8 雨贡纽曲线

从雨贡纽曲线可以看出,给定初始状态
(p_1, ρ_1)即曲线上初始点1时,不同燃烧能q
对应的H线不同,并且随着燃烧能q的增
加,H线沿图中所示方向向上移动。当$q =
0$时,亦即绝热时的$H$线实际上就是正激波
的H线。对于正激波而言,初始点1下方
的那段H线上的状态对应着压强和密度均减小的情况,即为膨胀激波,由于违反了
热力学第二定律而不可能实现。但燃烧波是非绝热的,不存在这种限制。

3. 瑞利方程

联立连续方程(7-25)和动量方程(7-26),可得

$$p_2 - p_1 = -G^2\left(\frac{1}{\rho_2} - \frac{1}{\rho_1}\right) \tag{7-30}$$

这就是瑞利方程。根据瑞利方程画出的波后压强p_2随密度倒数$1/\rho_2$变化的曲线称
为瑞利曲线,简称R线,如图7-9所示,它也是在给定初始状态(p_1, ρ_1)的情况下,燃

烧波后压强 p_2 和密度 ρ_2 所必须满足的关系。由瑞利方程可知,燃烧波后的压强 p_2 与密度的倒数 $1/\rho_2$ 呈线性变化,其斜率等于 $-G^2$,恒为负。

综上所述,燃烧波后的参数必须同时满足雨贡纽方程和瑞利方程,亦即燃烧波后的流动状态 2 是 H 线和 R 线的交点,如图 7 - 10 所示。

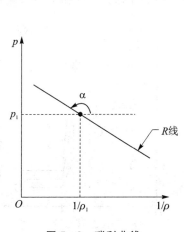

图 7 - 9　瑞利曲线

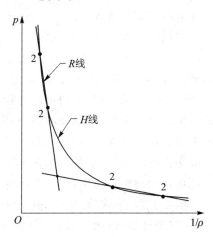

图 7 - 10　H 线、R 线及其交点

4. 燃烧波的基本特征

利用雨贡纽方程和瑞利方程可以分析燃烧波的参数变化。如图 7 - 11 所示,R 线经过初始点 1,并与 H 曲线相切于 J 点和 K 点,称为查普曼-儒盖(Chapman - Jouguet)点。可以证明,在该点处,速度正好等于声速,即 $Ma_2 = 1$。

过初始点 1 作坐标轴的平行线与垂直线,与 H 曲线相交于 X 点和 Y 点。这样,查普曼-儒盖点和 X、Y 点把 H 曲线分为五个区,分别标示为 Ⅰ、Ⅱ、Ⅲ、Ⅳ、Ⅴ。

X 点处斜率为 0,由连续方程 $G = \rho_1 v_1 = \rho_2 v_2 = 0$,可知 $v_1 = v_2 = 0$,即 $Ma_1 = Ma_2 = 0$;Y 点处斜率为 ∞,由连续方程 $G = \rho_1 v_1 = \rho_2 v_2 = \infty$,可知 $v_1 = v_2 = \infty$,即 $Ma_1 = Ma_2 = \infty$。

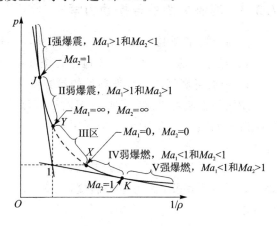

图 7 - 11　爆燃波与爆震波

在Ⅲ区,可以看出 R 线的斜率为正,不满足斜率为负的要求,故解不可能位于Ⅲ区,或Ⅲ区的解无意义。

在Ⅰ区和Ⅱ区,$Ma_1 > 1$,离开 X 点越远,压强和密度均增加,而且增加得越快,由连续方程 $G = \rho_2 v_2$ 可知速度不断降低。在Ⅱ区马赫数 Ma_2 由 X 点的 ∞ 逐渐减小

到 J 点的 1,故 $Ma_2>1$;并在 I 区逐渐减小到亚声速 $Ma_2<1$,当 $\rho_2\to\infty$ 时,$v_2\to0$。因此,I 区和 II 区为爆震波,其中 I 区为强爆震波,II 区为弱爆震波。

在 IV 区和 V 区,$Ma_1<1$,离开 Y 点越远,压强和密度均减小,而且减小得越慢,速度逐渐增加。在 IV 区马赫数 Ma_2 由 Y 点的 0 逐渐增加到 K 点的 1,故 $Ma_2<1$;并在 V 区逐渐增加到超声速 $Ma_2>1$,当 $\rho_2\to0$ 时,$v_2\to\infty$。因此,IV 区和 V 区为爆燃波,其中 IV 区为弱爆燃波,V 区为强爆燃波。

实际中,燃烧波最可能发生在强爆震区（I 区）和弱爆燃区（IV 区），而在弱爆震区（II 区）和强爆燃区（V 区）中发生的可能性很小或不可能发生。分析第 V 区,燃烧波的流动驱动势实际上即为热量的添加,由气体动力学流动驱动势的知识可知,单一的热量加入不能使亚声速流动加速为超声速流动,因此 V 区在物理上是不可能实现的;分析第 II 区,根据泽尔道维奇、冯·诺伊曼(Von Neumann)和德林(M. Doring)提出的 ZND 爆震波模型,爆震波由一道激波后面跟上一道燃烧波组成,如图 7-12 所示,由激波知识可知,超声速流动穿过激波后必然变为亚声速流动,因此 $Ma_2>1$ 是不可能的,即 II 区在物理上也是不可能实现的。

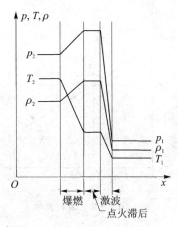

图 7 - 12   ZND 爆震波模型

7.3.3   层流火焰的传播动力学

前面分析了预混可燃气体产生的燃烧波的传播规律,根据动力学的观点,既然有运动,必然存在动力。本节主要讨论燃烧波运动的动力学问题。

1. 预混可燃气体燃烧波前后的参数变化

用实验方法可以测得燃烧火焰附近区域预混可燃气体的参数变化（主要是温度和浓度），如图 7-13 所示。从图中可以得知:

（1）进入火焰区温度急剧升高,在燃烧火焰后达到最高（称为燃烧温度,或火焰温度）。

（2）反应物浓度经过火焰区后迅速下降——如果氧含量充分,则燃料浓度几乎降为零;如果氧含量不充分,则氧浓度几乎降为零。

（3）反应主要集中在焰锋宽度的薄

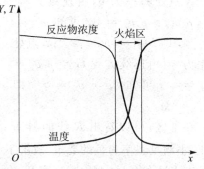

图 7 - 13   预混可燃气体燃烧的参数变化

层内进行。

可见,在火焰区域内存在强烈的传热(温度梯度)与传质(浓度梯度)现象,这就是驱动火焰传播的基本动力。

由于不同学者对问题的侧重面不同,研究火焰传播动力存在两种不同学派,这也反映了火焰传播规律的复杂性。一派认为,温度是影响火焰传播的关键,因为温度是影响化学反应的主要因素,而化学反应是燃烧的基础,称为火焰传播的热理论;另一派认为,浓度是影响火焰传播的关键,因为在火焰区内存在大量的活性组分(即链载体),它们的扩散过程使反应加速而出现火焰传播,称为火焰传播的扩散理论。

实际上,这两种因素都存在,很难区分主次,不同理论只是为了研究方便而从不同侧面进行的。下面主要以简单热理论来分析火焰传播的动力学机理。

2. 火焰传播的热理论

早在 1885 年,马拉德(E. Mallard)和勒沙特列(H. Le Chatelier)等人就提出了简单热理论模型,后来,泽尔道维奇和弗朗克-卡门涅茨基等人发展了分区近似模型,董道义(T. Y. Toong)提出了迭代精确求解模型,进一步发展了热理论。这里以泽尔道维奇和弗朗克-卡门涅茨基提出的分区近似模型为例来分析层流火焰的传播机理。

在预混火焰焰锋宽度 δ 内的温度分布如图 7-14 所示,可以分为两个区域:预热区 δ_p 和反应区 δ_c。预热区内主要存在热量传递,而燃烧反应主要集中在很窄的反应区内。两区交界温度(拐点温度,Temperature of inflection)为 T_{inf},在该点两区曲线相切。

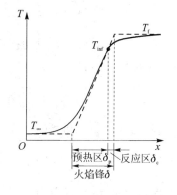

图 7-14 预混火焰的温度变化

预热区和反应区存在如下关系:预热区接受反应区的热量对未燃混合气体进行加热,即预热区温度升高的热量等于反应区供给的热量。

预混火焰采用一维定常不可压假设,并忽略气体黏性和压强梯度的影响,只考虑导热和化学反应热,则能量方程为式(5-89),即为

$$\rho u c_p \frac{dT}{dx} = \kappa \frac{d^2 T}{dx^2} + \dot{\omega}_{fu} \cdot (H_{b,T})_{fu} \qquad (7-31)$$

式中:$(H_{b,T})_{fu}$ 为燃料的燃烧焓(J/kg),$\dot{\omega}_{fu} \cdot (H_{b,T})_{fu}$ 为空间放热率。能量方程满足如下边界条件

$$\begin{cases} x = \delta_p \text{ 时},T = T_{inf}, \dfrac{dT}{dx} = \left(\dfrac{dT}{dx}\right)_{inf} \\ x \to \infty \text{ 时},T = T_f, \dfrac{dT}{dx} = 0 \end{cases} \qquad (7-32)$$

由于两区的特点不同,泽尔道维奇认为,可以分区求解能量方程式(7-31)。

（1）预热区

在预热区内，化学反应很慢，可以忽略不计，则能量方程式（7-31）简化为

$$\frac{\mathrm{d}^2 T}{\mathrm{d}x^2} = \frac{\rho u c_p}{\kappa} \frac{\mathrm{d}T}{\mathrm{d}x} \tag{7-33}$$

对上式在区间$[T_\infty, T_{\mathrm{inf}}]$上直接积分一次，并考虑边界条件式（7-32），可得在交界切点处的温度梯度为

$$\left(\frac{\mathrm{d}T}{\mathrm{d}x}\right)_{\mathrm{inf}} = \frac{\rho u c_p}{\kappa}(T_{\mathrm{inf}} - T_\infty) \tag{7-34}$$

（2）反应区

在反应区，温度梯度较小，可以忽略，则能量方程式（7-31）简化为

$$\frac{\mathrm{d}^2 T}{\mathrm{d}x^2} = -\frac{(H_{\mathrm{b},T})_{\mathrm{fu}}}{\kappa}\dot\omega_{\mathrm{fu}} \tag{7-35}$$

由于$\dfrac{\mathrm{d}^2 T}{\mathrm{d}x^2} = \dfrac{\mathrm{d}\left(\dfrac{\mathrm{d}T}{\mathrm{d}x}\right)}{\mathrm{d}x}$，式（7-35）进行变形为

$$\frac{\mathrm{d}T}{\mathrm{d}x} \cdot \mathrm{d}\left(\frac{\mathrm{d}T}{\mathrm{d}x}\right) = -\frac{(H_{\mathrm{b},T})_{\mathrm{fu}}}{\kappa}\dot\omega_{\mathrm{fu}} \cdot \mathrm{d}T \tag{7-36}$$

对式（7-36）在区间$[T_{\mathrm{inf}}, T_{\mathrm{f}}]$上积分一次得

$$\frac{1}{2}\left(\frac{\mathrm{d}T}{\mathrm{d}x}\right)^2 \bigg|_{\delta_{\mathrm{p}}}^{\infty} = -\frac{(H_{\mathrm{b},T})_{\mathrm{fu}}}{\kappa}\int_{T_{\mathrm{inf}}}^{T_{\mathrm{f}}}\dot\omega_{\mathrm{fu}}\mathrm{d}T$$

因此，按边界条件式（7-32）可得

$$\left(\frac{\mathrm{d}T}{\mathrm{d}x}\right)_{\mathrm{inf}} = \sqrt{\frac{2(H_{\mathrm{b},T})_{\mathrm{fu}}}{\kappa}\int_{T_{\mathrm{inf}}}^{T_{\mathrm{f}}}\dot\omega_{\mathrm{fu}}\mathrm{d}T} \tag{7-37}$$

利用式（7-34）和式（7-37）求得的两区交界切点处的温度梯度两者应相等，即

$$\frac{\rho u c_p}{\kappa}(T_{\mathrm{inf}} - T_\infty) = \sqrt{\frac{2(H_{\mathrm{b},T})_{\mathrm{fu}}}{\kappa}\int_{T_{\mathrm{inf}}}^{T_{\mathrm{f}}}\dot\omega_{\mathrm{fu}}\mathrm{d}T} \tag{7-38}$$

根据质量守恒，并考虑$\rho = \mathrm{Const}$，有

$$\dot m = \rho u A = \rho v_{\mathrm{f}} A \tag{7-39}$$

其中A为火焰传播的截面积。因此，火焰传播速度为

$$v_{\mathrm{f}} = u = \sqrt{\frac{2a(H_{\mathrm{b},T})_{\mathrm{fu}}}{\rho c_p(T_{\mathrm{inf}} - T_\infty)^2}\int_{T_{\mathrm{inf}}}^{T_{\mathrm{f}}}\dot\omega_{\mathrm{fu}}\mathrm{d}T} \tag{7-40}$$

式中：$a = \dfrac{\kappa}{\rho c_p}$为热扩散系数。该式中交界温度$T_{\mathrm{inf}}$是未知的，在预热区中可近似认为$T_{\mathrm{inf}} \approx T_{\mathrm{f}}$；而化学反应主要存在于反应区中，在预热区化学反应可以忽略，即$\int_{T_{\mathrm{inf}}}^{T_{\mathrm{f}}}\dot\omega_{\mathrm{fu}}\mathrm{d}T \approx \int_{T_\infty}^{T_{\mathrm{f}}}\dot\omega_{\mathrm{fu}}\mathrm{d}T$。定义平均反应速率为

$$\bar\omega = \frac{1}{T_{\mathrm{f}} - T_\infty}\int_{T_\infty}^{T_{\mathrm{f}}}\dot\omega_{\mathrm{fu}}\mathrm{d}T \tag{7-41}$$

同时定义平均反应时间，即燃烧消耗总能量 $\rho c_p (T_f - T_\infty)$ 所需的时间为

$$t_r = \frac{\rho c_p (T_f - T_\infty)}{(H_{b,T})_{fu} \bar{\dot{\omega}}_{fu}} \qquad (7-42)$$

将式（7-41）和式（7-42）代入式（7-40），可得

$$v_f = \sqrt{\frac{2a(H_{b,T})_{fu} \bar{\dot{\omega}}_{fu}}{\rho c_p (T_f - T_\infty)}} = \left(\frac{2a}{t_r}\right)^{0.5} \qquad (7-43)$$

可见，火焰传播速度与热扩散系数和化学反应速率等因素存在直接关系。随着计算机计算技术的发展，研究火焰传播机理可以通过直接求解具有化学反应和扩散过程源项的控制方程而得到更详细的数值解。

焰锋宽度 δ 可以根据交界点梯度求出。由图 7-14 可知，交界点的温度梯度可近似表示为

$$\left(\frac{\mathrm{d}T}{\mathrm{d}x}\right)_{inf} = \frac{T_f - T_\infty}{\delta} \qquad (7-44)$$

由交界切点处的温度梯度式（7-34）得

$$\left(\frac{\mathrm{d}T}{\mathrm{d}x}\right)_{inf} = \frac{\rho u c_p}{\kappa}(T_{inf} - T_\infty) = \frac{\rho v_f c_p}{\kappa}(T_{inf} - T_\infty) \approx \frac{v_f}{a}(T_f - T_\infty)$$
$$(7-45)$$

式（7-44）和式（7-45）相等，因此有

$$\delta \approx \frac{\kappa}{\rho v_f c_p} = \frac{a}{v_f} \qquad (7-46)$$

可见，火焰传播速度越快，火焰锋厚度越薄。

7.3.4　湍流预混火焰传播

在层流火焰中，相邻两层流体之间作有序滑动，唯一可能的混合是由分子扩散引起的，故速度、温度和浓度等的分布都很光滑。湍流火焰和层流火焰不同，常伴随着噪声、火焰包络面迅速脉动、涡旋随机运动并穿越邻近的流体层，流动不再平滑有序。图 7-15 和图 7-16 给出了层流火焰和湍流火焰的示意图。

图 7-15　层流火焰

图 7-16　湍流火焰

湍流火焰的输运系数不再是流体参数的函数,而是流动的函数。例如,在某些化学当量比下,湍流有效热扩散系数比层流中分子的热扩散系数大 100 倍以上。湍流火焰呈现如下一些特性:

　　(1)湍流火焰表面很复杂,很难像层流火焰那样能确定出各个表面位置。

　　(2)由于输运系数增大,湍流火焰的传播速度比层流火焰大得多。

　　(3)在相同条件下,湍流火焰的高度比层流火焰小。当来流速度一定时,火焰高度随湍流强度增加而减小。

　　(4)湍流火焰的反应区通常很宽。

　　(5)湍流火焰的传播速度随雷诺数增加而增大,故湍流燃烧火焰的传播速度远大于层流火焰,而火焰传播速度反过来将影响燃烧化学反应的放热量,从而影响燃烧过程本身。

　　火焰传播速度对化学反应放热量的影响可从式(7-43)得到结论。由式(7-43)可得燃烧化学反应的空间放热率为

$$\delta \dot{Q}_G = \bar{\dot{\omega}}_{fu} \cdot (H_{b,T})_{fu} = \frac{\rho c_p (T_f - T_\infty)}{2a} v_f^2 \tag{7-47}$$

该式虽然是从层流燃烧的研究得到的,但也可近似分析湍流燃烧。从式中可以得出,燃烧化学反应的空间放热率与火焰传播速度的平方成正比。由于湍流燃烧火焰的传播速度远大于层流火焰,因此,湍流燃烧时的放热率远大于层流燃烧。

　　湍流是由涡团尺度(称为湍流尺度)及混合长度来表征的。湍流涡团扩散系数 a_t 是涡团间相互作用的量度,就像运动粘度 v 是分子间相互作用的量度一样。从管内流动的知识可知,管内流的雷诺数大于 2 300 时便从层流向湍流过渡。因此,如管道的尺寸或流速增加都可能使管内流动变为湍流。

　　邓克勒对各种雷诺数下的火焰传播速度进行了测定,发现:(a)当 $Re < 2\ 300$ 时,火焰传播速度与雷诺数无关;(b)当 $2\ 300 \leqslant Re < 6\ 000$ 时,火焰传播速度与雷诺数的平方根成正比;(c)当 $Re \geqslant 6\ 000$ 时,则与雷诺数成正比。显然,只有第(a)项才符合对火焰传播速度的定义,而(b)、(c)项均受湍流的影响,因此所测得的火焰传播速度均与几何尺度及流动情况有关。

　　按湍流尺度的大小,湍流火焰可分为小尺度湍流火焰和大尺度湍流火焰,其表现特性不同,如图 7-17 所示。

1. 小尺度湍流燃烧

　　在 $2\ 300 \leqslant Re < 6\ 000$ 的范围内,湍流尺度很细小,即涡团尺寸及混合长度远远小于火焰锋的厚度,如图 7-17(a)所示,这些细小规模的涡团只是在燃烧波内增加传输过程的强度。在这种情况下热量及组分的传输过程均与湍流涡团扩散系数 a_t(而不是热扩散系数 a)成正比。式(7-43)指出,层流火焰传播速度 $v_f \propto a^{0.5}$。因此,对于小尺度湍流火焰,其火焰传播速度 $v_{f,t}$ 可以预计也是与 a_t 成比例的,即(同样假设 $Le = 1, Sc = 1$,即 $a = D = v$)

$$\frac{v_{f,t}}{v_f} = \left(\frac{a_t}{a}\right)^{0.5} = \left(\frac{a_t}{D}\right)^{0.5} = \left(\frac{a_t}{\upsilon}\right)^{0.5} \qquad (7-48)$$

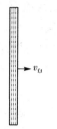 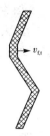 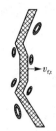

(a) 小尺度湍流火焰　　(b) 大尺度弱湍流火焰　　(c) 大尺度强湍流火焰

图 7 - 17　湍流火焰模型

研究表明,管内流动有

$$\frac{a_t}{\upsilon} \approx 0.01Re \qquad (7-49)$$

因此

$$\frac{v_{f,t}}{v_f} \approx 0.1Re^{0.5} \qquad (7-50)$$

此式与邓克勒对小尺度湍流火焰传播速度的测定结果相符。

因此,对于小尺度湍流燃烧,可以沿用层流火焰的处理方法,只不过方程中的输运系数均须采用湍流涡团的输运系数。

2. 大尺度湍流燃烧

当 $Re \geqslant 6\,000$ 则时,湍流涡团的尺度较大,已与管道直径可比,且远比层流火焰锋的厚度大。这些涡团与小尺度涡团不同,它们不只增大扩散系数,更重要的是破坏、扭曲了光滑的层流火焰锋面。

当湍流脉动速度的幅值(即湍流强度)小于火焰传播速度时,为大尺度弱湍流燃烧,如图 7 - 17(b)所示;当湍流脉动速度的幅值大于火焰传播速度时,为大尺度强湍流燃烧,这时火焰面不仅存在皱折,还被撕裂,呈现不连续火焰面,如图 7 - 17(c)所示。

火焰锋面的扭曲皱折使单位截面积内的火焰面面积增大,从而增加了火焰传播速度。有的学者认为扭曲皱折的火焰面是由无数锥体组成,总锥体高度 h_f 相当于焰锋宽度。因此可以认为火焰传播速度的增大与表面积的增大成正比,即

$$\frac{v_{f,t}}{v_f} = \frac{A_{f,t}}{A_f} = \frac{\pi R_f L_f}{\pi R_f^2} = \frac{\sqrt{h_f^2 + R_f^2}}{R_f} = \sqrt{1 + \left(\frac{h_f}{R_f}\right)^2} \qquad (7-51)$$

其中层流火焰面为规则圆面,湍流火焰面为火焰锥。

邓克勒证明,火焰表面的增加与皱折的特征尺寸成正比,而皱折特征尺度又与湍流强度成正比。由于 a_t 与湍流强度及混合长度的乘积成比例,并因 $\frac{a_t}{\upsilon} \approx 0.01Re$,故

$$\frac{v_{f,t}}{v_f} \propto Re \qquad\qquad (7-52)$$

随着雷诺数的增加,湍流强度进一步加大,表现为大尺度强湍流燃烧,其机理非常复杂,对其研究仍然是肤浅的,可以认为,大尺度强湍流燃烧包含了两个过程,一是在连续火焰面进行的湍流燃烧,还有就是湍流气团的撕裂扩散并燃烧。

7.3.5 火焰的稳定

欲使喷气发动机产生较大的推力,需要快速供给燃料和氧化剂,因此,燃烧物质的供给速度往往非常大。本森灯试验表明,当燃料混合物的供给速度大于火焰传播速度时,火焰会脱火直至熄灭。因此,如何在燃烧物质高速流动的同时保持火焰的稳定是燃烧学中一个重要而复杂的课题。

火焰稳定与许多因素有关,其中包括燃料与氧化剂的性质、燃料与氧化剂的比例、燃烧压强、混合物的温度、流动的湍流性质、燃烧容器的几何尺寸及温度等。这些因素错综复杂,很难考虑周全。因此,在许多燃烧应用中,为保持燃烧火焰的稳定,必须采用专门的火焰稳定装置,这就是火焰稳定器。

火焰脱火或熄灭可以看作是由于预混可燃气体供给流速太大,使预混可燃气体在燃烧位置的停留时间过短所引起的,这时在单位时间内燃烧化学反应放热量减少,同时散热量由于湍流效应等因素而大大增加。火焰稳定器的主要工作原理是降低预混可燃气体的流速,增加预混可燃气体的停留时间,常见有三种类型:引燃火焰稳定、钝体稳定与回流稳定。

1. 引燃火焰稳定

在预混可燃气体的燃烧空间或附近设置引燃火焰,由于扩散混合作用,可以对预混可燃气体增加热量传递,从而保持燃烧的稳定。

引燃火焰稳定常在预混可燃气体流速相对较低和温度较低等条件下使用,如涡轮风扇发动机加力燃烧室中,由于外涵部分气流温度相当低(特别是高空环境下),组织燃烧非常困难,这时在内涵气流中设置引燃式火焰稳定器,借助引燃火焰产生的高温燃气通过径向稳定器引向外涵,从而可以提高外涵部分燃烧的稳定性和燃烧效率。

在日常生活中常见的燃油炉、火炬等燃烧器常采用长明灯式的点火及火焰稳定方式,属于典型的引燃火焰稳定。这些燃烧器如果发生熄火,由于燃油还在喷射,很容易引起爆炸等事故,因此,长明灯式火焰稳定方式可以保证燃烧的持续进行,同时,长明灯的燃烧状态又可以反映出燃烧的稳定状况。在现代一些大型燃烧器中,已经采用在线监测等手段防止熄火,逐步取代了长明灯的作用。

2. 钝体稳定

用一钝体置于燃烧气流中,如图 7-18 所示,使得流动气流在钝体前存在滞止点和钝体壁面边界层,在滞止点附近和边界层中流速大大降低,从而延长了预混可燃气体的停留时间,达到稳定火焰的作用。实际上,钝体还存在散热作用,增加热损失,特别是冷的钝体散热作用更明显。因此,增高钝体的初始温度可以进一步增强火焰稳定。

　　但钝体对气流有较大的阻力作用,推力损失较大。坎贝尔(A. S. Cambel)用一个与燃烧气流相反的逆向气流来克服此缺点。同样,逆向气流与主流相汇的地方会存在滞止点,起到火焰稳定的作用,如图 7 - 19 所示。提高逆向气流的压强、温度,选择合适的逆向气流组分及组成等都可以提高火焰稳定的效果。

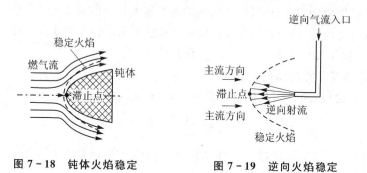

图 7 - 18　钝体火焰稳定　　　　图 7 - 19　逆向火焰稳定

3. 回流稳定

　　当钝体长度为有限长时,气流会在钝体尾部形成涡旋(回流区)。涡旋不仅降低了流动速度,还增强了扩散混合,使得化学反应更加充分,从而提高火焰稳定,如图 7 - 20 所示。

　　另外,突然增加流道的截面积、增加台阶等方法也常被用作火焰稳定措施,这也是利用了燃烧的回流稳定原理。如图 7 - 21 所示,利用突扩台阶使得流动产生回流区从而增加火焰的稳定,该结构可用于固液混合火箭发动机或固体燃料冲压发动机中液体或气体推进剂的燃烧流动设计。

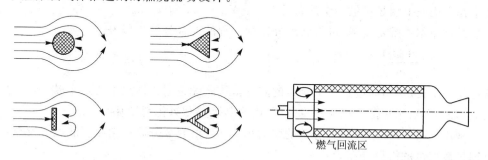

图 7 - 20　回流火焰稳定　　　　图 7 - 21　突扩台阶产生回流区增加火焰稳定

7.4　湍流燃烧模型

　　在火箭发动机等实际应用中,绝大部分燃烧都是湍流燃烧,一方面是由于燃烧伴随的流动达到湍流效应,燃烧过程十分剧烈;另一方面,由于湍流大大加强了扩散混合程度,湍流燃烧可以有效提高燃烧效率。湍流燃烧模型就是针对湍流燃烧过程中的特征,主要解决化学反应速率即组分源函数在雷诺平均后的模型化问题,即 $\bar{\dot{\omega}}$ 的求解问题。

7.4.1 湍流扩散火焰的 $k - \varepsilon - \bar{b}_f - g$ 燃烧模型

在湍流扩散燃烧中,同样可以采用斯柏尔丁等人提出的简单化学反应系统模型,经过泽尔道维奇变换,可以得到以守恒标量 b 表示的无源控制方程式(7-15)、式(7-19)等,即消去了化学反应速率源项,从而简化计算过程。

1. 扩散燃烧参数的瞬时分布

对于扩散燃烧,通常引入混合分数 b_f 的概念,定义为

$$b_f = \frac{b - b_{(2)}}{b_{(1)} - b_{(2)}} \tag{7-53}$$

式中:$b_{(1)}$ 和 $b_{(2)}$ 分别表示燃料一侧和氧化剂一侧的守恒标量 b 的大小。b_f 实际上表示了两种组分混合的程度,也是守恒标量。

对于扩散火焰,根据燃料和氧化剂的瞬时值在空间不共存的条件,可知燃料一侧及氧化剂一侧守恒标量 b 值的大小分别为

$$b_{(1)} = (Y_{fu})_{(1)} - f(Y_{ox})_{(1)} = 1 - f \times 0 = 1$$

$$b_{(2)} = (Y_{fu})_{(2)} - f(Y_{ox})_{(2)} = 0 - f \times 1 = -f$$

则有 $b_{(1)} - b_{(2)} = 1 + f$,代入混合分数定义式(7-53),可得火焰面上的混合分数(用 b_f^0 表示)为

$$b_f^0 = \frac{0 - b_{(2)}}{b_{(1)} - b_{(2)}} = \frac{f}{1 + f} \tag{7-54}$$

其中在火焰面上满足扩散燃烧的条件 $Y_{fu} = Y_{ox} = 0$,即 $b=0$。

经过泽尔道维奇变换,可得到组分连续方程的混合分数方程为

$$\frac{\partial(\rho b_f)}{\partial t} + \frac{\partial(\rho v_j b_f)}{\partial x_j} = \frac{\partial}{\partial x_j}\left(\rho D \frac{\partial b_f}{\partial x_j}\right), \quad j = 1,2,3 \text{ 求和} \tag{7-55}$$

这也是一个无源方程,绕过了求解 $\dot{\omega}$ 的问题。该式无论对扩散火焰还是预混火焰,都是适用的,但对于扩散火焰应用更方便,因为其燃料和氧化剂没有混合。

利用式(7-55)求得混合分数的瞬时值 b_f 后,由混合分数定义和扩散燃烧特点,可知扩散燃烧的组分分布为

$$\begin{cases} \text{在火焰面上}: Y_{fu} = Y_{ox} = 0, b = 0, \text{这时的混合分数为} \ b_f^0 = \frac{f}{1+f} \\[2mm] \text{在燃料一侧}, b_f^0 < b_f < 1 : Y_{fu} = \frac{b_f - b_f^0}{1 - b_f^0}, \quad Y_{ox} = 0 \\[2mm] \text{在氧化剂一侧}, 0 < b_f < b_f^0 : Y_{ox} = 1 - \frac{b_f}{b_f^0}, \quad Y_{fu} = 0 \end{cases}$$

$$\tag{7-56}$$

当求出 Y_{fu} 和 Y_{ox} 后，Y_{pr} 可用下式求出

$$Y_{fu} + Y_{ox} + Y_{pr} = 1 \qquad (7-57)$$

因此，各组分浓度的瞬时值均可用混合分数 b_f 来表示。

2. 扩散燃烧的 $k - \varepsilon - \bar{b}_f - g$ 模型

虽然燃料与氧化剂浓度的瞬时值不共存，其时均值 $\bar{Y}_{fu}$、$\bar{Y}_{ox}$ 和 $\bar{b}_f$ 却是可以共存的，也就是说对于时均值，式(7-56)不一定成立，即

$$\begin{cases} \bar{Y}_{fu} \neq \dfrac{\bar{b}_f - b_f^0}{1 - b_f^0} \\[3mm] \bar{Y}_{ox} \neq 1 - \dfrac{\bar{b}_f}{b_f^0} \end{cases} \qquad (7-58)$$

用简单化学反应模型可以求出混合分数 b_f 和组分质量分数 Y_{fu}、Y_{ox} 的瞬时值，对于湍流，往往对瞬时值并不感兴趣，而是更关心如何确定时均值 $\bar{Y}_{fu}$、$\bar{Y}_{ox}$ 和 $\bar{b}_f$。

由湍流控制方程的特点可知，对组分守恒方程式(7-55)进行雷诺平均后，方程形式不变，可得

$$\frac{\partial(\rho \bar{b}_f)}{\partial t} + \frac{\partial(\rho \bar{v}_j \bar{b}_f)}{\partial x_j} = \frac{\partial}{\partial x_j}\left(\frac{\mu_e}{Sc_t} \frac{\partial \bar{b}_f}{\partial x_j} \right), \quad j=1,2,3 \text{ 求和} \qquad (7-59)$$

式中：Sc_t 为湍流施密特数，由定义式(6-30)可知 $Sc = \dfrac{\mu}{\rho D}$。

斯柏尔丁提出的 $k - \varepsilon - \bar{b}_f - g$ 模型，是在湍流 $k - \varepsilon$ 模型基础上再加上一个 g 方程和 b_f 的概率密度函数 $p(b_f)$。g 定义为

$$g \equiv \overline{(b_f - \bar{b}_f)^2} \equiv \overline{b_f'^2} \qquad (7-60)$$

即 g 为 b_f 的脉动均方值。仿照推导 k 方程的方法，可导出 g 的守恒方程为

$$\frac{\partial(\rho g)}{\partial t} + \frac{\partial(\rho \bar{v}_j g)}{\partial x_j} = \frac{\partial}{\partial x_j}\left(\frac{\mu_e}{Pr_g} \frac{\partial g}{\partial x_j} \right) + c_{g1}\mu_t \left(\frac{\partial \bar{b}_f}{\partial x_j} \right)^2 - c_{g2}\rho g \frac{\varepsilon}{k} \qquad (7-61)$$

式中：c_{g1}、c_{g2} 和 Pr_g 均为常数，通常取：$c_{g1}=2.7\sim2.8$，$c_{g2}=1.79\sim2.0$，$Pr_g=0.7\sim0.9$。

由方程(7-59)和(7-61)，以及表示 k 和 ε 的两个方程式(5-62)和式(5-65)及总连续方程与动量方程式(5-56)，可求解 ρ、$\bar{v}_j$（即 $\bar{u}$、$\bar{v}$、$\bar{w}$）、k、ε、$\bar{b}_f$ 和 g 六种参数，方程组是封闭的。解出 $\bar{b}_f$ 和 g 后，问题并未全部解决，因为平均量的空间分布的解只给出了速度场 $\bar{v}_j$ 和混合分数 $\bar{b}_f$，而浓度分布时均值 $\bar{Y}_{fu}$、$\bar{Y}_{ox}$ 及温度分布 T 还不知道，这需要建立 $\bar{Y}_{fu}$、$\bar{Y}_{ox}$、$\bar{T}$ 与 $\bar{b}_f$、g 的关系。

3. 混合分数的 pdf 模型

前已述及，瞬时值 Y_{fu}、Y_{ox} 与 b_f 的关系可直接由简单化学反应系统假设确定，即满足式(7-56)，但是其时均值却不成立。为解决这一问题，可运用概率密度分布函数 pdf 的概念。

由混合分数 b_f 的定义可知，其值介于 $0\sim1$ 之间。对于湍流的脉动特性，可假设混

合分数 b_f 也是一个随时间脉动的随机数。设 $p(b_\mathrm{f})$ 为 b_f 的概率密度分布函数,即有

$$\int_0^1 p(b_\mathrm{f})\mathrm{d}b_\mathrm{f} = 1 \qquad (7-62)$$

则任意变量 $\phi(b_\mathrm{f})$ 的时均值为

$$\bar{\phi} = \int_0^1 \phi(b_\mathrm{f})\,p(b_\mathrm{f})\,\mathrm{d}b_\mathrm{f} \qquad (7-63)$$

故 b_f 的时均值 $\bar{b}_\mathrm{f}$ 和脉动均方值 g 可分别表示为

$$\begin{cases} \bar{b}_\mathrm{f} = \int_0^1 b_\mathrm{f}\,p(b_\mathrm{f})\,\mathrm{d}b_\mathrm{f} \\ g = \int_0^1 (b_\mathrm{f} - \bar{b}_\mathrm{f})^2\,p(b_\mathrm{f})\,\mathrm{d}b_\mathrm{f} \end{cases} \qquad (7-64)$$

类似地,对于燃料和氧化剂的时均质量分数 $\bar{Y}_\mathrm{fu}$、$\bar{Y}_\mathrm{ox}$ 和温度 $\bar{T}$,有

$$\begin{cases} \bar{Y}_\mathrm{fu} = \int_0^1 Y_\mathrm{fu}(b_\mathrm{f})\,p(b_\mathrm{f})\,\mathrm{d}b_\mathrm{f} = \int_0^1 \left(\dfrac{b_\mathrm{f} - b_\mathrm{f}^0}{1 - b_\mathrm{f}^0}\right) p(b_\mathrm{f})\,\mathrm{d}b_\mathrm{f} \\ \bar{Y}_\mathrm{ox} = \int_0^1 Y_\mathrm{ox}(b_\mathrm{f})\,p(b_\mathrm{f})\,\mathrm{d}b_\mathrm{f} = \int_0^1 \left(1 - \dfrac{b_\mathrm{f}}{b_\mathrm{f}^0}\right) p(b_\mathrm{f})\,\mathrm{d}b_\mathrm{f} \\ \bar{T} = \int_0^1 T(b_\mathrm{f})\,p(b_\mathrm{f})\,\mathrm{d}b_\mathrm{f} \end{cases} \qquad (7-65)$$

式中:瞬时值 Y_fu、Y_ox 的值由式(7-56)求得。

由此可见,若已知 $p(b_\mathrm{f})$ 即 b_f 的概率分布,则可求出组分质量分数的时均值。斯柏尔丁提出的 pdf 模型建议,将 $p(b_\mathrm{f})$ 取为一种城垛形的脉动函数,如图 7-22 所示,即

$$p(b_\mathrm{f}) = \alpha \cdot \delta(b_\mathrm{f,-}) + (1-\alpha) \cdot \delta(b_\mathrm{f,+}) \qquad (7-66)$$

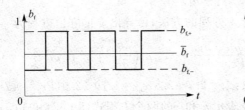 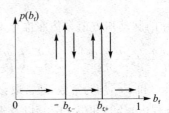

图 7-22 城垛形脉动分布 pdf 函数

式中:α 为控制因子常数,$\delta(b_\mathrm{f,-})$ 和 $\delta(b_\mathrm{f,+})$ 分别为

$$\begin{cases} \delta(b_\mathrm{f,-}) = \begin{cases} 1, & b_\mathrm{f} = b_\mathrm{f,-} \\ 0, & b_\mathrm{f} \neq b_\mathrm{f,-} \end{cases} \\ \delta(b_\mathrm{f,+}) = \begin{cases} 1, & b_\mathrm{f} = b_\mathrm{f,+} \\ 0, & b_\mathrm{f} \neq b_\mathrm{f,+} \end{cases} \end{cases} \qquad (7-67)$$

利用城垛形的脉动函数,任意变量 $\phi(b_\mathrm{f})$ 的时均值可表示为

$$\bar{\phi} = \int_0^1 \phi(b_\mathrm{f})\,p(b_\mathrm{f})\,\mathrm{d}b_\mathrm{f} = \alpha \cdot \phi(b_\mathrm{f,-}) + (1-\alpha) \cdot \phi(b_\mathrm{f,+}) \qquad (7-68)$$

则式(7-64)和式(7-65)表示的时均值为

$$\begin{cases} \bar{b}_{\mathrm{f}} = \alpha b_{\mathrm{f},-} + (1-\alpha) b_{\mathrm{f},+} \\ g = \alpha (b_{\mathrm{f},-} - \bar{b}_{\mathrm{f}})^2 + (1-\alpha)(b_{\mathrm{f},+} - \bar{b}_{\mathrm{f}})^2 \end{cases} \quad (7-69)$$

$$\begin{cases} \bar{Y}_{\mathrm{fu}} = \int_0^1 Y_{\mathrm{fu}}(b_{\mathrm{f}}) p(b_{\mathrm{f}}) \mathrm{d}b_{\mathrm{f}} = \int_0^1 \left(\frac{b_{\mathrm{f}} - b_{\mathrm{f}}^0}{1 - b_{\mathrm{f}}^0} \right) p(b_{\mathrm{f}}) \mathrm{d}b_{\mathrm{f}} = \alpha \cdot \frac{b_{\mathrm{f},-} - b_{\mathrm{f}}^0}{1 - b_{\mathrm{f}}^0} + (1-\alpha) \cdot \frac{b_{\mathrm{f},+} - b_{\mathrm{f}}^0}{1 - b_{\mathrm{f}}^0} \\ \bar{Y}_{\mathrm{ox}} = \int_0^1 Y_{\mathrm{ox}}(b_{\mathrm{f}}) p(b_{\mathrm{f}}) \mathrm{d}b_{\mathrm{f}} = \int_0^1 \left(1 - \frac{b_{\mathrm{f}}}{b_{\mathrm{f}}^0} \right) p(b_{\mathrm{f}}) \mathrm{d}b_{\mathrm{f}} = \alpha \cdot \left(1 - \frac{b_{\mathrm{f},-}}{b_{\mathrm{f}}^0} \right) + (1-\alpha) \cdot \left(1 - \frac{b_{\mathrm{f},+}}{b_{\mathrm{f}}^0} \right) \\ \bar{T} = \int_0^1 T(b_{\mathrm{f}}) p(b_{\mathrm{f}}) \mathrm{d}b_{\mathrm{f}} = \alpha \cdot T(b_{\mathrm{f},-}) + (1-\alpha) \cdot T(b_{\mathrm{f},+}) \end{cases}$$

$$(7-70)$$

可见,只要确定 $b_{\mathrm{f},-}$、$b_{\mathrm{f},+}$ 和 α 的值,即可确定浓度分布及温度分布的时均值。一般地,可取 $\alpha = 0.5$,由式(7-69)可得

$$b_{\mathrm{f},-} = \bar{b}_{\mathrm{f}} - \sqrt{g}, \quad b_{\mathrm{f},+} = \bar{b}_{\mathrm{f}} + \sqrt{g} \quad (7-71)$$

由式(7-71)求得 $b_{\mathrm{f},-}$ 与 $b_{\mathrm{f},+}$ 后,代入式(7-66)即可得到 b_{f} 的概率分布函数 $p(b_{\mathrm{f}})$,从而参数 $\bar{Y}_{\mathrm{fu}}$、$\bar{Y}_{\mathrm{ox}}$ 和 $\bar{T}$ 由式(7-70)可完全确定。这样就解决了时均值的问题。

以上介绍的是简单的 pdf 模型,给出了城垛脉动形状的 $p(b_{\mathrm{f}})$ 函数形式。实际上,更严格的方法是建立 pdf 的输运方程以找出 $p(b_{\mathrm{f}})$ 分布,可参考本章相关参考文献[9],这里不再介绍。

7.4.2　湍流预混火焰的燃烧模型

对于湍流扩散火焰,利用简单化学反应系统假设、$k-\varepsilon-\bar{b}_{\mathrm{f}}-g$ 模型和 pdf 模型,可以绕过化学反应速率的求解而使问题得到解决,获得组分方程的解。而预混火焰与扩散火焰不同,燃料和氧化剂在进入燃烧区之前已经均匀混合,燃烧过程既受扩散控制又受化学动力学控制,其燃烧机理更为复杂,不同学者提出了许多模型。

1. 涡旋破碎(EBU)模型

斯柏尔丁分析预混火焰的特点,认为湍流预混火焰的反应速率应受两个机制即阿累尼乌斯机制(层流反应机制)和湍流脉动机制的控制,于 1971 年提出了涡旋破碎(Eddy-Break-Up)模型,简称 EBU 模型。

首先根据层流反应机制,可直接用阿累尼乌斯公式计算反应速率。以双组分反应物 A 和 B、每个组分的反应级数为 1 的简单化学反应系统为例,任意组分 A 的反应速率由式(2-103)表示。对于层流反应机制,其雷诺平均可忽略关联项,即为

$$\bar{\omega}_{\mathrm{A,L}} = -\frac{f_{\mathrm{A}}}{M_{\mathrm{B}}} \rho^2 \bar{Y}_{\mathrm{A}} \bar{Y}_{\mathrm{B}} \exp\left(-\frac{E_{\mathrm{A}}}{R_0 \bar{T}} \right) \quad (7-72)$$

其次对于湍流脉动机制,斯柏尔丁认为平均反应速率 $\bar{\omega}_{\mathrm{A,t}}$ 应正比于浓度的脉动均方值 $\overline{Y'^2}$(令 $g_E = \overline{Y'^2}$)与脉动频率 ε/k 的乘积,即

$$\bar{\omega}_{\mathrm{A,t}} = c_E \rho g_E \frac{\varepsilon}{k} \quad (7-73)$$

式中：c_E 为经验常数，一般取 $0.35\sim0.4$。EBU 模型假设湍流燃烧区充满了燃气团和未燃气团，化学反应就发生在这两种气团的交界面上，ε/k 表示未燃气团在湍流作用下破碎成更小气团的速率。

由于湍流预混火焰的反应速率由上述两种机制控制，因此，总的反应速率应为

$$\bar{\omega}_A = f(\bar{\omega}_{A,L}, \bar{\omega}_{A,t}) \tag{7-74}$$

麦格努森（B. F. Magnussen）认为，可取

$$\bar{\omega}_A = \min(\bar{\omega}_{A,L}, \bar{\omega}_{A,t}) \tag{7-75}$$

在求解 $\bar{\omega}_{A,t}$ 时，必须知道 g_E 的值。确定 g_E 的方法有两种，一是建立 g_E 的输运方程；另一种是假设 g_E 为质量分数的函数，即

$$g_E = c_1 \bar{Y}_{fu}, \quad \text{或} \quad g_E = c_2 \bar{Y}_{ox}, \quad \text{或} \quad g_E = c_3 \min(\bar{Y}_{fu}, \bar{Y}_{ox}, \bar{Y}_{pr}) \tag{7-76}$$

式中：c_1、c_2 和 c_3 均为经验常数。

可见，EBU 模型直接把 $\bar{\omega}$ 转化为组分质量分数的函数，也绕开了 $\bar{\omega}$ 的求解。但 EBU 模型一般只适用于高雷诺数的湍流预混燃烧过程，因为它低估了化学动力学和输运对反应速率的控制作用。

2. 关联矩封闭模型

在低雷诺数情况下，必须对化学反应项直接封闭。常用的方法有关联矩封闭和 pdf 封闭，这里主要介绍前者，有关 pdf 封闭模型可参见本章参考文献[9]。

对于双组分反应物 fu 和 ox、每个组分的反应级数为 1 的简单化学反应系统，组分 fu 的反应速率由式（2-103）可得

$$\dot{\omega}_{fu} = -\frac{f_A}{M_{ox}} \rho^2 Y_{fu} Y_{ox} \exp\left(-\frac{E_{fu}}{R_0 T}\right) \tag{7-77}$$

其时均表达式为式（5-67），即为

$$\bar{\omega}_{fu} = -\frac{f_A}{M_{ox}} \rho^2 \bar{Y}_{fu} \bar{Y}_{ox} \exp\left(-\frac{E_{fu}}{R_0 \bar{T}}\right) \left[1 + \frac{\overline{Y'_{fu} Y'_{ox}}}{\bar{Y}_{fu} \bar{Y}_{ox}} + \frac{E_{fu}}{R_0 \bar{T}}\left(\frac{\overline{T' Y'_{fu}}}{\bar{T} \bar{Y}_{fu}} + \frac{\overline{T' Y'_{ox}}}{\bar{T} \bar{Y}_{ox}}\right) + \right.$$
$$\left. \frac{E_{fu}}{R_0 \bar{T}}\left(\frac{1}{2}\frac{E_{fu}}{R_0 \bar{T}} - 1\right) \cdot \frac{\overline{T'^2}}{\bar{T}^2}\right] \tag{7-78}$$

为了求解 $\bar{\omega}_{fu}$，必须找出 $\overline{Y'_{fu} Y'_{ox}}$、$\overline{T' Y'_{fu}}$、$\overline{T' Y'_{ox}}$ 和 $\overline{T'^2}$ 这些关联项的计算方法。关联矩模型认为，在近似情况下，与湍流代数应力模型相似，可以直接给出这些关联项的代数方程，即

$$\begin{cases} \overline{Y'_{fu} Y'_{ox}} = c_y \dfrac{k^3}{\varepsilon^2} \dfrac{\partial \bar{Y}_{fu}}{\partial x_j} \dfrac{\partial \bar{Y}_{ox}}{\partial x_j}, & \overline{T' Y'_{fu}} = c_{y1} \dfrac{k^3}{\varepsilon^2} \dfrac{\partial \bar{T}}{\partial x_j} \dfrac{\partial \bar{Y}_{fu}}{\partial x_j} \\ \overline{T' Y'_{ox}} = c_{y2} \dfrac{k^3}{\varepsilon^2} \dfrac{\partial \bar{T}}{\partial x_j} \dfrac{\partial \bar{Y}_{ox}}{\partial x_j}, & \overline{T'^2} = c_T \dfrac{k^3}{\varepsilon^2}\left(\dfrac{\partial \bar{T}}{\partial x_j}\right)^2 \end{cases} \tag{7-79}$$

式中：c_y、c_{y1}、c_{y2} 和 c_T 均为经验常数。式（7-79）的物理意义很明显，即关联项正比于湍流尺度与时均量梯度的乘积。代数模型虽然简单，但对某些流动不适用，如浓度与温度梯度为零而脉动不为零的均匀流动，故只适用于剪切流。

随着对燃烧研究的深入,湍流燃烧模型仍在不断发展与完善之中。前述各种模型都有各自的适用范围,如 $k-\varepsilon-\bar{b}_f-g$ 模型只考虑了扩散因素,EBU 只适用于高雷诺数湍流预混燃烧,关联矩封闭法只适于低雷诺数剪切流等。另外,上述模型仍然基于简单化学反应系统模型,而实际燃烧过程都是复杂反应系统,目前大多采用对前述各种简单方法进行一些修正,以使其适用于多组分复杂反应系统。为了寻求更具普遍性的燃烧模型,通过不断的观察、归纳和提高,斯柏尔丁又提出了 ESCIMO 理论,他认为燃烧过程主要包括了如下五个物理特征:卷吞(Engulfment),拉抻(Stretching),粘附(Coherence),相互扩散(Interdiffusion)和运动观察(Moving Observer,即取拉格朗日坐标)。该理论既可分析湍流扩散火焰,又可分析湍流预混火焰,能兼顾大尺度的湍流输运和小尺度的分子扩散及化学反应,仍在进一步发展之中。

参考文献

[1] 曲作家,张振铎,孙思诚. 燃烧理论基础 [M]. 北京:国防工业出版社,1989.

[2] 万俊华,郜冶,夏允庆. 燃烧理论基础 [M]. 黑龙江:哈尔滨船舶工程学院出版社,1992.

[3] 周力行. 燃烧理论和化学流体力学 [M]. 北京:科学出版社,1986.

[4] [美]郭 K K. 燃烧原理 [M]. 陈义良,张孝春,孙慈,等译. 北京:航空工业出版社,1992.

[5] 周校平,张晓男. 燃烧理论基础 [M]. 上海:上海交通大学出版社,2001.

[6] [英]斯柏尔丁 D B. 燃烧与传质 [M]. 常弘哲,张连方,叶懋权,等译. 北京:国防工业出版社,1984.

[7] 武晓松,陈军,王栋. 固体火箭发动机气体动力学 [M]. 北京:国防工业出版社,2005.

[8] 武晓松,陈军,王栋,等. 固体火箭发动机工作过程数值仿真 [M]. 北京:高等教育出版社,2006.

[9] 范维澄,万跃鹏. 流动及燃烧的模型与计算 [M]. 安徽:中国科学技术大学出版社,1992.

[10] Turns S R. An Introduction to Combustion - Concepts and Applications (Second Edition) [M]. McGraw - Hill,2000.

[11] Spalding D B. Combustion and Mass Transfer [M]. Pergamon Press,1979.

[12] Spalding D B. Concentration Fluctuations in a Round Free Jet [J]. Chemical Engineering Sciences,1979;26:95 - 107.

[13] Spalding D B. Mixing and Chemical Reaction in Steady Confined Turbulent Flames [C]. 13th Symp. (int.) on Comb.,1971:649.

[14] Magnussen B F, Hjerager B H. On Mathematical Modeling of Turbulent Combustion with Special on Soot Formation and Combustion [C]. 16th Symp. (int.) on Comb., Cambridge, MA,1976.

[15] Spalding D B. The ESCIMO Theory of Turbulent Combustion [R]. Imperial College Report,HTS/76/13,1976.

第8章 着火和熄火

着火、熄火和爆炸可看作是动力燃烧的典型例子,其与燃烧过程密切相关。在绪论中已给出了着火和熄火的基本概念,第2章的链反应知识给出了与爆炸有关的概念,本章主要讨论有关着火和熄火的基本理论和应用。绪论中已定义,着火是指可燃物在一定条件下能够进行化学反应,并且能够使化学反应自动加速、升温,直到化学反应速率出现剧增跃变,并伴随出现火焰的过程;而熄火是燃烧的终止,当燃烧系统的放热率小于散热率时,就会产生熄火。

实际应用中的燃烧过程均需要通过点火来开始,故研究点火问题有重要的实际意义。点火之后,通常会出现火焰的传播,因此,有些学者认为强迫着火也属于预混燃烧,因为火焰的传播是预混燃烧的特点,但局部着火阶段仍属于动力燃烧。本章首先讨论着火和熄火的基本理论,在此基础上,再分析火箭发动机点火和熄火的基本知识,主要内容包括:8.1 热自燃着火与熄火;8.2 强迫着火;8.3 火箭发动机的点火和熄火。

8.1 热自燃着火与熄火

着火是燃烧过程的孕育期(预备阶段),是化学反应的自动加速、自动升温而引起某个空间或某个瞬时出现火焰的过程,当化学反应出现跃变后,燃烧趋于稳定。着火、稳定燃烧和熄火组成了完整的燃烧过程。

定量分析着火的主要方法有谢苗诺夫(N. Semenov)的非稳态分析法和弗朗克-卡门涅茨基(Frank - Kamenetskii)的稳态分析法。谢苗诺夫的非稳态分析法假设温度随时间的变化是产生着火的主要因素;而弗朗克-卡门涅茨基的稳态分析法认为,由于导热作用使得处于着火阶段的温度可看作不随时间变化的稳态分布,当这种稳态关系遭破坏时,即达到着火条件。实际上,上述两种分析方法得出的结论是一致的。由于谢苗诺夫分析法提出了着火过程中许多重要的概念,并在实际应用中得到大量应用,因此,这里主要介绍谢苗诺夫的非稳态分析法。

8.1.1 谢苗诺夫热自燃理论

谢苗诺夫热自燃理论主要研究的是闭口系统预混可燃气体的热自燃着火,由此可以得到热自燃着火的临界条件和着火延迟时间等重要参数。

谢苗诺夫采用的燃烧模型为:

(1) 燃烧容器中包括燃料(fu)、氧化剂(ox)和惰性气体(in),均假设为完全气体,

且物性参数均为常数，反应方程为

$$m \text{ 可燃气体(fu)} + n \text{ 氧化剂(ox)} + l \text{ 惰性气体(in)} \longrightarrow \text{产物(pr)} \qquad (8-1)$$

式中：m、n、l 分别为燃料、氧化剂和惰性气体的化学反应当量系数（摩尔数）。

（2）燃料的化学反应速率由式（2-98）可得，即

$$\dot{r}_{\text{fu}} = \frac{\mathrm{d}C_{\text{fu}}}{\mathrm{d}t} = -mf_{\text{A}}C_{\text{fu}}^{m}C_{\text{ox}}^{n}C_{\text{in}}^{l} \cdot \mathrm{e}^{-\frac{E}{R_0 T}} \qquad (8-2)$$

式中：碰撞频率 f_{A}、活化能 E 和化学当量系数 m、n、l 对一定化学反应为常数。

1. 着火的临界条件

燃烧容器中的燃烧，忽略流动，并假设不可压，则满足能量方程式（5-82），即

$$\rho c_v \frac{\mathrm{d}T}{\mathrm{d}t} = \delta \dot{Q} \qquad (8-3)$$

其中燃烧过程的总热效应 $\delta \dot{Q}$ 等于该容器中单位体积的放热率 $\delta \dot{Q}_{\text{G}}$ 减去散热率 $\delta \dot{Q}_{\text{L}}$，即

$$\rho c_v \frac{\mathrm{d}T}{\mathrm{d}t} = \delta \dot{Q}_{\text{G}} - \delta \dot{Q}_{\text{L}} \qquad (8-4)$$

单位体积的放热率和散热率又称空间放热率和空间散热率。对于燃烧容器中的燃烧，空间放热率即为燃料在单位体积容器内单位时间内燃烧的放热量，空间散热率即为燃气对容器壁面对流传热的散热量，即

$$\begin{cases} \delta \dot{Q}_{\text{G}} = (H_{\text{b},T})_{\text{fu}} \cdot \dot{r}_{\text{fu}} \\[2mm] \delta \dot{Q}_{\text{L}} = \dfrac{\alpha A_{\text{w}}}{\Omega}(T - T_\infty) \end{cases} \qquad (8-5)$$

式中：$(H_{\text{b},T})_{\text{fu}}$ 为燃料的燃烧焓（J/mol）；α 为对流传热系数，A_{w}、Ω 为燃烧容器的表面积和容积。因此有

$$\rho c_v \frac{\mathrm{d}T}{\mathrm{d}t} = (H_{\text{b},T})_{\text{fu}} \cdot \dot{r}_{\text{fu}} - \frac{\alpha A_{\text{w}}}{\Omega}(T - T_\infty) \qquad (8-6)$$

可见，影响预混可燃气体燃烧温度的变化有两个因素，一是空间放热率 $\delta \dot{Q}_{\text{G}}$，二是空间散热率 $\delta \dot{Q}_{\text{L}}$。

化学反应速率的表达式（8-2）代入空间放热率式（8-5），得

$$\delta \dot{Q}_{\text{G}} = -(H_{\text{b},T})_{\text{fu}} \cdot mf_{\text{A}}C_{\text{fu}}^{m}C_{\text{ox}}^{n}C_{\text{in}}^{l}\mathrm{e}^{-\frac{E}{R_0 T}} = \lambda \cdot \mathrm{e}^{-\frac{E}{R_0 T}} \qquad (8-7)$$

其中定义系数

$$\lambda = -(H_{\text{b},T})_{\text{fu}} \cdot mf_{\text{A}}C_{\text{fu}}^{m}C_{\text{ox}}^{n}C_{\text{in}}^{l} \qquad (8-8)$$

可见，放热率 $\delta \dot{Q}_{\text{G}}$ 与温度呈指数次方关系，而散热率 $\delta \dot{Q}_{\text{L}}$ 与温度呈线性变化，存在三种关系：（1）$\delta \dot{Q}_{\text{G}}$ 和 $\delta \dot{Q}_{\text{L}}$ 存在两个交点；（2）$\delta \dot{Q}_{\text{G}}$ 和 $\delta \dot{Q}_{\text{L}}$ 不相交；（3）$\delta \dot{Q}_{\text{G}}$ 和 $\delta \dot{Q}_{\text{L}}$ 相切。下面分别讨论其特点。

（1）$\delta \dot{Q}_{\text{G}}$ 和 $\delta \dot{Q}_{\text{L}}$ 存在两个交点

设曲线 $\delta \dot{Q}_{\text{G}}$ 和 $\delta \dot{Q}_{\text{L}}$ 相交于点 a 和 b，如图 8-1 所示。对于 a 点，如果温度升高，

即 $T > T_a$，因为 $\delta\dot{Q}_G < \delta\dot{Q}_L$，则温度将下降，是稳定状态；如果温度下降，即 $T < T_a$，因为 $\delta\dot{Q}_G > \delta\dot{Q}_L$，则温度将上升，也是稳定的。因此，$a$ 点为动态稳定状态，不能自动加温或降温，因此不能着火。同时由于 a 点的温度较低，故 a 点的状态为熄火状态。

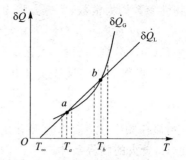

图 8-1　$\delta\dot{Q}_G$ 和 $\delta\dot{Q}_L$ 存在两个交点

对于 b 点，如果温度升高，即 $T > T_b$，因为 $\delta\dot{Q}_G > \delta\dot{Q}_L$，则温度将进一步升高，导致燃烧加速；如果温度下降，即 $T < T_b$，因为 $\delta\dot{Q}_G < \delta\dot{Q}_L$，则温度将进一步下降，最终导致熄火。因此，$b$ 点是不稳定的；同时，b 点对应的温度较高，该状态在自燃条件下一般不能达到。

因此，$\delta\dot{Q}_G$ 和 $\delta\dot{Q}_L$ 存在两个交点的情况不满足着火条件。

(2) $\delta\dot{Q}_G$ 和 $\delta\dot{Q}_L$ 不相交

如图 8-2 所示。由于没有交点，一般 $\delta\dot{Q}_G > \delta\dot{Q}_L$，这种状态可能是稳定的，也可能是不稳定的，不能推导着火条件。

(3) $\delta\dot{Q}_G$ 和 $\delta\dot{Q}_L$ 相切

设曲线 $\delta\dot{Q}_G$ 和 $\delta\dot{Q}_L$ 相切于 c 点，如图 8-3 所示。这时 $\delta\dot{Q}_G \geqslant \delta\dot{Q}_L$，无论温度上升或下降，总满足 $\delta\dot{Q}_G > \delta\dot{Q}_L$，故温度总是上升，即具有自动加温的特性。$c$ 点之前加温缓慢，c 点之后，加温迅速增加。因此，c 点即为着火的临界点。

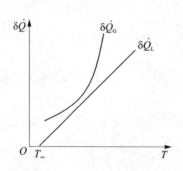

图 8-2　$\delta\dot{Q}_G$ 和 $\delta\dot{Q}_L$ 不相交

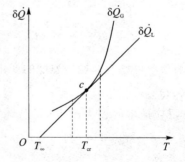

图 8-3　$\delta\dot{Q}_G$ 和 $\delta\dot{Q}_L$ 相切

在 c 点满足如下条件

$$\left[\frac{d(\delta\dot{Q}_G)}{dT} = \frac{d(\delta\dot{Q}_L)}{dT} \right]_{c点}, \quad 且 \quad (\delta\dot{Q}_G = \delta\dot{Q}_L)_{c点} \qquad (8-9)$$

式（8-9）称为着火条件。

把 $\delta\dot{Q}_G$ 和 $\delta\dot{Q}_L$ 的定义式（8-5）代入着火条件式（8-9），并考虑空间放热率

式(8-7)，其中 λ 看作常数，得

$$\begin{cases} \dfrac{E}{R_0 T_{cr}^2} \cdot (H_{b,T_{cr}})_{fu} \dot{r}_{fu} = \dfrac{\alpha A_w}{\Omega} \\[3mm] (H_{b,T_{cr}})_{fu} \dot{r}_{fu} = \dfrac{\alpha A_w}{\Omega}(T_{cr} - T_\infty) \end{cases} \tag{8-10}$$

式中 T_{cr} 即为 c 点对应的着火临界温度。两式相除，得

$$T_{cr} - T_\infty = \frac{R_0 T_{cr}^2}{E}$$

这是一个一元二次方程，解得

$$T_{cr} = \frac{E}{2R_0}\left(1 \pm \sqrt{1 - \frac{4R_0 T_\infty}{E}}\right) \tag{8-11}$$

对于多数碳氢化合物和空气的燃烧来说，活化能 $E \approx 100 \sim 240$ kJ/mol。上式中，取"+"号表示 $T_{cr} > \dfrac{E}{2R_0}$，从数量级分析，E 取 160 kJ/mol 时 $\dfrac{E}{2R_0} = 9\,622$ K，这是不太可能的温度，没有实际意义。故取负号，根号项按泰勒(B. Tailor)级数展开，并取至二阶项，可得

$$T_{cr} = T_\infty + \frac{R_0 T_\infty^2}{E} \quad \text{或} \quad \Delta T_{cr} = T_{cr} - T_\infty = \frac{R_0 T_\infty^2}{E} \tag{8-12}$$

该式的物理意义是，当预混可燃气体的温度与环境温度之差 $\Delta T \geqslant \Delta T_{cr} = \dfrac{R_0 T_\infty^2}{E}$ 时，将可能发生自燃；否则，便不能自燃。

按数量级分析，一般 $\dfrac{R_0 T_\infty^2}{E} \approx 10 \sim 50$ K，甚至更小，因此，可认为

$$T_{cr} \approx T_\infty \tag{8-13}$$

该式表明，发生自燃的临界温度接近于环境温度，可见自燃条件很容易满足。

把式(8-13)代入着火条件式(8-10)的第一式，即得谢苗诺夫着火条件为

$$\frac{E}{R_0 T_\infty^2} \cdot (H_{b,T_\infty})_{fu} \dot{r}_{fu} = \frac{\alpha A_w}{\Omega} \quad \text{或} \quad \frac{E}{R_0 T_\infty^2} \cdot \frac{(H_{b,T_\infty})_{fu} \dot{r}_{fu}}{\alpha A_w / \Omega} = 1 \tag{8-14}$$

可见着火条件不仅取决于可燃物本身，还取决于燃烧容器的特征 (A_w/Ω)。不同容器的 A_w/Ω 可以计算出来，如球形：$A_w/\Omega = \dfrac{\pi d^2}{\pi d^3/6} = \dfrac{6}{d} = \dfrac{3}{R}$，$R$ 为球半径，则球形容器中燃烧的谢苗诺夫着火条件为

$$\frac{E}{R_0 T_\infty^2} \cdot \frac{(H_{b,T_\infty})_{fu} \dot{r}_{fu}}{\alpha/R} = 3 \tag{8-15}$$

同理，可以推得柱形容器和板形容器中燃烧的谢苗诺夫着火条件分别为

$$\frac{E}{R_0 T_\infty^2} \cdot \frac{(H_{b,T_\infty})_{fu} \dot{r}_{fu}}{\alpha/R} = 2 \tag{8-16}$$

$$\frac{E}{R_0 T_\infty^2} \cdot \frac{(H_{b,T_\infty})_{fu} \dot{r}_{fu}}{\alpha/R} = 1 \qquad (8-17)$$

式中：R 为柱形容器的半径，或板形容器的一半厚度。

2. 谢苗诺夫方程和着火界限

对于谢苗诺夫着火条件式(8-14)，代入化学反应表达式(8-2)，可得(不失一般性，这里着火临界温度仍用 T_{cr} 表示)

$$\frac{E}{R_0 T_{cr}^2} \cdot \frac{(H_{b,T_{cr}})_{fu}}{\alpha A_w/\Omega}(-m f_A C_{fu}^m C_{ox}^n C_{in}^l e^{\frac{E}{R_0 T_{cr}}}) = 1$$

由摩尔浓度与分压的关系式(2-18)，并考虑道尔顿分压关系式(2-16)，可知

$$C_A = \frac{p_A}{R_0 T} = \frac{X_A p}{R_0 T} \qquad (8-18)$$

则有

$$\frac{E}{R_0 T_{cr}^2} \cdot \frac{(H_{b,T_{cr}})_{fu}}{\alpha A_w/\Omega}\left[-m f_A X_{fu}^m X_{ox}^n X_{in}^l \left(\frac{p_{cr}}{R_0 T_{cr}}\right)^{m+n+l} e^{-\frac{E}{R_0 T_{cr}}}\right] = 1$$

式中 p_{cr} 为着火临界压强。整理为

$$\frac{1}{T_{cr}^2} \cdot \left(\frac{p_{cr}}{T_{cr}}\right)^{m+n+l} = \frac{-R_0^{1+m+n+l}\alpha A_w/\Omega}{(H_{b,T_{cr}})_{fu} E m f_A X_{fu}^m X_{ox}^n X_{in}^l} e^{\frac{E}{R_0 T_{cr}}}$$

两边同时求对数，得

$$\ln\left[\frac{1}{T_{cr}^2}\cdot\left(\frac{p_{cr}}{T_{cr}}\right)^{m+n+l}\right] = \ln\left[\frac{-R_0^{1+m+n+l}\alpha A_w/\Omega}{(H_{b,T_{cr}})_{fu} E m f_A X_{fu}^m X_{ox}^n X_{in}^l}\right] + \frac{E}{R_0 T_{cr}} \quad (8-19)$$

对于二级反应，有 $m+n+l=2$，则

$$\ln\left(\frac{p_{cr}}{T_{cr}^2}\right) = \ln\left[\frac{-R_0^3 \alpha A_w/\Omega}{(H_{b,T_{cr}})_{fu} E m f_A X_{fu}^m X_{ox}^n X_{in}^l}\right]^{\frac{1}{2}} + \frac{E}{2R_0}\cdot\frac{1}{T_{cr}} \quad (8-20)$$

该式称为谢苗诺夫方程。谢苗诺夫方程式的意义为：

(1) 谢苗诺夫方程表示着火临界压强 p_{cr} 和着火临界温度 T_{cr} 之间的关系，即式(8-20)表示的对数线性关系，如图8-4所示；同时，利用该式可测得相应化学反应的活化能，即只要测得直线的斜率 $E/(2R_0)$ 即可。

(2) 谢苗诺夫方程给出的 p_{cr}-T_{cr} 曲线表示可以自发着火与不能自发着火的界限，如图8-5所示，曲线上部为自发着火区，曲线下部则为不能自发着火区。

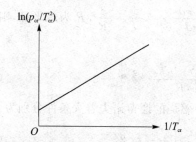

图8-4 着火临界参数 p_{cr} 和 T_{cr} 的关系

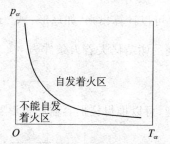

图8-5 着火界限与着火区

（3）当压强一定时,可以给出 $T_{cr} - X_{fu}$ 的关系;当温度一定时,可以给出 $p_{cr} - X_{fu}$ 的关系,均呈 U 字形,从而可以分析着火的浓度极限,如图 8-6 所示。

由图 8-6 可知:预混可燃气体中燃料浓度太大或太小均不能着火,即存在着火浓度下限和上限,分别称为着火下限(或贫限、稀限)和着火上限(或富限、浓限);当温度或压强降低,着火区逐渐减小,两极限逐渐接近;当温度或压强太低时,无论浓度如何均不能着火。

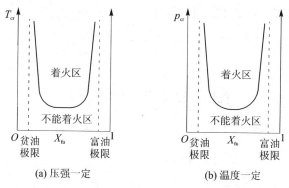

图 8-6　着火界限

表 8-1 给出了一些可燃气体的着火界限(着火上限与着火下限),可以发现,乙炔、氢气和一氧化碳的着火界限最宽,最容易着火;而丁烷、丙烷、苯、丙烯和天然气等的着火界限较窄,容易控制着火,最适合日常生活所用,如丁烷常用于打火机气体,天然气常用于生活用气等。

表 8-1　着火浓度界限(空气中燃烧,$T_{\infty} = 295.15$ K)

可燃气体	体积百分数/%	
	下　限	上　限
氢	4.0	80.0
一氧化碳	12.5	80.0
甲烷	2.5	15.4
乙烷	2.5	14.95
丙烷	2.0	9.5
丁烷	1.55	8.5
乙烯	2.75	35.0
丙烯	2.0	11.1
乙炔	1.53	82.0
苯	1.3	9.5
天然气	3.0	14.8
焦炉煤气	5.6	30.4
发生炉煤气	20.7	74.0
高炉煤气	35.0	74.0

3. 着火延迟时间

在着火阶段，由于化学反应的放热量远远大于散热量，可以忽略散热，因此燃烧过程中热量的释放速率近似等于燃料的化学反应放热速率，即系统的能量变化等于化学反应放热，则式(8-6)变为

$$\rho c_v \frac{dT}{dt} = (H_{b,T}^0)_{fu} \cdot \dot{r}_{fu} \qquad (8-21)$$

化学反应速率式(8-2)代入上式，得

$$\frac{dT}{dt} = \lambda' \cdot e^{-\frac{E}{R_0 T}} \qquad (8-22)$$

其中系数 λ' 为

$$\lambda' = -\frac{mf_A(H_{b,T})_{fu}}{\rho c_v} C_{fu}^m C_{ox}^n C_{in}^l \qquad (8-23)$$

设 $\lambda' =$ 常数，可积分式(8-22)，得

$$\lambda' t = \int_{T_\infty}^{T} e^{\frac{E}{R_0 T}} dT \qquad (8-24)$$

式中：T_∞ 为环境温度。利用变量代换，令 $\chi = \frac{E}{R_0 T}$，则上式变为

$$-\frac{\lambda' t}{E/R_0} = \int_{\chi_1}^{\chi_2} \frac{e^\chi}{\chi^2} d\chi = \int_{\chi_1}^{\chi_2} \frac{1}{\chi^2} de^\chi \qquad (8-25)$$

其中积分上、下限分别为 $\chi_1 = \dfrac{E}{R_0 T_\infty}$，$\chi_2 = \dfrac{E}{R_0 T}$。采用分部积分法，对上式进行连续积分，可以得到积分数列，即

$$-\frac{\lambda' t}{E/R_0} = \int_{\chi_1}^{\chi_2} \frac{1}{\chi^2} de^\chi = \left[\frac{e^\chi}{\chi^2} \left(1 + \frac{2!}{\chi} + \frac{3!}{\chi^2} + \cdots \right) \right] \Bigg|_{\chi_1}^{\chi_2}$$

代入积分上、下限 χ_1 和 χ_2，整理得

$$t = \frac{R_0 T_\infty^2 e^{\frac{E}{R_0 T_\infty}}}{\lambda' E} \left[\left(1 + \frac{2R_0 T_\infty}{E} + \frac{6R_0^2 T_\infty^2}{E^2} + \cdots \right) - \right.$$

$$\left. \left(\frac{T}{T_\infty}\right)^2 e^{-\frac{E}{R_0 T_\infty}\left(1 - \frac{T_\infty}{T}\right)} \left(1 + \frac{2R_0 T}{E} + \frac{6R_0^2 T^2}{E^2} + \cdots \right) \right]$$

令

$$t_{ig} = \frac{R_0 T_\infty^2}{\lambda' E} e^{\frac{E}{R_0 T_\infty}} \cdot \left(1 + \frac{2R_0 T_\infty}{E} + \frac{6R_0^2 T_\infty^2}{E^2} + \cdots \right) \qquad (8-26)$$

称为着火延迟时间，则有

$$\frac{t}{t_{ig}} = 1 - \left(\frac{T}{T_\infty}\right)^2 e^{-\frac{E}{R_0 T_\infty}\left(1 - \frac{T_\infty}{T}\right)} \cdot \frac{1 + \frac{2R_0 T_\infty}{E}\frac{T}{T_\infty} + \frac{6R_0^2 T_\infty^2}{E^2}\left(\frac{T}{T_\infty}\right)^2 + \cdots}{1 + \frac{2R_0 T_\infty}{E} + \frac{6R_0^2 T_\infty^2}{E^2} + \cdots} =$$

$$f(T/T_\infty) \qquad (8-27)$$

一般地，E 的数量级为 10^5，而初温 T_∞ 取到 300 K 时 $R_0 T_\infty$ 的数量级为 10^3，因此，$\dfrac{2R_0 T_\infty}{E}$ 和 $\dfrac{6R_0^2 T_\infty^2}{E^2}$ 及以后项可以忽略，则

$$t_{ig} \approx \frac{R_0 T_\infty^2}{\lambda' E} \cdot e^{\frac{E}{R_0 T_\infty}} \qquad (8-28)$$

$$\frac{t}{t_{ig}} \approx 1 - \left(\frac{T}{T_\infty}\right)^2 \cdot e^{\frac{E}{R_0 T_\infty}\left(1 - \frac{T_\infty}{T}\right)} \qquad (8-29)$$

式(8-27)或式(8-29)表示的 t/t_{ig} 与 T/T_∞ 的关系如图 8-7 所示。图中可见，当 $t/t_{ig} \to 1$ 时，温度骤然上升，这即满足着火条件。因此，这时对应的时间即为着火延迟时间。

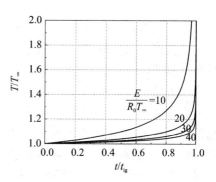

图 8-7 着火延迟时间

8.1.2 熄 火

同样可以用谢苗诺夫理论来简单说明闭口系统熄火的机理。在着火过程中，化学反应速率和放热速率随温度增加而逐渐增加，直到达到着火临界温度 T_{cr} 而着火，如图 8-8 所示，然后形成稳定燃烧；在燃烧过程中，由于反应物浓度消耗，其反应速率和放热速率随温度先由小变大，再由大变小。

燃烧时如果某些条件的恶化，如散热增加（可由环境温度 T_∞ 下降引起，如图 8-8 所示；或由容器特性 $\dfrac{\alpha A_w}{\Omega}$ 增加引起，如图 8-9 所示），则燃烧工况逐步向 E 点靠近，切点 E 称为熄火点。

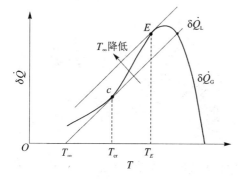

图 8-8 不同环境温度下的燃烧工况

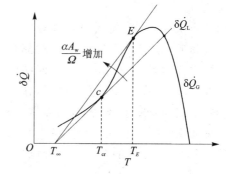

图 8-9 不同燃烧容器特性下的燃烧工况

同样在切点 E 满足(8-9)式的条件，即同样可得到(8-11)式的切点温度，即

$$T_E = \frac{E}{2R_0}\left(1 \pm \sqrt{1 - \frac{4R_0 T_\infty}{E}}\right) \qquad (8-30)$$

前已分析,对于着火,该式取"一"号;而对于熄火,则取"十"号。对于多数碳氢化合物,这时对应的熄火临界温度可高达 9 622 K,这在实际中也是不太可能的。实际上,熄火存在与理论温度的滞后现象,即实际熄火临界温度一般远远低于理论的熄火临界温度,这是由于高温下化学反应条件与常温下化学反应条件不同所造成的。

8.2 强迫着火

强迫着火即点火,与自发着火一样,欲使点火成功就必须要求可燃物有自身加速反应能力或自催化的特点。另外,点火过程还涉及火焰的传播,因此,点火过程比自发着火要复杂。

常用的点火方式有:(1) 炽热物体点火,如炽热颗粒、高温物体、通电电阻丝等;(2) 火焰点火,即用其他方法产生小火焰来点火,这种方法比较可靠,如固体火箭发动机的点火,可设计不同点火药量来满足着火条件;(3) 电火花点火。电火花由于放电能量低,适于燃点较低的低速预混可燃气体,如汽油发动机的点火;(4) 激光等其他点火方式。对于高速流动等物质的点火,采用通常的方式很难可靠点火,需要特殊的点火方式,如高能激光、等离子束等。现代火炮、大型固体火箭发动机等的点火均可采用激光、等离子体等方式。激光点火还可实现可控制的精密点火。还有在一些内燃机如柴油机中,利用活塞的压缩行程将空气压缩到很高的压强和温度,当温度超过燃料的燃点时喷入的燃料便会着火,称为压缩点火。

8.2.1 炽热颗粒的引燃

把温度为 T_w 的炽热颗粒置于温度为 T_∞ 的预混可燃气体中,由于 $T_w > T_\infty$,温差很大,炽热颗粒向其附近的可燃物进行传热,形成的温度分布为 $T = T(x)$,如图 8-10 所示。当周围为温度较低的惰性气体时,温度曲线的梯度最陡部分位于颗粒周围薄薄的边界层处,即图中温度曲线 a;当周围为可燃气体时,在炽热颗粒周围的温度下降缓慢,温差减小,如温度变化曲线 b,这是因为炽热颗粒引发了可燃气体自身的化学反应而放出热量。

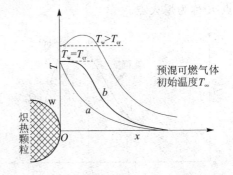

图 8-10 球形炽热颗粒周围温度的变化

增高炽热颗粒的温度,在其周围的可燃物反应速率增加,自身放热量增加,温差进一步减小。当炽热颗粒温度 T_w 达到或超过可燃物的着火临界温度 T_{cr} 时,周围可燃物的反应更加剧烈,可燃物自身反应放热加速,使得温度不断升高。当可燃物的温度分布曲线在颗粒表面处正好与之垂直时,传热的温度梯度为零,可以认为这时候炽热颗粒的表面温度就是强迫着火的着火温度 T_{cr}。

另外,在预混可燃气体中不仅有温度梯度,同时还有浓度梯度。由于化学反应消耗,在炽热颗粒附近的反应物浓度最低而产物的浓度最高;而离炽热颗粒无穷远处,产物的浓度为零而反应物的浓度与初始值相等。因此,浓度梯度的存在会使反应物和产物发生扩散。例如,在炽热颗粒附近,虽然温度高有利于化学反应速率的增长,但是如果浓度不恰当也不会导致着火。这个问题首先由戴维(H. Davy)于 1812 年研究一块灼热的木炭在预混可燃气体中未能引发传播火焰时发现的。

马拉德(E. Mallard)等人研究发现,着火还与炽热颗粒的尺寸有关。当炽热颗粒较小时,则颗粒的温度必须更高些才能着火,这主要是因为当颗粒小时温度及浓度的衰减非常急剧。

设半径为 R 的球形炽热颗粒,其散热表面积为 $4\pi R^2$,颗粒附近进行化学反应的反应物厚度为 δ_{c},则反应层体积为 $4\pi R^2 \delta_{\mathrm{c}}$。欲使炽热颗粒能够点燃可燃物,必须要求放热率大于散热率。单位体积的放热率和散热率由式(8-5)定义,则在体积为 $4\pi R^2 \delta_{\mathrm{c}}$ 的反应层内总放热率和总散热率(用 $\dot{Q}_{\mathrm{G}}$ 和 $\dot{Q}_{\mathrm{L}}$ 表示)分别为

$$\dot{Q}_{\mathrm{G}} = (H_{\mathrm{b},T_{\mathrm{w}}})_{\mathrm{fu}} \dot{r}_{\mathrm{fu},T_{\mathrm{w}}} \cdot 4\pi R^2 \delta_{\mathrm{c}} \tag{8-31}$$

$$\dot{Q}_{\mathrm{L}} = \frac{\alpha A_{\mathrm{w}}}{\Omega}(T_{\mathrm{w}} - T_{\infty}) \cdot 4\pi R^2 \delta_{\mathrm{c}} = \alpha(T_{\mathrm{w}} - T_{\infty}) \cdot 4\pi R^2 \tag{8-32}$$

其中的散热率用壁面的对流传热量来代替。欲引燃预混可燃气体,必须满足

$$(H_{\mathrm{b},T_{\mathrm{w}}})_{\mathrm{fu}} \dot{r}_{\mathrm{fu},T_{\mathrm{w}}} \cdot 4\pi R^2 \delta_{\mathrm{c}} \geqslant \alpha(T_{\mathrm{w}} - T_{\infty}) \cdot 4\pi R^2 \tag{8-33}$$

则

$$\frac{(H_{\mathrm{b},T_{\mathrm{w}}})_{\mathrm{fu}} \dot{r}_{\mathrm{fu},T_{\mathrm{w}}}}{\alpha} \geqslant \frac{T_{\mathrm{w}} - T_{\infty}}{\delta_{\mathrm{c}}} \tag{8-34}$$

式(8-34)表明,欲使炽热颗粒点燃可燃物,必须满足反应层内单位体积的放热率与传热系数之比大于反应层内的温度梯度,这时对应的壁面温度 T_{w} 即为点燃的临界温度 T_{cr}。

假设球形炽热颗粒表面周围的对流传热等效于热传导,即

$$\alpha(T_{\mathrm{w}} - T_{\infty}) = \kappa \frac{T_{\mathrm{w}} - T_{\infty}}{\delta_{\mathrm{c}}} \tag{8-35}$$

即

$$\frac{\alpha \delta_{\mathrm{c}}}{\kappa} = 1 \tag{8-36}$$

取特征尺寸为球形炽热颗粒的直径 $2R$,由努塞尔数定义式(6-42),并考虑式(8-36),可得

$$Nu = \frac{\alpha \cdot 2R}{\kappa} = \frac{2R}{\delta_{\mathrm{c}}} \tag{8-37}$$

在式(8-34)中反应厚度 δ_{c} 用努塞尔数表示,则炽热颗粒点燃可燃物的判据可表示

为(这时对应的壁面温度 T_w 即为点燃临界温度 T_{cr})

$$\frac{4(H_{b,T_w})_{fu}\dot{r}_{fu,T_w}}{Nu^2\kappa} \geqslant \frac{T_w - T_\infty}{R^2} \quad \text{或} \quad 4R^2 \geqslant \frac{Nu^2\kappa(T_w - T_\infty)}{(H_{b,T_w})_{fu}\dot{r}_{fu,T_w}} \quad (8-38)$$

该式表明,炽热颗粒的点燃与其尺寸大小有关,颗粒尺寸越大或流速越低(即努塞尔数越小)则越容易点燃,这已为实验所证实。

8.2.2 火焰点火

在预混可燃气体中放置厚度为 $2R$ 的片状火焰也可以点火。片状火焰温度设为 T_w,预混可燃气体温度为 T_∞,传热均等效于导热形式,片状火焰附近的温度随着时间 t 而逐渐衰减,如图 $8-11$ 所示。当片状火焰的厚度 R 达到一临界值 R_{cr} 时,片状火焰附近火焰引起可燃物的化学反应总放热率大于总散热率,便可以点燃预混可燃气体,即满足

$$(H_{b,T_w})_{fu}\dot{r}_{fu,T_w} \cdot 2A_w R_{cr} \geqslant \kappa \frac{T_w - T_\infty}{R_{cr}} \cdot 2A_w \quad (8-39)$$

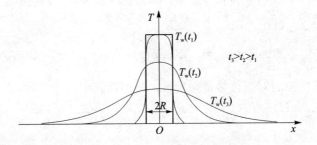

图 8-11 片状火焰周围温度的变化

式中:A_w 为片状火焰的截面积,R_{cr} 为片状火焰点燃预混可燃气体的临界厚度。整理得

$$R_{cr} \geqslant \sqrt{\frac{\kappa(T_w - T_\infty)}{(H_{b,T_w})_{fu}\dot{r}_{fu,T_w}}} \quad (8-40)$$

该式表明,片状火焰厚度越大,越容易点燃;预混可燃气体的导热系数 κ 越小,温度 T_∞ 越高,就越容易点燃;化学反应放热 $(H_{b,T_w})_{fu}$ 越大,越容易点燃。

预混可燃气体的燃烧采用式(8-1)所示的简单化学反应模型,化学反应速率为式(8-2),并考虑浓度与分压的关系式(8-18),代入式(8-40),可得

$$R_{cr} \geqslant \sqrt{\frac{\kappa(T_w - T_\infty)}{-(H_{b,T_w})_{fu} \cdot mf_A X_{fu}^m X_{ox}^n X_{in}^l \cdot e^{-\frac{E}{R_0 T_w}}\left(\frac{p}{R_0 T_w}\right)^{m+n+l}}} \propto \frac{1}{p^{(m+n+l)/2}}$$

$$(8-41)$$

可见,如果预混可燃气体的压强越高,就越容易点燃。

8.2.3　电火花点火

把两个电极置于预混可燃气体中,电极产生的火花也能点燃可燃物。电火花点火方式广泛应用于内燃机、燃气轮机等动力装置中。电火花的点火机理既有电火花放热升温的热源机理,又有预混可燃气体被电离而产生活性中心的链反应机理,一般在低压下电离作用是主要的,而在高压下热源作用是主要的。

电火花可以由电容电荷或感应电荷产生。设 C 为电容器的电容,U_1 及 U_2 为电容器放电前后的电压,则产生电火花所释放的能量为

$$E_C = \frac{1}{2}C(U_1^2 - U_2^2) \tag{8-42}$$

设两个电极的放置距离为 R,能量 E_C 与距离 R 对于点火的影响如图 8-12 所示。图中表明,当放置距离 R 小于某一值 d_q 时,电火花无论能量有多高也不能点燃,这时能量主要消耗在电极的吸热上,d_q 称为淬熄距离;当电火花释放的能量小于某一值 E_{min} 时,无论放置距离 R 的远近,也不能点燃,E_{min} 称为最小点火能;当放置距离 R 增大时,损失于预混可燃气体中的能量越大,越不容易点燃。也就是说,电火花点燃的条件为

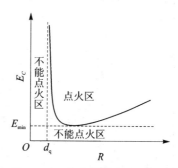

图 8-12　点火能与点火距离对点火的影响关系

$$\begin{cases} R > d_q \\ E_C > E_{min} \end{cases} \tag{8-43}$$

因此,淬熄距离 d_q 和最小点火能 E_{min} 可用来表示预混可燃气体的点火性能。实际上,它们之间存在关联性,即

$$E_{min} = Kd_q^2 \tag{8-44}$$

式中系数 K 为一定值。对于大多数碳氢化合物,$K \approx 7.12 \times 10^{-5}$ J/mm²。

常见预混可燃气体的淬熄距离 d_q 和最小点火能 E_{min} 如表 8-2 所列。

对于预混可燃气体,淬熄距离 d_q、最小点火能 E_{min} 与压强、反应级数 ν 的关系为

$$\begin{cases} d_q \propto p^{-\nu/2} \\ E_{min} \propto p^{(2-3\nu)/2} \end{cases} \tag{8-45}$$

对于常见的碳氢化合物,反应级数 $\nu \approx 2$,则

$$\begin{cases} d_q \propto p^{-1} \\ E_{min} \propto p^{-2} \end{cases} \tag{8-46}$$

可见,预混可燃气体的压强越高,淬熄距离 d_q 和最小点火能 E_{min} 越小,越容易点燃。

最小点火能 E_{min} 和淬熄距离 d_q 还和预混可燃气体的混合比例有关,在接近化学当量比时,达到最小。因此,预混可燃气体的浓度对点火的影响与自燃的着火浓度极

限规律图 8 – 6 类似，也存在着"U"形分布。

实际上，可把产生的电火花看作是片状火焰，因此，不同因素影响火焰点火的规律同样适用于电火花点燃，参见对式（8 – 40）的分析。

表 8 – 2　常见预混可燃气体的淬熄距离 d_q 和最小点火能 E_{min}（298.15 K，0.101 325 MPa）

燃　料	氧化剂	淬熄距离 d_q/mm	最小点火能 $E_{min} \times 10^5$/J
氢	45%溴	3.63	—
氢	空气	0.64	2.010
氢	氧	0.25	0.419
甲烷	空气	2.55	33.076
甲烷	氧	0.30	0.628
乙炔	空气	0.76	3.014
乙炔	氧	0.09	0.042
乙烯	空气	1.25	11.095
乙烯	氧	0.19	0.251
丙烷	空气	2.03	30.522
丙烷	氩空气	1.04	7.704
丙烷	氦空气	2.53	45.343
丙烷	氧	0.24	0.419
1 – 3 丁二烯	空气	1.25	23.530
异丁烷	空气	2.20	34.415
正戊烷	空气	3.30	82.061
苯	空气	2.79	55.056
环己烯	空气	3.30	86.039
环己烷	空气	4.06	138.081
正己烷	空气	3.56	95.082
1 -己烷	空气	1.87	21.939
正庚烷	空气	3.81	115.095
异辛烷	空气	2.84	57.401
正癸烷	空气	2.06	30.187
1 -癸烷	空气	1.97	27.633
丁苯	空气	2.28	37.011
氧乙烯	空气	1.27	10.509
氧丙烯	空气	1.30	19.008
甲基甲酸盐	空气	1.65	62.048
二乙基醚	空气	2.54	49.027
二硫化碳	空气	0.51	1.507

8.2.4　高能点火

不同的点火方式适用于不同的应用领域,如采用炽热颗粒、火焰等点火方式一般适用于低压、低速流动的可燃物。当燃烧环境存在高压、高速流动、复杂电磁环境等恶劣条件时,普通点火方式的可靠性会大大降低,这时可采用激光、等离子体等高能点火方式。激光点火和等离子体点火仍然属于热源着火机理。

激光点火利用了激光器(如惰性气体激光器、CO_2激光器和固体激光器等,点火中主要使用体积较小的固体激光器)产生的激光具有高能量和高精密度的特点(可达微秒级的一致性),可提高点火性能和实现点火的精密控制。激光点火可分为直射点火和网络点火。激光直射点火是将激光器产生的激光能量通过照射窗直接引燃点火药。激光网络点火也称激光多点点火,它是将激光器发射出的激光能量通过传输光纤引入到布置在装药床中的光纤网络,依靠激光能量点燃光纤网络末端的多个感光点火点的点火材料,从而点燃点火药。由于光纤传输能量损耗极小,这种新型点火方式大大提高了武器系统的作战性能。而且,由于去掉了所有的底火和点火剂,使得整个系统的安全稳定性能得到了明显的提高。

等离子体点火是通过高功率等离子体发生器(如电弧等离子体发生器等)向工质放电,将电能以等离子体的形式注入火药,实现火药的有效点火。等离子体对固体推进剂装药的作用有两种:一是通过等离子体的加热作用实现固体推进剂的点火;另一种是在推进剂的燃烧过程中注入等离子体,增强推进剂的燃烧,从而提高或调节内弹道性能。

图 8 - 13 所示为一种可应用于固体火箭发动机的激光点火装置。常见有两种实用的激光点火装置:其一是一种有金属膜的玻璃板压在点火药上,激光由玻璃一方射入,激光透过玻璃使金属膜汽化,产生冲击波,引发点火药;另一种是激光直接引发,它需要两倍于金属膜玻璃板起爆方式的能量。用于激光点火的点火药(引发药剂)常用起爆药和烟火剂。

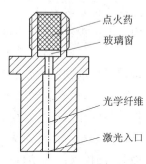

图 8 - 13　一种激光点火
装置示意图

实验证明,欲使激光可靠地引发点火药,提供的激光能必须达到引发点火药所需能量的 3 倍。因此,点火时需要输出一个高峰值功率的激光脉冲,才能直接引燃起爆药、烟火剂或推进剂。由于激光可透入装药表面一定深度,因此激光点火加热速度快,热损耗少,比一般的点火方式更为高效。

8.3　火箭发动机的点火和熄火

固体火箭发动机、液体火箭发动机和固液混合火箭发动机所使用的推进剂不同,其点火和熄火方式也不同。液体火箭发动机和固液混合火箭发动机都使用了液体推进剂,其点火和熄火过程主要通过控制液体推进剂的供给来完成,可以方便地实现发动机的重启动功能。而固体火箭发动机的点火和熄火机理完全不同,重启动过程比较难以实现。

8.3.1 火箭发动机的点火过程

使用液体推进剂的火箭发动机其点火可以采取多种途径,如火药、等离子、电火花等,常用的是火药点火器,也可以在燃料管口填充自燃性物质(见"绪论"中关于可燃物的分类)用于点火。点火后,燃烧室可以维持燃烧,不再需要点火。发动机停机几秒钟后,燃烧室可以自动重点火,然而一旦燃烧室冷却,许多发动机都不能再点火。因此,对于多次启动的发动机,一般需要安装多个火药点火器。

对于液体和固液混合火箭发动机来说,液体推进剂进入燃烧室时必须要求立即点火,这是因为即使点火延迟毫秒级时间,都会导致过量液体进入,点燃后产生的高温气体会超过燃烧室设计的最大压强,从而引起灾难性后果,这种现象称为"硬启动"。

固体推进剂火箭发动机的点火方法也是类似的,但与液体推进剂火箭发动机相比,固体推进剂的点火过程和点火机理却是非常复杂的。下面主要讨论固体火箭发动机的点火和熄火问题。

点燃固体推进剂就是在外界能源作用下,使推进剂装药表面加热升温并发生化学反应,最终达到稳定燃烧的温度。对固体推进剂的点火研究,存在很多争议,说明相关理论还很不完善,主要有固相点火理论(或热点火理论)、气相点火理论和非均相点火理论三种基本类型。

固相点火理论认为,外界热源主要在推进剂装药表面通过热传导或对流传热方式点燃固体推进剂,而忽略了推进剂产生的初始燃气燃烧的作用;气相点火理论考虑了推进剂产生的初始燃气燃烧的作用,因而可以预估环境条件、氧浓度和压强等因素对点火的影响,但它忽略了推进剂本身固相内化学反应的作用;非均相点火理论认为点燃推进剂的化学反应发生在固-气界面上,是基于自燃着火理论而发展得来的,与固体火箭发动机的实际点火过程不相符。

因此,固体火箭发动机的点火参数主要通过实验方法确定,但点火理论可以很好地解释点火过程中出现的现象,以及分析诸多因素影响点火的基本规律。下面以相对简单的固相点火理论为例分析发动机的点火模型。

固相点火理论最早由希克斯(B. L. Hicks)提出,他认为发动机的点火可以分为四个阶段,即点火药的引燃和燃烧、点火药燃气对推进剂装药表面的传热、推进剂装药的局部点燃,以及火焰的传播。

(1) 点火药的引燃和燃烧

点火药是点燃推进剂常用的外部能量来源,双基推进剂一般使用黑火药,复合推进剂使用烟火剂。点火药燃烧产生大量的高温燃气(假设燃气组分为 N 种),其产生的热量可表示为

$$\delta \dot{Q} = -\sum_{\chi=1}^{N} \dot{\omega}_{\chi} \cdot (H_{f,T})_{\chi} \qquad (8-47)$$

（2）点火药燃气对推进剂装药表面的传热

点火药燃气可以通过热传导、对流和辐射三种方式向推进剂装药表面传热。一般地，根据不同点火理论研究的侧重点不同，所选取的传热方式也不同。对于不考虑流动的滞止传热，传热方式为热传导；如果考虑流动对传热的影响，则选择对流传热方式。

以点火药燃气的对流传热为例，其对推进剂装药表面传热的热流率为

$$\dot{q} = \alpha(T_g - T_s) \qquad (8-48)$$

式中：α 为对流传热系数；T_g 为点火药燃气的燃烧温度；T_s 为推进剂装药表面温度。

点火药燃气对推进剂装药表面积为 A_s、空间体积为 Ω 的传热量应等于点火药燃烧的放热量 $\delta \dot{Q}$，即

$$\delta \dot{Q} = \frac{\alpha A_s}{\Omega}(T_g - T_s) = \frac{A_s}{\Omega} \cdot \dot{q} \qquad (8-49)$$

对于稳定的湍流流动，对流传热系数可采用式（6-98）计算。考虑点火装置的位置，可采用如下经验公式

$$\begin{cases} \alpha = \dfrac{0.023\kappa}{d_p} Re_d^{0.8} Pr^{0.4} & \text{（头部点火）} \\[3mm] \alpha = \dfrac{0.026\kappa}{d_p} Re_d^{0.5} Pr^{0.4} & \text{（尾部点火）} \end{cases} \qquad (8-50)$$

式中：d_p 为推进剂装药通道的当量直径；Re_d 为以 d_p 为特征尺寸的雷诺数。

（3）推进剂装药的局部点燃

点火药燃烧产生的高温燃气在推进剂装药表面向内部传热，用点火药燃气的绝热燃烧温度 T_g 等效于点火药燃烧化学反应的热效应，如式（8-49）所示，则点火药燃气的传热可用无热源项的导热微分方程式（5-83）来表示，即为

$$\frac{\partial T}{\partial t} = a \frac{\partial^2 T}{\partial y^2} \qquad (8-51)$$

式中：a 为点火药燃气的热扩散系数（导温系数）。

（4）火焰的传播

推进剂装药局部点燃后，火焰沿流动方向迅速传播，推进剂装药全面燃烧，建立起正常的燃烧压强。

8.3.2　滞止点火理论

点火药燃烧产生的高温燃气在滞止点的温度最高，滞止点处的固体推进剂被首先点燃，因此可以利用该原理来建立固体推进剂的点火理论。滞止点不存在流动，故传热方式为热传导。

如图 8-14 所示，点火药燃气作用在推进剂装药表面的滞止点 s 处，燃气的热传

导方程即为式(8-51),式中:点火药燃气
的热扩散系数为 $a = \kappa/(\rho c_p)$;初始条件为
$t = 0$, $T = T_g$;边界条件为 $y = \infty$,
$T = T_g$。其中 T_g 为点火药燃气的燃烧
温度。

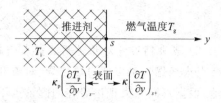

推进剂装药中的热传导方程为　　　　图8-14　推进剂装药表面滞止点处的传热

$$\frac{\partial T_p}{\partial t} = a_p \frac{\partial^2 T_p}{\partial y^2} \tag{8-52}$$

式中:T_p 为推进剂内的温度分布,以与气相内的温度分布 T 相区别;a_p 为推进剂的
热扩散系数,$a_p = \kappa_p/(\rho_p c_s)$;初始条件为 $t = 0$, $T_p = T_i$;边界条件为 $y = -\infty$, $T_p = T_i$。其中 T_i 为推进剂的初始温度。

在 $y=0$ 即推进剂装药表面滞止点 s 处,存在如下能量守恒关系

$$\kappa_p \left(\frac{\partial T_p}{\partial y} \right)_{s-} = \kappa \left(\frac{\partial T}{\partial y} \right)_{s+} \tag{8-53}$$

根据初始条件和边界条件,以及 $y = 0$ 处的互相牵连的不确定边界条件
式(8-53),求解上述热传导方程式(8-51)和式(8-52),可得解分别为

$$T = T_g - \frac{T_g - T_i}{1 + \sqrt{\dfrac{\kappa \rho c_p}{\kappa_p \rho_p c_s}}} \mathrm{erfc}\left(\frac{y}{2\sqrt{at}} \right) \tag{8-54}$$

$$T_p = T_i + \frac{T_g - T_i}{1 + \sqrt{\dfrac{\kappa_p \rho_p c_s}{\kappa \rho c_p}}} \mathrm{erfc}\left(\frac{-y}{2\sqrt{a_p t}} \right) \tag{8-55}$$

式中:erfc 为补余误差函数,有 $\mathrm{erfc}(z) = 1 - \mathrm{erf}(z)$,$\mathrm{erfc}(0) = 1$,$\mathrm{erf}(0) = 0$,其中 erf
为高斯误差函数。函数 erf 和 erfc 分别定义为

$$\begin{cases} \mathrm{erf}(z) = \dfrac{2}{\sqrt{\pi}} \int_0^z \mathrm{e}^{-\chi^2} \mathrm{d}\chi \\[3mm] \mathrm{erfc}(z) = \dfrac{2}{\sqrt{\pi}} \int_z^\infty \mathrm{e}^{-\chi^2} \mathrm{d}\chi = 1 - \mathrm{erf}(z) \end{cases} \tag{8-56}$$

在推进剂装药表面($y = 0$),气相滞止点的温度 T_s 与接触的固相推进剂装药表
面温度 $T_p(0)$ 应相等,即 $T_s = T(0) = T_p(0)$,代入上述任一温度解,可得点火药燃气
在推进剂装药表面滞止点的温度为

$$T_s = T_p(0) = T_i + \frac{T_g - T_i}{1 + \sqrt{\dfrac{\kappa_p \rho_p c_s}{\kappa \rho c_p}}} \tag{8-57}$$

整理为

$$\frac{T_g - T_s}{T_s - T_i} = \sqrt{\frac{\kappa_p \rho_p c_s}{\kappa \rho c_p}} \tag{8-58}$$

只有当推进剂装药表面滞止点温度 T_s 超过某临界温度（如推进剂燃点）时，推进剂才能点燃。而推进剂装药表面温度 T_s 是由点火燃气温度 T_g 决定的，因此，只有当点火燃气温度 T_g 达到某临界温度 $T_{g,cr}$ 时，推进剂才能点燃。由上式可得

$$\frac{T_{g,cr} - T_s}{T_s - T_i} \propto \frac{1}{\sqrt{p}} \tag{8-59}$$

该点火准则指出，滞止点火时点火燃气的临界温度与燃气压强的平方根成反比，也就是说，压强越低，需要的点火燃气温度越高，则越难以实现点火。

8.3.3　流动传热点火理论

点火药燃烧产生的燃气只有在点火装置附近的再附着点处形成滞止点，而大部分燃气将通过流动实现对推进剂装药表面的传热，如图 8-15 所示，这时，传热方式为对流传热。

推进剂装药表面受热向内部传递，其过程假设为一维不稳定热传导，热传导方程为

$$\frac{\partial T}{\partial t} = a_p \frac{\partial^2 T}{\partial y^2} \tag{8-60}$$

该方程的初始条件为 $t=0$, $T=T_i$；边界条件为 $y=-\infty$, $T=T_i$；$y=0$ 处，满足能量守恒条件

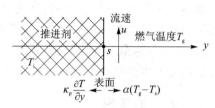

图 8-15　推进剂装药表面的对流传热

$$\kappa_p \frac{\partial T}{\partial y} = \alpha(T_g - T_s) \tag{8-61}$$

把对推进剂装药的传热假设为半无限大平板模型，由传热学知识可得式（8-60）的解为（由于这里点火只研究推进剂装药表面的温度变化，故取 $y=0$ 的特解）

$$\frac{T_s - T_i}{T_g - T_i} = 1 - \mathrm{erfc}\left(\frac{\alpha \sqrt{a_p t}}{\kappa_p}\right) \exp\left(\frac{\alpha^2 a_p t}{\kappa_p^2}\right) \tag{8-62}$$

该式表明，推进剂装药表面温度 T_s 随着时间 t 而增加，且 T_g 是其极限值，如图 8-16 所示。

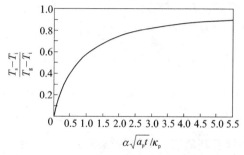

图 8-16　推进剂装药表面温度随时间变化曲线

只要表面温度 T_s 大于等于推进剂的燃点（用 T_{ig} 表示对应的点火温度），装药就会点燃，这时对应的时间称为点火延迟时间，用 t_{ig} 表示。

如果 t_{ig} 很短，使得

$$z = \frac{\alpha \sqrt{a_p t_{ig}}}{\kappa_p} \ll 1 \qquad (8-63)$$

则 $\exp(z^2) \approx 1$ 或 $\exp(-z^2) \approx 1$；对应地，补余误差函数可近似为

$$\text{erfc}(z) \approx 1 - \frac{2}{\sqrt{\pi}} z \qquad (8-64)$$

代入式（8-62），则可得点火延迟时间 t_{ig} 为

$$t_{ig} = \frac{\pi \kappa_p \rho_p c_s}{4\alpha^2} \left(\frac{T_{ig} - T_i}{T_g - T_i} \right)^2 \qquad (8-65)$$

式中考虑了推进剂的热扩散系数 $a_p = \kappa_p / (\rho_p c_s)$。

利用点火延迟时间 t_{ig} 的理论公式可较好地分析影响点火延迟时间的因素，即点火延迟时间与推进剂装药的密度 ρ_p、导热系数 κ_p、比热容 c_s 成正比，并随推进剂的燃点 T_{ig} 的升高和初温 T_i 的降低而增大。一般不用该式作点火延迟时间的定量计算，主要原因是其中的物性参数难以准确确定，常物性等假设引入误差太大等。

8.3.4　火焰的传播

火焰传播的简化模型如图 8-17 所示。局部点燃后，火焰向前 x 方向的传播速度定义为

$$v_f = \frac{\mathrm{d}x}{\mathrm{d}t} \qquad (8-66)$$

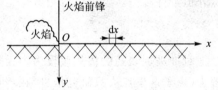

火焰前锋当前位置为 O 点，在该点点燃推进剂仍可使用局部点燃分析方法，即同样满足推进剂装药表面受热向内部传导的热传导方程式（8-60）。为

图 8-17　推进剂装药表面火焰传播示意图

分析 x 方向的变化，温度随时间的变化变形为

$$\frac{\partial T}{\partial t} = \frac{\partial T}{\partial x} \cdot \frac{\partial x}{\partial t} = v_f \frac{\partial T}{\partial x} \qquad (8-67)$$

则热传导方程式（8-60）变为

$$\frac{\partial T}{\partial x} = \frac{a_p}{v_f} \cdot \frac{\partial^2 T}{\partial y^2} \qquad (8-68)$$

边界条件为 $y=0, x=0, T=T_{ig}$；$y=\infty, x=\infty, T=T_i$；$y=0, -\kappa_p \dfrac{\partial T}{\partial y} = \dot{q}$（能量守恒条件）。

通过分离变量法，可求其通解。如果传热量 $\dot{q}$ 可表示为

$$\dot{q} = \dot{q}_0 \mathrm{e}^{\frac{x}{L_p}} \qquad (8-69)$$

的形式,其中 L_p 为装药长度,$\dot{q}_0$ 为初始传热量,则火焰传播速度可解得

$$v_f = \frac{L_p \alpha^2}{\kappa_p \rho_p c_s} \left(\frac{T_g - T_i}{T_{ig} - T_i} \right)^2 \qquad (8-70)$$

引入火焰传播时间 t_f,定义为

$$t_f = \frac{L_p}{v_f} \qquad (8-71)$$

则

$$t_f = \frac{L_p}{v_f} = \frac{\kappa_p \rho_p c_s}{\alpha^2} \left(\frac{T_{ig} - T_i}{T_g - T_i} \right)^2 \qquad (8-72)$$

比较点火延迟时间式(8-65),可知

$$t_{ig} = \frac{\pi}{4} t_f \propto t_f \qquad (8-73)$$

说明影响点火延迟时间的所有因素均相同地影响火焰传播。

8.3.5 火箭发动机的熄火

根据用途不同,火箭发动机通常有两种熄火情况,即自行熄火和强迫熄火。对大多数战术火箭而言,如果不是在主动段击中目标,其推进剂在燃尽后就自行熄火。在火箭发动机的使用范围内,有时要求发动机能瞬时熄火,如在多级火箭发动机分离时,要求推力应在 $10\sim20$ ms 内终止,这就需要推进剂燃烧的可控熄火。因此,强迫熄火技术是火箭发动机可控性研究的课题之一。对弹道式战略火箭或航天运载器来说,为了保证弹头的命中精度或使有效载荷准确进入预定轨道,均要求火箭在主动段终点具有预定的速度矢量,这就需要在一定范围内调整发动机的工作时间,即当火箭达到预定的速度矢量时立刻停止对弹头或有效载荷的推力作用,这一过程称为推力终止。液体火箭发动机的推力终止常通过关闭液体推进剂的输送来完成,熄火原理相对简单。固体火箭发动机的推力终止通常有反推力装置和强迫熄火两种方式。反推力装置通过打开反向喷管来抵消发动机推力,同时使弹头或有效载荷与火箭发动机强行分离。

固体火箭发动机的强迫熄火非常复杂,目前主要研究的有快速降压动态熄火法、注入火焰抑制剂法、喷入阻燃粉末法、快速辐射衰减动态熄火法和接触导热板熄火法等,这些方法仍然服从熄火的基本原理。

1. 快速降压动态熄火法

该方法采用了降压熄火原理。由于压强减小将使火焰与推进剂表面的距离增大,减小了温度梯度和向推进剂表面的反馈热流率;另一方面压强减小引起气相反应速率的减小和气相反应区的增厚,也使推进剂表面温度和分解速率均减小,而最终导致熄火。所以,当压强降低到一定程度时,推进剂即熄火,这说明推进剂的燃烧存在一个最低的可燃压强,称为推进剂稳定燃烧的临界压强。

熄火所需时间与降压速率 $\mathrm{d}p/\mathrm{d}t$ 有关,即存在一个临界值 $(\mathrm{d}p/\mathrm{d}t)_{cr}$。此临界值

不仅取决于燃烧室压强,而且还与推进剂类型、燃烧室几何特征以及泄压喷嘴位置等有关。萨默菲尔德等人的实验表明,当推进剂中的氧化剂比例增加或氧化剂粒度变细时,将导致熄火困难;增加铝粉时,也使熄火难度增大;当燃烧室压强低于 2.8 MPa 时,增加铝粉含量可使熄火变得容易,但效果并不明显;当改变黏合剂类型时,在 7.0 MPa 下,聚丁二烯丙烯酸(PBAA)、端羧基聚丁二烯(CTPB)和聚氨酯(PU)均难以熄火;当压强为 2.8 MPa 时,PBAA 和 CTPB 推进剂的熄火性能相近,而 PU 推进剂则更容易熄火。

一般认为,熄火时应满足压强下降时间 Δt_p 不小于燃气在燃烧室内的停留时间 τ_r,即

$$\Delta t_p = \left| \frac{\mathrm{d}t}{\mathrm{d}\ln p} \right| \geqslant \tau_r = \frac{V_c / A_p}{\Gamma^2 c^*} \tag{8-74}$$

式中:V_c 为燃烧室自由容积,A_p 为通气面积,c^* 为推进剂的特征速度,Γ 为与燃气比热比有关的常数。可见,通气面积 A_p 越小,τ_r 越大,则熄火所需的压强下降时间越长。因此,对一定的燃烧室压强,A_p 存在一个极限或最小值 $A_{p,\min}$,只有当 $A_p > A_{p,\min}$ 时发动机才会熄火。

在实验室通常使用可击穿薄膜(破膜片)的办法使燃烧室的压强突降来获得熄火。在火箭发动机中往往利用爆破螺栓使喷管脱离,从而使燃气排放面积突增,发动机内压强突降而得到熄火。

2. 注入火焰抑制剂法

该方法采用的是冷却熄火原理。适合作冷却剂的液体应具有高比热容、高汽化热、低沸点等特性,水是最好的一种(过去也用过氟利昂)。冷却剂的注入方式应使液体在推进剂药柱燃烧表面上打旋。在 4.2 MPa 的燃烧压强下,与不使用冷却剂的快速降压比较,注入冷却剂熄火的降压速率低 1/2～1/3,即压强下降时间 Δt_p 大大延长,因此有效提高了熄火可靠性。

当注入火焰抑制剂(如水)时,可在如下几个方面对熄火起作用:

(1) 使燃烧表面吸热,并使燃烧表面变湿;

(2) 使火焰区冷却,大大减少了凝聚相的热反馈;

(3) 燃气的强烈冷却引起压强急剧下降。

对于喷水熄火,实验表明,存在一个最短喷水时间,短于该时间就不可能熄火。不同研究者得到的最短喷水时间差别很大,变化范围为 0.1～0.6 s。喷水熄火单位时间所需喷水量 $\dot{m}_{H_2O}$ 的经验公式为

$$\dot{m}_{H_2O} = 2\dot{m}_b + KA_b \tag{8-75}$$

式中:$\dot{m}_b$ 为燃烧室内的燃气生成量,K 为经验常数,A_b 为燃烧面积。法国航空和宇航研究局的实验表明,当喷水质量流率足够大时,仅需 1 ms 喷水时间即可获得完全熄火。

3. 喷入阻燃粉末法

应用爆炸弹置于燃烧室内迅速放出良好弥散的化学阻燃剂云雾,其作用是抑制氧化剂分解或抑制气态燃料与氧化剂的反应,从而达到熄火的目的。该方法主要采用了化学抑制熄火原理,同时还有冷却熄火和窒息熄火原理。当阻燃粉末喷撒在燃烧表面上时,其分解产物首先会终止燃烧的链式反应;另外,由于表面被盐粉覆盖,阻碍了火焰对表面的传热,使表面温度降低、热分解和气化速度减慢;同时,阻燃粉末自身的热分解吸收了燃烧反应区的热量。由于阻燃粉末的综合熄火作用,使正常燃烧的条件遭到破坏,导致推进剂熄火。

阻燃剂常采用能够放出氨(以减慢氧化剂 AP 的分解)、碱金属或卤素原子团(终止燃烧链反应)的物质,如碳酸氢铵 NH_4HCO_3 粉末,含结晶水的硫酸铝粉 $Al_2(SO_4)_3 \cdot 18H_2O$ 等。实验发现,采用碳酸氢铵粉末熄火不如采用含结晶水的硫酸铝粉的熄火效果好,这是因为含结晶水硫酸铝的吸热量更大,熄火延迟时间也只有几毫秒,其熄火性能与水接近,这已为实验所证实。

4. 快速辐射衰减动态熄火法

1970 年,美国欧拉米勒(T. J. Ohlemiller)利用 CO_2 激光束研究双基推进剂点火时,首次观察到快速辐射衰减动态熄火现象。随后主要由普林斯顿大学和原苏联的研究结果给出了证实这一熄火动态特性的证据和进一步的实验数据。普林斯顿大学的数据表明,在 0.5～2.1 MPa(有时高达 3.4 MPa)下的氮气中,通过 12 种各类推进剂的辐射点火试验,都显示出在辐射加热时间与辐射强度的"对数-对数"坐标图上存在由两条平行线限定的可点燃带。下边界确定点燃的最小辐射时间,上边界确定最大辐射时间。超过这一时间,当外部辐射束消失时,由于辐射高度激励而使火焰熄灭。

5. 接触导热板熄火法

诺维科夫(S. S. Novikov)和日尔扎切夫(Yu S. Ryazantsev)于 1970 年报道了双基和复合推进剂在 0.1～0.4 MPa 氮气中用恒压弹做的实验。圆柱形试件安装在一个抛光的大块铜板上,在上端面点火。观察到靠近推进剂和金属接触处,燃烧表面凝聚相一侧的温度梯度增加,燃速降低。在离开接触面的某一距离处发生熄火。在铜板上仍留有一层未燃烧的材料,它的厚度取决于工作状况。如果用的导热板与试验推进剂具有相同的导热率,则在导热板上将不留下残药层。

上述的熄火方法只有前三种得到实际应用,即降压熄火、火焰抑制剂熄火和阻燃粉末熄火三类,它们不需要增加复杂的装置就能完成熄火过程。

参考文献

[1] 曲作家,张振铎,孙思诚.燃烧理论基础 [M].北京:国防工业出版社,1989.

[2] 万俊华,郗冶,夏允庆.燃烧理论基础 [M].黑龙江:哈尔滨船舶工程学院出版社,1992.

［3］周校平,张晓男.燃烧理论基础［M］.上海:上海交通大学出版社,2001.

［4］汪军,马其良,张振东.工程燃烧学［M］.北京:中国电力出版社,2008.

［5］顾恒祥.燃料与燃烧［M］.西安:西北工业大学出版社,1993.

［6］周力行.燃烧理论和化学流体力学［M］.北京:科学出版社,1986.

［7］［美］郭 K K.燃烧原理［M］.陈义良,张孝春,孙慈,等译.北京:航空工业出版社,1992.

［8］［美］郭 K K,萨默菲尔德 M.固体推进剂燃烧基础(上册)［M］.宋兆武,译.北京:宇航出版社,1988.

［9］［美］郭 K K,萨默菲尔德 M.固体推进剂燃烧基础(下册)［M］.朱荣贵,于广经,廉茂林,等译.北京:宇航出版社,1994.

［10］王克秀,李葆萱,吴心平.固体火箭推进剂及燃烧［M］.北京:国防工业出版社,1983.

［11］王守范.固体火箭发动机燃烧与流动［M］.北京:北京工业学院出版社,1987.

［12］武晓松,陈军,王栋.固体火箭发动机原理［M］.北京:兵器工业出版社,2011.

［13］刘天儒.固体火箭发动机激光点火系统.固体火箭技术［J］.2000,23(6):7-11.

第9章 液体推进剂的燃烧

液体火箭发动机使用的液体推进剂包括液体燃料和液体氧化剂。对于一般的液体燃料,其燃烧形式包括:

(1)液面燃烧。首先液面蒸发(扩散),然后在液面形成燃烧火焰。由于液态蒸发时间较长,故为扩散燃烧。

(2)预蒸发燃烧。液体先蒸发为气体,再喷射到燃烧室中进行燃烧。如果没有预先混合氧化剂,则为扩散燃烧,如打火机气体的燃烧;如果预先与氧化剂混合,则为预混燃烧,如家用液化气的燃烧。

(3)雾化燃烧。液体通过雾化器形成小液滴,然后再进行燃烧。由于雾化液滴增大了燃烧面积,从而强化了燃烧。

液体燃料还可以通过灯芯的方式实现燃烧。利用灯芯的毛细作用使得燃油在灯芯表面形成燃料蒸气,然后和空气混合燃烧。这种燃烧方式功率小,只适合小功率的燃烧器或家庭生活所用,如蜡烛、煤油灯、酒精灯等。

液体火箭发动机中的燃烧方式是雾化燃烧,故本章主要讨论这种燃烧方式。雾化燃烧的基本单元是液滴,把单个液滴的燃烧规律按统计规律叠加在一起,便形成总的雾化燃烧。因此,液滴的燃烧是基础。

本章主要内容包括:9.1 液滴的蒸发;9.2 液滴的燃烧;9.3 雾化燃烧;9.4 液体推进剂火箭发动机。

9.1 液滴的蒸发

液滴的燃烧首先要经过液滴的蒸发过程。液滴的蒸发分为低温蒸发和高温蒸发,低温蒸发主要是由浓度梯度引起的,类似于斯蒂芬流,而高温蒸发的驱动力不仅仅是浓度,还有温度梯度。这里以单个小液滴在静止条件下的蒸发为例阐述液滴高温蒸发的特点和规律。

9.1.1 液滴蒸发模型与控制方程

研究液滴蒸发的主要目的是确定液滴的蒸发速率,定义为液滴单位表面积上向外蒸发的液体流量,用 G_D 表示。由质量流率公式 $\dot{m} = \rho v A = \text{Const}$,蒸发速率 G_D 为

$$G_D = (\rho v)_w \qquad (9-1)$$

式中:下标 w 代表液滴表面。

液滴蒸发的基本模型为：

（1）液滴为规则球形，如图 9-1 所示，这时常采用球坐标系统。

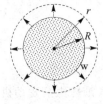

（2）液体蒸气流动假设为一维、准定常、无黏、不可压。

（3）液滴的蒸发动力只考虑热传导，而忽略其他因素如热辐射等，并忽略所有外力。

图 9-1　液滴蒸发模型

（4）各物性参数均为常数，且路易斯数 $Le=1$。

严格上讲，液滴由于不断蒸发其大小在不断变化，应为非定常，但蒸发速率较慢，可假设为准定常；同样由于蒸发流动速率较慢，常假设为不可压，即 $\rho=\text{Const}$，同时可忽略静温和总温的差异。一维球坐标控制方程可从积分形式的变截面一维定常流动控制方程中推导，这里直接给出结果。由于忽略所有外力，因此没有动量方程。

混合物连续方程由式（5-93）可得为

$$\frac{\mathrm{d}}{\mathrm{d}r}(\rho vA)=0, \quad 或 \quad \dot{m}=\rho vA=\text{Const} \tag{9-2}$$

式中：球表面积 $A=4\pi r^2$。对于液滴表面，有 $A_w=4\pi R^2$，R 为液滴表面半径，代入上式，得

$$(\rho v)_w\cdot 4\pi R^2=\rho v\cdot 4\pi r^2=\text{Const}$$

由蒸发速率定义式（9-1），结合上式可知

$$G_D\cdot R^2=\rho v\cdot r^2=\text{Const} \tag{9-3}$$

组分连续方程（扩散方程）由式（5-91），忽略化学反应，可得为

$$\frac{\mathrm{d}}{\mathrm{d}r}(\rho YvA)=\frac{\mathrm{d}}{\mathrm{d}r}\left(\rho DA\frac{\mathrm{d}Y}{\mathrm{d}r}\right) \tag{9-4}$$

代入连续方程式（9-2），并考虑球表面积 $A=4\pi r^2$ 和连续方程式（9-3），得

$$G_DR^2\frac{\mathrm{d}Y}{\mathrm{d}r}=\frac{\mathrm{d}}{\mathrm{d}r}\left(\rho Dr^2\frac{\mathrm{d}Y}{\mathrm{d}r}\right) \tag{9-5}$$

能量方程只考虑热传导对蒸发的作用，由能量方程式（5-100），忽略静温和总温的差异，可得

$$\frac{\mathrm{d}}{\mathrm{d}r}(\rho vAc_pT)=\frac{\mathrm{d}}{\mathrm{d}r}\left(\kappa A\frac{\mathrm{d}T}{\mathrm{d}r}\right) \tag{9-6}$$

考虑球表面积 $A=4\pi r^2$ 和连续方程式（9-3），则

$$G_DR^2\frac{\mathrm{d}(c_pT)}{\mathrm{d}r}=\frac{\mathrm{d}}{\mathrm{d}r}\left(\kappa r^2\frac{\mathrm{d}T}{\mathrm{d}r}\right) \tag{9-7}$$

式中：c_p 为液体燃料蒸气的比定压热容。

比较液滴蒸发控制方程中的组分连续方程式（9-5）和能量方程式（9-7），可见它们在形式上相似。

9.1.2　液滴蒸发速率的解

由于液滴蒸发控制方程具有相似性，只需求解其中一个方程，另一个方程则可采

用类比方法得到。引入无量纲守恒标量

$$\begin{cases} b_D = \dfrac{Y - Y_\infty}{Y_w - Y_i} \\[3mm] b_T = \dfrac{c_p(T - T_\infty)}{q} \end{cases} \tag{9-8}$$

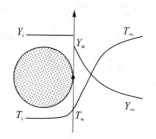

图 9 - 2　液滴蒸发参数变化

式中：T_∞ 为环境温度；q 为单位质量液滴从初始温度 T_i 蒸发为蒸气所需的热量；Y_∞ 为环境液滴蒸气质量百分比，Y_w 为液滴表面蒸气质量百分比，Y_i 为液滴初始质量百分比。各参数的变化特征如图 9 - 2 所示。

用守恒标量代入组分连续方程式(9-5)和能量方程式(9-7)，得

$$G_D R^2 \frac{\mathrm{d}b_D}{\mathrm{d}r} = \rho D \frac{\mathrm{d}}{\mathrm{d}r} \left(r^2 \frac{\mathrm{d}b_D}{\mathrm{d}r} \right) \tag{9-9}$$

$$G_D R^2 \frac{\mathrm{d}b_T}{\mathrm{d}r} = \frac{\kappa}{c_p} \frac{\mathrm{d}}{\mathrm{d}r} \left(r^2 \frac{\mathrm{d}b_T}{\mathrm{d}r} \right) \tag{9-10}$$

由路易斯数定义式(6-31)，即 $Le = \dfrac{a}{D} = \dfrac{\kappa}{\rho c_p D}$，以及假设 $Le = 1$，可知

$$\rho D = \frac{\kappa}{c_p} = \rho a \tag{9-11}$$

可见式(9-9)和式(9-10)具有相同的形式，其解的形式也应相似，只需求解其中的一个方程即可。以能量方程为例，对式(9-10)积分一次，得

$$G_D R^2 \cdot b_T = \rho a \cdot r^2 \frac{\mathrm{d}b_T}{\mathrm{d}r} + C_1 \tag{a}$$

式中：C_1 为积分常数，可利用下述液滴表面处的边界条件确定，即

$$\begin{cases} b_T = b_{Tw} \\[2mm] \dfrac{\mathrm{d}b_T}{\mathrm{d}r} = \left(\dfrac{\mathrm{d}b_T}{\mathrm{d}r} \right)_w \end{cases} \qquad r = R \text{ 时} \tag{9-12}$$

式中：$\left(\dfrac{\mathrm{d}b_T}{\mathrm{d}r} \right)_w$ 可由液滴表面的热平衡条件求得——该条件认为，液滴表面蒸发需吸收的热量 $\dot{m} \cdot q$ 应等于周围介质传给液滴的热量 $A_w \cdot \kappa \left(\dfrac{\mathrm{d}T}{\mathrm{d}r} \right)_w$，即

$$\dot{m} \cdot q = A_w \cdot \kappa \left(\frac{\mathrm{d}T}{\mathrm{d}r} \right)_w \tag{9-13}$$

考虑连续方程式(9-2)和球表面公式 $A_w = 4\pi R^2$，则

$$G_D 4\pi R^2 \cdot q = 4\pi R^2 \cdot \kappa \left(\frac{\mathrm{d}T}{\mathrm{d}r} \right)_w$$

$$G_D = \frac{\kappa}{c_p} \left[\frac{\mathrm{d}}{\mathrm{d}r} \left(\frac{c_p T}{q} \right) \right]_w = \frac{\kappa}{c_p} \left(\frac{\mathrm{d}b_T}{\mathrm{d}r} \right)_w = \rho a \left(\frac{\mathrm{d}b_T}{\mathrm{d}r} \right)_w \tag{b}$$

边界条件式(b)代入积分式(a)，可得积分常数 $C_1 = G_D R^2 (b_{Tw} - 1)$。代入式(a)，

得一次积分结果为

$$G_D R^2 (b_T - b_{Tw} + 1) = \rho a \cdot r^2 \frac{db_T}{dr}$$

分离变量

$$\frac{G_D R^2}{\rho a} \frac{dr}{r^2} = \frac{db_T}{b_T - b_{Tw} + 1}$$

积分得

$$-\frac{G_D R^2}{\rho a} \frac{1}{r} = \ln(b_T - b_{Tw} + 1) + C_2$$

其中 C_2 为积分常数,利用下述液滴环境边界条件确定,即

$$r = \infty \text{ 时}, b_T = b_{T\infty} \tag{9-14}$$

可得 $C_2 = -\ln(b_{T\infty} - b_{Tw} + 1)$,则

$$\frac{G_D R}{\rho a} \cdot \frac{R}{r} = \ln\left(\frac{b_{T\infty} - b_{Tw} + 1}{b_T - b_{Tw} + 1}\right) \tag{9-15}$$

由于蒸发速率是在液滴表面,故取 $r = R$, $b_T = b_{Tw}$,代入上式,整理得

$$G_D = \frac{\rho a}{R} \cdot \ln(b_{T\infty} - b_{Tw} + 1) \tag{9-16}$$

令

$$B_T = b_{T\infty} - b_{Tw} \tag{9-17}$$

则

$$G_D = \frac{\rho a}{R} \cdot \ln(B_T + 1) \tag{9-18}$$

类似地,可对组分连续方程式(9-9)进行积分。这时需要考虑扩散物质质量守恒边界条件,即

$$\rho D \left(\frac{dY}{dr}\right)_w = G_D, \text{ 即 } \quad \rho D \left(\frac{db_D}{dr}\right)_w = G_D \tag{9-19}$$

按照上述同样的积分过程,可得蒸发速率为

$$G_D = \frac{\rho a}{R} \cdot \ln(B_D + 1) \tag{9-20}$$

其中

$$B_D = b_{D\infty} - b_{Dw} \tag{9-21}$$

比较求解结果式(9-18)和式(9-20),由于两式形式相同,可知 $B_T = B_D$,故通用 B 代替,则液滴的蒸发速率为

$$G_D = \frac{\rho a}{R} \cdot \ln(B + 1), \text{ 或 } \quad G_D = \frac{\kappa}{R c_p} \cdot \ln(B + 1) \tag{9-22}$$

式中:

$$B = B_T = B_D \tag{9-23}$$

称为传质数,或传质驱动力,又称斯柏尔丁(D. B. Spalding)数。

分析液滴的蒸发速率式(9-22)可知,影响液滴蒸发速率的因素主要有三方面:一是液滴本身的物性参数,如 ρ、a;二为液滴的大小即 R,液滴越小,蒸发速率越快,反之,则越慢;三即为传质数 B。由于传质数在对数项中,因此,传质数对蒸发速率的影响相对较弱。

在液滴蒸发与燃烧的计算中,除了需要确定传质数 B 外,还需要确定蒸气的物性参数如 κ、c_p 等(假设为常数)所对应的温度。罗(C. K. Law)和威廉姆斯(F. A. Williams)提出了简单的近似方法——取燃料沸点温度 T_B 和环境温度 T_∞ 的平均值为特性温度,即

$$\overline{T} = \frac{T_B + T_\infty}{2} \tag{9-24}$$

则对应的物性参数为

$$c_p = c_p(T), \quad \kappa = 0.4\kappa_{fu}(T) + 0.6\kappa_\infty(T) \tag{9-25}$$

其中导热系数考虑了液滴燃料导热系数 κ_{fu} 和燃料环境物质导热系数 κ_∞ 的综合影响。

9.1.3　传质数的计算

由传质数的定义式(9-17)和式(9-21),并考虑守恒标量的定义式(9-8),由于

$$b_{T\infty} = \left[\frac{c_p(T - T_\infty)}{q}\right]_{T=T_\infty} = 0, \quad b_{D\infty} = \left(\frac{Y - Y_\infty}{Y_w - Y_i}\right)_{Y=Y_\infty} = 0$$

故

$$B_T = -b_{Tw} = \frac{c_p(T_\infty - T_w)}{q} \tag{9-26}$$

$$B_D = -b_{Dw} = \frac{Y_\infty - Y_w}{Y_w - Y_i} \tag{9-27}$$

液滴蒸发所需的热量 q 包括两部分:一是将液滴从初始温度 T_i 升高到 T_w 所需的能量;二是液滴在 T_w 下蒸发为蒸气所需的汽化潜热(或称汽化焓)H_L,即

$$q = c_d(T_w - T_i) + H_L \tag{9-28}$$

式中 c_d 为液滴的比热容。

由于 $B = B_T = B_D$,传质数 B 的计算公式可统一表示为

$$B = \frac{c_p(T_\infty - T_w)}{c_d(T_w - T_i) + H_L} = \frac{Y_\infty - Y_w}{Y_w - Y_i} \tag{9-29}$$

由于液滴的表面参数如 T_w 和 Y_w 未知,故传质数的计算还需要考虑更多的模型,一般根据环境温度 T_∞ 相对于沸点 T_B 的相对大小来选择不同的计算方法。

(1)当环境温度远高于液滴沸点,即 $T_\infty \gg T_B$ 时,$T_w \approx T_B$,$Y_w \approx Y_i$。由于 $B_D = \dfrac{Y_\infty - Y_w}{Y_w - Y_i}$,则 $B_D \to \infty$,即传质速率无限快,液滴瞬间雾化,相应传质数可由 $B = B_T = \dfrac{c_p(T_\infty - T_w)}{c_d(T_w - T_i) + H_L}$ 直接计算。燃烧室正常燃烧即为这种情况。

（2）在液滴的环境温度 T_∞ 相对于沸点 T_B 不是很高的情况下，可假设 $T_w \approx T_i$，从图 9-2 温度变化中可以看出，这种假设带来的误差不大。由传质数式（9-29），将 $T_w = T_i$ 代入，可得传质数为

$$B = B_T = \frac{c_p(T_\infty - T_i)}{H_L} \qquad (9-30)$$

（3）当环境温度远低于液滴沸点，即 $T_\infty \ll T_B$ 时，$T_w \approx T_\infty$，则 $B_T = 0$，相应传质数可由 $B = B_D = \dfrac{Y_\infty - Y_w}{Y_w - Y_i}$ 计算，但表面质量分数 Y_w 还未知，需要采用液滴蒸发表面满足饱和蒸气热力学平衡条件。燃烧室低温点火燃烧即为这种情况。

（4）一般情况下，可利用液滴蒸发表面满足饱和蒸气热力学平衡的条件来求解液滴表面参数。

假设液滴蒸发表面满足饱和蒸气热力学平衡条件，根据克劳修斯-克拉柏隆（Clausius-Clapeyron）方程，液滴的饱和蒸气压 p_{vap} 为

$$p_{vap} = c_1 e^{c_2/T} \qquad (9-31)$$

式中：c_1、c_2 为液滴的物性常数。一些液体燃料的饱和蒸气压与温度的对应关系见表 9-1，利用表中数据可以拟合得到克劳修斯-克拉柏隆方程中的系数 c_1 和 c_2。

表 9-1　一些液体燃料的饱和蒸气压与温度的对应关系

物　质	分子式	饱和蒸气压（kPa）与对应的温度/℃					
		0.133322	1.333 22	5.332 88	13.332 2	53.328 8	101.32 5
甲醇	CH_3OH	-44.0	-16.0	5.0	21.2	49.9	64.7
乙酸	$C_2H_4O_2$	-17.0	17.5	43.0	63.0	99.0	118.0
乙醇	C_2H_6O	-31.0	-2.3	19.0	35.0	64.0	78.4
丙酮	C_3H_6O	-59.0	-31.0	-9.4	7.7	39.5	56.5
1-丙醇	C_3H_8O	-15.0	14.7	36.4	52.8	82.0	97.8
甘油	$C_3H_8O_3$	125.5	167.2	198.0	220.1	263.0	290.0
丁醇	$C_4H_{10}O$	-1.2	30.2	53.0	70.0	100.0	117.0
苯	C_6H_6	-36.7	-11.5	7.6	26.1	60.6	80.1
环己烷	C_6H_{12}	-45.3	-15.9	6.7	25.5	60.8	80.7
甲苯	C_7H_8	-26.7	6.4	31.8	51.9	89.5	110.6
庚烷	C_7H_{16}	-34.0	-2.1	22.3	41.8	78.0	98.4
二甲苯	C_8H_{10}	-3.8	32.1	59.5	81.3	121.7	144.4
辛烷	C_8H_{18}	-14.0	19.2	45.0	65.7	104.0	125.6

设液滴的饱和蒸气混合物（包括饱和蒸气与其他混合物）的总密度为 ρ，则

$$\rho = \rho_{vap} + \rho_m \qquad (9-32)$$

式中：ρ_{vap} 为饱和蒸气的密度，ρ_m 为除开饱和蒸气以外的混合物密度。设混合蒸气为完全气体，且其温度均匀，则理想气体热状态方程代入上式可得

$$\frac{pM}{R_0 T} = \frac{p_{vap}M_{vap}}{R_0 T} + \frac{p_m M_m}{R_0 T}$$

或

$$pM = p_{vap}M_{vap} + p_m M_m$$

式中：p 为饱和蒸气混合物总的压强，M 为摩尔质量。

考虑到总压与分压的关系：$p = p_{vap} + p_m$，则

$$Y = \frac{\rho_{vap}}{\rho} = \frac{\dfrac{p_{vap}M_{vap}}{R_0 T}}{\dfrac{pM}{R_0 T}} = \frac{p_{vap}M_{vap}}{p_{vap}M_{vap} + p_m M_m} = \frac{1}{1 + \left(\dfrac{p}{p_{vap}} - 1\right)\dfrac{M_m}{M_{vap}}}$$

$$(9-33)$$

在表面 w 处，克劳修斯-克拉柏隆方程式(9-31)代入上式得

$$Y_w = \frac{1}{1 + \left(\dfrac{p}{c_1 e^{c_2/T_w}} - 1\right)\dfrac{M_m}{M_{vap}}} \qquad (9-34)$$

把式(9-34)代入传质数的计算式(9-29)，得到关于 T_w 的方程，可以解出相应的表面温度 T_w，再代回传质数的计算式(9-29)从而得到该温度下的传质数。

例[9-1]：利用表 9-1 和表 9-2(见 9.2.2 小节)的数据，试计算甲醇液滴在环境压强 101.325 kPa 和环境温度 1 082 K 中的传质数。

解：已知 $T_\infty = 1\,082$ K，$p = 101.325$ kPa，可利用饱和蒸气热力学平衡条件求解传质数。查表 9-2，可知甲醇在 $T_i = 293.15$ K 时的相关参数为 $H_L = 1\,100.9$ kJ/kg，$c_d = 2\,369$ J/(kg·K)，$c_p = 1\,716$ J/(kg·K)。

由于只考虑甲醇单一物质在空间的蒸发，故取 $Y_\infty = 0$，$Y_i = 1.0$，$M_m = M_{vap}$，则式(9-34)变为 $Y_w = \dfrac{c_1 e^{c_2/T_w}}{p} = \dfrac{p_{vap}}{p}$，代入传质数式(9-29)，可得

$$\frac{17\,16 \times (1\,082 - T_w)}{2\,369 \times (T_w - 293.15) + 1\,100.9 \times 10^3} = \frac{0 - Y_w}{Y_w - 1}$$

整理为

$$\frac{1.716 \times (1\,082 - T_w)}{2.369 \times (T_w - 293.15) + 1\,100.9} = \frac{Y_w}{1 - Y_w} = \frac{p_{vap}}{p - p_{vap}}$$

利用上式可以求解表面温度 T_w，需要迭代计算。首先 T_w 取一初值，查表 9-1，可得甲醇的相应饱和蒸气压 p_{vap}，代入上式判断是否两端相等，如相等(或满足一定精度)，则该初值即为求解结果，否则需要重新取值计算，直到满足精度要求。

取 $T_w = 49.9\ ℃ = 323.05$ K，查表 9-1 得 $p_{vap} = 53.328\,8$ kPa，则有

$$B_T = \frac{1.716 \times (1\,082 - T_w)}{2.369 \times (T_w - 293.15) + 1\,100.9} =$$

$$\frac{1.716 \times (1\,082 - 323.05)}{2.369 \times (323.05 - 293.15) + 1\,100.9} = 1.111\,5$$

$$B_D = \frac{p_{\mathrm{vap}}}{p - p_{\mathrm{vap}}} = \frac{53.328\ 8}{101.325 - 53.328\ 8} = 1.111\ 1$$

相对误差为 0.036%,可见精度很好,所取值 $T_w = 49.9\ ℃$ 即为所求的表面温度,对应的传质数可取为 $B = (B_T + B_D)/2 = (1.111\ 5 + 1.111\ 1)/2 = 1.111\ 3$。

注意,克劳修斯-克拉柏隆方程指出,饱和蒸气压 p_{vap} 与温度呈指数变化关系,因此,利用表 9-1 时不能线性插值,可通过表 9-1 的数据进行拟合得到克劳修斯-克拉柏隆方程中的系数 c_1 和 c_2,然后再进行计算。

9.1.4　液滴的蒸发时间——液滴寿命

液滴从半径 R 变化为 0 时,液滴蒸发便结束,其间经历的时间称为液滴的蒸发时间,又称为液滴寿命。

如图 9-3 所示,设在 dt 时间内,液滴半径变化为 dR,则液滴体积变化为 $-4\pi R^2 \cdot dR$。相应地,单位时间的质量变化率为 $-\dfrac{\rho_d \cdot 4\pi R^2 \cdot dR}{dt}$($\rho_d$ 为液滴密度)。质量变化率应等于蒸发流量,即

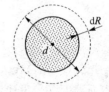

图 9-3　液滴蒸发过程

$$-\frac{\rho_d \cdot 4\pi R^2 \cdot dR}{dt} = G_D \cdot 4\pi R^2$$

则

$$\frac{dR}{dt} = -\frac{G_D}{\rho_d}$$

把蒸发速率式(9-22)代入,得

$$\frac{dR}{dt} = -\frac{\rho a}{\rho_d R}\ln(B+1)$$

分离变量,并积分为

$$\int_{R_0}^{R} R \cdot dR = \int_{0}^{t} -\frac{\rho a}{\rho_d}\ln(B+1)\,dt$$

$$\frac{1}{2}(R^2 - R_0^2) = -\frac{\rho a}{\rho_d}\ln(B+1) \cdot t$$

这里 R_0 为液滴的初始半径。令

$$\beta_d = \frac{8\rho a}{\rho_d}\ln(B+1), \quad 或 \quad \beta_d = \frac{8\kappa}{\rho_d c_p}\ln(B+1) \qquad (9-35)$$

称为液滴的蒸发常数,则

$$d^2 = d_0^2 - \beta_d \cdot t \qquad (9-36)$$

其中 $d = 2R$ 为任意时刻 t 时的液滴直径,$d_0 = 2R_0$ 为液滴的初始直径。可见液滴直径的平方随时间减小,当 $d \rightarrow 0$ 时,对应的时间即为液滴寿命 t_d,为

$$t_d = \frac{d_0^2}{\beta_d} \qquad (9-37)$$

这就是著名的液滴蒸发直径平方定律,表明液滴越小蒸发时间越短,且蒸发时间随液滴直径的平方成正比。

9.2　液滴的燃烧

液滴的燃烧属于典型的扩散燃烧,包括扩散和燃烧两个过程,而扩散过程即蒸发所占用的时间是主要的,燃烧过程中常假设化学反应速率为无穷大,所占时间非常短——这时燃烧的火焰可假设为一个没有几何厚度的燃烧界面。

9.2.1　液滴燃烧模型与控制方程

液滴燃烧过程中液滴消耗的快慢用燃烧速率表示,定义为液滴单位面积上由于燃烧而消耗的液体流量,用 G_C 表示,即

$$G_C = (\rho v)_{\mathrm{w}} \tag{9-38}$$

与液滴蒸发相同,液滴燃烧流动采用一维定常球坐标控制方程,只是必须考虑化学反应的影响,需要用到式(7-9)表示的简单化学反应燃烧模型。

混合物连续方程为

$$\frac{\mathrm{d}}{\mathrm{d}r}(\rho v A) = 0, \quad 或 \quad \dot{m} = \rho v A = \mathrm{Const} \tag{9-39}$$

式中: $A = 4\pi r^2$, $A_{\mathrm{w}} = 4\pi R^2$,代入上式,得

$$G_C \cdot R^2 = \rho v \cdot r^2 = \mathrm{Const} \tag{9-40}$$

组分连续方程为

$$\frac{\mathrm{d}}{\mathrm{d}r}(\rho Y_i v A) = \frac{\mathrm{d}}{\mathrm{d}r}\left(\rho D_{im} A \frac{\mathrm{d}Y_i}{\mathrm{d}r}\right) + A\dot{\omega}_i \tag{9-41}$$

式中:组分 $i = \mathrm{fu}$、ox、pr,分别代表燃料、氧化剂和产物。将连续方程式(9-39)和式(9-40)代入式(9-41),得

$$\rho v A \frac{\mathrm{d}Y_i}{\mathrm{d}r} = \frac{\mathrm{d}}{\mathrm{d}r}\left(\rho D_{im} A \frac{\mathrm{d}Y_i}{\mathrm{d}r}\right) + A\dot{\omega}_i$$

或

$$G_C R^2 \frac{\mathrm{d}Y_i}{\mathrm{d}r} = \frac{\mathrm{d}}{\mathrm{d}r}\left(\rho D_{im} r^2 \frac{\mathrm{d}Y_i}{\mathrm{d}r}\right) + r^2 \dot{\omega}_i \tag{9-42}$$

能量方程只考虑热传导和化学反应的作用,由式(5-100),得

$$\frac{\mathrm{d}}{\mathrm{d}r}(\rho v A c_p T) = \frac{\mathrm{d}}{\mathrm{d}r}\left(\kappa A \frac{\mathrm{d}T}{\mathrm{d}r}\right) + A\dot{\omega}_{\mathrm{fu}} \cdot (H_{b,T})_{\mathrm{fu}}$$

式中: $H_{b,T}$ 为燃料的燃烧焓(J/kg)。考虑 $A = 4\pi r^2$ 和连续方程式(9-39)和式(9-40),则

$$G_C R^2 \frac{\mathrm{d}(c_p T)}{\mathrm{d}r} = \frac{\mathrm{d}}{\mathrm{d}r}\left(\kappa r^2 \frac{\mathrm{d}T}{\mathrm{d}r}\right) + r^2 \dot{\omega}_{\mathrm{fu}} \cdot (H_{b,T})_{\mathrm{fu}} \tag{9-43}$$

与液滴蒸发控制方程类似,液滴燃烧的组分连续方程式(9-42)和能量方程式(9-43)在形式上也是相似的。

9.2.2 液滴燃烧速率的解

同样假设 $Le=1$,且 $D_{fu}=D_{ox}=D$,并考虑组分化学反应速率的关系式(7-14),即 $\dot{\omega}_{fu}=f\cdot\dot{\omega}_{ox}$,通过泽尔道维奇变换,消去控制方程中的化学反应源项,可得到通用控制方程为

$$G_C R^2 \frac{\mathrm{d}b}{\mathrm{d}r} = \frac{\mathrm{d}}{\mathrm{d}r}\left(\rho D r^2 \frac{\mathrm{d}b}{\mathrm{d}r}\right) \tag{9-44}$$

式中:守恒标量 b 根据消去化学反应源项所使用控制方程的不同组合,其定义也不同,分别为

$$\begin{cases} b_{fu,ox} = \dfrac{(Y_{fu}-Y_{fu,\infty})-f(Y_{ox}-Y_{ox,\infty})}{Y_{fu,w}-Y_{fu,i}} \\[2mm] b_{fu,T} = \dfrac{c_p(T-T_\infty)-(H_{b,T})_{fu}(Y_{fu}-Y_{fu,\infty})}{q-(H_{b,T})_{fu}(Y_{fu,w}-Y_{fu,i})} \\[2mm] b_{ox,T} = \dfrac{c_p(T-T_\infty)-(H_{b,T})_{fu}f(Y_{ox}-Y_{ox,\infty})}{q} \end{cases} \tag{9-45}$$

式中:$b_{fu,ox}$ 表示利用燃料(fu)和氧化剂(ox)的组分连续方程而得到的无量纲守恒标量,$b_{fu,T}$ 表示利用燃料(fu)的组分连续方程和能量方程(用下标 T 表示)而得到的无量纲守恒标量,$b_{ox,T}$ 表示利用氧化剂(ox)的组分连续方程和能量方程而得到的无量纲守恒标量;$Y_{fu,\infty}$、$Y_{ox,\infty}$ 分别为环境燃料浓度和环境氧浓度,$Y_{fu,w}$、$Y_{fu,i}$ 分别为燃料浓度在表面和初始状态下对应的值,都是可以确定的参量。

以组分连续方程为例,燃料和氧化剂的组分连续方程分别为

$$G_C R^2 \frac{\mathrm{d}Y_{fu}}{\mathrm{d}r} = \frac{\mathrm{d}}{\mathrm{d}r}\left(\rho D_{fu} r^2 \frac{\mathrm{d}Y_{fu}}{\mathrm{d}r}\right) + r^2 \dot{\omega}_{fu} \tag{c}$$

$$G_C R^2 \frac{\mathrm{d}Y_{ox}}{\mathrm{d}r} = \frac{\mathrm{d}}{\mathrm{d}r}\left(\rho D_{ox} r^2 \frac{\mathrm{d}Y_{ox}}{\mathrm{d}r}\right) + r^2 \dot{\omega}_{ox} \tag{d}$$

由组分化学反应速率的关系 $\dot{\omega}_{fu}=f\cdot\dot{\omega}_{ox}$,进行运算"式(c)$-f\times$式(d)"得

$$G_C R^2 \frac{\mathrm{d}(Y_{fu}-f\cdot Y_{ox})}{\mathrm{d}r} = \frac{\mathrm{d}}{\mathrm{d}r}\left[\rho D r^2 \frac{\mathrm{d}(Y_{fu}-f\cdot Y_{ox})}{\mathrm{d}r}\right]$$

令守恒标量为 $b_{fu,ox}$,可得到消去化学反应源项的控制方程,即

$$G_C R^2 \frac{\mathrm{d}b_{fu,ox}}{\mathrm{d}r} = \frac{\mathrm{d}}{\mathrm{d}r}\left(\rho D r^2 \frac{\mathrm{d}b_{fu,ox}}{\mathrm{d}r}\right)$$

通用控制方程式(9-44)与蒸发的组分连续方程式(9-9)和能量方程式(9-10)在形式上完全一致,其解的形式也应与式(9-15)完全一致,即有

$$\frac{G_C R}{\rho a}\cdot\frac{R}{r} = \ln\left(\frac{b_\infty - b_w + 1}{b - b_w + 1}\right) \tag{9-46}$$

取 $r=R$，$b=b_w$，可得与蒸发速率公式相同的燃烧速率方程，即为

$$G_C = \frac{\rho a}{R} \cdot \ln(B+1)，\quad \text{或} \quad G_C = \frac{\kappa}{R c_p} \cdot \ln(B+1) \qquad (9-47)$$

式中：B 为液滴燃烧过程的传质数，定义为 $B = b_\infty - b_w$。根据式（9-45）守恒标量 b 的不同定义，有

$$\begin{cases} B_{\mathrm{fu,ox}} = b_{\mathrm{fu,ox},\infty} - b_{\mathrm{fu,ox},w} = -b_{\mathrm{fu,ox},w} \\ B_{\mathrm{fu},T} = b_{\mathrm{fu},T,\infty} - b_{\mathrm{fu},T,w} = -b_{\mathrm{fu},T,w} \\ B_{\mathrm{ox},T} = b_{\mathrm{ox},T,\infty} - b_{\mathrm{ox},T,w} = -b_{\mathrm{ox},T,w} \end{cases} \qquad (9-48)$$

由于求解结果完全相同，因此可以推知

$$B = B_{\mathrm{fu},T} = B_{\mathrm{ox},T} = B_{\mathrm{fu,ox}} \qquad (9-49)$$

物性参数的确定与传质数的计算过程与液滴蒸发类似。对于液滴燃烧的物性参数，罗和威廉姆斯也提出了简单的近似方法——取液滴表面温度 T_w 和环境温度 T_∞（燃烧时即为燃烧温度或火焰温度 T_f）的平均值为特性温度，即

$$\bar{T} = \frac{T_w + T_\infty}{2} \qquad (9-50)$$

则对应的物性参数为

$$\begin{cases} c_p = c_{p,\mathrm{fu}}(\bar{T}) \\ \rho_d = \rho_d(T_w) \\ \kappa = 0.4\kappa_{\mathrm{fu}}(\bar{T}) + 0.6\kappa_{\mathrm{ox}}(\bar{T}) \end{cases} \qquad (9-51)$$

计算液滴燃烧时的传质数时，由于燃烧温度（即液滴的环境温度 T_∞）高，表面温度可直接取为燃料的沸点温度，即 $T_w = T_B$。由传质数定义式（9-48）和守恒标量定义式（9-45），并代入液滴蒸发所需热量 q 的式（9-28），可得

$$B = B_{\mathrm{ox},T} = -b_{\mathrm{ox},T,w} = \frac{c_p(T_\infty - T_B) - (H_{b,T})_{\mathrm{fu}} f Y_{\mathrm{ox},\infty}}{c_d(T_B - T_i) + H_L} \qquad (9-52)$$

上式右端均为已知参量，因此可以直接计算传质数。表 9-2 中给出了一些燃料在空气中燃烧的传质数计算结果。

表 9-2　一些液体燃料的性质和传质数的计算
（$Y_{\mathrm{ox},\infty} = 0.232$，$T_\infty = 293.15\ \mathrm{K}$，$T_i = 293.15\ \mathrm{K}$）

物　质	摩尔质量× 10^3/ （kg·mol^{-1}）	ρ_d/ （kg· m^{-3}）	c_d/ （J·kg^{-1}· K^{-1}）	c_p/ （J·kg^{-1}· K^{-1}）	$H_L \times 10^{-3}$/ （J·kg^{-1}）	$(H_{b,T})_{\mathrm{fu}} \times 10^{-6}$/ （J·kg^{-1}）	f	T_B/ ℃	B	$\ln(B+1)$
正戊烷	72.15	631	2 232	1 662	364.6	−45.29	0.314	36.0	8.175	2.216
正己烷	86	664	2 244	1 666	364.6	−44.75	0.314	68.0	6.733	2.045
正庚烷	100.21	688	2 198	1 670	364.6	−44.46	0.314	98.5	5.786	1.915
正辛烷	114.23	707	2 202	1 674	362.1	−44.37	0.316	125.0	5.186	1.822
异辛烷	114.23	702	2 156	1 674	328.2	−44.33	0.316	125.0	5.543	1.878

物　质	摩尔质量× 10^3/ (kg·mol^{-1})	ρ_d/ (kg· m^{-3})	c_d/ (J·kg^{-1}· K^{-1})	c_p/ (J·kg^{-1}· K^{-1})	$H_L \times 10^{-3}$/ (J·kg^{-1})	$(H_{b,T})_{fu} \times 10^{-6}$/ (J·kg^{-1})	f	T_B/ ℃	B	$\ln(B+1)$
正癸烷	142	732	2 189	1 674	360.0	−44.20	0.317	174.0	4.293	1.666
辛烯	112	710	2 198	1 674	337.0	−44.37	0.322	121.0	5.627	1.891
苯	78.11	884	1 720	1 160	432.0	−40.02	0.359	80.0	6.098	1.960
甲醇	32.04	796	2 369	1 716	1 100.9	−19.84	0.726	64.5	2.707	1.310
乙醇	46.07	794	2 344	1 926	837.2	−26.79	0.528	78.5	3.253	1.448
汽油	120	720	2 051	1 674	339.1	−44.12	0.318	155.0	4.917	1.778
煤油	154	825	1 926	1 674	290.9	−43.12	0.316	250.0	3.783	1.565
轻柴油	170	876	1 884	1 674	267.5	−42.36	0.316	250.0	3.882	1.586
中度柴油	184	920	1 800	1 674	244.5	−41.86	0.315	260.0	3.928	1.595
重柴油	198	960	1 758	1 674	232.5	−41.36	0.318	270.0	3.919	1.593
丙酮	58.08	791	2 118	1 423	523.3	−30.81	0.453	56.7	5.301	1.841
甲苯	92.14	870	1 616	1 674	351.6	−42.53	0.320	110.6	6.036	1.951
二甲苯	106.17	870	1 720	1 674	334.9	−43.12	0.319	136.0	5.608	1.888

9.2.3　液滴的燃烧时间

同样,类似可得与蒸发常数、液滴寿命形式完全相同的燃烧速率常数和燃烧时间的表达式。燃烧速率常数为

$$\beta_{dc} = \frac{8\rho a}{\rho_d}\ln(B+1), \quad 或 \quad \beta_{dc} = \frac{8\kappa}{\rho_d c_p}\ln(B+1) \tag{9-53}$$

只是传质数与纯粹的蒸发不同。则

$$d^2 = d_0^2 - \beta_{dc} \cdot t \tag{9-54}$$

当 $d \to 0$ 时,得液滴的燃烧时间为

$$t_{dc} = \frac{d_0^2}{\beta_{dc}} \tag{9-55}$$

可见液滴的燃烧时间与液滴蒸发的直径平方定律形式相同,因此,液滴的大小对于燃烧过程影响很大。

9.2.4　液滴燃烧的火焰位置

液滴燃烧属于典型的扩散燃烧,燃料和氧化剂在火焰面迅速完成化学反应,因此,在火焰位置处,燃料和氧化剂的组成满足化学当量比,即

$$Y_{fu} = f \cdot Y_{ox} \tag{9-56}$$

取燃料和氧化剂之间的守恒标量 $b_{fu,ox}$,其定义见式(9-45),有

$$(b_\infty - b_w + 1)_{fu,ox} = -\frac{Y_{fu,i} + f Y_{ox,\infty}}{Y_{fu,w} - Y_{fu,i}}$$

$$(b - b_w + 1)_{fu,ox} = \frac{Y_{fu} - f Y_{ox} - Y_{fu,i}}{Y_{fu,w} - Y_{fu,i}}$$

则

$$\left(\frac{b_\infty - b_w + 1}{b - b_w + 1} \right)_{fu,ox} = - \frac{Y_{fu,i} + f Y_{ox,\infty}}{Y_{fu} - f Y_{ox} - Y_{fu,i}} \tag{9-57}$$

在火焰面 f 上,满足式(9-56),则有

$$\left(\frac{b_\infty - b_w + 1}{b - b_w + 1} \right)_{fu,ox,f} = \frac{Y_{fu,i} + f Y_{ox,\infty}}{Y_{fu,i}} = 1 + \frac{f Y_{ox,\infty}}{Y_{fu,i}} \tag{9-58}$$

在任意位置 r 处的参数由控制方程的解式(9-46)给出,则有

$$\frac{r}{R} = \frac{G_c R}{\rho a} \frac{1}{\ln \left(\dfrac{b_\infty - b_w + 1}{b - b_w + 1} \right)}$$

代入燃烧速率 G_c 的计算式(9-47)和火焰面上的守恒标量关系式(9-58),可得火焰面的半径 r_f 为

$$\frac{r_f}{R} = \frac{\ln(B+1)}{\ln \left(1 + \dfrac{f Y_{ox,\infty}}{Y_{fu,i}} \right)} \tag{9-59}$$

由传质数定义式(9-48)和守恒标量定义式(9-45),有

$$B = B_{fu,ox} = - b_{fu,ox,w} = \frac{Y_{fu,w} + f Y_{ox,\infty}}{Y_{fu,i} - Y_{fu,w}} \tag{9-60}$$

可知 $B \gg \dfrac{f Y_{ox,\infty}}{Y_{fu,i}}$,因此,必有 $r_f > R$,即火焰面的位置总是不可能到达液滴表面,且当燃烧速率增高时,火焰面则离液滴表面越远。

例如,对于在空气中($Y_{ox,\infty} = 0.232$)燃烧的乙醇液滴,由表 9-2 知 $B = 3.253$,$f = 0.528$,取 $Y_{fu,i} = 1.0$,则可得 $\dfrac{r_f}{R} = \dfrac{\ln(3.253+1)}{\ln(1+0.528 \times 0.232/1.0)} = 12.5$,可见火焰面离开液滴表面的位置很远。

9.2.5 液滴燃烧的温度分布

液滴燃烧按火焰面可分为 3 个区域,即火焰内($R < r < r_f$)、火焰面($r = r_f$)和火焰外($r_f < r < \infty$)。在火焰内,没有氧化剂,$Y_{ox} = 0$;在火焰外,没有燃料,$Y_{fu} = 0$;在火焰面上,燃料和氧化剂的组成满足化学当量比,即式(9-56),$Y_{fu} = f \cdot Y_{ox}$。

同样地,在任意位置 r 处的参数由控制方程的解式(9-46)给出,不同位置的特征参数代入该式即可得到温度分布。当然,这时使用的守恒标量必须和温度有关。

在火焰内($R < r < r_f$),守恒标量使用 $b_{ox,T}$,并有 $Y_{ox} = 0$,由守恒标量定义式(9-45)及传质数 B 的定义式(9-48)和式(9-49),可知

$$(b_\infty - b_w + 1)_{ox,T} = B + 1$$

$$(b - b_w + 1)_{ox,T} = \frac{c_p (T - T_w)}{q} + 1$$

代入控制方程的解式(9-46),并考虑燃烧速率 G_C 的计算式(9-47),整理可得

$$c_p(T-T_w) = q[(B+1)^{1-\frac{R}{r}}-1] \quad (R<r<r_f) \tag{9-61}$$

在火焰外($r_f<r<\infty$),守恒标量使用 $b_{fu,T}$,并有 $Y_{fu}=0$,同理可知

$$(b_\infty - b_w + 1)_{fu,T} = B+1$$

$$(b-b_w+1)_{fu,T} = \frac{c_p(T-T_w)-(H_{b,T})_{fu}(-Y_{fu,w})}{q-(H_{b,T})_{fu}(Y_{fu,w}-Y_{fu,i})}+1$$

代入控制方程的解式(9-46),并考虑燃烧速率 G_C 的计算式(9-47),整理可得

$$c_p(T-T_w) = -(H_{b,T})_{fu}Y_{fu,w}+[q-(H_{b,T})_{fu}(Y_{fu,w}-Y_{fu,i})]\cdot[(B+1)^{1-\frac{R}{r}}-1]$$
$$(r_f<r<\infty) \tag{9-62}$$

在火焰面($r=r_f$)上,把火焰面位置式(9-59)代入式(9-61),可得

$$c_p(T_f-T_w) = q[(B+1)^{1-\frac{R}{r_f}}-1] \quad (r=r_f) \tag{9-63}$$

式中:T_f 为火焰面上的温度(火焰温度)。在火焰面上同时满足式(9-62),把式(9-63)代入式(9-62),消去传质数项,得

$$c_p(T_f-T_w) = \frac{qY_{fu,w}}{Y_{fu,i}-Y_{fu,w}} \quad (r=r_f) \tag{9-64}$$

式(9-64)实际上给出了液滴燃烧时液滴表面必须满足的浓度条件。

例如,在空气中($Y_{ox,\infty}=0.232$)燃烧的乙醇液滴,可计算得到火焰面位置为 $\frac{r_f}{R}=$ $\frac{\ln(3.253+1)}{\ln(1+0.528\times0.232/1.0)}=12.5$,由表9-2知 $q=c_d(T_B-T_i)+H_L=[2.344\times(78.5-20)+837.2]$ kJ/kg $= 974.324$ kJ/kg,由式(9-63)可知在火焰面上有

$$c_p(T_f-T_w) = 974.324\times[(3.253+1)^{1-\frac{1}{12.5}}-1] \text{kJ/kg} = 2716.328 \text{ kJ/kg}$$

取 $T_w=T_B$,由表9-2知 $T_B=78.5\ ℃$,$c_p=1.926$ kJ/(kg·K),即可得出火焰面上的温度为 $T_f=1762.0$ K。该值同时应满足式(9-64),代入可得

$$\frac{Y_{fu,w}}{Y_{fu,i}-Y_{fu,w}} = \frac{c_p(T_f-T_w)}{q} = \frac{2716.328}{974.324} = 2.788$$

如果取 $Y_{fu,i}=1.0$,代入上式可得 $Y_{fu,w}=$ 0.736。乙醇液滴在空气中燃烧的温度分布规律如图9-4中的实线所示。

从图中温度分布曲线可知,在火焰内,靠近火焰面时温度逐渐趋近于火焰温度;在火焰外,温度随离开火焰面的位置而迅速下降。可见,温度分布曲线不是光滑连续的,在火焰面上出现非光滑转折点,这是因为温度在火焰内和火焰外的分布规律不同所引起的。

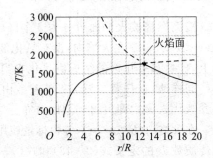

图9-4 乙醇液滴在空气中燃烧的温度分布示意图

9.2.6　液滴燃烧的浓度分布

浓度分布也分为火焰内（$R<r<r_f$）、火焰面（$r=r_f$）和火焰外（$r_f<r<\infty$）3 个区域。同样地，在任意位置 r 处的参数由控制方程的解式（9-46）给出，这时使用的守恒标量必须和浓度有关。

在火焰面（$r=r_f$）上，由于扩散燃烧的特点，化学反应速率视为无限快，因此，火焰面的燃料和氧化剂的浓度均为 0，即 $Y_{fu}=0$，$Y_{ox}=0$。

在火焰内（$R<r<r_f$），即靠近燃料附近，有 $Y_{ox}=0$，燃料浓度不断变化。使用守恒标量 $b_{fu,ox}$，满足式（9-57），考虑 $Y_{ox}=0$，有

$$\left(\frac{b_\infty-b_w+1}{b-b_w+1}\right)_{fu,ox}=-\frac{Y_{fu,i}+fY_{ox,\infty}}{Y_{fu}-fY_{ox}-Y_{fu,i}}=\frac{Y_{fu,i}+fY_{ox,\infty}}{Y_{fu,i}-Y_{fu}}$$

代入控制方程的解式（9-46），并考虑燃烧速率 G_C 的计算式（9-47），整理可得

$$Y_{fu}=Y_{fu,i}-(Y_{fu,i}+fY_{ox,\infty})(B+1)^{-\frac{R}{r}} \tag{9-65}$$

代入由燃料和氧化剂浓度表示的传质数定义式（9-60），可得

$$Y_{fu}=Y_{fu,i}-(Y_{fu,i}+fY_{ox,\infty})\left(\frac{Y_{fu,i}+fY_{ox,\infty}}{Y_{fu,i}-Y_{fu,w}}\right)^{-\frac{R}{r}} \tag{9-66}$$

式（9-65）和式（9-66）均可用于表示火焰内任意位置处的燃料浓度。

在火焰外（$r_f<r<\infty$），即远离燃料靠近氧化剂一侧，有 $Y_{fu}=0$，氧化剂浓度不断变化。同样使用守恒标量 $b_{fu,ox}$，满足式（9-57），并考虑 $Y_{fu}=0$，有

$$\left(\frac{b_\infty-b_w+1}{b-b_w+1}\right)_{fu,ox}=-\frac{Y_{fu,i}+fY_{ox,\infty}}{Y_{fu}-fY_{ox}-Y_{fu,i}}=\frac{Y_{fu,i}+fY_{ox,\infty}}{Y_{fu,i}+fY_{ox}}$$

类似地，代入控制方程的解式（9-46），并考虑燃烧速率 G_C 的计算式（9-47），整理可得

$$fY_{ox}=(Y_{fu,i}+fY_{ox,\infty})(B+1)^{-\frac{R}{r}}-Y_{fu,i} \tag{9-67}$$

代入由燃料和氧化剂浓度表示的传质数定义式（9-60），可得

$$fY_{ox}=(Y_{fu,i}+fY_{ox,\infty})\left(\frac{Y_{fu,i}+fY_{ox,\infty}}{Y_{fu,i}-Y_{fu,w}}\right)^{-\frac{R}{r}}-Y_{fu,i} \tag{9-68}$$

式（9-67）和式（9-68）均可用于表示火焰外任意位置处的氧化剂浓度。

图 9-5 给出了乙醇液滴在空气中燃烧时的组分浓度分布规律。与温度分布类似，浓度分布也是不光滑连续的。

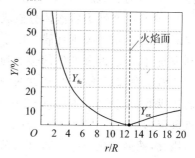

图 9-5　乙醇液滴在空气中燃烧的
浓度分布示意图

9.3 雾化燃烧

液体燃料在工业上的应用燃烧绝大多数是雾化燃烧,液体火箭推进剂的燃烧方式也是雾化燃烧。液体燃料或液体氧化剂一般采用喷嘴喷入燃烧室中,在通过喷嘴时,液体被破碎为大量细小液滴所组成的液滴群(液雾),这个过程称为雾化。

9.3.1 雾化原理

液体通过每个喷嘴雾化和燃烧后会形成一定形状的区域,称为雾化炬,或雾化火焰炬,如图9-6所示。雾化炬的特性对燃烧影响较大。

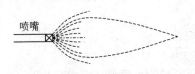

图9-6 喷嘴形成的雾化炬示意图

液体燃料或液体氧化剂雾化的目的,是增加燃烧的比表面积(单位质量物质的表面积),以加速蒸发或汽化并有利于燃料与氧化剂的混合,从而保证燃烧过程迅速而充分。因此,雾化过程是组织液体雾化燃烧的关键,对燃烧强度和燃烧效率均有着很大的影响。

液体是通过喷嘴来完成雾化过程的,故喷嘴被称为雾化器。喷嘴的任务是使液体燃料或液体氧化剂在强烈的碰撞或湍流扩散作用下破碎为粒度细小且分布较均匀的液滴群,液滴在液滴群气流内的分布、粒径的大小及均匀程度等与喷嘴结构和雾化介质及参数有关。各种喷嘴的主要功能是确保液体燃料或液体氧化剂的流量,改善雾化的质量,并有良好的调节范围。

雾化的基本原理是液体自身内力和它受到的外力相互作用的结果,当外力大于内力时液体失去稳定性而发生破碎。与空气燃烧的液体燃料其雾化是液体燃料与空气的相互作用过程,而液体火箭推进剂的燃烧不需要空气的参与,其雾化过程往往采用相互撞击或剪切掺混方式来完成。液体的内力为液体的黏性力(表面张力),是阻碍液体分散的。液体受到的外力是由各种装置来完成的,主要包括喷嘴射流具有的惯性力、撞击力、摩擦力和气动阻力等,是促使液体分散的。通常,液体以高速喷出喷嘴,依靠自身的惯性力将液体分散成薄膜,在射流的高速湍流和横向扰动下,薄膜发生变形,破碎为细丝及细环膜。由于湍流的扰动作用,薄膜表面凹凸不平,当气体流过其表面时,凸起部分的根部会受到滞止压强的作用,绕过凸起部分顶部的气流将发生绕流而对顶部形成拉力,在这两种力或外部撞击力的作用下,凸起部分便会脱离薄膜而形成液滴,该过程如图9-7所示。大液滴在气流或相互撞击的作用下,会进一步被破碎为小液滴,如图9-8所示。

因此,液体雾化是一个极其复杂的物理过程。大多数研究者认为,液体燃料在空气介质中的雾化过程大致按以下几个阶段进行:

(1)液体从喷嘴中喷出,被分散成薄片状液膜或流束。

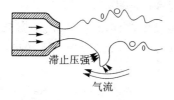

图 9 - 7 喷出液体薄膜上的作用力

图 9 - 8 液滴的破碎过程

（2）由于液体初始湍流状态和与周围介质的相互作用,使液膜或流束表面发生弯曲和皱折。

（3）在空气压强的作用下,液膜或流束越往下游发展则变得越薄、越细,分裂为细丝或细环流。

（4）在液体表面张力作用下,细丝或细环状液体破碎分裂并收缩成小液滴。

（5）在空气流及表面张力的共同作用下,液滴继续破碎或聚合。

9.3.2 雾化装置

液体燃料或液体氧化剂的雾化主要有三种方式:机械雾化和介质雾化,以及兼有这两种方式特点的组合式雾化。机械雾化又称压力式雾化,介质雾化又称气动式雾化。所有雾化过程都需要通过喷嘴来实现。常用的雾化方式如表 9 - 3 所列。

表 9 - 3 常用雾化方式

机械雾化	直射式机械雾化	
	离心式机械雾化	简单离心式
		回油离心式
介质雾化	低压式介质雾化	直流式
		旋流式
		多级雾化式
	高压式介质雾化	外混式
		内混式
		中间混合式（Y 形）
组合式雾化	转杯式雾化（离心式机械雾化＋介质雾化）	
	蒸气-机械式雾化（介质蒸气雾化＋机械雾化）	
	超声波雾化（机械雾化＋介质超声波）	

1. 机械雾化

机械雾化依靠提高液体燃料或液体氧化剂的压强,在压强作用下以较高的速度喷入燃烧室,通过与气流的高速阻力或液体之间的高速碰撞达到雾化的作用。机械雾化按结构及其作用原理可分为直射式雾化和离心式雾化两大类。

直射式机械雾化利用压强作用直接高速喷出,结构简单,常用于燃烧室空间受限的发动机。直射式机械雾化通常采用撞击式雾化,可通过设计喷嘴的喷射角度以达到较好的雾化效果。

离心式机械雾化利用了高速旋转的离心力对液体的雾化作用,在锅炉及各种工业燃烧设备中应用广泛。离心式机械雾化喷嘴一般由分流片、旋流片和雾化片组成,如图 9-9 所示。液体在压强作用下进入分流片上各个小孔,然后由各小孔汇流到对应的环形槽中,再由此进入旋流片的切向槽,使液体在锥形旋流室内形成高速旋转,最后从雾化片上的中心孔旋转喷出,从而达到雾化的目的。为了提高雾化效果,该类雾化装置要求的压强较高,一般为 $2.0\sim3.5$ MPa。

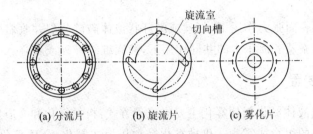

图 9-9　机械雾化喷嘴的主要结构

调节液体喷出的流量也是喷嘴的重要作用,可以通过改变压强(压差)来实现。但喷嘴流量与压差的平方根成正比,通过改变压强对喷嘴流量的调节有限,这时常采用回油离心式机械雾化喷嘴,只是在分流片上开了回油通道,通过回油大小来调节喷嘴的流量,可以有效提高喷嘴流量的调节能力,流量调节比一般可达到 4 左右。如图 9-10 所示,当需要减小喷嘴流量时,可加大回油阀的开度。反之,减小回油阀的开度,即可增加喷嘴的流量,当回油阀完全关闭时,则变成了简单离心式机械雾化。

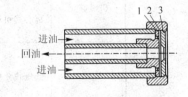

1—分流片;2—旋流片;3—雾化片
图 9-10　回油式机械雾化喷嘴

机械雾化结构简单,噪声小,但雾化效果受液体油品的质量影响大,高压强也给系统的安全可靠性带来了问题。因此,在大型燃烧设备中,常采用介质雾化逐渐代替机械雾化。

2. 介质雾化

介质雾化是利用空气或蒸气作为雾化介质,将其压强势能转化为高速气流,通过惯性力、撞击力、摩擦力和气动阻力等力的作用将液体燃料或液体氧化剂雾化。根据介质压强的高低,介质雾化又分为低压和高压两大类。

低压介质雾化采用鼓风机供给的空气作为雾化介质,一般需要较多的空气才能保证雾化性能(通常雾化介质的空气消耗量应达到燃烧所需空气的 50% 以上)。按照空气的流通特点,低压介质雾化又可分为直流式、旋流式和多级雾化式三种类型。直流式低压介质雾化的特点是空气流通截面可以调节,从而可以调节空气流量和空气喷出速度。旋流式低压介质雾化的特点是空气流道中装有旋流叶片,空气经过旋转后对液体的雾化效果大大增强。多级雾化式低压介质雾化的特点是空气分多次(一般三级)与液体相交,逐级雾化,可以有效实现液体燃料与空气消耗量的匹配,既保证雾化性能,又可保证充分燃烧。

高压介质雾化常采用压缩空气或水蒸气作为雾化介质,也可以用高压氧气等其他高压气体。压缩空气的压强一般为 0.3~0.7 MPa,水蒸气的压强一般为 0.3~1.2 MPa。高压介质喷出的速度可达声速,因此雾化效果好。根据雾化介质与液体的混合位置不同,高压介质雾化又可分为外混式、内混式和中间混合式(Y 形)等类型。

外混式高压介质雾化又称同心套管式高压介质雾化,由两根同心套管组成,其结构如图 9-11 所示。液体由内管流入,雾化介质气体通过环形外管流入,在喷口外混合(故称为外混式),利用气体

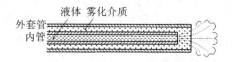

图 9-11　外混式高压介质雾化喷嘴

与液体的流速差产生的剪切作用达到雾化效果。

内混式高压介质雾化的结构也采用同心套管式,但雾化介质和液体需要通过一个共同的内部混合室,在混合室内形成高压泡沫状混合物,然后通过喷口喷出形成雾化。

中间混合式(Y 形)高压介质雾化常采用蒸气作为雾化介质,实际上也属于内混式高压介质雾化,只是进入混合室前通过 Y 形交叉的管路进行碰撞雾化,形成乳状混合物,再通过混合室的交叉喷口喷出实现雾化。

3. 组合式雾化

组合式雾化利用了机械雾化和介质雾化之间的组合形式,以利于提高雾化性能和工作可靠性。根据组合方式的不同,有转杯式、蒸气—机械式和超声波等雾化形式。

转杯式雾化组合了离心式机械雾化和介质雾化两种形式,通过电机带动的高速旋转的旋转杯把液体从杯口甩出形成转杯状的薄膜,再由雾化介质(如空气)的高速作用将薄膜破碎成小液滴,从而形成雾化。

蒸气—机械式雾化利用的雾化介质是蒸气,并结合了机械雾化。该雾化方式首先利用了简单的机械雾化,然后蒸气通过切向槽进入混合室,形成高速旋流与液体混合,再喷出喷口达到雾化的效果。

超声波雾化则利用蒸气冲击谐振器的环形沟而产生超声波,经机械装置喷出的液体在超声波的作用下因振动而进一步破碎,从而达到雾化效果,如图 9-12 所示。

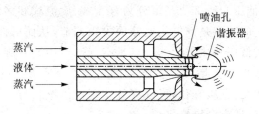

图 9 - 12　超声波雾化喷嘴

9.3.3　雾化性能

由液滴的燃烧时间式(9 - 55),可知液滴的燃烧时间与其直径的平方成正比,即液滴的直径增加一倍,其燃烧时间会增加至 4 倍。因此,液体燃料或液体氧化剂雾化性能的好坏对燃烧过程及燃烧设备的工作性能有着重大影响。

通常评定雾化性能的主要指标为:流量特性、调节比、雾化角、雾化细度及均匀度、流量密度分布等,对于介质雾化喷嘴,还有气耗率等。

1. 流量特性

流量特性指的是喷嘴在单位时间内喷油量随压强变化的规律,相应的关系曲线称为流量特性曲线。流量特性是影响发动机性能的主要参数,因此也是雾化性能最主要的指标之一。

对于介质雾化喷嘴,流量特性不仅与压强有关,而且还与雾化介质的压强有关,因此其流量特性曲线是一组不同雾化介质压强下的变化曲线。

2. 雾化角

雾化角即为雾化炬的张角。喷嘴出口处雾化炬外包络线的两条切线之间的夹角定义为出口雾化角,用 α 表示。由于雾化炬在离开喷口后受周围介质的作用,都会有一定程度的收缩,随着喷出距离的增大,雾化角逐渐减小。在距离喷口 x 处常用条件雾化角 α_x 来表示雾化炬的分布范围。以喷嘴出口中心为圆心,设定轴向距离 x 为半径作圆弧线,该圆弧线与雾化炬外包络线相交于两点,连接圆心与这两个交点,两条连线的夹角即为条件雾化角,如图 9 - 13 所示。轴向距离 x 一般根据喷嘴流量的大小来选取一个统一的值作为标准,对于大流量喷嘴,x 可取 200 mm,对于小流量喷嘴,x 可取 100 mm。

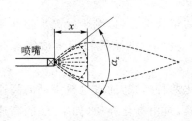

图 9 - 13　雾化炬的雾化角

雾化角的大小会直接影响液体燃料或液体氧化剂在燃烧空间内的分布,对燃烧的完善程度和经济性有着很大影响,也是衡量喷嘴雾化性能的最主要指标之一。如果雾化角过大,液滴将会穿出湍流最强的区域而造成混合不良,从而增加不完全燃烧损失,降低燃烧效率,此外还会因燃油喷射到燃烧室壁面而造成结焦或积灰。若雾化角过小,则会使液滴不能有效地分布在整个燃烧室空间,也会造成混合不良,对着火和燃烧不利。此外,雾化角的大小还影响火焰的长短。雾化角大则火焰粗而短,雾化角小则火焰细而长。

对于液体燃料和液体氧化剂的燃烧,一般采用撞击等方法实现雾化,这时需要合理设计撞击角来控制雾化角。对于液体燃料和空气的混合燃烧来说,雾化角的选取还需要考虑燃烧室的尺寸和燃料与空气的混合条件等因素。在大型燃烧室中,燃料与空气一般不易很好地混合,因而雾化角需取得较大,一般为 $90° \sim 120°$,以便将燃料充分地供应到新鲜空气中去,但不能把燃料喷射到燃烧室壁面为前提。适当加大雾化角的另一个优点是,能从周围卷吸较多的气体,使之进入雾化炬中参与液滴的进一步破碎,有利于改进雾化炬中颗粒的细度。对于小尺寸燃烧室,雾化角不宜取得过大,一般为 $50° \sim 80°$,主要是为了避免把大量液滴喷射到燃烧室壁面上。不过,雾化角也不宜过小,否则燃料会过多地被喷射到缺氧的回流区中,容易发生析碳,引起冒黑烟现象。

3. 雾化细度

雾化细度是指雾化炬中液滴尺寸的大小,也是表征喷嘴雾化性能最主要的指标之一。实际上,雾化液滴的大小是不均匀的,最大与最小液滴之间直径大小的差别可达数十倍,因此一般只能用平均直径表示雾化细度。采用的平均方法不同,得到的平均直径也不相同。在工程上常用以下两种平均直径,一是质量中间直径(Mass mean diameter,简称 M. M. D)d_{50},二是索太尔平均直径(Sauter's mean diameter,简称 S. M. D)d_{SMD}。

质量中间直径 d_{50} 是一个假定的液滴直径,如果把液滴群中的液滴按照大于或小于这一直径分为两部分,当这两部分液滴的总质量相等时对应的液滴直径称为质量中间直径,即

$$\sum_{i=1}^{N} (m_d)_{i,d>d_{50}} = \sum_{i=1}^{N} (m_d)_{i,d<d_{50}} \tag{9-69}$$

式中:N 为雾化液滴的总颗粒数;$(m_d)_i$ 为任意第 i 个液滴的质量。质量中间直径通常由试验测定,d_{50} 越小,则表示雾化液滴尺寸越细,雾化性能越好。有实验表明,全部雾化颗粒中的最大液滴直径约为质量中间直径的两倍左右。

索太尔平均直径 d_{SMD} 是假设液滴群中每个液滴直径相等时,按照所测得的所有液滴的总体积 Ω 与总表面积 A_w 计算出的液滴直径,故又称体面积平均直径,即

$$\Omega = N \cdot \frac{\pi}{6} d_{SMD}^3 = \frac{\pi}{6} \sum_{i=1}^{N} d_i^3$$

$$A_w = N \cdot \pi d_{SMD}^2 = \pi \sum_{i=1}^{N} d_i^2$$

则

$$d_{SMD} = \frac{\sum\limits_{i=1}^{N} d_i^3}{\sum\limits_{i=1}^{N} d_i^2} \qquad (9-70)$$

式中：N 为雾化液滴的总颗粒数；d_i 为任意第 i 个液滴的直径。显然，d_{SMD} 越小，雾化细度则越细，雾化性能越好。

对于确定的燃烧室，雾化细度应有合理的范围。从保证燃烧迅速和高效的角度来看，希望雾化细度越细越好。但是，雾化细度也不能过细，因为过细的液滴微粒易被气流带走，易造成局部燃料或氧化剂的过浓或过贫，不利于稳定燃烧和完全燃烧。如对于中小型锅炉的重油或渣油雾化，d_{SMD} 一般以小于 120 μm 为宜，液滴直径一般在 40～400 μm 内变动。

4. 雾化均匀度

雾化均匀度是指雾化后液滴群中液滴尺寸的均匀程度，或液滴大小相差的悬殊程度。如果液滴群中全部液滴的尺寸大小都一样，则这种液滴群称为理想均匀液雾。实际液滴群的液滴尺寸相差很大，而且分布很不均匀，可看作随机分布。液滴的尺寸之间差别越小，则雾化的均匀度越好。

雾化均匀度可用均匀性指数 n 来表示，由液滴直径的罗辛-拉姆勒（Rosin - Rammler）分布函数定义，即

$$F_R = 100\exp\left[-\left(\frac{d}{d_m}\right)^n\right] \times 100\% \qquad (9-71)$$

式中：F_R 表示直径大于 d 的液滴质量（或容积）占取样总质量（或容积）的百分数；d_m 为液滴的特性直径，相当于 $F_R = 36.8\%$（即当 $d/d_m = 1$ 时对应的 F_R）时对应的液滴直径；n 为均匀性指数。

对罗辛—拉姆勒分布函数式（9-71）微分，可得液滴直径 d 的概率密度函数，即

$$f_R = -\frac{dF_R}{d(d/d_m)} = 100n\left(\frac{d}{d_m}\right)^{n-1}\exp\left[-\left(\frac{d}{d_m}\right)^n\right] \times 100\% \qquad (9-72)$$

罗辛—拉姆勒分布函数如图 9-14 所示，对应 $n=2.0$ 和 $n=4.0$ 时液滴直径分布的概率密度如图 9-15 所示，可见 n 值越大，液滴直径的分布范围越窄，即液滴直径的均匀性就越好。

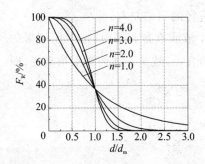

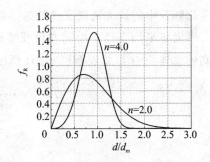

图 9-14　液滴直径的罗辛-拉姆勒分布　　　　　图 9-15　液滴直径分布的概率密度函数

雾化均匀度差,表示液滴群中尺寸大的液滴数量多,不利于迅速着火和充分燃烧。但过度均匀的雾化尺寸也是不合适的,它使得燃烧局限在某一尺寸的液滴上,当外界条件改变时很容易使燃烧发生不稳定,即燃烧的可调节性变差。在工程应用中,应根据燃烧设备的类型、构造特点及流动等具体条件,来选择合理的雾化均匀分布。对于机械雾化,一般 $n=1\sim4$。

5. 流量密度分布

流量密度分布是指在单位时间内,通过与喷射方向相垂直的单位横截面上燃料或氧化剂质量(或体积)沿径向的分布规律。流量密度分布在一定程度上反映了燃烧空间中燃料或氧化剂的浓度分布,直接影响燃料和氧化剂的混合和燃烧过程。

不同的雾化过程,流量密度分布特性不同。离心式雾化其流量密度分布呈马鞍形,因为离心作用使得在轴心部分存在中空现象,如图 9-16(a)所示,这种分布相对均匀,有利于混合和燃烧。直射式雾化,其流量密度在轴心部分浓度最高,如图 9-16(b)所示,这对于混合和燃烧是不利的。

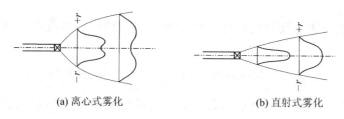

(a) 离心式雾化　　　　　　　　(b) 直射式雾化

图 9-16　雾化液滴流量密度分布曲线

6. 调节比和气耗率

调节比是指在保证雾化性能的前提下,在运行压强范围内喷嘴的最大质量流量与最小质量流量之比值。

气耗率是衡量介质雾化喷嘴的性能参数,指单位时间内雾化介质的质量与喷液质量之比,即气液质量比。气耗率过高不仅电能消耗高,而且易引起低温受热面的腐蚀,使排烟损失增加,对燃料着火和燃烧不利。但气耗率过低,则雾化性能不能保证。一个好的喷嘴要求在确保雾化性能的前提下,尽可能地降低气耗率。

9.3.4　对流燃烧

前面讨论了单个液滴在静止条件下的燃烧规律。实际的雾化燃烧总是伴随着流动,流动即意味着存在对流传热。液滴接收环境传入的热量用导热形式可等效为

$$\dot{q}=\kappa\frac{\Delta T}{\Delta r}\approx\kappa\frac{T_{\infty}-T_{w}}{R} \qquad (9-73)$$

根据能量守恒,该热量全部来自环境对液滴的对流传热,即

$$\dot{q}=\kappa\frac{T_{\infty}-T_{w}}{R}=\alpha(T_{\infty}-T_{w}) \qquad (9-74)$$

其中 α 为对流传热系数。即有

$$\alpha = \frac{\kappa}{R} \tag{9-75}$$

这就是存在流动时,雾化燃烧中物性参数存在的关系。静止条件下液滴的燃烧速率式(9-47)中的 $\frac{\kappa}{R}$ 项用 α 代替,则为

$$G_C = \frac{\alpha}{c_p} \cdot \ln(B+1) \tag{9-76}$$

常用努塞尔数 Nu 表示流动对传热的影响。取液滴的直径 $d(=2R)$ 为特征尺寸,由努塞尔数 Nu 的定义式(6-42),可知对流传热系数 α 与努塞尔数 Nu 的关系为

$$\alpha = \frac{Nu \cdot \kappa}{d} \tag{9-77}$$

代入式(9-76),则可得到考虑流动时的液滴燃烧速率公式为

$$G_C = \frac{Nu \cdot \kappa}{d c_p} \ln(B+1) \tag{9-78}$$

对应地,由静止条件下液滴的燃烧速率常数式(9-53),可得流动时的燃烧速率常数为

$$\beta_{dc} = \frac{4 d \alpha}{\rho_d c_p} \ln(B+1) = \frac{4 Nu \cdot \kappa}{\rho_d c_p} \ln(B+1) \tag{9-79}$$

液滴在静止环境下时,圆管内的对流传热可等效为热传导,即 $\alpha\Delta T = \kappa\Delta T/R$,则有 $Nu=2$,代入式(9-78)和式(9-79),则与静止环境下的液滴燃烧速率式(9-47)和燃烧速率常数式(9-53)相同。当考虑流动时,$Nu>2$,可见流动使得液滴的燃烧速率增加。

如果能确定流动时的努塞尔数 Nu,即可由式(9-78)和式(9-79)计算相应条件下的液滴燃烧速率和燃烧速率常数。费思(G. M. Faeth)推荐使用下述关系式来计算努塞尔数

$$Nu = 2 + \frac{0.555 Re^{1/2} Pr^{1/3}}{[1 + 1.232/(Re Pr^{4/3})]^{1/2}} \tag{9-80}$$

9.3.5 雾化燃烧

液体推进剂雾化后形成液滴群(液雾),液滴群的蒸发与燃烧(有时还需要考虑喷射过程的影响)是一个非常复杂的过程。液滴群是由单个液滴组成的,但液滴群与单个液滴的最大区别是液滴群中各个液滴之间会发生相互干扰,特别是液滴之间的距离很近时。这种相互干扰体现在两方面:一是相邻液滴之间存在热交换,可促进液滴的充分燃烧;二是相邻液滴之间相互竞争氧化剂或燃料,使得燃烧不充分或燃烧时间延长,甚至引起局部熄火。

喷射液滴群燃烧的火焰传播主要借助于液滴的不断着火和燃烧。液滴的着火则依靠周围高温介质的传热、液滴本身的蒸发和扩散。液滴群燃烧的另外一个显著特

点就是,具有比预混可燃气体的燃烧更为宽广的着火界限和稳定工作范围。这对于保证发动机的稳定工作性能来说,具有很实际的意义,它可以在负荷变动较大的工作范围内,保证燃烧的稳定。

1. 液滴群燃烧现象

根据液滴之间的统计平均距离大小,液滴群中各个液滴的燃烧可分为滴间燃烧与滴状燃烧两种燃烧现象。当液滴之间的统计平均距离较小,而液滴火焰面的半径又很大时,每个液滴不能保持自己完整的球状火焰面,这时液滴的蒸发气体在液滴之间均匀混合,进行均相燃烧,因此称为滴间燃烧。反之,当液滴之间的统计平均距离远远大于液滴火焰面的半径时(一般指液滴之间的统计平均距离大于液滴的平均直径 20 倍时),则可认为每个液滴均能保持单独的球形火焰面,故称滴状燃烧。

根据液滴群中各个液滴的相互影响关系,液滴群燃烧具体可分为预蒸发式燃烧、液滴群扩散燃烧、复合式燃烧和滴间气体燃烧等四种形式。

(1)预蒸发式燃烧。当液体燃料的汽化性强,液滴群的粒度很细,相对速度高和周围介质温度很高或火焰稳定区间距长等情况下,液滴的蒸发汽化速率很高,因此,液滴群在进入火焰区前已全部蒸发完毕,燃烧完全在无蒸发的气相区进行。这种燃烧情况与气体燃料的燃烧相同,液滴的蒸发对火焰长度等影响不大。

(2)液滴群扩散燃烧。当液体燃料的汽化性差,雾状液滴较粗,相对速度低,周围介质温度不高或液滴间距离较大等情况下,液滴群中的每个液滴均独立地进行燃烧,每个液滴周围都有火焰包围。液滴蒸气相互扩散进行燃烧反应,随着液滴群向燃烧区移动,未燃液滴在一定位置着火而剧烈燃烧,代替已燃液滴,形成所谓接力式滴状燃烧火焰传播。火焰的燃烧过程和蒸发过程几乎是同步的,蒸发过程的快慢控制着整个燃烧过程的进展。因此,为了强化燃烧和缩短火焰,必须加速蒸发过程。

(3)复合式燃烧。当液滴群中液滴的大小不均匀,且相差较大时,较小的液滴由喷嘴喷出后很快蒸发汽化,在火焰区前已蒸发完毕,形成预混气体火焰;较大的液滴则以液滴群扩散方式进行燃烧。

(4)滴间气体燃烧。当液滴群颗粒密度大,粒度不均匀性也较大时,由于液滴间距离过小,会出现滴间蒸发燃烧。这种情况是应该避免的。

2. 液滴群燃烧速率常数

实验研究表明,液滴群的燃烧仍然遵循单个液滴燃烧的直径平方规律,只是对应的燃烧速率常数不同,即

$$d^2 = d_0^2 - \beta_m \cdot t \qquad (9-81)$$

式中:β_m 为液滴群的燃烧速率常数。单个液滴的燃烧速率常数由式(9-79)计算,考虑液滴群时,最简单的方法是对其进行修正。液滴群对导热系数的影响最大,故主要对导热系数进行修正。设液滴群的导热系数为 κ_m,可从单个液滴的导热系数 κ 进行修正,即

$$\kappa_m = \xi_m \cdot \kappa \qquad (9-82)$$

式中：ξ_m 为修正系数。可以分析，影响导热系数的因素包括液滴之间的距离 δ_d、液滴之间排列方式如液滴周围排列的液滴数 N_m 等。存在下述经验关系式

$$\xi_m \approx 1 - \frac{N_m - 1}{\delta_d / R} \qquad (9-83)$$

液滴之间排列可以有 4 阵列、6 角阵列等方式，对应的 $N_m = 4、6$。如取 $N_m = 4，\delta_d / R = 10$，则 $\xi_m = 0.7$。

经过修正后，液滴群的燃烧速率常数可用单个液滴的燃烧速率常数式(9-79)计算，即为

$$\beta_m = \frac{4Nu \cdot \kappa_m}{\rho_d c_p} \ln(B+1) \qquad (9-84)$$

实验表明，液滴群的燃烧速率常数还与压强有关，且比单个液滴的燃烧速率常数有所增大。

9.4　液体推进剂火箭发动机

液体推进剂火箭发动机简称液体火箭发动机，是以液体推进剂为全部能量来源的火箭发动机。液体推进剂分为单组元液体推进剂和双组元液体推进剂，目前在研的还有三组元推进剂。单组元液体推进剂是指燃料与氧化剂为一体的推进剂(如过氧化氢、肼等)，是辅助发动机常采用的推进剂，已逐渐减少使用。双组元液体推进剂是燃料与氧化剂分开储存的推进剂(如液氢和液氧)。三组元推进剂是液氧与两种液体燃料(如煤油和液氢)组合的推进剂，在低空和高空环境下均具有良好的性能。

常见的液体燃料有碳氢燃料、液氢、肼类(肼、偏二甲肼、一甲基肼)等。常见的液体氧化剂有液态氧、液态氟、四氧化二氮、过氧化氢、硝酸等。

9.4.1　液体火箭发动机的结构原理

典型液体推进剂火箭发动机的组成结构如图 9-17 所示，主要包括推进剂输送系统、贮箱、推力室、喷注系统等。

推进剂输送系统(Propellant feed system)的作用是提供一定压强把液体推进剂从贮箱中推出，常分为气压式和涡轮泵式两种类型。气压式输送系统一般由高压气体、高压气瓶、充气阀及管路等组成，依靠高压气体推出推进剂，结构简单，一般适用于短时间、小推力火箭。涡轮泵式推进剂输送系统通过泵引出部分燃料和氧化剂进行燃烧，驱动涡轮产生高压气体，再推出推进剂，结构复杂，适用于长时间、大推力火箭。

贮箱(Propellant tanks)包括燃料贮箱、氧化剂贮箱和高压气体贮箱。贮箱一般采用高强度合金材料或复合材料(如合金钢、纤维增强塑料等)，以控制其质量。贮箱的布局包括串联式和并联式等，可用于控制火箭的质心。在贮箱中，推进剂不能完全充满，必须留出一定空余，称为气垫(Ullage)，用于缓冲推进剂的热膨胀、收集推进剂

中溶解或缓慢化学反应产生的气体。贮箱中的推进剂不可能完全排空,有一部分粘附在壁面、管路和沟槽中,称为残余推进剂。残余推进剂的多少用排放效率(可用推进剂与总推进剂之比)来衡量,一般在 97%～99.7% 之间。

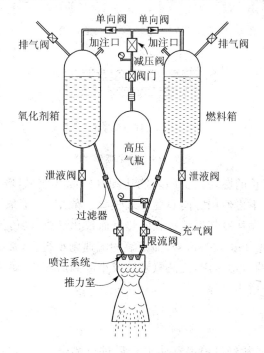

图 9 - 17　液体推进剂火箭发动机的结构组成

推力室(Thrust chamber)包括燃烧室、喷管和辅助结构(如冷却系统)等,是液体火箭推进剂燃烧和燃气流动的关键部件。一定质量流率的液体推进剂在推力室中喷射、雾化、混合,并燃烧生成高温燃气,经过喷管高速喷出产生推力。与固体火箭发动机燃烧室具有的推进剂贮存功能不同,液体推进剂火箭发动机的燃烧室主要考虑推进剂混合是否充分、燃烧是否完全等因素。液体推进剂火箭发动机通常采用大扩张比或可变扩张比的钟形喷管。由于工作时间长,有时需要多次启动,为防止燃烧室和喷管壁面过热,推力室一般加装冷却系统。

喷注系统(Injecting system)的作用是将液体推进剂以一定的质量流率引入燃烧室,并使其雾化混合均匀,保持氧化剂和燃料一定的混合比。为实现这些功能,常采用多喷嘴(Injectors)结构。

液体推进剂的雾化方式主要是机械雾化或外混式高压介质雾化,其喷嘴的类型主要分为三类,即撞击式、淋浴头式和同心套管式,如图 9 - 18 所示。

撞击式喷嘴依靠喷射角度相互撞击达到加强混合、雾化的效果,属于直射式机械雾化方式,可分为双股、三股撞击式,又可分为自击式和互击式。淋浴头式喷嘴平行喷出推进剂,其混合主要依靠高速流动的湍流和扩散过程,属于非撞击式的直射式机

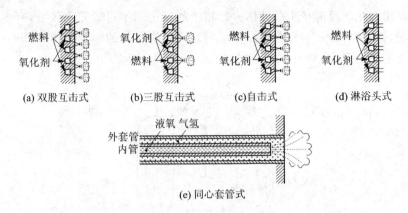

图 9-18 常见喷嘴类型

械雾化,一般需要较长的燃烧室空间才能达到好的混合效果,曾在德国的"V-2"导弹上应用过,现在已不再使用。同心套管式喷嘴一般用于"液氧/气氢"喷注器,液氢在同心套管外层,依靠从冷却系统吸收的热量而气化形成气氢,气化后的氢流速很高(大于 120 m/s,最高可达 330 m/s),而液氧的流速则小得多(常小于 33 m/s)。两者的速度差产生强烈的剪切作用,使液氧破碎成小液滴而雾化,属于外混式高压介质雾化方式,只是雾化介质为气氢。

9.4.2 燃烧过程

液体氧化剂与燃料经过喷嘴雾化混合后进行燃烧,属于典型的液滴群燃烧,如图 9-19 所示。液体推进剂在燃烧室中的燃烧可以分为三个区,即喷射雾化区、快速燃烧区和流管燃烧区。

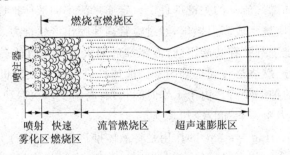

图 9-19 推力室中燃烧过程示意图

喷射雾化区位于燃烧室最前端。液体雾化成大量的小液滴,来自快速燃烧区的高温辐射以及对流传热使小液滴获得热量而迅速蒸发,形成大量富燃和富氧的局部区域。在喷射雾化区中,液、气两相共存,只有少量的化学反应。

快速燃烧区位于燃烧室的中间段。随着小液滴的蒸发,富燃和富氧的局部区域相互掺混,燃料与氧化剂因发生强烈而快速的化学反应而燃烧,产生大量的高温燃气。该区域的燃烧存在强烈的掺混、爆燃过程（接近局部爆炸，产生一系列激波），其压强、温度、密度和混合比等参数均快速波动。单个液滴的扩散燃烧过程如图9-20所示。

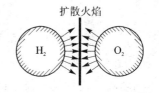

图9-20 液滴的扩散燃烧示意图

流管燃烧区在燃烧室的后段。此区的燃烧和混合过程趋于平稳，化学反应速率降低，流动在横向的湍流混合很弱。

推进剂在燃烧室中的停留时间一般不超过10 ms，因此上述过程发生的时间是非常短的。燃烧室中的燃烧过程一般包括：

（1）推进剂经过喷嘴高速（15~100 m/s）喷入燃烧室，形成液体射流和液滴群；

（2）在碰撞、湍流等作用下，射流破碎成小液滴，这就是雾化过程；

（3）液滴吸热而蒸发；

（4）蒸发气体相互混合并进行化学反应燃烧；

（5）活化中心团、分子、原子的湍流扩散以及喷嘴产生的涡旋加剧了热交换和混合；

（6）燃烧充分后，燃烧与流动过程趋于平稳；

（7）燃烧产生的热使自身膨胀加速。

9.4.3 喷嘴参数设计

在雾化燃烧中，喷嘴起到至关重要的作用。由流体力学知识可以建立喷嘴参数的计算方法。

流动的动量关系由柏努利（D. Bernoulli）方程式（5-97）给出，即

$$dp + \rho v dv = 0 \qquad (9-85)$$

对于液体，$\rho = $ Const，则可得积分形式的柏努利方程为

$$p + \frac{1}{2}\rho v^2 = \text{Const} = p_0 \quad \text{或} \quad \Delta p = p_0 - p = \frac{1}{2}\rho v^2 \qquad (9-86)$$

式中，p_0 为总压，Δp 为压差，v 为喷射速度。当给定压差时，有

$$v = \sqrt{2\Delta p / \rho} \qquad (9-87)$$

流动同时满足连续方程

$$\dot{m} = \rho v A \qquad (9-88)$$

喷射速度式（9-87）代入连续方程式（9-88），得

$$\dot{m} = \rho \cdot \sqrt{\frac{2\Delta p}{\rho}} \cdot A = A\sqrt{2\rho\Delta p} \qquad (9-89)$$

考虑到质量流率损失，引入质量流率修正系数 $c_{\dot{m}}$，则有

$$\dot{m} = c_{\dot{m}} A \sqrt{2\rho\Delta p} \qquad (9-90)$$

可见，质量流率正比于 $\sqrt{\Delta p}$。于是，通过上式可以确定满足质量流率条件的喷嘴尺

寸,即

$$A = N \cdot \frac{\pi}{4} d^2 = \frac{\dot{m}}{c_{\dot{m}} \sqrt{2\rho\Delta p}} \qquad (9-91)$$

式中,N 为喷嘴的数量,d 为单个喷嘴的喷口直径。

不同喷嘴结构的质量流率损失是不同的,表 9-4 所列为常见喷嘴的质量流率修正系数。

表 9-4　喷嘴的质量流率修正系数

喷口类型		结构示意图	直径/mm	质量流率修正系数 $c_{\dot{m}}$
锐边孔			>2.5	0.61
			≤2.5	0.65 左右
进口有倒圆的短管 (管径 d,管长 L)	$L/d>3.0$		1.00	0.88
			1.57	0.90
	$L/d≈1.0$		1.00	0.70
锥型进口短管			0.50	0.70
			1.00	0.82
			1.57	0.76
			2.54	0.84~0.80
			3.18	0.84~0.78
锐边锥孔			1.00	0.70~0.69
			1.57	0.72
螺旋效应短管			1.0~6.4	0.2~0.55

根据质量流率式(9-90),可得喷嘴的喷射速度为

$$v = \frac{\dot{m}}{\rho A} = \frac{c_{\dot{m}} \cdot A \sqrt{2\rho\Delta p}}{\rho A} = c_{\dot{m}} \cdot \sqrt{2\Delta p/\rho} \qquad (9-92)$$

对比喷射速度式(9-87)可知,质量流率修正实际上是对喷射速度的修正。

对于撞击式喷嘴,还涉及喷嘴夹角的问题。如图 9-21 所示,根据动量守恒定律,可以建立撞击前后的动量守恒关系式,即

$$\begin{cases} \dot{m}_{ox} v_{ox} \cos\gamma_{ox} + \dot{m}_{fu} v_{fu} \cos\gamma_{fu} = \dot{m} v \cos\delta & —x 方向 \\ \dot{m}_{ox} v_{ox} \sin\gamma_{ox} - \dot{m}_{fu} v_{fu} \sin\gamma_{fu} = \dot{m} v \sin\delta & —y 方向 \end{cases}$$

式中:v_{ox}、v_{fu} 分别为氧化剂和燃料的喷射速度;γ_{ox}、γ_{fu} 分别为氧化剂和燃料的喷射角;$\dot{m}$、v、δ 为撞击后合成射流的质量流率、速度和方向夹角。两式相除,得

$$\tan\delta = \frac{\dot{m}_{ox}v_{ox}\sin\gamma_{ox} - \dot{m}_{fu}v_{fu}\sin\gamma_{fu}}{\dot{m}_{ox}v_{ox}\cos\gamma_{ox} + \dot{m}_{fu}v_{fu}\cos\gamma_{fu}}$$

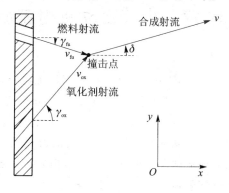

图 9 - 21　喷嘴夹角示意图

当 $\delta = 0$，即撞击后的合成射流方向接近于轴向时，流动总压损失小，有利于充分燃烧。因此，可根据此条件确定喷嘴夹角，代入上式可得

$$\dot{m}_{ox}v_{ox}\sin\gamma_{ox} = \dot{m}_{fu}v_{fu}\sin\gamma_{fu} \qquad (9-93)$$

这就是确定氧化剂喷射方向 γ_{ox} 和燃料喷射方向 γ_{fu} 的匹配关系。

参考文献

[1] 曲作家,张振铎,孙思诚.燃烧理论基础 [M].北京:国防工业出版社,1989.

[2] 万俊华,郜冶,夏允庆.燃烧理论基础 [M].黑龙江:哈尔滨船舶工程学院出版社,1992.

[3] 汪军,马其良,张振东.工程燃烧学 [M].北京:中国电力出版社,2008.

[4] 顾恒祥.燃料与燃烧 [M].西安:西北工业大学出版社,1993.

[5] [美]郭 K K.燃烧原理 [M].陈义良,张孝春,孙慈,等译.北京:航空工业出版社,1992.

[6] 周校平,张晓男.燃烧理论基础 [M].上海:上海交通大学出版社,2001.

[7] [英]斯柏尔丁 D B.燃烧与传质 [M].常弘哲,张连方,叶懋权,等译.北京:国防工业出版社,1984.

[8] [美]萨登 G P.火箭发动机 [M].王兴甫,等译.北京:宇航出版社,1992.

[9] [美]萨顿 G P,比布拉兹 O.火箭发动机基础 [M].洪鑫,张宝炯,等译.北京:科学出版社,2003.

[10] Turns S R. An Introduction to Combustion—Concepts and Applications (Second Edition) [M]. McGraw - Hill, 2000.

[11] Law C K, Williams F A. Kinetics and Convection in the Combustion of Alkane Droplets [J], Combustion and Flame, 1972,19(3):393 - 406.

第 10 章　火箭发动机射流燃烧

射流(Jet flow)又称羽流(Plume flow),射流与射流燃烧是喷气发动机中常见的工作状态。流体从喷口喷出,脱离固壁约束而与环境流体(如空气)相互作用而形成射流。可燃气体的射流在一定条件下与空气中的氧进行燃烧,形成射流燃烧。燃料射流的燃烧可看作是典型的扩散燃烧,火箭发动机的射流燃烧也属于扩散燃烧。

本章主要内容:10.1 射流的基本知识;10.2 自由射流的燃烧;10.3 贝克-舒曼受限射流燃烧;10.4 火箭燃气射流。

10.1　射流的基本知识

射流从不同的角度可区分出不同的类别,其表现的特征也不同。按喷口形状,射流分为平面射流和圆锥射流。当喷口为无限长的狭缝时,形成的射流称为平面射流,又称二维射流;当喷口为细小圆孔时,形成的射流称为圆锥射流,又称轴对称射流。

按射流是否再受固壁或环境的影响,可分为自由射流、伴随流射流和受限射流。如果射流流入静止的无限大空间的空气中,称为自由射流;如果射流流入运动的空气中,称为伴随流射流;如果射流流入的空间受限制,称为受限射流,如大型火箭、导弹发射时通过排气导槽的射流。

按流动状态,射流分为层流射流和湍流射流;按射流是否达到稳态,可分为稳态射流和非稳态射流;按是否有化学反应,可分为物理射流(或惰性射流)和反应射流。

如果有多股射流,根据相互关系,又有相伴、相对、相交等射流。

实际存在的射流常呈现多种特征,如稳态物理圆锥射流、平面反应射流等。这里主要介绍稳态圆锥自由射流,包括物理射流和反应射流。

10.1.1　射流的结构和特征

不同的射流其结构存在较大的差别,但总可以分为初始段和主体段两部分,如图 10-1 所示。

初始段包括位核区和混合区两部分。位核区呈锥形,其底在喷口上,顶点在射流中心线上(对于平面层流自由射流,其长度约为喷口间隙的 4~6 倍);如果出口流速均匀,在位核区内速度分布保持出口时的速度分布;位核区与外界没有动量与质量的交换,其边界称为内边界。混合区是由于射流对环境介质的引射(动量、质量交换)而形成的混合流动区,其速度分布不均匀,但中心的流速仍等于出口处的流速(因为它仍在位核区内)。

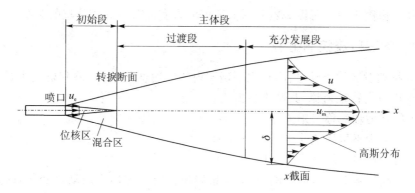

图 10 - 1　射流基本结构示意图

位核区消失时的断面称为转掠断面,是初始段和主体段的分界面。主体段中整个射流都与环境有动量、质量交换,射流的轴向、径向速度相对出口都有变化。主体段又分为过渡区和充分发展区。在过渡区内,流体的速度和浓度分布呈连续变化。在充分发展区,一个显著的特征是射流的自模性,即射流的速度、浓度分布具有相似性——它们在任意断面上,相对速度与相对距离的关系都符合高斯(C. F. Gauss)分布,即正态分布(Normal distribution,or Gaussian distribution)。在任意 x 断面上,轴向速度的高斯分布为

$$\frac{u}{u_m} = \exp\left[-K_u\left(\frac{r}{\delta}\right)^2\right] \qquad (0 \leqslant r \leqslant \delta) \tag{10-1}$$

浓度的高斯分布为

$$\frac{C}{C_m} = \exp\left[-K_C\left(\frac{r}{\delta}\right)^2\right] \qquad (0 \leqslant r \leqslant \delta) \tag{10-2}$$

式中:r 为射流在 x 截面处任意点的径向半径;K_u、K_C 均为常系数;δ 为 x 截面射流半径(即射流的边界厚度,或称射流界线);u_m 为 x 截面射流中心速度,为该截面上的最大速度。u_m 和 δ 都是 x 的函数。

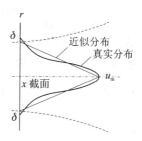

图 10 - 2　射流速度分布

在研究射流的参数分布时,一般所指均为主体段的充分发展区。该区的速度分布曲线如图 10 - 2 所示。为研究方便,速度分布一般用实验数据的拟合关系代替高斯分布曲线,即

$$\frac{u}{u_m} = \left[1 - \left(\frac{r}{\delta}\right)^{\frac{3}{2}}\right]^2 \qquad (0 \leqslant r \leqslant \delta) \tag{10-3}$$

或可进一步近似为线性分布,即

$$\frac{u}{u_m} = 1 - \frac{r}{\delta} \qquad (0 \leqslant r \leqslant \delta) \tag{10-4}$$

这种线性分布假设虽然作了一定近似,但仍可满足工程应用的精度,给计算带来了极

大的方便。由图 $10-2$ 可以观察到射流速度的真实分布与近似分布的关系。

10.1.2　物理射流控制方程

研究物理射流的流动过程,首先要确定射流的速度分布(u、v)和射流半径 δ。对于稳态圆锥自由物理射流,其基本模型为:

(1) 射流为轴对称二维流体;

(2) 射流为不可压流体,即 $\rho = \mathrm{Const}$;

(3) 各物性参数均为常数,且 $Le = 1,Sc = 1$,即 $v = D = a$;

(4) 忽略压强对动量的影响,且只考虑射流轴向 x 方向上的动量变化,即只有 x 方向上的动量方程;

(5) 忽略流动方向即轴向上的输运过程,即只有径向存在传热、传质。

由于射流假设为轴对称二维流体,故采用二维柱坐标系(x, r)下的控制方程。由流动与燃烧的模型方程可知,柱坐标二维定常流动控制方程包括式($5-102$)、式($5-105$)、式($5-109$)和式($5-116$),考虑不可压假设 $\rho = \mathrm{Const}$ 及常物性假设,则稳态圆锥自由物理射流的控制方程为

$$\frac{\partial}{\partial x}(ru) + \frac{\partial}{\partial r}(rv) = 0 \tag{10-5}$$

$$\frac{\partial}{\partial x}(ruY) + \frac{\partial}{\partial r}(rvY) = D\frac{\partial}{\partial r}\left(r\frac{\partial Y}{\partial r}\right) \tag{10-6}$$

$$\frac{\partial}{\partial x}(ru^2) + \frac{\partial}{\partial r}(ruv) = v\frac{\partial}{\partial r}\left(r\frac{\partial u}{\partial r}\right) \tag{10-7}$$

$$\frac{\partial}{\partial x}(ruT) + \frac{\partial}{\partial r}(rvT) = a\frac{\partial}{\partial r}\left(r\frac{\partial T}{\partial r}\right) \tag{10-8}$$

其中,$v = \dfrac{\mu}{\rho},a = \dfrac{\kappa}{\rho c_p}$。根据假设,$v = D = a$,因此式($10-6$)、式($10-7$)和式($10-8$)在形式上是完全相似的,只要求解其中一个,其余方程的结果可类比得出。

射流在喷口、远方、射流边界和射流中心位置存在四个边界条件,分别为:

(1) 喷口条件:$x = 0,0 \leqslant r \leqslant \dfrac{d_e}{2}$,则

$$\begin{cases} u = u_e \\ Y = Y_e \\ T = T_e \end{cases} \tag{10-9}$$

(2) 远方条件:$x = \infty,0 \leqslant r \leqslant \infty$,则

$$\begin{cases} u = 0, \dfrac{\partial u}{\partial r} = 0 \\[2mm] Y = 0, \dfrac{\partial Y}{\partial r} = 0 \\[2mm] T = T_\infty, \dfrac{\partial (T - T_\infty)}{\partial r} = 0 \end{cases} \tag{10-10}$$

（3）射流边界条件：$r \geqslant \delta, 0 \leqslant x \leqslant \infty$，则

$$
\begin{cases}
u = 0, \dfrac{\partial u}{\partial r} = 0 \\[2mm]
Y = 0, \dfrac{\partial Y}{\partial r} = 0 \\[2mm]
T = T_\infty, \dfrac{\partial(T - T_\infty)}{\partial r} = 0
\end{cases}
\qquad (10-11)
$$

（4）射流中心（轴线）条件：$r = 0, 0 \leqslant x \leqslant \infty$，则

$$
\begin{cases}
v = 0 \\[2mm]
\dfrac{\partial u}{\partial r} = 0 \\[2mm]
\dfrac{\partial Y}{\partial r} = 0 \\[2mm]
\dfrac{\partial(T - T_\infty)}{\partial r} = 0
\end{cases}
\qquad (10-12)
$$

10.1.3　控制方程的解

前已述及，式（10-6）、式（10-7）和式（10-8）存在相似性，只要求解其中一个，其余方程的结果可类比得出。这里以动量方程式（10-7）为例介绍求解过程。

将动量方程式（10-7）沿 $r = 0 \sim \delta$ 积分，得

$$
\int_0^\delta \frac{\partial}{\partial x}(ru^2)\,dr + \int_0^\delta \frac{\partial}{\partial r}(ruv)\,dr = \int_0^\delta v\,\frac{\partial}{\partial r}\left(r\,\frac{\partial u}{\partial r}\right)dr
$$

$$
\frac{d}{dx}\int_0^\delta u^2 r\,dr + ruv\,\Big|_0^\delta = vr\,\frac{\partial u}{\partial r}\,\Big|_0^\delta
$$

考虑射流边界和射流中心边界条件式（10-11）和式（10-12），可得

$$
\frac{d}{dx}\int_0^\delta u^2 r\,dr = 0
\qquad (a)
$$

再将动量方程式（10-7）沿 $r = 0 \sim \delta/2$ 积分，得

$$
\frac{d}{dx}\int_0^{\frac{\delta}{2}} u^2 r\,dr + ruv\,\Big|_0^{\frac{\delta}{2}} = vr\,\frac{\partial u}{\partial r}\,\Big|_0^{\frac{\delta}{2}}
$$

考虑射流中心边界条件式（10-12），可得

$$
\frac{d}{dx}\int_0^{\frac{\delta}{2}} u^2 r\,dr + \frac{\delta}{2}u_{\delta/2}v_{\delta/2} = v\,\frac{\delta}{2}\left(\frac{\partial u}{\partial r}\right)_{\delta/2}
\qquad (b)
$$

类似地，将连续方程式（10-5）沿 $r = 0 \sim \delta$ 积分，得

$$
\int_0^\delta \frac{\partial}{\partial x}(ru)\,dr + \int_0^\delta \frac{\partial}{\partial r}(rv)\,dr = 0
$$

$$
\frac{d}{dx}\int_0^\delta ur\,dr + rv\,\Big|_0^\delta = 0
$$

可得

$$v_\delta = -\frac{1}{\delta}\frac{\mathrm{d}}{\mathrm{d}x}\int_0^\delta ur\,\mathrm{d}r \tag{c}$$

式中：v_δ 为射流边界上的径向速度，是环境气体被卷吸入射流体内的速度，指向射流中心，故称为卷吸速度，符号为负。

再将连续方程式（10-5）从 $r = 0 \sim \delta/2$ 积分，得

$$v_{\delta/2} = -\frac{2}{\delta}\frac{\mathrm{d}}{\mathrm{d}x}\int_0^{\frac{\delta}{2}} ur\,\mathrm{d}r \tag{d}$$

式中：$v_{\delta/2}$ 只是用于求解的中间参量。

由射流速度的近似线性分布式（10-4）可知，在 $\delta/2$ 处有

$$\begin{cases} u_{\delta/2} = \dfrac{1}{2}u_{\mathrm{m}} \\[2mm] \left(\dfrac{\partial u}{\partial r}\right)_{\delta/2} = -\dfrac{u_{\mathrm{m}}}{\delta} \end{cases} \tag{e}$$

式中：u_{m} 和 δ 均为 x 的函数，与 r 无关。

把射流速度分布式（10-4）和 $\delta/2$ 处的速度条件式（e）分别代入上述式（c）、式（d）、式（a）、式（b），可得

$$v_\delta = -\frac{1}{6\delta}\frac{\mathrm{d}}{\mathrm{d}x}(u_{\mathrm{m}}\delta^2) \tag{10-13}$$

$$v_{\delta/2} = -\frac{1}{6\delta}\frac{\mathrm{d}}{\mathrm{d}x}(u_{\mathrm{m}}\delta^2) \tag{10-14}$$

$$\frac{1}{12}\frac{\mathrm{d}}{\mathrm{d}x}(u_{\mathrm{m}}^2\delta^2) = 0,\ 即\quad u_{\mathrm{m}}^2\delta^2 = \mathrm{Const} = \frac{u_{\mathrm{e}}^2 d_{\mathrm{e}}^2}{4} \tag{10-15}$$

$$\frac{11}{192}\frac{\mathrm{d}}{\mathrm{d}x}(u_{\mathrm{m}}^2\delta^2) - \frac{1}{24}u_{\mathrm{m}}\frac{\mathrm{d}}{\mathrm{d}x}(u_{\mathrm{m}}\delta^2) = -\frac{\upsilon u_{\mathrm{m}}}{2} \tag{f}$$

可见 $v_{\delta/2}$ 与卷吸速度 v_δ 在数值上是相等的。考虑式（10-15），则式（f）可整理得

$$\frac{1}{12}\frac{\mathrm{d}}{\mathrm{d}x}(u_{\mathrm{m}}\delta^2) = \upsilon \tag{10-16}$$

式（10-13）、式（10-14）、式（10-15）和式（10-16）即为射流参数方程，只有已知输运系数 υ，才能进一步求解。输运系数 υ 与流动性质（层流或湍流）有关。

10.1.4　层流射流的解

对于层流，输运系数受分子热运动的影响，故随温度而变化。在燃烧的工程计算中，常把它们假设为常数（常物性假设）。把式（10-15）代入式（10-16）得

$$\frac{\mathrm{d}}{\mathrm{d}x}\left(\frac{u_{\mathrm{e}}^2 d_{\mathrm{e}}^2}{4u_{\mathrm{m}}}\right) = 12\upsilon,\ 即\quad \frac{\mathrm{d}}{\mathrm{d}x}\left(\frac{1}{u_{\mathrm{m}}}\right) = \frac{48\upsilon}{u_{\mathrm{e}}^2 d_{\mathrm{e}}^2}$$

积分上式，得

$$\frac{1}{u_{\mathrm{m}}} = \frac{48\upsilon}{u_{\mathrm{e}}^2 d_{\mathrm{e}}^2}x + C$$

式中:C 为积分常数,由边界条件确定。考虑喷口边界条件式(10-9)即 $x = 0, u_\mathrm{m} = u_\mathrm{e}$,可得 $C = 1/u_\mathrm{e}$,则

$$\frac{1}{u_\mathrm{m}} = \frac{48\upsilon}{u_\mathrm{e}^2 d_\mathrm{e}^2}x + \frac{1}{u_\mathrm{e}} \quad \text{或} \quad \frac{u_\mathrm{e}}{u_\mathrm{m}} = 1 + \frac{48\upsilon}{u_\mathrm{e} d_\mathrm{e}^2}x$$

令 $Re_\mathrm{e} = \dfrac{u_\mathrm{e} d_\mathrm{e}}{\upsilon}$,为喷口截面的雷诺数,则

$$\frac{u_\mathrm{e}}{u_\mathrm{m}} = 1 + \frac{48}{Re_\mathrm{e}} \cdot \frac{x}{d_\mathrm{e}} \quad \text{或} \quad \frac{u_\mathrm{m}}{u_\mathrm{e}} = \left(1 + \frac{48}{Re_\mathrm{e}} \cdot \frac{x}{d_\mathrm{e}}\right)^{-1} \quad (10-17)$$

这即为层流射流中心速度 u_m 随 x 的变化关系。

把式(10-15)代入式(10-17),消去 u_m,可得射流半径 δ 随 x 的变化关系,即

$$\frac{\delta}{d_\mathrm{e}} = \frac{1}{2}\frac{u_\mathrm{e}}{u_\mathrm{m}} = \frac{1}{2}\left(1 + \frac{48}{Re_\mathrm{e}} \cdot \frac{x}{d_\mathrm{e}}\right) \quad (10-18)$$

类似地,把式(10-16)代入式(10-13),并考虑式(10-18),可得卷吸速度 v_δ 随 x 的变化关系,即

$$\frac{v_\delta}{u_\mathrm{e}} = -\frac{2}{Re_\mathrm{e}} \cdot \frac{d_\mathrm{e}}{\delta} = -\frac{4}{Re_\mathrm{e}}\left(1 + \frac{48}{Re_\mathrm{e}} \cdot \frac{x}{d_\mathrm{e}}\right)^{-1} \quad (10-19)$$

有了 u_m 和 δ 的表达式,代入射流速度的近似分布式(10-4),可得速度随 x 的变化关系,即

$$\frac{u}{u_\mathrm{e}} = \frac{u_\mathrm{m}}{u_\mathrm{e}}\left(1 - \frac{r}{d_\mathrm{e}} \cdot \frac{d_\mathrm{e}}{\delta}\right) = \left(1 + \frac{48}{Re_\mathrm{e}} \cdot \frac{x}{d_\mathrm{e}}\right)^{-1}\left[1 - \frac{2r}{d_\mathrm{e}}\left(1 + \frac{48}{Re_\mathrm{e}} \cdot \frac{x}{d_\mathrm{e}}\right)^{-1}\right]$$

$$(10-20)$$

10.1.5　湍流射流的解

对于湍流,输运系数主要受流动的湍流效应(如涡团脉动)控制,分子热运动的影响相对较小。根据不同的湍流模型,可把湍流下的输运系数表示为流动参数的函数,然后再求解。

由最简单的混合长度湍流模型,可得湍流黏性系数 υ_t 为

$$\upsilon_\mathrm{t} = C_\mathrm{t} u_\mathrm{m} \delta \quad (10-21)$$

式中:C_t 为常数,试验测得 $C_\mathrm{t} = 0.0128$。考虑动量积分方程式(10-15),得

$$\upsilon_\mathrm{t} = C_\mathrm{t} u_\mathrm{m} \delta = C_\mathrm{t}\frac{u_\mathrm{e} d_\mathrm{e}}{2} \quad (10-22)$$

可见在简单的混合长度湍流模型下,湍流黏性系数 υ_t 仍为常数,只是影响因素变为初始的喷口流动状态。

把湍流黏性系数式(10-22)代入式(10-16),得

$$\frac{\mathrm{d}}{\mathrm{d}x}\left(\frac{u_\mathrm{e}^2 d_\mathrm{e}^2}{4u_\mathrm{m}}\right) = 6C_\mathrm{t} u_\mathrm{e} d_\mathrm{e} \quad \text{或} \quad u_\mathrm{e} d_\mathrm{e}\frac{\mathrm{d}}{\mathrm{d}x}\left(\frac{1}{u_\mathrm{m}}\right) = 24C_\mathrm{t}$$

积分,得

$$u_e d_e \frac{1}{u_m} = 24C_t x + C_1$$

式中：C_1 为积分常数，由喷口条件式(10-9)确定，即 $x=0$，$u_m = u_e$，代入上式，得 $C_1 = d_e$，则

$$\frac{u_e d_e}{u_m} = 24C_t x + d_e$$

整理为

$$\frac{u_e}{u_m} = 1 + 24C_t \frac{x}{d_e} \quad \text{或} \quad \frac{u_m}{u_e} = \left(1 + 24C_t \cdot \frac{x}{d_e}\right)^{-1} \qquad (10-23)$$

类似可得

$$\frac{\delta}{d_e} = \frac{1}{2} \frac{u_e}{u_m} = \frac{1}{2}\left(1 + 24C_t \cdot \frac{x}{d_e}\right) \qquad (10-24)$$

$$\frac{v_\delta}{u_e} = -C_t \cdot \frac{d_e}{\delta} = -2C_t\left(1 + 24C_t \cdot \frac{x}{d_e}\right)^{-1} \qquad (10-25)$$

$$\frac{u}{u_e} = \frac{u_m}{u_e}\left(1 - \frac{r}{d_e} \cdot \frac{d_e}{\delta}\right) = \left(1 + 24C_t \cdot \frac{x}{d_e}\right)^{-1}\left[1 - \frac{2r}{d_e}\left(1 + 24C_t \cdot \frac{x}{d_e}\right)^{-1}\right]$$

$$(10-26)$$

比较湍流与层流的解，可知它们也是相似的，只是湍流时用 $2/C_t$ 代替层流时的 Re_e 即可。

10.1.6　温度与组分分布

由假设 $\upsilon = D = a$，可知能量方程、组分方程与动量方程都是相似的，其解也具有相似性。因此，通过与动量方程的解式(10-20)和式(10-26)类比，可得层流与湍流时射流的速度、温度和浓度分布分别为

$$\frac{u}{u_e} = \frac{T - T_\infty}{T_e - T_\infty} = \frac{Y}{Y_e} =$$

$$\left(1 + \frac{48}{Re_e} \cdot \frac{x}{d_e}\right)^{-1}\left[1 - \frac{2r}{d_e}\left(1 + \frac{48}{Re_e} \cdot \frac{x}{d_e}\right)^{-1}\right] \quad (\text{层流}) \quad (10-27)$$

$$\frac{u}{u_e} = \frac{T - T_\infty}{T_e - T_\infty} = \frac{Y}{Y_e} =$$

$$\left(1 + 24C_t \cdot \frac{x}{d_e}\right)^{-1}\left[1 - \frac{2r}{d_e}\left(1 + 24C_t \cdot \frac{x}{d_e}\right)^{-1}\right] \quad (\text{湍流}) \quad (10-28)$$

从射流参数式(10-17)～式(10-28)，可以分析射流变化的基本特点：

(1) 射流半径 δ 随 x 呈线性增长，而且湍流中的增长比层流快；

(2) 射流中心速度 u_m 随 x 的增长而降低，同样湍流中的降低比层流快；

(3) 射流卷吸速度 v_δ 随 x 的增长而降低，同样湍流中的降低比层流快；

(4) 湍流射流参数变化快的原因，是湍流中的输运特性远比层流大；

(5) 利用射流速度、温度和浓度变化关系式(10-27)和式(10-28)，可以画出射

流流场分布(等值线),如图 10 - 3 所示,可见射流参数随 x 和 r 的变化规律。

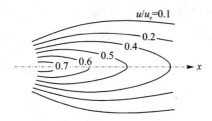

图 10 - 3　射流速度等值线图

10.2　自由射流的燃烧

这里主要讨论稳态圆锥自由射流的燃烧,其基本假设与 10.1 节的物理射流相同,同时采用式(7 - 9)所示的简单化学反应模型。

10.2.1　控制方程及求解

连续方程和动量方程与物理射流方程式(10 - 5)和式(10 - 7)相同,因此,利用动量方程得到的解也相同,即为式(10 - 17)~式(10 - 26)。故层流燃烧射流动量方程的解为(重新编号)

$$\frac{u_e}{u_m} = 1 + \frac{48}{Re_e} \cdot \frac{x}{d_e} \quad \text{或} \quad \frac{u_m}{u_e} = \left(1 + \frac{48}{Re_e} \cdot \frac{x}{d_e}\right)^{-1} \quad (10-29)$$

$$\frac{\delta}{d_e} = \frac{1}{2}\frac{u_e}{u_m} = \frac{1}{2}\left(1 + \frac{48}{Re_e} \cdot \frac{x}{d_e}\right) \quad (10-30)$$

$$\frac{v_\delta}{u_e} = -\frac{2}{Re_e} \cdot \frac{d_e}{\delta} = -\frac{4}{Re_e}\left(1 + \frac{48}{Re_e} \cdot \frac{x}{d_e}\right)^{-1} \quad (10-31)$$

$$\frac{u}{u_e} = \frac{u_m}{u_e}\left(1 - \frac{r}{d_e} \cdot \frac{d_e}{\delta}\right) = \left(1 + \frac{48}{Re_e} \cdot \frac{x}{d_e}\right)^{-1}\left[1 - \frac{2r}{d_e}\left(1 + \frac{48}{Re_e} \cdot \frac{x}{d_e}\right)^{-1}\right]$$

$$(10-32)$$

湍流燃烧射流动量方程的解为(重新编号)

$$\frac{u_e}{u_m} = 1 + 24C_t\frac{x}{d_e} \quad \text{或} \quad \frac{u_m}{u_e} = \left(1 + 24C_t \cdot \frac{x}{d_e}\right)^{-1} \quad (10-33)$$

$$\frac{\delta}{d_e} = \frac{1}{2}\frac{u_e}{u_m} = \frac{1}{2}\left(1 + 24C_t \cdot \frac{x}{d_e}\right) \quad (10-34)$$

$$\frac{v_\delta}{u_e} = -C_t \cdot \frac{d_e}{\delta} = -2C_t\left(1 + 24C_t \cdot \frac{x}{d_e}\right)^{-1} \quad (10-35)$$

$$\frac{u}{u_e} = \frac{u_m}{u_e}\left(1 - \frac{r}{d_e} \cdot \frac{d_e}{\delta}\right) = \left(1 + 24C_t \cdot \frac{x}{d_e}\right)^{-1}\left[1 - \frac{2r}{d_e}\left(1 + 24C_t \cdot \frac{x}{d_e}\right)^{-1}\right]$$

$$(10-36)$$

而组分连续方程和能量方程由于出现了化学反应源项，需考虑扩散和化学反应的共同作用。组分连续方程为式(5-103)，即

$$\frac{\partial}{\partial x}(ruY_i) + \frac{\partial}{\partial r}(rvY_i) = D_{im}\frac{\partial}{\partial r}\left(r\frac{\partial Y_i}{\partial r}\right) + \frac{r\dot{\omega}_i}{\rho} \tag{10-37}$$

式中：$i = \text{fu}$、ox、pr，分别代表燃料、氧化剂和产物。利用连续方程式(10-5)和常物性假设，可得非守恒形式的组分连续方程为

$$ru\frac{\partial Y_i}{\partial x} + rv\frac{\partial Y_i}{\partial r} = D_{im}\frac{\partial}{\partial r}\left(r\frac{\partial Y_i}{\partial r}\right) + \frac{r\dot{\omega}_i}{\rho} \tag{10-38}$$

能量方程为式(5-115)，考虑了热传导和化学反应的作用，即

$$\frac{\partial}{\partial x}(ruT) + \frac{\partial}{\partial r}(rvT) = a\frac{\partial}{\partial r}\left(r\frac{\partial T}{\partial r}\right) + \frac{r\dot{\omega}_{\text{fu}}(H_{b,T})_{\text{fu}}}{\rho c_p} \tag{10-39}$$

式中：$H_{b,T}$ 为燃料的燃烧焓（J/kg）。将连续方程式(10-5)代入能量方程式(10-39)，并引入 T_∞ 可得

$$ru\frac{\partial}{\partial x}(T-T_\infty) + rv\frac{\partial}{\partial r}(T-T_\infty) = a\frac{\partial}{\partial r}\left[r\frac{\partial}{\partial r}(T-T_\infty)\right] + \frac{r\dot{\omega}_{\text{fu}}(H_{b,T})_{\text{fu}}}{\rho c_p}$$
$$\tag{10-40}$$

可见组分连续方程式(10-38)和能量方程式(10-40)在形式上也是相似的。同样，通过泽尔道维奇变换，可消去组分连续方程式(10-38)和能量方程式(10-40)中的化学反应源项。引入无量纲量（守恒标量）

$$\begin{cases} b_{\text{fu,pr}} = \left(Y_{\text{fu}} + \dfrac{f}{1+f}Y_{\text{pr}}\right) - \dfrac{f}{1+f}(1-Y_{\text{ox},\infty}) \\[3mm] b_{\text{ox,pr}} = \left(Y_{\text{ox}} + \dfrac{1}{1+f}Y_{\text{pr}}\right) - \dfrac{1+fY_{\text{ox},\infty}}{1+f} \\[3mm] b_{\text{fu},T} = \dfrac{c_p(T-T_\infty)}{(H_{b,T})_{\text{fu}}} + Y_{\text{fu}} \\[3mm] b_{\text{ox},T} = \dfrac{c_p(T-T_\infty)}{f(H_{b,T})_{\text{fu}}} + Y_{\text{ox}} - Y_{\text{ox},\infty} \\[3mm] b_{\text{fu,ox}} = Y_{\text{ox}} - \dfrac{Y_{\text{fu}}}{f} - Y_{\text{ox},\infty} \end{cases} \tag{10-41}$$

消去化学反应源项的组分连续方程和能量方程具有相同的形式。用统一的守恒标量 b 代表式(10-41)中的各守恒标量，可得到统一的无源控制方程为

$$ru\frac{\partial b}{\partial x} + rv\frac{\partial b}{\partial r} = a\frac{\partial}{\partial r}\left(r\frac{\partial b}{\partial r}\right) \tag{10-42}$$

该式与动量方程式(10-7)的非守恒形式完全相同；同时，边界条件也类似于式(10-9)~式(10-12)，即

$$\begin{cases} x = 0, 0 \leqslant r \leqslant \dfrac{d_e}{2} \text{ 时}, b = b_e \\[2mm] x = \infty, 0 \leqslant r \leqslant \infty \text{ 时}, b = 0, \dfrac{\partial b}{\partial r} = 0 \\[2mm] r \geqslant \delta, 0 \leqslant x \leqslant \infty \text{ 时}, b = 0, \dfrac{\partial b}{\partial r} = 0 \\[2mm] r = 0, 0 \leqslant x \leqslant \infty \text{ 时}, v = 0, \dfrac{\partial b}{\partial r} = 0 \end{cases} \quad (10-43)$$

因此,其求解结果可以类比得到,即与式(10-32)或式(10-36)相同,则

$$\frac{b}{b_e} = \left(1 + \frac{48}{Re_e} \cdot \frac{x}{d_e}\right)^{-1} \left[1 - \frac{2r}{d_e}\left(1 + \frac{48}{Re_e} \cdot \frac{x}{d_e}\right)^{-1}\right] \quad (\text{层流}) \quad (10-44)$$

$$\frac{b}{b_e} = \left(1 + 24C_t \cdot \frac{x}{d_e}\right)^{-1} \left[1 - \frac{2r}{d_e}\left(1 + 24C_t \cdot \frac{x}{d_e}\right)^{-1}\right] \quad (\text{湍流}) \quad (10-45)$$

10.2.2　火焰形状

由于射流火焰假设为扩散火焰,燃料与氧化剂的化学反应速率无限快,因此,在火焰面上满足

$$Y_{fu} = 0, \qquad Y_{ox} = 0 \quad (10-46)$$

由守恒标量定义式(10-41),在火焰面 f 上有

$$b_{fu,ox,f} = Y_{ox} - \frac{Y_{fu}}{f} - Y_{ox,\infty} = -Y_{ox,\infty}$$

喷口处的边界条件为

$$x = 0, \quad Y_{fu} = Y_{fu,e}, \quad Y_{ox} = 0$$

由守恒标量定义式(10-41),在喷口 e 处有

$$b_{fu,ox,e} = Y_{ox} - \frac{Y_{fu}}{f} - Y_{ox,\infty} = -\frac{Y_{fu,e}}{f} - Y_{ox,\infty}$$

因此,可取

$$\frac{b}{b_e} = \frac{b_{fu,ox,f}}{b_{fu,ox,e}} = \frac{f Y_{ox,\infty}}{Y_{fu,e} + f Y_{ox,\infty}} \quad (10-47)$$

把式(10-47)代入式(10-44),得层流射流的火焰形状方程为

$$\left(1 + \frac{48}{Re_e} \cdot \frac{x_f}{d_e}\right)^{-1} \left[1 - \frac{2r_f}{d_e}\left(1 + \frac{48}{Re_e} \cdot \frac{x_f}{d_e}\right)^{-1}\right] = \frac{f Y_{ox,\infty}}{Y_{fu,e} + f Y_{ox,\infty}}$$

$$(10-48)$$

该式表示了层流射流火焰面(x_f, r_f)的变化关系。

当$r_f = 0$时,对应的x_f称为火焰高度,即层流火焰的最大长度,用$x_{f,max}$表示,为

$$x_{f,max} = \frac{u_e d_e^2}{48v} \cdot \frac{Y_{fu,e}}{f Y_{ox,\infty}} \quad (10-49)$$

把式(10-47)代入式(10-45),可得湍流射流的火焰形状方程和火焰高度分

别为

$$\left(1+24C_{\mathrm{t}}\cdot\frac{x_{\mathrm{f}}}{d_{\mathrm{e}}}\right)^{-1}\left[1-\frac{2r_{\mathrm{f}}}{d_{\mathrm{e}}}\left(1+24C_{\mathrm{t}}\cdot\frac{x_{\mathrm{f}}}{d_{\mathrm{e}}}\right)^{-1}\right]=\frac{fY_{\mathrm{ox},\infty}}{Y_{\mathrm{fu},\mathrm{e}}+fY_{\mathrm{ox},\infty}}$$

$$(10-50)$$

$$x_{\mathrm{f,max}}=d_{\mathrm{e}}\cdot\frac{Y_{\mathrm{fu,e}}}{24C_{\mathrm{t}}\times fY_{\mathrm{ox},\infty}} \qquad (10-51)$$

以 CO 为燃料的射流燃烧为例,其化学当量比为 $f=\dfrac{28}{16}$,在喷口处 $Y_{\mathrm{fu,e}}=1$。若在纯氧中燃烧,则 $Y_{\mathrm{ox},\infty}=1$,$\dfrac{b_{\mathrm{fu,ox,f}}}{b_{\mathrm{fu,ox,e}}}=\dfrac{fY_{\mathrm{ox},\infty}}{Y_{\mathrm{fu,e}}+fY_{\mathrm{ox},\infty}}=0.635$;若在空气中燃烧,$Y_{\mathrm{ox},\infty}=0.232$,则 $\dfrac{b_{\mathrm{fu,ox,f}}}{b_{\mathrm{fu,ox,e}}}=\dfrac{fY_{\mathrm{ox},\infty}}{Y_{\mathrm{fu,e}}+fY_{\mathrm{ox},\infty}}=0.289$。代入式(10-48)~式(10-51),则可得到相应的火焰形状和火焰高度,如图 10-4 所示。

图中可见,在空气中的火焰比在纯氧中的火焰粗而长,这是由于空气中氧含量少,燃料燃烧需要的氧必须在较大的空间才能满足。

从上述对射流火焰的分析,可知:

(1) 层流射流火焰高度与燃料的供给率 $\dfrac{\pi}{4}d_{\mathrm{e}}^2u_{\mathrm{e}}$ 成正比,与扩散系数($v=D$)、化学当量比 f 和含氧百分比 $Y_{\mathrm{ox},\infty}$ 成反比。

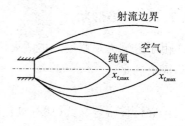

图 10-4 射流火焰形状

(2) 湍流射流火焰高度与燃料的供给率无关,而与喷口的直径成正比,这是因为喷口速度太大时,射流火焰往往脱离喷口,成为悬空火焰;同时,湍流射流火焰高度与湍流扩散系数、化学当量比 f 和含氧百分比 $Y_{\mathrm{ox},\infty}$ 成反比。

(3) 湍流射流火焰高度比层流射流火焰高度短很多。

(4) 射流边界可以无限长,但射流火焰是有限的。

10.3 贝克-舒曼受限射流燃烧

贝克(S. P. Burke)和舒曼(T. E. W. Schumann)在 1928 年对同轴套管式的本森灯火焰进行了研究,提出了一种特殊的射流燃烧模型——气体燃料从内管中喷出,而空气从外管中喷出,根据燃料和空气的喷出速度不同,燃料射流燃烧会有卷吸涡旋的现象;当二者流速相同时,就会产生无涡旋的射流火焰,称为贝克-舒曼火焰,它是一种燃料流动受氧化剂流动限制的受限射流火焰。

在后面将要讲到的异质固体推进剂特别是过氯酸铵(AP)复合推进剂的燃烧模型中,有些学者假设 AP 与黏合剂的扩散燃烧火焰中存在着类似贝克-舒曼火焰的现象。

10.3.1　贝克-舒曼受限射流燃烧方程

贝克-舒曼火焰采用了如下假设条件：

(1) 燃料和空气分别从内、外套管中喷出，内、外管的直径分别为 d_i 和 d_e，喷口流速相同，故可忽略径向流动（$v=0$）；

(2) 采用简单化学反应系统模型，即

$$f \text{ kg 燃料(fu)} + 1 \text{ kg 氧化剂(ox)} \rightarrow (1+f) \text{ kg 产物(pr)}$$

(3) 燃料和氧化剂只在接触面上燃烧，即属于扩散燃烧；

(4) 流动假设为定常不可压流动，且 $D_{fu}=D_{ox}=D=\text{Const}$；由于燃烧加热使得 D 和 u 都会增加，具有相互抵消的作用，因此分析中把 D/u 视为常数。

与射流燃烧的控制方程式（10-37）相同，采用轴对称坐标（x,r）下守恒形式的组分连续方程为

$$\frac{\partial}{\partial x}(\rho ru \cdot Y_{fu}) + \frac{\partial}{\partial r}(\rho rv \cdot Y_{fu}) = \frac{\partial}{\partial r}\left(\rho D_{fu} r \frac{\partial Y_{fu}}{\partial r}\right) + r\dot\omega_{fu} \qquad (10-52)$$

$$\frac{\partial}{\partial x}(\rho ru \cdot Y_{ox}) + \frac{\partial}{\partial r}(\rho rv \cdot Y_{ox}) = \frac{\partial}{\partial r}\left(\rho D_{ox} r \frac{\partial Y_{ox}}{\partial r}\right) + r\dot\omega_{ox} \qquad (10-53)$$

由组分化学反应速率之间的关系 $\dot\omega_{fu} = f\dot\omega_{ox}$，经过泽尔道维奇变换，可得

$$\frac{\partial}{\partial x}(\rho ru \cdot b) + \frac{\partial}{\partial r}(\rho rv \cdot b) = \frac{\partial}{\partial r}\left(\rho Dr \frac{\partial b}{\partial r}\right) \qquad (10-54)$$

其中守恒标量 b 定义为

$$b = Y_{fu} - fY_{ox} \qquad (10-55)$$

由贝克-舒曼假设（1），忽略径向流动，同时 ρ、D、D/u 为常数，则有

$$\frac{1}{r}\frac{\partial}{\partial r}\left(r\frac{\partial b}{\partial r}\right) - \frac{u}{D}\frac{\partial b}{\partial x} = 0 \qquad (10-56)$$

该方程满足的边界条件为

$$\begin{cases} x=0,\ 0 \leqslant r \leqslant \dfrac{d_i}{2} \text{ 时，} b = Y_{fu,e} \\[2mm] x=0,\ \dfrac{d_i}{2} \leqslant r \leqslant \dfrac{d_e}{2} \text{ 时，} b = -fY_{ox,e} \\[2mm] x \geqslant 0,\ r=0 \text{ 和 } r = \dfrac{d_e}{2} \text{ 时，} \dfrac{\partial b}{\partial r} = 0 \end{cases} \qquad (10-57)$$

式中：$Y_{fu,e}$、$Y_{ox,e}$ 分别为燃料和氧化剂在喷口处的质量分数。满足条件式（10-57）的方程式（10-56）称为贝克-舒曼受限射流燃烧方程。

采用分离变量法可以求解贝克-舒曼受限射流燃烧方程。令

$$b = F(x) \cdot \Phi(r) \qquad (10-58)$$

代入贝克-舒曼受限射流燃烧方程，可得

$$\frac{u}{D}\frac{1}{F(x)}\frac{\mathrm{d}F(x)}{\mathrm{d}x} = \frac{1}{r\Phi(r)}\frac{\mathrm{d}}{\mathrm{d}r}\left[r\frac{\mathrm{d}\Phi(r)}{\mathrm{d}r}\right] \qquad (10-59)$$

该方程左边是 x 的函数,右边是 r 的函数,只有等于一个待定常数才能成立。设该常数为 $-K^2$,则可得到两个独立的方程,分别为

$$\frac{\mathrm{d}F(x)}{\mathrm{d}x} + K^2 \frac{D}{u} F(x) = 0 \qquad (10-60)$$

$$\frac{1}{r} \frac{\mathrm{d}}{\mathrm{d}r} \left[r \frac{\mathrm{d}\Phi(r)}{\mathrm{d}r} \right] + K^2 \Phi(r) = 0 \qquad (10-61)$$

方程式(10-60)是常系数微分方程,方程式(10-61)是零阶贝塞尔(F. W. Bessel)方程。令 $\eta = Kr$,$\phi(\eta) = \Phi(\eta/K) = \Phi(r)$,则 $\dfrac{\mathrm{d}\phi(\eta)}{\mathrm{d}\eta} = \dfrac{1}{K} \dfrac{\mathrm{d}\Phi(r)}{\mathrm{d}r}$,$\dfrac{\mathrm{d}^2\phi(\eta)}{\mathrm{d}\eta^2} = \dfrac{1}{K^2} \dfrac{\mathrm{d}^2\Phi(r)}{\mathrm{d}r^2}$,代入式(10-61)可得标准形式的零阶贝塞尔方程为:$\eta^2 \phi'' + \eta \phi' + \eta^2 \phi = 0$。

方程式(10-60)和方程式(10-61)的通解分别为

$$F(x) = C \cdot \exp\left(-K^2 \frac{D}{u} x \right) \qquad (10-62)$$

$$\Phi(r) = \mathrm{J}_0(Kr) \qquad (10-63)$$

式中:C 为积分常数;J_0 为零阶第一类贝塞尔函数。任意 μ 阶贝塞尔函数定义为:$\mathrm{J}_\mu(Kr) = \sum\limits_{n=1}^{\infty} \dfrac{(-1)^n}{n! \Gamma(\mu+n+1)} \left(\dfrac{Kr}{2} \right)^{2n+\mu}$,其中 Γ 函数定义为 $\Gamma(n) = \int_0^{+\infty} \mathrm{e}^{-\chi} \chi^{n-1} \mathrm{d}\chi$,具有递推性质,即 $\Gamma(n+1) = n\Gamma(n)$,$\Gamma(1) = 1$。因此,贝克-舒曼受限射流燃烧方程的通解为

$$b = C \cdot \exp\left(-K^2 \frac{D}{u} x \right) \cdot \mathrm{J}_0(Kr) \qquad (10-64)$$

利用边界条件式(10-57)即可确定系数 C 和 K,再利用扩散火焰条件($Y_{\mathrm{fu}} = f Y_{\mathrm{ox}}$,即 $b=0$)即可给出火焰面的位置。贝克和舒曼求出的解为

$$b = (Y_{\mathrm{fu,e}} + f Y_{\mathrm{ox,e}}) \left(\frac{d_\mathrm{i}}{d_\mathrm{e}} \right)^2 - f Y_{\mathrm{ox,e}} + 2 \frac{d_\mathrm{i}}{d_\mathrm{e}} (Y_{\mathrm{fu,e}} + f Y_{\mathrm{ox,e}}) \cdot$$

$$\sum_{n=1}^{\infty} \frac{\mathrm{J}_1(K_n d_\mathrm{i}/2)}{(K_n d_\mathrm{e}/2) [\mathrm{J}_0(K_n d_\mathrm{e}/2)]^2} \mathrm{J}_0(K_n r) \exp\left(-\frac{K_n^2 D}{u} x \right) \qquad (10-65)$$

式中:K_n 对应一阶第一类贝塞尔函数 $\mathrm{J}_1(K d_\mathrm{e}/2) = 0$ 的逐次正根(用 ϕ_n 表示),即 $K_n d_\mathrm{e}/2 = \phi_n (n=1,2,\cdots,\infty)$。$\phi_n$ 是确定的值,表 10-1 所列为常用的 $\phi_n (n=1\sim10)$ 的数值。将 ϕ_n 代入式(10-65),有

$$b = (Y_{\mathrm{fu,e}} + f Y_{\mathrm{ox,e}}) \left(\frac{d_\mathrm{i}}{d_\mathrm{e}} \right)^2 - f Y_{\mathrm{ox,e}} + 2 \frac{d_\mathrm{i}}{d_\mathrm{e}} (Y_{\mathrm{fu,e}} + f Y_{\mathrm{ox,e}}) \cdot$$

$$\sum_{n=1}^{\infty} \frac{\mathrm{J}_1(\phi_n d_\mathrm{i}/d_\mathrm{e})}{\phi_n [\mathrm{J}_0(\phi_n)]^2} \mathrm{J}_0(2\phi_n r/d_\mathrm{e}) \exp\left(-\frac{\phi_n^2 D}{u d_\mathrm{e}^2/4} x \right) \qquad (10-66)$$

贝塞尔函数 J_0 和 J_1 的变化规律如图 10-5 所示,可见它们都是逐渐衰减的函数。

表 10-1 一阶第一类贝塞尔函数 J_1 的零点

n	1	2	3	4	5
ϕ_n	3.831 7	7.015 6	10.173 5	13.323 7	16.470 6
n	6	7	8	9	10
ϕ_n	19.615 9	22.760 1	25.903 7	29.046 8	35.332 3

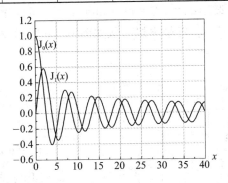

图 10-5 第一类贝塞尔函数曲线

10.3.2 贝克-舒曼火焰形状

在火焰面上,满足扩散火焰条件 $Y_{fu} = fY_{ox}$,即 $b = 0$,代入式(10-66)即可得到贝克-舒曼火焰形状 (x_f, r_f) 的方程为

$$\sum_{n=1}^{\infty} \frac{J_1(\phi_n d_i/d_e)}{\phi_n [J_0(\phi_n)]^2} J_0(2\phi_n r_f/d_e) \exp\left(-\frac{\phi_n^2 D}{u d_e^2/4} x_f\right) = \frac{1}{2}\left(\frac{d_e}{d_i} \cdot \frac{fY_{ox,e}}{Y_{fu,e} + fY_{ox,e}} - \frac{d_i}{d_e}\right)$$

$$(10-67)$$

引入无量纲参数

$$\bar{d} = d_i/d_e, \quad \bar{r}_f = 2r_f/d_e, \quad \bar{x}_f = \frac{D}{u d_e^2/4} x_f \qquad (10-68)$$

则贝克-舒曼火焰形状方程可表示为

$$\sum_{n=1}^{\infty} \frac{J_1(\bar{d}\phi_n)}{\phi_n [J_0(\phi_n)]^2} J_0(\phi_n \bar{r}_f) \exp(-\phi_n^2 \bar{x}_f) = \frac{1}{2}\left[\frac{fY_{ox,e}}{\bar{d}(Y_{fu,e} + fY_{ox,e})} - \bar{d}\right]$$

$$(10-69)$$

由于第一类贝塞尔函数的收敛性(如图 10-5 所示)和 $\exp(-\phi_n^2 \bar{x}_f)$ 项随着 n 的增大迅速衰减,计算表明,当满足条件

$$\exp(-\phi_n^2 \bar{x}_f) \leqslant 0.2 \quad \text{或} \quad \phi_n^2 \bar{x}_f \geqslant 1.61 \qquad (10-70)$$

时,威廉姆斯(F. A. Williams)认为,只需保留 $n = 1$ 项,即可满足很好的精度。忽略 $n = 1$ 项以后的所有级数,可得到计算贝克-舒曼火焰形状的威廉姆斯近似公式,即为

$$\frac{J_1(\phi_1 d_i/d_e)}{\phi_1 [J_0(\phi_1)]^2} J_0(2\phi_1 r_f/d_e) \exp\left(-\frac{\phi_1^2 D}{u d_e^2/4} x_f\right) = \frac{1}{2}\left(\frac{d_e}{d_i} \cdot \frac{fY_{ox,e}}{Y_{fu,e} + fY_{ox,e}} - \frac{d_i}{d_e}\right)$$

$$(10-71)$$

或

$$\frac{J_1(\bar{d}\phi_1)}{\phi_1\left[J_0(\phi_1)\right]^2}J_0(\phi_1\bar{r}_f)\exp(-\phi_1^2\bar{x}_f)=\frac{1}{2}\left[\frac{fY_{ox,e}}{\bar{d}(Y_{fu,e}+fY_{ox,e})}-\bar{d}\right] \qquad (10-72)$$

贝克-舒曼对甲烷的燃烧做了试验与计算,其结果符合非常完好。其原始数据为:甲烷的扩散系数 $D=0.492\ 3\times10^{-4}\ \text{m}^2/\text{s}$,甲烷燃烧的化学当量比 $f=0.25$,流速 $u=15.494\ \text{mm/s}$,喷口直径 $d_e=2d_i=50.8\ \text{mm}$ $(\bar{d}=0.5)$,甲烷浓度 $Y_{fu,e}=0.5$,对应不同氧气含量 $Y_{ox,e}$ 的贝克-舒曼火焰形状如图 10-6 所示,利用威廉姆斯近似方法的求解结果如图 10-7 所示。

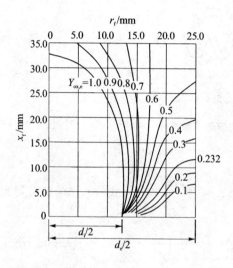

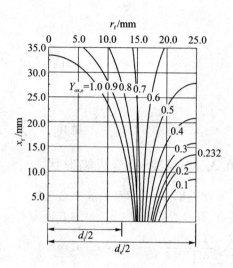

图 10-6　甲烷燃烧的贝克-舒曼火焰形状　　　图 10-7　甲烷燃烧火焰形状的近似解

10.3.3　贝克-舒曼火焰高度

对于威廉姆斯近似解,在 x_f 很小时,由于不满足近似条件式(10-70),因此,由图 10-7 可知在 $x_f=0$ 时与图 10-6 的精确解存在较大差别。而求解火焰高度 $x_{f,max}$ 时,比较容易满足近似条件式(10-70),这时威廉姆斯近似解的精度较好。

由图 10-6 可知,不同氧含量下的火焰形状是变化的。当氧含量大于某临界值(图 10-6 中约为 0.5),即燃烧在富氧条件下进行,这时火焰以燃料内管为基础呈正锥形,火焰高度对应的条件为 $r_f=0$ 或 $\bar{r}_f=0$;当燃烧在贫氧条件下进行时,火焰向外管弯曲,呈倒截锥形,这时火焰高度对应的条件为 $r_f=d_e/2$ 或 $\bar{r}_f=1$。

富氧条件下,$r_f=0$ 或 $\bar{r}_f=0$,代入式(10-69),可得火焰高度 $\bar{x}_{f,max}$ 的表达式为

$$\sum_{n=1}^{\infty}\frac{J_1(\bar{d}\phi_n)}{\phi_n\left[J_0(\phi_n)\right]^2}\exp(-\phi_n^2\bar{x}_{f,max})=\frac{1}{2}\left[\frac{fY_{ox,e}}{\bar{d}(Y_{fu,e}+fY_{ox,e})}-\bar{d}\right] \qquad (10-73)$$

贫氧条件下,$r_f=d_e/2$ 或 $\bar{r}_f=1$,代入式(10-69),可得火焰高度 $\bar{x}_{f,max}$ 的表达

式为

$$\sum_{n=1}^{\infty} \frac{J_1(\bar{d}\phi_n)}{\phi_n J_0(\phi_n)} \exp(-\phi_n^2 \bar{x}_{f,max}) = \frac{1}{2}\left[\frac{fY_{ox,e}}{\bar{d}(Y_{fu,e}+fY_{ox,e})} - \bar{d} \right] \quad (10-74)$$

以甲烷的燃烧为例,当火焰高度较小时,如对应空气($Y_{ox,e}=0.232$)的火焰高度,贝克-舒曼精确解为 11.902 4 mm,则 $\phi_1^2 \bar{x}_{f,max} = 0.860\,6$,可见不满足近似条件式 (10-70),这时利用威廉姆斯近似解求得的火焰高度为 13.089 4 mm,误差为 9.64%;当火焰高度较大时,如对应纯氧的火焰高度精确解为 33.401 0 mm,则 $\phi_1^2 \bar{x}_{f,max} = 2.4149$,满足近似条件,利用威廉姆斯近似解求得的火焰高度为 33.428 8 mm,误差只有 0.08%。因此,计算火焰高度时,如果满足近似条件式(10-70),只保留 $n=1$ 项即可达到很好的精度。

将 $n=1$ 代入式(10-73)或式(10-74),可得火焰高度的威廉姆斯近似解为

$$\bar{x}_{f,max} = \frac{D}{ud_e^2/4} x_{f,max} \approx \frac{1}{\phi_1^2} \ln\left\{ \frac{2\bar{d}(Y_{fu,e}+fY_{ox,e}) \cdot J_1(\bar{d}\phi_1)}{[fY_{ox,e} - \bar{d}^2(Y_{fu,e}+fY_{ox,e})]\phi_1[J_0(\phi_1)]^2} \right\} \quad (富氧)$$

$$(10-75)$$

以及

$$\bar{x}_{f,max} = \frac{D}{ud_e^2/4} x_{f,max} \approx \frac{1}{\phi_1^2} \ln\left\{ \frac{2\bar{d}(Y_{fu,e}+fY_{ox,e}) \cdot J_1(\bar{d}\phi_1)}{[fY_{ox,e} - \bar{d}^2(Y_{fu,e}+fY_{ox,e})]\phi_1 J_0(\phi_1)} \right\} \quad (贫氧)$$

$$(10-76)$$

从火焰高度公式可知,贝克-舒曼火焰高度 $x_{f,max}$ 与 $\frac{ud_e^2}{4D}$ 成正比,与化学当量比 f 和含氧百分比 $Y_{ox,e}$ 成近似反比关系,其规律与层流自由射流火焰高度式(10-49)类似。

对于湍流射流火焰,分子扩散系数 D 用湍流扩散系数 D_t 代替,各参数取时均值,则上述公式和结论也是正确的。

10.4　火箭燃气射流

火箭发动机由于推进剂的燃烧而产生高温高压燃气,经由拉瓦尔(De Laval)喷管以超声速($Ma=2\sim4$)喷入静止或流动空气中而形成燃气射流。由于推进剂的贫氧特性,燃气中还含有一定数量的可燃物(主要包括 CO、H_2 等),使得燃气与空气中的氧进一步燃烧而形成射流燃烧。由于燃气射流的速度非常高,因此,属于典型的湍流射流。

火箭喷管的工作分为欠膨胀、过膨胀和最佳膨胀三种状态,绝大部分火箭发动机都属于欠膨胀工作状态,即喷管出口截面的静压比 p_e/p_a(喷管出口截面的静压强 p_e 与环境压强 p_a 之比)远大于1,这里主要讨论这种情况下的燃气射流特征。

10.4.1 火箭燃气射流的特点

静止试验的火箭或火箭发射初期,可认为火箭燃气喷入静止空气中,为燃气自由射流;火箭飞行时,火箭燃气喷入相对运动的空气中,则为伴随燃气射流。火箭燃气射流由于温度非常高,速度非常快,对周围物质的影响非常大,具有如下显著特点:

(1) 火箭在发射管内,燃气射流对管壁和弹体均有干扰;

(2) 火箭在发射管内以及滑离定向器后,燃气射流对发射装置如舰船甲板、飞机等存在冲击效应,即弹与舰船、弹与飞机存在相容性问题;

(3) 燃气射流的初始段是超声速的,因此具有超声速流动的许多特征如膨胀波、激波等。

火箭喷管高速喷出的燃气射流,其结构也包括了初始段和主体段,但其中包含了复杂的膨胀波和激波结构,如图 10-8 所示。初始段中的位核区参数等于喷管出口参数,并逐渐消失,进入湍流发展的过渡段,直到超声速流动完全变为亚声速流动,便进入射流的充分发展段。因此,对于火箭燃气射流,其初始段和过渡段的中心流动是超声速的,而充分发展段中的所有流动是亚声速的。

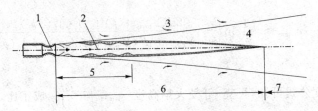

1—喷管;2—燃气位核区;3—卷吸空气;4—空气燃料混合;
5—初始段;6—超声速区;7—充分发展段(亚声速区)

图 10-8 火箭燃气射流基本结构

火箭喷管出口截面的超声速燃气流动,当进入突然扩大的环境空气中时,在出口截面会形成一束扇形膨胀波,可视作普朗特-迈耶(Prandtl - Meyer)流动,如图 10-9 中的第 I 段。对称的膨胀波在射流边界反射,在中心交叉,使得流动进一步膨胀,因此,在喷管出口附近的膨胀波区域内,流动马赫数是进一步增加的,这类似于把喷管拉长(扩张比扩大)所得到的结果。

膨胀的超声速气流在边界(等压流线)再压缩作用下形成激波,对称的斜激波反射相交,形成菱形激波(又称桶形激波)。为抵偿中心膨胀引起的压强降低,在中心线上会形成正激波,称为马赫盘(平面射流时又称为黎曼波,Riemann wave),马赫盘把相交激波分割成一个一个波节。当然,在精心组织的设计状态下(喷管出口的流动达到最佳膨胀状态)工作的喷管,可以产生无激波的射流。

对于多喷管火箭燃气射流,除了射流的一般特征外,还有多股射流相互影响产生的复杂结构。当多喷管轴线相互平行时,产生的射流称为平行射流。多股射流相交

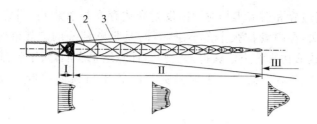

1—斜激波;2—马赫盘;3—波节(菱形激波,桶形激波)

Ⅰ—膨胀波;Ⅱ—激波结构;Ⅲ—充分发展段

图 10 - 9　火箭燃气射流的膨胀波和激波结构

时会相互撞击形成撞击激波等复杂现象,如图 10 - 10 所示。

火箭射流对发射介质存在强烈的冲击。火箭在定向器的滑行阶段,处于约束期或半约束期,燃气射流诱发的振动对火箭将产生起始扰动,从而影响火箭的射击精度。火箭脱离滑行后,发射介质对燃气射流存在反射作用,形成反溅燃气冲击流(简称反溅流),对火箭形成

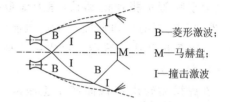

B—菱形激波;

M—马赫盘;

I—撞击激波

图 10 - 10　双喷管燃气射流的激波干扰

气动力干扰,进一步加强了起始扰动。对于多管火箭发射,火箭射流对后面火箭也将引起扰动,称为脉冲发射效应。火箭发射阶段的射流扰动统称为发射扰动。对于多级火箭,级间分离时燃气射流遇到被抛火箭时会产生中心压缩激波,其反作用将影响火箭飞行状态,如图 10 - 11 所示。

火箭射流除对火箭本身存在发射扰动的影响外,对发射介质的影响同样重要,如引起介质设备的刚度、强度和颤振等问题。如图 10 - 12 所示,射流对冲击面的冲击会产生冲击波,形成燃气云,如火箭在地面或舰船甲板的垂直发射(无导流槽时)。飞机上发射火箭或导弹时,燃气射流的冲击会影响飞机的飞行稳定等。

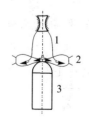

1—射流边界;2—中心压缩激波;3—被抛火箭

图 10 - 11　多级火箭的级间分离

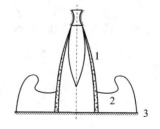

1—射流边界;2—燃气云;3—冲击面

图 10 - 12　火箭燃气射流冲击形成的燃气云

从上述火箭燃气射流的特征分析可知,火箭燃气射流的主要特征结构包括射流边界、相交激波、气流分布、马赫盘、波节长度等。由于射流在喷管出口附近产生的第

一马赫盘、射流边界和射流火焰对周围发射介质存在显著影响,因此,这里主要介绍其工程计算方法,在喷管扩张半角小于 20°时是足够精确的。其余射流结构特征可以通过试验或数值仿真等方法获得。实验与计算结果表明,对于欠膨胀工作的火箭,影响火箭燃气射流结构的参数主要是火箭喷管出口截面的静压比 p_e/p_a 和马赫数 Ma_e。

10.4.2 第一马赫盘的位置

火箭燃气射流在喷管出口处的变化如图 10-13 所示。欠膨胀燃气离开喷管出口截面,由于空间的扩大使得燃气产生普朗特-迈耶流动,燃气继续膨胀,前已述及,这类似于喷管扩张比的延长,称为虚拟喷管,当虚拟喷管的出口截面产生正激波时,对应的喷管扩张比位置即是产生第一马赫盘的地方。

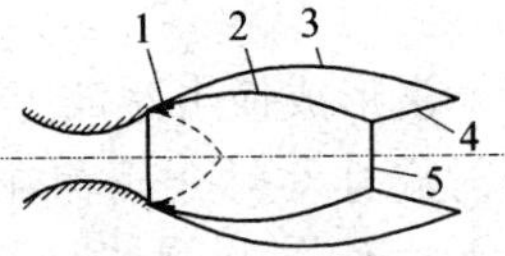

1—扇形膨胀波族;2—斜激波;3—射流边界;
4—反射激波;5—第一马赫盘

图 10-13　火箭燃气射流在喷口的膨胀波和激波结构

在虚拟喷管出口截面产生正激波时,由于正激波的作用,使得出口截面正激波后的压强达到 p_{a1},如果有 $p_{a1} \geqslant p_a$,喷管出口的流速仍然保持为超声速,如果正激波正好位于喷管出口截面,这时有 $p_{a1} = p_a$,这即是第一马赫盘位置处的压强条件。由激波关系式,激波前后的压强关系为

$$\frac{p_{a1}}{p_e} = \frac{\dfrac{\gamma+1}{\gamma-1}\lambda_e^2 - 1}{\dfrac{\gamma+1}{\gamma-1} - \lambda_e^2} \tag{10-77}$$

式中:p_e、λ_e 分别为喷管出口截面激波前的静压强和速度系数,γ 为燃气比热比。由气体动力学函数,引入压强比

$$\pi = \frac{p}{p_0} = \left(1 - \frac{\gamma-1}{\gamma+1}\lambda^2\right)^{\frac{\gamma}{\gamma-1}} \tag{10-78}$$

式中:p_0 为喷管燃气的总压,保持为常数。由上述关系,对激波关系式(10-77)变形得

$$\frac{p_{a1}}{p_0} = \frac{p_e}{p_0} \cdot \frac{p_{a1}}{p_e} = \pi_e \frac{\dfrac{\gamma+1}{\gamma-1}\lambda_e^2 - 1}{\dfrac{\gamma+1}{\gamma-1} - \lambda_e^2} \tag{10-79}$$

式中:π_e 为喷管出口截面的压强比,则可知

$$\lambda_e^2 = \frac{\gamma+1}{\gamma-1}\left(1 - \pi_e^{\frac{\gamma-1}{\gamma}}\right) \tag{10-80}$$

将式(10-80)和临界压强条件 $p_{a1} = p_a$ 代入式(10-79),即可得到确定第一马赫盘位置的方程,为

$$\frac{4\gamma}{\gamma^2-1}\pi_{e1}^{\frac{1}{\gamma}} - \frac{\gamma+1}{\gamma-1}\pi_{e1} = \frac{p_a}{p_0} \tag{10-81}$$

式中：π_{e1} 为第一马赫盘位置对应的虚拟喷管的压强比。由气体动力学知识可知，喷管内等熵流动的压强比 π 与直径比 ζ（任意截面的直径与喷喉直径之比，ζ^2 为面积比）的关系为

$$\zeta^2 = \frac{\left(\dfrac{2}{\gamma+1}\right)^{\frac{1}{\gamma-1}}\sqrt{\dfrac{\gamma-1}{\gamma+1}}}{\sqrt{\pi^{\frac{2}{\gamma}} - \pi^{\frac{\gamma+1}{\gamma}}}} \tag{10-82}$$

给定环境大气压和燃气总压的比值 p_a/p_0，由式（10-81）可以解出第一马赫盘位置对应的压强比 π_{e1}（该方程有双解，取超声速对应的解，即数值较小的解），再代入式（10-82）即可得到虚拟喷管的扩张比 ζ_{e1}（喷管出口截面的直径比称为扩张比），这就是第一马赫盘的位置。火箭燃气射流第一马赫盘处的压强比 π_{e1} 和虚拟喷管扩张比 ζ_{e1} 与环境压强比 p_a/p_0 的对应关系如表 10-2 所列。

表 10-2　火箭燃气射流第一马赫盘处的压强比 π_{e1} 和虚拟喷管扩张比 ζ_{e1} 与环境压强比的对应关系

π_{e1},ζ_{e1} ╲ γ p_a/p_0	1.2	1.22	1.25	1.30
0.001	0.000 017 67, 43.212 1	0.000 015 81, 42.618 0	0.000 013 35, 41.790 2	0.000 010 04, 40.557 2
0.002	0.000 042 12, 30.319 3	0.000 038 09, 29.924 4	0.000 032 72, 29.371 9	0.000 025 31, 28.543 7
0.003	0.000 070 25, 24.625 7	0.000 063 93, 24.316 1	0.000 055 45, 23.881 8	0.000 043 61, 23.228 5
0.004	0.000 101 2, 21.239 0	0.000 092 48, 20.979 1	0.000 080 75, 20.613 8	0.000 064 26, 20.062 8
0.005	0.000 134 4, 18.931 6	0.000 123 3, 18.705 0	0.000 108 2, 18.386 1	0.000 086 89, 17.904 0
0.006	0.000 169 7, 17.230 8	0.000 156 0, 17.028 4	0.000 137 6, 16.743 2	0.000 111 3, 16.311 4
0.007	0.000 206 7, 15.910 5	0.000 190 6, 15.726 7	0.000 168 6, 15.467 4	0.000 137 2, 15.074 3
0.008	0.000 245 4, 14.847 3	0.000 226 7, 14.678 3	0.000 201 2, 14.439 7	0.000 164 6, 14.077 5
0.009	0.000 285 6, 13.967 5	0.000 264 3, 13.810 6	0.000 235 2, 13.589 0	0.000 193 3, 13.252 1
0.010	0.000 327 3, 13.223 9	0.000 303 3, 13.077 1	0.000 270 5, 12.869 8	0.000 223 3, 12.554 2
0.011	0.000 370 2, 12.584 5	0.000 343 7, 12.446 5	0.000 307 2, 12.251 3	0.000 254 2, 11.953 9
0.012	0.000 414 5, 12.027 3	0.000 385 2, 11.896 8	0.000 345 0, 11.712 1	0.000 286 8, 11.430 5
0.013	0.000 459 9, 11.536	0.000 428 0, 11.412 1	0.000 384 0, 11.236 6	0.000 320 3, 10.968 8
0.014	0.000 506 5, 11.098 6	0.000 471 9, 10.980 5	0.000 424 1, 10.813 2	0.000 354 7, 10.557 6
0.015	0.000 554 3, 10.705 9	0.000 516 9, 10.593 0	0.000 465 3, 10.432 9	0.000 390 2, 10.188 4
0.016	0.000 603 1, 10.350 8	0.000 562 9, 10.242 6	0.000 507 5, 10.089 1	0.000 4267, 9.854 4
0.017	0.000 652 9, 10.027 7	0.000 610 0, 9.923 7	0.000 550 7, 9.776 2	0.000 464 1, 9.550 4
0.018	0.000 703 7, 9.732 1	0.000 658 0, 9.631 9	0.000 594 8, 9.489 8	0.000 502 4, 9.272 1
0.019	0.000 755 5, 9.460 2	0.000 707 0, 9.363 6	0.000 639 9, 9.226 4	0.000 541 6, 9.016 2
0.020	0.000 808 3, 9.209 1	0.000 757 0, 9.115 7	0.000 685 9, 8.983 1	0.000 581 7, 8.779 7

π_{el}, ζ_{el} ＼ γ ＼ p_a/p_0	1.2	1.22	1.25	1.30
0.021	0.000 862 0，8.976 2	0.000 807 8，8.885 8	0.000 732 8，8.757 4	0.000 622 6，8.560 4
0.022	0.000 916 6，8.759 5	0.000 859 6，8.671 9	0.000 780 6，8.547 4	0.000 664 4，8.356 3
0.023	0.000 972 1，8.557 2	0.000 912 2，8.472 1	0.000 829 2，8.351 2	0.000 707 0，8.165 6
0.024	0.001 028，8.367 7	0.000 965 7，8.285 1	0.000 878 6，8.167 5	0.000 750 4，7.987 0
0.025	0.001 086，8.189 8	0.001 020，8.109 4	0.000 928 9，7.995 0	0.000 794 6，7.819 3

例如，某野战火箭发动机喷管的实际扩张比为 2.55，环境压强为 0.101 325 MPa，燃气总压为 10 MPa，燃气比热比为 1.20，代入式（10-81）可以解得 $\pi_{el}=0.000\ 327\ 3$，代入式（10-82）可得 $\zeta_{el}=13.223\ 9$。也可以通过表 10-2 进行插值求解。可见，对于欠膨胀工作的野战火箭，第一马赫盘位置的扩张比 ζ_{el} 比实际喷管的扩张比要大得多，也就是说，第一马赫盘的位置远离实际喷管出口位置。

10.4.3　射流边界

燃气离开喷管出口截面后形成的膨胀波可用简单的普朗特-迈耶波来分析。如图 10-14 所示，超声速燃气在无摩擦固体表面上流动，当遇到尖凸角 $\angle AOB$ 时，由于物理边界条件的要求，流动方向必须顺应边界变化而发生偏转，这种扰动就会产生膨胀波。对于有限大小的凸角 δ（称为流动偏转角），当流动偏转一个微小的角度 $d\delta$ 时就会发出一道膨胀波（马赫线），并使流动参数发生微小的膨胀变化，完成全部偏转后所有的膨胀波将组成一个扇形区域，称为扇形膨胀区。这种膨胀流动可认为是等熵的，称为普朗特-迈耶流动，这种膨胀波称为简单波或普朗特-迈耶波。图中 OD 为初始马赫数 Ma_1 发出的第一条膨胀波，OE 为最后一条膨胀波。

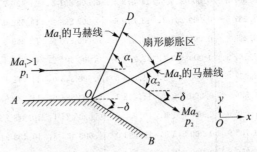

图 10-14　绕尖凸角的超声速流动

膨胀波偏转的角度由普朗特-迈耶流动的控制微分方程来确定，该方程给出了膨胀流动的速度增量与流动偏转角的关系。对于顺时针偏转（流动偏转角约定顺时针偏转为负，逆时针偏转为正），有

$$d\delta = -\frac{\sqrt{Ma^2-1}}{1+\dfrac{\gamma-1}{2}Ma^2}\frac{dMa}{Ma} \qquad (10-83)$$

对于给定的有限大小的流动偏转角 δ,通过对式(10 - 83)进行积分可以得到扇形膨胀区之后下游流场的流动参数。当积分区间的初始马赫数取声速即 $Ma=1$ 时,得到的流动偏转角称为普朗特-迈耶角,用符号 ν 表示,则

$$\pm\nu = \sqrt{\frac{\gamma+1}{\gamma-1}}\arctan\sqrt{\frac{\gamma-1}{\gamma+1}(Ma^2-1)} - \arctan\sqrt{Ma^2-1} \qquad (10-84)$$

式中:"$+\nu$"表示逆时针偏转,"$-\nu$"则表示顺时针偏转。

利用普朗特-迈耶角可以方便地进行膨胀流动的计算。设流动的初始马赫数为 Ma_1,与其对应的普朗特-迈耶角为 ν_1;逆时针流动的流动偏转角为 δ,膨胀后的流动马赫数为 Ma_2,与其对应的普朗特-迈耶角为 ν_2,由式(10 - 84),即有

$$\nu_1 = \sqrt{\frac{\gamma+1}{\gamma-1}}\arctan\sqrt{\frac{\gamma-1}{\gamma+1}(Ma_1^2-1)} - \arctan\sqrt{Ma_1^2-1}$$

$$\nu_2 = \sqrt{\frac{\gamma+1}{\gamma-1}}\arctan\sqrt{\frac{\gamma-1}{\gamma+1}(Ma_2^2-1)} - \arctan\sqrt{Ma_2^2-1}$$

于是,流动偏转角与普朗特-迈耶角的关系为

$$\delta = \nu_2 - \nu_1 = \sqrt{\frac{\gamma+1}{\gamma-1}}\left[\arctan\sqrt{\frac{\gamma-1}{\gamma+1}(Ma_2^2-1)} - \arctan\sqrt{\frac{\gamma-1}{\gamma+1}(Ma_1^2-1)}\right] -$$

$$\left(\arctan\sqrt{Ma_2^2-1} - \arctan\sqrt{Ma_1^2-1}\right) \qquad (10-85)$$

所以,当已知流动的初始马赫数 Ma_1 和流动偏转角 δ 后,可由式(10 - 85)求出偏转后的马赫数 Ma_2,其他参数则由等熵流动关系确定。

喷管内的燃气流出喷管出口截面时,空间放大,流动向外偏转,类似于流动遇到尖凸角,因此,也会产生膨胀波,只是放大的空间边界不是固体壁面,而是环境大气压强,如图 10 - 15 所示。

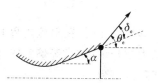

**图 10 - 15　燃气射流在喷管
出口的膨胀**

设喷管出口截面燃气的流动马赫数为 Ma_e,对应的普朗特-迈耶角为 ν_e;喷出燃气不断膨胀,当燃气膨胀到环境大气后,膨胀后的马赫数为最佳膨胀马赫数 Ma_a,对应的普朗特-迈耶角为 ν_a。由流动偏转角与普朗特-迈耶角的关系式(10 - 85),可知燃气在喷管出口截面的流动偏转角为 $\delta_e=\nu_a-\nu_e$。考虑喷管扩张半角 α,则燃气相对于中心线的膨胀角 θ_e 为

$$\theta_e = \alpha + \delta_e = \alpha + \nu_a - \nu_e \qquad (10-86)$$

马赫数 Ma_e 按喷管等熵膨胀规律确定。由气体动力学函数,压强比可表示为

$$\pi_e = \frac{p_e}{p_0} = \left(1+\frac{\gamma-1}{2}Ma_e^2\right)^{-\frac{\gamma}{\gamma-1}} \qquad (10-87)$$

则

$$Ma_e = \sqrt{\frac{2}{\gamma-1}(\pi_e^{-\frac{\gamma-1}{\gamma}}-1)} \qquad (10-88)$$

由压强比与喷管直径比的关系式(10-82),可得给定喷管扩张比 ζ_e 下的压强比 π_e,然后代入式(10-88)可得喷管出口截面的马赫数 Ma_e,即

$$\zeta_e^2 = \frac{\left(\dfrac{2}{\gamma+1}\right)^{\frac{1}{\gamma-1}}\sqrt{\dfrac{\gamma-1}{\gamma+1}}}{\sqrt{\pi_e^{\frac{2}{\gamma}}-\pi_e^{\frac{\gamma+1}{\gamma}}}} \qquad (10-89)$$

最佳膨胀马赫数 Ma_a 按压强膨胀到环境大气压强即 $p_e=p_a$ 的条件确定。取 $\pi_a=\dfrac{p_a}{p_0}$,代入式(10-88)可得

$$Ma_a = \sqrt{\frac{2}{\gamma-1}(\pi_a^{-\frac{\gamma-1}{\gamma}}-1)} \qquad (10-90)$$

射流一离开喷管出口截面,在出口截面边缘就转过角度 θ_e;气流继续流动时,膨胀也在继续,当距离递增 dx 时,在微元面积 dA 上压强相应减小 $\dfrac{\partial p}{\partial A}dA$;在射流边界,压强恒等于环境压强,这时必须要求膨胀减小的压强有相应大小的压强增大来平衡,这只能通过气流偏转一个角度 $-d\delta$(顺时针为负)来实现,其增加的压强为 $-\dfrac{\partial p}{\partial \delta}d\delta$。由于膨胀气流在边界上的转折,就形成了压缩波,即斜激波。因此,沿射流边界的压强方程可写为

$$\frac{\partial p}{\partial A}dA - \frac{\partial p}{\partial \delta}d\delta = 0 \qquad (10-91)$$

等熵膨胀时,在射流边界其总压 p_0 不变,压强 p 可用压强比 π 表示;同时,由气体动力学知识可知,等熵膨胀流动时面积变化 dA 可等效于马赫数的变化 dMa。则上式可改写为

$$\frac{\partial \pi}{\partial Ma}dMa - \frac{\partial \pi}{\partial \delta}d\delta = 0 \qquad (10-92)$$

由压强比函数式(10-87)表示的压强比,微分得

$$\frac{\partial \pi}{\partial Ma}dMa = \frac{\partial \pi}{\partial (Ma^2)}d(Ma^2) = -\frac{\gamma}{2}\left(1+\frac{\gamma-1}{2}Ma^2\right)^{-1}\pi \cdot d(Ma^2) \qquad (a)$$

同时对压强比关系式(10-87)取对数微分得

$$\frac{d\pi}{\pi} = -\frac{\dfrac{\gamma}{2}\cdot d(Ma^2)}{1+\dfrac{\gamma-1}{2}Ma^2} \qquad (b)$$

由普朗特-迈耶流动的控制微分方程式(10-83),并考虑压强变化与马赫数之间

的关系(b)式,可得

$$\mathrm{d}\delta = -\frac{\sqrt{Ma^2-1}}{1+\dfrac{\gamma-1}{2}Ma^2}\frac{\mathrm{d}Ma}{Ma} = -\frac{\sqrt{Ma^2-1}}{1+\dfrac{\gamma-1}{2}Ma^2}\frac{\mathrm{d}(Ma^2)}{2Ma^2} = \frac{\sqrt{Ma^2-1}}{\gamma\pi Ma^2}\mathrm{d}\pi$$

整理上式可得压强变化与偏转角之间的关系为

$$\mathrm{d}\pi = \frac{\gamma\pi Ma^2}{\sqrt{Ma^2-1}}\mathrm{d}\delta \quad 或 \quad \frac{\partial\pi}{\partial\delta} = \frac{\gamma\pi Ma^2}{\sqrt{Ma^2-1}} \tag{c}$$

将式(a)和式(c)代入式(10-92),得

$$\frac{1}{2}\left(1+\frac{\gamma-1}{2}Ma^2\right)^{-1}\mathrm{d}(Ma^2) + \frac{Ma^2}{\sqrt{Ma^2-1}}\mathrm{d}\delta = 0$$

整理可得射流边界方程为

$$\mathrm{d}\delta = -\frac{\sqrt{Ma^2-1}}{1+\dfrac{\gamma-1}{2}Ma^2}\frac{\mathrm{d}Ma}{Ma} \tag{10-93}$$

该式与普朗特-迈耶流动的控制微分方程式(10-83)在形式上相同,因此,积分结果与普朗特-迈耶角公式(10-84)相同。取积分区间为喷管出口截面($Ma=Ma_e$,$\delta=0$)和射流任意截面,则有

$$\delta = \nu - \nu_e = \sqrt{\frac{\gamma+1}{\gamma-1}}\arctan\sqrt{\frac{\gamma-1}{\gamma+1}(Ma^2-1)} - \arctan\sqrt{Ma^2-1} -$$
$$\left(\sqrt{\frac{\gamma+1}{\gamma-1}}\arctan\sqrt{\frac{\gamma-1}{\gamma+1}(Ma_e^2-1)} - \arctan\sqrt{Ma_e^2-1}\right) \tag{10-94}$$

该式表明,燃气射流在任意一点偏转的角度等于该点马赫数 Ma 对应的普朗特-迈耶角 ν 减去喷管出口截面马赫数 Ma_e 对应的普朗特-迈耶角 ν_e。

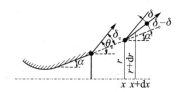

图 10-16　燃气射流边界

已知射流偏转角 δ,可以得出用半径 r 和距离喷管出口截面 x 表示的射流边界,如图 10-16 所示,它们之间存在如下几何关系

$$\frac{\mathrm{d}r}{\mathrm{d}x} = \tan(\theta_e-\delta) = \tan(\alpha+\delta_e-\delta) \tag{10-95}$$

整理为

$$\mathrm{d}x = \frac{\mathrm{d}r}{\tan(\alpha+\delta_e-\delta)}$$

设喷管出口截面 $x=0$,则积分上式可得

$$x = \int_{r_e}^{r}\frac{\mathrm{d}r}{\tan(\alpha+\delta_e-\delta)} \quad 或 \quad \frac{x}{r_e} = \int_{1}^{r/r_e}\frac{\mathrm{d}(r/r_e)}{\tan(\alpha+\delta_e-\delta)} \tag{10-96}$$

其中 r_e 为喷管出口截面半径。由于被积函数 $1/\tan(\alpha+\delta_e-\delta)$ 在 $\alpha+\delta_e-\delta=0$ 时存

在奇点，当 $\alpha+\delta_e \to \delta$ 时，射流长度 x/r_e 迅速增加。因此，$\delta = \alpha+\delta_e$ 是射流偏转角的最大值。

在任意射流半径 r 处，截面积与喷管喉部面积之比 ζ^2 为

$$\zeta^2 = \frac{A}{A_t} = \frac{A}{A_e} \cdot \frac{A_e}{A_t} = \left(\frac{r}{r_e}\right)^2 \cdot \zeta_e^2 \tag{10-97}$$

其中 ζ_e 为喷管的扩张比。对于任意射流半径 r，由压强比与直径比的关系式（10-82）可得对应的压强比，由压强比与马赫数的关系式（10-89）可得对应的马赫数，再代入式（10-94）可得该射流半径 r 处的射流偏转角 δ，最后由式（10-96）积分得到相应的横坐标 x，从而最终确定射流边界坐标 (x, r)。

接前例，某野战火箭发动机喷管实际扩张比为 2.55，环境压强为 0.101 325 MPa，燃气总压为 10 MPa，燃气比热比为 1.20，由式（10-89）和式（10-90）可以解得喷管出口马赫数 $Ma_e = 2.974\ 9$，最佳膨胀马赫数 $Ma_a = 3.397\ 7$，由式（10-84）可得对应的普朗特-迈耶角分别为 $\nu_e = 62.937\ 8°$、$\nu_a = 74.355\ 0°$，因此，燃气在喷管出口截面的流动偏转角为 $\delta_e = \nu_a - \nu_e = 11.417\ 2°$。设该喷管扩张半角为 $\alpha = 10°$，则 $\theta_e = \alpha + \delta_e = 21.417\ 2°$。取 $x/r_e = 1.0、1.01、1.02、1.03 \cdots \cdots$，由式（10-97），得出对应的面积比，可以得到被积函数 $1/\tan(\alpha+\delta_e-\delta)$，如图 10-17 所示；然后由式（10-96）积分即可得到射流边界 (x, r) 坐标，如图 10-18 所示。

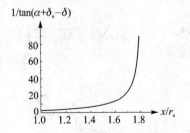

图 10-17　燃气射流边界被积函数

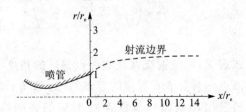

图 10-18　喷管燃气射流边界

10.4.4　射流火焰

火箭发动机的射流火焰在满足不可压条件时也可以采用一般射流火焰公式如式（10-50）来计算，其中燃气组分与火箭推进剂及其燃烧过程有关。常见液体推进剂有液氢和液氧等，常见固体火箭推进剂有双基推进剂、改性双基推进剂和复合推进剂等几种类型，在典型配方下，其燃气组分如表 10-3 所列。

在液体推进剂"液 H_2 + 液 O_2"的燃气射流中，主要燃料为 H_2，化学当量比为 1/8。某氢氧推进剂（氢氧质量比为 2:7，工作压强 8 MPa，扩张比 5）燃烧后的燃气组分如表 10-3 所列。由摩尔分数和质量分数的换算式（2-15），以及总摩尔质量计算式（2-23），可以得到 H_2 的质量分数为

$$Y_{\text{fu,e}} = Y_{\text{H}_2} = \frac{X_{\text{H}_2} M_{\text{H}_2}}{\sum\limits_{i=1}^{N} X_i M_i} = \frac{0.558\,9 \times 2.0}{0.558\,9 \times 2.0 + 0.441\,1 \times 18.0} = 12.34\%$$

式中：$\sum\limits_{i=1}^{N} X_i M_i$ 为燃气组分总的摩尔质量。

表 10 - 3　常见火箭推进剂燃气组分在喷管出口的主要分布(摩尔分数)

推进剂 燃气组分	典型双基 推进剂	典型复合改性 双基推进剂	典型复合 推进剂	液 H_2 + 液 O_2 (氢氧质量比 2:7)
CO	0.355 4	0.417 3	0.203 7	—
CO_2	0.179 8	0.102 8	0.057 4	—
H_2	0.267 2	0.242 1	0.202 7	0.558 9
H_2O	0.080 6	0.092 7	0.217 1	0.441 1
N_2	0.117 0	0.117 9	0.134 1	—
Al_2O_3	—	0.027 2	0.049 8	—
HCl	—	—	0.135 2	—

假设火箭在地面工作,则 $Y_{\text{ox},\infty} = 0.232$,因此,射流火焰的守恒标量按式(10 - 47)可取为

$$\frac{b_{\text{fu,ox,f}}}{b_{\text{fu,ox,e}}} = \frac{f Y_{\text{ox},\infty}}{Y_{\text{fu,e}} + f Y_{\text{ox},\infty}} = \frac{(1/8) \times 0.232}{12.34\% + (1/8) \times 0.232} = 0.190$$

代入式(10 - 50)和式(10 - 51),可得到相应的火焰形状和火焰高度,即

$$\left(1 + 24 C_t \cdot \frac{x_f}{d_e}\right)^{-1} \left[1 - \frac{2 r_f}{d_e}\left(1 + 24 C_t \cdot \frac{x_f}{d_e}\right)^{-1}\right] = 0.190$$

$$x_{\text{f,max}} = d_e \cdot \frac{Y_{\text{fu,e}}}{24 C_t \times f Y_{\text{ox},\infty}} = d_e \cdot \frac{12.34\%}{24 \times 0.0128 \times (1/8) \times 0.232} = 13.851 d_e$$

可见火焰高度达到喷管出口直径的 13 倍多。

对于固体火箭发动机,燃气射流中的燃料主要包括 CO 和 H_2 等多种组分,射流火焰的计算更为复杂,一般采用数值模拟或实验方法进行研究。在实际应用中,还可以利用经验公式对射流火焰进行估算。实验观察发现,单喷管的固体火箭发动机在地面静止试验时,其可见的射流火焰高度与推力的平方根成正比,存在如下经验关系

$$x_{\text{f,max}} = \frac{\sqrt{F}}{21.92} \tag{10 - 98}$$

式中:F 为火箭推力(N),$x_{\text{f,max}}$ 为可见火焰的高度(m)。表 10 - 4 给出了一些实测数据与式(10 - 98)计算数据的比较结果。

表 10 - 4　固体火箭发动机推力试验数据处理结果

发动机类型	实测推力/N	经验公式计算值/m	实测值/m
火箭 1	9.17×10^3	4.4	4.5
火箭 2	1.96×10^4	6.4	6.5
火箭 3	2.28×10^4	6.9	6.7

参考文献

[1] 曲作家,张振铎,孙思诚.燃烧理论基础 [M].北京:国防工业出版社,1989.
[2] 张福祥.火箭燃气射流动力学 [M].哈尔滨:哈尔滨工程大学出版社,2004.
[3] [美]郭 K K. 燃烧原理 [M].陈义良,张孝春,孙慈,等译.北京:航空工业出版社,1992.
[4] 周校平,张晓男.燃烧理论基础 [M].上海:上海交通大学出版社,2001.
[5] 万俊华,部冶,夏允庆.燃烧理论基础 [M].黑龙江:哈尔滨船舶工程学院出版社,1992.
[6] 万俊华.甲烷-空气火焰的火焰形状计算 [J].华东工学院学报.1983,2(22):91 - 112.
[7] 万俊华.层流扩散火焰浓度场及火焰形状的近似理论解 [J].浙江大学学报.1980,9(3):138 - 154.
[8] Burke S P, Schumann T E W. Diffusion Flames [J]. Industrial and Engineering Chemistry. 1928,20(10):998 - 1004.

第11章　固体推进剂的燃烧

　　固体推进剂是一种既含燃料又含氧化剂的特殊含能材料,可以在没有外界氧化剂的情况下自行维持燃烧,产生大量高温燃气。根据固体推进剂的微观结构,一般将推进剂分为均质推进剂和异质推进剂两大类。均质推进剂微观结构均匀,推进剂各组元之间没有相的界面,即具有单相性,燃料和氧化剂是以化学形式结合而成的,如双基(DB)推进剂,它由硝化棉(又称硝化纤维素)$[C_6H_7O_2(ONO_2)_3]_n$(NC)溶解于硝化甘油$[C_3H_5(ONO_2)_3]_n$(NG)而成。异质推进剂微观结构不均匀,具有多相性,推进剂组元以大于大分子尺寸的颗粒机械混合而成。异质推进剂主要包括复合推进剂(Composite propellant)和复合改性双基推进剂(CMDB)等类型。复合推进剂主要由高分子黏合剂、氧化剂和金属燃烧剂(如铝、镁、铍、硼等)等组元组成。当前广泛应用的黏合剂是端羟基聚丁二烯(HTPB),氧化剂主要有过氯酸铵(NH_4ClO_4,简称AP)和硝胺(AN)炸药(如黑索今RDX、奥克托今HMX)等。以过氯酸铵为氧化剂的复合推进剂称为AP复合推进剂,如HTPB/AP/Al推进剂;由硝胺炸药部分或全部取代AP的复合推进剂称为硝胺复合推进剂(Nitramine composite propellant),如HTPB/AP/RDX/Al推进剂。为了提高双基推进剂的能量,通常以双基推进剂为黏合剂加入氧化剂和金属燃烧剂,由此获得的推进剂称为复合改性双基推进剂。复合改性双基推进剂也分为两类:以过氯酸铵为氧化剂的AP/CMDB推进剂和以黑索今或奥克托今为氧化剂的硝胺改性双基推进剂如RDX/CMDB和HMX/CMDB推进剂。

　　目前固体火箭推进剂的发展方向主要是提高能量和力学性能、降低燃气特征信号等。双基推进剂、硝胺推进剂产生的烟雾相比AP推进剂大为减少,属于少烟推进剂。采用交联剂改善CMDB推进剂的力学性能,使硝化棉交联成网状结构以增加其延伸率,称为交联双基(XLDB)推进剂。以聚醚和乙酸丁酸纤维素(CAB)为黏合剂取代XLDB中的硝化棉、以液体硝酸酯为增塑剂制成的硝酸酯增塑聚醚(NEPE)推进剂,其能量和力学性能均优于XLDB推进剂,是目前能量和力学性能发展最好的推进剂。

　　衡量固体推进剂燃烧性能的主要参数是燃速,包括燃速随各种影响因素的变化特性如燃速的初温敏感系数、燃速的平台效应、侵蚀燃烧等。固体推进剂的燃烧速度常采用线性燃速定义,即单位时间沿燃面法线方向燃烧的肉厚。在工程应用上,燃速与压强的关系通常用维也里(Paul Vieille)经验公式来表示,即

$$\dot{r} = ap^n \tag{11-1}$$

式中:p为燃烧室内的燃气压强,单位为Pa或MPa;a为燃速系数,单位为$mm/(s \cdot Pa^n)$或$mm/(s \cdot MPa^n)$;n为燃速压强指数。燃速系数a和燃速压强指数n都是由

实验确定的常数,其数值取决于推进剂性质、装药初温和燃烧室内的压强等。

对燃速公式(11-1)两边取对数,有

$$\ln \dot{r} = \ln a + n \ln p \qquad (11-2)$$

可见,n 的大小反映了燃速对压强的敏感度,其值越小意味着压强对燃速的影响越小。从几何意义上可知,n 值表示了燃速随压强对数变化关系的斜率,在一定初温条件下,即为

$$n = \left(\frac{\partial \ln \dot{r}}{\partial \ln p}\right)_{T_i} \qquad (11-3)$$

目前使用的推进剂 n 值一般在 $0.2 \sim 0.7$ 之间,但也有大于 1 和小于 0 的推进剂。n 小于 0 的推进剂称为负压强指数推进剂或麦撒(Mesa)推进剂。通常,为保证固体火箭发动机稳定工作,推进剂燃速压强指数的数值范围为 $0 < n < 1$,而且 n 越小越好。对于 n 值在 $0 \sim 0.2$ 之间的固体推进剂通常称为平台推进剂。

在推进剂的燃烧机理研究中,还常采用质量燃速的定义,是指在单位时间内、单位装药燃烧面积上烧去推进剂的质量,以符号 $\dot{r}_m$ 表示。若以 ρ_p 表示推进剂的密度,即有

$$\dot{r}_m = \rho_p \dot{r} \qquad (11-4)$$

固体推进剂的燃速受温度的影响很大。为了定量计算初温对燃速的影响,引入燃速的初温敏感系数,用 α_T 表示,定义为在一定压强条件下,初温改变 1 K(或 1 ℃)所引起的燃速相对变化量,即

$$\alpha_T = \left[\frac{1}{\dot{r}} \frac{\partial \dot{r}}{\partial T_i}\right]_p \qquad (11-5)$$

初温敏感系数的单位为 K^{-1} 或 $℃^{-1}$,通常用百分数表示。例如,对 $\alpha_T = 0.5\% \ K^{-1}$ 的推进剂,其燃速在 $233 \sim 333$ K 初温范围内的改变量可达 50%。因此,为了提高固体火箭发动机性能的稳定性,希望 α_T 越小越好。一般情况下,燃速压强指数 n 越小的推进剂,α_T 也越小。目前,常用固体火箭推进剂初温敏感系数的数值范围为 $\alpha_T = (0.1 \sim 0.5)\% \ K^{-1}$。

通过燃烧理论研究固体推进剂的燃烧机理,可以得出推进剂的理论燃速公式和理论初温敏感系数等参数。这些理论公式可以很好地解释影响燃速和初温敏感系数的诸多因素和影响规律。由于燃烧过程极其复杂,目前的理论公式还难以用于定量计算,工程上仍然使用由实验测得的半经验燃速公式。

为提高推进剂的综合性能,一些新型推进剂还通过加入金属燃烧剂(如铝、镁、铍、硼等)以显著提高推进剂的比冲和密度比冲,改变推进剂的结构以显著提高推进剂的燃速(如采用微孔结构的超高燃速推进剂)等。

本章主要内容包括:11.1 双基推进剂的稳态燃烧机理;11.2 AP 复合推进剂的稳态燃烧机理;11.3 复合改性双基推进剂的稳态燃烧机理;11.4 含金属推进剂的稳态燃烧;11.5 超高燃速推进剂的稳态燃烧。

11.1 双基推进剂的稳态燃烧机理

双基推进剂是一种均质推进剂,其主要组元是硝化棉(NC)和硝化甘油(NG)。双基推进剂的能量虽然不如复合推进剂高,但其燃烧产生的烟雾少,不产生有腐蚀性的 HCl,对雷达等电子设备干扰小,能加工成各种复杂形状或肉厚很薄的装药,生产效率高。因此,双基推进剂在中小型发动机中得到广泛应用。

硝化棉是一种经过硝化的纤维素,其硝化程度习惯上用含氮量"N％"表示。含氮量越多,燃烧越完全,放出热量越多。但是,含氮量越高,硝化棉的可溶性就越差。双基推进剂中的硝化棉含量一般为 50％～60％,适当增加硝化棉含量可提高推进剂的力学性能(如抗拉强度和弹性模量)。

硝化甘油在推进剂中是硝化棉的溶剂,本身又是一种高威力的液体炸药,容易引起爆炸。硝化甘油燃烧时含有一部分自由氧可供给缺氧的硝化棉,提高硝化棉的燃烧完全性。增加硝化甘油含量可提高推进剂的能量,但含量过高时,不仅会增加危险性,而且会造成"汗析",使推进剂的贮存性能变坏。因此,硝化甘油含量一般不大于43.5％,通常在 25％～30％之间。

硝化二乙二醇(DEGDN)对硝化棉的胶化能力高于硝化甘油,也可作为双基推进剂的溶剂,以部分或完全取代硝化甘油。硝化二乙二醇的能量比硝化甘油低,气体生成量大,更适用于燃气发生器。

11.1.1 双基推进剂的燃烧波结构

由实验观察,双基推进剂的燃烧波结构可分成 5 个区,即固相加热区、凝聚相反应区、混合相区、暗区及火焰区,如图 11-1 所示。

1. 固相加热区

固相加热区又称预热区。推进剂在燃烧过程中,化学反应的放热通过热传导、热对流和热辐射将热量传至推进剂,在推进剂内部形成固相加热区。预热区温度升高,使推进剂软化、熔化,但没有化学反应,故该区的界面温度 T_a 为最活泼组元的分解温度,约为 90℃。固相加热区在燃烧过程中的作用是积聚热量,为推进剂的热分解作准备,以保证燃烧能持续进行,其厚度一般小于0.1 mm,并随压强升高而减薄。

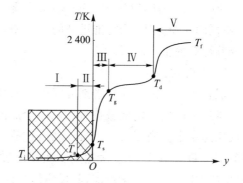

Ⅰ—固相加热区;Ⅱ—凝聚相反应区;
Ⅲ—混合相区;Ⅳ—暗区;Ⅴ—火焰区

图 11-1 双基推进剂的多阶段燃烧模型

2. 凝聚相反应区

凝聚相反应区又称表面反应区,或亚表面及表面反应区。早期的教科书称该区为泡沫区,但高速照相(1 000~4 000 帧/秒)发现只是 10~100 μm 的固体粒子飞入气相,在低速照相(300~500 帧/秒)上看起来像泡沫。当温度达到某些组元的熔点、沸点和热分解温度时,在固相中便发生组元的熔化、蒸发等物理过程和硝化棉、硝酸酯等大分子解聚以及热分解为主的化学反应。主要分解产物是小分子醛类 R'—CHO(如甲醛 CH_2O)和 NO_2,同时甲醛 CH_2O 和 NO_2 发生初步的还原反应生成少量的 NO。

首先发生的化学反应为硝酸酯的解聚和进一步的分解反应,由 RO—NO_2 键断裂生成小分子醛类和 NO_2,即

$$RO—NO_2 \rightarrow R'—CHO + NO_2$$

实验测得该单分子分解反应的活化能为:硝化棉 195.5 kJ/mol(403~423 K);硝化甘油 200.1 kJ/mol(398~463 K);测得碰撞频率的对数值 $\lg f_A = 16.78~17.0$。

波林(J. Powling)等人研究发现,在温度低于 453 K 时,分解产物甲醛 CH_2O 和 NO_2 发生较慢的还原反应,生成少量的 NO,即

$$5CH_2O + 7NO_2 \rightarrow 7NO + 5H_2O + 3CO + 2CO_2$$

该反应为二级反应,其反应速率常数为

$$k = 10^{(7.1~9)} e^{-(15100~19000)/(R_0 T)} \qquad (\text{mol}^{-1} \cdot \text{m}^3 \cdot \text{s}^{-1})$$

该区内总的热效应是放热的,表面温度 T_s 在 300℃ 左右,表面的放热量 q_s 与压强有关,萨默菲尔德测算得压强为 0.053 MPa 时 $q_s = -314.0$ kJ/kg,压强为 2.13 MPa 时 $q_s = -418.7$ kJ/kg,萨默菲尔德还测得双基推进剂凝聚相反应的活化能为 71.2 kJ/mol;而萨赫(N. P. Suh)测得凝聚相反应热为 -188.4 kJ/kg。值得注意的是,不同的实验方法,测得推进剂的参数相差很大,这也是推进剂燃烧理论很难应用于准确计算的重要原因。

3. 混合相区

混合相区是由固体推进剂分解产生的可燃物质(既有固相,也有液相和气相)在靠近推进表面的一定区域进行燃烧而形成的。由于发生的化学反应为不完全反应,且反应速率十分剧烈,往往发出嘶嘶声,故又称为嘶嘶区,也称为初始火焰区。该区甲醛 CH_2O 和 NO_2 在温度达到 453 K 时发生剧烈的还原反应,生成大量的 NO,是该区最主要的气相化学反应,其反应活化能约为 20.9~29.3 kJ/mol。

混合相区的厚度一般随压强在 0.002~0.2 mm 之间变化,该区释放的热量约占全部推进剂可释放热量的 40%,结束处的燃烧产物温度 T_g 可高达 1 200~1 400 ℃,形成了初始火焰。由于放热反应速率很快,而该区厚度又很薄,因此形成了很大的温度梯度,可对固相区产生很大的反馈热流。

4. 暗　区

推进剂经过嘶嘶区后全部气化,进入气相反应区。气相化学反应主要是 NO 还原为 N_2 的放热反应,该反应要在高温(1 500 ℃以上)高压(10 MPa 以上)下才能迅速进行。但暗区温度低,NO 的还原反应很缓慢,放热很少,达不到发光的程度,故称为暗区。暗区的重要特征是温度从 T_g 到 T_d 变化不大,即温度梯度较小,只是为剧烈燃烧做准备,因此又称为诱导区。

该区的化学反应为 NO 与 C/H/O 化合物的还原反应,可表示为

$$NO + C/H/O \rightarrow N_2 + CO_2 + CO + H_2O$$

当压强升高或加入燃烧催化剂后,可使 NO 的还原反应速率加快,暗区的厚度减薄,推进剂燃速增加。因此,压强对燃速的影响主要通过暗区厚度的变化引起。反之,当压强降低,暗区的厚度增加,放热量减少,压强降低到一定值时推进剂便会熄火。为保证推进剂稳定燃烧所需的最低压强称为推进剂正常燃烧的临界压强。

5. 火焰区

火焰区又称发光区,二次火焰区。火焰区内的化学反应与暗区相同,当双基推进剂燃烧产物中的气体成分温度升高到 1 500 ℃以上时,NO 发生剧烈的还原反应,发光发热,释放的热量占推进剂全部可释放热量的 50% 左右。该区反应完成后,全部燃烧过程即告结束,生成最终燃烧产物(典型双基推进剂的燃烧产物如表 10-3 所列),温度也升至最高值,即推进剂的燃烧温度,绝热时又称为绝热燃烧温度 T_f。一般双基推进剂的 T_f 为 2 400~3 000 K。

11.1.2　双基推进剂的稳态燃烧理论

人们对固体推进剂的燃烧规律已经有了充分的认识,但是如何用理论来描述这些规律却存在很大的分歧,这是因为固体推进剂的燃烧机理非常复杂。从 20 世纪 50 年代开始,先后有赖斯(O. K. Rice)和金内尔(A. S. Ginell)、库恩(N. S. Cohen)、贝克斯特德(M. W. Beckstead)、萨默菲尔德(M. Summerfield)、久保田(N. Kubota)等人对双基推进剂的燃烧提出了各自的理论模型。这里主要介绍由久保田、奥利米勒(T. J. Ohlemiller)、卡文尼(L. H. Caveny)和萨默菲尔德于 1973 年提出的燃烧模型,以他们的首字母称为 KOCS 模型,该模型目前应用最广,所得结论与大部分试验结果相符合。

1. 数学模型

久保田等人对双基推进剂的燃烧波结构进行了测量与分析,发现各燃烧区厚度随压强的变化关系如表 11-1 所列。

根据实验数据,KOCS 模型认为,暗区厚度远远大于其他区,可忽略温度梯度,同时火焰区远离燃烧表面,其向燃烧表面的传热也可以忽略。因此,可以将影响双基推进剂燃烧的区域简化为凝聚相反应区和混合相区两个阶段。

根据双基推进剂燃烧波的这些特点,KOCS 模型的主要内容包括:

（1）燃烧为一维定常过程，燃气为不可压，物性参数均为常数；

（2）忽略火焰区对混合相区和燃烧表面的热效应，火焰区的热效应只作用于暗区；

（3）未燃烧的推进剂固相内不存在化学反应，推进剂燃烧性能的决定因素是燃烧表面和混合相区的化学反应。

表 11 - 1　双基推进剂各燃烧区的厚度变化

燃烧区	固相加热区	凝聚相反应区	混合相区	暗　区		火焰区
压强/MPa	1.0	1.0	1.0	1.0	5.0	<0.7
厚度/mm	0.14	0.02	0.2	10.0	1.0	无

推进剂的燃速是指推进剂表面的退移速率，因此，欲得出推进剂的燃速，须从推进剂表面附近的化学反应和传热关系入手。图 11 - 2 所示为在双基推进剂表面凝聚相反应区和混合相区之间的传热与温度变化关系。

在推进剂表面存在如下能量守恒关系：固相内获得的热量 $\kappa_p\left(\dfrac{\mathrm{d}T}{\mathrm{d}y}\right)_{s-}$ 等于混

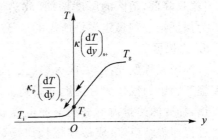

图 11 - 2　双基推进剂燃烧 KOCS
模型中传热与温度的关系

合相区传递的热量 $\kappa\left(\dfrac{\mathrm{d}T}{\mathrm{d}y}\right)_{s+}$ 与燃烧表面的放热量 $-\rho_p \dot{r} q_s$ 之和，即

$$\kappa_p\left(\frac{\mathrm{d}T}{\mathrm{d}y}\right)_{s-} = \kappa\left(\frac{\mathrm{d}T}{\mathrm{d}y}\right)_{s+} - \rho_p \dot{r} q_s \tag{11-6}$$

式中：热量传递均以导热的形式表示，κ_p 为推进剂固相的导热系数，κ 为混合相区气相的导热系数；q_s 为推进剂表面的净放热量（J/kg，约定放热为"—"）；$\rho_p \dot{r}$ 为单位时间在单位面积上烧去的推进剂质量；符号"s—"和"s＋"分别表示推进剂表面固相一侧和气相一侧。

利用能量守恒关系式（11 - 6），只要找到推进剂表面两侧传热量的变化关系，就可以得到推进剂的燃速表达式。这需要利用能量控制方程。

忽略黏性，只考虑导热和化学反应热，由能量方程式（5 - 89），可得一维定常不可压能量控制方程为

$$\rho v c \frac{\mathrm{d}T}{\mathrm{d}y} = \kappa \frac{\mathrm{d}^2 T}{\mathrm{d}y^2} + \dot{\omega} \cdot q \tag{11-7}$$

式中：v 为燃烧时质量加入的燃气流速；$\dot{\omega}$ 为化学反应速率，q 为单位质量燃料的总放热量（J/kg），$\dot{\omega} \cdot q$ 即为空间放热率。

在推进剂表面固相一侧，根据 KOCS 模型，可以忽略化学反应，式（11 - 7），则能量控制方程为

$$\kappa_p \frac{\mathrm{d}^2 T}{\mathrm{d}y^2} - \rho_p \dot{r} c_s \frac{\mathrm{d}T}{\mathrm{d}y} = 0 \qquad (11-8)$$

式中：c_s 为推进剂表面凝聚相的比热容。

在推进剂表面气相一侧，由式(11-7)，则能量控制方程为

$$\kappa \frac{\mathrm{d}^2 T}{\mathrm{d}y^2} - \rho v c_p \frac{\mathrm{d}T}{\mathrm{d}y} + \dot{\omega}_g \cdot q_g = 0 \qquad (11-9)$$

式中：$\dot{\omega}_g$ 为混合相区中燃料的总反应速率，q_g 为混合相区单位质量燃料的总放热量 (J/kg)。

推进剂稳定燃烧过程中，还存在如下质量守恒关系

$$\rho_p \dot{r} = \rho v \qquad (11-10)$$

在给定工作压强的定常燃烧时，推进剂的燃速 $\dot{r}$ 可假定为常数，因此，推进剂表面固相一侧的能量控制方程式(11-8)和推进剂表面气相一侧的能量控制方程式(11-9)均为常系数微分方程，通过积分，即可以确定传热量的变化关系。

(1) 推进剂表面固相一侧的传热量 $\kappa_p \left(\dfrac{\mathrm{d}T}{\mathrm{d}y} \right)_{s-}$

在区间 $[-\infty, 0]$ 积分推进剂表面固相一侧的能量控制方程式(11-8)，并考虑如下边界条件

$$\begin{cases} y = -\infty \text{ 时}, T = T_i, \dfrac{\mathrm{d}T}{\mathrm{d}y} = 0 \\ y = 0 \text{ 时}, T = T_s \end{cases} \qquad (11-11)$$

可得

$$\kappa_p \left(\frac{\mathrm{d}T}{\mathrm{d}y} \right)_{s-} = \rho_p \dot{r} c_s (T_s - T_i) \qquad (11-12)$$

能量控制方程式(11-8)的通解为

$$T(y) = C_1 \mathrm{e}^{\frac{\rho_p \dot{r} c_s}{\kappa_p} y} + C_2$$

考虑边界条件式(11-11)，可得积分常数为 $C_1 = T_s - T_i$，$C_2 = T_i$。因此，可得推进剂固相内的温度分布为

$$\frac{T(y) - T_i}{T_s - T_i} = \mathrm{e}^{\frac{\rho_p \dot{r} c_s}{\kappa_p} y} = \mathrm{e}^{\frac{\dot{r}}{a_p} y} \qquad (11-13)$$

式中：a_p 为推进剂的热扩散系数，即 $a_p = \dfrac{\kappa_p}{\rho_p c_s}$。

图 11-3 所示为不同燃速推进剂下固相内的温度分布，可见加热区的厚度非常薄，且燃速越高，厚度越薄。为确定加热区的厚度，一般取 $T(y) - T_i = 0.05(T_s - T_i)$ 时对应的坐标，如燃速 $\dot{r}$ 为 5 mm/s 时，对应的加热区厚度约为 0.054 mm；燃速 $\dot{r}$ 为 10 mm/s 时，对应的加热区厚度约为 0.026 mm。计算中所用参数为 $\rho_p = 1.6 \times 10^3$ kg/m³，$c_s = 1.4654 \times 10^3$ J/(kg·K)，$\kappa_p = 0.2093$ W/(m·K)，即 $a_p =$

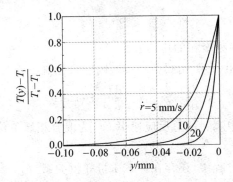

图 11 - 3　固体推进剂固相内的温度分布

$0.089\ 3\ \mathrm{mm^2/s}$。

（2）推进剂表面气相一侧的传热量 $\kappa_p\left(\dfrac{\mathrm{d}T}{\mathrm{d}y}\right)_{s+}$

由于反应速率 $\dot{\omega}_g$ 是温度的非线性函数，因此，推进剂表面气相一侧的能量控制方程（11-9）是非线性的二阶常微分方程。通过变量代换，可把该方程降阶为非齐次一阶常微分方程。

令 $\chi=\dfrac{\mathrm{d}T}{\mathrm{d}y}$，则能量控制方程式（11-9）可变为

$$\frac{\mathrm{d}\chi}{\mathrm{d}y}-\frac{\rho v c_p}{\kappa}\chi+\frac{\dot{\omega}_g\cdot q_g}{\kappa}=0 \qquad (11-14)$$

该微分方程的齐次解为

$$\chi=C\mathrm{e}^{\frac{\rho v c_p}{\kappa}y} \qquad (11-15)$$

式中：C 为积分常数。注意到质量守恒关系式（11-10），即 $\rho v=\rho_p\dot{r}$，故系数 $\rho v c_p/\kappa$ 可视为常数。

考虑非齐次项，则解的形式为

$$\chi=C(y)\cdot\mathrm{e}^{\frac{\rho v c_p}{\kappa}y} \qquad (11-16)$$

在区间 $[0,\infty]$ 考虑如下边界条件

$$\begin{cases} y=0\ \text{时},\chi=\chi_{s+} \\ y=\infty\ \text{时},\chi=0 \end{cases} \qquad (11-17)$$

可知积分常数为

$$\begin{cases} y=0\ \text{时},C(0)=\chi_{s+} \\ y=\infty\ \text{时},C(\infty)=0 \end{cases} \qquad (11-18)$$

对通解式（11-16）求 $\mathrm{d}\chi/\mathrm{d}y$，再代入非齐次微分方程（11-14），得

$$\mathrm{e}^{\frac{\rho v c_p}{\kappa}y}\cdot\frac{\mathrm{d}C(y)}{\mathrm{d}y}+\frac{\dot{\omega}_g\cdot q_g}{\kappa}=0 \qquad (11-19)$$

在区间 $[0,\infty]$ 上积分该方程便可求得系数 $C(y)$ 的解，并考虑式（11-18），可得

$$C(0) = \int_0^\infty \frac{\dot\omega_g \cdot q_g}{\kappa} e^{-\frac{\rho v c_p}{\kappa} y} \mathrm{d}y \tag{11-20}$$

结合式(11-18),则可得

$$\chi_{s+} = C(0) = \int_0^\infty \frac{\dot\omega_g \cdot q_g}{\kappa} e^{-\frac{\rho v c_p}{\kappa} y} \mathrm{d}y \tag{11-21}$$

因此,有

$$\kappa \left(\frac{\mathrm{d}T}{\mathrm{d}y} \right)_{s+} = q_g \int_0^\infty (\dot\omega_g \cdot e^{-\frac{\rho v c_p}{\kappa} y}) \mathrm{d}y \tag{11-22}$$

只有知道反应速率 $\dot\omega_g$ 与 y 的函数关系,才能继续积分。KOCS 模型认为,可把反应速率 $\dot\omega_g$ 看作一个阶跃函数,称为阶跃燃烧模型,即化学反应在给定区域 $y_i \leqslant y \leqslant y_g$ 才发生,且 $\dot\omega_g$ 在此区间内保持为常数,用平均值 $\bar\omega_g$ 表示。该阶跃函数表示为

$$\dot\omega_g = \begin{cases} 0, & 0 < y < y_i \\ \bar\omega_g, & y_i \leqslant y \leqslant y_g \\ 0, & y > y_g \end{cases} \tag{11-23}$$

将式(11-23)代入式(11-22),并注意到系数 $\rho v c_p / \kappa$ 为常数,则可积分得

$$\kappa \left(\frac{\mathrm{d}T}{\mathrm{d}y} \right)_{s+} = \frac{\kappa}{\rho_p \dot r c_p} \bar\omega_g \cdot q_g (e^{-\frac{\rho v c_p}{\kappa} y_i} - e^{-\frac{\rho v c_p}{\kappa} y_g}) \tag{11-24}$$

一般可认为反应从燃烧表面开始,即令 $y_i = 0$,则上式成为

$$\kappa \left(\frac{\mathrm{d}T}{\mathrm{d}y} \right)_{s+} = \frac{\kappa}{\rho_p \dot r c_p} \bar\omega_g \cdot q_g (1 - e^{-\frac{\rho v c_p}{\kappa} y_g}) \tag{11-25}$$

根据双基推进剂的典型实验数据和性能参数,取 $\rho_p = 1.6 \times 10^3 \ \mathrm{kg/m^3}$,$\dot r = 20 \ \mathrm{mm/s}$,则 $\rho v = \rho_p \dot r = 32.0 \ \mathrm{kg/(m^2 \cdot s)}$;取 $c_p = 1.67 \times 10^3 \ \mathrm{J/(kg \cdot K)}$,$\kappa = 0.167 \ \mathrm{J/(m \cdot s \cdot K)}$,混合相区的厚度取为 $0.02 \ \mathrm{mm}$,可知 $\frac{\rho v c_p}{\kappa} y_g = 6.4$,因此 $e^{-\frac{\rho v c_p}{\kappa} y_g} = 0.0017$。可取 $e^{-\frac{\rho v c_p}{\kappa} y_g} \approx 0$,则式(11-25)可简化为

$$\kappa \left(\frac{\mathrm{d}T}{\mathrm{d}y} \right)_{s+} \approx \frac{\kappa}{\rho_p \dot r c_p} \bar\omega_g \cdot q_g \tag{11-26}$$

2. 燃速表达式

将式(11-26)和式(11-12)代入式(11-6),则可求出双基推进剂的燃速表达式,即

$$\dot r = \left[\frac{\kappa \bar\omega_g \cdot q_g}{\rho_p^2 c_s c_p (T_s - T_i + q_s/c_s)} \right]^{\frac{1}{2}} \tag{11-27}$$

利用简单化学反应模型,混合相区的化学反应看作是燃料和氧化剂进行的二级反应,则燃料的化学反应速率由式(2-103)可得

$$\dot\omega_{fu} = -\frac{\rho^2}{M_{ox}} Y_{fu} Y_{ox} \cdot f_A e^{-\frac{E}{R_0 T_g}} \tag{11-28}$$

利用 $\dot{\omega}_{\text{fu}}$ 代替 $\dot{\omega}_{\text{g}}$（q_{g} 相应地为该燃料的燃烧焓），同时考虑理想气体热状态方程 $p = \rho R_{\text{g}} T_{\text{g}}$，其中 T_{g} 为混合相区气相反应温度，则燃速表达式(11-27)可写为

$$\dot{r} = p \cdot \left[-\frac{\kappa Y_{\text{fu}} Y_{\text{ox}} f_{\text{A}} e^{-\frac{E}{R_0 T_{\text{g}}}} \cdot q_{\text{g}}}{\rho_{\text{p}}^2 c_{\text{s}} c_p (T_{\text{s}} - T_{\text{i}} + q_{\text{s}}/c_{\text{s}}) R_{\text{g}}^2 T_{\text{g}}^2 M_{\text{ox}}} \right]^{\frac{1}{2}} \tag{11-29}$$

式中还需求出表面温度 T_{s} 和气相反应温度即混合相区末端温度 T_{g}。

表面温度 T_{s} 和放热量 q_{s} 与推进剂的分解机理有关。表面温度 T_{s} 由表面凝聚相的分解反应来确定，通常假设为零级反应，由零级反应的化学反应速率式(2-101)，即有

$$\dot{r} = f_{\text{A,s}} e^{\frac{E_{\text{s}}}{R_0 T_{\text{s}}}} \tag{11-30}$$

式中：$f_{\text{A,s}}$ 和 E_{s} 分别为表面凝聚相反应的碰撞频率和活化能。

气相反应温度 T_{g} 由热力学关系来确定，即有 $q_{\text{g}} = -c_p(T_{\text{g}} - T_{\text{s}})$、$q_{\text{s}} = -c_{\text{s}}(T_{\text{s}} - T_{\text{i}})$，则

$$T_{\text{g}} = T_{\text{i}} - q_{\text{s}}/c_{\text{s}} - q_{\text{g}}/c_p \tag{11-31}$$

利用式(11-29)、式(11-30)和式(11-31)，即可迭代求得双基推进剂的燃速。

由燃速式(11-29)可知，凝聚相反应和气相反应放热量越大，燃速越高；双基推进剂的燃速与压强呈一次方关系，即燃速压强指数为1。

KOCS模型是非常简化的模型，可较准确地预示双基推进剂燃速的大小，并可以此为基础预示含燃速催化剂的双基推进剂燃速，故得到广泛应用。但计算公式较复杂，计算结果的正确性与诸多参数的取值大小有关。KOCS模型采用的参数如表11-2所列。

表 11-2 双基推进剂 KOCS 模型中采用的参数取值

c_p	1.4654×10^3 J/(kg·K)
c_{s}	1.4654×10^3 J/(kg·K)
κ	8.3736×10^{-2} W/(m·K)
ρ_{p}	1.55×10^3 kg/m³
$Y_{\text{fu}} Y_{\text{ox}} f_{\text{A}}$	2.3×10^{12} m³/(mol·s)
q_{g}	-1381.644 kJ/kg
R_{g}	294.2 J/(kg·K)
E	71.1756 kJ/mol
E_{s}	71.1756 kJ/mol
q_{s}	-334.944 kJ/kg
$f_{\text{A,s}}$	5×10^3 m/s

3. 燃速的初温敏感系数

久保田根据上述模型，进一步分析了双基推进剂的燃速初温敏感系数。根据定

义式(11-5),推进剂燃速的初温敏感系数可表示为

$$\alpha_T = \left(\frac{\partial \ln \dot{r}}{\partial T_i} \right)_p \tag{11-32}$$

由推进剂表面的能量守恒关系式(11-6)和推进剂固相的传热关系式(11-12),有

$$\dot{r} = \frac{\kappa \left(\dfrac{\mathrm{d}T}{\mathrm{d}y} \right)_{s+}}{\rho_p c_s (T_s - T_i + q_s/c_s)} \tag{11-33}$$

在等压下,把式(11-33)的对数形式对初温 T_i 求导,并考虑到常物性假设,可得

$$\alpha_T = \left(\frac{\partial \ln \dot{r}}{\partial T_i} \right)_p = \left[\frac{\partial}{\partial T_i} \ln \left(\frac{\mathrm{d}T}{\mathrm{d}y} \right)_{s+} \right]_p - \left[\frac{\partial \ln(T_s - T_i + q_s/c_s)}{\partial T_i} \right]_p = \alpha_{T,g} - \alpha_{T,s}$$
$$\tag{11-34}$$

可见初温敏感系数 α_T 由两部分组成,其中 $\alpha_{T,g}$ 为气相初温敏感系数,与气相反应有关; $\alpha_{T,s}$ 是凝聚相初温敏感系数,与凝聚相反应有关。

由 KOCS 模型的表面传热表达式(11-26),取对数后求导可得

$$\alpha_{T,g} = \left[\frac{\partial}{\partial T_i} \ln \left(\frac{\mathrm{d}T}{\mathrm{d}y} \right)_{s+} \right]_p = \left[\frac{\partial \ln(-\bar{\omega}_g)}{\partial T_i} \right]_p + \left[\frac{\partial \ln(-q_g)}{\partial T_i} \right]_p - \left(\frac{\partial \ln \dot{r}}{\partial T_i} \right)_p =$$
$$\left[\frac{\partial \ln(-\bar{\omega}_g)}{\partial T_i} \right]_p + \left[\frac{\partial \ln(-q_g)}{\partial T_i} \right]_p - \alpha_T \tag{11-35}$$

式中由于 $\bar{\omega}_g$ 和 q_g 均为负,因此,对数项取绝对值。

设气相反应为一步 n 级化学反应,由化学反应速率式(2-106),可知有

$$\bar{\omega}_g \propto - p^n \mathrm{e}^{-\frac{E}{R_0 T_g}} \tag{11-36}$$

故

$$\left[\frac{\partial \ln(-\bar{\omega}_g)}{\partial T_i} \right]_p = \frac{E}{R_0 T_g^2} \left(\frac{\partial T_g}{\partial T_i} \right)_p \tag{11-37}$$

气相反应区产生的热量为: $q_g = -c_p(T_g - T_s)$,则

$$\left[\frac{\partial \ln(-q_g)}{\partial T_i} \right]_p = \frac{1}{T_g - T_s} \left(\frac{\partial T_g}{\partial T_i} - \frac{\partial T_s}{\partial T_i} \right)_p \tag{11-38}$$

将上述关系式代入式(11-35)和式(11-34),则得到燃速的初温敏感系数公式,即

$$\alpha_T = \frac{1}{2} \frac{E}{R_0 T_g^2} \left(\frac{\partial T_g}{\partial T_i} \right)_p + \frac{1}{2} \frac{1}{T_g - T_s} \left(\frac{\partial T_g}{\partial T_i} - \frac{\partial T_s}{\partial T_i} \right)_p -$$
$$\frac{1}{2} \frac{1}{T_s - T_i + q_s/c_s} \left(\frac{\partial T_s}{\partial T_i} - 1 + \frac{1}{c_s} \frac{\partial q_s}{\partial T_i} \right)_p \tag{11-39}$$

实验研究发现,凝聚相反应热 q_s 基本上与初温无关,即 $(\partial q_s/\partial T_i)_p \approx 0$;另外, $(\partial T_g/\partial T_i)_p \approx (\partial T_s/\partial T_i)_p$。因此,燃速的初温敏感系数公式可简化为

$$\alpha_T = \frac{1}{2} \frac{E}{R_0 T_g^2} \left(\frac{\partial T_g}{\partial T_i} \right)_p + \frac{1}{2} \frac{1}{T_s - T_i + q_s/c_s} \left(1 - \frac{\partial T_s}{\partial T_i} \right)_p \tag{11-40}$$

式(11-40)表明,双基推进剂燃速的初温敏感系数与气相反应及凝聚相反应有关。

为了降低气相初温敏感系数,必须减小混合相区气相反应的活化能E,提高混合相区温度T_g;为了降低凝聚相初温敏感系数,必须提高燃烧表面温度T_s。这些结论已为实验所证实。

11.2 AP复合推进剂的稳态燃烧机理

复合推进剂属于异质混合物,由氧化剂晶粒和金属燃烧剂等固体粒子分散在黏合剂弹性基体中组成。氧化剂和黏合剂有不同的物理化学性质,燃烧过程差别很大,特别是含量最大的氧化剂对燃烧过程的影响尤为突出。因此,复合推进剂稳态燃烧中的化学反应、传热传质过程要比双基推进剂复杂得多。

自20世纪50年代以来,国内外学者对AP复合推进剂的稳态燃烧机理进行了大量实验研究和理论分析,提出了多种稳态燃烧模型。根据燃烧过程中对燃速的控制机理以及火焰、燃烧波结构认识的不同,AP复合推进剂的稳态燃烧模型可分为气相型稳态燃烧模型和凝聚相型稳态燃烧模型两大类。

气相型稳态燃烧模型认为,推进剂燃烧速度由气相放热反应控制,不考虑推进剂结构上的非均匀性,也不考虑复合推进剂中AP和黏合剂热分解特性和动力学差异对推进剂性能的影响,是一个宏观的准均质模型。该类模型以萨默菲尔德的粒状扩散火焰(GDF)模型为代表。

凝聚相型稳态燃烧模型认为,气相放热反应区离燃面有一定的距离,燃烧表面及亚表面的凝聚相热分解反应所需的热量一部分或全部由凝聚相放热反应供给,推进剂燃烧速度由凝聚相组分的放热反应所控制。该类模型考虑了推进剂结构的非均匀性,物理意义更明确,最具代表性的是多火焰模型,又称BDP模型。

11.2.1 AP复合推进剂的燃烧波结构

萨默菲尔德经过大量实验观察,发现AP复合推进剂的燃烧波结构可分成3个区,即固相加热区、AP火焰区与扩散火焰区,如图11-4所示。

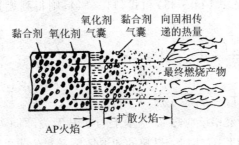

图 11-4 粒状扩散火焰模型示意图

固相加热区是由于燃烧产生的大量反馈热形成的,其凝聚相内是否存在融化过程和化学反应是争论的焦点,也是不同燃烧模型的主要区别。AP火焰区是由于氧化剂 AP 的分解和自燃烧形成的。推进剂表面受热升温,氧化剂和黏合剂通过热分解形成"气囊"逸出表面。由于黏合剂较难分解,而氧化剂 AP 易于分解,因此,在推进剂表面氧化剂 AP 首先自行燃烧形成 AP 火焰区,然后再进一步与黏合剂气囊燃烧形成扩散火焰区。

氧化剂 AP 在温度达到 420 K 左右时即开始分解,其分解产物为燃料 NH_3 和氧化剂 $HClO_4$,在推进剂燃烧表面附近进行气相放热反应,形成 AP 火焰(属于预混火焰)和富氧气流。氧化剂 AP 在温度小于 570K 时的分解和自燃烧过程为

$$NH_4ClO_4 \rightarrow NH_3 + HClO_4, \quad 4NH_3 + 4HClO_4 \rightarrow 2Cl_2 + 2N_2O + 3O_2 + 8H_2O$$

$$(11-41)$$

该反应过程总的效应是放热的,压强对该反应的影响十分明显。

扩散火焰区是在远离燃烧表面的气相中,AP 燃烧后的富氧气流和黏合剂的热解气流之间进行的扩散燃烧,形成扩散火焰,生成最终燃烧产物,并放出大量热量。

贝克斯特德(M. W. Beckstead)等人用高速显微镜和扫描电子显微镜研究 AP 复合推进剂的燃烧过程时,进一步发现:

(1) 推进剂在压强 $p=4.12$ MPa 时燃烧,AP 晶粒与黏合剂的消失速度相等;当 $p<4.12$ MPa 时,燃烧表面的 AP 晶粒凸出于黏合剂表面之上;反之,当 $p>4.12$ MPa 时,AP 晶粒则凹于黏合剂表面之下。这说明 AP 晶粒周围和中心处的热交换是不一样的,AP 晶粒上方的火焰结构十分复杂,不仅有 AP 预混火焰,而且在燃烧表面附近的 AP 晶粒周围还存在其他火焰,具有不可忽视的影响。

(2) 推进剂在所有压强下燃烧时,AP 晶粒表面上都有一薄层熔融液体,而且液体熔融层内部进行着凝聚相化学反应。

(3) 推进剂在很高压强下燃烧时,燃烧表面上处于熔融状态的黏合剂熔化液会流到凹于表面之下的 AP 晶粒上,阻止 AP 的分解,使燃烧中止。这个压强就是推进剂爆燃压强的上限值。

以上实验结果表明,推进剂的燃烧特性与其表面结构有着密切的关系。复合推进剂燃烧时,由于燃烧表面向推进剂内部传热,使氧化剂和黏合剂得到预热,并在燃烧表面上进行初始分解,此分解过程是吸热的。分解产物被吸附在燃烧表面上,并进行凝聚相放热反应,使得燃烧表面上进行的物理化学过程的总热效应是放热的。这些燃烧产物由表面进入气相区,进行扩散混合,并发生各种放热的化学反应,放出的热量有一部分反馈到固相,以维持推进剂继续燃烧。

根据上述实验结果,贝克斯特德、迪尔(R. L. Derr)和普赖斯(C. F. Price)三人提出,AP 复合推进剂的燃烧火焰是由无数个围绕氧化剂 AP 晶粒燃烧的小火焰组成的,并且每个氧化剂晶粒周围的小火焰由以下三种火焰组成,其结构如图 11-5 所示。

(1) 初焰(PF)

初焰是 AP 分解的富氧产物(如 O_2 等)与黏合剂热解的富燃产物(如 CH_4、

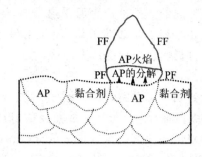

图 11-5 氧化剂 AP 周围的燃烧波结构示意图

C_2H_2、C 等)之间发生化学反应形成的火焰,该火焰位于氧化剂颗粒与黏合剂的接触界面附近,属于扩散火焰。

(2)过氯酸铵火焰(AP 焰)

AP 火焰是过氯酸铵分解产物 NH_3 与 $HClO_4$ 之间反应形成的浅蓝色预混火焰,生成 O_2 等富氧产物(含 O_2 约 30%)。

(3)终焰(FF)

终焰是 AP 焰燃烧后的富氧气流与黏合剂热解的富燃气流之间的二次扩散火焰,离燃烧表面较远,反应后形成最终燃烧产物,达到推进剂的燃烧温度。

11.2.2 粒状扩散火焰模型(GDF 模型)

萨默菲尔德总结了 AP 分解机理、黏合剂热解过程、推进剂燃速特性及火焰结构等方面的大量实验研究及理论分析成果,于 1960 年提出了粒状扩散火焰模型,简称 GDF(Granular Diffusion Flame)模型,其主要观点包括:

(1)复合推进剂的燃烧波结构可分为 3 个区,即固相加热区、AP 火焰区与扩散火焰区;

(2)推进剂表面受热升温,氧化剂和黏合剂通过热分解或升华直接由固相转化为气体,这些气体并未在燃烧表面上混合,而是各自以"气囊"形式从燃烧表面逸出,即所谓粒状扩散,因此,燃烧表面是干燥、粗糙的。实验观察证实,氧化剂 AP 在不同压强下可以存在分解或升华过程,且可以确定 NH_3 和 $HClO_4$ 是升华的产物;

(3)控制推进剂燃速的是气相反应速率与扩散混合速率,而凝聚相反应只是集中在燃烧表面上,它仅对燃烧表面的热效应起着能量平衡的作用;

(4)由于 AP 分解反应和 AP 火焰的厚度较小(如图 11-4 所示),模型中忽略其火焰厚度,只考虑扩散燃烧的火焰厚度;

(5)气相反应热效应是以热传导形式向推进剂表面传热,忽略辐射传热。

同样,这里也采用一维定常、不可压、物性参数为常数等用于燃烧分析的一般性假设。

1. 理论燃速公式

复合推进剂燃烧的 3 个分区的温度分布如图 11-6 所示。在固相加热区中由于燃烧表面的传热使得温度从初温 T_i 升高到表面温度 T_s，AP 火焰和最终扩散火焰的热效应使得温度升高到推进剂的最终燃烧温度 T_f。

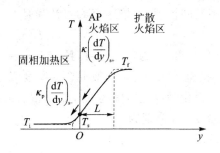

图 11 - 6　GDF 模型中传热与温度的关系

复合推进剂的固相加热区假设与双基推进剂 KOCS 模型的表面反应假设类似，即固相内没有化学反应，凝聚相反应只集中在燃烧表面。因此，在推进剂表面同样存在式（11 - 6）所示的能量守恒关系，重新编号为

$$\kappa_p \left(\frac{\mathrm{d}T}{\mathrm{d}y} \right)_{s-} = \kappa \left(\frac{\mathrm{d}T}{\mathrm{d}y} \right)_{s+} - \rho_p \dot{r} q_s \qquad (11 - 42)$$

由于在推进剂表面固相一侧没有化学反应，则能量控制方程与 KOCS 模型的式（11 - 8）相同，即为

$$\kappa_p \frac{\mathrm{d}^2 T}{\mathrm{d}y^2} - \rho_p \dot{r} c_s \frac{\mathrm{d}T}{\mathrm{d}y} = 0$$

类似，可得积分式（11 - 12），重新编号为

$$\kappa_p \left(\frac{\mathrm{d}T}{\mathrm{d}y} \right)_{s-} = \rho_p \dot{r} c_s (T_s - T_i) \qquad (11 - 43)$$

结合式（11 - 42）和式（11 - 43），可得

$$\kappa \left(\frac{\mathrm{d}T}{\mathrm{d}y} \right)_{s+} = \rho_p \dot{r} [c_s (T_s - T_i) + q_s] \qquad (11 - 44)$$

根据如图 11 - 6 所示的温度分布，可假设温度呈线性分布。设火焰厚度为 L，则有

$$\kappa \left(\frac{\mathrm{d}T}{\mathrm{d}y} \right)_{s+} \approx \kappa \frac{T_f - T_s}{L} \qquad (11 - 45)$$

代入式（11 - 44），可得复合推进剂的质量燃速为

$$\dot{r}_m = \rho_p \dot{r} = \frac{\kappa (T_f - T_s)}{L [c_s (T_s - T_i) + q_s]} \qquad (11 - 46)$$

由式（11 - 46）可见，只要知道火焰厚度 L，就可求得 AP 复合推进剂的燃速 $\dot{r}$ 或质量燃速 $\dot{r}_m$。

由 GDF 模型假设，推进剂燃烧速度由气相反应速率和扩散混合速率共同控制，因此，火焰厚度 L 是由化学反应区厚度 L_{ch} 和扩散混合区厚度 L_{diff} 共同组成。

在低压和小氧化剂粒度下，扩散混合速率远远高于化学反应速率，推进剂燃烧速度主要由化学反应速率控制，此时有 $L_{diff} \to 0$，$L \approx L_{ch}$；而在高压和大氧化剂粒度下，化学反应速率远远高于扩散混合速率，推进剂燃烧速度主要由扩散混合速率控制，此时有 $L_{ch} \to 0$，$L \approx L_{diff}$；在一般情况下，推进剂燃烧速度由化学反应速率和扩散混合

速率共同控制，火焰厚度 L 可认为是 L_{ch} 和 L_{diff} 按一定比例的线性叠加，即有

$$L = z_1 L_{ch} + z_2 L_{diff} \tag{11-47}$$

式中：z_1 和 z_2 为比例常数，且 $z_1 + z_2 = 1$。可见，求解火焰厚度 L 的关键，是求出化学反应区厚度 L_{ch} 和扩散混合区厚度 L_{diff}。

设化学反应时间为 τ_{ch}，扩散混合时间为 τ_{diff}，则化学反应区厚度 L_{ch} 和扩散混合区厚度 L_{diff} 分别为

$$L_{ch} = v\tau_{ch} \tag{11-48}$$

$$L_{diff} = v\tau_{diff} \tag{11-49}$$

式中：v 为推进剂燃烧产物从燃烧表面进入燃烧空间的流动速度，即燃烧质量加入的燃气流速。

下面讨论化学反应区厚度 L_{ch} 和扩散混合区厚度 L_{diff} 的确定方法，其关键是化学反应时间 τ_{ch} 和扩散混合时间 τ_{diff} 的确定。

（1）化学反应区厚度 L_{ch}

在低压和小氧化剂粒度下，可以忽略扩散混合区厚度 L_{diff}，火焰厚度主要由化学反应区厚度 L_{ch} 决定。同样，把气相化学反应看作是二级反应，利用化学反应度表示的二级化学反应速率为式（2-108），可得燃料的化学反应速率为

$$\dot{\omega}_{fu} = -\frac{\rho^2}{M_{ox}} Y_{fu,0} Y_{ox,0} f_A e^{-\frac{E}{R_0 T_g}} \cdot (1-\varepsilon)^2 = -\rho^2 A_g e^{-\frac{E}{R_0 T_g}} \cdot (1-\varepsilon)^2$$

$$\tag{11-50}$$

式中：ρ 为平均温度 $T_g = (T_f + T_s)/2$ 下的混合气体密度；$Y_{fu,0}$、$Y_{ox,0}$ 为燃料和氧化剂的初始质量分数；A_g 为常系数，$A_g = Y_{fu,0} Y_{ox,0} f_A / M_{ox}$。

反应物的化学反应度在火焰区内的变化如图 11-7 所示，可见，在火焰区内近似有 $(1-\varepsilon)^2 \rightarrow 1$。因此，式（11-50）可近似为

$$\dot{\omega}_{fu} \approx -\rho^2 A_g e^{-\frac{E}{R_0 T_g}} \tag{11-51}$$

这样，可得气相区消耗单位体积反应物的化学反应时间为

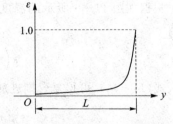

图 11-7 复合推进剂气相反应物的反应度在空间的变化关系

$$\tau_{ch} = -\frac{\rho}{\dot{\omega}_{fu}} = \frac{1}{\rho A_g \exp[-E/(R_0 T_g)]}$$

$$\tag{11-52}$$

于是，化学反应区厚度为

$$L_{ch} = v\tau_{ch} = \frac{\dot{r}_m}{\rho^2 A_g \exp[-E/(R_0 T_g)]} \tag{11-53}$$

式中考虑到质量守恒关系式（11-10）即 $\rho v = \rho_p \dot{r} = \dot{r}_m$。推进剂质量燃速表达式（11-46）代入式（11-53），且考虑到 $L \approx L_{ch}$，则得

$$L_{ch} = \sqrt{\frac{\kappa(T_f - T_s)}{c_s(T_s - T_i) + q_s}} \cdot \frac{1}{\rho\sqrt{A_g\exp[-E/(R_0 T_g)]}} \qquad (11-54)$$

（2）扩散混合区厚度 L_{diff}

在高压和大氧化剂粒度下，可以忽略化学反应区厚度 L_{ch}，火焰厚度主要由扩散混合区厚度 L_{diff} 决定。设燃烧表面上产生的黏合剂气团质量为 m_g，有效直径为 d_g，有

$$m_g \approx \rho d_g^3 \qquad (11-55)$$

黏合剂气团的寿命（即扩散混合时间）τ_{diff} 由气团向周围的扩散速率确定。根据爱因斯坦（H. A. Einstein）关于分子扩散混合的关系即扩散混合方程，并考虑式（11-55），有

$$\tau_{diff} \approx \frac{d_g^2}{D} \approx \frac{1}{D}\left(\frac{m_g}{\rho}\right)^{2/3} \qquad (11-56)$$

式中：D 为扩散系数，这类似于式（9-37）表示的液滴蒸发的直径平方定律。于是扩散混合区厚度（并考虑 $\rho v = \rho_p \dot{r} = \dot{r}_m$）为

$$L_{diff} = v\tau_{diff} = \frac{\dot{r}_m m_g^{2/3}}{\rho^{5/3} D} \qquad (11-57)$$

将推进剂质量燃速表达式（11-46）代入式（11-57），且考虑到 $L \approx L_{diff}$，则得到

$$L_{diff} = \sqrt{\frac{\kappa(T_f - T_s)}{c_s(T_s - T_i) + q_s}} \cdot \frac{m_g^{1/3}}{\rho^{5/6} D^{1/2}} \qquad (11-58)$$

把求出的化学反应区厚度 L_{ch} 的式（11-54）和扩散混合区厚度 L_{diff} 的式（11-58）代入式（11-47），则得到一般情况下的火焰厚度 L，即

$$L = \sqrt{\frac{\kappa(T_f - T_s)}{c_s(T_s - T_i) + q_s}} \cdot \left\{\frac{z_1}{\rho\{A_g\exp[-E/(R_0 T_g)]\}^{0.5}} + \frac{z_2 m_g^{1/3}}{\rho^{5/6} D^{1/2}}\right\} \qquad (11-59)$$

再把式（11-59）表示的火焰厚度 L 代入推进剂质量燃速表达式（11-46），则可得到

$$\dot{r}_m = \rho_p \dot{r} = \frac{\sqrt{\dfrac{\kappa(T_f - T_s)}{c_s(T_s - T_i) + q_s}}}{\dfrac{z_1}{\rho\{A_g\exp[-E/(R_0 T_g)]\}^{0.5}} + \dfrac{z_2 m_g^{1/3}}{\rho^{5/6} D^{1/2}}} \qquad (11-60)$$

考虑理想气体热状态方程 $p = \rho R_g T_g$，以及扩散系数与压强的修正关系式（6-28）即 $D = D_i\left(\dfrac{p_i}{p}\right)\left(\dfrac{T_g}{T_i}\right)^{1.5}\left[\dfrac{(\Omega_D)_i}{\Omega_D}\right]$（其中下标"i"表示对应初温 T_i），代入式（11-60），并取倒数，可得

$$\frac{1}{\dot{r}} = \frac{z_1 \rho_p R_g T_g}{p\sqrt{\dfrac{\kappa(T_f - T_s)A_g\exp[-E/(R_0 T_g)]}{c_s(T_s - T_i) + q_s}}} +$$

$$\frac{z_2 \rho_p (R_g T_g)^{5/6} m_g^{1/3}}{p^{1/3}\sqrt{\dfrac{\kappa(T_f - T_s)}{c_s(T_s - T_i) + q_s}} D_i p_i\left(\dfrac{T_g}{T_i}\right)^{1.5}\dfrac{(\Omega_D)_i}{\Omega_D}} \qquad (11-61)$$

则得到 AP 复合推进剂的萨默菲尔德燃速公式为

$$\frac{1}{\dot r} = \frac{a}{p} + \frac{b}{p^{1/3}} \qquad (11-62)$$

式中:系数 a 和 b 分别为

$$\begin{cases} a = z_1 \rho_{\mathrm{p}} R_{\mathrm{g}} T_{\mathrm{g}} \cdot \sqrt{\dfrac{c_s(T_s - T_i) + q_s}{\kappa(T_f - T_s) A_{\mathrm{g}} \exp[-E/(R_0 T_{\mathrm{g}})]}} \\[3mm] b = z_2 \rho_{\mathrm{p}} (R_{\mathrm{g}} T_{\mathrm{g}})^{5/6} m_{\mathrm{g}}^{1/3} \cdot \sqrt{\dfrac{c_s(T_s - T_i) + q_s}{\kappa(T_f - T_s) D_i p_i (T_{\mathrm{g}}/T_i)^{1.5} (\Omega_D)_i / \Omega_D}} \end{cases}$$

$$(11-63)$$

a 为化学反应时间常数,反映了化学反应速率对燃速的控制程度,与推进剂性质,特别是燃烧温度有关;b 为扩散混合时间常数,反映了扩散混合速率对燃速的控制程度,主要与氧化剂粒度有关。

GDF 模型首次导出了 AP 复合推进剂的理论燃速公式,并将燃速显式地与推进剂特性、气相反应动力学、扩散混合及燃烧室压强等参数关联起来,便于分析各参数对燃速的影响。由于该理论燃速公式建立在实验基础上,可在相当大的压强范围内与实验结果相符,并得到广泛应用。

实际应用中,参数 a 和 b 很难通过上述理论公式进行准确计算,而是通过实验数据进行拟合来确定。大量实验表明,粒状扩散火焰模型的适用范围:压强为 $0.1\sim10.0$ MPa,氧化剂 AP 的粒径 $d_{\mathrm{AP}} \leqslant 250\ \mu\mathrm{m}$,黏合剂为大分子网络结构的难融黏合剂。

GDF 模型也存在不少缺点,例如关于燃烧表面干燥的假设与大量实验的观测结果不符,关于"气囊"的概念缺乏确切的根据,完全忽略 AP 分解火焰的影响也过于简化,未考虑推进剂结构和火焰的非均匀等,故使用时应注意其适用范围。

2. 燃速压强指数和燃速的初温敏感系数

燃速的压强指数由式(11-3)来确定,即为

$$n = \left(\frac{\partial \ln \dot r}{\partial \ln p}\right)_{T_i} \qquad (11-64)$$

GDF 模型给出的燃速表达式与维也里经验方程即指数燃速公式形式上是不同的,为了给出由 GDF 模型所确定的燃速压强指数 n,可将萨默菲尔德燃速式(11-62)写为

$$\dot r = p(a + bp^{2/3})^{-1} \qquad (11-65)$$

对式(11-65)按压强指数的定义式(11-64)进行对数微分,可得

$$n = \left(\frac{\partial \ln \dot r}{\partial \ln p}\right)_{T_i} = 1 - \frac{2}{3} \cdot \frac{bp^{2/3}}{a + bp^{2/3}} = 1 - \frac{2}{3} \cdot \frac{b}{ap^{-2/3} + b} \qquad (11-66)$$

可见,GDF 模型导出的燃速压强指数不为常数,而是 a、b 和 p 的函数,并随着压强增大逐渐下降,最大值为 1,最小值为 1/3。

利用 GDF 模型估算燃速的初温敏感系数比较复杂。根据燃速初温敏感系数的

定义式(11-5),在等压下,对燃速式(11-62)进行求导,可得

$$\alpha_T = \left(\frac{1}{\dot{r}}\frac{\partial \dot{r}}{\partial T_i}\right)_p = \left[\dot{r}\cdot\left(-\frac{1}{p}\frac{\partial a}{\partial T_i} - \frac{1}{p^{1/3}}\frac{\partial b}{\partial T_i}\right)\right]_p =$$

$$\left[\dot{r}\cdot\left(-\frac{a}{p}\frac{\partial \ln a}{\partial T_i} - \frac{b}{p^{1/3}}\frac{\partial \ln b}{\partial T_i}\right)\right]_p$$

利用燃速式(11-62),上式变形为

$$\alpha_T = \left[\dot{r}\frac{a}{p}\left(\frac{\partial \ln b}{\partial T_i} - \frac{\partial \ln a}{\partial T_i}\right) - \frac{\partial \ln b}{\partial T_i}\right]_p \tag{11-67}$$

对系数 a 和 b 的表达式(11-63)在定压下求导,得

$$\frac{\partial \ln a}{\partial T_i} = \left(\frac{1}{T_g} - \frac{E}{2R_0 T_g^2}\right)\frac{\partial T_g}{\partial T_i} + \frac{T_f - T_i + q_s/c_s}{2(T_f - T_s)(T_s - T_i + q_s/c_s)}\frac{\partial T_s}{\partial T_i} -$$

$$\frac{1}{2(T_f - T_s)}\frac{\partial T_f}{\partial T_i} - \frac{1}{2(T_s - T_i + q_s/c_s)}$$

$$\frac{\partial \ln b}{\partial T_i} = \frac{1}{12 T_g}\frac{\partial T_g}{\partial T_i} + \frac{T_f - T_i + q_s/c_s}{2(T_f - T_s)(T_s - T_i + q_s/c_s)}\frac{\partial T_s}{\partial T_i} -$$

$$\frac{1}{2(T_f - T_s)}\frac{\partial T_f}{\partial T_i} - \frac{1}{2(T_s - T_i + q_s/c_s)}$$

其中考虑到凝聚相反应热 q_s 基本上与初温无关,即 $(\partial q_s/\partial T_i)_p \approx 0$。两式相减,则有

$$\frac{\partial \ln b}{\partial T_i} - \frac{\partial \ln a}{\partial T_i} = \left(\frac{E}{2R_0 T_g} - \frac{11}{12}\right)\frac{1}{T_g}\frac{\partial T_g}{\partial T_i}$$

代入式(11-67),可得

$$\alpha_T = \left\{\left[\frac{\dot{r}a}{p T_g}\left(\frac{E}{2R_0 T_g} - \frac{11}{12}\right) - \frac{1}{12 T_g}\right]\frac{\partial T_g}{\partial T_i} + \frac{1}{2(T_f - T_s)}\frac{\partial T_f}{\partial T_i}\right\}_p -$$

$$\left[\frac{T_f - T_i + q_s/c_s}{2(T_f - T_s)(T_s - T_i + q_s/c_s)}\frac{\partial T_s}{\partial T_i} - \frac{1}{2(T_s - T_i + q_s/c_s)}\right]_p$$

$$\tag{11-68}$$

式(11-68)表明,复合推进剂燃速的初温敏感系数与气相反应及表面凝聚相反应有关。为了降低气相初温敏感系数,必须减小气相反应的活化能 E,提高气相反应温度 T_g;为了降低表面凝聚相初温敏感系数,必须提高燃烧表面温度 T_s。这些结论与双基推进剂的分析基本一致。

11.2.3　BDP 多火焰模型

根据复合推进剂中 AP 晶粒周围的燃烧与压强存在紧密联系、燃烧表面存在熔融液体等实验结果,贝克斯特德、迪尔和普赖斯三人于 1970 年提出了 AP 复合推进剂凝聚相型稳态燃烧多火焰模型,并以三人名字之首字母简称为 BDP 模型。该模型与气相型模型不同,它认为凝聚相也有放热的化学反应——凝聚相分解所需的热量部分甚至全部由凝聚相的放热反应供给。该模型认为,AP 复合推进剂的燃烧火焰是由无数个围绕氧化剂 AP 晶粒燃烧的小火焰组成,并且每个氧化剂晶粒周围的小

火焰是由初焰(PF)、AP焰和终焰(FF)三种火焰组成,其结构如图11-5所示。

1. 物理模型

BDP多火焰模型的核心是围绕氧化剂AP晶粒的小火焰结构,由氧化剂AP晶粒和黏合剂之间的不同燃烧反应组成。

PF是黏合剂的热解产物(如CH_4、C_2H_2、C等)与AP焰中的$HClO_4$及其燃烧产物(如O_2、Cl_2、N_2O等)相互扩散而形成的燃烧反应,其反应可表示为

$$黏合剂热解产物 + HClO_4 及其燃烧产物 \rightarrow PF \tag{11-69}$$

该反应为二级气相反应。PF直接发生在推进剂的表面上,对推进剂的燃烧特性影响显著,在考虑对燃面的传热时,近似认为PF温度T_{PF}等于推进剂的绝热燃烧温度T_f。

AP焰位于AP晶粒的上方,是AP热分解产物NH_3和$HClO_4$进入气相后进行的进一步氧化反应,其反应式为式(11-41),即为

$$NH_4ClO_4 \rightarrow NH_3 + HClO_4 \tag{11-70}$$

$$4NH_3 + 4HClO_4 \rightarrow 2Cl_2 + 2N_2O + 3O_2 + 8H_2O \tag{11-71}$$

凝聚相的分解反应如AP分解反应式(11-70)视为零级反应,氧化反应式(11-71)为预混二级反应。AP焰的温度T_{AP}为AP晶粒的绝热燃烧温度,$T_{AP} \approx 1400 K$。

FF位于AP焰的上方,是黏合剂的分解气体与AP焰生成的氧化性气体之间的反应,其反应关系为

$$黏合剂分解气体 + AP焰氧化性气体 \rightarrow FF \tag{11-72}$$

该反应也是二级气相反应。由于FF焰的反应物已被预热到AP焰的温度,因此其反应速率极快,是典型的扩散火焰。FF的温度T_{FF}即为推进剂的绝热燃烧温度T_f。

同样,这里也采用一维定常、不可压、物性参数为常数等用于燃烧分析的一般性假设。同时,只考虑导热方式的传热,忽略辐射传热。

上述三种火焰结构,其火焰厚度(即火焰与燃面的动力学距离)分别为L_{PF}、L_{AP}和L_{FF}。其中AP焰是预混火焰,在高压下可认为完全由化学动力学控制,设其燃烧反应时间为τ_{AP},类似于火焰厚度定义式(11-48),可得AP焰的火焰厚度为

$$L_{AP} = v\tau_{AP} = \frac{\rho v}{\rho}\tau_{AP} = \frac{\dot{r}_{m,ox}}{\rho}\frac{1}{ap^n} \tag{11-73}$$

式中:$\dot{r}_{m,ox}$为AP氧化剂的质量燃速(或分解速率),并考虑到$\rho v = \rho_{ox}\dot{r}_{ox} = \dot{r}_{m,ox}$,$\rho_{ox}$为氧化剂晶粒的密度,$\dot{r}_{ox}$为氧化剂晶粒的线性燃速;燃烧反应时间$\tau_{AP}$由氧化剂晶粒的线性燃速$\dot{r}_{ox}$来确定,并认为$\dot{r}_{ox} = ap^n$,$a$、$n$为AP氧化剂晶粒燃烧的燃速系数和压强指数(反应级数)。

PF和FF是扩散火焰,完全由扩散混合过程控制,其对应的火焰厚度定义为有效扩散混合距离L_{diff},计算式为

$$L_{diff} = \alpha \cdot L_{diff}^* \tag{11-74}$$

式中:α为平均火焰高度因子($0<\alpha<1$),通常取0.3;L_{diff}^*为火焰的扩散混合距离,可

认为是扩散火焰的高度。燃料和氧化剂的扩散火焰可视为贝克-舒曼受限射流火焰。

FF 火焰由于穿过 AP 焰，其火焰厚度应为 AP 焰厚度加上有效扩散混合距离，即

$$L_{FF} = L_{AP} + (L_{diff})_{FF} \qquad (11-75)$$

从 BDP 多火焰物理模型可以得出，每个氧化剂晶粒和周围的黏合剂构成一个独立的燃烧单元，该独立燃烧单元可看成是一个假想独立的推进剂，称为基元推进剂。这样，推进剂燃面上每一个氧化剂晶粒与相邻的黏合剂都构成一个基元推进剂，推进剂的燃烧可看成是基元推进剂燃烧的总和。因此，不论推进剂中的氧化剂是单分散还是多分散，也不论氧化剂是单一组分还是多种组分，推进剂的燃面由众多的基元推进剂燃面组成，基元推进剂的燃烧规律是研究多火焰模型的基础。

推进剂燃烧过程中，任意时刻推进剂燃面上氧化剂晶粒的状态是随机分布的，有的凸出多，有的凸出少。假设 AP 晶粒呈球形（直径为 d_{AP}），在任意时刻氧化剂晶粒与黏合剂平面相截的可能弦长（称为截弦长）直径 D' 如图 11-8 所示。为了用随机分布的基元推进剂燃烧来描述真

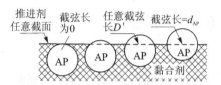

**图 11-8　AP 复合推进剂中任意时刻
AP 晶粒的随机分布**

实推进剂的燃烧，提出统计平均的基元推进剂概念，即用统计方法得到一个平均基元推进剂，所有基元推进剂均按统计平均的基元推进剂状态燃烧。关于统计平均的方法，BDP 模型采用的是氧化剂晶粒与黏合剂平面相截直径即截弦长的统计平均值 $\overline{D'}$ 来表示平均基元推进剂的状态。

按推进剂中氧化剂与黏合剂的质量组成比例，有

$$Y_{ox} = \frac{\dot{m}_{ox}}{\dot{m}_p} \qquad (11-76)$$

式中：$\dot{m}_{ox}$ 为单位时间氧化剂烧去的质量，$\dot{m}_p$ 为单位时间推进剂烧去的总质量。根据几何燃烧定律，固体推进剂的燃气生成率为 $\dot{m}_{ox} = \dot{r}_{m,ox}A_{b,ox}$，$\dot{m}_p = \dot{r}_m A_b$，其中 $A_{b,ox}$、A_b 分别为对应氧化剂 AP 和整个推进剂的燃烧面积。代入式(11-76)可得推进剂的质量燃速为

$$\dot{r}_m = \frac{\dot{r}_{m,ox}}{Y_{ox}} \cdot \frac{A_{b,ox}}{A_b} \qquad (11-77)$$

可见，欲求推进剂的燃速，首先需要确定氧化剂和推进剂的燃烧面积比 $A_{b,ox}/A_b$，还需确定氧化剂的分解速率 $\dot{r}_{m,ox}$。

2. 基元推进剂的几何关系

燃烧面积比 $A_{b,ox}/A_b$ 由氧化剂 AP 晶粒相对于黏合剂燃烧时的几何关系来确定。考察如图 11-9 所示的基元推进剂，初始的 AP 晶粒为球形，直径（粒径）为 d_{AP}。

在平均基元推进剂状态时，AP 晶粒与黏合剂平面相截的直径为 $\overline{D'}$。BDP 多火

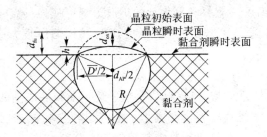

图 11 - 9　基元推进剂中 AP 晶粒的几何关系

焰模型认为，统计平均的 $\overline{D'}$ 满足

$$\frac{\pi}{4}\,\overline{D'}^2 d_{AP} = \frac{\pi}{6} d_{AP}^3 \tag{11-78}$$

即有

$$\overline{D'} = \sqrt{\frac{2}{3}} d_{AP} \tag{11-79}$$

　　设在任意时刻 t，黏合剂燃去的厚度为 d_{fu}，氧化剂晶粒燃去的厚度为 d_{ox}，氧化剂晶粒凸出（或凹下）黏合剂表面的球冠高度为 h，球冠半径为 R。因此，基元推进剂中氧化剂 AP 的燃烧面积 $A_{b,ox}$ 即为该球冠的表面积，而基元推进剂的总燃烧面积 A_b 等于 AP 晶粒的燃烧面积 $A_{b,ox}$ 与黏合剂的燃烧面积 $A_{b,fu}$ 之和。即有

$$A_b = A_{b,ox} + A_{b,fu} \tag{11-80}$$

$$A_{b,ox} = 2\pi Rh \tag{11-81}$$

　　可见，欲得到燃烧面积的关系，需要确定任意 t 时刻氧化剂晶粒的球冠高度 h 和球冠半径 R，以及黏合剂的燃烧面积 $A_{b,fu}$。

　　根据燃烧规律，可知球冠高度 h 是由于晶粒从初始形状烧去了厚度 d_{ox} 后形成的，同时黏合剂烧去的厚度为 d_{fu}，即有

$$h = d_{fu} - d_{ox} \tag{11-82}$$

晶粒烧去的厚度 d_{ox} 可表示为

$$d_{ox} = \dot{r}_{ox}(t - t_{ig}) = \dot{r}_{ox}\left(\frac{d_{fu}}{\dot{r}_{fu}} - t_{ig}\right) \tag{11-83}$$

式中：$\dot{r}_{ox}$、$\dot{r}_{fu}$ 分别为氧化剂和黏合剂的线性燃速；t_{ig} 为氧化剂晶粒相对于黏合剂的滞后燃烧时间。t_{ig} 可由香农（L. J. Shanon）提出的经验公式确定，即

$$t_{ig} = c_{ig}\frac{d_{AP}^{a+1}}{p^b} \tag{11-84}$$

式中：c_{ig}、a、b 为实验常数，计算中可取 $a=0.8$，$b=0.72$，$c_{ig}=190.0$ s · atm$^{0.72}$/cm$^{1.8}$。可见，该公式中压强单位为 atm，直径单位为 cm。

　　因此，球冠高度为

$$h = d_{fu}\left(1 - \frac{\dot{r}_{ox}}{\dot{r}_{fu}}\right) + \dot{r}_{ox}t_{ig} \tag{11-85}$$

黏合剂烧去的厚度 d_{fu} 可从图 $11-9$ 所示的几何关系求出,即有

$$R^2 = (R-h)^2 + (\overline{D'}/2)^2 \tag{11-86}$$

$$(d_{AP}/2)^2 = (d_{AP}/2 - d_{fu})^2 + (\overline{D'}/2)^2 \tag{11-87}$$

把统计平均值 $\overline{D'}$ 的大小表达式 $(11-79)$ 代入,可解得

$$2Rh = h^2 + d_{AP}^2/6 \tag{11-88}$$

$$d_{fu} = \frac{d_{AP}}{2}\left(1 \pm \frac{1}{\sqrt{3}}\right) \tag{11-89}$$

式中:正、负号表示晶粒中心位于黏合剂平面以下和以上两种情况。

把式 $(11-88)$ 代入式 $(11-81)$,可得氧化剂晶粒的燃烧面积为

$$A_{b,ox} = \pi\left(\frac{h^2}{d_{AP}^2} + \frac{1}{6}\right)d_{AP}^2 \tag{11-90}$$

式中: h/d_{AP} 由式 $(11-85)$ 和式 $(11-89)$ 解得为

$$\frac{h}{d_{AP}} = \frac{1}{2}\left(1 \pm \frac{1}{\sqrt{3}}\right)\left(1 - \frac{\dot{r}_{ox}}{\dot{r}_{fu}}\right) + \frac{\dot{r}_{ox}t_{ig}}{d_{AP}} \tag{11-91}$$

为得到黏合剂的燃烧面积 $A_{b,fu}$,采用如下假设:固体推进剂中各组元的平面燃烧面积正比于其容积分数。所谓平面燃烧面积,即不考虑晶粒的凹凸变化而得到的燃烧面积,对于图 $11-9$ 所示的 AP 晶粒,即是与黏合剂平面相截的直径为 $\overline{D'}$ 的圆面积(即晶粒燃烧面积在平面的投影面积),用 $\overline{A}_{b,ox}$ 表示,即有

$$\overline{A}_{b,ox} = \frac{\pi}{4}\overline{D'}^2 = \frac{\pi}{6}d_{AP}^2 \tag{11-92}$$

设推进剂中氧化剂 AP 的容积分数为 φ_{ox},定义为式 $(2-11)$,其与质量分数的关系为

$$\varphi_{ox} = \frac{m_{ox}/\rho_{ox}}{m_p/\rho_p} = Y_{ox}\frac{\rho_p}{\rho_{ox}} \tag{11-93}$$

按平面燃烧面积与容积分数成正比的假设,即有

$$\varphi_{ox} = \frac{\overline{A}_{b,ox}}{\overline{A}_b} = \frac{\overline{A}_{b,ox}}{\overline{A}_{b,ox} + A_{b,fu}} \tag{11-94}$$

式中: $\overline{A}_b$ 为基元推进剂中总的平面燃烧面积。由于黏合剂没有凹凸变化,故其平面燃烧面积 $\overline{A}_{b,fu}$ 即等于实际燃烧面积 $A_{b,fu}$。因此,由式 $(11-94)$ 可得

$$A_{b,fu} = \overline{A}_{b,ox}(1/\varphi_{ox} - 1) = \frac{\pi}{6}d_{AP}^2(1/\varphi_{ox} - 1) \tag{11-95}$$

这样,就可完全确定燃烧面积的关系,即为

$$\frac{A_{b,ox}}{A_b} = \frac{A_{b,ox}}{A_{b,ox} + A_{b,fu}} = \frac{\varphi_{ox}(1 + 6h^2/d_{AP}^2)}{1 + 6\varphi_{ox}h^2/d_{AP}^2} \tag{11-96}$$

式中: φ_{ox} 由式 $(11-93)$ 确定; h/d_{AP} 由式 $(11-91)$ 计算。

3. BDP 模型的化学反应机理

由式 $(11-77)$ 可知,欲求推进剂的燃速,还需确定氧化剂的分解速率 $\dot{r}_{m,ox}$。BDP

模型把凝聚相的分解反应均视为零级反应,由零级反应的化学反应速率式(2-101),即有

$$\dot{r}_{m,\text{ox}} = \rho_{\text{ox}} \dot{r}_{\text{ox}} = \rho_{\text{ox}} f_{\text{A,ox}} e^{-\frac{E_{\text{ox}}}{R_0 T_s}} \tag{11-97}$$

式中:$f_{\text{A,ox}}$ 为氧化剂分解反应的碰撞频率,T_s 为推进剂的表面温度。可见,只要确定表面温度 T_s 后,即可计算分解速率 $\dot{r}_{m,\text{ox}}$。

推进剂表面温度取决于燃烧化学反应和燃烧表面的传热。BDP 模型认为,燃烧化学反应集中在一个薄层中完成,在薄层之外不存在化学反应,这就是火焰壳假设。因此,化学反应便可处理成为用燃烧温度表示的边界条件。忽略化学反应的能量方程与式(11-9)形式上相同(忽略辐射传热,只考虑导热形式的传热),即为

$$\kappa \frac{\mathrm{d}^2 T}{\mathrm{d} y^2} - \rho v c_p \frac{\mathrm{d} T}{\mathrm{d} y} = 0 \tag{11-98}$$

该方程的通解为

$$T(y) = C_1 \exp(\xi) + C_2 \tag{11-99}$$

式中:$\xi = \dfrac{\rho v c_p}{\kappa} y$。考虑边界条件可得积分常数 C_1 和 C_2。在推进剂表面和三个火焰 PF、AP 和 FF 的火焰面(火焰壳)上,边界条件分别为

$$\begin{cases} y = 0 \text{ 时}, T = T_s \\ y = L_{\text{PF}} \text{ 时}, T = T_{\text{PF}} \approx T_{\text{f}} \\ y = L_{\text{AP}} \text{ 时}, T = T_{\text{AP}} \\ y = L_{\text{FF}} \text{ 时}, T = T_{\text{FF}} \end{cases} \tag{11-100}$$

对通解式(11-99)求导,可得导热的热流率为

$$\kappa \frac{\mathrm{d} T}{\mathrm{d} y} = C_1 \rho v c_p \exp(\xi) \tag{11-101}$$

以 PF 为例,边界条件取 $y = 0$ 时,$T = T_s$;$y = L_{\text{PF}}$ 时,$T = T_{\text{f}}$,代入通解式(11-99)可求出积分常数为 $C_1 = \dfrac{T_{\text{f}} - T_s}{\exp(\xi_{\text{PF}}) - 1}$,$C_2 = T_s - \dfrac{T_{\text{f}} - T_s}{\exp(\xi_{\text{PF}}) - 1}$,其中 $\xi_{\text{PF}} = \dfrac{\rho v c_p}{\kappa} L_{\text{PF}}$ 称为 PF 的无量纲火焰厚度。因此,可得 PF 的温度分布为

$$T(y) = T_s + \frac{T_{\text{f}} - T_s}{\exp(\xi_{\text{PF}}) - 1} \left[\exp(\xi) - 1 \right] \tag{11-102}$$

求导可得导热的热流率为

$$\kappa \frac{\mathrm{d} T}{\mathrm{d} y} = \frac{\dot{r}_m c_p (T_{\text{f}} - T_s)}{\exp(\xi_{\text{PF}}) - 1} \exp(\xi) \tag{11-103}$$

因此,PF 对推进剂表面的热流率和在火焰壳上的热流率分别为

$$\kappa \frac{\mathrm{d} T}{\mathrm{d} y} \bigg|_{y=0} = \frac{\dot{r}_m c_p (T_{\text{f}} - T_s)}{\exp(\xi_{\text{PF}}) - 1} \tag{11-104}$$

$$\kappa \left.\frac{\mathrm{d}T}{\mathrm{d}y}\right|_{y=L_{PF}} = \frac{\dot{r}_m c_p (T_f - T_s)}{\exp(\xi_{PF}) - 1} \exp(\xi_{PF}) \qquad (11-105)$$

根据能量关系,PF 在火焰壳上的热流率可表示为

$$\kappa \left.\frac{\mathrm{d}T}{\mathrm{d}y}\right|_{y=L_{PF}} = -\beta_{ox} \dot{r}_m \cdot q_{PF} \qquad (11-106)$$

式中:q_{PF} 为 PF 的放热量;β_{ox} 为分配到 PF 中的氧化剂占总氧化剂的质量分数,受压强影响较大:在高压下,$\beta_{ox} \to 0$,在低压下 $\beta_{ox} \to 1$。结合式(11-106)和式(11-105),可得

$$\frac{\dot{r}_m c_p (T_f - T_s)}{\exp(\xi_{PF}) - 1} = -\beta_{ox} \dot{r}_m \cdot q_{PF} \exp(-\xi_{PF}) \qquad (11-107)$$

代入式(11-104),可得 PF 对燃烧表面的热流率为

$$\kappa \left.\frac{\mathrm{d}T}{\mathrm{d}y}\right|_{y=0,PF} = -\beta_{ox} \dot{r}_m \cdot q_{PF} \exp(-\xi_{PF}) \qquad (11-108)$$

按上述过程,类似可得 AP 焰和 FF 对燃烧表面的热流率,即

$$\kappa \left.\frac{\mathrm{d}T}{\mathrm{d}y}\right|_{y=0,AP+FF} = -(1-\beta_{ox}) \dot{r}_{m,ox} [q_{AP} \exp(-\xi_{AP}) + q_{FF} \exp(-\xi_{FF})]$$
$$(11-109)$$

式中:$\xi_{AP} = \dfrac{\rho v c_p}{\kappa} L_{AP}$,$\xi_{FF} = \dfrac{\rho v c_p}{\kappa} L_{FF}$,分别为 AP 焰和 FF 的无量纲火焰厚度。

BDP 多火焰模型认为,推进剂由初温 T_i 升高到 T_s 所需热量,等于单位质量氧化剂的凝聚相反应热 q_{ox}、单位质量黏合剂的凝聚相反应热 q_{fu} 加上三个火焰 PF、AP 焰和 FF 消耗单位质量氧化剂的反应热 q_{PF}、q_{AP} 和 q_{FF} 对表面的传热,即有

$$\dot{r}_m A_b c_s (T_s - T_i) = -\dot{r}_{m,ox} A_{b,ox} \cdot q_{ox} - \dot{r}_{m,fu} A_{b,fu} \cdot q_{fu} - \beta_{ox} \dot{r}_m A_b \cdot q_{PF} \exp(-\xi_{PF}) -$$
$$(1-\beta_{ox}) \dot{r}_{m,ox} A_{b,ox} [q_{AP} \exp(-\xi_{AP}) + q_{FF} \exp(-\xi_{FF})]$$
$$(11-110)$$

两边同除以 $\dot{r}_m A_b$,并考虑到 $Y_{ox} = \dot{r}_{m,ox} A_{b,ox}/(\dot{r}_m A_b)$,$Y_{fu} = 1 - Y_{ox} = \dot{r}_{m,fu} A_{b,fu}/(\dot{r}_m A_b)$,可得表面温度 T_s 的表达式为

$$T_s = T_i - Y_{ox} \frac{q_{ox}}{c_s} - (1-Y_{ox}) \frac{q_{fu}}{c_s} - \beta_{ox} \frac{q_{PF}}{c_s} \exp(-\xi_{PF}) -$$
$$(1-\beta_{ox}) Y_{ox} \left[\frac{q_{AP}}{c_s} \exp(-\xi_{AP}) + \frac{q_{FF}}{c_s} \exp(-\xi_{FF}) \right] \qquad (11-111)$$

注意,BDP 模型在确定不同火焰的无量纲火焰厚度时,质量流量 ρv 的取值是不同的。对于 PF,取 $\rho v = \rho_p \dot{r} = \dot{r}_m$;对于 AP 焰和 FF,取 $\rho v = (1-\beta_{ox}) \rho_{ox} \dot{r}_{ox} = (1-\beta_{ox}) \dot{r}_{m,ox}$。这里把 PF 的质量流量处理为包括氧化剂和黏合剂的全部推进剂,而 AP 焰和 FF 的质量流量只包括了部分氧化剂。因此,各个火焰的无量纲火焰厚度分别为

$$\begin{cases} \xi_{PF} = \dfrac{\dot{r}_m c_p}{\kappa} L_{PF} \\[2mm] \xi_{AP} = \dfrac{(1-\beta_{ox})\dot{r}_{m,ox} c_p}{\kappa} L_{AP} \\[2mm] \xi_{FF} = \dfrac{(1-\beta_{ox})\dot{r}_{m,ox} c_p}{\kappa} L_{FF} \end{cases} \qquad (11-112)$$

燃料和氧化剂的扩散火焰可视为贝克–舒曼受限射流火焰,同时考虑到固体推进剂的贫氧特性,火焰高度可由式(10-76)计算,即为

$$\overline{x}_{f,max} = \frac{D}{vd_e^2/4} L_{diff}^* \approx \frac{1}{\phi_1^2} \ln\left\{ \frac{2\overline{d}(Y_{fu,e} + fY_{ox,e}) \cdot J_1(\overline{d}\phi_1)}{[fY_{ox,e} - \overline{d}^2(Y_{fu,e} + fY_{ox,e})]\phi_1 J_0(\phi_1)} \right\}$$

$$(11-113)$$

式中:$d_e/2$ 取为氧化剂晶粒中心与相邻黏合剂中心的距离;$\overline{d} = \overline{D'}/d_e$;燃料的化学当量比 f、质量通量 ρv、扩散系数 D,以及氧化剂与燃料的百分含量 $Y_{ox,e}$、$Y_{fu,e}$ 的取值与不同火焰有关:对于 PF,$\rho v = \rho_p \dot{r} = \dot{r}_m$,$Y_{ox,e}$、$Y_{fu,e}$ 为推进剂中氧化剂和黏合剂的质量百分比;对于 FF,$\rho v = (1-\beta_{ox})\dot{r}_{m,ox}$,$Y_{ox,e}$、$Y_{fu,e}$ 分别为 AP 焰燃烧后燃气中氧化剂的组分含量和 PF 燃烧后黏合剂的组分含量。计算出火焰高度后,代入式(11-74)和式(11-75),即可得到 PF 和 FF 的火焰厚度。

剩下三个火焰的反应热 q_{PF}、q_{AP} 和 q_{FF} 三个参数的热平衡关系需要确定,即为

$$\begin{cases} q_{PF} = -c_p(T_f - T_i) - Y_{ox}q_{ox} - (1-Y_{ox})q_{fu} \\[2mm] q_{AP} = -c_p(T_{AP} - T_i) - q_{ox} \\[2mm] q_{FF} = [-c_p(T_s - T_i) + Y_{ox}c_p(T_{AP} - T_i) - (1-Y_{ox})q_{fu}]/Y_{ox} \end{cases} \qquad (11-114)$$

其中 AP 的绝热燃烧温度 T_{AP} 和推进剂的绝热燃烧温度 T_f 可通过热力计算来确定(假设燃烧系统绝热并处于化学平衡状态)。

至此,即可根据上述公式计算出推进剂的燃速。首先利用式(11-96)计算燃烧面积比 $A_{b,ox}/A_b$,再由式(11-111)确定表面温度 T_s 从而由式(11-97)计算氧化剂的质量燃速 $\dot{r}_{m,ox}$,最后代入式(11-77)即可得到推进剂的质量燃速。可以看出,该模型不能显式地得到推进剂燃速,需要迭代计算,过程非常复杂。BDP 模型所用的典型参数如表 11-3 所列。

与 GDF 模型比,BDP 多火焰模型更加完善,它考虑了推进剂燃烧表面的微观结构及气相反应中扩散和化学反应两个过程,也考虑了 AP 气相反应和凝聚相反应的热作用,并特别强调了凝聚相反应的重要性。BDP 模型的许多结果已被实验证实,且计算结果与实验结果符合较好,受到普遍重视,其处理方法还推广到双基推进剂和硝胺复合推进剂的燃烧问题。

但 BDP 模型只适用于单分散、球形氧化剂的 AP 复合推进剂。后来,格里克(R. L. Glick)、康顿(J. A. Condon)和奥斯本(J. R. Osborn)等人对 BDP 模型进行了加工和改进,引进新的统计方法,使之适用于多分散氧化剂的推进剂,该模型称之

为小颗粒集合模型(Petite Ensemble Model,PEM)。BDP 模型和 PEM 模型还有诸如计算过程复杂,需要处理的可调参数较多等不足,因此,所导出的燃速公式也只能用于概略估算和定性分析。

表 11-3　AP 复合推进剂 BDP 模型中采用的部分参数取值

推进剂数据	Y_{ox}	0.7
	T_f	2545 K
	T_i	27 ℃
	M	26.2 kg/kmol
	d_{AP}	20 μm
	ρ_{fu}	1270 kg/m³
	ρ_{ox}	1950 kg/m³
AP数据	T_{AP}	1400 K
	E_{ox}	92.1 kJ/mol
	$f_{A,ox}$	3.0×10⁶ kg/(m² · s)
	q_{ox}	−502.4×10³ kJ/kg
黏合剂数据	E_{fu}	62.8 kJ/mol
	$f_{A,fu}$	2.5×10⁹ kg/(m² · s)
	q_{fu}	209.3 kJ/kg(吸热)
火焰数据	c_p	1.256×10³ J/(kg · K)
	κ	0.1256 W/(m · K)
	D	0.16×10⁻⁴ m²/s
	α	0.3
	E_{AP}	125.6 kJ/mol
	E_{PF}	62.8 kJ/mol
	q_{PF}	−2533.0 kJ/kg
	q_{FF}	−2738.2 kJ/kg

11.3　复合改性双基推进剂的稳态燃烧机理

复合改性双基(CMDB)推进剂以双基组元为黏合剂,通过加入氧化剂和金属燃烧剂,形成 AP/CMDB、RDX/CMDB、HMX/CMDB 等推进剂,以及更复杂的 AP/HMX/Al/CMDB 等新型推进剂。由于 CMDB 推进剂的燃烧区存在着高度的物理、化学不均匀性,人们对其稳态燃烧机理的研究还远不及双基和 AP 复合推进剂那样广泛和深入。这里只简要介绍相对简单的 AP/CMDB 和 HMX/CMDB 推进剂的稳态燃烧模型。

11.3.1　AP/CMDB 推进剂的稳态燃烧

日本学者久保田等人通过显微照相和温度测量,观察了 DB 基体和加有 AP 晶粒的 DB 基体的火焰结构及其温度分布,于 1976 年提出以下稳态燃烧模型:

(1) 没有 AP 晶粒的 DB 基体部分,其火焰结构与一般双基推进剂相同,气相反应区仍由混合相区、暗区和火焰区组成。各区厚度随压强增大而减薄,在高压下光亮的火焰区接近燃烧表面,当压强低于 0.7 MPa 时发光火焰区消失。

(2) 加入 AP 晶粒(粒径为 18 μm)后,发现在暗区内有许多来自燃烧表面的发光火焰流束。火焰流束的数目随 AP 含量的增加而增加,当 AP 含量达到 30% 时,暗区完全被发光火焰区所占据。这些火焰流束是由 AP 的分解及燃烧反应形成的。

(3) 为了更好地观察火焰结构,把 AP 晶粒尺寸加大到 3 mm。这时发现 AP 晶粒上方出现低发光度的半透明浅蓝色火焰,其周围有浅黄色的发光火焰流束。前者是由 AP 分解产物 NH_3 和 $HClO_4$ 形成的火焰,后者是 AP 分解产物与 DB 基体分解产物之间的扩散火焰。

(4) 在燃烧区的温度分布方面,AP/CMDB 推进剂与 DB 基体的主要区别是混合相区的温度梯度很大,暗区的温度较高。这可能是因为 AP 分解产物或 AP 预混火焰产物与 DB 分解产生的富燃气体之间的扩散提高了混合相区和暗区的含氧量,使反应速率和反应区温度随之增加,因而两区的放热量增大。含大颗粒 AP (150 μm)的 AP/CMDB 推进剂在混合相区和暗区内还有较大的温度脉动,这是因为对相同的 AP 含量,粒度大则单位体积推进剂内 AP 颗粒数减少,AP 颗粒的间隔增大,导致 AP/DB 扩散火焰周期性发生。

(5) AP/CMDB 推进剂的燃速随 AP 含量增加、粒径减小而增大,当 AP 含量低于 10% 时,AP/CMDB 推进剂的燃速与 DB 基体没有明显差别。

根据上述稳态燃烧过程特点,久保田提出,AP/CMDB 推进剂的火焰结构应由 DB 预混火焰、AP 分解火焰和 AP/DB 扩散火焰组成,如图 11 - 10 所示。

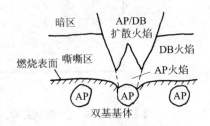

图 11 - 10　AP/CMDB 推进剂的火焰结构示意图

为了获得燃速的计算表达式,久保田进一步假设:

(1) 远离 AP 晶粒的 DB 基体表面,由双基火焰的气相区向表面反馈热量,其消失速度与 DB 推进剂的燃速(用 $\dot{r}_{DB}$ 表示)相同;

(2) AP 晶粒附近的双基基体表面,反馈的热量来自 AP/DB 扩散火焰,其消失速度近似等于 AP 晶粒的消失速度(用 $\dot{r}_{AP}$ 表示)。

根据上述假设,由 DB 和 AP 各所占的容积分数可表示出 AP/CMDB 推进剂的燃速,即

$$\frac{1}{\dot{r}} = \frac{\varphi_{AP}}{\dot{r}_{AP}} + \frac{1 - \varphi_{AP}}{\dot{r}_{DB}} \qquad (11 - 115)$$

式中：φ_{AP} 为氧化剂 AP 在推进剂中的容积分数。

根据实验研究，嵌入 DB 基体内的 AP 晶粒的燃速 $\dot{r}_{AP}$ 有如下关系

$$\dot{r}_{AP} = K_{AP} \frac{p^{0.45}}{d_{AP}^{0.15}} \qquad (11 - 116)$$

式中：K_{AP} 为与基体燃速无关的常数。该式表明 AP 晶粒的燃速与压强成正比，与初始粒子直径 d_{AP} 成反比，而与 DB 基体无关。

双基基体的燃速 $\dot{r}_{DB}$ 同样采用双基推进剂 KOCS 模型得出的燃速式(11 - 29)、式(11 - 30)和式(11 - 31)，重新编号为

$$\dot{r}_{DB} = p \left[- \frac{\kappa Y_{fu} Y_{ox} f_A \mathrm{e}^{-\frac{E}{R_0 T_g}} \cdot q_g}{\rho_p^2 c_s c_p (T_s - T_i + q_s/c_s) R_g^2 T_g^2 M_{ox}} \right]^{\frac{1}{2}} \qquad (11 - 117)$$

$$\dot{r}_{DB} = f_{A,s} \mathrm{e}^{-\frac{E_s}{R_0 T_s}} \qquad (11 - 118)$$

$$T_g = T_i - q_s/c_s - q_g/c_p \qquad (11 - 119)$$

利用上述三式可以解得双基基体的燃速 $\dot{r}_{DB}$。

11.3.2　HMX/CMDB 推进剂的稳态燃烧

奥克托今(HMX)不同于过氯酸铵(AP)，其氧平衡为 -21.6%，是一种负氧炸药。因此，在 DB 中加入 HMX 不能为 DB 提供多余的氧，燃烧时不能产生扩散火焰。实验表明，HMX/CMDB 推进剂的稳态燃烧过程有以下特点：

(1) 在 DB 基体中加入 HMX 后，火焰区结构没有发生变化，未发现扩散火焰流束，暗区厚度亦未变化。

(2) 加入的小粒径 HMX(200 μm)在燃烧表面上分解、升华和气化后，在 DB 发光火焰区内燃烧，使该区亮度明显增强。但是，HMX 对燃烧表面的传热没有产生影响。实验还发现，混合相区的温度梯度不但没有增加，反而有所降低。暗区温度仅有 1 000~1 500 K，而 HMX 单元推进剂的火焰温度为 3 275 K，这说明 HMX 的反应并没有在暗区中发生。

(3) 加入 HMX 对 DB 推进剂的燃速影响很小，一般燃速随 HMX 含量的增加先降低，当超过 50% 时燃速重又增加。

因此，根据上述试验结果，久保田认为，HMX/CMDB 推进剂的燃速计算完全可用双基推进剂的燃速公式(11 - 117)~式(11 - 119)，只是将燃烧表面的净放热量修改为

$$q_s = Y_{HMX} q_{s,HMX} + (1 - Y_{HMX}) q_{s,DB} \qquad (11 - 120)$$

式中：Y_{HMX} 为 HMX 所占的质量分数；$q_{s,HMX}$ 为 HMX 在燃烧表面的放热量；$q_{s,DB}$ 为 DB 在燃烧表面的放热量。

11.4 含金属推进剂的稳态燃烧

金属粉末用于固体推进剂最主要的目的是提高发动机比冲和推进剂密度,还可改善推进剂的燃烧特性(如抑制振荡燃烧)。金属的燃烧反应可达到很高的火焰温度从而增加比冲,但金属的燃烧与推进剂其他组元很不相同,也存在许多负面影响,主要是:液态金属氧化物形成的两相流动会产生较大的推力损失,为承受高的火焰温度和与凝聚相反应产物有关的高的热传导而增加发动机的设计难度,增加羽流烟雾信号等。因此,金属粉末的使用需要衡量其对发动机性能的综合影响。

在推进剂中已经使用和正在研究使用的金属有铝、镁、铍、硼、锆等。金属一般以粉末状形式随机混合在推进剂中,金属颗粒尺寸为 $5\sim200\ \mu m$,最常用范围为 $10\sim40\ \mu m$。目前只有铝(Al)被广泛使用,其质量百分比一般为 5%~20%,故这里主要讨论含铝固体推进剂的燃烧规律。

11.4.1 金属粉末的燃烧特性

推进剂中金属燃烧的典型特征是在燃烧表面上会出现金属的聚结物,并逐渐形成相当大的金属块状物。绝大部分金属颗粒在推进剂燃烧表面温度下不会气化,而是呈固态或液态,当它从表面脱出之后,会暂时停留在燃烧表面上而聚集,在离开燃烧表面之后缓慢燃烧,其过程与金属种类、推进剂配方、组元的粒径尺寸分布,以及在燃烧介质中的流动状况有关。这种燃烧特性决定了金属对推进剂燃速、燃烧稳定性和燃烧效率的影响。

以 Al 的燃烧为例,由于挥发性很低,金属颗粒燃烧相当慢,因此金属颗粒会在表面上凝聚,随后在燃烧室内腔中燃烧,在那里其他组分已经反应了。金属颗粒的燃烧使得颗粒表面迅速被自己的燃烧产物(金属氧化物)所包裹,形成一层氧化物保护层,使燃烧难以继续进行,从而逐渐聚结,在推进剂燃烧表面上凝结成大的"积块"(典型尺寸为 $50\sim200\ \mu m$),更加延长了燃烧,一般需要 $10\sim100\ ms$ 才能烧完。由于释放出的大部分热量位于远离推进剂表面处,通常金属燃烧对推进剂本身燃速影响很小。

金属的这种独特燃烧性能主要是由金属及其氧化物的物理性质决定的。这些性质包括金属及其氧化物的熔点、沸点、热膨胀系数,以及金属与其氧化物的摩尔体积比、熔化氧化物在熔化金属中的溶解度等。常见金属及其氧化物的物理性质如表 11-4 所列。

金属及其氧化物的熔点决定了它们在一定温度下呈固态还是液态。由表 11-4 的数据可知,在固体推进剂的燃烧温度范围内,常见金属及其氧化物都会熔化而处于液态。因此,金属的燃烧与流动主要是在液态条件下进行的。

金属及其氧化物的沸点决定了它们在一定温度下是否会气化而呈气态。只有易挥发性金属 Mg 和 B 的氧化物最容易呈气态,但绝大部分金属氧化物不能气化。因此,绝大部分金属氧化物在燃烧与流动中呈液态。

表 11-4　常见金属及其氧化物的物理性质($p=0.101\ 325$ MPa)

金属	摩尔质量/ ($kg \cdot kmol^{-1}$)	熔点/ K	氧化物熔点/ K	沸点/ K	氧化物沸点/ K	金属与氧化物的 热膨胀系数之比
铝(Al)	26.981 5	933	2 320	~2 750	3 253	>1
镁(Mg)	24.312 0	923	3 080	1 385	3 533~3 853	—
铍(Be)	9.012 2	1 557	2 830	2 757~3 243	4 060~4 533	—
硼(B)	10.811 0	~2 400	728	3 940	2 133~2 316	—
锆(Zr)	91.220 0	2 127	2 988	4 700	—	—

金属及其氧化物的热膨胀系数决定了它们在温度变化时各自的热膨胀程度。由于金属颗粒燃烧时其表面迅速形成一层氧化物保护层,如果金属及其氧化物的热膨胀系数大于1,当温度变化时,被包裹的金属就会胀破保护层,从而得以继续迅速燃烧。表中可见金属 Al 就具有这样的特征,其他金属还缺乏具体的数据,但燃烧过程也是类似的。

由推进剂的燃烧模型可知,推进剂表面与远离表面的燃烧空间其温度变化很大,这也决定了金属在推进剂表面和空间的不同燃烧特性。如金属 Mg 的熔点和沸点很低,在推进剂燃烧表面或接近燃烧表面上就可能被点燃并燃烧。而金属 B、Zr 等的沸点很高,在这种情况下,金属必定以液滴形式在高温区域燃烧。

金属液滴的燃烧方式是由金属氧化物的性质决定的。如金属 Al、Mg、Be 和 Zr 的氧化物一般呈液态,而 B 的氧化物可以蒸发而呈气态。当达到氧化物的沸点时,由于金属表面不再有氧化物保护层,使得燃烧非常迅速。

注意,金属沸点与压强是有关的。对于火箭发动机的常见工作压强范围内(10 MPa左右),金属沸点还会降低,进而提高金属的燃烧速度。

11.4.2　含铝推进剂的燃烧

图 11-11 所示为铝粒在燃烧中的演变过程。当推进剂燃烧前沿接近并经过推进剂基体中的铝粒时,铝粒被加热升温,其周围的黏合剂逐渐分解而逸出,原来埋入的颗粒逐渐暴露在燃烧气体中。暴露的铝粒受到黏合剂凝聚相产物的粘附作用,仍然粘接在推进剂燃烧表面,并与其他突出的颗粒组合聚集,形成许多不规则的颗粒,称之为"微块",如图 11-11(a)和(b)所示。这种表面聚集现象已为实验所证实。

这些铝粒微块被加温而逐渐液化形成液滴,并不断聚集,就可以导致聚集成很大的液滴,称之为"积块",如图 11-11(c)所示。铝粒在聚集过程中逐渐被加热,温度明显超过铝的熔点,在粒子表面的铝首先燃烧而形成氧化层,由于氧化层的保护作用

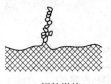 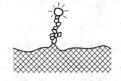 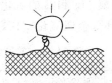

(a) 铝粒微块　　(b) 铝粒微块的聚集与燃烧　　(c) 铝粒积块的聚集与燃烧

图 11 - 11　含铝推进剂中 Al 在燃烧表面的聚集与燃烧过程

使铝的进一步燃烧被延迟。当推进剂燃烧表面连续地退移时,粘附的铝经受化学变化和热的环境变化(这种变化对于每个铝粒是不同的),足以使氧化层破裂,每个铝粒又聚集成一个或一个以上的积块并进行燃烧。

如果把液态积块看作理想液滴,则可通过液滴的燃烧规律得到其燃烧时间,即直径平方定律式(9-55)。但在火箭发动机环境中,影响液滴燃烧的因素非常复杂,很难严格满足直径平方定律。根据一些简化试验得出的试验数据,可以用以下关系式来计算铝粒聚集积块的燃烧时间,即

$$t_{Al} = K_{Al} d_{Al}^{n} / X_{ox}^{0.9} \qquad (11-121)$$

式中：t_{Al} 为燃烧时间(s)；d_{Al} 为原始液滴直径(μm)；X_{ox} 是氧化剂气体的摩尔分数；系数 K_{Al} 和指数 n 的典型取值为 $K_{Al} = 3.65 \times 10^{-6}$,$n = 1.75$,这些数据是从 AP/Al/PBAN 推进剂在大气压下的试验中得出的,并考虑火箭发动机压强的影响而进行了修正。

铝粒除了在燃烧表面的聚集与燃烧外,脱离的铝粒积块在流动过程中还会发生破碎、蒸发(汽化)、聚集等现象,而且与流动过程密切相关。图 11-12 所示为一种简化的模型。该模型认为,较大的金属铝粒(如 150 μm)通过燃烧、蒸发或破碎而形成较小氧化物的颗粒,当直径小于 50 μm 时燃烧结束,并认为全部变成氧化物 Al_2O_3；这些较小氧化物颗粒又会破碎或蒸发为更小的颗粒,直到直径小于 5 μm(称之为"烟")就不再变小,而小的颗粒又会聚集成为尺寸较大的颗粒。

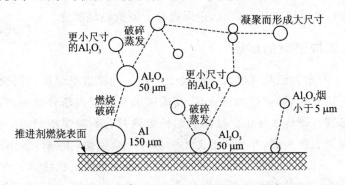

图 11 - 12　微粒燃烧、蒸发、破碎和聚合过程示意图

1. 铝粒的燃烧模型

在燃烧过程中 Al 的质量消耗量可用下式描述

$$\dot{m}_{Al} = \frac{dm_{Al}}{dt} = -\frac{\pi}{2}\rho_{Al}\frac{K}{n}d_{Al}^{3-n} \tag{11-122}$$

式中：$n=1.8$，d_{Al} 为铝微粒直径，ρ_{Al} 为铝微粒的密度，K 为经验系数，用下式计算

$$K = 2.015\,3 \times 10^{-2}\varepsilon_{ox}^{0.9}p_c^{0.27}\frac{Sh}{2} \quad (mm^{1.8}/s) \tag{11-123}$$

式中：p_c 为燃烧室压强（MPa），ε_{ox} 表示含氧组分的浓度（mol/kg），Sh 为舍伍德数，可使用如下经验公式

$$Sh = 2.0 + 0.6Re^{0.5}Pr^{0.687} \tag{11-124}$$

由液滴的质量变化关系可知，单位时间内液滴燃烧的质量等于液滴密度 ρ_{Al} 乘以液滴燃烧的体积。因此，可得液滴燃烧的质量消耗量与液滴直径的变化关系为

$$\dot{m}_{Al} = \frac{dm_{Al}}{dt} = \frac{\pi}{2}\rho_{Al}d_{Al}^2 \cdot \frac{dd_{Al}}{dt} \tag{11-125}$$

结合式（11-122）和式（11-125），可得液滴燃烧带来的直径变化。

微粒的初始平均直径 $d_{Al,0}$ 可由下式确定

$$d_{Al,0} = 1.406\,2d_t^{0.2932}[1 - \exp(-0.118\,35\varepsilon_{Al}\tau_{Al} \cdot p_c)] \quad (\mu m)$$
$$\tag{11-126}$$

式中：d_t 为喉径（mm），ε_{Al} 为燃烧室燃气中 Al 的浓度（mol/kg），τ_{Al} 为微粒在燃烧室内的平均驻留时间（ms）。

上述模型假设，当 Al 的表面温度超过其熔点时，Al 微粒开始燃烧，其直径逐渐减小，并在表面上形成氧化物 Al_2O_3；当微粒直径小于 50 μm 时燃烧结束，这时 Al 微粒全部变成直径为 50 μm 的 Al_2O_3。

2. 蒸发模型

当气流温度超过金属沸点时（表 11-4 所列为 Al 微粒在 0.101 325 MPa 下的沸点为 2 750 K），凝聚相与气相之间将发生质量传输，即凝聚相会汽化或扩散。采用液滴蒸发模型，由液滴的蒸发速率式（9-22），可得直径为 d_s 的凝聚相颗粒在整个液滴表面（表面积为 πd_s^2）的蒸发率为

$$\dot{m}_s = G_D \cdot \pi d_s^2 = 2\pi d_s\frac{\kappa}{c_p} \cdot \ln(B+1) \tag{11-127}$$

式中：$\dot{m}_s$ 为微粒的蒸发率；B 为传质数，定义为

$$B = \frac{c_p(T_\infty - T_w)}{H_L} \tag{11-128}$$

式中：c_p 为汽化气体的比定压热容，T_∞ 为液滴的环境温度，T_w 为微粒表面温度（由液滴的蒸发规律可知，高温蒸发时可取 $T_w \approx T_B$），H_L 为微粒在温度 T_w 时的汽化潜热。

同样，由液滴的质量变化关系可知，单位时间内液滴蒸发的质量等于液滴密度 ρ_s 乘以液滴蒸发的体积。因此，可得液滴的蒸发率与液滴直径的变化关系为

$$\dot{m}_s = \frac{dm_s}{dt} = \frac{\pi}{2}\rho_s d_s^2 \cdot \frac{dd_s}{dt} \tag{11-129}$$

结合式(11-127)和式(11-129),可得液滴蒸发带来的直径变化。

3. 破碎模型

微粒是否破碎可用韦伯(M. Weber)数来判别。当微粒(如 Al_2O_3 和 Al)温度达到其熔点时,变成液态的 Al_2O_3 及 Al,这些液态微粒可能发生破碎。韦伯数 We 定义为

$$We = \frac{d_s\rho(v-v_s)^2}{\sigma} \tag{11-130}$$

式中:σ 为液滴的表面张力;ρ 为气相密度;v 为气相速度;v_s 为凝聚相速度。液态 Al_2O_3 的表面张力在 2 300 K 时为 0.69 N/m,液态 Al 的表面张力在 970~1 020 K 之间为 0.85~0.90 N/m。在计算中温度高于 2 300 K 时,液态 Al_2O_3 的表面张力可取 0.75 N/m,温度低于 2 300 K 时取 0.65 N/m;而液态 Al 的表面张力则按已知数据进行插值。

对于一般的液滴,当韦伯数很低($We \leqslant 4$)时,液滴呈球形;当 $We > 4$ 时,球形液滴开始扭曲变形,且随着韦伯数的增大而不断变化;当 $We = 20 \sim 30$ 时,球形液滴即会破碎。在固体火箭发动机内流场中,临界韦伯数可取为 5~6。

4. 聚合模型

微粒聚合过程非常复杂,为使问题简化,可按如下过程进行计算:

(1) 只有在根据燃烧、蒸发及破碎模型计算出微粒的大小后才进行聚合计算;

(2) 当 $We > 5$ 时,且两微粒的中心距小于其半径之和的 3/4 时才认为能发生聚合;

(3) 微粒聚合后其新直径根据总质量来计算。

图 11-12 所示为微粒经过燃烧、蒸发及破碎后,得到许多直径小到 5 μm 的"烟",较小的微粒及"烟"再根据上面 3 个条件判断是否会发生聚合。

本章所列参考文献[19]考虑上述铝粒的燃烧、蒸发、破碎和聚合模型,计算得到了铝粒在火箭发动机中燃烧和流动的轨迹,如图 11-13 所示。图中可见微粒在不断减小,这是因为直径为 150 μm 的 Al 粒子燃烧形成 Al_2O_3 时,由于燃烧和蒸发使直径不断减小。由于燃烧室内温度很高,当 Al 粒子离开推进剂表面时很快就变成了 Al_2O_3。直径小于 50 μm 的 Al_2O_3 不再燃烧,但会蒸发或破碎。对于喷管附近温度

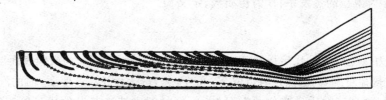

图 11-13 考虑微粒燃烧、蒸发、破碎和聚合时的微粒轨迹

较低的区域,Al 粒子的燃烧时间将加长,微粒与流体的相对速度以及由于温度变化引起的微粒表面张力变化会使微粒破碎。由图中可见,绝大多数 Al_2O_3 粒子在喉部破碎,该现象与本章所列参考文献[21]的实验数据是一致的。微粒通过喉部后平均直径降到 10 μm 左右,这时采用聚合物模型进行计算,当微粒聚合后其平均直径的下降程度会减缓。

5. 金属铝对推进剂燃速的影响

根据铝的燃烧特性和热的传递,可以分析铝在推进剂中对燃速的影响主要表现在以下几个方面:

(1) 铝的燃烧大多发生在距离燃烧表面很远的地方,因此,铝的燃烧对推进剂的燃速影响很小;

(2) 从热量传递的角度,铝使推进剂的导热系数增大,将提高燃速;但铝也将吸收积聚热量,使燃速降低。一般前者的作用较大些;

(3) 铝燃烧的发光度较强,导致辐射传热增加,从而提高燃速;

(4) 在推进剂中加入金属纤维或金属丝,可增大传热,从而提高燃速;

(5) 在高速旋转的发动机中,金属粒子紧贴燃烧表面,会增大燃速。

在不旋转或低速旋转的大多数火箭发动机中,铝粉对燃烧速度的影响非常小。因此,在研究含铝推进剂的燃速时,可以忽略铝的影响。

但是,如果用铝粉代替氧化剂 AP 时,由于氧化剂 AP 的粒度一般比金属粉末的粒度大很多,这时铝对推进剂燃速的影响很显著,其机理实际上是铝粉改变了 AP 的粒度分布,从而影响燃速。

11.5　超高燃速推进剂的稳态燃烧

超高燃速(Ultra - high burning rate,简称 UHBR)推进剂是近几十年来国内外一直热衷于研究的燃速超过 1 000 mm/s 的新型推进剂。为获得超高燃速,UHBR推进剂一般采用微孔结构,故又称微孔推进剂或透气性推进剂(Gas - permeable propellant,简称 GPP)。UHBR 推进剂的燃烧特性与传统推进剂完全不同,甚至突破了传统燃烧理论的限制,目前大都采用对流燃烧理论来描述该类推进剂的燃烧过程。

UHBR 推进剂由于采用了微孔结构,燃烧时高温燃气便能透入微孔内进行对流燃烧,使瞬间燃烧面积和能量传递强度远远大于传统推进剂,从而获得大于 1 000 mm/s的超高燃速。这种推进剂可用于高速动能弹、火炮的随行装药、高速拦截等武器系统,提高攻击动能;同时,利用该推进剂可实现简单的端面燃烧装药,简化装药设计。当然,微孔结构也使得该类推进剂的密度大大减小,从而密度比冲显著降低。

11.5.1　超高燃速推进剂的结构特征

根据配方组成和制备工艺,UHBR 推进剂可以分为颗粒粘结微孔推进剂、发泡微孔推进剂和海威莱特（Hivelite）微孔推进剂三种类型,其燃烧特性也有所差异。

1. 颗粒粘结微孔推进剂

颗粒粘结微孔推进剂是直接将含能组元的颗粒粘结在一起形成的,推进剂中的微孔就是颗粒之间的孔隙。常见配方包括黑火药、高氮 NC、DB 推进剂、AP 复合推进剂等,制备方法是将推进剂制成颗粒,然后用溶剂将颗粒包覆,再装入模具中烘去溶剂。这种 UHBR 的燃速一般为一至十几米/秒。

2. 发泡微孔推进剂

发泡微孔推进剂是利用加入推进剂中的发泡剂在生成气体过程中而形成微孔的一类 UHBR。将发泡剂(如苯二甲基二亚硝胺或偶氮二异丁腈)与 NC 及其他组元混合、胶化,再装入模具成型,成型后的装药加热或在水中发泡;或用固体(或液体)发泡剂与 PVC/AP 及其他组元混合均匀,浇入模具,然后加温发泡固化。这种 UHBR 的燃速一般为 1~4 m/s。

3. 海威莱特微孔推进剂

这种推进剂是由美军弹道研究室研究得到的,是在传统推进剂中加入十氢癸硼酸盐(由于该推进剂是用作火炮中的随行装药,因而没有使用 AP 氧化剂),利用混合—模压—固化的工艺方法制造出不同孔隙率的推进剂,其燃速可达 1~500 m/s (压强 50~100 MPa 下)。

UHBR 推进剂的微孔结构常用平均孔径、孔径分布、孔密度、孔间壁厚、孔隙率等参数来表示其特征,这些参数对 UHBR 的燃烧性能具有很大影响。

11.5.2 超高燃速推进剂的燃烧特性

影响 UHBR 推进剂燃烧的因素除了推进剂本身的组成外,还包括压强、推进剂基础质量燃速、装药密度、微孔结构参数等。

UHBR 推进剂是由传统推进剂经过特殊工艺形成的,因此,与 UHBR 推进剂配方相同的致密推进剂的质量燃速(称为基础质量燃速)必然对 UHBR 推进剂的燃速存在影响。一般地,UHBR 推进剂的燃速与推进剂基础质量燃速呈线性增加的关系。

1. 压强的影响

UHBR 推进剂的燃速与压强也可表示为指数关系,即

$$\dot{r} = ap^n \tag{11-131}$$

与传统推进剂不同,UHBR 推进剂的压强指数 n 通常大于 1,即压强远远大于对传统推进剂的影响程度。

在 UHBR 推进剂的燃烧过程中,当压强较低时,也表现为类似传统推进剂的平行燃烧规律,当压强大于一定值时,才表现为对流燃烧特点,燃速大大增加,对应的压强称为对流转变压强 p_{ch},如图 11-14 所示。同时,燃速随压强的变化存在最大值,当超过该值时,燃速会随压强升高而下降。

2. 装药密度

与传统推进剂类似,装药密度 ρ_p 越大,单位体积推进剂分解需要的热量越多,燃速会下降。实验表明,UHBR 推进剂的燃速与装药密度之间的关系可表示为

$$\dot{r} = b\rho_p^{-n_1} \qquad (11-132)$$

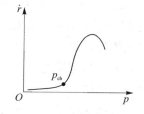

图 11-14　超高燃速推进剂燃速随压强的变化关系

式中:b、n_1 为实验常数,与推进剂配方和工艺有关。UHBR 推进剂的燃速随装药密度的增加而急剧下降,因此利用 UHBR 推进剂的密度来调节燃速是十分有效的途径。

3. 微孔结构参数

UHBR 推进剂能够获得超高燃速的根本原因是推进剂中具有了分布相对均匀的微孔结构,因此,微孔结构参数如平均孔径、孔径分布、孔密度、孔间壁厚及装药密度等对 UHBR 推进剂的燃速会产生显著影响。实验发现,微孔结构参数对燃速的影响可用一个综合结构参数 H_U 来表示,定义为

$$H_U = \frac{d_0^2 C_N L_0}{\rho_p} \qquad (11-133)$$

式中:d_0 为初始平均孔径(mm);C_N 为平均孔密度(个/mm^3);L_0 为初始平均孔间壁厚(mm);ρ_p 装药密度(kg/m^3)。综合结构参数 H_U 对 UHBR 推进剂燃速的影响关系为

$$\dot{r} = 0.122\,3 H_U^{6.102} = 0.122\,3 \left(\frac{d_0^2 C_N L_0}{\rho_p} \right)^{6.102} \quad (\text{mm/s}) \quad (11-134)$$

可见,平均孔径、孔密度和孔间距的增加都会使燃速显著增大,特别是平均孔径的影响更明显。

11.5.3　超高燃速推进剂的对流燃烧理论

经典燃烧波理论利用瑞利方程和雨贡纽方程($R-H$ 曲线)分析燃烧波的参数变化,如图 7-11 所示,过初始点作坐标的平行线和垂直线与"H 曲线"相交形成的第 III 区,由于不满足瑞利方程(斜率为正),故其解无意义,是燃烧波传播的速度禁区。郭(K. K. Kuo)和萨默菲尔德经过深入研究发现,经典理论并未考虑非常规的热反馈方式。以前的研究多集中讨论微孔推进剂颗粒快速燃烧引起爆震的危险性,而没有注意研究对流传热方式引起的高速火焰传播。通常的 $R-H$ 曲线关系不存在既有压强上升又有密度减小的稳态燃烧波,但对于多微孔推进剂燃烧,高速的"压缩—膨胀波"是存在的,这种速度禁区被突破了。因此,UHBR 推进剂的对流燃烧理论是对经典燃烧波和激波理论的扩展。

利用"压缩-膨胀波"的理论,1973 年,郭和萨默菲尔德提出了颗粒床对流燃烧理论来解释 UHBR 推进剂的稳态燃烧机理。后来,库克(D. E. Kooker)和安德森

(R. D. Anderson)于 1983 年提出了两相流对流燃烧理论,梅伊(I. W. May)等人于 1984 年提出了推力对流燃烧理论,伏罗洛夫(N. N. Smirnov)等人于 1989 年提出了扰动对流燃烧理论,我国王伯羲等人于 1990 年也提出了微孔统计对流燃烧理论。这些理论从不同角度描述了 UHBR 推进剂的稳态燃烧机理,并仍在发展中。这里以王伯羲等人提出的微孔统计对流燃烧理论为例来讨论 UHBR 推进剂的稳态燃烧机理。

1. 超高燃速推进剂稳态燃烧的燃烧波

微孔统计对流燃烧理论认为,UHBR 推进剂稳态燃烧时,其燃烧波结构可分为三个区,如图 11-15 所示,即预热区、对流燃烧区和颗粒燃烧区。图中 A~B 段为预热区,该区接受对流燃烧区的反馈热,温度由初始温度 T_i 上升到推进剂的点燃温度 T_B,该区存在少量的分解反应。

B~C 段为对流燃烧区。在高温、高压燃气的作用下,部分燃气沿轴向透入微孔内,穿透一定深度,产生孔内对流燃烧。在 B 端燃气刚刚透入微孔,并点燃孔的内表面,此时的燃烧面积为初始微孔内表面积。随着向 C 端推移,孔内燃烧面积不断扩大,直到 C 端孔间壁破裂,形成互相分离的小颗粒。梅伊等人证明对流燃烧区压强大于外界压强,因此孔间壁不等完全烧透,只要承受不住内部的压强即可破裂。B~C 段的长度称为对流燃烧区厚度,简称对流层厚

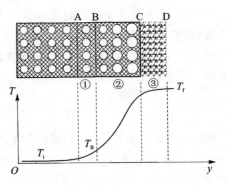

①—预热区;②—对流燃烧区;③—颗粒燃烧区

图 11-15 超高燃速推进剂燃烧波结构

度,燃烧过程是以恒定厚度的对流层向装药未燃部分推进。对于任一燃烧瞬间,该区都可看成是不同直径的微孔在同时燃烧,孔径范围由初始微孔直径逐渐变化到孔间壁破裂时的孔径,因此该区的总燃烧面积可以由积分的方式算出。

C~D 段为颗粒燃烧区。在 C 端,孔间壁刚破裂成为颗粒,此时颗粒具有刚解离时的最大等效直径,随着颗粒外表面的不断燃烧,颗粒不断缩小,直到 D 端颗粒全部燃完。对于任一燃烧瞬间,该区都可看成是不同颗粒大小的微粒在同时燃烧,粒径范围是由刚破裂时的等效直径直到颗粒烧完时为零,因此该区的总燃烧面积也可由积分的方式算出。由于颗粒来自于对流燃烧区,因此,可认为颗粒数与对流燃烧区的微孔数相同。

2. 燃速表达式

为简化计算,对流燃烧理论一般假设微孔为球形(可采用统计平均等效直径表示),且分布均匀。由燃烧波结构可知,对流燃烧可分为孔内燃烧和颗粒燃烧两部分来描述。由基础质量燃速(用 $\dot{r}_{m0}$ 表示)可求得单位时间孔内燃烧的推进剂质量为

$$\dot{m}_h = K_h \dot{r}_{m0}(A_b)_h \tag{11-135}$$

单位时间颗粒燃烧的推进剂质量为

$$\dot{m}_s = \dot{r}_{m0}(A_b)_s \qquad (11-136)$$

式中:孔内燃烧引入对流强度系数 K_h,表示孔内燃烧受对流传热和质量传递因素的影响程度,其值大于 1,主要取决于燃烧压强;$(A_b)_h$ 和 $(A_b)_s$ 分别为孔内燃烧和颗粒燃烧的总燃烧面积,由燃烧波结构可知,其值可分别由下列积分计算

$$(A_b)_h = \int_{d_0}^{K_b(d_0+L_0)} \frac{\pi}{4} D_p^2 L_h C_N^{3/2} \cdot \pi d^2 \, \mathrm{d}d \qquad (11-137)$$

$$(A_b)_s = \int_{(4/\pi - K_b^2)^{0.5}(d_0+L_0)}^{0} \frac{\pi}{4} D_p^2 L_h C_N^{3/2} \cdot \pi d^2 \, \mathrm{d}d \qquad (11-138)$$

式中:$\frac{\pi}{4}D_p^2 L_h$ 为端面燃烧装药对流层的体积,D_p 为端面燃烧装药的直径,L_h 为对流层厚度;取 $C_N^{3/2}$ 为统计的平均孔密度,则 $\frac{\pi}{4}D_p^2 L_h C_N^{3/2}$ 为推进剂燃烧区体积内的总微孔数或颗粒数。式(11-137)的积分下限即是微孔的初始直径 d_0,而上限由图 11-16(a)可知,最大为 (d_0+L_0)。由前面分析,在高温、高压燃气的作用下,孔间壁实际不等烧透即可破裂,为便于计算,引入破碎系数 K_b 表示,其值小于 1,故积分上限取 $K_b(d_0+L_0)$。式(11-138)颗粒燃烧的积分下限为刚破碎成颗粒状时的初始颗粒等效直径。按微孔整齐交错排列,可知刚破碎时颗粒成凹六面体的形状,如图 11-16(b)所示。由几何学关系,可求得刚破碎时颗粒的等效直径为 $(4/\pi - K_b^2)^{0.5}(d_0+L_0)$。式(11-138)的积分上限为零,即表示颗粒全部烧完。

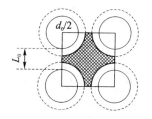

(a) 燃烧初始时的颗粒分布平面图　　　(b) 颗粒破碎时呈现的凹六面体形状

图 11-16　超高燃速推进剂内孔燃烧和颗粒燃烧示意图

由于 UHBR 装药燃烧过程的宏观表现形式是整个燃烧区向未燃部分的连续推进,宏观燃烧面积即为 UHBR 装药的横截面积 $\pi D_p^2/4$,因此 UHBR 装药的表观质量燃速为

$$\dot{r}_m = \frac{\dot{m}_h + \dot{m}_s}{\frac{\pi}{4}D_p^2}$$

则 UHBR 装药的线性燃速为

$$\dot{r} = \frac{\dot{m}_h + \dot{m}_s}{\rho_p \frac{\pi}{4} D_p^2} \qquad (11-139)$$

将式(11-135)、式(11-136)代入式(11-139),并取单位体积即 $\frac{\pi}{4} D_p^2 L_h = 1$,则得到

$$\dot{r} = \dot{r}_{m0} \frac{L_h}{\rho_p} [K_h (A_b)_h + (A_b)_s] \qquad (11-140)$$

欲求解燃速方程,还需要知道上述各式中经验参数如对流强度系数 K_h、破碎系数 K_b 及对流层厚度 L_h 的数值。系数 K_h 和 K_b 由以下经验公式来计算

$$K_h = a_1 p + b_1 \qquad (11-141)$$

$$K_b = \frac{a_2 \rho_p^2 p^{-n_1}}{p_{ch}} \cdot \frac{L_0}{d_0^2 C_N^{1.5}} \qquad (11-142)$$

式中:a_1、b_1、a_2、n_1 是与推进剂配方、包覆和制备工艺条件有关的常数;p_{ch} 为对流转变压强,仅与装药密度和初始平均孔径 d_0 有关,存在如下关系式

$$p_{ch} = \frac{a_0 \rho_p^{n_0}}{d_0^{n_{01}}} \qquad (11-143)$$

式中:a_0、n_0 和 n_{01} 是与推进剂配方、包覆和制备工艺条件有关的常数。

对流层厚度 L_h 的大小与孔结构参数、装药密度及对流转变压强有关,通过实验数据的处理,可用下式表示

$$L_h = a_3 e^{-n_2 p_{ch}} \cdot \frac{L_0}{\rho_p d_0^2 C_N^{1.5}} \qquad (11-144)$$

式中:a_3、n_2 是与推进剂配方、包覆和制备工艺条件有关的常数。

该模型采用的各常数值列于表 11-5。该理论适用条件是微孔孔径分布范围相对较小,一般为 $5 \sim 250~\mu m$。由试验得知,极小的微孔(一般为 $5~\mu m$ 以下)在试验的压强范围内,对 UHBR 推进剂的燃烧特性影响不大。

表 11-5 微孔统计对流燃烧模型方程的经验常数

符 号	a_0	n_0	n_{01}	a_1	b_1	a_2	a_3	n_1	n_2
数值	136 771	2.024	1.171	0.083 3	1.25	$7.428\ 7\times10^9$	0.5	0.829	0.024

注:表中数值对应参数 d_0、L_0、L_h 的单位为 mm。

参考文献

[1] 武晓松,陈军,王栋. 固体火箭发动机原理 [M]. 北京:兵器工业出版社,2011.

[2] [美]郭 K K,萨默菲尔德 M. 固体推进剂燃烧基础(上册) [M]. 宋兆武,译. 北京:宇航出版社,1988.

[3] [美]郭 K K,萨默菲尔德 M. 固体推进剂燃烧基础(下册) [M]. 朱荣贵,于广经,廉茂林,

等译.北京:宇航出版社,1994.

[4] 杨涛,方丁酉,唐乾刚.火箭发动机燃烧原理 [M].长沙:国防科技大学出版社,2008.

[5] 王伯羲,冯增国,杨荣杰.火药燃烧理论 [M].北京:北京理工大学出版社,1997.

[6] 王克秀,李葆萱,吴心平.固体火箭推进剂及燃烧 [M].北京:国防工业出版社,1983.

[7] 王守范.固体火箭发动机燃烧与流动 [M].北京:北京工业学院出版社,1987.

[8] 曹泰岳,常显奇,塞泽群等.固体火箭发动机燃烧过程理论基础 [M].长沙:国防科技大学出版社,1992.

[9] 张炜,朱慧.固体推进剂计算原理 [M].长沙:国防科技大学出版社,1996.

[10] 侯林法.复合固体推进剂 [M].北京:宇航出版社,1994.

[11] Kubota N, Ohlemiller T J, Caveny L H, et al. The Burning Rate Flexibility of Plastisol Propellants [C]. Proceedings of the 10th Internaltional Symposium on Space Tech & Sci, AGNE Publishing, Inc., Tokyo, 1973:135 – 147.

[12] Summerfield M, Sutherland G S, Webb M J, et al. Burning Mechanism of Ammonium Perchlorate Propellants [M]. Solid Propellant Rocket Research, Academic Press, New York, 1960:141 – 182.

[13] King M K. Model for Steady State Combustion of Unimodal Composite Solid Propellants [C]. AIAA Paper 78 – 216, 16th Aerospace Science Meeting, Huntsville, Ala., Jan. 1978.

[14] Sutherland G S. The Mechanism of Combustion of an Ammonium Perchlorate – Polyester Resin Composite Solid Propellant [D]. Ph.D. Thesis, Princeton University, Princeton, N.J., 1956.

[15] Beckstead M W, Derr R L, Price C F. A Model of Composite Solid Propellant Combustion Based on Multiple Flames [J]. AIAA Journal, Vol. 8, 1970(12):2200 – 2207.

[16] Shanon L J. Composite Propellant Ignition by Radiant Energy [J]. AIAA Journal, Vol 8, 1970(8):346 – 353.

[17] Hermance C E, et al. A Model of Composite Propellant Combustion Including Surface Heterogeneity and Heat Generation [J]. AIAA Journal, Vol 4, 1966.9: 1629 – 1637.

[18] Glick R L. On Statitical Analysis of Composite Propellant Combustion [J]. AIAA Journal, Vol 12, 1974.2: 384 – 385.

[19] Paul Liaw, Yen – sen – chen. Advanced Multi – phase Flow CFD Model Development for Solid Rocket Motor Flowfield Analysis [R]. NASA – CR – 198044.

[20] Herman R W. Aluminum Combustion Efficiency in Solid Rocket Motors [R], AIAA – 81 – 0038.

[21] Caveny L H, Gany A. Breakup of Al/Al_2O_3 Agglomerates in Accelerating Flowfields [J], AIAA Journal, 1979,17(12).

第12章 固体火箭发动机的侵蚀燃烧和不稳定燃烧

固体火箭发动机中推进剂的燃烧过程总是伴随着流动,燃烧与流动相互影响,其过程非常复杂。当沿着推进剂燃烧表面的流动速度达到一定值时,流动对推进剂的燃烧会产生显著的影响,从而影响发动机的性能,这就是侵蚀燃烧效应(Erosive burning)。燃气的流动速度、压强等因素对燃烧的稳定性也会产生重要影响,如果火箭发动机的燃烧过程没有按设计规律进行,这种非正常燃烧现象即称为不稳定燃烧(Unstable combustion),又称反常燃烧、振荡燃烧。

本章主要内容包括:12.1 侵蚀燃烧;12.2 不稳定燃烧。

12.1 侵蚀燃烧

固体火箭推进剂的侵蚀燃烧效应指的是平行于装药燃烧表面的气体流动状态对装药燃速的影响。对于野战火箭的固体火箭发动机,大都采用侧面燃烧装药,且推进剂的装填密度很大,侵蚀燃烧效应几乎是不可避免的。侵蚀燃烧对固体火箭发动机的性能有很大影响,自 1927 年莫拉奥(H. Muraour)首次明确提出固体推进剂侵蚀燃烧问题以来,研究推进剂侵蚀燃烧特性并控制推进剂的侵蚀燃烧效应一直是固体火箭发动机领域的重要课题。

12.1.1 侵蚀函数

侵蚀燃烧效应的大小可以用相同压强和初温下的有侵蚀燃速与无侵蚀燃速之比来度量,这个比值称为侵蚀比或侵蚀函数,用 ε 表示,即

$$\varepsilon = \frac{\dot{r}}{\dot{r}_0} \qquad (12-1)$$

式中:$\dot{r}$ 为考虑侵蚀燃烧效应时的燃速,称为侵蚀燃速;$\dot{r}_0$ 为无侵蚀燃速,或称为基本燃速、静态燃速。考虑侵蚀时,维也里燃速式(11-1)可表示为

$$\dot{r} = ap^n \cdot \varepsilon \qquad (12-2)$$

侵蚀燃烧效应可以使燃速增大,也可能使燃速下降。当 $\varepsilon > 1$ 时称为正侵蚀,$\varepsilon < 1$ 则称为负侵蚀。在绝大多数情况下,侵蚀燃烧效应都是正侵蚀,负侵蚀只在特殊条件下在靠近燃烧室头部附近区域内才出现。

理论分析和实验研究均表明,影响固体推进剂侵蚀燃烧效应的因素非常复杂,其中最主要因素是燃气流速,同时燃气压强、发动机尺寸、装药几何形状及推进剂性质等因素也有重要影响。

1. 平行于燃烧表面的燃气流速的影响

实验研究表明,平行于装药燃烧表面的燃气流速是影响侵蚀燃烧效应的最主要因素。每一种推进剂都存在一个使 $\varepsilon=1$ 的界限流速 v_{th},当 $v>v_{th}$ 时,ε 随 v 增大而增大;当 $v<v_{th}$ 时,大部分推进剂 $\varepsilon=1$,即无侵蚀效应,而另一些推进剂 $\varepsilon<1$,即出现了负侵蚀现象,流速反而使燃速减小。界限流速 v_{th} 取决于推进剂的性质及其他流动条件。由于燃气流动是固体火箭发动机中的必然现象,所以 v_{th} 越小表示推进剂越容易出现侵蚀燃烧效应,或侵蚀燃烧效应越严重。

根据燃气流速是影响侵蚀燃烧效应的主要因素以及存在界限流速 v_{th} 的实验现象,赫伦(R. Heron)、范登柯克霍夫(J. A. Vandenkerckhove)等人提出以燃气流速 v 为变量表示的侵蚀函数公式,即

$$\varepsilon(v)=\begin{cases}1, & v\leqslant v_{th}\\ 1+K_v(v-v_{th}), & v>v_{th}\end{cases} \qquad (12-3)$$

式中:侵蚀系数 K_v 及界限流速 v_{th} 由实验确定。

2. 燃气压强的影响

推进剂的界限流速与燃气压强有关,当装药燃烧表面上的燃气压强 p 升高时,界限流速 v_{th} 减小,即侵蚀燃烧效应加剧。

苏联学者波别多诺斯切夫(Y. A. Pobedonostsev)提出以通气参量 æ(燃通比)为变量表示的侵蚀函数,即

$$\varepsilon(æ)=\begin{cases}1, & æ\leqslant æ_{th}\\ 1+K_æ(æ-æ_{th}), & æ>æ_{th}\end{cases} \qquad (12-4)$$

式中:侵蚀系数 $K_æ$ 以及界限通气参量 $æ_{th}$ 由实验确定。

由发动机原理知识可以推知

$$æ=\frac{A_b}{A_p}=K_p p^{1-n}v \qquad (12-5)$$

式中:K_p 是一个主要取决于推进剂性质的系数。由此可见,以 æ 为变量的侵蚀公式 $\varepsilon(æ)$ 反映了燃气流速和压强对侵蚀燃烧效应的综合影响。由于固体火箭推进剂的压强指数 $n<1$,因此该侵蚀公式也指出了压强对侵蚀效应的影响弱于流速。

3. 侵蚀燃烧的尺寸效应

实验研究表明,在推进剂配方和发动机工作条件一定的情况下,大尺寸发动机的侵蚀效应小于小尺寸发动机。因此,用小尺寸发动机或小型的专门实验装置测出的侵蚀函数,必须经过必要的修正之后才能用于大尺寸发动机。

根据勒努尔-罗比拉德(Lenoir - Robillard)的研究结果,在推进剂和发动机工作条件一定时,装药侵蚀燃速的增量 $\Delta\dot{r}$(定义为 $\Delta\dot{r}=\dot{r}-\dot{r}_0$)与装药通道的当量直径 d_p 的 0.2 次方成反比,即

$$\Delta\dot{r}\propto d_p^{-0.2}, \quad 或 \quad \varepsilon=1+(\varepsilon_{ref}-1)\left(\frac{d_{p,ref}}{d_p}\right)^{0.2} \qquad (12-6)$$

式中：ε 和 ε_{ref} 分别表示装药通道当量直径为 d_p 和 $d_{p,ref}$ 时的侵蚀比。

4. 装药几何形状的影响

装药几何形状对侵蚀燃烧效应也有一定影响。通常情况下，非圆孔装药的侵蚀燃速比圆孔装药的大，如星孔装药比单孔管状装药的侵蚀燃烧效应要大得多；非圆孔装药沿周长不同位置处的侵蚀燃速也不相同，例如，星孔装药的星根处的侵蚀燃速要比星尖处大。

考虑燃气流速与装药几何形状对侵蚀的影响，格林（L. J. Green）提出以相对密流 δ 为变量的侵蚀函数，即

$$\varepsilon = \begin{cases} 1, & \delta \leqslant \delta_{th} \\ 1 + K_\delta \cdot \delta, & \delta > \delta_{th} \end{cases} \qquad (12-7)$$

式中：δ 为相对密流；K_δ 为侵蚀常数，与推进剂性质和装药形状有关，图 12-1 所示为几种装药形状的 K_δ 数值。相对密流 δ 定义为

$$\delta = \frac{G}{G^*} \qquad (12-8)$$

式中：G 是装药通道内任意 x 截面上的密流，$G = \rho v$；G^* 为临界密流。

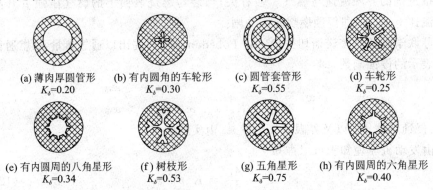

(a) 薄肉厚圆管形　(b) 有内圆角的车轮形　(c) 圆管套管形　(d) 车轮形
$K_\delta=0.20$　　$K_\delta=0.30$　　$K_\delta=0.55$　　$K_\delta=0.25$

(e) 有内圆周的八角星形　(f) 树枝形　(g) 五角星形　(h) 有内圆周的六角星形
$K_\delta=0.34$　　$K_\delta=0.53$　　$K_\delta=0.75$　　$K_\delta=0.40$

图 12-1　不同形状装药的侵蚀常数 K_δ

影响侵蚀的因素还有很多，如推进剂基本燃速 $\dot{r}_0$（低燃速推进剂的侵蚀效应要比高燃速推进剂大）、推进剂的初始温度（初始温度越低，侵蚀燃速越大）、氧化剂晶粒的粒度（粒度越大，侵蚀燃速越大）等。一般情况下，燃烧温度、金属燃烧剂、燃气组成等因素对侵蚀的影响很小。可见，不同火箭发动机，其侵蚀函数都是不同的，需要具体情况具体分析。

12.1.2　侵蚀燃烧的机理

由于侵蚀函数的影响因素很多，影响过程十分复杂，所以要弄清侵蚀燃烧的机理难度非常大。为此，研究者提出了许多侵蚀燃烧理论，这些理论大致可以分为如下几类：湍流边界层理论、表观传热理论、火焰结构修正理论和化学反应边界层理论等。湍流边界层理论由科纳（J. Corner）最早提出，他认为燃气流速的增大导致流动向湍

流过渡并最终形成湍流，从而加强输运使得对推进剂表面的传热加大。表观传热理论基于传热的基本原理，由于模型简单，许多结论与实验符合得很好，是目前应用最广泛的理论，由勒努尔（J. M. Lenoir）和罗比拉德（G. Robillard）首先提出。火焰结构修正理论基于推进剂燃烧波结构的稳态燃烧模型，通过修正这些模型中的参量来改变燃速，如燃气流速使得表面反应区厚度减薄从而增大对表面的传热，主要由范登柯克霍夫（J. A. Vandenkerckhove）、米勒（E. Miller）、萨德霍姆（C. A. Saderholm）、金（M. K. King）等人提出。化学反应边界层理论基于化学反应边界层内的传热、传质和动量交换原理，主要有苏吉（H. Tsuji）、舒勒（F. L. Schuyler）、托达（T. P. Torda）、诺兹丹（M. K. Razdan）等人采用。

产生侵蚀燃烧的根本原因可归结为热反馈对燃速的影响结果。燃气的湍流运动是加强热反馈的重要原因之一。根据边界层理论可知，随着流速的增加，雷诺数增大，装药燃烧表面附近的燃气流动状态由层流流动逐渐过渡到湍流流动。当湍流流动侵入到气相反应区时，气体导热系数将由层流状态下的单纯分子运动引起的导热系数增加到湍流时由气体涡团运动引起的湍流导热系数，从而加大气相火焰对固相的热反馈，使装药燃速增大。对复合推进剂而言，湍流进入气相反应区还会加速氧化剂和燃料气体之间的扩散混合，提高气相反应速率，增强反应的热效应，并使火焰更靠近燃烧表面。

由湍流边界层理论可知，在湍流边界层的底部存在一个很薄的层流底层（如图 6-6 所示），又称为黏性子层，其中流体输运仍保持分子运动的输运特性。黏性子层的厚度随雷诺数和压强的增大而减薄，其数量级可与气相反应区厚度相当。通常，气相反应区是很薄的，且随着压强的增大，其厚度可以减小到几十微米的数量级。因此，只有当黏性子层厚度小于气相反应区厚度时，气相反应区才会进入湍流流动状态，从而产生侵蚀燃烧效应。

上述分析能够解释侵蚀燃烧存在界限流速的现象。当流速很低时，湍流边界层的黏性子层较厚，气相反应区在黏性子层内得到保护，不受湍流的影响，燃速仍保持为无侵蚀时的基本燃速。随着流速的增大，黏性子层厚度不断减薄，当达到某个流速时，黏性子层厚度正好与气相反应区厚度相同，湍流效应开始产生作用。这个流速值就是侵蚀燃烧效应的界限流速 v_{th}。当燃气压强升高时，黏性子层厚度和气相反应区厚度均减小，但相比之下黏性子层厚度减小得更快，从而使气相反应区更容易进入湍流流动状态，这应该是界限流速随压强增大而减小的原因。

对于基本燃速 $\dot{r}_0$ 较低的推进剂，在相同燃烧条件下，气相反应区较厚，因此容易使湍流流动进入气相反应区；另一方面，在推进剂燃烧过程中，装药燃烧表面上的燃烧产物有一个离开表面的垂直气流分速，这个速度分量既有对来自气相的热反馈的阻碍作用，同时也将湍流流动推离燃烧表面，相当于增加了黏性子层的厚度。这种增加黏性子层厚度的作用与燃气垂直离开表面的速度有关。基本燃速较低的推进剂，燃气生成率小，离开表面的气流速度低，对热反馈的阻碍作用弱，因此与高燃速推进剂相比,低燃速推进剂相对来说更容易出现较大的侵蚀燃烧效应。

有些推进剂在 $v < v_{th}$ 时,出现 $\varepsilon < 1$ 的负侵蚀现象,而且压强越低,负侵蚀现象越严重。左克罗(M. J. Zucrow)等人对此现象的解释是:一方面,新生成燃气从装药燃烧表面垂直注入边界层的传质作用减小了对推进剂表面的传热速率,使燃速减小;另一方面,新生成燃气不断加入平行于燃烧表面的主流,使主流速度逐渐增大,提高了对燃烧表面的对流传热,使燃速增大。这两个对燃速起相反作用的因素同时存在,当流速很低时前者占主导地位,随着主流速度的增大,前者的作用逐渐减弱,后者的作用逐渐增强,当流速超过界限流速后,后者则占主导地位,这时燃烧将由负侵蚀转变成正侵蚀。可见,根据左克罗的观点,临界效应归因于进入边界层的传质作用引起的传热率下降和由于对流传热作用引起传热增大之间的平衡。

12.1.3　勒努尔-罗比拉德侵蚀燃烧理论

传热理论认为,平行于装药燃烧表面的燃气流速有助于加强对装药燃烧表面的对流传热,从而使装药燃速增大,勒努尔和罗比拉德据此推导出了侵蚀公式,称为 L - R 公式。

侵蚀燃速可以表示成基本燃速与侵蚀燃烧效应引起的燃速增量之和,即

$$\dot{r} = \dot{r}_0 + \Delta\dot{r} \tag{12-9}$$

式中:$\Delta\dot{r}$ 是由侵蚀燃烧效应引起的燃速增量,称为侵蚀燃速增量。

图 12 - 2 所示为装药表面附近的温度分布曲线,其中 T_i 为装药初温,T_s 为装药表面温度,T_f 为距装药表面 L 处达到的推进剂绝热火焰温度。当表面无化学反应时,装药表面附近气、固两相之间的对流传热方程可写成

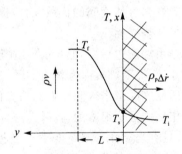

图 12 - 2　装药通道任意截面处燃烧表面附近的温度分布

$$\alpha(T_f - T_s) = \rho_p \Delta\dot{r}[c_s(T_s - T_i)] \tag{12-10}$$

式中:α 为引起燃速增量的对流传热系数;c_s 和 ρ_p 分别为推进剂装药的比热容和密度。

当考虑推进剂装药表面的质量加入时,兰尼(W. D. Rannie)给出如下对流传热系数

$$\alpha = \alpha_0 e^{-\frac{\beta\rho_p\Delta\dot{r}}{G}} \tag{12-11}$$

式中:β 为由实验确定的常数;α_0 为无质量加入时的对流传热系数,可用平板湍流流动的奇尔顿-柯尔朋(Chilton - Colburn)类比式(6 - 80)确定,重新编号为

$$\frac{\alpha_0}{\rho v c_p} \cdot Pr^{2/3} = \frac{C_D}{2} \tag{12-12}$$

其中摩擦系数 C_D 由式(6 - 74)计算,重新编号为

$$C_D = \frac{\tau_w}{\rho u_\infty^2 / 2} = \frac{0.057\,5}{Re^{0.2}} \tag{12-13}$$

则可得

$$\alpha_0 = 0.028\,8Gc_pRe^{-0.2}Pr^{-2/3} \tag{12-14}$$

式中：$G = \rho v$；c_p 为燃气的比定压热容；Re 和 Pr 分别为燃气的雷诺数和普朗特数，定义为

$$Re = \frac{\rho vx}{\mu} = \frac{Gx}{\mu}, \quad Pr = \frac{\mu c_p}{\kappa} \tag{12-15}$$

式中：μ 和 κ 分别为燃气的动力黏度和导热系数。

将式（12-11）～式（12-15）代入式（12-10），可得侵蚀燃速增量 $\Delta\dot{r}$，再代入式（12-9），可得侵蚀燃速为

$$\begin{cases} \dot{r} = \dot{r}_0 + \Delta\dot{r} = \dot{r}_0 + \dfrac{K_e G^{0.8} x^{-0.2} e^{-\beta\xi'}}{\rho_p} \\ K_e = 0.0288\mu^{0.2}Pr^{-\frac{2}{3}} \cdot \dfrac{c_p(T_f - T_s)}{c_s(T_s - T_i)}, \quad \xi' = \dfrac{\rho_p \Delta\dot{r}}{G} \end{cases} \tag{12-16}$$

这就是 L-R 公式的基本形式，是一个关于 $\Delta\dot{r}$ 的半经验燃速的隐式公式。式中 K_e 为侵蚀系数。

劳伦斯（W. J. Lawrence）根据实验结果，建议将雷诺数中的特征长度由轴向距离 x 改为装药通道的当量直径 d_p，同时为便于计算，引入

$$\xi = \frac{\rho_p \dot{r}_0}{G} \tag{12-17}$$

代替 ξ'，从而得到显式的改进 L-R 公式，即

$$\dot{r} = \dot{r}_0 + \Delta\dot{r} = \dot{r}_0 + \frac{K_e G^{0.8} d_p^{-0.2} e^{-\beta\xi}}{\rho_p} \tag{12-18}$$

L-R 公式中的侵蚀系数 K_e 主要取决于燃烧温度 T_f 和燃烧产物的特性，对一般推进剂差别不大，实验值约为 $K_e = 9.51\,(\text{kg} \cdot \text{mm}^{-1} \cdot \text{s}^{-1})^{0.2}$；$\beta$ 为一个无量纲量，β 越大，意味着侵蚀燃烧效应越小，一般推进剂的 $\beta \approx 50 \sim 70$，高燃速推进剂的 β 值可大于 120。

从 L-R 公式中可以看出许多因素对侵蚀的影响规律，包括：

（1）侵蚀燃速增量随密流 G 的增大而增大；

（2）推进剂基本燃速 $\dot{r}_0$ 越小，ξ 值越小，侵蚀燃速增量越大；

（3）侵蚀燃速增量与装药通道当量直径的 0.2 指数次方成反比；

（4）侵蚀燃速增量与推进剂的初始温度有关。初始温度越低，推进剂的基本燃速越小，侵蚀系数 K_e 越大，侵蚀燃速增量越大。

L-R 公式的不足之处主要表现在：

（1）不能解释负侵蚀效应；

（2）侵蚀燃速增量与燃烧温度 T_f 有关（影响侵蚀系数 K_e）的结论与实验不符。

马克伦德(T. Marklund)和莱克(A. Lake)的实验表明,当压强和流速不变时,T_f 在 1 700~2 500 K 范围内的变化不会对侵蚀燃速带来影响。因此,有关燃气温度对侵蚀燃烧效应的影响有待进一步研究。

12.1.4　扩散火焰弯曲理论

该理论由金(M. K. King)提出,属于火焰结构修正理论,只适用于 AP 复合推进剂。扩散火焰弯曲理论认为,燃气流速使得垂直于推进剂燃烧表面的火焰向表面弯曲,从而靠近燃烧表面,增加反向传热,从而增大燃速,形成侵蚀效应。可以想象,燃气流速越大,火焰的弯曲程度也越大,火焰越靠近表面,反馈热就越大,因此侵蚀效应越明显。

考察一基元推进剂的火焰,AP 基元推进剂的燃烧存在两种火焰:一是推进表面附近的 AP 预混火焰,二是离开推进剂表面的圆锥形扩散火焰,如图 12-3 所示。在没有横向流速(平行于表面的燃气流速)时,AP 预混火焰的厚度为 L_{AP},扩散火焰的厚度为 L_{diff}。另外,扩散火焰之后,剩余燃料和氧化剂混合后还有一段时间的燃烧,其平均反应厚度为 L_{kin}。

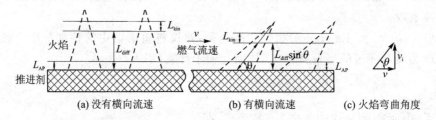

(a) 没有横向流速　　　　(b) 有横向流速　　　　(c) 火焰弯曲角度

图 12-3　扩散火焰弯曲模型

在没有横向流速时,如图 12-3(a)所示,推进剂燃烧过程中存在的能量交换有:AP 火焰和扩散火焰与推进剂表面之间的热传导 $\dfrac{\kappa_1(T_{f,ox}-T_s)}{L_{AP}}$、$\dfrac{\kappa_2(T_f-T_s)}{L_{diff}+L_{kin}}$,化学反应放热 q_s,推进剂固相吸热 $c_s(T_s-T_i)$,以及推进剂物质分解及相变需要的热 q_d。这些能量存在如下守恒关系

$$\dot{r}_m\left[c_s(T_s-T_i)+q_d+q_s\right]=\frac{\kappa_1(T_{f,ox}-T_s)}{L_{AP}}+\frac{\kappa_2(T_f-T_s)}{L_{diff}+L_{kin}} \tag{12-19}$$

可见,在没有横向流速时,推进剂的质量燃速与火焰厚度之间的关系可表示为

$$\dot{r}_m=\frac{1}{c_s(T_s-T_i)+q_d+q_s}\left[\frac{\kappa_1(T_{f,ox}-T_s)}{L_{AP}}+\frac{\kappa_2(T_f-T_s)}{L_{diff}+L_{kin}}\right] \tag{12-20}$$

当存在横向流速时,火焰变化如图 12-3(b)所示。由于 AP 火焰厚度 L_{AP} 和混合燃烧厚度 L_{kin} 均为化学动力学控制,与横向流速无关。而扩散火焰受横向流速影响,火焰会弯曲 θ 角度,这时,扩散火焰厚度变为 $L_{diff}\sin\theta$。因此,考虑燃气流速产生的侵蚀效应,实际燃速可表示为

$$\dot{r}_m = \frac{1}{c_s(T_s - T_i) + q_d + q_s}\left[\frac{\kappa_1(T_{f,ox} - T_s)}{L_{AP}} + \frac{\kappa_2(T_f - T_s)}{L_{diff}\sin\theta + L_{kin}}\right] \quad (12-21)$$

其中火焰弯曲角度 θ 由燃气横向流速 v 和质量加入流速 v_i 确定,如图 12-3(c)所示,即

$$\sin\theta = \frac{v_i}{\sqrt{v^2 + v_i^2}} \quad (12-22)$$

从该式可以分析,横向流速 v 越大,θ 越小,火焰弯曲越大,由式(12-21)可知燃速则越大。

假设气相预混反应为二级反应,由复合推进剂燃烧的 GDP 模型推导的式(11-52)可知,气相的化学反应时间与压强成反比,由式(11-53)可知对应的火焰厚度 L_{AP}、L_{kin} 与压强的平方成反比,即

$$L_{AP} = K_{AP}\frac{\dot{r}_m}{p^2}, \quad L_{kin} = K_{kin}\frac{\dot{r}_m}{p^2} \quad (12-23)$$

式中:K_{AP}、K_{kin} 为比例系数。

对于扩散燃烧,研究表明,火焰厚度与氧化剂 AP 晶粒的平均直径有关,萨瑟兰(G. S. Sutherland)得出

$$L_{diff} = K_{diff}\dot{r}_m d_{AP}^2 \quad (12-24)$$

式中:K_{diff} 为比例系数。

将火焰厚度式(12-23)和式(12-24)代入燃速表达式(12-21),可得推进剂的线性燃速为

$$\dot{r} = \left\{\frac{\kappa_1(T_{f,ox} - T_s)}{\rho_p^2 K_{AP}[c_s(T_s - T_i) + q_d + q_s]}\right\}^{\frac{1}{2}} p \cdot \left[1 + \frac{\dfrac{K_{AP}\kappa_2(T_f - T_s)}{K_{kin}\kappa_1(T_{f,ox} - T_s)}}{1 + (K_{diff}\sin\theta/K_{kin})d_{AP}^2 p^2}\right]^{\frac{1}{2}}$$
$$(12-25)$$

引入系数 K_1、K_2 和 K_3,定义为

$$\begin{cases} K_1 \equiv \left\{\dfrac{\kappa_1(T_{f,ox} - T_s)}{\rho_p^2 K_{AP}[c_s(T_s - T_i) + q_d + q_s]}\right\}^{0.5} \\[3mm] K_2 \equiv \dfrac{K_{AP}\kappa_2(T_f - T_s)}{K_{kin}\kappa_1(T_{f,ox} - T_s)} \\[3mm] K_3 \equiv \dfrac{K_{diff}}{K_{kin}} \end{cases} \quad (12-26)$$

则燃速公式可表示为

$$\dot{r} = K_1 p \cdot \left(1 + \frac{K_2}{1 + K_3 d_{AP}^2 p^2 \sin\theta}\right)^{\frac{1}{2}} \quad (12-27)$$

式中:系数 K_1、K_2 和 K_3 一般可通过实验数据回归分析得到。该式指出,AP 复合推进剂的燃速还与氧化剂 AP 晶粒的大小有关,AP 晶粒的粒径 d_{AP} 越小,燃速越大,反之燃速则越小。工业上常利用这种特性来调整 AP 复合推进剂的燃速。

12.2 不稳定燃烧

在固体火箭发动机的研制和使用过程中,在一定条件下会出现不稳定燃烧,最显著的特征是燃烧室压强出现不规则变化,导致火箭发动机性能变坏,并直接影响火箭的飞行性能。在极端情况下,燃烧室燃气压强的突升有可能使发动机爆炸,或者由于压强降低过多而使推进剂装药燃烧中途熄灭,火箭因失去动力而坠毁。因此,火箭发动机的不稳定燃烧是不允许发生的。研究不稳定燃烧的现象、产生机理及其影响因素,对于寻找防止不稳定燃烧的方法和途径、减少发动机故障率有着很大的实际意义。

12.2.1 不稳定燃烧的基本概念

研究发现,发生不稳定燃烧时,燃烧室内的燃气压强等参数随时间发生周期性或近似周期性的变化,即存在一定频率的压强振荡,如图 12-4 所示。由于不稳定燃烧与压强振荡的这种联系,所以又将其称为"振荡燃烧"或"谐振燃烧"。已经证实,不稳定燃烧的这种压强振荡又是从某种微弱的随机扰动发展而来。

不稳定燃烧可以使燃烧室压强振荡的振幅达到相当大的数值,从而引发一系列的异常现象,如发动机产生强烈振动,装药表面形成振荡形的波纹或凹坑,发动机试车声响和气味有异感,燃烧室壳体温度发生异常升高,发动机还有可能发生意外旋转等。

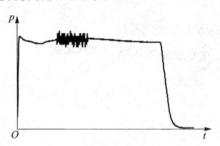

图 12-4 不稳定燃烧现象中的不规则压强变化

不稳定燃烧在相当长的时期内影响了固体火箭推进技术的发展。通过大量的理论和实验研究,已逐步弄清了不稳定燃烧的某些机理,并找到一些抑制和防止压强发生振荡的经验和半经验方法。由于问题十分复杂,实验难度大,因此现有的理论分析和预测技术尚有很大的局限性,还需要进一步深入研究。

1. 不稳定燃烧的分类

按照压强振荡的频率,可将不稳定燃烧分为高频、中频和低频三种类型。高频振荡频率在 1 000 Hz 以上,中频为 $100 \sim 1\ 000$ Hz,低频为 100 Hz 以下。一般所指的不稳定燃烧是前两种类型,而低频不稳定燃烧则主要是指不完全燃烧或 L^* 型不稳定燃烧。L^* 是一种特征长度,定义为单位喉部面积 A_t 的燃烧室容积 V_c,即 $L^* = V_c/A_t$。

不稳定燃烧按产生的机理可分为声不稳定燃烧和非声不稳定燃烧两大类,其中每一类又分为线性不稳定燃烧和非线性不稳定燃烧。

发动机内腔可以看成一个自激声振系统,声不稳定燃烧是装药燃烧过程与发动机内腔声振过程相互作用的结果,其特点是压强的振荡频率与发动机内腔声振的固有频率基本一致。非声不稳定燃烧则与声振无关,可以是燃烧过程本身的周期性变化,属于固有的燃烧不稳定性(Combustion instability);也可以是燃烧过程与排气过程相互作用的结果,其特征是燃烧室内的瞬时压强处处均匀一致,压强振荡是整体性的,其频率远低于内腔的最低声振固有频率,因此,这类不稳定燃烧又称为整体振型不稳定燃烧。

　　线性不稳定燃烧的压强振幅很小,它是由微弱扰动发展起来的,振荡波形呈现正弦或余弦波特征,即简谐振荡,其振幅按指数规律增长,且相对增长率为常数。这种振荡在理论分析时可以用线性微分方程组来描述,并可应用迭加原理。线性不稳定燃烧可以使燃烧室压强和发动机推力产生较大的振荡,但对平均压强和平均推力的影响不大。

　　非线性不稳定燃烧是在有限振幅振荡的基础上发展起来的,它一开始就不是微弱扰动,而是有一定强度的扰动,必须用非线性微分方程组描述。非线性不稳定燃烧的振荡波形是有畸变的,不是简谐振荡的正弦或余弦波,振幅不符合指数增长规律,其相对增长率也不是常数,所以发展到一定程度后不仅使压强和推力发生较大的强振荡,而且还将使压强和推力的平均值也发生很大变化。

　　非线性不稳定燃烧往往是线性不稳定燃烧发展的结果。当线性不稳定燃烧受到具有一定强度的扰动时,可以产生非线性不稳定燃烧,以致发展到较大幅度的压强振荡。这类非线性不稳定又称为脉冲触发不稳定。

　　通常情况下,高频和中频不稳定燃烧大多属于声不稳定燃烧,而低频不稳定燃烧则可能是声不稳定的,也可能是非声不稳定,但大多属于非声不稳定,如不完全燃烧或 L^* 型不稳定燃烧就是非声不稳定燃烧。

　　声不稳定燃烧按推进剂燃烧过程与声场相互作用的机理,可以分为压强耦合型声不稳定燃烧和速度耦合型声不稳定燃烧,其中压强耦合型是主要的类型。

　　在工程上,按压强振荡幅度的大小,又将声不稳定燃烧分为弱声不稳定燃烧、强声不稳定燃烧和触发声不稳定燃烧三类,如图 12-5 所示。弱声不稳定燃烧的压强振幅较小,或者压强振幅稍大但持续时间短,不会明显改变压强平均值,一般危害性较小;强声不稳定燃烧的压强振幅较大,持续时间长,危害较大;而触发声不稳定燃烧

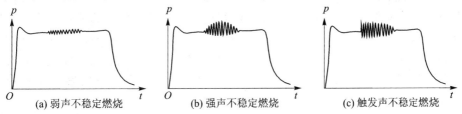

(a) 弱声不稳定燃烧　　　(b) 强声不稳定燃烧　　　(c) 触发声不稳定燃烧

图 12-5　声不稳定燃烧的压强特征曲线

则是在发动机工作过程中突然出现的振幅较大的压强振荡,危害也较大。因此,强声不稳定燃烧和触发声不稳定燃烧是必须要避免的。

上述分类对深入研究不稳定燃烧具有重要意义。但应注意的是,某个具体发动机所出现的不稳定燃烧往往并不是某种单一类型的不稳定燃烧,而可能是多种因素共同作用的结果。

2. 固体火箭发动机燃烧室中的自激系统

目前对声不稳定燃烧的理论研究远比非声不稳定燃烧成熟,这是因为声振模型具有比较完善的理论。研究声振常采用声腔,古典声腔是刚性封闭空腔,其中充满着静止均匀的弹性介质,微弱的压强扰动可在其中传播,产生声振。固体火箭发动机燃烧室可看成封闭声腔,虽然有喷管与外界连通,但超声速喷管喉部下游的扰动不会对上游产生影响,如果将喷管喉部作为一个边界,则压强的振荡可在其中传播和发展。

一般情况下,声振在介质中的传播由于受到黏性摩擦等阻尼作用而逐渐衰减,但当有某种能源不断向振荡着的介质输入能量时,则声振可能获得增益而逐渐被放大。在固体火箭发动机的燃烧室中,由于推进剂燃烧释放出大量燃气和热量,声腔有足够大的热源和质量源,声振可以从推进剂的不断燃烧中获得能量,使燃烧室相对封闭的空腔成为一个典型的振荡器,因此可以将燃烧室空腔视为一个自激声振系统,如图 12-6 所示。

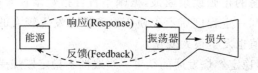

图 12-6　固体火箭发动机燃烧室中的自激系统

除此之外,燃烧室中还有一些能够影响声振特性的能源,如气相中某些燃烧化学反应放出的热量、燃气流动的平均动能等也可转化为声振能量,使声振得到增益而放大。所以,固体火箭发动机声不稳定燃烧是燃烧室在工作过程中依靠自身热源与质量源维持的一个自激声振系统。

在发动机燃烧室中除了声振增益外,也存在许多消耗声能、使声振衰减的阻尼因素,即图 12-6 中的"损失",对声不稳定燃烧起抑制作用。这些阻尼因素主要包括:喷管燃气流、装药的黏弹性、壁面边界层、气相黏性、热传导、质量扩散和化学松弛过程,以及燃烧产物中凝聚相微粒的速度滞后和温度滞后等。

上述增益和阻尼因素对声振的影响均与振型和频率有关,每一种增益只能对某一种振型、频率的压强振荡起作用。因此,燃烧室声腔的压强振荡能否维持与发展,取决于每一个振型所能获得的声能增益与阻尼的消长关系,当增益大于阻尼时对应振型的压强振荡就会得到增强,从而形成不稳定燃烧;反之,若阻尼大于增益,则振荡将逐渐减弱甚至消失,最后使压强趋于稳定。以压强振荡为例,振幅随时间的变化可表示为

$$\hat{p} = \hat{p}_0 e^{\alpha t} \tag{12-28}$$

式中：$\hat{p}_0$ 为初始压强振幅；α 称为增长常数（$\alpha>0$）或衰减常数（$\alpha<0$），具有频率的量纲，单位为 1/s。当阻尼大于增益，则 $\alpha<0$ 时，压强振荡逐渐衰减，最后趋于稳定，如图 12 - 7 所示。

3. 固体火箭发动机中的声振振型

除了振荡的振幅大小和频率高低以外，振型（又称振模）也是声振的基本特征，包括波振面的几何特性、波的传播方向等，其实质是声振参数在声腔中的分布和传播形式。声腔的振型取决于声腔的几何形状与尺寸、介质的特性和声腔的边界条件等。对于固体火箭发动机而言，燃烧室内腔的结构、推进剂和燃烧产物的特性等是决定振型的主要因素。以圆柱形燃烧室内腔为例，各种振型特征如图 12 - 8 所示，图中无箭头的线表示瞬时等压强线，箭头表示燃气质点的运动方向。可见，声不稳定燃烧的声振模型主要有纵向振型、切向振型和径向振型，通常将切向和径向振型统称为横向振型。

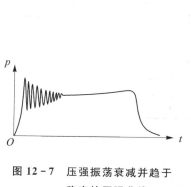

图 12 - 7　压强振荡衰减并趋于
稳定的压强曲线

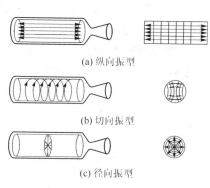

(a) 纵向振型

(b) 切向振型

(c) 径向振型

图 12 - 8　火箭发动机燃烧室中的
声振模型示意图

对振荡现象而言，频率越高则波长越短，所以高频和中频振荡的波长一般远小于燃烧室的尺寸，其压强振荡情况随燃烧室内的位置不同而变化；低频振荡的波长较长，如果波长大于燃烧室尺寸，则可使整个燃烧室空腔以同一个压强随时间振荡，故振荡仅仅是时间的函数，随空间位置的变化可以忽略不计。这种低频振荡的振型故称为整体振型。

4. T 型燃烧器和 T 型发动机

在实验方面，国内外已广泛采用燃烧室冷模拟声学特性实验来确定特征频率。实验时用玻璃纤维增强塑料代替装药，用激振器激励燃烧室气柱振荡，通过频率扫描确定燃烧室内腔的共振频率。对于纵向振型，可以采用"T 型发动机"或"T 型燃烧器"测定不同推进剂的声振特性，如图 12 - 9 所示。T 型发动机的突出特点是将声速喷管放在圆柱形燃烧室的中央，两个圆形端面燃烧装药放置在燃烧室两端。如果在燃烧室中央不放置喷管，而是使燃气通过中央开口流入一个容积较大的恒压容器，则称为 T 型燃烧器,这种装置能够更严格地控制燃烧室的工作压强。

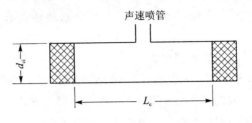

图 12－9　T 型发动机示意图

　　T 型发动机和 T 型燃烧器的基本功能是测量推进剂的响应函数。T 型发动机的内腔是一个可产生自激驻波的声振系统,其振型主要是纵向基振振型,压强和流速的振荡波形如图 12－10 所示。根据瑞利准则,当装药燃烧表面位于压强振荡的波腹时可获得最强的压强耦合,当排气口位于压强振荡的波节时可使排气的声能损失最小。T 型发动机和 T 型燃烧器的内腔结构满足以上要求,很容易激起振型简单、便于分析的声振不稳定燃烧。因此,这种实验设备在研究声不稳定燃烧发生的条件和抑制方法(包括推进剂配方和发动机设计的改进)等方面,有很大的实用价值,有的国家已将其标准化,并制定了标准的实验方法。

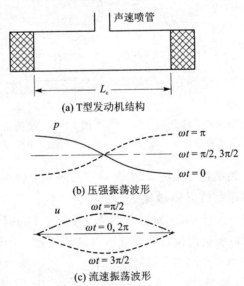

(a) T型发动机结构

(b) 压强振荡波形

(c) 流速振荡波形

图 12－10　T 型发动机内振荡基波的波形示意图

　　T 型发动机实验方法简便,燃面的声振环境也较均一,因而在推进剂声振响应特性的测量中得到了广泛应用。但是,这种实验也存在多种误差。例如,由于压强增长段和衰减段的工作条件(如燃烧温度等)不同,阻尼损失也不尽相同;此外,点火过程及装药燃烧过程中的内腔长度变化等因素也会给测试结果带来一定误差。为了提高测试精度,扩大应用范围,对 T 型发动机或 T 型燃烧器进行了多方面的改进,如变燃面 T 型燃烧器、脉冲式 T 型燃烧器、测量速度耦合的 T 型燃烧器等，以及能够提供各种不同声振环境的调制喷管发动机、阻抗管等，这些实验装置可以更好地测量装药燃面对声振的响应特性。

12.2.2　声不稳定燃烧的机理

固体火箭发动机的燃烧室内腔充满了燃气，受到初始扰动作用时会出现各种振型的自由声振荡，如果平均气流速度不大（大多数固体火箭发动机燃烧室中的最大气流马赫数小于 0.3），可近似为刚性壁封闭声腔中的振动，可采用古典声腔理论解释其波动现象，即振荡现象同样可以用线化的流动控制方程来分析。

1. 振荡波

在小振幅微弱扰动条件下，声腔中的声波可能是单一频率的波即简谐波，或由几个单一频率的波叠加而成的复杂波。空腔中各点的气流参数可以用其平均量（或称稳态量）与振荡量之和来表示，于是燃气的压强 p、密度 ρ 和速度 u 可分别表示为

$$\begin{cases} p = \bar{p} + p' \\ \rho = \bar{\rho} + \rho' \\ u = \bar{u} + u' \end{cases} \tag{12-29}$$

式中：上标"—"和"′"分别表示稳态量与振荡量，其中 p' 称为声振压强（简称声压），u' 称为声振速度。稳态量与时间无关，振荡量则随时间和位置按简谐函数的规律变化。对于有限振幅的扰动，还需要采用多级振荡量来表示其振荡特征，这里不进行深入讨论。

以压强振荡的简谐波为例，声压 p' 和声振速度 u' 可用复数（约定按实数部运算）表示为

$$\begin{cases} p' = \tilde{p}\,\mathrm{e}^{i\omega t} \\ u' = \tilde{u}\,\mathrm{e}^{i\omega t} \end{cases} \tag{12-30}$$

式中：$\tilde{p}$ 和 $\tilde{u}$ 分别表示压强和速度的复振幅，只是空间位置 x 的函数；$\omega = 2\pi f$ 为振荡的角频率，f 为振荡频率。声压 p' 和声振速度 u' 的振荡频率是相同的，即有相同的 ω 值。

振荡量随时间和空间的变化如图 12-11 所示。声学中，定义声波走过一个波长 λ 所需的时间称为周期 T，则声速 a 为

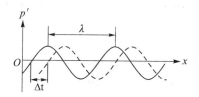

图 12-11　简谐振荡波的传播

$$a = \lambda f = \lambda / T \tag{12-31}$$

如何确定振荡的复振幅，需要采用小扰动线化流动控制方程的理论来分析。

2. 控制方程

经典的振动分析常忽略黏性作用，并采用常物性假设。对于一维振荡，其非定常流动控制方程为式(5-69)、式(5-74)和式(5-81)，重新编号为

$$\frac{\partial \rho}{\partial t} + \frac{\partial (\rho u)}{\partial x} = 0 \tag{12-32}$$

$$\frac{\partial (\rho u)}{\partial t} + \frac{\partial (\rho u^2)}{\partial x} + \frac{\partial p}{\partial x} = 0 \tag{12-33}$$

$$\frac{\partial (\rho c_p T)}{\partial t} + \frac{\partial (\rho u c_p T)}{\partial x} = \frac{\partial p}{\partial t} + u\,\frac{\partial p}{\partial x} \tag{12-34}$$

其中能量方程中忽略热源项 δQ。加上热状态方程 $p = \rho R_g T$，上述方程组成的方程组是封闭的。

动量方程式(12-33)还可展开为非守恒形式为

$$\rho\,\frac{\partial u}{\partial t} + \rho u\,\frac{\partial u}{\partial x} + \frac{\partial p}{\partial x} = 0 \tag{12-35}$$

能量控制方程中，利用热状态方程把变量 ρT 换为 p/R_g，则可得到用压强表示的能量方程，即

$$\frac{\partial p}{\partial t} + \gamma p\,\frac{\partial u}{\partial x} + u\,\frac{\partial p}{\partial x} = 0 \tag{12-36}$$

3. 振荡的小扰动线化方程

把参数的分解式(12-29)代入控制方程，考虑稳态量符合原方程，并忽略振荡量高阶项(对于线性振荡，忽略 2 阶以上)，可得到关于振荡量的方程。该过程称为方程的线化。

对能量方程式(12-36)进行线化，即

$$\frac{\partial (\bar{p} + p')}{\partial t} + \gamma (\bar{p} + p')\,\frac{\partial (\bar{u} + u')}{\partial x} + (\bar{u} + u')\,\frac{\partial (\bar{p} + p')}{\partial x} = 0$$

可得声振压强方程(简称声压方程)为

$$\frac{\partial p'}{\partial t} + \gamma \bar{p}\,\frac{\partial u'}{\partial x} = -S_1 \tag{12-37}$$

对动量方程式(12-35)进行类似的线化过程，可得声振速度方程为

$$\frac{\partial u'}{\partial t} + \frac{1}{\bar{\rho}}\,\frac{\partial p'}{\partial x} = -S_2 \tag{12-38}$$

上述声振压强方程和声振速度方程的左边是声学项，右边项 S_1、S_2 是平均流动对振荡的影响，为小扰动源项。

4. 赫姆霍尔兹方程(Helmholtz equation)

声压方程式(12-37)对时间 t 求导，并把声振速度方程式(12-38)对 x 求导，然后联合消去声振速度 u'，可得声压的波动方程为

$$\frac{\partial^2 p'}{\partial x^2} - \frac{1}{a^2}\,\frac{\partial^2 p'}{\partial t^2} = -S_3 \tag{12-39}$$

式中：$a = \sqrt{\gamma \bar{p}/\bar{\rho}}$ 为声速，S_3 为小扰动源项。

把用复振幅表示的振荡量表达式(12-30)代入式(12-39)，可得

$$\frac{\mathrm{d}^2 \tilde{p}}{\mathrm{d}x^2} + \frac{\omega^2}{a^2} \tilde{p} = -S \qquad (12-40)$$

该式即为赫姆霍尔兹方程,其中 S 为赫姆霍尔兹方程的非齐次源项。赫姆霍尔兹方程描述了场(如电磁场、声场等)的空间和时间分布规律。从上述推导过程可知,当参数随时间作简谐变动时,波动方程即可转化为赫姆霍尔兹方程。

对于火箭发动机中压强的线性振荡,可在平均速度 $\bar{u}=0$ 的基础上进行近似分析,这时式(12-40)的右边非齐次项 $S=0$,得赫姆霍尔兹齐次方程为

$$\frac{\mathrm{d}^2 \tilde{p}}{\mathrm{d}x^2} + \frac{\omega^2}{a^2} \tilde{p} = 0 \qquad (12-41)$$

该方程实际上是无阻尼的自由振动方程,可利用分离变量法求解,其通解为

$$\tilde{p} = A\cos\frac{\omega x}{a} + B\sin\frac{\omega x}{a} \qquad (12-42)$$

式中常系数 A、B 由边界条件确定。

当考虑有限振幅的振荡时,线化时不能忽略二阶项,采用多级振荡量时一般需要取到三阶项,因此,非齐次项对振荡的影响不能忽略。这时,赫姆霍尔兹方程的非齐次项很复杂,对于火箭发动机,非齐次项包括了装药燃烧表面、喷管、壁面、燃气等因素的影响。

5. 振荡频率

以 T 型发动机的一维纵向振荡为例,燃烧室(刚性壁闭合空腔)内的纵向振型在两端面上必须满足气流运动速度为零的边界条件,亦即空腔的两端必然是速度振荡的波节、压强振荡的波腹,如图 12-10 所示。因此,对应的压强振荡边界条件为

$$\begin{cases} \dfrac{\mathrm{d}\tilde{p}}{\mathrm{d}x}\bigg|_{x=0} = 0 \\ \tilde{p}\,\big|_{x=0} = \hat{p} \end{cases} \qquad (12-43)$$

式中:$\hat{p}$ 为燃烧室头部($x=0$)的压强振幅。

将边界条件式(12-43),代入赫姆霍尔兹齐次方程的通解式(12-42),可得压强振荡的振幅为

$$\tilde{p} = \hat{p}\cos\frac{\omega x}{a} \qquad (12-44)$$

按照不同的频率,每一种振型均可分为基波和各阶谐波,对应的频率称为特征频率。考虑任意阶振荡的叠加性质,可知压强振荡振幅的通解为

$$\tilde{p} = \sum_{n=1}^{\infty} \hat{p}_n \cos\frac{\omega_n x}{a}, \quad \omega_n = \frac{n\pi a}{L_c} \qquad (12-45)$$

式中:n 为谐波阶数,ω_n 为 n 阶谐波频率,$n=1$ 时为基波频率;$\hat{p}_n$ 为头部压强的 n 阶谐波振幅;L_c 为燃烧室长度。注意,T 型发动机纵向振型的基波频率可通过改变两端装药之间的距离 L_c 来进行调整和控制,常调整其基波波长为 $\lambda = 2L_c$,如图 12-10 所

示,由式(12-31)可知 $f = \dfrac{a}{2L_c}$,有 $\omega = 2\pi f = \dfrac{\pi a}{L_c}$。对于 n 阶谐波,则 $\omega_n = \dfrac{n\pi a}{L_c}$。

通常情况下,频率最低的基波($n=1$)是主要的振型,而较高阶的谐波则是次要的振型。忽略次要振型,可知纵向振型的特征频率为

$$f_z = \frac{\omega}{2\pi} = \frac{a}{2L_c} \tag{12-46}$$

用长细比 λ_c 表示圆柱形空腔的形状特征,即 $\lambda_c = L_c/d_{ci} = L_c/(2R_{ci})$,其中 d_{ci} 和 R_{ci} 分别为圆柱空腔的直径和半径,则

$$f_z = \frac{0.25}{\lambda_c} \cdot \frac{a}{R_{ci}} \tag{12-47}$$

式(12-47)对于端面燃烧装药的发动机是适用的。而对于侧面燃烧装药,由于气流速度较大,可采用以下半经验公式计算纵向振型的基波特征频率

$$f_z = \frac{1 - 0.57J}{\lambda_c} \cdot \frac{a}{R_{ci}} \tag{12-48}$$

式中:J 为发动机的喉通比。可见,纵向基波特征频率随 J 值增大而减小,即随喷喉面积增大或装药通道截面积减小而减小。

对于径向和切向振型,可采用柱坐标形式的控制方程,按照上述过程类似分析,这里不再赘述。对于刚性壁面的圆柱形闭合空腔,切向和径向的特征频率分别近似为

$$f_\tau = 0.293 \cdot \frac{a}{R_{ci}} \tag{12-49}$$

$$f_r = 0.610 \cdot \frac{a}{R_{ci}} \tag{12-50}$$

尾翼式火箭发动机的长细比 λ_c 具有较大的数值,因此纵向振型的基波频率最低,切向次之,径向最高,即 $f_z < f_\tau < f_r$。对于涡轮火箭或长细比较小的火箭,则需要具体分析。一般地,频率越低则越容易发生振荡,所以,在长细比较大的固体火箭发动机中纵向和切向振型出现的机会多一些,而径向振型较少出现。

发动机燃烧室声腔的声学特性与许多因素有关,如果形状简单且规则(如内孔燃烧的圆孔装药、端面燃烧装药等),则其固有频率和振型与经典声学中的刚性壁声腔没有多大差别,可以用以上各式计算其纵向、切向和径向振型的频率。对于形状复杂的燃烧室声腔,其声学特征与经典声腔完全不同,需要通过数值求解波动方程才能确定其频率和振型。

6. 压强振荡与速度振荡

对于速度振幅,由式(12-38),把用复振幅表示的振荡量表达式(12-30)代入,可得

$$i\omega \tilde{u} + \frac{1}{\bar{\rho}} \frac{d\tilde{p}}{dx} = -S_4$$

同样取右边非齐次项为 0,可得

$$\tilde{u} = \frac{i}{\bar{\rho}\omega}\frac{\mathrm{d}\tilde{p}}{\mathrm{d}x} \qquad (12-51)$$

对 $\tilde{p}$ 的表达式(12-44)求导,代入式(12-51)可得

$$\tilde{u} = -i\hat{u}\sin\frac{\omega x}{a} \qquad (12-52)$$

式中: $\hat{u} = \dfrac{\hat{p}}{\bar{\rho}a}$,为任意阶谐波的速度振幅。

把复振幅关系式(12-44)、式(12-52)代入式(12-30),可得声压 p' 和声振速度 u' 分别为

$$p' = \hat{p}\cos\frac{\omega x}{a}\cdot e^{i\omega t} \qquad (12-53)$$

$$u' = -i\hat{u}\sin\frac{\omega x}{a}\cdot e^{i\omega t} \qquad (12-54)$$

根据复数的欧拉(L. Euler)公式 $e^{i\theta} = \cos\theta + i\sin\theta$,可知 $-i = e^{-i\pi/2}$,对上式变形可得

$$u' = \hat{u}\sin\frac{\omega x}{a}\cdot e^{i(\omega t - \pi/2)} \qquad (12-55)$$

可见压强波和速度波的相位差为 $\dfrac{\pi}{2}$,压强波比速度波超前 $\dfrac{\pi}{2}$,如图 12-10 所示波形图。

前述分析均基于忽略非齐次项的基础上。当考虑非齐次项的影响时,其对振幅有增长或衰减的影响,对压强的影响可用式(12-28)表示,代入式(12-53)可得

$$p' = \hat{p}_0 e^{\alpha t}\cos\frac{\omega x}{a}\cdot e^{i\omega t} \qquad (12-56)$$

式中,$\hat{p}_0$ 为初始头部压强振幅。

12.2.3　声不稳定燃烧的线性稳定性预估

前已述及,微小振动的线性声不稳定燃烧,可采用赫姆霍尔兹齐次方程来描述。但在火箭发动机中,增益和阻尼因素非常复杂,对不稳定系统的影响也非常复杂,必须用非线性方法进行分析。

作为一种近似方法,可采用赫姆霍尔兹非齐次方程,把各种增益和阻尼因素归并到非齐次项中,从而近似分析这些因素对振动的影响规律。这样,不同增益或阻尼因素,实际上可处理为赫姆霍尔兹齐次方程的不同边界条件。根据解的线性叠加性质,可以得到不同增益或阻尼因素下总的影响结果,这就是不稳定燃烧的线性稳定性预估。

由图 12-6 可知,在火箭发动机燃烧室中可形成一个完整的自激系统,其增益因素主要包括装药表面的燃烧,阻尼因素包括喷管、壁面、燃气、凝聚相微粒等。增益因

素对声振的影响程度用增益常数表示,主要是推进剂燃烧的燃面增益常数 α_b;阻尼因素对声振的影响程度则用阻尼常数表示,不同阻尼用 $\alpha_i(i=1,2,\cdots,N)$ 表示。增益常数 $\alpha_b > 0$,阻尼常数 $\alpha_i < 0$。按线性叠加原理可得

$$\alpha = \alpha_b + \sum_{i=1}^{N} \alpha_i \tag{12-57}$$

式中各增益常数和阻尼常数包括每一振型(包括不同频率)的各种声振的影响。于是,由压强振动振幅变化式(12-28)可知,若 $\alpha > 0$,称为增长常数,这时振幅随时间增大,发动机的燃烧将是不稳定的;反之,若 $\alpha < 0$,称为衰减常数,则振幅随时间衰减,发动机的燃烧趋于稳定。

尽管目前的稳定性预测技术尚不够成熟,但初步的近似估算或从实验得到的一些经验估算公式,在加深对各种增益和阻尼因素的认识、寻求抑制不稳定燃烧的方法与途径等方面仍具有一定的实用价值。下面分别介绍燃面增益常数 α_b 和各主要阻尼常数 α_i 的预估方法。

1. 燃面增益常数 α_b

推进剂装药是产生声振的能量来源,故燃面增益常数 α_b 是固体火箭发动机中最重要的增益常数。理论上可通过求解经典的声腔波动方程得到燃面增益常数。工程上常用 T 型发动机测量出基准燃面增益常数 α_{bT},再根据声学原理换算为实际发动机的燃面增益常数 α_b。

不同的装药结构对声振增益的影响不同,柯茨(D. E. Coats)给出了端面燃烧、圆内孔燃烧和星孔燃烧三种基本装药纵向振型和切向振型的 α_{bT} 与 α_b 换算公式,如表 12-1 所列。

表 12-1　不同装药结构的燃面增益常数

振　型	纵　　向			切　　向		
装　药	端　面	圆　孔	星　孔	端　面	圆　孔	星　孔
$\dfrac{\alpha_b}{\alpha_{bT}}$	$\dfrac{1}{n}$	$\dfrac{2\lambda_c}{n}$	$\dfrac{1+\psi}{n}$	$\dfrac{1}{4\delta_n\lambda_c}$	$\dfrac{1}{\delta_n F_n}$	$\dfrac{1}{\delta_n}\dfrac{R_B}{2L_c}\left(1+\dfrac{2\psi}{F_n}\right)$

表中:n 为纵向振型谐波阶数;δ_n 是与切向振型谐波阶数 n 有关的系数,如表 12-2 所列;$\lambda_c = L_c/d_{ci}$ 为长细比。表中各换算系数分别为

$$\psi = \frac{R_A L_c}{R_B^2}, \quad R_A = \frac{\Pi}{2\pi}, \quad R_B = \sqrt{\frac{A_p}{\pi}}, \quad F_n = 1 - \left(\frac{n}{\pi\delta_n}\right)^2 \tag{12-58}$$

式中:Π 为装药燃烧截面的湿周长。

表 12-2　不同谐波阶数对应的系数 δ_n

n	1	2	3
δ_n	0.586	0.972	1.337

2. 喷管阻尼常数 α_n

喷管是发动机释放能量的主要途径,燃气从喷管高速喷出时主要以对流和辐射形式排出声振能量,从而对声振起到阻尼作用。如果喷管位于压强振动的波腹处则辐射损失增加,阻尼作用更强,这种阻尼对纵向振型的作用尤为显著。对于收敛段长度远小于声波波长的短喷管(即喷管收敛段长度或喉径远小于燃烧室的长度或内径),其阻尼常数 α_n 可分别按以下公式估算

$$\alpha_n = -J \frac{a}{L_c}, \qquad \text{纵向振型} \tag{12-59}$$

$$\alpha_n = -J \frac{a}{2L_c}, \qquad \text{横向振型} \tag{12-60}$$

长喷管对发动机稳定性的影响比较复杂,对纵向振型有阻尼作用,而对横向振型却可能有放大作用。不过,固体火箭发动机的喷管大多属于短喷管。

3. 壁面阻尼常数 α_w

对于推进剂表面,由于推进剂装药的黏弹性系数比壳体大得多,可以吸收一部分声振能量,特别是当声振频率接近或等于装药自振固有频率时,装药将产生共振,致使大部分声能转入固体介质,从而对不稳定燃烧起到有效的抑制作用。但是迄今为止,关于黏弹性阻尼的研究尚不够深入,定量估算其阻尼常数仍有困难。

对于燃烧室壳体壁面,由于燃气具有黏性,声振速度在燃烧室壁面附近形成声振速度边界层;同时,因燃烧室壁的导热率远大于燃气导热率,壁面附近的温度振动也会形成一个振动温度边界层。这两个边界层都将导致燃烧室内的声能损耗,因此是声振的阻尼因素。如果不考虑边界层中的密度、黏性和声速等对声振的影响,并忽略驻波振幅的非均匀分布,则壁面阻尼常数可近似用下式计算

$$\alpha_w = -\frac{1}{R_{ci}a} \sqrt{\frac{\mu_e \omega}{2\rho}} \tag{12-61}$$

式中

$$\mu_e = \mu \left[1 + \left(\gamma - \frac{1}{\gamma} \right) \frac{\kappa}{\mu c_p} \right]^2 \tag{12-62}$$

为综合黏性和热传导影响的有效黏性系数;μ、κ 和 γ 分别为燃气的动力黏度、导热系数和比热比。

对于端面燃烧装药发动机,壁面阻尼常数还可用下式估算(式中,R_{ci} 的单位为 mm)

$$\alpha_w = -8.4 \frac{\sqrt{f_z}}{R_{ci}}, \qquad \text{纵向振型或 T 型发动机} \tag{12-63}$$

$$\alpha_w = -8.4 \frac{\sqrt{f_\tau}}{R_{ci} F_n}, \qquad \text{切向振型} \tag{12-64}$$

对于贴壁浇注内孔燃烧装药,由于燃烧室壁与燃气接触面积很小,壳体的壁面阻尼可以忽略不计。

4. 微粒阻尼常数 α_s

当燃烧产物中含有凝聚相微粒(Speck)时,只要大小合适,悬浮于燃气中的凝聚相微粒就会对声振产生很强的阻尼作用。例如,由于黏性和传热的作用,含铝推进剂燃烧生成的 Al_2O_3 凝聚相微粒与气相存在速度和温度滞后,导致声能损失,其中黏性损失的作用是最主要的。凝聚相微粒对高频振动的阻尼作用相当显著,而对低频振动的抑制作用相对较小。

微粒的阻尼常数与其尺寸有关,微粒越小对抑制高频振动越有效。计算表明,当微粒半径 $r_s > 30~\mu m$ 时,对各种振动均无明显的阻尼作用;当 $r_s = 2 \sim 12~\mu m$ 时,对频率为 $1\,000 \sim 1\,500$ Hz 的常见高频振动的阻尼作用最大;当 $r_s < 2~\mu m$ 时,对 $5\,000$ Hz 以上的振动有很大阻尼作用,而对低于 $5\,000$ Hz 的振动的阻尼作用却很小。因此,为了使微粒发挥较好的阻尼作用,其尺寸必须与振动频率合理匹配。

假设凝聚相微粒为准定常黏性流中大小均匀的刚性小球,在忽略热传导影响的情况下,运用斯托克斯阻尼定律可得到微粒阻尼常数,即

$$\alpha_s = -\frac{\beta \omega Y_s}{2(1 + \beta^2)} \tag{12-65}$$

式中:Y_s 为微粒在燃气中的质量分数;$\beta = \tau \omega$ 为无量纲半径,$\omega = 2\pi f$ 为角频率,τ 为如下定义的松弛时间

$$\tau = \frac{2\rho_s r_s^2}{9\mu} \tag{12-66}$$

式中:ρ_s 和 μ 分别为微粒的密度和燃气的黏性系数。于是,通过求式(12-65)对 β 的极值,可以得到对应微粒阻尼常数最大的最佳微粒半径,及其所对应的最大微粒阻尼常数,即

$$r_{s,\text{opt}} = \sqrt{\frac{9\mu}{2\rho_s \omega}} \tag{12-67}$$

$$\alpha_{s,\max} = -\frac{\omega Y_s}{4} = -1.57 f \cdot Y_s \tag{12-68}$$

一般地,$r_{s,\text{opt}}$ 的典型值为 $1 \sim 10~\mu m$。但是,在实际情况中,微粒大小不可能均匀一致,更不可能均为最佳尺寸,因此作为近似估算可取

$$\alpha_s = -0.34 f \cdot Y_s \tag{12-69}$$

对于含铝推进剂,本章参考文献[5]给出的 Al_2O_3 微粒阻尼常数为

$$\alpha_s = -2.97 f \cdot Y_{Al} \tag{12-70}$$

式中:Y_{Al} 为推进剂中铝的质量百分比。

5. 气相阻尼 α_g

燃气的声振必然在声场中产生压强梯度和温度梯度,从而导致黏性动量传递和热传导。由于动量传递和热传导均需要经过一定的时间(松弛时间)才能完成,因此燃气的密度变化滞后于声压的变化,造成声能损失,其阻尼常数为

$$\alpha_{\mathrm{g}} = -\frac{\omega^2}{2\bar{\rho}a^3}\left[\frac{4}{3}\mu + \frac{(\gamma-1)\kappa}{c_p}\right] \tag{12-71}$$

由于气体黏性和导热系数都不大，故气体的阻尼常数很小。实际上，在大多数情况下，松弛效应产生的气相阻尼常数在数量级上总是小于 $10^{-3}\omega$，比喷管阻尼常数和燃烧室壁面阻尼常数小得多，近似计算时可以忽略不计。

参考文献

[1] 武晓松,陈军,王栋. 固体火箭发动机原理 [M]. 北京:兵器工业出版社,2011.

[2] [美]郭 K K,萨默菲尔德 M. 固体推进剂燃烧基础(上册)[M]. 宋兆武,译. 北京:宇航出版社,1988.

[3] [美]郭 K K,萨默菲尔德 M. 固体推进剂燃烧基础(下册)[M]. 朱荣贵,于广经,廉茂林,等译. 北京:宇航出版社,1994.

[4] 谢蔚民. 固体火箭发动机不稳定燃烧 [M]. 北京:航空专业教材编审组,1984.

[5] 孙维申. 固体火箭发动机不稳定燃烧 [M]. 北京:北京工业学院出版社,1988.

[6] 谢蔚民,吴心平. 固体火箭发动机内弹道曲线异常现象的鉴别 [J]. 推进技术,1985(2):7-13.

[7] Muraour H. Sur les lois de Combustion des poudres collaidales [J]. Bulletin de la Societe Chimnique de France, 1927, 41:1451-1461.

[8] Lenoir J M, Robillard G. A Mathematical Method to Predict the Effects of Erosive Burning in Solid Propellant Rocket [C]. Sixth Symposium (International) on Combustion, Reinhold, New York, 1957:663-667.

[9] King M K. A Model of Erosive Burning of Composite Propellants [J]. Journal of Spacecraft and Rocket, 1978, 15(5):139-146.

[10] King M K. Model for Steady State Combustion of Unimodal Composite Solid Propellants [C]. AIAA Paper 78-216, 16th Aerospace Science Meeting, Huntsville, Ala. 1978,1.

[11] King M K. Erosive Burning of Solid Propellants [J]. Journal of propulsion and Power. 1993,9(6).

[12] Landsbaum E M. Erosive Burning of Solid Propellants—A Revisit [J]. Journal of Propulsion and Power,2005,2(3).

[13] Beddini R A. Reacting Turbulent Boundary—Layer Approach to Solid Propellant Erosive Burning [J]. AIAA Journal, 1978,16(9).

[14] Bulgakov V K, Karpov A I. Numerical Studies of Propellant Erosive Burning [J]. Journal of propulsion and Power,1993,9(6).

[15] Razdan M K, Kuo K K. Erosive Burning Study of Composite Solid Propellants by Turbulent Boundary-Layer Approach [J]. AIAA Journal, 1979, 17(11).

[16] Razdan M K, Kuo K K. Turbulent Flow Analysis of Erosive Burning of Cylindrical Composite Solid Propellants [J]. AIAA Journal, 1982, 20(1).

[17] Zucrow M J, Osborn J R, Murphy J M. An experimental Investigation of the Erosive

Burning Characteristics of Nonhomogeneous Solid Propellants [J]. AIAA Journal, 1965,3(3):523 - 525.

[18] Harrje D T, Reardon F H. Liquid Propellant Rocket Copmbustion Instability [R]. NASA SP - 194,1972.

[19] Culick F E C. Combustion Instability in Solid Rocket Motors [R]. ADA100291,1981.

[20] Methes H B. Assessment of Chamber Pressure Oscillations in the Shuttle Solid Rocket Booster Motor [R]. AIAA Paper 80 - 1091,1980.

[21] Strahle W C, et al. Turbulence Generated Pressure Fluctuations in a Rocket - Like Cavity [R]. AIAA Paper 80 - 0208,1980.

[22] Coats D E, et al. A Computer Program for the Prediction of Solid Propellant Rocket Motor Performance [R]. Vol. I. AD - A015140,1975.

第 13 章　计算燃烧学概论

　　描述流动问题的控制方程组通常是一组复杂的非线性偏微分方程,很难得到其解析解,因此,需要借助于计算机进行数值求解,这就是计算流体力学(Computational fluid dynamics,简称 CFD)。燃烧学的基本理论与流动是密不可分的,描述燃烧问题的微分方程比一般流动控制方程更为复杂,主要包括了燃烧模型以及相应化学反应引起的多组分流动、传热传质、化学反应速率等因素,除了简化的燃烧原理之外,同样需要借助于计算机进行数值求解,这就是计算燃烧学(Numerical combustion,Computational combustion)。

　　计算燃烧学可以视为继计算传热学(Numerical heat transfer,NHT)之后计算流体力学的又一个分支,是一门结合计算流体力学、传热传质学、化学动力学、化学热力学和燃烧学对化学反应及燃烧过程进行计算机数值模拟的综合科学,其研究目标是构造和发展燃烧问题的基本方程、理论模型和数值方法,提高计算的可靠性、准确性和实用性,得出复杂燃烧问题的数值解,并分析这些数值解,寻找规律,检验或部分代替燃烧试验。

　　斯柏尔丁(D. B. Spalding)在六十年代后期首先得到了层流边界层燃烧过程控制微分方程的数值解,并成功地得到了实验的检验。后来斯柏尔丁和哈劳(F. H. Harlow)继承和发展普朗特(L. Prandtl)、柯尔莫格诺夫(A. N. Kolmogorov)和周培源等人的工作,创立了"湍流模型方法",提出了一系列的湍流流动模型和湍流燃烧模型,并发展了各具特色的数值方法和计算程序,成功地得到了一大批描述基本燃烧现象和实际燃烧过程的数值解。1974 年吉德斯波(D. Gidspow)提出描述一维两相流动的微分方程,接着哈劳和斯柏尔丁进一步发展并建立了多相流动和燃烧问题的基本方程组和数值解法。

　　应该指出的是,尽管计算燃烧学随着计算机技术的高速发展日益成为解决工程实际问题的主要工具,但它并不能完全取代解析方法和实验研究。首先,解析方法的结果容易分析和比较各种影响因素的作用,同时也为检验数值结果提供了依据,计算燃烧学和计算流体力学的所有数值方法都必须经过解析解的考核才能确定其有效性和准确性;其次,计算燃烧学的计算结果还必须通过实验的检验,对某些复杂的燃烧问题还必须借助于实验测量所得到的经验关系,所以实验研究仍然是燃烧问题最基本的研究方法。

　　本章只介绍计算燃烧学的基本概念和方法,主要内容包括:13.1 燃烧流动控制方程及其性质;13.2 燃烧流动控制方程的离散;13.3 数值计算格式;13.4 求解燃烧问题的 SIMPLE 方法;13.5 数值模拟软件。

13.1 燃烧流动控制方程及其性质

描述燃烧流动的偏微分控制方程组参见第 5 章"燃烧流动控制方程",这些方程依据其数学性质可以划分为不同的类型,并对应着明显不同的物理意义。控制方程的不同类型,往往需要不同的数值求解方法。

13.1.1 燃烧流动控制方程组的类型

在实际应用中,常用波动方程、热传导方程和拉普拉斯(Laplace,Pierre-Simon)方程来描述偏微分方程的数学性质,实际上代表了偏微分方程的三种类型,即双曲型、抛物型和椭圆型。以二维问题为例,波动方程、热传导方程和拉普拉斯方程分别为

$$\begin{cases} \phi_{tt} = a^2(\phi_{xx} + \phi_{yy}) \\ \phi_t = a^2(\phi_{xx} + \phi_{yy}) \\ \phi_{xx} + \phi_{yy} = S \end{cases} \tag{13-1}$$

式中:ϕ 为一般待求变量;系数 a 和源项 S 是自变量 x 和 y 的函数。稳态热传导方程即为拉普拉斯方程,考虑源项的拉普拉斯方程又称为泊松(Poisson,Simeon-Denis)方程。

描述燃烧流动的偏微分控制方程在一定条件下都可以转化为波动方程、热传导方程或拉普拉斯方程,因此,偏微分控制方程也可以分为双曲型、抛物型和椭圆型三种类型。

1. 偏微分控制方程(组)的分类方法

对于二阶偏微分方程,其一般形式可表示为

$$a\phi_{xx} + b\phi_{xy} + c\phi_{yy} + d\phi_x + e\phi_y + f\phi = g(x,y) \tag{13-2}$$

式中:系数 a、b、$\cdots$ 和 f 是自变量 x 和 y 的函数。对求解域中任一点 (x,y),根据方程中最高阶导数项系数的判别式 (b^2-4ac) 大于、等于或小于 0,可将式(13-2)划分为三种类型,即

(1) 双曲型,$b^2 - 4ac > 0$;

(2) 抛物型,$b^2 - 4ac = 0$;

(3) 椭圆型,$b^2 - 4ac < 0$。

可见偏微分方程的主要性质是由方程的最高阶项决定的。

对于一阶偏微分方程组,其一般形式可表示为

$$A\frac{\partial U}{\partial x} + B\frac{\partial U}{\partial y} = S \tag{13-3}$$

式中:U 为待求变量的 n 阶列矩阵,A、B 为 $n \times n$ 阶系数矩阵,S 为源项矩阵。该方程系数矩阵的特征方程为

$$\det(\lambda_i a_{i,j} - b_{i,j}) = 0, \quad i,j = 1,2,\cdots,n \tag{13-4}$$

式中：$a_{i,j}$、$b_{i,j}$ 分别为系数矩阵 $\boldsymbol{A}$、$\boldsymbol{B}$ 的元素；λ_i 为特征方程式(13-4)的特征根。如果特征根为相异的实根，则一阶偏微分方程组(13-3)为双曲型的；如果特征根为重复实根，则为抛物型的；如果特征根为复数根，则为椭圆型的。以方程 $u_x + v_y = 0$ 为例，由特征方程式(13-4)，可知其特征根 $\lambda = 1$，故该方程为双曲型的。

既包含多个相异特征根又包括相重复特征根的方程组性质比较复杂。如果特征根有若干相异的实根，也有若干重复实根，则方程组为双曲-抛物型的，可以证明这时方程组整体上属于抛物型的。如果特征根有若干重复实根，也有若干复数根，则方程组为抛物-椭圆型的，整体上属于椭圆型的。

考虑二维定常可压缩欧拉方程的性质。由欧拉方程式(5-16)和连续方程式(5-6)、能量方程式(5-28)，整理为非守恒形式的欧拉方程（忽略彻体力和热源项）为

$$\begin{cases} u\dfrac{\partial \rho}{\partial x} + \rho\dfrac{\partial u}{\partial x} + v\dfrac{\partial \rho}{\partial y} + \rho\dfrac{\partial v}{\partial y} = 0 \\[2mm] \rho u\dfrac{\partial u}{\partial x} + \dfrac{\partial p}{\partial x} + \rho v\dfrac{\partial u}{\partial y} = 0 \\[2mm] \rho u\dfrac{\partial v}{\partial x} + \rho v\dfrac{\partial v}{\partial y} + \dfrac{\partial p}{\partial y} = 0 \\[2mm] u\dfrac{\partial p}{\partial x} + a^2\rho\dfrac{\partial u}{\partial x} + a^2\rho\dfrac{\partial v}{\partial y} + v\dfrac{\partial p}{\partial y} = 0 \end{cases} \tag{13-5}$$

式中声速 $a^2 = \gamma R_g T$。该方程整理为形如式(13-3)的一阶偏微分方程组，待求变量矩阵为 $\boldsymbol{U} = (\rho,\ u,\ v,\ p)^{\mathrm{T}}$，可得系数矩阵为

$$\boldsymbol{A} = \begin{bmatrix} u & \rho & 0 & 0 \\ 0 & \rho u & 0 & 1 \\ 0 & 0 & \rho u & 0 \\ 0 & a^2\rho & 0 & u \end{bmatrix}, \quad \boldsymbol{B} = \begin{bmatrix} v & 0 & \rho & 0 \\ 0 & \rho v & 0 & 0 \\ 0 & 0 & \rho v & 1 \\ 0 & 0 & a^2\rho & v \end{bmatrix} \tag{13-6}$$

按式(13-4)求该系数特征矩阵的特征根，即

$$\begin{vmatrix} \lambda u - v & \lambda\rho & -\rho & 0 \\ 0 & \lambda\rho u - \rho v & 0 & \lambda \\ 0 & 0 & \lambda\rho u - \rho v & -1 \\ 0 & \lambda a^2\rho & -a^2\rho & \lambda u - v \end{vmatrix} = 0$$

展开为

$$(\lambda u - v)^2 \big[(\lambda u - v)^2 - \lambda^2 a^2 - a^2\big] = 0$$

可得特征根为

$$\lambda_{1,2} = \frac{v}{u}, \quad \lambda_{3,4} = \frac{uv \pm a\sqrt{u^2 + v^2 - a^2}}{u^2 - a^2} \tag{13-7}$$

可见，对于超声速流动，$(u^2 + v^2) > a^2$，二维定常可压缩欧拉方程为双曲-抛物型的；

对于声速流动,则是抛物型的;而对于亚声速流动,则是抛物-椭圆型的。因此,流动性质(超声速、声速或亚声速)决定了控制方程特别是定常流动控制方程的性质。

按照上述过程可以对常见控制方程进行分类。对于 N-S 方程,由于考虑流体的黏性,方程中二阶导数项主导了其数学性质,如二维非定常可压缩 N-S 方程组是双曲-抛物型的,整体是抛物型的,而二维定常可压缩 N-S 方程组是双曲-椭圆型的,整体上属于椭圆型的。表 13-1 所列为常见控制方程的分类。

表 13-1　常见控制方程的分类

方　程		分　类
欧拉方程	定常可压	超声速流,双曲-抛物型;声速流,抛物型;亚声速流,抛物-椭圆型
	定常不可压	双曲-椭圆型
	非定常可压	双曲型
	非定常不可压	双曲-椭圆型
N-S方程	定常可压	双曲-椭圆型
	定常不可压	椭圆型
	非定常可压	双曲-抛物型
	非定常不可压	抛物-椭圆型

2. 不同偏微分方程的性质

双曲型、抛物型和椭圆型这三类方程在数学上的一个主要区别是其影响区和依赖区各不相同。以 $x-y$ 平面上的区域 R(边界为 B)为例,如图 13-1 所示,任一点 P 的依赖区是指 R 中这样一些点的集合,为了唯一确定 P 点的值,这些点上的条件必须完全给定;P 点的影响区则是指,当 P 点的函数值发生变化时,所有那些函数值也随之改变的点的集合。

椭圆型方程在求解域的每一点上都是椭圆型的,对应于物理上的一类平衡问题或称稳态问题,变量与时间无关且其求解必须在空间的一个闭合区域上进行。如图 13-1所示,在求解域上,任一点 P 的依赖区是包围该点的求解

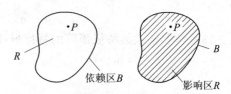

图 13-1　椭圆型方程的依赖区和影响区

域边界封闭曲线,亦即该封闭曲线内所有点的函数值都对 P 点的值有影响,或说所有点的影响区都包含 P 点。同时 P 点的影响区则是整个求解域 R,或说所有点的依赖区都包含 P 点。所以,椭圆型方程的特点是求解域上所有各点的函数值是互相影响的,这就要求求解域内全部点的求解必须同时进行,而不能先求解一部分再求解其余部分。这类问题又称为边值问题。

二维抛物型方程有一条实的特征线(关于特征线的概念参见气体动力学方面的

知识),它将计算域划分为两个部分,分别与依赖区和影响区相对应,如图 13-2 所示。求解时,从已知的初值出发依次向前推进获得给定边界条件下的解。所以,抛物型方程具有推进性质,与物理上的一类推进问题相对应,其因变量或者与时间相关或者问题中包含有类似于时间的自变量,时间变量或类时间变量就是求解时的推进方向(如图 13-2 中的 x 方向),它垂直于特征线。这类从初值出发推进求解的问题又称为初值问题。

双曲型方程所对应的物理问题也是推进问题,如图 13-3 所示,有两条实的特征线。某点 P 的依赖区和影响区总是处在过 P 点的两条特征线之间,分别位于 P 点的上游和下游。

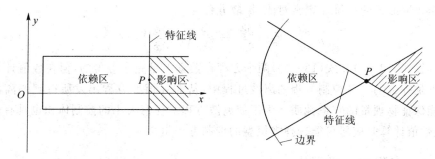

图 13-2 抛物型方程的依赖区和影响区   图 13-3 双曲型方程的依赖区和影响区

由表 13-1 可知,实际的流动控制方程很多是混合型的,具有多重特性,这对于定解条件的确定带来了困难。如定常可压缩 N-S 方程组是双曲-椭圆型的,若提初值问题,椭圆型方程的解不适定;若提边值问题,则双曲型方程的解不适定。这种不定型方程的求解很困难。解决这种矛盾的常用方法是变换方程性质,如对定常可压缩 N-S 方程进行抛物化处理(通过忽略一些次要项,使得方程性质变为抛物型,这种 N-S 方程称为 Parabolized N-S 方程,简称 PNS);还可以采用时间相关法(Time-dependent method),即对定常问题采用非定常方程,如非定常可压缩 N-S 方程组是双曲-抛物型的,从而变为具有适定解的初边值问题,当迭代推进时间趋于无限大时,即可认为达到定常条件。

13.1.2 守恒型方程和非守恒型方程

在计算流体力学和计算燃烧学中,控制方程除按其数学性质进行上述分类外,还可从物理守恒律概念划分为守恒型和非守恒型两种类型。凡是能使某物理量的总通量(由扩散和对流引起的总转移量)在任何有限大小的体积(有限体积)上都保持守恒的控制方程称为守恒型方程,反之则称为非守恒型方程。通俗地讲,当方程中所有变量都位于微分符号之内时是守恒型,否则即为非守恒型。如一维非定常流动组分连续方程式(5-68)、动量方程式(5-72)和能量方程式(5-77),可统一表示为

$$\frac{\partial(\rho\phi)}{\partial t} + \frac{\partial(\rho u\phi)}{\partial x} = \frac{\partial}{\partial x}\left(\Gamma\frac{\partial\phi}{\partial x}\right) + S \qquad (13-8)$$

该方程通常称为一维非定常对流-扩散的模型方程。式中：ϕ 为广义因变量（如速度、温度、浓度等），Γ 为广义扩散系数；$\dfrac{\partial(\rho\phi)}{\partial t}$ 为非定常项，$\dfrac{\partial(\rho u\phi)}{\partial x}$ 为对流项，$\dfrac{\partial}{\partial x}\left(\Gamma\dfrac{\partial\phi}{\partial x}\right)$ 为广义扩散项（包括扩散、导热或黏性），S 为广义源项。考虑一维连续方程式(5-69)，即

$$\frac{\partial\rho}{\partial t} + \frac{\partial(\rho u)}{\partial x} = 0 \qquad (13-9)$$

可得非守恒形式的一维非定常对流-扩散方程为

$$\rho\frac{\partial\phi}{\partial t} + \rho u\frac{\partial\phi}{\partial x} = \frac{\partial}{\partial x}\left(\Gamma\frac{\partial\phi}{\partial x}\right) + S \qquad (13-10)$$

尽管式(13-8)和式(13-10)两个方程在数学上是完全等价的，但在数值计算上却并不是等价的。在控制方程的离散过程中，从非守恒型方程出发所得到的离散方程不能保证物理量的守恒性质。为了使离散方程对任意大小的控制体积也具有守恒性，在数值计算时应尽可能选择守恒型的控制方程组。

13.1.3　方程的无量纲化

在数值计算中，常对方程进行无量纲化，可以使计算方法更具有方便性和通用性。一般以特征参数（用下标 ∞ 表示）ρ_∞、a_∞、$\rho_\infty a_\infty^2$、μ_∞ 和特征尺寸 L、特征时间 L/a_∞ 分别对密度、速度、压强、黏性系数、坐标和时间进行无量纲化，其中 a 为声速。对于不同的研究对象，特征参数一般以研究的方便性为原则来确定，如外流问题取来流（自由流）参数，内流问题取滞止或临界参数等。特征尺寸则取研究对象的典型尺寸，如长度、直径等。以喷管内流场为例，可以取喷管进口处的密度、声速、黏性系数作为特征参数，取喷管长度或喉径作为特征尺寸。

无量纲化后，欧拉方程形式不变，而用式(5-29)矩阵形式表示的 N-S 方程变为（仍以原符号表示无量纲参数）

$$\frac{\partial\boldsymbol{U}}{\partial t} + \frac{\partial\boldsymbol{E}}{\partial x} + \frac{\partial\boldsymbol{F}}{\partial y} + \frac{\partial\boldsymbol{G}}{\partial z} = \frac{1}{Re_\infty}\left(\frac{\partial\boldsymbol{E}_v}{\partial x} + \frac{\partial\boldsymbol{F}_v}{\partial y} + \frac{\partial\boldsymbol{G}_v}{\partial z}\right) + \boldsymbol{S} \qquad (13-11)$$

式中：Re_∞ 为无量纲化后产生的数值雷诺数，即

$$Re_\infty = \frac{\rho_\infty a_\infty L}{\mu_\infty} \qquad (13-12)$$

无量纲化后除了产生数值雷诺数外，控制方程和各矩阵的形式不变，变量形式也不变（只是无量纲化了），给计算带来极大方便。注意，源项 S 在无量纲化后产生的系数可能是不同的。

13.2　燃烧流动控制方程的离散

直接求解燃烧流动控制方程非常困难,计算燃烧学与计算流体力学类似,求解一个燃烧问题的基本步骤包括:(1)针对具体问题建立控制方程组并给定初始和边界条件;(2)数值求解;(3)处理和分析计算结果。其中数值求解是核心,又包括如下步骤:首先对求解域进行离散化即建立离散网格系统,选择合适的数值格式将控制方程组离散化,最后求解离散方程组(代数方程组)。

因此,求解域的离散与控制方程的离散是数值求解的基础。所谓求解域的离散是指按照计算的需要将求解域划分成许多互不重叠的子区域,以便于利用控制方程组通过数值计算确定这些子区域或相邻子区域交界点上的物理参数值。求解域的离散化是通过网格生成来完成的。控制方程的离散是利用数学方法把难以求解的偏微分方程转化为可以求解的代数形式的离散方程。在计算流体力学中,可以采用有限差分法、有限元法、边界元法和有限分析法等多种方法来建立离散方程组,其中后三种方法已得到了很大发展,但就方法的成熟程度、实施难易和应用广泛性而言,有限差分法仍是最基本的方法。现在文献中常用的有限体积法,是通过在有限大小的体积上积分控制方程组来获得离散方程的一种方法,实际上也是一种有限差分法。

13.2.1　网格生成

求解域的离散以图 13-4 所示的二维问题为例,设求解域是由曲线边界 $\Gamma_1 \sim \Gamma_4$ 所围成的平面区域。其中,图 13-4(a)是物理求解域,图 13-4(b)则是通过网格变换所得到的计算平面。由图可见,求解域被两族曲线(网格线)划分成许多个子区域,网格线的交点称为网格点。

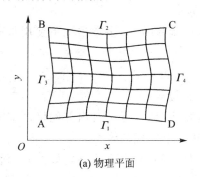
(a) 物理平面

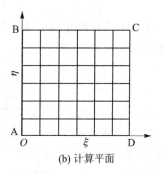
(b) 计算平面

图 13-4　物理平面和计算平面的对应关系

就物理量待求点的几何位置(物理量储存位置)而言,可以有两种网格系统,一种是直接以网格点为待求点,称为外节点法;另一种是以子区域(即两族网格线所围成的最小几何单元)内的某一点作为待求点,称为内节点法,如图 13-5 所示。确定了待求点的几何位置之后,就可以运用离散的控制方程组通过数值计算确定出待求点上的物理参数值。

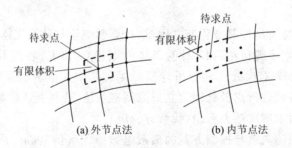

图 13 - 5　两种网格系统

不管采用何种网格系统,首先必须在求解域上生成网格。如果求解域形状简单,则可以使用简单的代数方法生成。但当求解域形状复杂时,网格生成就不是一件简单的事情。目前,文献中已经有许多成功的曲线网格生成方法,这里介绍经典的汤普逊(J. F. Thompson)贴体网格自动生成方法。

汤普逊方法是通过求解一组偏微分方程来自动地将计算域(二维时为计算平面)上的均匀直线正交网格变换成物理求解域上的贴体曲线网格(参见图 13 - 4),可以直接推广到三维情况。设在物理平面上某网格点的坐标为 $(x_{i,j}, y_{i,j})$,该网格点在计算平面上对应的坐标为 $(\xi_{i,j}, \eta_{i,j})$,网格点在两个平面上是一一对应的,具有相同 i 值或 j 值的网格线也是一一对应的,下标"i"和"j"分别表示沿 x 方向(或 ξ 方向)和 y 方向(或 η 方向)的网格顺序编号。则两个平面的变换关系可以通过如下的拉普拉斯方程来完成

$$\begin{cases} \xi_{xx} + \xi_{yy} = 0 \\ \eta_{xx} + \eta_{yy} = 0 \end{cases} \tag{13-13}$$

为了更好地控制网格线在求解域内部的疏密分布,多数情况下使用带有源项的泊松方程作为变换关系,即

$$\begin{cases} \xi_{xx} + \xi_{yy} = P(x,y) \\ \eta_{xx} + \eta_{yy} = Q(x,y) \end{cases} \tag{13-14}$$

式中:P 和 Q 为非齐次源项。选择适当的源项形式,可以对内部网格的疏密分布进行任意调整以适应流场变化,并在求解域边界上实现贴体。

通常,计算平面上的网格坐标(ξ,η)是已知的(即人为规定好的),而物理求解域上的网格点坐标(x,y)则是未知的。因此,为了将计算平面上的已知网格变换到物理求解域上,以获得曲线网格,需要使用方程组(13-14)的反变换关系,为

$$\begin{cases} \alpha x_{\xi\xi} - 2\beta x_{\xi\eta} + \gamma x_{\eta\eta} = -J^2(x_\xi P + x_\eta Q) \\ \alpha y_{\xi\xi} - 2\beta y_{\xi\eta} + \gamma y_{\eta\eta} = -J^2(y_\xi P + y_\eta Q) \end{cases} \tag{13-15}$$

式中

$$\alpha = x_\eta^2 + y_\eta^2, \quad \gamma = x_\xi^2 + y_\xi^2, \quad \beta = x_\xi x_\eta + y_\xi y_\eta, \quad J = x_\xi y_\eta - x_\eta y_\xi$$

$$(13-16)$$

于是,通过数值求解式(13-15)就可以得到求解域上的贴体曲线网格 $(x_{i,j}, y_{i,j})$。

如图 13-6 所示为火箭喷管内流区域生成的贴体曲线网格。对于轴对称求解区域,三维网格可以通过二维网格进行旋转得到。

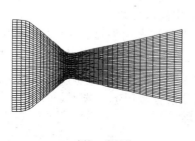
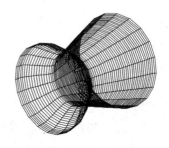

(a) 喷管二维网格　　　　　　　　　(b) 喷管三维网格(外层部分)

图 13-6　火箭喷管贴体曲线网格

13.2.2　控制方程组的有限差分离散

建立有限差分方程的常用方法有泰勒(B. Taylor)级数展开法、多项式拟合法和有限体积法等。一般地,用不同方法得到的离散方程是不同的,在计算精度上也有差别。泰勒级数展开法侧重于数学推导,控制方程组中的各阶导数用相应的差分表达式来代替,这类方法易于对离散方程的数学特性进行分析,但当网格不均匀时离散方程的形式较复杂,且物理意义不明显。而有限体积法则侧重于物理分析,所得到的离散方程在控制体上仍保持物理量的守恒性质。

1. 有限差分的基本知识

对任意函数 $f(x)$ 在点 x^0 上进行泰勒级数展开,有

$$f(x) = f(x^0) + \frac{\mathrm{d}f(x)}{\mathrm{d}x}\bigg|_{x=x^0} \Delta x + \frac{\mathrm{d}^2 f(x)}{\mathrm{d}x^2}\bigg|_{x=x^0} \frac{\Delta x^2}{2!} + \cdots \quad (13-17)$$

取一阶精度,有

$$f(x) = f(x^0) + \frac{\mathrm{d}f(x^0)}{\mathrm{d}x}\Delta x + O(\Delta x) \quad (13-18)$$

式中: $O(\Delta x)$ 表示一阶精度,即二阶及更高阶导数项之和,称为截断误差。

由导数定义,并利用泰勒展开式(13-18),可得到函数 $f(x)$ 在 x^0 点的导数为

$$f'(x^0) = \frac{\mathrm{d}f(x)}{\mathrm{d}x}\bigg|_{x=x^0} = \lim_{\Delta x \to 0} \frac{\Delta f(x)}{\Delta x}\bigg|_{x=x^0} \approx \frac{f(x^0 + \Delta x) - f(x^0)}{\Delta x}$$

$$(13-19)$$

函数的差分方法分为向前差分、向后差分和中心差分,简称前差、后差和中差。函数差分与自变量差分之比称为差商。上式表示的差商即为导数离散的一阶精度前

差格式。类似可得离散的一阶精度后差格式为

$$f'(x^0) = \frac{\mathrm{d}f(x)}{\mathrm{d}x}\bigg|_{x=x^0} \approx \frac{f(x^0) - f(x^0 - \Delta x)}{\Delta x} \tag{13-20}$$

为提高差分精度，常使用高阶差分。中心差分便具有二阶精度，其格式为

$$f'(x^0) = \frac{\mathrm{d}f(x)}{\mathrm{d}x}\bigg|_{x=x^0} \approx \frac{f(x^0 + \Delta x) - f(x^0 - \Delta x)}{2\Delta x} \tag{13-21}$$

在计算流体力学中，任意点的差分形式常用离散点表示，如图 13-7 所示，其中 Δx 为网格间距。离散点 i 也可用 P 表示，该点相邻点用 $i-2$、$i-1$、$i+1$、$i+2$ 等表示，也可用 WW、W、E、EE 等表示。在任意点 i 处的一维函数用 $f(x_i)$、f_i 或 f_P 表示，在点 i 处的一阶导数用 f_{x_i} 或 $f'(x_i)$ 表示。类似地，对于二维问题，在点 (i,j) 处的二维函数用 $f(x,y)_{i,j}$ 或 $f_{i,j}$ 表示，对 x 的二阶导数用 f_{xx_i} 或 $f''(x_i)$ 表示，二阶混合偏导数用 $f_{xy_{i,j}}$ 或 $f''(x,y)_{i,j}$ 表示，以此类推。

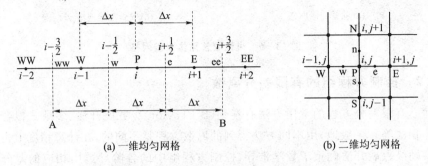

(a) 一维均匀网格　　　　　　　　(b) 二维均匀网格

图 13-7　求解域上均匀网格的表示方法

一阶导数在点 i 处的一阶精度前差、后差离散公式可表示为

$$\begin{cases} \text{前差：} f_{x_i} = \dfrac{1}{\Delta x}(f_{i+1} - f_i) + O(\Delta x) \\[2mm] \text{后差：} f_{x_i} = \dfrac{1}{\Delta x}(f_i - f_{i-1}) + O(\Delta x) \end{cases} \tag{13-22}$$

一阶导数在点 i 处的二阶精度中心差分离散公式为

$$\text{中差：} f_{x_i} = \frac{1}{2\Delta x}(f_{i+1} - f_{i-1}) + O(\Delta x^2) \tag{13-23}$$

还可以在半点上进行离散，如 i 点在半点上的中心差分为

$$f_{x_i} = \frac{f_{i+1/2} - f_{i-1/2}}{\Delta x} + O(\Delta x^2) \tag{13-24}$$

利用待定系数法，可得一阶导数在点 i 处的二阶精度前差、后差离散公式为

$$\begin{cases} \text{前差：} f_{x_i} = \dfrac{1}{2\Delta x}(-3f_i + 4f_{i+1} - f_{i+2}) + O(\Delta x^2) \\[2mm] \text{后差：} f_{x_i} = \dfrac{1}{2\Delta x}(3f_i - 4f_{i-1} + f_{i-2}) + O(\Delta x^2) \end{cases} \tag{13-25}$$

类似可得二阶导数的二阶精度离散公式为

前差：　　$f_{xx_i} = \dfrac{1}{\Delta x^2}(2f_i - 5f_{i+1} + 4f_{i+2} - f_{i+3}) + O(\Delta x^2)$　　　　　（13 - 26）

后差：　　$f_{xx_i} = \dfrac{1}{\Delta x^2}(-2f_i + 5f_{i-1} - 4f_{i-2} + f_{i-3}) + O(\Delta x^2)$　　　（13 - 27）

中差：　　$f_{xx_i} = \dfrac{1}{\Delta x^2}(f_{i+1} - 2f_i + f_{i-1}) + O(\Delta x^2)$　　　　　　（13 - 28）

对一阶 x 方向导数的中差式（13 - 23）再求一次 y 方向导数的中差，可得二阶混合偏导数的二阶精度中心差分离散公式为

$$f_{xy_{i,j}} = \frac{1}{4\Delta x \Delta y}(f_{i+1,j+1} - f_{i+1,j-1} - f_{i-1,j+1} + f_{i-1,j-1}) + O(\Delta x^2, \Delta y^2)$$

（13 - 29）

2. 控制方程的有限差分离散与计算格式

这里以非守恒形式的一维非定常对流-扩散方程式（13 - 10）为例介绍泰勒级数展开法对方程的离散。设广义扩散系数 Γ 为常数，则对流-扩散方程式（13 - 10）变为

$$\rho \frac{\partial \phi}{\partial t} + \rho u \frac{\partial \phi}{\partial x} = \Gamma \frac{\partial^2 \phi}{\partial x^2} + S$$　　　　　　（13 - 30）

将函数 $\phi(x, t)$ 对 x 的一阶导数在时间层 n 上作向前差分离散，有

$$\left. \frac{\partial \phi}{\partial x} \right|_{i,n} = \frac{\phi_{i+1}^n - \phi_i^n}{\Delta x}, \quad O(\Delta x)$$

类似地，可写出向后差分格式和中心差分格式分别为

$$\left. \frac{\partial \phi}{\partial x} \right|_{i,n} = \frac{\phi_i^n - \phi_{i-1}^n}{\Delta x}, \quad O(\Delta x)$$

$$\left. \frac{\partial \phi}{\partial x} \right|_{i,n} = \frac{\phi_{i+1}^n - \phi_{i-1}^n}{2\Delta x}, \quad O(\Delta x^2)$$

对扩散项二次导数进行中心差分，为

$$\left. \frac{\partial^2 \phi}{\partial x^2} \right|_{i,n} = \frac{1}{\Delta x^2}(\phi_{i+1}^n - 2\phi_i^n + \phi_{i-1}^n), O(\Delta x^2)$$

对非定常项进行向前差分，为

$$\left. \frac{\partial \phi}{\partial t} \right|_{i,n} = \frac{\phi_i^{n+1} - \phi_i^n}{\Delta t}, \quad O(\Delta t)$$

将控制方程包含的所有导数项全部进行泰勒级数展开后，代入原控制方程，就可以得到离散方程。以时间向前差分、空间中心差分为例，模型方程式（13 - 30）的差分格式为

$$\rho_i \frac{\phi_i^{n+1} - \phi_i^n}{\Delta t} + \rho_i u_i \frac{\phi_{i+1}^n - \phi_{i-1}^n}{2\Delta x} = \Gamma_i \frac{\phi_{i+1}^n - 2\phi_i^n + \phi_{i-1}^n}{\Delta x^2} + S_i^n \quad （13 - 31）$$

式中：非导数项 ρ、u、Γ 和 S 取节点 i 或相应控制体中的平均值。

从上述离散过程可知，求解非定常问题时，还必须规定空间导数的差分按哪一个时间层计算。如果按前一时间层计算，称为显式格式；若按当前时间层计算，则为全

隐式格式。当然,也可以用前一时间层和当前时间层的中间时刻计算,这种格式称为克兰克-尼克尔森(Crank - Nicolson)格式,简称 C - N 格式,是一种半隐式格式。显式格式、全隐格式和 C - N 格式在时间-空间网格上的表示如图 13 - 8 所示,图中"·"表示 ϕ 值已知的点,"×"表示待求点,"○"表示泰勒级数展开点。因此,计算流体力学中所谓计算格式,是指控制方程的不同离散形式。

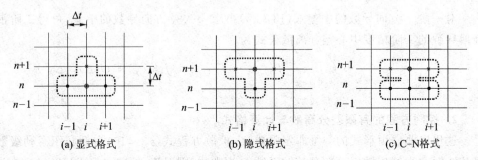

(a) 显式格式　　　　　(b) 隐式格式　　　　　(c) C-N格式

图 13 - 8　非定常问题的显式、隐式和半隐格式示意图

3. 控制方程的有限体积离散

选择一个有限体积作为控制体,在此控制体内对控制方程进行空间和时间积分,也可以推导出离散方程,这就是有限体积法离散。积分时,需要对未知函数及其导数关于时间和空间的局部分布形式(即型线或插值公式)作出规定,这实际上提供了离散方法。图 13 - 9 所示为任意物理量 ϕ 的两种常用型线:分段线性型线(即线性插值)和阶梯式型线。选择不同的型线将会得到不同的差分格式。

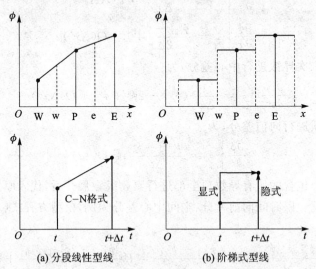

(a) 分段线性型线　　　　　(b) 阶梯式型线

图 13 - 9　物理量随空间和时间分布的两种型线

以均匀网格为例,对图 13 - 7 所示的控制体[w, e],下面推导非守恒形式的一维非定常对流-扩散方程式(13 - 30)的有限体积法离散方程。

在有限体积[w, e]上对空间和时间同时积分,有

$$\rho_P \int_t^{t+\Delta t} \int_w^e \frac{\partial \phi}{\partial t} dx dt + (\rho u)_P \int_t^{t+\Delta t} \int_w^e \frac{\partial \phi}{\partial x} dx dt = \Gamma_P \int_t^{t+\Delta t} \int_w^e \frac{\partial^2 \phi}{\partial x^2} dx dt + \int_t^{t+\Delta t} \int_w^e S dx dt$$

$$(13-32)$$

式中:非导数项 ρ、u 和 Γ 取节点 P 或[w, e]上的平均值。积分一次可得

$$\rho_P \int_w^e (\phi^{t+\Delta t} - \phi^t) dx + (\rho u)_P \int_t^{t+\Delta t} (\phi_e - \phi_w) dt =$$

$$\Gamma_P \int_t^{t+\Delta t} \left[\left(\frac{\partial \phi}{\partial x} \right)_e - \left(\frac{\partial \phi}{\partial x} \right)_w \right] dt + \int_t^{t+\Delta t} \int_w^e S dx dt \qquad (13-33)$$

下面通过引入 ϕ 及其导数的型线,对上式的各项分别进行处理。

（1）非定常项处理

变量 ϕ 沿 x 的变化取阶梯式型线,即 ϕ 在控制体中均等于节点 P 的值 ϕ_P,则

$$\int_w^e (\phi^{t+\Delta t} - \phi^t) dx = (\phi_P^{t+\Delta t} - \phi_P^t) \Delta x$$

（2）对流项处理

变量 ϕ 随时间 t 的变化取显式的阶梯式型线,即在 $[t, t+\Delta t]$ 时间内,ϕ 取 t 时刻的值 ϕ^t。于是,对流项变成

$$\int_t^{t+\Delta t} (\phi_e - \phi_w) dt = (\phi_e^t - \phi_w^t) \Delta t$$

式中:ϕ 随 x 的变化采用分段线性型线,则控制体界面上的值可写成

$$\phi_e = \frac{\phi_P + \phi_E}{2}, \quad \phi_w = \frac{\phi_w + \phi_P}{2}$$

代入后,有

$$\int_t^{t+\Delta t} (\phi_e - \phi_w) dt = \frac{\phi_E^t - \phi_w^t}{2} \Delta t$$

（3）扩散项处理

一阶偏导数随时间的变化取为显示的阶梯式型线,则有

$$\int_t^{t+\Delta t} \left[\left(\frac{\partial \phi}{\partial x} \right)_e - \left(\frac{\partial \phi}{\partial x} \right)_w \right] dt = \left[\left(\frac{\partial \phi}{\partial x} \right)_e^t - \left(\frac{\partial \phi}{\partial x} \right)_w^t \right] \Delta t$$

如果 ϕ 随 x 的变化也取为分段线性型线,即

$$\left(\frac{\partial \phi}{\partial x} \right)_e = \frac{\phi_E - \phi_P}{\Delta x}, \quad \left(\frac{\partial \phi}{\partial x} \right)_w = \frac{\phi_P - \phi_w}{\Delta x}$$

所以,扩散项变成

$$\int_t^{t+\Delta t} \left[\left(\frac{\partial \phi}{\partial x} \right)_e - \left(\frac{\partial \phi}{\partial x} \right)_w \right] dt = \left(\frac{\phi_E^t - 2\phi_P^t + \phi_w^t}{\Delta x} \right) \Delta t$$

（4）源项的处理

通常,源项随 x 和 t 的变化均取显示的阶梯式型线,亦即

$$\int_t^{t+\Delta t} \int_w^e S dx dt = S_P^t \Delta x \Delta t$$

式中：S_P^t 表示源项 S 在有限体积 $[w, e]$ 上的平均值。

将上述积分结果代入式（13-33），整理后可得最终的离散方程为

$$\rho_P \frac{\phi_P^{n+1} - \phi_P^n}{\Delta t} + (\rho u)_P \frac{\phi_E^n - \phi_W^n}{2\Delta x} = \Gamma_P \frac{\phi_E^n - 2\phi_P^n + \phi_W^n}{\Delta x^2} + S_P^n \quad (13-34)$$

式中：n 表示 t 时间层，$n+1$ 表示 $t + \Delta t$ 时间层。观察上式可以发现，非定常项的离散实际上就是一阶向前差分，而对流、扩散项则为二阶中心差分。

与有限差分离散式（13-31）相比，两者得到的差分格式是相同的，而这正是有限差分离散选择特定型线的结果。如果有限差分离散选择的型线与上述过程不同，得到的离散方程将也是不同的。

4. 守恒离散与非守恒离散

使用有限体积法时要特别注意离散的守恒性质。为了更清楚地理解这一概念，考虑如下形式的一维问题

$$\frac{\partial \phi}{\partial t} + \frac{\partial f}{\partial x} = S \quad (13-35)$$

式中：f 是任意通量。离散网格如图 13-7 所示，用二阶中心差分格式分别在点 $i-1$、i 和 $i+1$ 上离散式（13-35），有

$i-1$ 点：
$$\frac{\partial \phi_{i-1}}{\partial t} + \frac{f_{i-1/2} - f_{i-3/2}}{\Delta x} = S_{i-1}$$

i 点：
$$\frac{\partial \phi_i}{\partial t} + \frac{f_{i+1/2} - f_{i-1/2}}{\Delta x} = S_i$$

$i+1$ 点：
$$\frac{\partial \phi_{i+1}}{\partial t} + \frac{f_{i+3/2} - f_{i+1/2}}{\Delta x} = S_{i+1}$$

将上述三式相加并除以 3，有

$$\frac{\partial}{\partial t}\left(\frac{\phi_{i-1} + \phi_i + \phi_{i+1}}{3}\right) + \frac{f_{i+3/2} - f_{i-3/2}}{3\Delta x} = \frac{S_{i-1} + S_i + S_{i+1}}{3} \quad (13-36)$$

可见，上式与在区间 $[A, B]$ 上直接离散方程式（13-35）所得到的效果是一样的，这说明离散是守恒的，其原因是方程式（13-35）为守恒形式的控制方程，离散时其守恒性质能够自动得到满足。相反地，如果不使用守恒形式的控制方程，则难以得到守恒离散。为了说明这一点，将方程式（13-35）改写成如下非守恒形式

$$\frac{\partial \phi}{\partial t} + a(\phi)\frac{\partial \phi}{\partial x} = S, \quad 其中 \quad a(\phi) = \frac{\partial f}{\partial \phi} \quad (13-37)$$

这个方程在数学上与式（13-35）是完全等价的。按前面同样的离散方法，可得

$i-1$ 点：
$$\frac{\partial \phi_{i-1}}{\partial t} + a_{i-1}\frac{\phi_{i-1/2} - \phi_{i-3/2}}{\Delta x} = S_{i-1}$$

i 点：
$$\frac{\partial \phi_i}{\partial t} + a_i\frac{\phi_{i+1/2} - \phi_{i-1/2}}{\Delta x} = S_i$$

$i+1$ 点：
$$\frac{\partial \phi_{i+1}}{\partial t} + a_{i+1}\frac{\phi_{i+3/2} - \phi_{i+1/2}}{\Delta x} = S_{i+1}$$

式中：a_{i-1}、a_i 和 a_{i+1} 是 a 在相应区间上的平均值。将上面三式相加并除以 3 整理可得

$$\frac{\partial}{\partial t}\left(\frac{\phi_{i-1}+\phi_i+\phi_{i+1}}{3}\right)+\frac{a_{i+3/2}+a_{i-3/2}}{2}\cdot\frac{\phi_{i+3/2}-\phi_{i-3/2}}{3\Delta x}-\frac{S_{i-1}+S_i+S_{i+1}}{3}=$$

$$=-\frac{a_{i+1/2}-a_{i-3/2}}{2}\cdot\frac{\phi_{i+3/2}-\phi_{i-1/2}}{3\Delta x}+\frac{a_{i+3/2}-a_{i-1/2}}{2}\cdot\frac{\phi_{i+1/2}-\phi_{i-3/2}}{3\Delta x} \tag{13-38}$$

但是，如果在区间 $[A，B]$ 上直接离散式(13-37)，则只能得到上式的左端部分，因而这是非守恒离散。

非守恒离散必然会引起误差。对于连续流动，这个误差与离散方程的截断误差是同量级的，对计算的影响不大，可以忽略。但对于流动梯度很大特别是含有间断的流动，非守恒离散引起的误差将大大降低计算的精度。例如，对含有激波的超声速流动，非守恒离散不能计算出正确的激波强度。所以，为了正确捕捉流动中的间断，必须使用守恒离散。

13.2.3 离散方程的相容性、收敛性和稳定性

从前面给出的离散方程推导过程可以看出，无论用什么方法建立离散方程，都必须进行近似处理，因而不可避免地引入了误差，主要包括离散方程的截断误差、离散方程解的离散误差和数值计算中的舍入误差。因此，离散方程是否能够应用于数值计算必须满足相容性、收敛性和稳定性的要求，这就需要对离散格式的数值性能进行分析。最常用的方法是冯·诺伊曼(Von Newmann)方法，其基础是傅里叶分析，用于估计格式的稳定性和关于精度、误差结构的详细分析。第二种分析方法是基于等价微分方程和截断误差的赫特(C. W. Hirt)方法，该方法在多数情况下可以给出稳定的充分条件和对精度的估计。第三种分析方法是矩阵法，这是最一般的方法，它将数值格式写成矩阵形式，通过分析其特征谱来研究格式的性能，由于求解矩阵特征值很困难，这种方法使用起来极为复杂。由于离散格式数值性能分析的复杂性，这里只对一些基本概念进行简单介绍。

以一维非定常对流-扩散方程为例，其模型方程为式(13-30)，该微分方程的精确解用 $\phi(x,t)$ 或 $\phi(i,n)$ 表示。其对应的离散方程为式(13-31)，假设在求解该离散方程过程中不引入任何舍入误差(即使用字长可达到无限位的计算机)，则所得到的解称为离散方程的精确解，在 (i,n) 处用 ϕ_i^n 表示。由于实际的计算机字长都是有限位的，在求解中必然引入舍入误差，故所得到的解不可能是 ϕ_i^n，而是一个数值解。可见，微分方程与离散方程之间，及其解之间，必须满足一定条件才是有意义的。

所谓相容性是指离散方程与微分方程之间的关系。截断误差定义为将微分方程代入离散方程后所得到的剩余，用 ε_T 表示。由于截断误差的存在，对任何有限的 Δt 和 Δx，离散方程的精确解不能精确地满足微分方程，而是满足一个修改的微分方程。通常，截断误差可以写为

$$\varepsilon_T = O(\Delta x^p, \Delta t^q) \tag{13-39}$$

式中：p 和 q 是截断误差中 Δx 和 Δt 的最低阶次，并据此认为离散方程对空间具有 p 阶精度，对时间具有 q 阶精度。例如，离散方程式（13-31）是时间一阶精度、空间二阶精度的。根据截断误差的表示形式，当时间步长 $\Delta t \rightarrow 0$，空间步长 $\Delta x \rightarrow 0$ 时，如果有 $\varepsilon_T \rightarrow 0$，则称离散方程与微分方程是相容的，或说离散方程具有相容性。应当注意，$\Delta t \rightarrow 0$ 和 $\Delta x \rightarrow 0$ 是各自独立进行的，若不独立，如保持 $\Delta t / \Delta x = \mathrm{Const}$，则相容性仅在一定条件下才能满足，且格式式（13-31）的整体空间精度只有一阶。

所谓收敛性是指离散方程精确解与微分方程精确解之间的关系。离散方程的离散误差定义为离散方程精确解偏离微分方程精确解的误差，即

$$\varepsilon_i^n = \phi(i,n) - \phi_i^n \tag{13-40}$$

其大小与离散方程的截断误差有关。一般地，对相同的网格步长，提高截断误差 ε_T 的阶次，离散误差将随之减小，而对同一差分格式，加密网格也将使离散误差减小。当 $\Delta t \rightarrow 0$、$\Delta x \rightarrow 0$ 时，如果各节点的离散误差均趋向于零，则称该离散方程是收敛的，或说离散方程具有收敛性。

所谓稳定性是指离散方程数值解与离散方程精确解之间的关系。稳定性要求在某一时间步 n 时引入的误差（包含舍入误差、初始条件误差、偶然误差等），在其后的计算中不能无限放大，而应逐步消失或保持有界。满足此要求的离散方程就是稳定的，或说离散方程具有稳定性。应当指出，稳定性是离散方程的固有属性，凡是稳定的格式，任何扰动都不会在计算过程中被无限制地放大；而不稳定的格式则无论什么误差都会被不断放大，以至于当计算时间足够长时，数值解变得毫无意义。

离散方程的相容性、收敛性和稳定性是互有联系的，其相互关系可以用如下的拉克斯（P. D. Lax）等价定理来表示，即对一个适定的线性初值问题和与其相容的数值格式，稳定性是收敛性的充分与必要条件。该定理说明，对于时间相关问题或初值问题，只需分析格式的相容性和稳定性就足以定义其收敛性。需要指出的是，拉克斯等价定理仅适用于线性问题，对非线性问题还没有与之相当的定理。

13.3 数值计算格式

前已述及，控制方程的类型不同，数值求解的方法也不同，即需要不同的数值计算格式。这里以一维定常对流-扩散方程问题为例来说明格式对数值计算的影响。利用数值方法计算对流-扩散方程的主要困难，是方程中同时出现的一阶导数项（对流项）和二阶导数项（扩散项），它们在不同条件下所起的作用不同，因此，不同的离散格式对解的精度有显著的影响。

13.3.1 对流-扩散方程及其精确解分析

由一维非定常对流-扩散方程式（13-8），忽略源项，可得守恒形式的一维定常对流-扩散方程为

$$\frac{\mathrm{d}}{\mathrm{d}x}(\rho u \phi) = \frac{\mathrm{d}}{\mathrm{d}x}\left(\Gamma \frac{\mathrm{d}\phi}{\mathrm{d}x}\right) \tag{13-41}$$

假设 ρu 和 Γ 均为已知常数（$\rho u = \mathrm{Const}$，即满足等截面连续方程），则在下列边界条件下

$$\phi = \begin{cases} \phi_0, & x = 0 \\ \phi_L, & x = L \end{cases} \tag{13-42}$$

方程式（13-41）有如下形式的精确解

$$\frac{\phi - \phi_0}{\phi_L - \phi_0} = \frac{\mathrm{e}^{\frac{\rho u x}{\Gamma}} - 1}{\mathrm{e}^{\frac{\rho u L}{\Gamma}} - 1} = \frac{\mathrm{e}^{Pe\frac{x}{L}} - 1}{\mathrm{e}^{Pe} - 1} \tag{13-43}$$

式中：Pe 为贝克莱数（Peclet number），定义为

$$Pe = \frac{\rho u L}{\Gamma} \tag{13-44}$$

Pe 数表示了对流因素 $\rho u L$ 和扩散因素 Γ 在流动中所起作用的强弱关系。当 $Pe \to 0$，则 $\rho u L \ll \Gamma$，即对流作用远远小于扩散作用；当 $|Pe| \gg 1$，则 $|\rho u L| \gg \Gamma$，即对流作用远远大于扩散作用。注意，由于流动速度 u 有正负方向，因此对应的 Pe 数也有正负。

Pe 数对解 ϕ 的影响如图 13-10 所示。从图中可以看出，在不同的 Pe 数下，ϕ 的分布形式不同，其一般规律为

（1）$Pe = 0$：此时，$\rho u = 0$，方程式（13-41）左边对流项为 0，则变为纯扩散方程，可求解得

$$\frac{\phi - \phi_0}{\phi_L - \phi_0} = \frac{x}{L} \tag{13-45}$$

因而 ϕ 随 x 呈线性分布。

（2）$Pe > 0$：当 Pe 数增加时，对流项对 ϕ 分布的影响逐渐增强，使曲线向右下方弯曲。

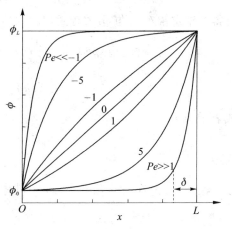

图 13-10　Pe 数对 ϕ 分布的影响曲线

（3）$Pe \gg 1$：当 Pe 数继续增加时，对流项的影响开始变为主要因素，如果 Pe 数增加到很大，则扩散项的作用将被限制在右边界附近一个很窄的范围内，呈现出边界层型问题的特点。

类似可以分析当 $Pe < 0$ 及 $Pe \ll -1$ 时的变化规律。由此可见，对流的作用是把上游的信息（即 ϕ_0）带到下游，而扩散的作用是把下游的信息（即 ϕ_L）带到上游。由图 13-10 可知，当 Pe 数的绝对值很大时，扩散的影响非常微弱，甚至可以忽略。因此，在构造式（13-41）的差分格式时，必须考虑 Pe 数的这种影响，否则将得不到正确结果。

13.3.2　中心差分格式

用有限体积法对控制方程进行离散,假设网格均匀,将式(13-41)在图 13-7 所示的控制体[w, e]上积分,得

$$\int_w^e \frac{d}{dx}(\rho u \phi)dx = \int_w^e \frac{d}{dx}\left(\Gamma \frac{d\phi}{dx}\right)dx$$

$$\int_w^e d(\rho u \phi) = \int_w^e d\left(\Gamma \frac{d\phi}{dx}\right)$$

即有

$$(\rho u \phi)_e - (\rho u \phi)_w = \Gamma_e \left(\frac{d\phi}{dx}\right)_e - \Gamma_w \left(\frac{d\phi}{dx}\right)_w \tag{13-46}$$

对流项中 ϕ 随 x 的变化取为分段线性型线(其中 $\rho u = \text{Const}$ 不进行离散),扩散项中导数项按中心差分离散,则对流项和扩散项的离散格式分别为

$$\begin{cases} (\rho u \phi)_e = (\rho u)_e \cdot \dfrac{\phi_P + \phi_E}{2}, \quad (\rho u \phi)_w = (\rho u)_w \cdot \dfrac{\phi_w + \phi_P}{2} \\ \left(\dfrac{d\phi}{dx}\right)_e = \dfrac{\phi_E - \phi_P}{(\Delta x)_e}, \quad \left(\dfrac{d\phi}{dx}\right)_w = \dfrac{\phi_P - \phi_w}{(\Delta x)_w} \end{cases} \tag{13-47}$$

可得一维定常对流-扩散方程式(13-41)的中心差分格式为

$$\phi_P \left[\frac{1}{2}(\rho u)_e + \frac{\Gamma_e}{(\Delta x)_e} - \frac{1}{2}(\rho u)_w + \frac{\Gamma_w}{(\Delta x)_w}\right] =$$

$$\phi_E \left[\frac{\Gamma_e}{(\Delta x)_e} - \frac{1}{2}(\rho u)_e\right] + \phi_w \left[\frac{\Gamma_w}{(\Delta x)_w} + \frac{1}{2}(\rho u)_w\right]$$

或表示为

$$A_P \phi_P = A_E \phi_E + A_w \phi_w \tag{13-48}$$

式中

$$\begin{cases} A_P = A_E + A_w + (F_e - F_w), \quad 其中 \quad A_E = D_e - \frac{1}{2}F_e, \quad A_w = D_w + \frac{1}{2}F_w \\ F \equiv \rho u, \quad D \equiv \Gamma/\Delta x \end{cases}$$

$$\tag{13-49}$$

观察中心差分格式的系数式(13-49),可以发现,如果连续方程能够满足,即

$$F = \rho u = \text{Const}$$

即 $F_e = F_w$,则系数 A_P 等于相邻各点的系数之和。

为方便对离散方程的分析,引入以 Δx 为特征尺度的网格贝克莱数,定义为

$$Pe_d = \frac{\rho u \Delta x}{\Gamma} \tag{13-50}$$

根据 F、D 的定义,可得网格 Pe_d 为

$$Pe_d = \frac{F}{D} \tag{13-51}$$

显然,在均匀网格上,F、D 和网格 Pe_d 均为常数。

利用网格 Pe_d,在均匀网格上可以将离散方程的系数式(13-49)改写为(同时满足 $\rho u = \mathrm{Const}$)

$$A_E = D(1 - 0.5Pe_d), \quad A_W = D(1 + 0.5Pe_d), \quad A_P = A_E + A_W = 2D$$
$$(13-52)$$

代入式(13-48),则方程的解可表示为

$$\phi_P = \frac{(1 - 0.5Pe_d)\phi_E + (1 + 0.5Pe_d)\phi_W}{2} \tag{13-53}$$

这就是以网格 Pe_d 表示的一维定常对流-扩散方程式(13-41)的中心差分离散格式。

将网格 Pe_d 定义式(13-50)代入精确解式(13-43),并取 $L = 2\Delta x$,可得用网格 Pe_d 表示的精确解为

$$\frac{\phi - \phi_0}{\phi_L - \phi_0} = \frac{\mathrm{e}^{\frac{\rho u x}{\Gamma}} - 1}{\mathrm{e}^{\frac{\rho u L}{\Gamma}} - 1} = \frac{\mathrm{e}^{Pe_d \frac{x}{\Delta x}} - 1}{\mathrm{e}^{Pe_d \frac{L}{\Delta x}} - 1} = \frac{\mathrm{e}^{Pe_d \frac{2x}{L}} - 1}{\mathrm{e}^{2Pe_d} - 1} \tag{13-54}$$

为了分析上述离散格式的特性,设 $\phi_0 = \phi_W = 100$,$\phi_L = \phi_E = 200$,取 $Pe_d = 0$、1、2 和 4,代入中心差分离散格式(13-53)和精确解表达式(13-54),分别计算 ϕ_P 在 $x = L/2$ 处的数值解和精确值,如图 13-11 所示。图中实线是取相应 Pe_d 数在 $x = 0 \sim L$ 时的精确解。

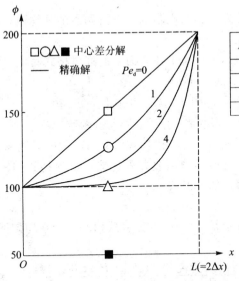

Pe_d	精确解	中心差分解	差分解符号
0	150.0	150.0	□
1	126.9	125.0	○
2	111.9	100.0	△
4	101.8	50.0	■

图 13-11　中心差分格式解的特性

从图中可见,当 $Pe_d < 2$ 时,用中心差分离散格式(13-53)计算的结果与用式(13-45)或式(13-54)计算的精确解很接近;而当 $Pe_d > 2$ 后,数值解的误差增大,甚至失去了物理意义。从离散方程系数式(13-52)看,当 $Pe_d > 2$ 时,ϕ_E 的系数 $A_E = D(1 - 0.5Pe_d) < 0$。由于系数 A_E 和 A_W 分别表示相邻点物理量 ϕ_E 和 ϕ_W 通过

对流与扩散作用对 ϕ_P 的影响,因此所有系数都必须大于零,否则将导致物理上的不真实解。

13.3.3 对流项一阶迎风格式

对流项的作用是将信息从上游顺流传递到下游,而中心差分格式显然不能反映这一特性,因为它将来自上游的信息 ϕ_W 和下游的信息 ϕ_E 按同等影响进行处理。

为了克服中心差分格式的不足,发展了迎风差分格式。这种格式根据流动方向选择差分方向,当 $u>0$ 时取向后差分,当 $u<0$ 时则取向前差分,即永远取流动方向上的向后差分。如偏导数 $\partial\phi/\partial x$ 在图 $13-7$ 所示的均匀网格上的迎风差分格式为

$$\frac{\partial\phi}{\partial x}\Big|_P = \begin{cases} \dfrac{\phi_P - \phi_W}{\Delta x}, & u_P \geqslant 0 \\[2mm] \dfrac{\phi_E - \phi_P}{\Delta x}, & u_P < 0 \end{cases} \tag{13-55}$$

在处理控制体界面上的值时,迎风格式按如下方法选取

$$\text{在界面 e 上}:\phi_e = \begin{cases} \phi_P, & u_e \geqslant 0 \\ \phi_E, & u_e < 0 \end{cases} \tag{13-56}$$

$$\text{在界面 w 上}:\phi_w = \begin{cases} \phi_W, & u_w > 0 \\ \phi_P, & u_w \leqslant 0 \end{cases} \tag{13-57}$$

即界面上的值恒取上游值,而中心差分格式则是取上下游两点的平均值,这是两种格式的根本区别。

为了表达上的简洁和方便编程,可以将上述界面上的迎风格式写成

$$\begin{cases} (\rho u\phi)_e = F_e\phi_e = \phi_P[\,|\,F_e,0\,|\,] - \phi_E[\,|-F_e,0\,|\,] \\ (\rho u\phi)_w = F_w\phi_w = \phi_W[\,|\,F_w,0\,|\,] - \phi_P[\,|-F_w,0\,|\,] \end{cases} \tag{13-58}$$

式中:符号"$[\,|\;|\,]$"表示取各量中的最大者,也可用最大值函数 max() 来表示。

用迎风格式离散对流项,即用式(13-58)代替式(13-47)中的对流离散项,如果扩散项仍采用中心差分格式不变,则所得的离散方程仍然可以保持式(13-48)的形式,但其中的系数式(13-52)变为了如下形式

$$A_E = D_e + [\,|-F_e,0\,|\,], \quad A_W = D_w + [\,|\,F_w,0\,|\,] \tag{13-59}$$

这时,利用网格 Pe_d 可以得到一维定常对流-扩散方程式(13-41)在均匀网格上的迎风离散格式为

$$\phi_P = \frac{(1+[\,|-Pe_d,0\,|\,])\phi_E + (1+[\,|\,Pe_d,0\,|\,])\phi_W}{2+[\,|-Pe_d,0\,|\,]+[\,|\,Pe_d,0\,|\,]} \tag{13-60}$$

对于不同的流动方向,上式可以分开表示为

$$\phi_P = \begin{cases} \dfrac{\phi_E + (1+Pe_d)\phi_W}{2+Pe_d}, & u \geqslant 0 \text{ 或 } Pe_d \geqslant 0 \\[3mm] \dfrac{(1-Pe_d)\phi_E + \phi_W}{2-Pe_d}, & u < 0 \text{ 或 } Pe_d < 0 \end{cases} \tag{13-61}$$

利用该迎风格式按图 13 - 11 所示的已知条件,计算 $Pe_d = 0$、1、2 和 4 时的 ϕ_P 分别为 150.0、133.3、125.0、116.7,可见无论 Pe_d 的大小怎样变化,迎风格式解与精确解都很接近,这是因为在迎风格式中的各系数式(13 - 59)都是大于或等于零,所以不会得出物理上不合理的解。

但是,上述的迎风格式只有一阶精度,限制了解的准确度。格式的不足之处表现在两个方面,其一是,迎风格式只是简单地按界面上的流动方向来选取差分的取向,没有考虑 Pe_d 的影响,而精确解则表明界面上的取值与 Pe_d 的大小是有关的;其二是,扩散项的离散永远是中心差分格式,而精确解则表明当 $|Pe_d|$ 很大时,界面上的扩散作用接近于零,因此该格式夸大了扩散的影响。

13.3.4　对流项高精度迎风格式

前述一阶迎风格式之所以精度低,是因为采用了一阶精度的向前差分和向后差分。为了提高迎风格式的精度,可以采用二阶精度的前差、后差离散公式(13 - 25),则可得均匀网格上的对流项二阶迎风格式为

$$\left.\frac{\partial \phi}{\partial x}\right|_P = \begin{cases} \dfrac{3\phi_P - 4\phi_w + \phi_{ww}}{2\Delta x}, & u_P \geqslant 0 \\[3mm] \dfrac{-3\phi_P + 4\phi_E - \phi_{EE}}{2\Delta x}, & u_P < 0 \end{cases} \tag{13 - 62}$$

以 $u \geqslant 0$ 为例,在均匀网格上,对一维定常对流-扩散方程式(13 - 41)的对流项采用二阶迎风格式,而扩散项仍采用二阶中心差分格式,有

$$对流项：\left.\frac{\mathrm{d}(\rho u \phi)}{\mathrm{d}x}\right|_P = (\rho u)_P \frac{3\phi_P - 4\phi_w + \phi_{ww}}{2\Delta x}$$

$$扩散项：\frac{\Gamma_e \left(\dfrac{\mathrm{d}\phi}{\mathrm{d}x}\right)_e - \Gamma_w \left(\dfrac{\mathrm{d}\phi}{\mathrm{d}x}\right)_w}{\Delta x} = \frac{\Gamma_e \dfrac{\phi_E - \phi_P}{\Delta x} - \Gamma_w \dfrac{\phi_P - \phi_w}{\Delta x}}{\Delta x}$$

可得

$$\phi_P = \frac{\phi_E + (1 + 2Pe_d)\phi_w - 0.5Pe_d\phi_{ww}}{2 + 1.5Pe_d} \tag{13 - 63}$$

类似可得 $u < 0$ 的离散格式。统一表示为

$$\phi_P = \begin{cases} \dfrac{\phi_E + (1 + 2Pe_d)\phi_w - 0.5Pe_d\phi_{ww}}{2 + 1.5Pe_d}, & u \geqslant 0 \text{ 或 } Pe_d \geqslant 0 \\[3mm] \dfrac{(1 - 2Pe_d)\phi_E + \phi_w + 0.5Pe_d\phi_{EE}}{2 - 0.5Pe_d}, & u < 0 \text{ 或 } Pe_d < 0 \end{cases} \tag{13 - 64}$$

该格式以增加待求点(ϕ_{ww} 或 ϕ_{EE})来提高精度,整体达到二阶精度,但同时增加了计算工作量,且该格式不具有守恒性,即不是守恒离散。

为此,可以通过插值来提高一阶迎风格式的精度,同时保持格式的守恒性质,这就是对流项二阶迎风插值格式,即 QUICK(Quadratic Upwind Interpolation for

Convection Kinetics)格式,它修正界面上的一阶迎风格式式(13－56)和式(13－57)为

在界面 e 上:
$$\phi_e = \frac{\phi_P + \phi_E}{2} - \frac{1}{8}(Curve)_e \tag{13－65}$$

在界面 w 上:
$$\phi_w = \frac{\phi_P + \phi_w}{2} - \frac{1}{8}(Curve)_w \tag{13－66}$$

使得该对流项的离散格式可达到三阶精度。其中 Curve 为插值修正项,或称曲率修正项,为

$$(Curve)_e = \begin{cases} \phi_E - 2\phi_P + \phi_w, & u \geqslant 0 \\ \phi_P - 2\phi_E + \phi_{EE}, & u < 0 \end{cases} \tag{13－67}$$

$$(Curve)_w = \begin{cases} \phi_P - 2\phi_w + \phi_{ww}, & u \geqslant 0 \\ \phi_E - 2\phi_P + \phi_w, & u < 0 \end{cases} \tag{13－68}$$

如果扩散项仍然采用二阶中心差分格式,则 QUICK 格式整体上为二阶精度。

以 $u \geqslant 0$ 为例,在均匀网格上,对一维定常对流-扩散方程式(13－41)的对流项采用 QUICK 格式,而扩散项采用中心差分格式,由有限体积离散式(13－46),可得

$$(\rho u)_e \cdot \left(\frac{\phi_P + \phi_E}{2} - \frac{\phi_E - 2\phi_P + \phi_w}{8} \right) - (\rho u)_w \cdot \left(\frac{\phi_P + \phi_w}{2} - \frac{\phi_P - 2\phi_w + \phi_{ww}}{8} \right) = $$
$$\Gamma_e \frac{\phi_E - \phi_P}{\Delta x} - \Gamma_w \frac{\phi_P - \phi_w}{\Delta x}$$

满足 $\rho u = Const$ 时,有

$$\phi_P = \frac{(8 - 3Pe_d) \cdot \phi_E + (8 + 7Pe_d) \cdot \phi_w - Pe_d \cdot \phi_{ww}}{16 + 3Pe_d} \tag{13－69}$$

类似可得 $u < 0$ 的离散格式。统一表示为

$$\phi_P = \begin{cases} \dfrac{(8 - 3Pe_d) \cdot \phi_E + (8 + 7Pe_d)\phi_w - Pe_d \cdot \phi_{ww}}{16 + 3Pe_d}, & u \geqslant 0 \text{ 或 } Pe_d \geqslant 0 \\[4mm] \dfrac{(8 - 7Pe_d)\phi_E + (8 + 3Pe_d)\phi_w + Pe_d \cdot \phi_{EE}}{16 - 3Pe_d}, & u < 0 \text{ 或 } Pe_d < 0 \end{cases}$$
$$\tag{13－70}$$

欲利用 QUICK 格式式(13－70)进行数值计算,除了需要已知 ϕ_E 和 ϕ_w 外,还需要已知 ϕ_{ww} 或 ϕ_{EE}。以 $u \geqslant 0$ 为例,利用精确解公式(13－54),可给出 $x = -L/2$ 时对应的 $\phi_{ww} = \phi_0 + \dfrac{e^{-Pe_d} - 1}{e^{2Pe_d} - 1}(\phi_L - \phi_0)$,其余按图 13－11 所示的已知条件,并取 Pe_d 为 0、1、2 和 4,代入 QUICK 离散格式式(13－70),可得 ϕ_P 分别为 150.0、126.8、109.2、85.7。比较图 13－11 所示的精确解,可知 $Pe_d = 0$、1、2 时 QUICK 数值解的精度非常好,而 $Pe_d = 4$ 时的数值解误差仍然较大,这是因为当 Pe_d 很大时,扩散作用非常有限,而 QUICK 格式没有考虑扩散变化的影响,即在 Pe_d 很大时夸大了扩散的作用。因此,出现了许多修正的 QUICK 格式,这里不再介绍,可参考有关计算流体力学的书籍如本章参考文献[5]等。

13.3.5　TVD 格式

哈顿(A. Harten)于 1982 年首次提出全变差递减(Total Variation Diminishing)格式,简称 TVD 格式。TVD 格式采用了在保证不产生寄生振荡的前提下,尽量减小格式黏性这一策略,使流场的计算精度和激波分辨率得到明显改进和提高。TVD 格式适用于双曲型方程组,被广泛应用于激波和各种复杂流场的数值模拟。这里以单个方程为例说明其基本概念。

考虑单个守恒型的一维非定常流动控制方程为

$$\frac{\partial u}{\partial t} + \frac{\partial f(u)}{\partial x} = 0 \tag{13-71}$$

或

$$\frac{\partial u}{\partial t} + a(u)\ \frac{\partial u}{\partial x} = 0, \quad \text{其中} \quad a(u) = \frac{\partial f}{\partial u} \tag{13-72}$$

式中:初始条件 $u(x,0) = u_0(x)$。逼近该方程的守恒型差分格式可写成

$$u_i^{n+1} = u_i^n - \lambda(\bar{f}_{i+1/2} - \bar{f}_{i-1/2}) \tag{13-73}$$

初始条件 $u_i^0 = u_0(x_i)$。式中:上标 n 表示时间层, $\lambda = \Delta t/\Delta x$;下标 i 为空间方向离散点位置; $\bar{f}_{i+1/2}$、$\bar{f}_{i-1/2}$ 为变量 f 的数值通量,其差分格式须满足 TVD 性质。

数值解的全变差(用 TV 表示)定义为

$$TV = \sum_{i=-\infty}^{+\infty} |u_{i+1}^n - u_i^n| \tag{13-74}$$

若差分格式式(13-73)的解满足: $TV(u^{n+1}) \leqslant TV(u^n)$,则称该格式为全变差递减格式,简称为 TVD 格式。因为激波附近的数值振荡会造成全变差的增加,所以要求有 TVD 格式性质的目的是消除振荡型误差。

TVD 格式有各种不同形式,如显式、隐式、二阶精度格式、有限体积格式等。显式格式为

$$u_i^{n+1} = u_i^n - \lambda(\bar{f}_{i+1/2}^n - \bar{f}_{i-1/2}^n) \tag{13-75}$$

全隐式格式为

$$u_i^{n+1} = u_i^n - \lambda(\bar{f}_{i+1/2}^{n+1} - \bar{f}_{i-1/2}^{n+1}) \tag{13-76}$$

一般地,可表示为

$$u_i^{n+1} + \lambda\eta(\bar{f}_{i+1/2}^{n+1} - \bar{f}_{i-1/2}^{n+1}) = u_i^n - \lambda(1-\eta)(\bar{f}_{i+1/2}^n - \bar{f}_{i-1/2}^n) \tag{13-77}$$

式中: $\eta = 0$ 时是显式格式, $\eta \neq 0$ 是隐式格式。本章参考文献[16]指出,格式式(13-77)是 TVD 显式格式, $\eta = 1$ 时是无条件 TVD 隐式格式, $\eta = 0.5$ 时在 CFL 条件限制下是 TVD 格式。

哈顿对控制方程式(13-71)或式(13-72)构造的具有 TVD 性质的数值通量形式为

$$\bar{f}_{i+1/2} = \frac{1}{2}\big[f_i + f_{i+1} - Q(a_{i+1/2})\Delta_{i+1/2}u\big] \tag{13-78}$$

式中

$$
\begin{cases}
\Delta_{i+1/2} u = u_{i+1} - u_i \\
a_{i+1/2} = \begin{cases}
\dfrac{f_{i+1} - f_i}{\Delta_{i+1/2} u}, & \Delta_{i+1/2} u \neq 0 \\
a(u_i), & \Delta_{i+1/2} u = 0
\end{cases}
\end{cases}
\qquad (13-79)
$$

CFL 限制条件为

$$
|\lambda a_{i+1/2}| \leqslant \lambda Q(a_{i+1/2}) \leqslant \frac{1}{1-\eta} \qquad (13-80)
$$

函数 $Q(z)$ 定义为

$$
Q(z) = \begin{cases}
\dfrac{1}{2}\left(\dfrac{z^2}{\delta} + \delta\right), & |z| < \delta \\
|z|, & |z| \geqslant \delta
\end{cases}
\qquad (13-81)
$$

式中：δ 是计算中给定的试验常数。

哈顿构造的 TVD 格式是空间一阶精度的，当 $\eta = 0.5$ 时，时间是二阶精度。为了获得空间二阶的高精度格式，同时保持 TVD 特性，可以修正数值通量的形式，即

$$
\bar{f}_{i+1/2} = \frac{1}{2}\left[f_i + f_{i+1} + g_i + g_{i+1} - Q(a_{i+1/2} + \gamma_{i+1/2})\Delta_{i+1/2} u\right] \qquad (13-82)
$$

式中

$$
\gamma_{i+1/2} = \begin{cases}
\dfrac{g_{i+1} - g_i}{\Delta_{i+1/2} u}, & \Delta_{i+1/2} u \neq 0 \\
0, & \Delta_{i+1/2} u = 0
\end{cases}
\qquad (13-83)
$$

$$
g_i = S \cdot \max[0, \min(\sigma_{i+1/2}|\Delta_{i+1/2} u|, S\sigma_{i-1/2}\Delta_{i-1/2} u)], S = \mathrm{sgn}(\Delta_{i+1/2} u)
$$
$$
(13-84)
$$

$$
\sigma(z) = \frac{1}{2}\left[Q(z) + \lambda z^2\right] \geqslant 0 \qquad (13-85)
$$

构造二阶 TVD 格式的关键在于其通量修正项 $(g_i + g_{i+1})$ 能抵消一阶格式的主要耗散项。但在极值点处，$g_i + g_{i+1} = 0$，故格式自动降为一阶精度。

13.3.6　离散方程组的求解

对于一阶精度的一维问题，每一个网格点的离散方程一般只包含三个网格点的未知数，如式 $(13-31)$，其一般形式可表示为

$$
a_i\phi_{i-1} + b_i\phi_i + c_i\phi_{i+1} = d_i, \qquad i = 1, 2, \cdots, M \qquad (13-86)
$$

式中：下标 i 代表网格点编号，网格点的数量为 M。上式表明，i 点上的离散方程中只包含三个相邻网格点 $i-1$、i 和 $i+1$ 的未知函数，而求解域中其他网格点的未知函数的系数均为零。

将所有网格点的离散方程全部写出以后，就构成一个线性代数方程组。用矩阵形式表示，则有

$$
\begin{bmatrix}
b_1 & c_1 & & & & \\
a_2 & b_2 & c_2 & & & \\
& \ddots & \ddots & \ddots & & \\
& & \ddots & \ddots & \ddots & \\
& & & a_{M-1} & b_{M-1} & c_{M-1} \\
& & & & a_M & b_M
\end{bmatrix}
\begin{bmatrix}
\phi_1 \\ \phi_2 \\ \vdots \\ \vdots \\ \phi_{M-1} \\ \phi_M
\end{bmatrix}
=
\begin{bmatrix}
d_1 \\ d_2 \\ \vdots \\ \vdots \\ d_{M-1} \\ d_M
\end{bmatrix}
\tag{13-87}
$$

这是一个三对角矩阵(Tri - diagonal matrix)。显然,对于左边界网格点 $i=1$ 有 $a_1=0$,对于右边界网格点 $i=M$ 有 $c_M=0$。三对角阵可以用追赶法直接求解,称为 TDMA 法(Tri - diagonal matrix algorithm,or Thomas algorithm),这是一种简便高效的计算方法。

　　TDMA 法的求解过程包括消去未知量求系数的正过程和回代求解未知量的逆过程两个步骤。在正过程中,对每一个方程消去一个未知量使其只包含两个未知量,则当进行到右边界时,原本包含两个未知量的边界点离散方程就变成了只包含一个未知量(即右边界函数值)的单变量方程,于是右边界的函数值 ϕ_M 可以直接计算出来。然后进入逆过程,将 ϕ_M 代入 $M-1$ 点的方程求出 ϕ_{M-1},再将 ϕ_{M-1} 代入 $M-2$ 点的方程求出 ϕ_{M-2},并一直进行到左边界 $i=1$,则所有网格点的未知数均可求出,从而完成回代过程。

　　用数学公式表示以上过程,对正过程有

当 $i=1$ 时：
$$
\phi_1 = -\frac{c_1}{b_1}\phi_2 + \frac{d_1}{b_1} = P_1\phi_2 + Q_1
$$

当 $i=2$ 时：
$$
\phi_2 = -\frac{c_2}{a_2 P_1 + b_2}\phi_3 + \frac{d_2 - a_2 Q_1}{a_2 P_1 + b_2} = P_2\phi_3 + Q_2
$$

对任意点 i：
$$
\phi_i = -\frac{c_i}{a_i P_{i-1} + b_i}\phi_{i+1} + \frac{d_i - a_i Q_{i-1}}{a_i P_{i-1} + b_i} = P_i\phi_{i+1} + Q_i
$$

当 $i=M-1$ 时：
$$
\phi_{M-1} = -\frac{c_{M-1}}{a_{M-1} P_{M-2} + b_{M-1}}\phi_M + \frac{d_{M-1} - a_{M-1} Q_{M-2}}{a_{M-1} P_{M-2} + b_{M-1}} =
$$
$$
P_{M-1}\phi_M + Q_{M-1}
$$

对于右边界 $i=M$,原方程为
$$
a_M\phi_{M-1} + b_M\phi_M = d_M
$$

将 $i=M-1$ 时的正过程解 $\phi_{M-1} = P_{M-1}\phi_M + Q_{M-1}$ 代入,可得
$$
\phi_M = \frac{d_M - a_M Q_{M-1}}{a_M P_{M-1} + b_M} = Q_M \tag{13-88}
$$

所以,右边界网格点的函数值 ϕ_M 可从上式最终求出。于是,在正过程中,包含两个未知量的方程其通用形式为
$$
\phi_i = P_i\phi_{i+1} + Q_i \tag{13-89}
$$

式中：$P_i = -\dfrac{c_i}{a_i P_{i-1} + b_i}$,$Q_i = \dfrac{d_i - a_i Q_{i-1}}{a_i P_{i-1} + b_i}$,$i = 1, 2, \cdots, M$,$P_M = 0$。当已知 ϕ_M 和

各网格点系数 P_i 和 Q_i 后,进入逆过程。将 ϕ_M 代入上式,依次求出 ϕ_{M-1}、ϕ_{M-2} …,直到求出 ϕ_1,从而完成整个计算过程。

从上述计算过程可以看出,为了计算所有的 P_i 和 Q_i,必须满足 $b_i \neq 0$ 和 $a_i P_{i-1} + b_i \neq 0$,这与要求系数矩阵对角占优是一致的。

需要指出的是,只有三对角型的线性代数离散方程组才能用 TDMA 方法直接求解。当不满足此条件时,例如高精度二阶迎风格式、QUICK 格式等,其离散方程组大都为四对角或五对角型的线性代数方程组,而二维或三维问题时大都为块三对角(Block tri - diagonal matrix)的线性代数方程组,这时方程组(13 - 87)中的系数 a_i、b_i、c_i 变为块矩阵(如三维二阶隐式格式时为 5×5 块矩阵),这些方程组一般需用迭代方法求解。

13.4　求解燃烧问题的 SIMPLE 方法

通常火箭发动机燃烧室中的燃气流速较低,气体动力学指出,当 $Ma < 0.3$ 时,可假设为不可压流动。对于常物性的定常不可压问题,由连续方程和动量方程组成的控制方程组本身是封闭的,可以先行求解。由于不可压假设,不能使用热状态方程,动量方程中的压强不能确定。为解决这一问题,帕坦卡(S. V. Patankar)和斯柏尔丁于 1972 年提出了 SIMPLE(Semi - Implicit Method for Pressure - Linked Equations,即求解压强耦合方程的半隐式方法)算法,把动量方程放在一个假设的压强场基础上进行计算,然后利用连续方程校正压强场。自 SIMPLE 算法提出以后,该算法得到了成功应用和不断改进,相继发展出 SIMPLER、SIMPLEC 及 SIMPLEST 等多种算法。

因此,SIMPLE 算法是求解经典燃烧问题常用的数值方法,这里以二维定常不可压的纯流动问题为例简单介绍其计算过程。

13.4.1　控制方程的统一形式

采用 SIMPLE 算法时,控制方程常采用统一形式,称为通用输运方程,以方便数值格式的处理,增强通用性。由柱坐标系下的控制方程式(5 - 39),可得柱坐标系下的二维定常不可压流动控制方程组为

$$\frac{\partial(r\boldsymbol{E})}{\partial x} + \frac{\partial(r\boldsymbol{F})}{\partial r} = \frac{\partial(r\boldsymbol{E}_v)}{\partial x} + \frac{\partial(r\boldsymbol{F}_v)}{\partial r} + r\boldsymbol{S} \tag{13 - 90}$$

展开为标量形式,忽略彻体力,即为式(5 - 102)、式(5 - 107)和式(5 - 108),利用定常不可压条件($\rho = \mathrm{Const}, \nabla \cdot \boldsymbol{V} = 0$),可整理为

$$\frac{\partial(r\rho u)}{\partial x} + \frac{\partial(r\rho v)}{\partial r} = 0 \tag{13 - 91}$$

$$\frac{\partial(r\rho uu)}{\partial x} + \frac{\partial(r\rho vu)}{\partial r} = \frac{\partial}{\partial x}\left(r\mu \frac{\partial u}{\partial x}\right) + \frac{\partial}{\partial r}\left(r\mu \frac{\partial u}{\partial r}\right) - r\frac{\partial p}{\partial x} \tag{13 - 92}$$

$$\frac{\partial(r\rho uv)}{\partial x} + \frac{\partial(r\rho vv)}{\partial r} = \frac{\partial}{\partial x}\left(r\mu\frac{\partial v}{\partial x}\right) + \frac{\partial}{\partial r}\left(r\mu\frac{\partial v}{\partial r}\right) - r\frac{\partial p}{\partial r} - \frac{\mu v}{r}$$

$$(13-93)$$

若用 ϕ 表示一个通用变量,则上述三个控制方程的通用输运方程形式可表示为

$$\frac{\partial}{\partial x}(r\rho u\phi) + \frac{\partial}{\partial r}(r\rho v\phi) = \frac{\partial}{\partial x}\left(r\Gamma^\phi\frac{\partial\phi}{\partial x}\right) + \frac{\partial}{\partial r}\left(r\Gamma^\phi\frac{\partial\phi}{\partial r}\right) + rS^\phi \quad (13-94)$$

式中:S^ϕ 为方程的源项。表 13-2 所列为通用输运方程中各符号的含义。

表 13-2 通用输运方程中各符号的含义

符号 / 方程类型	ϕ	Γ^ϕ	S^ϕ
连续方程	1	0	0
轴向动量方程	u	μ	$-\dfrac{\partial p}{\partial x}$
径向动量方程	v	μ	$-\dfrac{\partial p}{\partial r} - \dfrac{\mu v}{r^2}$

由式(13-91)~式(13-93)组成的方程组本身是封闭的,可求解 p、u 和 v 三个变量,在得到速度场以后再单独求解能量方程即可获得全部流场参数。在求解动量方程式(13-92)和式(13-93)时,所遇到的主要困难是奇偶失联和压强的确定。

1. 奇偶失联

以一维流动为例,动量方程由式(13-92)可写成

$$\rho u\frac{\mathrm{d}u}{\mathrm{d}x} = \mu\frac{\mathrm{d}^2 u}{\mathrm{d}x^2} - \frac{\mathrm{d}p}{\mathrm{d}x} \quad (13-95)$$

在均匀网格上,用中心差分离散时,有

$$\rho u_i\frac{u_{i+1} - u_{i-1}}{2\Delta x} = \mu_i\frac{u_{i+1} - 2u_i + u_{i-1}}{\Delta x^2} - \frac{p_{i+1} - p_{i-1}}{2\Delta x}$$

对于均匀流动,有 $u_{i+1} = u_i = u_{i-1}$,所以上式可化为

$$p_{i+1} = p_{i-1} \quad (13-96)$$

这表明,所有奇数编号的网格点压强是相等的,所有偶数编号的网格点压强也是相等的,但奇数网格点的压强与偶数网格点的压强相互之间没有任何关系。因此,如果所有奇数点压强是一个数值,而所有偶数点压强具有另外一个不同的数值,亦即压强场会呈现出锯齿形变化,则这种压强场完全能够满足均匀流动的动量方程,显然这是不可能的。这种现象就称为奇偶失联,表明中心差分格式对振荡扰动没有抑制作用。对连续方程式(13-91)进行同样的推导,可得到类似的结果,即速度的奇偶失联。

2. 压强的确定

在流场计算中,另一个主要困难是关于压强的求解。压强本身没有控制方程,它是以源项的形式出现在动量方程中。实际上,压强场与速度场的耦合关系隐含在连续方程中,亦即如果压强场是正确的,则依据压强场通过求解动量方程所获得的速度

场必满足连续方程。因此,如何构造求解压强场的方程,就成了流场数值计算的关键。

13.4.2 交错网格与动量方程的离散

交错网格是为解决奇偶失联问题提出的。所谓交错网格,是指将速度场 u、v 和压强 p(以及其他标量、物性参数等)分别储存在网格的三种不同位置上,如图 13 - 12 所示。其中,图 13 - 12(a)所示为主控制体,压强 p 及其他标量和物性参数均储存在该网格点上;图 13 - 12(b)所示为速度分量 u 的控制体,u 储存在左右网格点之间的交界面 e 上;图 13 - 12(c)所示为速度分量 v 的控制体,v 储存在上下网格点之间的交界面 n 上。所以,从变量的储存位置看,u 和 p 在 x 方向向前错开半个网格,v 和 p 在 r 方向上错开半个网格。

(a) 主控制体   (b) u 控制体   (c) v 控制体

图 13 - 12 交错网格与各变量的控制体

在交错网格上,如果已知压强场,则动量方程式(13 - 92)和式(13 - 93)就是定常对流-扩散方程,离散后可以得到与一维定常对流-扩散方程的离散方程式(13 - 48)类似的离散方程,即为

$$\begin{cases} A_e u_e = \sum_b A_{eb} u_{eb} + S_e + (p_P - p_E)s_e \\ A_n v_n = \sum_b A_{nb} v_{nb} + S_n + (p_P - p_N)s_n \end{cases} \quad (13 - 97)$$

式中:u_{eb} 和 v_{nb} 分别为 u_e 和 v_n 的邻点速度;A_{eb}、A_{nb} 分别为相应 u_e 和 v_n 邻点速度的离散系数;S_e、S_n 为不包括压强在内的源项离散项;s_e 和 s_n 为压强差作用面积,在柱坐标系中,$s_e = \Delta r$,$s_n = \Delta x$。

值得指出的是,交错网格虽然能够成功地解决奇偶失联问题,但也付出了一定的代价,如计算量加大,编程繁琐等。

13.4.3 压强校正

离散形式的动量方程式(13 - 97)只有在已知压强场的条件下才能求解,但压强场是未知的。SIMPLE 算法解决这一问题的思想是,利用连续方程校正压强场,然后再用校正的压强场计算速度场,重复进行这种校正、计算过程,直到解出的速度场和压强场同时满足动量方程和连续方程为止。

设速度场 u^* 和 v^* 是在假设的压强场 p^* 基础上计算出来的,根据连续方程,压强应修正为 p,它与原压强 p^* 之差 p' 称为压强修正量。于是,修正后的压强场 p 与原压强场 p^* 的关系可以写成

$$p = p^* + p' \tag{13-98}$$

相应地,新速度场 u 和 v 也可以通过修正量 u' 和 v' 来得到,即

$$\begin{cases} u = u^* + u' \\ v = v^* + v' \end{cases} \tag{13-99}$$

将式(13-98)和式(13-99)代入离散方程式(13-97),并减去式(13-97),可得关于速度修正量的方程为

$$\begin{cases} A_e u'_e = \sum_b A_{eb} u'_{eb} + (p'_P - p'_E) s_e \\ A_n v'_n = \sum_b A_{nb} v'_{nb} + (p'_P - p'_N) s_n \end{cases} \tag{13-100}$$

上式表明,任一点的速度修正量是由两部分组成的:一部分是邻点速度的修正量,另一部分则是相邻网格点的压强修正量之差。SIMPLE 算法认为后者是主要因素,而前者则是次要因素,可以略去。于是,速度修正方程可以简化成

$$\begin{cases} u'_e = d_e(p'_P - p'_E), \ d_e = s_e/A_e \\ v'_n = d_n(p'_P - p'_N), \ d_n = s_n/A_n \end{cases} \tag{13-101}$$

将式(13-101)代入式(13-99)中,得到校正后的速度场为

$$\begin{cases} u_e = u^*_e + d_e(p'_P - p'_E) \\ v_n = v^*_n + d_n(p'_P - p'_N) \end{cases} \tag{13-102}$$

有了新速度场以后,就可以利用连续方程推导压强修正量的方程。将连续方程式(13-91)在图 13-12(a)所示的主控制体上进行有限体积积分离散,有

$$[(\rho u)_e - (\rho u)_w]\Delta r + [(\rho v)_n - (\rho v)_s]\Delta x = 0 \tag{13-103}$$

再将校正速度场式(13-102)代入上式,并整理成关于 p' 的代数方程,即

$$A_P p'_P = A_E p'_E + A_W p'_W + A_N p'_N + A_S p'_S + b' \tag{13-104}$$

该式就是求解压强修正量 p' 的方程。其中

$$A_E = \rho_e d_e \Delta r, \ A_W = \rho_w d_w \Delta r, \ A_N = \rho_n d_n \Delta x, \ A_S = \rho_s d_s \Delta x \tag{13-105}$$

$$b' = [(\rho u^*)_w - (\rho u^*)_e]\Delta r + [(\rho v^*)_s - (\rho v^*)_n]\Delta x \tag{13-106}$$

比较式(13-106)和连续方程的离散方程式(13-103),可以看出,它实际上是原速度场 u^* 和 v^* 的离散连续方程,因此如果 u^* 和 v^* 能够使 b' 等于零,则说明速度场已满足连续方程,不需再作校正,迭代已收敛了。若 b' 不等于零,则速度场不满足连续方程。所以,b' 代表了由于连续方程得不到满足而在控制体中留下的剩余质量,称为残余质量源项。因此,残余质量源项 b' 的绝对值大小可以作为速度场迭代是否收敛的一个判据。

在具体计算中，当解出压强修正量 p' 后，不能直接用式(13-98)计算新的压强场 p，这是因为在推导速度修正量方程式(13-101)时，忽略了式(13-100)中的第一项，即邻点速度修正量的影响，虽然这一简化不影响最终的收敛解，但却加大了修正量 p' 的负担，不仅会影响收敛速度，有时甚至会导致迭代发散。所以，在计算校正后的压强场 p 时，应采取欠松弛措施，即用

$$p = p^* + f_p p' \qquad\qquad (13-107)$$

代替式(13-98)。式中 f_p 称为欠松弛因子，其取值范围为 $0 < f_p < 1$，一般取为 0.8 即可。

对压强修正量进行欠松弛计算后，相应地也需要对速度场进行欠松弛计算，以保证收敛。速度场的欠松弛计算在动量方程中完成，即将式(13-97)改写成

$$\begin{cases} \dfrac{A_e}{f_v} u_e^* = \sum_b A_{eb} u_{eb}^* + S_e + (p_P - p_E)s_e + (1 - f_v)\dfrac{A_e}{f_v} u_e \\[2mm] \dfrac{A_n}{f_v} v_n^* = \sum_b A_{nb} v_{nb}^* + S_n + (p_P - p_N)s_n + (1 - f_v)\dfrac{A_n}{f_v} v_n \end{cases} \qquad (13-108)$$

式中：u_e 和 v_n 为上一轮迭代值；上标"$*$"表示本次迭代要求解的值；f_v 为速度欠松弛因子，取值范围与 f_p 相同，一般取为 0.5。需要指出的是，f_p 和 f_v 是保证收敛所采取的措施，其最佳取值随具体问题的不同而不同，需要根据计算情况确定。

SIMPLE 算法的计算过程如框图 13-13 所示。

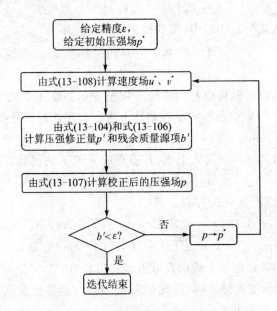

图 13-13 SIMPLE 算法计算过程

13.5　数值模拟软件

数值模拟涉及大量的计算和分析，只能利用计算机编程来完成。数值计算软件一般包括网格生成、数值运算(计算模型、计算格式、边界条件)和结果分析三部分，其核心是数值运算。网格生成涉及求解对象和求解域，结果分析包括数值分析和图形分析，也是衡量数值模拟软件的重要标准。

值得指出的是，对软件的优劣进行评价并不是一件容易的事。一方面，一种软件对某特定问题的计算是否令人满意，不仅取决于软件自身的功能和格式精度，而且也与用户的数值经验有很大关系。用户只有具备深厚的 CFD 知识，在深入了解软件功能、特点及使用技巧的基础上，才有可能充分发挥软件的功能和作用，获得有价值的计算结果，从而解决工程实际问题。

13.5.1　模拟软件编制

编制数值模拟软件首先要考虑求解的物理化学模型，选择计算格式，确定边界条件，生成网格，然后进行编程调试，最后进行结果分析。编制程序时主要考虑三个方面的要求：可靠性、经济性和通用性。

可靠性是指程序计算出的数据应真实可靠，符合实验结果。可靠性考核通常包括两个方面：一是和典型问题的解析解进行比较，数值解应当逼近解析解；二是在程序的适用范围内，对程序进行算例考核。经济性主要指对计算机内存和计算时间的要求。对于给定问题，经济性主要受网格点数、离散格式和解法的影响。要求程序便于学习和理解，也属于经济性的范畴。通用性是要求一个程序可用于研究多种问题，即经过不大的改动就可以研究新的问题，这要求编制程序时要善于发现并抓住问题的本质和共性。

选择计算格式与具体的求解问题有关。通常，燃烧室内的流速较低(马赫数常低于 0.3)，可认为燃气流动是不可压缩流，可选择 SIMPLE 等格式；当流动马赫数较大时(如喷管内流动)，必须考虑压缩性对流动的影响，超声速时还有激波等复杂现象，可选择高精度 TVD 等格式。

在模型选择方面主要考虑如下一些因素：

(1) 合理确定维数。解决实际问题需要一维、二维还是三维，这与求解精度、关心的主要问题和所拥有的计算条件等有关。维数的增加将使问题复杂化，并大大提高对计算机能力的要求。

(2) 时间因素。对于非定常过程，前一时刻发生的变化可以影响后来的变化，反之则不然，即时间的影响是单向的，而且其影响程度除与过程本身的非定常特性有关外，还与计算中能选取的时间步长有关，一般随时间步长的增大而减弱。

(3) 燃烧模型。燃烧问题必然是多组分化学反应流动，因此，燃烧模型的选择直接关系到数值计算的复杂程度。燃烧模型需要根据具体情况来选择,如层流燃烧还是湍流燃烧,简单化学反应系统模型还是复杂多步反应模型等。

(4) 对流与扩散因素。对流对上、下游的影响与流动马赫数有关,超声速时影响是单向的,只影响下游,亚声速时却是双向的;而扩散(包括导热、黏性或组分扩散)却在所有方向上都有影响。对流与扩散的作用大小,以及流动上下游之间究竟是相互影响还是单向影响,将直接关系到差分格式的选择。

(5) 压强因素。压强对流动的影响与当地马赫数有关,因为压强变化是以声速向空间的各个方向传播的。对亚声速流,影响是相互的;而对超声速流,影响则从上游向下游传播,是单向的。对于自由边界条件的给定需要考虑这种影响。

13.5.2　商业软件简介

现代 CFD 是流体力学、燃烧学、计算数学和计算机科学相结合的产物,是具有强大生命力的边缘科学,它以电子计算机为工具,应用各种离散化的数学方法,对各类问题进行数值实验、计算机模拟和分析研究。计算流体力学和计算燃烧学是用数值方法求解非线性偏微分方程组,求解结果能对流动、传热、传质、燃烧等过程的细节作出预测,成为过程装置优化和放大定量设计的有力工具。在实际求解一个燃烧流动问题时,从建模、编程计算到数据分析的整个过程,数值计算的前处理和编程调试往往是最困难的,所需要花费的精力也最多,要求计算者具有扎实的流体力学、燃烧学的知识及丰富的数值计算经验。由于许多复杂问题及计算者所研究的特定问题常常没有足够的有效实验数据,因此,在完成计算程序的编制和调试后,对程序进行算例考核是非常重要的一环,只有这样,针对某具体问题编制的计算程序所得到的结果才是可信的。用于程序考核的算例在文献中可以找出很多,其中有些算例在长期使用中已经变成了某种意义上的标准算例。

正是由于流动与燃烧数值计算的实际困难和高度专业性,自 1981 年第一个求解流动与燃烧、传热问题的通用软件 PHOENICS 出现以来,在国际软件行业迅速形成了现代 CFD 的商业软件市场。这些"通用商业软件"大都包含有大量的算例,既能说明软件的适用范围,又为用户提供了参考和示范作用;同时,它们都有较为完善的前处理(网格生成等)和后处理(数据处理、图形显示等)功能,并提供了便于用户二次开发的模块接口以及与其他商业软件的数据通信接口。这里简单介绍几种有代表性的软件。

1. CFX

CFX 是英国 AEA 公司开发的软件,用于计算流体流动、化学反应、燃烧、传热、多相流及热辐射等问题,适用于直角/圆柱/旋转坐标系、定常/非定常流动、瞬态/滑动网格、不可压/弱可压/可压缩流体、浮力流、多相流、非牛顿流体、化学反应、燃烧、NO_x 生成、辐射、多孔介质以及混合传热过程。CFX 采用有限体积法、自动时间步长控制和 SIMPLE 算法,对流项离散有一阶迎风格式、混合格式、QUICK、CONDIF、

MUSCL 格式及高阶迎风格式等。代数方程组的求解包括线迭代、代数多重网格、ICCG、Stone 强隐方法及块隐式（BIM）方法等。采用了贴体结构网格，能有效、精确地表达复杂几何形状，在可以任意连接的每一个模块中能确保迅速、可靠的网格生成，这种分块式网格允许扩展和变形。滑动网格功能允许网格的各部分可以相对滑动或旋转。CFX 有多种湍流模型，如标准 $k\text{-}\varepsilon$ 模型、低雷诺数 $k\text{-}\varepsilon$ 模型、RNG（重整化群）$k\text{-}\varepsilon$ 模型、代数应力模型及雷诺应力模型等。CFX 的多相流模型可用于分析包括粒子输运模型、连续相及分散相的多相流模型和自由表面的流动模型等复杂流动问题。传热包括对流传热、固体导热、表面对表面辐射、吉布斯辐射模型及多孔介质传热等。

2. FLUENT

FLUENT 是目前国际上比较流行的商用软件包，与流动、化学反应及热传递等有关的问题均可使用。它具有丰富的物理模型、先进的数值方法及强大的前后处理功能，在航空航天、汽车设计、石油天然气、涡轮机设计等方面都有着广泛的应用。该软件从用户需求角度出发，针对各种复杂流动的物理现象，采用不同的离散格式和数值方法，以期在特定的领域内使计算速度、稳定性和精度等方面达到最佳组合，从而高效率地解决各个领域的复杂流动及燃烧传热等计算问题。基于上述思想，FLUENT 开发了适用于各个领域的模拟软件，能够模拟流体流动、传热传质、化学反应和其他复杂的物理现象，软件之间采用了统一的网格生成技术及共同的图形界面，而各软件之间的区别仅在于应用背景不同，因此大大方便了用户。软件模块包括：GAMBIT——专用前置处理器，用来建立几何形状及生成网格，是一款具有很强建构模型能力的前处理模块；FLUENT5.4——基于非结构网格的通用 CFD 求解器，求解不可压流及中度可压缩流流场问题，应用范围有湍流、传热、化学反应、混合、旋转流等；FIDAP——基于有限元方法的通用 CFD 求解器，求解有关流体力学、传质及传热等问题，是全球第一套使用有限元法的 CFD 软件，应用范围有一般流体的流场、自由表面的问题、湍流、非牛顿流体流场、传热、化学反应等，FIDAP 本身含有完整的前后处理系统及流场数值分析系统；POLYFLOW——针对粘弹性流动的专用 CFD 求解器，用有限元法仿真聚合物加工的 CFD 软件，主要应用于塑料射出成形机、挤型机和吹瓶机的模具设计；MIXSIM——针对搅拌混合问题的专用 CFD 软件，是一个专业化的前处理器，可建立搅拌槽及混合槽的几何模型，不需要一般计算流体力学软件的冗长学习过程；其图形人机接口和组件数据库，让工程师直接设定或挑选搅拌槽大小、底部形状、折流板配置、叶轮形式等，MIXSIM 随即自动产生三维网络，并启动 FLUENT 做后续的模拟分析；ICEPAK——专用的热控分析 CFD 软件，专门仿真电子电机系统内部气流、温度分布的 CFD 分析软件，特别是针对系统的散热问题作仿真分析。

3. PHOENICS

PHOENICS 是第一个投放市场的通用商业软件，由英国 CHAM 公司开发，所采用的基本算法是基于该软件创始人斯柏尔丁和帕坦卡发明的 SIMPLE 类算法。软件用有限体积法离散,用于计算流动、化学反应、燃烧、传热等问题。网格包括非正交和运动的直角、圆柱、曲面、多重网格等,可以对三维定常或非定常的可压缩流、不可压缩流进行模拟,包括非牛顿流、多孔介质中的流动。PHOENICS 内置了多种适合于各种雷诺数的湍流模型,如雷诺应力模型、多流体湍流模型、通量模型和各种版本的 $k-\varepsilon$ 模型等,软件包括 8 个多相流模型和一阶迎风、混合格式及 QUICK 格式等 10 多个差分格式。PHOENICS 的 VR(虚拟现实)彩色图形界面菜单系统提供了非常方便的前处理,可以直接读入 Pro/E 建立的模型(需转换成 STL 格式),使复杂几何体的生成更为方便,在边界条件定义方面也极为简单。缺点是网格比较单一粗糙,对复杂曲面或曲率大的地方网格不能细分,也就是说不能在 VR 环境里采用贴体网格。另外,VR 的后处理也不是很好,要进行更高级的分析则需要采用命令格式进行,在易用性上比其他软件差。PHOENICS 的算例库包含 1 000 多个算例与验证题,带有完整的可读可改的输入文件。PHOENICS 的开放性很好,提供对软件现有模型进行修改、增加新模型的功能和接口,可以用 FORTRAN 语言进行二次开发。

4. STAR-CD

STAR-CD 是基于有限体积法的通用流体计算软件。在网格生成方面,采用非结构网格,单元体可为六面体、四面体、三角形截面的棱柱体、金字塔形的锥体以及六种形状的多面体,具有与 CAD、CAE 软件的接口,如 ANSYS、IDEAS、NASTRAN、PATRAN、ICEMCFD 和 GRIDGEN 等,还能处理移动网格,这使 STAR-CD 在适应复杂区域方面具有特别的优势。在差分格式方面,可以选择一阶迎风、二阶迎风、中心差分、QUICK 等格式。在压强与流速耦合方面,采用 SIMPLE、PISO 及 SIMPLO 等算法,并包括了多种湍流模型和边界条件处理方法,可以计算定常与非定常流动、牛顿/非牛顿流体流动、多孔介质流动、亚声速和超声速流动、多相流动、传热流动、含化学反应流动以及气—固—液耦合流动等问题。

参考文献

[1] 范维澄,万跃鹏. 流动及燃烧的模型与计算 [M]. 安徽:中国科学技术大学出版社,1992.

[2] 王应时,范维澄. 燃烧过程数值计算 [M]. 北京:科学出版社,1986.

[3] 范维澄,陈义良. 计算燃烧学 [M]. 安徽:安徽科学技术出版社,1987.

[4] [美] 帕坦卡 S V. 传热与流体流动的数值计算 [M]. 张政,译. 北京:科学出版社,1984.

[5] 马铁犹. 计算流体力学 [M]. 北京:北京航空学院出版社,1986.

[6] 李万平. 计算流体力学 [M]. 武汉:华中科技大学出版社,2004.

[7] 王承尧,王正华,杨晓辉. 计算流体力学及其并行算法 [M]. 长沙:国防科技大学出版社,2000.

[8] 郑亚,陈军,鞠玉涛,等. 固体火箭发动机传热学 [M]. 北京航空航天大学出版社,2006.

[9] 武晓松,陈军,王栋,等. 固体火箭发动机工作过程数值仿真 [M]. 北京:高等教育出版

社,2006.

[10] 周力行.燃烧理论和化学流体力学 [M].北京:科学出版社,1986.

[11] 周力行.湍流气粒两相流动和燃烧的理论与数值模拟 [M].北京:科学出版社,1994.

[12] 蔡体敏.固体火箭发动机工作过程的数值分析 [M].陕西:西北工业大学出版社,1991.

[13] Thompson J F, Thames F C, Mastin C W. Automatic Numerical Generation of Body-Fitted Curvilinear Coordinate Systems for Fields Containing Any Number of Arbitrary Two-Dimensional Bodies [J]. Journal of Computational Physics, 1974, 15:299-3199.

[14] Middlecoff J F, Thomas P D. Direct Control of the Grid Point Distribution in Meshes Generated by Elliptic Equations [R]. AIAA Paper 79-1462, 1979.

[15] Harten A. On a Class of High Resolution Total-Variation-Stable Finite-Difference Schemes [R]. NYU Report, New York University, Oct. 1982.

[16] Shu C W. TVD Boundary Treatment for Numerical Solutions of Conservation Laws [J]. Maths. Comput. , 1987, 49(179):123-124.

[17] Widhopf G F, Wang J C T. A TVD Finite-Volume Techniques for Nonequilibrium Chemically Reacting Flows [R]. AIAA-88-2711, 1988.

[18] 陈让福.有限体积 TVD 格式求解 Euler 方程 [D].北京大学,1991.

[19] Patankar S V, Spalding D B. A Calculation Procedure for Heat Mass and Momentum Transfer in Three-Dimensional Parabolic Flow [J]. Heat Mass Transfer, 1972, 12:1787.

[20] Patankar S V. Numerical Heat Transfer and Fluid Flow [M]. McGraw-Hill Book Company,1980.